SCHÄFFER
POESCHEL

Reiner Quick/Matthias Wolz

Bilanzierung in Fällen

Grundlagen, Aufgaben und Lösungen
nach HGB und IFRS

5., überarbeitete Auflage

2012
Schäffer-Poeschel Verlag Stuttgart

Autoren:
Prof. Dr. Reiner Quick, Fachgebiet Rechnungswesen, Controlling und Wirtschaftsprüfung, Technische Universität Darmstadt
Prof. Dr. Matthias Wolz, Lehrstuhl für Wirtschaftsprüfung und Controlling, Universität Trier

Redaktionsstand: 30.04.2012

Dozenten finden die Abbildungen und Tabellen dieses Lehrbuchs unter **www.sp-dozenten.de/3142** (Registrierung erforderlich).

MIX
Papier aus verantwortungsvollen Quellen
FSC® C013736
FSC
www.fsc.org

Gedruckt auf chlorfrei gebleichtem, säurefreiem und alterungsbeständigem Papier

Bibliografische Information der Deutschen Nationalbibliothek
Die Deutsche Nationalbibliothek verzeichnet diese Publikation in der Deutschen Nationalbibliografie; detaillierte bibliografische Daten sind im Internet über http://dnb.d-nb.de abrufbar.

ISBN 978-3-7910-3142-2

www.schaeffer-poeschel.de
info@schaeffer-poeschel.de

Einbandgestaltung: Melanie Frasch
Satz: Claudia Wild, Konstanz
Druck und Bindung: Kösel Krugzell · www.koeselbuch.de

Printed in Germany
Oktober 2012

Schäffer-Poeschel Verlag Stuttgart
Ein Tochterunternehmen der Verlagsgruppe Handelsblatt

Vorwort

Im Zuge der fortschreitenden Globalisierung der Wirtschaft und der damit einhergehenden Internationalisierung der Kapitalmärkte gewann die Rechnungslegung nach internationalen Grundsätzen zunehmend an Bedeutung. Gemäß EU-Verordnung vom 19.6.2002 (umgesetzt in § 315a HGB) haben alle deutschen börsennotierten Unternehmen ihren Konzernabschluss in Übereinstimmung mit den Grundsätzen und Vorschriften der International Financial Reporting Standards (IFRS) aufzustellen. Alle anderen Konzerne haben ein Wahlrecht zwischen HGB- und IFRS-Vorschriften. Zudem besteht für die Offenlegung des Einzelabschlusses die Option, im elektronischen Bundesanzeiger einen informatorischen IFRS-Einzelabschluss zu publizieren (§ 325 Abs. 2a HGB); aufzustellen ist der Einzelabschluss dagegen weiterhin zwingend nach den Vorschriften des HGB.

Daher weist das vorliegende Lehrbuch einen separaten Teil zur IFRS-Rechnungslegung auf. Im Vergleich zu anderen Darstellungen zur IFRS-Rechnungslegung besteht hier die Besonderheit darin, dass der IFRS-Teil synonym zum HGB-Teil gegliedert ist, d. h. dass sich der Aufbau insbesondere für die Aktivseite der Bilanz nicht an einzelnen Bilanzpositionen, sondern vielmehr an Rechnungslegungsproblemen orientiert.

Ansonsten wurde die bewährte Konzeption des Lehrbuches beibehalten. Es richtet sich in erster Linie an Studierende von Universitäten, Fachhochschulen, Dualen Hochschulen, Berufsakademien, Verwaltungs- und Wirtschaftsakademien und vergleichbaren Bildungseinrichtungen. Seine Intention ist es, dem Leser einen soliden Überblick über die deutschen und internationalen Rechnungslegungsnormen zu vermitteln. Kompakt gehaltene theoretische Ausführungen werden durch eine Vielzahl von Fallbeispielen nebst zugehörigen Lösungshinweisen ergänzt. Somit eignet sich dieses Buch sowohl für den veranstaltungsbegleitenden Einsatz als auch zum Selbststudium.

Diese Neuauflage des Lehrbuchs basiert auf einer vollständigen Überarbeitung, Aktualisierung und Erweiterung des bisherigen Standes. So wurde z. B. ein Kapitel zur Bildung von Bewertungseinheiten aufgenommen und die Ausführungen zur Lageberichterstattung erfuhren eine Erweiterung. Im Rahmen der IFRS-Rechnungslegung war die Neubearbeitung des Frameworks ebenso zu berücksichtigen wie überarbeitete Standards, so etwa IAS 19 zu den Pensionsrückstellungen. Weitere Anpassungen waren aufgrund steuerrechtlicher Änderungen wie etwa im Bereich der Behandlung geringwertiger Wirtschaftsgüter notwendig. Schließlich erfuhr der Aufgabenteil eine Erweiterung.

Um die nun vorliegende fünfte Auflage haben sich Frau Dipl.-Kffr. Andrea Donalies, Herr M.Sc. Narbeh Haddad, Herr Dipl.-Kfm. Julian Hahn, Herr Dipl.-Kfm. Jens Nommensen, WP/StB und Herr Dipl.-Wirtsch.-Ing. Steffen Umlauf verdient gemacht.

Unsere Studenten an der TU Darmstadt, der TU Dortmund sowie der Universität Trier, aber auch weitere Nutzer, stellvertretend soll hier Herr Walter Plinke genannt werden, haben durch eine große Anzahl konstruktiver Anregungen zur Weiterentwicklung der Monografie beigetragen. Allen Beteiligten gebührt unser aufrichtiger Dank. Unser ganz besonderer Dank gilt Frau Ass. jur. Marita Rollnik-Mollenhauer vom Schäffer-Poeschel Verlag für die freundliche und stets kompetente verlegerische Betreuung.

Darmstadt und Trier, im Juni 2012 *Reiner Quick und Matthias Wolz*

Inhaltsverzeichnis

Abbildungsverzeichnis

Tabellenverzeichnis

Abkürzungsverzeichnis

A	Abgänge
a. A.	alte Ansicht
AB	Anfangsbestand
Abb.	Abbildung
Abs.	Absatz
AfA	Absetzung für Abnutzung
AG	Aktiengesellschaft
AHK	Anschaffungs- oder Herstellungskosten
AK	Anschaffungskosten
AktG	Aktiengesetz
ANK	Anschaffungsnebenkosten
AO	Abgabenordnung
ARAP	Aktiver Rechnungsabgrenzungsposten
Art.	Artikel
Aufl.	Auflage
AZF	Abzinsungsfaktor
BAnz	Bundesanzeiger
BauGB	Baugesetzbuch
BB	Betriebsberater
Bd.	Band
BdF	Bundesminister der Finanzen
beisp.	beispielsweise
BetrAVG	Gesetz zur betrieblichen Altersversorgung
BewG	Bewertungsgesetz
BFH	Bundesfinanzhof
BFuP	Betriebswirtschaftliche Forschung und Praxis
BGB	Bürgerliches Gesetzbuch
BGH	Bundesgerichtshof
BilMoG	Bilanzrechtsmodernisierungs-gesetz
BMF	Bundesminister(ium) der Finanzen
BMWF	Bundesminister(ium) für Wirtschaft und Finanzen
BPG	Buchprüfungsgesellschaft
BS	Bilanzsumme
bspw.	beispielsweise
BStBl.	Bundessteuerblatt
bzgl.	bezüglich
bzw.	beziehungsweise

d. h.	das heißt
DB	Der Betrieb
DBO	defined benefit obligation
DIHT	Deutscher Industrie- und Handelstag
DRS	Deutsche Rechnungslegungs-standards
durchschn.	durchschnittlich(e)
e. V.	eingetragener Verein
EFG	Entscheidungen der Finanzgerichte
EGHGB	Einführungsgesetz zum Handelsgesetzbuch
EK	Einzelkosten
EStDV	Einkommensteuer-Durchführungsverordnung
EStG	Einkommensteuergesetz
EStR	Einkommsteuer-Richtlinien
etc.	et cetera
EuGH	Europäischer Gerichtshof
EuroBilG	Euro Bilanzgesetz
exkl.	exklusive
FG	Finanzgericht
Fifo	First in – first out
G	Leasinggeber
GE	Geldeinheiten
gem.	gemäß
GenG	Genossenschaftsgesetz
ggf.	gegebenenfalls
GmbH	Gesellschaft mit beschränkter Haftung
GmbHG	Gesetz betreffend die Gesellschaft mit beschränkter Haftung
GMZ	Gesamtmietzeit
GoB	Grundsätze ordnungsmäßiger Buchführung
GoBil	Grundsätze ordnungsmäßiger Bilanzierung
GoD	Grundsätze ordnungsmäßiger Dokumentation
GoF	Geschäfts- oder Firmenwert
GoI	Grundsätze ordnungsmäßiger Inventur
grds.	grundsätzlich
GuV	Gewinn- und Verlustrechnung
HFA	Hauptfachausschuss des IDW
HGB	Handelsgesetzbuch
Hifo	Highest in – first out
HK	Herstellungskosten
h. M.	herrschende Meinung
HR	Handelsregister
Hrsg.	Herausgeber
i. d. R.	in der Regel
i. e. S.	im engeren Sinne
i. H. v.	in Höhe von

inkl.	Inklusive
i.R.d.	im Rahmen der (des)
i. S. d.	im Sinne des (der)
i. S. v.	im Sinne von
i. V.	in Verbindung
i. V. m.	in Verbindung mit
i. w. S.	im weiteren Sinne
IAS	International Accounting Standard(s)
IASB	International Accounting Standards Board
IDW	Institut der Wirtschaftsprüfer in Deutschland e. V.
IFRS	International Financial Reporting Standard(s)
IHK	Industrie- und Handelskammer
KapCoRiLiG	Kapitalgesellschaften- und Co.-Richtlinie-Gesetz
KG	Kommanditgesellschaft
KI	Kreditinstitute
Kifo	Konzern in – first out
Kilo	Konzern in – last out
KoR	Zeitschrift für internationale und kapitalmarktorientierte Rechnungslegung
KStG	Körperschaftsteuergesetz
Lifo	Last in – first out
Lofo	Lowest in – first out
MA	Mitarbeiterzahl
ME	Mengeneinheiten
N	Leasingnehmer
n.A.	neuere Ansicht
ND	Nutzungsdauer
Nr.	Nummer
NWP	Niederstwertprinzip
o. a.	oben aufgeführt(e)
OCI	other comprehensive income
o. g.	oben genannt
OHG	offene Handelsgesellschaft
PSMC	IFRS Practice Stament Management Commentary
PublG	Gesetz über die Rechnungslegung von bestimmten Unternehmen und Konzernen (Publizitätsgesetz)
R	Richtlinie
RAP	Rechnungsabgrenzungsposten
RBF	Rentenbarwertfaktor
rev.	revised
Rz.	Randziffer
S.	Seite
sog.	sogenannte
StGB	Strafgesetzbuch

Tab.	Tabelle
teilw.	teilweise
TÜV	Technischer Überwachungsverein
Tz.	Textziffer
U	Umsatzerlöse
u. Ä.	und Ähnliche(s)
u. a.	und andere/unter anderem
USt	Umsatzsteuer
u. U.	unter Umständen
UrhG	Urhebergesetz
UStG	Umsatzsteuergesetz
usw.	und so weiter
vBP	vereidigter Buchprüfer
vgl.	vergleiche
VU	Versicherungen
WGF	Wiedergewinnungsfaktor
WiSt	Wirtschaftswissenschaftliches Studium
WP	Wirtschaftsprüfer
WPg	Die Wirtschaftsprüfung
WPG	Wirtschaftsprüfungs-gesellschaft
WpÜG	Wertpapiererwerbs- und Übernahmegesetz
Z	Zugänge
z. B.	zum Beispiel
z. T.	zum Teil
ZfB	Zeitschrift für Betriebswirtschaft
zzgl.	zuzüglich

Teil 1:
Bilanzierung nach HGB

I. Grundlagen der handelsrechtlichen Rechnungslegung

A. Klassische Bilanztheorien

Bilanztheorien versuchen, unabhängig von den rechtlichen Rahmenbedingungen und aus rein betriebswirtschaftlichen Gesichtspunkten, den Sinn und Zweck sowie die Konzeption der handelsrechtlichen Rechnungslegung abzuleiten. Sie sind Ausdruck der bis dato kontroversen Diskussion über die grundlegende Zielsetzung, den formalen Aufbau sowie die inhaltliche Ausgestaltung eines Jahresabschlusses und lassen sich insofern nach den unterschiedlichsten Kriterien abgrenzen. Aus der Vielzahl der unterschiedlichen Bilanztheorien soll im Folgenden lediglich auf die *klassischen Bilanztheorien* eingegangen werden. Diese gliedern die verschiedenen Ansätze nach dem vorrangigen Zweck des Jahresabschlusses bzw. dem Verhältnis der Bilanz zur Gewinn- und Verlustrechnung. Nach diesen Kriterien unterscheidet man die *statische, dynamische* und *organische Bilanztheorie* (vgl. *Abb. 1*).

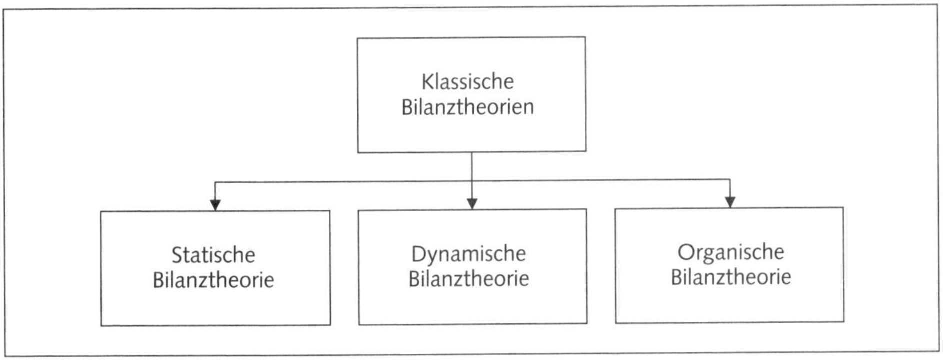

Abb. 1: Klassische Bilanztheorien

Statische Bilanztheorie (Simon u.a., 1886)
Nach der statischen Bilanztheorie besteht die wesentliche Zielsetzung der handelsrechtlichen Rechnungslegung in der jährlichen Ermittlung des Vermögens eines Kaufmanns bzw. eines Unternehmens. Zu diesem Zweck sollen zum Schluss eines jeden Geschäftsjahres sämtliche Vermögensgegenstände und Schulden in einer Bilanz erfasst und das Reinvermögen ermittelt werden. Die Bilanz stellt somit eine Vermögensbilanz dar, in der die Kapitalstruktur offen gelegt und die Eigen- und Fremdkapitalgeber sowie andere Jahresabschlussadressaten über die Verwendung des investierten Kapitals informiert werden. Insofern dient die Bilanz nach der statischen Bilanzauffassung der Rechenschaft und dem Gläubigerschutz. Der Gewinnermittlung wird demgegenüber lediglich

eine untergeordnete Bedeutung beigemessen. Der Gewinn ergibt sich vielmehr aus der Reinvermögensänderung zwischen zwei Abschlussstichtagen.

Hinsichtlich der Bewertungsvorschriften existieren innerhalb der statischen Bilanztheorie zwei grundsätzliche Ausprägungen. Unterschieden werden die *Zerschlagungs-* von den *Fortführungsstatikern*. Für *Zerschlagungsstatiker* ist die vorrangige Zielsetzung des Jahresabschlusses festzustellen, ob das vorhandene Vermögen die gegebenen Schulden auch bei Zerschlagung des Unternehmens decken kann (sog. Schuldendeckungsfähigkeit). Demgegenüber unterstellen die *Fortführungsstatiker*[1] den Fortbestand des Unternehmens auch über den Abschlussstichtag hinaus (Going-Concern-Prämisse, § 252 Abs. 1 Nr. 2 HGB), so dass die wesentliche Aufgabe des Jahresabschlusses darin besteht, das Reinvermögen bzw. den mit möglichst geringem Risiko behafteten Reinvermögenszuwachs und damit den ausschüttbaren Gewinn zu ermitteln.

Allerdings werden dabei nicht alle für die zukünftige Unternehmenstätigkeit nützlichen Sachverhalte als Vermögensgegenstände angesehen, sondern vielmehr der Kreis der als Aktiva zu bilanzierenden Güter auf sämtliche beweglichen und unbeweglichen körperlichen Gegenstände, Forderungen und immaterielle Vermögensgegenstände beschränkt. Immaterielle Vermögensgegenstände dürfen nur dann erfasst werden, wenn zu ihrer Erlangung unmittelbare Ausgaben (sog. Primärausgaben) geleistet werden. Rechte dürfen aktiviert werden, sofern sie entgeltlich von Dritten erworben wurden (sog. derivativer Erwerb).[2] Passivierungsfähig sind neben dem Eigenkapital lediglich Schulden, die auf einer rechtlichen Verpflichtung beruhen.

Für die Bewertung fordern die Fortführungsstatiker entsprechend dem Grundsatz der Einzelbewertung den Ansatz zum individuellen Wert. Dies bedeutet, dass Gegenstände, die veräußert werden, höchstens zu ihrem Veräußerungspreis angesetzt werden dürfen. Bei Posten des Anlagevermögens ist der, eventuell um Abschreibungen gekürzte, Erwerbspreis zu aktivieren. Daraus ergibt sich der Vorteil, dass die Jahresabschlussinformationen einen hohen Objektivierungsgrad aufweisen. Der Nachteil des statischen Ansatzes besteht darin, dass den Adressaten der Rechnungslegung zu wenig Informationen über die aktuelle Zahlungsfähigkeit des Unternehmens bereitgestellt werden.

Der Einfluss der statischen Bilanzlehre reicht bis in das geltende Bilanzrecht. So spiegelt sich der Ansatz u. a. in den handelsrechtlichen Vorschriften über die Aufstellung des Inventars (§§ 240, 241 HGB), der Bilanz (§ 242 HGB), über die Begrenzung von Rückstellungen und Rechnungsabgrenzungsposten (§§ 249, 250 HGB) sowie über die Bewertung (§ 252 Abs. 1 Nr. 3 HGB (Grundsatz der Einzelbewertung) und § 253 HGB (Anschaffungskostenprinzip)) wider.

Dynamische Bilanztheorie (Schmalenbach u. a., 1919)

Nach der dynamischen Bilanztheorie besteht die wesentliche Aufgabe des Jahresabschlusses darin, einen vergleichbaren und verursachungsgerechten Periodenerfolg zur Steuerung des Unternehmens zu bestimmen. Der Erfolg entsteht dabei aber nicht aus einem Vergleich unterschiedlicher Kapitalbestände zu verschiedenen Zeitpunkten, son-

1 Vgl. *Moxter* (1986), S. 6.
2 Vgl. *Simon* (1899), S. 169.

dern aus der Differenz zwischen periodisierten, betrieblichen Einnahmen (Erträgen) und periodisierten, betrieblichen Ausgaben (Aufwendungen). Dies ergibt sich aus der Notwendigkeit, die Existenzzeit eines Unternehmens (Totalperiode) in einzelne Geschäftsjahre (Teilperioden) zu zerlegen. Sie führt dazu, dass der Bilanz beim dynamischen Ansatz der Charakter eines Zwischenkontos über die noch nicht erfolgswirksam gewordenen Ausgaben und Einnahmen zukommt, während die in der abgelaufenen Periode realisierten Ausgaben und Einnahmen als Aufwand und Ertrag in der Gewinn- und Verlustrechnung erfolgswirksam erfasst werden.[1] Die Bilanz ist demnach ausschließlich »Dienerin« der Erfolgsrechnung.

Abgesehen von reinen Zahlungsvorgängen werden in der Bilanz lediglich sog. »schwebende Posten« erfasst. Diese beruhen darauf, dass Geschäftsvorgänge nicht in derselben Periode erfolgswirksam sind, in der die dazugehörigen Zahlungen anfallen. Die Bilanz enthält insofern folgende Abgrenzungsposten:

Aktiva (schwebende Vorleistungen)
- Ausgaben, die noch nicht Aufwand sind (z. B. noch abzuschreibende Maschinen);
- Ausgaben, die noch nicht Einnahmen sind (z. B. gewährte Darlehen);
- Erträge, die noch nicht Aufwand sind (z. B. selbst erstellte Anlagen);
- Erträge, die noch nicht Einnahmen sind (z. B. Forderungen aus Lieferung und Leistung).

Passiva (schwebende Nachleistungen)
- Aufwendungen, die noch nicht Ausgaben sind (z. B. Gefahrenrückstellungen);
- Einnahmen, die noch nicht Ausgaben sind (z. B. erhaltene Darlehen);
- Aufwendungen, die noch nicht Erträge sind (z. B. Rückstellungen für unterlassene Reparaturen, die selbst ausgeführt werden);
- Einnahmen, die noch nicht Erträge sind (z. B. Vorauszahlungen von Kunden).

Es ist als Verdienst Schmalenbachs anzusehen, dass der Jahresabschluss als Instrument zur Ermittlung eines vergleichbaren, periodengerechten Erfolgs herangezogen wird. Dies ist insbesondere in folgenden von ihm propagierten Konzeptionen begründet:

- Realisationsprinzip (§ 252 Abs. 1 Nr. 4 HGB);
- Anschaffungs- und Herstellungskostenprinzip (§ 253 Abs. 1 Satz 1 HGB);
- Niederstwertvorschriften (§ 253 Abs. 3 und 4 HGB);
- Abschreibungen als Verteilung der Anschaffungs- und Herstellungskosten auf die Nutzungsdauer (§ 253 Abs. 3 Satz 1 und 2 HGB);
- Stetigkeit der Bewertungsmethoden (§ 252 Abs. 1 Nr. 6 HGB);
- Zuschreibungsverbot für planmäßig abgeschriebene Anlagen.

Der Vorteil des dynamischen Abschlusses ist darin zu sehen, dass die Jahresabschlussinformationen einen hohen Erkenntniswert besitzen und insofern der ermittelte Periodenerfolg als Mittel zur Steuerung des Unternehmens herangezogen werden kann.

1 Vgl. *Schmalenbach* (1962), S. 51.

Nachteilig ist die geringe Objektivität der dynamischen Rechnungslegung, da das Verursachungsprinzip über die Erfassung von Sachverhalten entscheidet und demnach die Bilanzierung einem gewissen subjektiven Ermessen unterliegt.

Organische Bilanztheorie (Schmidt, 1921)
Während im Rahmen der statischen bzw. dynamischen Bilanztheorie die Vermögensdarstellung bzw. die periodengerechte Erfolgsermittlung als jeweils vorrangiges Rechnungslegungsziel angesehen werden, verfolgt die organische Bilanztheorie die dualistische Zielsetzung einer gleichzeitigen Erfolgs- und Vermögensermittlung (sog. gesamtwirtschaftlicher Ansatz). Das Hauptanliegen dieses Bilanzansatzes liegt in der Eliminierung konjunkturabhängiger Geldwertschwankungen mit dem Ziel, nicht nur das Nominalkapital, sondern die leistungswirtschaftliche Substanz des Unternehmens zu erhalten. Gemäß der organischen Bilanzlehre erzielt ein Unternehmen nur dann einen positiven Erfolg, wenn es im Geschäftsjahr seine relative Stellung in der Gesamtwirtschaft behaupten kann. Insofern muss bei der Ausschüttungspolitik berücksichtigt werden, dass bei Preissteigerungen ein Teil der Unternehmensgewinne dazu verwendet werden muss, das güterwirtschaftliche Leistungspotential bei seiner Wiederbeschaffung auf dem gleichen Niveau zu halten (sog. inflationsbedingte Scheingewinne).[1] Folglich darf lediglich der absatzbedingte Umsatzgewinn ausgewiesen und besteuert bzw. ausgeschüttet werden.

Beispiel

Waren werden zu einem Preis von 300 € beschafft und für 350 € weiterveräußert. Der Tagesbeschaffungspreis beträgt 330 €.
⇒ Nominalgewinn: 50 €, inflationsbedingter Absatzgewinn: 30 €, absatzbedingter Umsatzgewinn: 20 €.

Aus diesem Grund verlangt die organische Bilanztheorie, dass Vermögensgegenstände am Abschlussstichtag höchstens mit ihren fortgeführten Wiederbeschaffungs- oder Wiederherstellungswerten angesetzt werden dürfen (sog. Tageswertprinzip). Übersteigt der Wiederbeschaffungswert die Anschaffungskosten, sind die periodischen Abschreibungen proportional zum gestiegenen Wiederbeschaffungswert zu erhöhen. Auf diese Weise wird sichergestellt, dass die über die Abschreibungen an das Unternehmen gebundenen finanziellen Mittel zur Wiederbeschaffung eines gleichartigen Vermögensgegenstandes in ausreichendem Maße zur Verfügung stehen.

Die organische Bilanzauffassung zeigt sich in den handelsrechtlichen Vorschriften über die Zulässigkeit der Festbewertung (§ 240 Abs. 3 HGB) und von Bewertungsvereinfachungsverfahren (§ 256 HGB).

1 Vgl. *Schmidt* (1951), S. 102–108 und 112–116.

B. Rechnungslegungszwecke

Nach Maßgabe der §§ 238 Abs. 1 und 242 Abs. 1 HGB ist grundsätzlich jeder Kaufmann verpflichtet

- *Bücher zu führen*, aus denen die Lage seines Vermögens nach den Grundsätzen ordnungsmäßiger Buchführung ersichtlich wird und
- *eine Bilanz aufzustellen* (am Beginn seines Handelsgewerbes und für den Schluss eines jeden Geschäftsjahres).

Sollte der Kaufmann dieser Aufstellungspflicht nicht nachkommen, so drohen ihm Zwangsgelder entsprechend der §§ 14, 335 und 335b HGB.

Mit Hilfe der Buchführungs- und Bilanzaufstellungspflicht werden die betrieblichen Güter- und Zahlungsströme eines Unternehmens nicht nur dokumentiert, sondern auch gesteuert, da sie gleichzeitig als Grundlage für das Controlling und für die im Unternehmen vorzunehmenden Planungsrechnungen dienen. Aber nicht nur internen, sondern auch externen Adressaten dient die Buchführungs- und Bilanzierungspflicht zur Gewinnung von Informationen über die Vermögens-, Finanz- und Ertragslage des Unternehmens.

Die Zwecke der Rechnungslegung, im Sinne des Führens von Büchern und des Aufstellens von Jahresabschlüssen, können, wie in *Abb. 2* dargestellt, unterteilt werden:

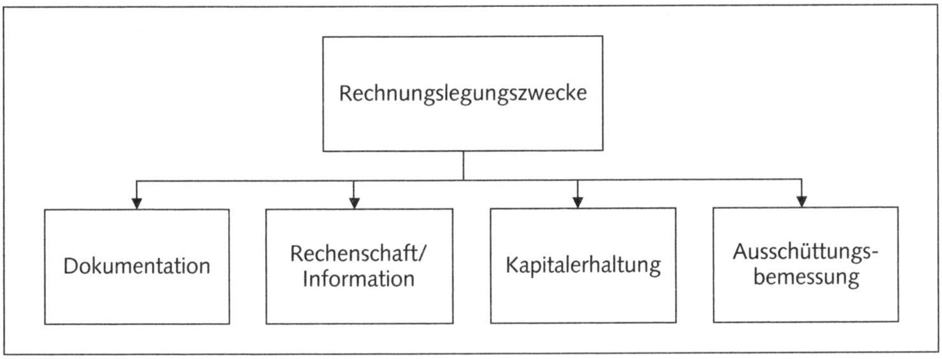

Abb. 2: Rechnungslegungszwecke

Dokumentation

Das HGB verlangt vom Kaufmann gem. § 238 Abs. 1 eine übersichtliche, vollständige und für Dritte nachvollziehbare Aufzeichnung aller Geschäftsvorfälle. Sämtliche innerhalb eines Geschäftsjahres aufgezeichneten güter- und finanzwirtschaftlichen Vorgänge bilden die Grundlage für die Anfertigung des vom Gesetzgeber geforderten Jahresabschlusses.[1] Neben dieser grundlegenden Funktion erfüllt die Dokumentation aller

1 Vgl. *Baetge/Kirsch/Thiele* (2011), S. 93.

Geschäftsvorfälle zudem eine Schutzfunktion und eine Beweisfunktion (z. B. bei dolosen Handlungen oder Unterschlagungen). Darüber hinaus stellt die handelsrechtliche Buchführungspflicht die Grundlage für die Erstellung einer Bilanz nach dem Steuerrecht (§ 140 AO) dar.

Rechenschaft und Information

Mit Hilfe des Jahresabschlusses soll der Adressatenkreis – insbesondere Anteilseigner und Gläubiger, aber auch Kunden, Lieferanten, Arbeitnehmer, der Staat und die Öffentlichkeit – über die wirtschaftliche Lage (Vermögens-, Finanz- und Ertragslage) des Unternehmens informiert werden. Des Weiteren dient der Jahresabschluss auch der Selbstinformation des Kaufmanns, d. h. Jahresabschlussinformationen werden zur Steuerung und Kontrolle des Unternehmens herangezogen. Zudem ermöglicht der Jahresabschluss eine Rechenschaftslegung über die Verwendung des von den Eigen- und Fremdkapitalgebern anvertrauten Kapitals (Rechenschaftsfunktion).

Kapitalerhaltung

Der handelsrechtliche Jahresabschluss hat nicht die reale, d. h. die inflationsbereinigte Kapitalerhaltung, sondern die Erhaltung des Nominalkapitals zum Zweck. Der Grund für die Beschränkung dieses Grundsatzes auf die Erhaltung des Nominalkapitals liegt in der dadurch gewährleisteten Objektivität des Jahresabschlusses. Deutlich wird das Prinzip der nominellen Kapitalerhaltung z. B. am Anschaffungskostenprinzip. Danach bilden die Anschaffungs- bzw. die Herstellungskosten[1] die Obergrenze für die Bewertung von Vermögensgegenständen. Ein aktueller Wert, der über den Anschaffungs- oder Herstellungskosten liegt, kann im Jahresabschluss grundsätzlich nicht zum Ansatz kommen. Die Anschaffungs- oder Herstellungskosten stellen eine objektive Größe dar, wohingegen die Ermittlung des Tageswertes durch subjektives Ermessen beeinflusst wird. Im Interesse einer intersubjektiv nachprüfbaren Größe wird daher auf eine reale Kapitalerhaltung, d. h. auf die Zulässigkeit der Bewertung zu (höheren) Wiederbeschaffungs- bzw. Wiederherstellungskosten, verzichtet.

Ausschüttungsbemessung

Die Ermittlung des Periodenerfolges anhand des Jahresabschlusses bildet die Bemessungsgrundlage für die maximal mögliche Ausschüttung an die Anteilseigner.

Die Rechnungslegungszwecke werden durch die übergeordnete Zielsetzung des Gläubigerschutzes bestimmt bzw. begrenzt. Der Gläubigerschutzgedanke findet seinen Niederschlag u. a. im Vorsichtsprinzip und dem Realisations- bzw. Imparitätsprinzip, die das Vorsichtsprinzip konkretisieren.[2] Nach dem Realisationsprinzip dürfen erzielte Gewinne erst dann ausgewiesen werden, wenn sie über den Umsatzprozess realisiert sind. Dies beeinträchtigt sowohl die Dokumentations- als auch die Informationsfunktion, schützt aber die Gläubiger, da nicht ausgewiesene Gewinne weder versteuert noch ausgeschüttet werden. Ihr Gegenwert verbleibt im Unternehmen und stärkt dessen

1 Vgl. auch Kap. III.B.2.
2 Vgl. auch Kap. I. D.3.

Fähigkeit zur Tilgung und zu Zinszahlungen. Aus den gleichen Gründen sind bestimmte Erfolgsbestandteile mit einer Ausschüttungssperre belegt.[1] Das Imparitätsprinzip verlangt auch den Ausweis unrealisierter Verluste. Dies reduziert den ausschüttungsfähigen Gewinn.

C. Gesetzliche Grundlagen

Für die Erstellung des Jahresabschlusses sind neben den handelsrechtlichen Vorschriften, die im Dritten Buch des HGB (§§ 238–342e HGB) enthalten sind, auch ergänzende Vorschriften zu beachten. *Abb. 3* gibt einen Überblick über die relevanten Normen.

Die Vorschriften für Kapitalgesellschaften sind nach Größenklassen differenziert. Im HGB wird zwischen kleinen, mittelgroßen und großen Kapitalgesellschaften unterschieden, wobei die Vorschriften mit zunehmender Unternehmensgröße strenger werden. Die Größenklassenermittlung erfolgt nach § 267 HGB unter Zugrundelegung der in *Tab. 1* veranschaulichten Kriterien.

	Größenkriterien		
	Bilanzsumme (BS) [Mio. €]	Umsatzerlöse (U) [Mio. €]	Durchschnittliche Mitarbeiterzahl (MA)
Kleine	BS ≤ 4,840	U ≤ 9,680	MA ≤ 50
Mittelgroße	4,840 < BS ≤ 19,250	9,680 < U ≤ 38,500	50 < MA ≤ 250
Große	BS > 19,250	U > 38,500	MA > 250

Tab. 1: Größenkriterien nach dem HGB

Für die Zuordnung eines Unternehmens zu einer Größenklasse ist erforderlich, dass mindestens zwei der drei Kriterien an zwei aufeinander folgenden Abschlussstichtagen erfüllt werden. Handelt es sich um eine Neugründung oder Umwandlung des Unternehmens, so erfolgt die Zuordnung zu einer Größenklasse am ersten Abschlussstichtag nach der Neugründung oder Umwandlung (vgl. § 267 Abs. 4 Satz 2 HGB). Kapitalmarktorientierte Kapitalgesellschaften i. S. d. § 264d HGB gelten gem. § 267 Abs. 3 Satz 2 HGB stets als große Kapitalgesellschaften.

Die für Kapitalgesellschaften geltenden Vorschriften gelten z. T. auch für Einzelunternehmen und Personengesellschaften, sofern diese Unternehmen unter § 5 Abs. 1 PublG fallen. Die Voraussetzungen dafür, dass Einzelunternehmen und Personengesellschaften unter das PublG fallen, sind im § 1 PublG aufgeführt und in *Tab. 2* veranschaulicht.

Wenn mindestens zwei der drei Kriterien an drei aufeinander folgenden Abschlussstichtagen erfüllt sind, gelten die Voraussetzungen für die Anwendung des PublG als gegeben.

1 Vgl. § 268 Abs. 8 HGB, §§ 58 und 150 AktG, §§ 29 und 30 GmbHG.

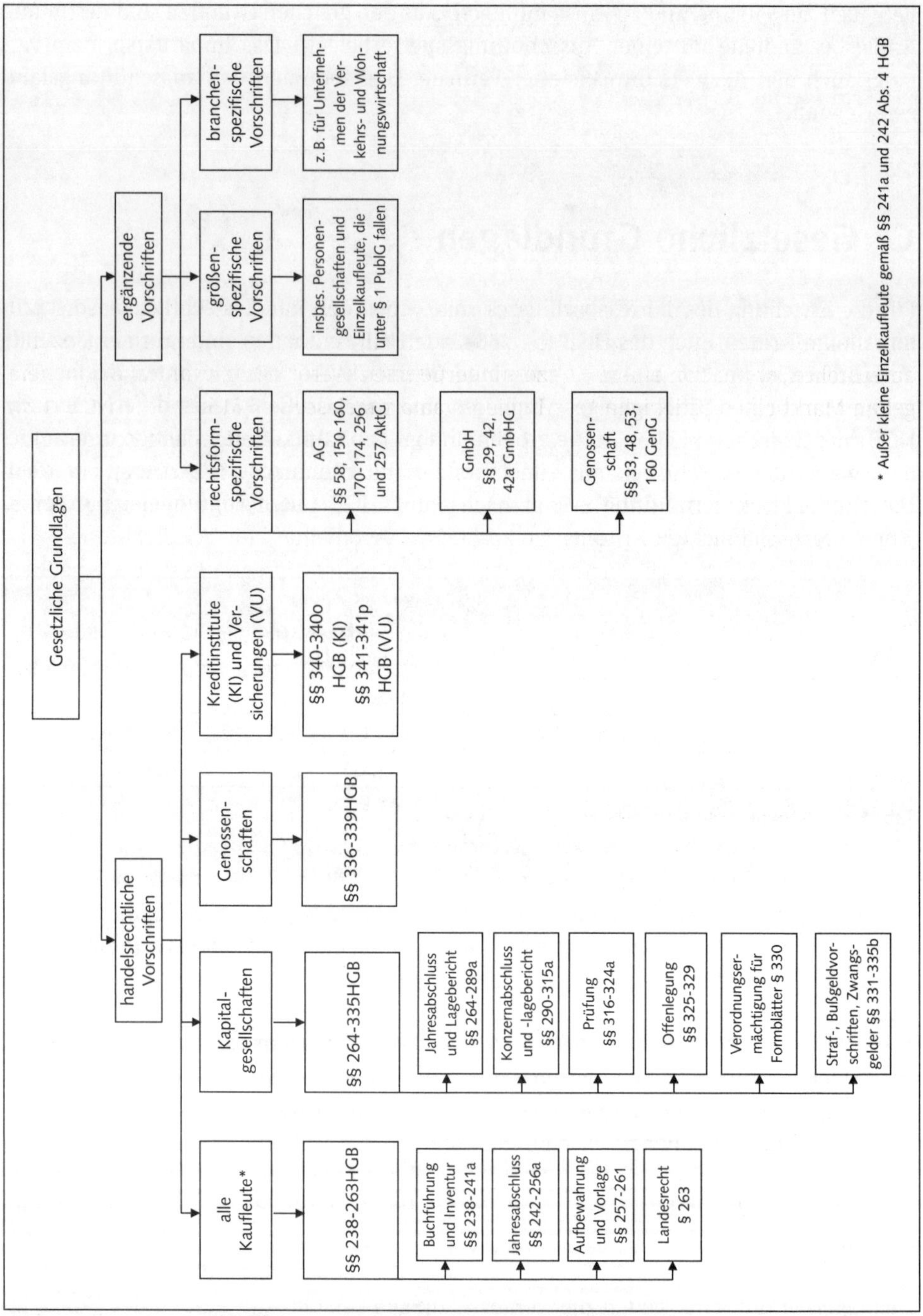

Abb. 3: Gesetzliche Grundlagen für die Erstellung eines Jahresabschlusses

Kriterien	Größenkriterien
Bilanzsumme	> 65 Mio. €
Umsatzerlöse	> 130 Mio. €
Durchschnittliche Mitarbeiterzahl	> 5.000

Tab. 2: Größenkriterien nach dem PublG

Ein Mutterunternehmen ist nach § 290 Abs. 1 und 2 HGB verpflichtet, einen Konzernabschluss aufzustellen, wenn dieses einen beherrschenden Einfluss auf die Tochterunternehmen ausüben kann (Control-Verhältnis). Konzerne, die dem Recht eines EG-Mitgliedstaates unterliegen, haben einen Konzernabschluss nach den Regeln der IAS/IFRS aufzustellen, wenn von einem Konzernunternehmen Wertpapiere zum Handel im geregelten Markt eines beliebigen EG-Mitgliedsstaats zugelassen (§ 315a Abs. 1 HGB) bzw. beantragt worden sind (§ 315a Abs. 2 HGB) (sog. kapitalmarktorientierte Konzerne).

Gem. § 315 Abs. 3 HGB haben nicht kapitalmarktorientierte Unternehmen ein Wahlrecht zur Aufstellung eines IFRS-Konzernabschlusses. Ein Mutterunternehmen, welches einen Konzernabschluss erstellt, ist zusätzlich verpflichtet, für Ausschüttungs- und Steuerbemessungszwecke einen HGB-Einzelabschluss sowie ggf. zusätzlich eine Steuerbilanz zu erstellen.

§ 325 Abs. 2a HGB gestattet es großen Kapitalgesellschaften, im Rahmen ihrer Bundesanzeigerpublizität, anstelle eines HGB-Einzelabschlusses, einen IFRS-Einzelabschluss offen zu legen. Sie müssen aber dennoch einen HGB-Einzelabschluss erstellen und diesen beim Elektronischen Bundesanzeiger gemäß § 325 HGB einreichen.[1]

Aufgabe 1: Größenkriterien

Die Müller-GmbH wurde im Jahr 2008 gegründet. Für die Jahresabschlüsse 2008 bis 2012 ergeben sich folgende Größenmerkmale:

Jahr	Bilanzsumme [Mio.]	Umsatzerlöse [Mio. €]	Durchschnittliche Mitarbeiterzahl
2008	3,1	9,7	40
2009	6,5	18	45
2010	3,0	12,9	100
2011	20	26	280
2012	8,9	39	200

Am 01.04.2012 wurde das Unternehmen aufgrund der Finanzierung der Wachstumsstrategie in eine Aktiengesellschaft umgewandelt, um eine Notierung am geregelten Markt aufzunehmen.
In welche Größenklassen ist das Unternehmen für die Geschäftsjahre einzuordnen?

➔ Lösung auf Seite 307

1 Zu den Offenlegungsvorschriften vgl. ausführlich Kap. V.

D. Grundsätze ordnungsmäßiger Buchführung

Neben den handelsrechtlichen Vorschriften, die nicht alle Probleme der Buchführung detailliert regeln, sind die Grundsätze ordnungsmäßiger Buchführung (GoB) im Rahmen der

- Buchführungspflicht (§ 238 Abs. 1 Satz 1 und § 239 Abs. 4 Satz 1 HGB),
- Inventurvereinfachungsverfahren (§ 241 HGB),
- Aufstellung des Jahresabschlusses (§ 243 HGB) und
- Bewertungsvereinfachungsverfahren (§ 256 HGB) zu beachten.

Die handelsrechtlichen GoB werden analog im Steuerrecht im Rahmen der Gewinnermittlung von Vollkaufleuten und bestimmten anderen Gewerbetreibenden angewendet (vgl. § 5 Abs. 1 EStG).

Grundsätzlich konkretisieren und ergänzen die GoB die gesetzlichen Einzelvorschriften. Für die Rangfolge der Rechtsanwendung gilt, dass die Gesetzesvorschriften vor den GoB anzuwenden sind. Die GoB kommen dann zur Anwendung, wenn keine gesetzliche Regelung zu einem bestimmten Problem existiert oder Zweifel bei der Anwendung und Auslegung der gesetzlichen Vorschriften bzw. Lücken innerhalb der Vorschriften vorliegen.

Zur Herleitung der GoB existieren die *induktive*, die *deduktive* und die *hermeneutische Methode.*

Induktive Methode

Nach der induktiven Methode sollen die GoB aus den »Anschauungen ordentlicher, ehrenwerter Kaufleute« abgeleitet werden.[1] Problematisch ist die Festlegung der Kriterien für einen ehrenwerten Kaufmann. Zudem können keine anderen Personenkreise an der Entwicklung teilnehmen. Darüber hinaus versagt die induktive Methode bei neuen Bilanzierungsproblematiken.

Deduktive Methode

Im Rahmen der deduktiven Methode werden die GoB aus den Zwecken der Rechnungslegung abgeleitet. Als Entscheidungshilfen für die Ableitung der Rechnungslegungszwecke kommen in Frage: »Gesetz und die zugrundeliegenden EG-Richtlinien, Rechtsprechung des BGH, des EuGH, des BFH, die Stellungnahmen des IDW zur Rechnungslegung (IDW St/HFA, IDW RS u. a.) einschließlich der zugehörigen Hinweise (IDW RH), gutachtliche Stellungnahmen des DIHT und der Industrie-und Handelskammern, die gesicherten Erkenntnisse der Betriebswirtschaftslehre, die Fachliteratur sowie die Bilanzierungspraxis ordentlicher Kaufleute«.[2] Auch die internationalen Rechnungslegungsgrundsätze des IASB bieten vor allem in der Konzernrechnungslegung zusätzliche Anhaltspunkte. Problematisch ist allerdings der fehlende dominierende Jahresabschlusszweck.

1 Vgl. *IDW* (2012), Tz. E 7.
2 Vgl. *IDW* (2012), Tz. E 8.

Hermeneutische Methode

Die hermeneutische Methode ist die ganzheitliche Methode der Auslegung handelsrechtlicher Bilanzierungsvorschriften anhand folgender Kriterien:

- Wortlaut und Wortsinn der gesetzlichen Vorschriften;
- Bedeutungszusammenhang der gesetzlichen Vorschriften;
- Entstehungsgeschichte der gesetzlichen Vorschriften;
- Gesetzesmaterialien und Ansichten des Gesetzgebers;
- Betriebswirtschaftliche bzw. objektiv-teleologische Gesichtspunkte;
- Verfassungskonformität.

Die GoB lassen sich in die drei Teilbereiche Grundsätze ordnungsmäßiger Dokumentation, Grundsätze ordnungsmäßiger Inventur und Grundsätze ordnungsmäßiger Bilanzierung aufgliedern (vgl. *Abb. 4*).

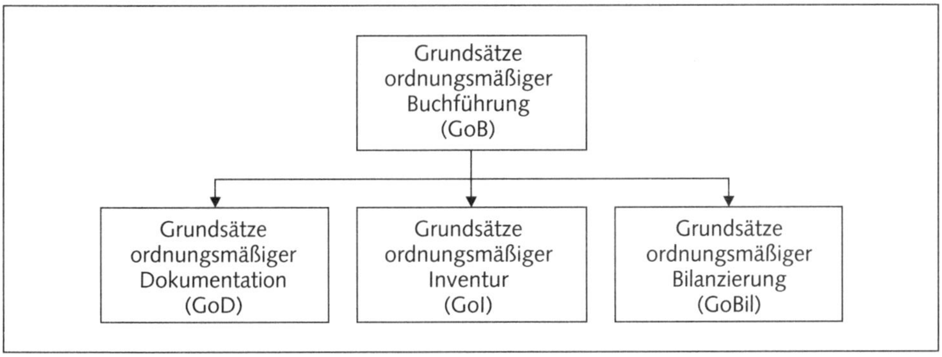

Abb. 4: Grundsätze ordnungsmäßiger Buchführung

1. Grundsätze ordnungsmäßiger Dokumentation

Die Grundsätze ordnungsmäßiger Dokumentation (GoD) dienen zur Sicherung der Aufzeichnung aller buchungspflichtigen Geschäftsvorfälle und können, wie in *Abb. 5* dargestellt, spezifiziert werden.[1]

Vollständigkeit

Die Buchführung muss alle Anfangsbestände der Aktiva und Passiva, sämtliche buchungspflichtigen Geschäftsvorfälle in fortlaufender zeitlicher Reihenfolge ihres Anfalls und alle materiellen Abschlussbuchungen enthalten. Ferner sind Saldierungen zu unterlassen.

1 Die Literatur bietet diesbezüglich unterschiedliche Klassifikationen. Die hier vorgestellte Einteilung orientiert sich an Buchner, vgl. *Buchner* (2005), S. 48.

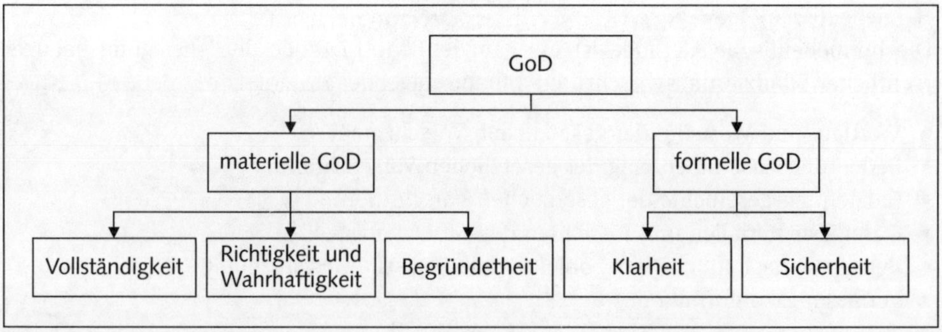

Abb. 5: Grundsätze ordnungsmäßiger Dokumentation

Richtigkeit und Wahrhaftigkeit

Dieser Grundsatz untersagt alle Manipulationen, die zu einer sachlichen Verfälschung der Buchführung führen, insbesondere durch

- Nicht-Buchung buchungspflichtiger Vorgänge,
- Verbuchung unwahrer Tatsachen oder
- Verbuchung unter falschen Bezeichnungen bzw. falschen Konten.

Begründetheit

Zur Beweissicherung muss jeweils zwischen einem buchungspflichtigen Geschäftsvorfall und der Buchung ein Beleg stehen.

Klarheit

Die Buchführung muss so beschaffen sein, dass diese von einem sachverständigen Dritten innerhalb angemessener Zeit zur Verschaffung eines Überblicks über die Geschäftsvorfälle sowie die Lage des Unternehmens ausgewertet werden kann (§ 238 Abs. 1 Satz 2 HGB). Es bedarf also einer klaren und übersichtlichen Buchführung, was u. a. durch

- die Nummerierung und Aufbewahrung von Buchführungsunterlagen,
- einer sachgerechten Kontierung,
- die Verwendung von Symbolen und
- Verweise zwischen Buchungen und Buchführungsunterlagen

erreicht werden kann.

Sicherheit

Die Sicherheit soll gewährleisten, dass die vorgefundenen Aufzeichnungen einer Buchführung den tatsächlichen Buchungen entsprechen sowie den sicheren Einblick in die Buchführung erleichtern.

2. Grundsätze ordnungsmäßiger Inventur

Die Grundsätze ordnungsmäßiger Inventur (GoI) sollen sicherstellen, dass die Vermögensgegenstände und Schulden vollständig, richtig, nachprüfbar und einzeln erfasst werden. Sie umfassen die in *Abb. 6* dargestellten Untergrundsätze.[1]

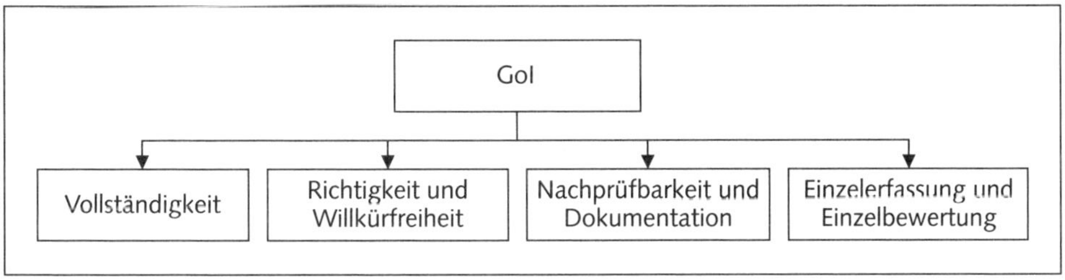

Abb. 6: Grundsätze ordnungsmäßiger Inventur

Vollständigkeit

Dieser Grundsatz verlangt die vollständige Aufnahme aller Vermögensgegenstände und Schulden im Inventar. Grundlage für das Inventar ist die Inventur. Insofern erfordert dieser Grundsatz auch eine vollständige Bestandsaufnahme. Die Pflicht zur Inventarisierung liegt beim wirtschaftlichen Eigentümer. In bestimmten Fällen fallen das wirtschaftliche Eigentum und das juristische Eigentum auseinander. So ist z. B. der Lieferant von unter Eigentumsvorbehalt gelieferten Waren bis zur endgültigen Bezahlung des Kaufpreises rechtlicher Eigentümer. Der Kunde hat die Verfügungsgewalt über die Ware und ist daher wirtschaftlicher Eigentümer. Inventarisierungspflichtig ist somit der Kunde.

Richtigkeit und Willkürfreiheit

Grundsätzlich gilt, dass der Aufwand für die Feststellung von Mengen und Werten wirtschaftlich vertretbar sein muss. Es bedarf daher keiner absoluten, sondern einer sachbezogenen Richtigkeit, d. h. die Vorgänge müssen möglichst fehlerfrei sein. Zudem gilt eine personenbezogene Willkürfreiheit für Vorgänge, die subjektiver Natur sind (z. B. kommen mehrere Sachverständige nicht immer zum gleichen Ergebnis). Willkürfreiheit bedeutet, dass der Kaufmann nach seiner inneren Überzeugung ein richtiges und somit willkürfreies Bild der Wirklichkeit geben muss.

Nachprüfbarkeit und Dokumentation

Das Inventar ist auf eine Art und Weise zu erstellen, die einem sachverständigen Dritten (d. h. einer mit Inventur- und Bilanzfragen vertrauten Person) die angemessene Überprüfung des Bilanzansatzes in vertretbarer Zeit ermöglicht. Voraussetzung für die Nachprüfbarkeit sind klare Aufzeichnungen der Bestandsaufnahme und im Inventar.

1 Vgl. hierzu insbesondere *Quick* (2000), S. 18–27.

Einzelerfassung und Einzelbewertung

Entsprechend dem Wortlaut des § 252 Abs. 1 Nr. 3 HGB sind Vermögensgegenstände und Schulden im Jahresabschluss einzeln zu bewerten. Für die Bewertung bedarf es auch der Kenntnis des Mengengerüsts. Insofern basiert die Bewertung auf der Bestandsaufnahme. Aus § 252 Abs. 1. Nr. 3 HGB ergibt sich somit das Erfordernis der Einzelerfassung bei der Inventur.

3. Grundsätze ordnungsmäßiger Bilanzierung

Die Grundsätze ordnungsmäßiger Bilanzierung (GoBil) sollen gewährleisten, dass der Jahresabschluss vollständig, inhaltlich richtig sowie klar und übersichtlich aufgestellt wird. Eine Übersicht über die Untergrundsätze der GoBil gibt *Abb. 7.*[1]

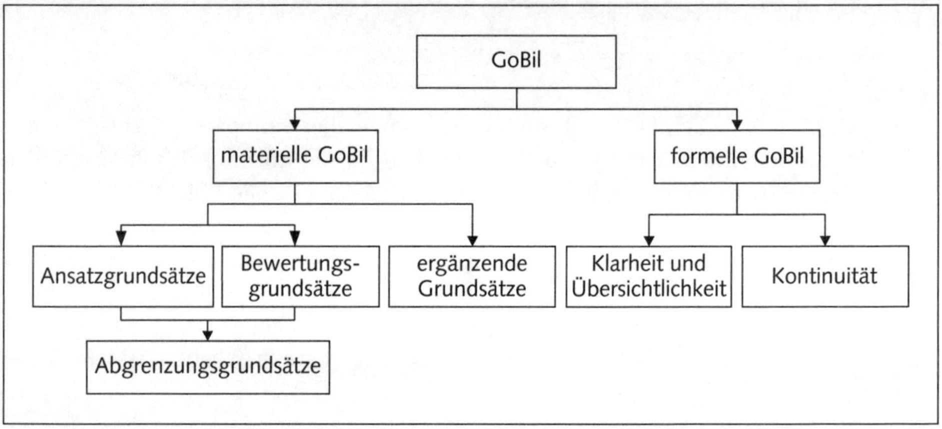

Abb. 7: Grundsätze ordnungsmäßiger Bilanzierung

Ansatzgrundsätze

Bei den Ansatzgrundsätzen geht es um die Frage des Bilanzinhaltes. Zu klären ist, wann ein Vermögensgegenstand zu aktivieren (Aktivierungspflicht) bzw. ein Schuldposten zu passivieren (Passivierungspflicht) ist.[2]

Bewertungsgrundsätze

Die Bewertungsgrundsätze können in drei Prinzipien unterteilt werden.

- Das Realisationsprinzip:
  Nach dem Realisationsprinzip dürfen nur realisierte Gewinne und Verluste in der Bilanz ausgewiesen werden.

1 In Anlehnung an *Buchner* (2005), S. 61.
2 Vgl. auch Kap. III.A.

- Das Imparitätsprinzip:
  Durch das Imparitätsprinzip wird die erfolgswirksame Antizipation unrealisierter, aber vorhersehbarer Aufwendungen, die nach dem Realisationsprinzip erst in künftigen Geschäftsjahren berücksichtigt würden, verfolgt.
- Das Prinzip der vorsichtigen Bewertung:
  Nach dem Prinzip der vorsichtigen Bewertung sollen entsprechend der traditionellen Auffassung Aktivgüter möglichst niedrig und Passivgüter möglichst hoch bewertet werden. Nach einer modernen Auslegung wird verlangt, dass für Bilanzpositionen, bei denen eine Bandbreite möglicher Wertansätze denkbar ist, solche Wertansätze zu wählen sind, die mit hinreichender Sicherheit nicht unter- (Aktiva) bzw. überschritten (Passiva) werden.

Abgrenzungsgrundsätze

- Abgrenzung nach der Sache:
  Den Erträgen sollen, sofern eine Zuordnung möglich ist, die durch sie verursachten bzw. ihnen entsprechenden Aufwendungen gegenübergestellt werden.
- Abgrenzung nach der Zeit:
  Zeitraumbezogene, erfolgswirksame Einnahmen und Ausgaben sind den einzelnen Rechnungsperioden pro rata temporis zuzurechnen. Außerordentliche Erfolgsbeiträge sind in der Periode zu verrechnen, in der diese anfallen.

Ergänzende Grundsätze

- Grundsatz der Wirtschaftlichkeit und Wesentlichkeit:
  - Wirtschaftlichkeit: Der Nutzen zusätzlicher Informationen muss die Kosten zur Bereitstellung der Informationen übersteigen.
  - Wesentlichkeit: Es sind nur solche Informationen zu verarbeiten, die für den Bilanzadressaten entscheidungsrelevant sind.
- Going-Concern-Prinzip:
  Im Rahmen des Going-Concern-Prinzips ist bei der Bewertung grundsätzlich von einer Fortführung der Unternehmenstätigkeit auszugehen.
- Grundsatz der Richtigkeit und Vollständigkeit.

Klarheit und Übersichtlichkeit

Nach dem Grundsatz der Klarheit und Übersichtlichkeit sind die Positionen des Jahresabschlusses so zu ordnen und zu bezeichnen, dass ihr Inhalt erkennbar ist. Zusammenfassungen, die zu Fehlinformationen der Adressaten führen, und Saldierungen dürfen nicht vorgenommen werden. Andererseits darf die Gliederungstiefe der Bilanz die Übersichtlichkeit nicht gefährden.

Kontinuität

Sie dient der Vergleichbarkeit einzelner Jahresabschlüsse im Zeitablauf. Es wird zwischen der formellen und der materiellen Kontinuität unterschieden.

- Formelle Kontinuität:
  Die formelle Kontinuität beinhaltet die Bilanzidentität (Schlussbilanz = Eröffnungsbilanz) und die Beibehaltung der Bilanzgliederung sowie des Abschlussstichtages.
- Materielle Kontinuität:
  Die materielle Kontinuität verlangt die Bewertungsstetigkeit (Beibehaltung von Bewertungsgrundsätzen und -methoden) und die Wertkontinuität (d. h. ein im alten Jahresabschluss bilanzierter Wert ist bei unveränderten Verhältnissen fortzuführen).

II. Buchführung, Inventur und Inventar

A. Handelsrechtliche Buchführungsvorschriften

Jeder Kaufmann ist gem. § 238 HGB zur Führung von Büchern verpflichtet, aus denen seine Handelsgeschäfte und die Lage seines Vermögens nach den Grundsätzen ordnungsmäßiger Buchführung ersichtlich werden.[1] *Kaufmann* i. S. d. HGB ist gem. § 1 Abs. 1 HGB, wer ein Handelsgewerbe betreibt. Ein *Handelsgewerbe* ist jeder Gewerbebetrieb, es sei denn, dass das Unternehmen nach Art oder Umfang keinen in kaufmännischer Weise eingerichteten Geschäftsbetrieb erfordert (§ 1 Abs. 2 HGB).

Die *Kaufmannseigenschaft* liegt somit nicht vor, wenn ein in kaufmännischer Weise eingerichteter Geschäftsbetrieb nicht erforderlich ist. Für die Abgrenzung, wann ein in kaufmännischer Weise eingerichteter Geschäftsbetrieb erforderlich erscheint, ist das Gesamtbild im gewöhnlichen Geschehensablauf maßgeblich, wobei hier nach zwei Arten von Kriterien unterschieden werden kann:[2]

- *Qualitativ strukturelle Kriterien* (»Art des Geschäftsbetriebs«) sind bspw.: Kontokorrentverkehr, Bilanzaufstellung, Vielzahl zu erbringender Leistungen, Vielzahl von Geschäftsverbindungen;
- *Quantitative Kriterien* (»Umfang des Geschäftsbetriebs«) sind bspw.: Bilanzsumme, Umsatzerlöse, Zahl der Arbeitnehmer, Zahl der Betriebsstätten.

Ein Gewerbetreibender, der diese Kriterien nicht erfüllt und somit kein Kaufmann i. S. d. § 1 Abs. 2 HGB ist, hat jedoch die Option zur Eintragung in das für ihn zuständige Handelsregister, wodurch er entsprechend § 2 HGB zum Kaufmann wird und somit der Buchführungspflicht unterliegt.

Formkaufleute bzw. Handelsgesellschaften (§ 6 HGB) gelten aufgrund der Rechtsform als Kaufleute und unterliegen somit der Buchführungspflicht. Die *Buchführungspflicht* obliegt allerdings nicht jedem einzelnen Gesellschafter, sondern bei einer

- AG dem Vorstand (§ 91 Abs. 1 AktG),
- GmbH den Geschäftsführern (§ 41 Abs. 1 GmbHG),
- OHG jedem Gesellschafter (§§ 114–118 HGB),
- KG jedem zur Geschäftsführung berufenen Komplementär (§ 161 Abs. 2 HGB) und
- Genossenschaft den Vorstandmitgliedern (§ 33 Abs. 1 GenG).

---

1 Steuerrechtlich sind weiterhin die §§ 140–141 AO relevant. Nach § 140 AO ergibt sich eine steuerrechtliche Buchführungspflicht aus anderen, nicht steuerrechtlichen Buchführungspflichten. § 141 AO verpflichtet grundsätzlich alle Gewerbetreibenden den Finanzbehörden gegenüber zur Buchführung, es sei denn, dass ihre Umsätze 500.000 € und ihr Gewinn 50.000 € im Wirtschaftsjahr nicht überschreiten.

2 Vgl. *Winkeljohann/Klein* (2012), § 238 HGB, Tz. 5.

Einzelkaufleute, die an zwei aufeinander folgenden Abschlussstichtagen nicht mehr als 500.000 € Umsatzerlöse und 50.000 € Jahresüberschuss aufweisen, sind nach § 241a HGB von der Buchführungspflicht (und von der Pflicht zur Erstellung eines Inventars; nach § 242 Abs. 4 auch von der Pflicht zur Erstellung eines Jahresabschlusses) befreit. Bei einer Neugründung reicht es für die Befreiung aus, wenn diese Voraussetzungen am ersten Abschlussstichtag nach der Neugründung erfüllt sind, wobei sich die Frage stellt, wie für neu gegründete Unternehmen, die keine Umsatz- und Jahresüberschusshistorie aufzuweisen haben, die Befreiungsgrößen zu ermitteln sind.

Einzelkaufleute, welche diese größenabhängige Befreiung in Anspruch nehmen dürfen, sollen ihre Rechnungslegung auf eine Einnahmen-Überschuss-Rechnung nach Maßgabe des § 4 Abs. 3 EStG beschränken dürfen, die durch eine einfache Grundkonzeption und Durchführung gekennzeichnet ist. Aus beiden Gesichtspunkten resultieren Kosteneinsparungen. Da Rechnungslegungsinformationen kleinerer Unternehmen nur für einen vergleichsweise kleinen Adressatenkreis von Interesse sind, ist aus dieser Deregulierung ein gesamtwirtschaftlich positiver Effekt zu erwarten.[1]

Diese Vereinfachung wurde im Zuge des BilMoG[2] eingeführt und bringt eine Annäherung an die Schwellenwerte des § 141 AO.[3] Von der ursprünglich vorgesehenen Erstreckung auch auf Personenhandelsgesellschaften und Genossenschaften wurde abgesehen. Im Zuge dieser Änderung wurden Bedenken dahingehend geäußert, dass die Befreiung von der Buchführungspflicht zu erheblichen Problemen bei der Aufklärung von Wirtschaftsstraftaten, Vermögensdelikten und Steuerstraftaten führt.

1. Beginn und Ende der Buchführungspflicht

Aufgrund der Verknüpfung der Buchführungspflicht mit dem Führen eines Gewerbebetriebes ist der Kaufmann unmittelbar mit Beginn seines Handelsgewerbes buchführungspflichtig. Das Ende der handelsrechtlichen Buchführungspflicht tritt ein, wenn

- ein Betrieb eingestellt wird (Liquidation, Insolvenz) oder
- ein als Kaufmann eingetragenes Unternehmen, das die Betriebsgröße nach § 1 Abs. 2 HGB unterschritten hat, die Eintragung auf Antrag löschen lässt (Löschungsantragsrecht).

Im Falle der Veräußerung des gesamten Betriebes geht die Buchführungspflicht auf den Erwerber über (vgl. § 141 Abs. 3 AO).

---

1 Vgl. *Fülbier/Gassen* (2007), S. 2607; *Zülch/Hoffmann* (2008), S. 1054–1055. Kritisch: *Schulze-Osterloh* (2008), S. 71.

2 Zu einer Diskussion vgl. *Kussmaul/Meyering* (2008).

3 Es ist zu beachten, dass der steuerliche Gewinn anders definiert ist als der handelsrechtliche Jahresüberschuss.

2. Inhalt der Buchführungspflicht

Es liegt keine vorgeschriebene Systembindung für die Buchführung vor. Allerdings ist die Buchführung so vorzunehmen, dass sich ein sachverständiger Dritter innerhalb einer angemessenen Zeit einen Überblick über die Höhe und Zusammensetzung des Vermögens verschaffen kann.[1] In den §§ 238 und 239 HGB werden Mindestanforderungen an die Führung von Handelsbüchern aufgezeigt (vgl. *Abb. 8*).

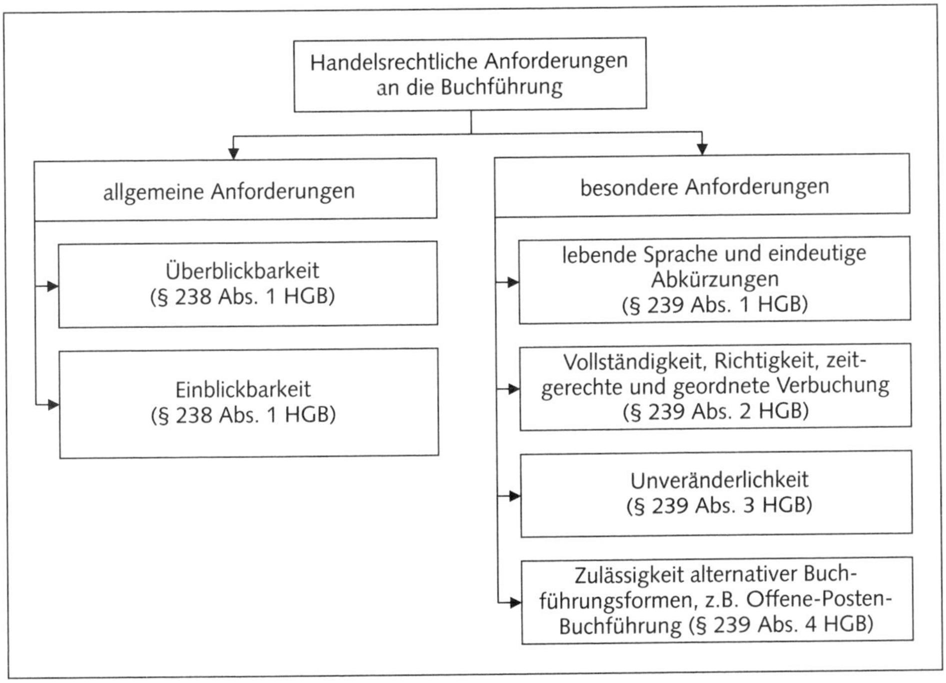

Abb. 8: Handelsrechtliche Anforderungen an die Buchführung

Es sind *allgemeine Anforderungen* von den *besonderen Anforderungen* an die Buchführung zu unterscheiden. Erstere verlangen bei Führung der Bücher zum einen eine Einblickbarkeit, nach der sich ein sachverständiger Dritter (z. B. Wirtschaftsprüfer, Steuerberater, Buchhalter) in der Buchführung in angemessener Zeit zurechtfinden können muss, zum anderen eine Überblickbarkeit, die eine Verfolgung der Entstehung und Abwicklung von Geschäftsvorfällen zulässt und einen Überblick über die Lage des Unternehmens gibt. Unter die besonderen Anforderungen an die Buchführung fallen die Verwendung einer lebenden Sprache bei Buchungen und Aufzeichnungen sowie die Zulässigkeit der Benutzung von Abkürzungen, Ziffern, Buchstaben oder Symbolen, sofern

1 Vgl. *BFH* (1971), S. 400.

diese eindeutig festgelegt sind. Des Weiteren muss die Buchführung vollständig (lückenlose Erfassung aller Geschäftsvorfälle) und richtig (zutreffende Bezeichnung der Geschäftsvorfälle) erfolgen. Die Verbuchungen müssen zeitnah und geordnet, bspw. über sachgerechte Kontierungen, Belegnummerierungen, Datierungen oder ein sinnvolles und planmäßig gegliedertes Kontensystem vorgenommen werden. Zudem sind die Eintragungen in einer dauerhaften Form zu tätigen. Bei Veränderungen muss sowohl der ursprüngliche Inhalt feststellbar sein als auch der Zeitpunkt der Änderung ersichtlich werden. Die besonderen Anforderungen sehen darüber hinaus die Zulässigkeit alternativer Buchführungsformen vor, in Form einer Offenen-Posten-Buchführung (geordnete Ablage von Belegen) oder einer Speicherbuchführung (Buchführung auf Datenträgern). Bei Letzterer muss sichergestellt sein, dass die Daten während der Dauer der Aufbewahrungsfrist verfügbar sind und jederzeit innerhalb angemessener Frist lesbar gemacht werden können.

Das Steuerrecht ergänzt diese Anforderungen u. a. um ergänzende Aufzeichnungspflichten für Land- und Forstwirte (Anbauverzeichnis § 142 AO), um Aufzeichnungen des Wareneingangs und des Warenausgangs (§§ 143, 144 AO), um Aufzeichnungen nach dem EStG (z. B. nichtabziehbare Betriebsausgaben i. S. d. § 4 Abs. 5 EStG; Anlagenverzeichnis der Wirtschaftsgüter mit steuerlich abweichenden Wertansätzen i. S. d. § 5 Abs. 1 Satz 2–3 EStG; Wirtschaftsgüter, für die eine erhöhte AfA oder Sonder-AfA i. S. d. § 7a Abs. 8 EStG angesetzt wurde) und um Aufzeichnungspflichten nach dem UStG i. S. d. § 22 Abs. 2 UStG.

3. Aufbewahrungsfristen von Unterlagen

Die handelsrechtlichen Vorschriften über die Aufbewahrungspflichten von Buchführungsunterlagen sind in § 257 HGB kodifiziert.

So besteht gem. § 257 Abs. 4 HGB eine *Aufbewahrungsfrist von 10 Jahren* für folgende Unterlagen:

- Handelsbücher, Inventare, Eröffnungsbilanzen, Jahresabschlüsse, IFRS-Einzelabschlüsse nach § 325 Abs. 2a HGB, Lageberichte, Konzernabschlüsse und Konzernlageberichte sowie die zu ihrem Verständnis erforderlichen Arbeitsanweisungen und sonstige Organisationsunterlagen;
- Buchungsbelege.

Eine *Aufbewahrungsfrist von 6 Jahren* gilt demgegenüber für:

- empfangene Handelsbriefe;
- Kopien abgesandter Handelsbriefe.[1]
- Inventare, Handelsbriefe, Handelsbücher und Buchungsbelege dürfen dabei auch auf einem Bildträger oder einem anderen Datenträger aufbewahrt werden, sofern dies

1 Nach § 238 Abs. 2 HGB ist der Kaufmann verpflichtet, eine mit der Urschrift übereinstimmende Wiedergabe der abgesandten Handelsbriefe zurückzubehalten.

den Grundsätzen ordnungsmäßiger Buchführung entspricht und die Übereinstimmung mit dem Original, die Verfügbarkeit sowie die Lesbarmachung sichergestellt sind (§ 257 Abs. 3 Satz 1 HGB).

Die Aufbewahrungsfrist beginnt gem. § 257 Abs. 5 HGB jeweils »mit dem Schluss des Kalenderjahrs, in dem die letzte Eintragung in das Handelsbuch gemacht, das Inventar aufgestellt, die Eröffnungsbilanz oder der Jahresabschluss festgestellt, der IFRS-Einzelabschluss nach § 325 Abs. 2a HGB oder der Konzernabschluss aufgestellt, der Handelsbrief empfangen oder abgesandt worden oder der Buchungsbeleg entstanden ist«.

4. Verstoß gegen die Buchführungspflicht

Derjenige, der vorsätzlich gegen die Buchführungspflichten verstößt, weil er z. B.

- Handelsbücher trotz gesetzlicher Verpflichtung nicht führt oder verfälscht,
- die Buchführungsunterlagen vor Ablauf der Aufbewahrungsfrist vernichtet, beschädigt oder den Finanzbehörden im Rahmen der steuerlichen Außenprüfung vorenthält (sog. Urkundenunterdrückung i. S. d. § 274 StGB) oder
- Bilanzen und Inventare unübersichtlich oder nicht in der vorgeschriebenen Zeit aufstellt,

kann mit einer Freiheitsstrafe von bis zu zwei Jahren oder mit Geldstrafe belegt werden (§ 283b StGB). Treten die Tatbestände im Rahmen der Insolvenz (Überschuldung, drohende oder bereits eingetretene Zahlungsunfähigkeit) auf, so kann eine Freiheitsstrafe von bis zu fünf Jahren verhängt werden (§ 283 Abs. 1 Nr. 5–7 StGB).

Für Kapitalgesellschaften enthält das HGB in den §§ 331 Nr. 1 und 1a sowie 335 HGB weitere Rechtsmittel zur Ahndung von Verstößen gegen die Buchführungspflicht.

Aufgabe 2: Aufbewahrungsfristen

Der Mandant XY muss für die Ablage des Jahresabschlusses 2012 seine Ablageräume im Jahr 2013 aufräumen und einen Teil der alten Unterlagen vernichten. Bei dieser Aufräumaktion fallen dem Sachbearbeiter Sauber Unterlagen des Jahresabschlusses 2004 in die Hände. Er fragt seinen Abteilungsleiter, ob er diese ebenfalls vernichten kann. Der Abteilungsleiter Vernichter prüft kurz den Ablauf der Aufbewahrungsfrist und erteilt dem Sachbearbeiter die Erlaubnis zur Vernichtung. Sie, als hoffnungsvoller Prüfungsassistent, benötigen für ein Gutachten Unterlagen aus dem Jahresabschluss 2004. Als Sie den Abteilungsleiter auf die erforderlichen Unterlagen ansprechen, teilt dieser Ihnen die Vernichtung der Unterlagen mit.
Hätten die Unterlagen des Jahresabschlusses 2004 bereits vernichtet werden dürfen, wenn die letzte Eintragung im Handelsbuch des Jahres 2004 am 15.03.2005 vorgenommen wurde?

➔ **Lösung auf Seite 307**

Aufgabe 3: Buchführungspflichten

Die Küsschen GmbH, Tochter der italienischen Mon Cheri SA, führt ihre Bücher in italienischer Sprache. Um einen unbefugten Einblick in die Bücher von vornherein auszuschließen, verschlüsselt der Buchhalter Geheimcodix sämtliche Aufzeichnungen. Die Bedeutung der von ihm verwendeten Schlüssel ist nur ihm bekannt. Ein Schlüsselverzeichnis existiert nicht, da es die Einsicht eines Unbefugten erleichtern könnte. Um Buchungsfehler einfacher korrigieren zu können, nimmt Geheimcodix sämtliche Aufzeichnungen mit Bleistift vor. Ausgangsrechnungen verbucht er aus Rationalisierungsgründen jeweils zum Quartalsende.
Prüfen Sie, ob die Buchführung der Küsschen GmbH den Vorschriften des HGB entspricht.

➔ **Lösung auf Seite 308**

B. Inventur und Inventar

Nach § 240 Abs. 1 und 2 HGB hat grundsätzlich jeder Kaufmann zu Beginn seines Handelsgewerbes und für den Schluss eines jeden Geschäftsjahres ein *Inventar* aufzustellen.

Ein *Inventar* ist ein unabhängig von der Buchführung zu erstellendes, detailliertes Verzeichnis aller Vermögensgegenstände und Schulden des Kaufmanns nach Art, Menge und Wert zu einem bestimmten Zeitpunkt.

Das Inventar besteht aus drei Teilen:

- Vermögen;
- Schulden;
- Reinvermögen (als Differenz zwischen Vermögen und Schulden).

Das Inventar erfüllt folgende Aufgaben:

- es ist die Voraussetzung für eine ordnungsmäßige Buchführung und die Grundlage für die Bilanzerstellung;
- es dient als Instrument zur Vermögensfeststellung zum Schutze der Gläubiger;
- es dient der Kontrolle der Buchbestände und damit auch der Lagerbuchführung;
- mit Hilfe des Inventars kann der Verbrauch ermittelt werden, falls die Bestandsbuchführung die Abgänge nicht fortlaufend erfasst. Für den Verbrauch gilt:
  Abgänge = Anfangsbestand + Zugänge – Endbestand.

Um ein Inventar aufstellen zu können, ist zuvor eine Bestandsaufnahme, d. h. eine Inventur erforderlich. Der Begriff »Inventur« wird dabei unterschiedlich weit ausgelegt:

- Inventur i. w. S.: Das gesamte Aufnehmen und Aufzeichnen aller Vermögensgegenstände und Schulden, die zu einem bestimmten Zeitpunkt in einem Unternehmen vorhanden sind.
- Inventur i. e. S.: Die körperlichen Bestandsaufnahmen von Vermögensgegenständen des Vorratsvermögens.[1]

1. Inventurformen

Inventurformen stellen jeweils eine Kombination aus einem Inventursystem und einem Inventurverfahren dar.[2] Eine Übersicht über die Inventurformen gibt *Abb. 9*.

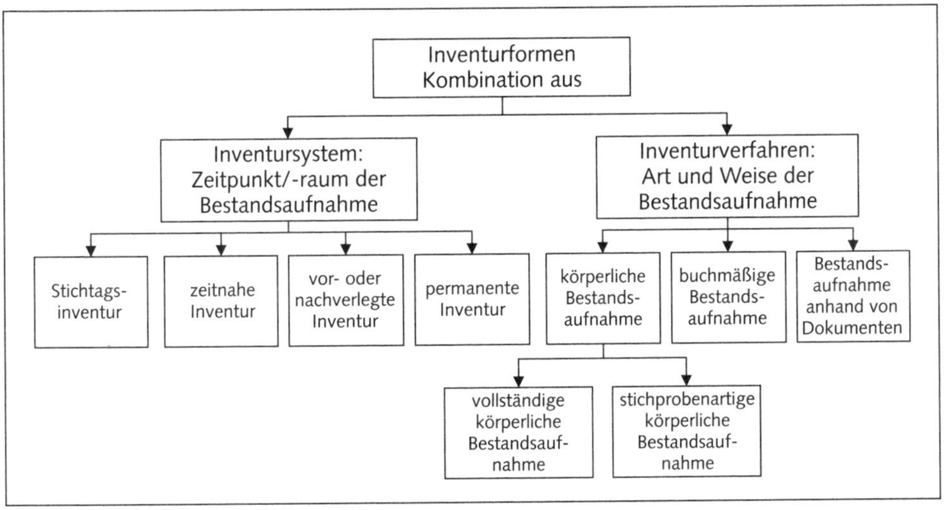

Abb. 9: Inventurformen

i. Inventursysteme

a. Stichtagsinventur

Bei der Stichtagsinventur erfolgt die *Bestandsaufnahme am Abschlussstichtag* und/oder am davor oder danach liegenden arbeitsfreien Tag. Die Stichtagsinventur ist häufig aus personellen, organisatorischen, produktionstechnischen oder klimatischen Gründen unmöglich bzw. unwirtschaftlich, da sich sämtliche Aufnahmearbeiten auf wenige Tage

1 Das Vorratsvermögen umfasst alle Materialien, die für den Leistungserstellungsprozess im Unternehmen bereitgehalten werden (Roh-, Hilfs- und Betriebsstoffe), die sich bereits in diesem Prozess befinden (unfertige Erzeugnisse) oder die unmittelbar zum Verkauf bestimmt sind (fertige Erzeugnisse und Waren). Das Bilanzierungsschema des § 266 HGB zählt des Weiteren auch unfertige Leistungen und geleistete Anzahlungen auf. Diesen Posten mangelt es jedoch an der körperlichen Erfassbarkeit, so dass sie grundsätzlich nicht unter der Vorratsinventur subsumiert werden.

2 Vgl. auch *Quick* (2000), S. 31–200.

verteilen. Aufgrund der knappen zur Verfügung stehenden Zeit werden in der Praxis oftmals Personen mit geringer fachlicher Qualifikation mit Inventuraufgaben beauftragt, was wiederum zu einem erhöhten Fehlerpotential führt.

Die Vorteile der Stichtagsinventur liegen u. a. in:

- einer stichtagsbezogenen Gesamtkontrolle;
- einer nach einheitlichen Grundsätzen durchgeführten Kontrolle;
- einer optimalen Form der Kontrolle der Buchführung und Lagerverwaltung;
- den nicht oder nur in geringem Maße notwendigen Aufzeichnungen über Bestandsveränderungen.

Als Nachteile können u. a. angeführt werden:

- die Beeinträchtigung der betrieblichen Prozesse (bis zur kompletten Unterbrechung);
- der erhöhte Personalbedarf und damit Personalkosten;
- der hohe Zeitdruck und die dadurch eventuell sinkende Sorgfalt bei der Aufnahme;
- die fehlende Flexibilität bezogen auf die Aufnahmezeit.

b. Zeitnahe Inventur

Die zeitnahe Inventur ermöglicht die *Bestandsaufnahme in einem Zeitraum von zehn Tagen vor bis zehn Tagen nach dem Abschlussstichtag*. Bestandsveränderungen zwischen dem Aufnahmetag und dem Abschlussstichtag werden durch mengen- und wertmäßige Fortschreibungen bzw. Rückrechnungen berücksichtigt. Der Vorteil der zeitnahen Inventur im Vergleich zur Stichtagsinventur besteht darin, dass nicht alle Bestände zu einem bestimmten Zeitpunkt aufgenommen werden müssen. Wertvolle Bestände bzw. Bestände mit hohen Bestandsveränderungen sollten allerdings möglichst am oder nahe am Abschlussstichtag aufgenommen werden.

c. Vor- oder nachverlegte Inventur

Im Rahmen der vor- oder nachverlegten Inventur (§ 241 Abs. 3 HGB) beträgt der Zeitraum für die *Bestandsaufnahme* fünf Monate (*drei Monate vor bis zwei Monate nach dem Abschlussstichtag*). Die Bestände werden nach Art, Menge und Wert in einem besonderen Inventar am Inventurstichtag erfasst und wertmäßig bis zum Abschlussstichtag fortgeschrieben oder zurückgerechnet.

Die Arbeitsschritte bei einer vor- oder nachverlegten Inventur sehen wie folgt aus:

- Ermittlung der Mengen auf den vor- oder nachverlegten Inventurstichtag;
- Bepreisung der Mengen auf den Inventurstichtag;
- Abstimmung der Inventurbestände mit den Buchbeständen am Inventurstichtag (inklusive einer Ursachenanalyse eventueller Abweichungen);
- Wertfortschreibung bzw. Wertrückrechnung zum Abschlussstichtag;
- erneute Abstimmung zwischen fortgeschriebenem Inventurbestand und Buchbestand am Abschlussstichtag.

Die vor- oder nachverlegte Inventur darf nicht vorgenommen werden bei

- besonders wertvollen Beständen,
- Beständen mit auffälligen unkontrollierbaren Abgängen (z. B. Bruch, Diebstahl, Verdunstung, Verderb), es sei denn, diese sind durch Erfahrungswerte zutreffend schätzbar,
- Beständen mit hohen Preisschwankungen und
- Beständen, die nach dem Lifo-Verfahren (Last in – first out) bewertet werden sollen, da das Lifo-Verfahren den Nachweis der Bestände zum Abschlussstichtag nach Art und Menge verlangt.

Die wesentlichen Vorteile der vor- oder nachverlegten Inventur sind:

- der geringere Zeitdruck für die Bestandsaufnahme und die damit verbundene höhere Sorgfalt bei den Aufnahmearbeiten;
- der geringere Personalbedarf und damit sinkende Personalkosten;
- die Möglichkeit zur Anpassung der Bestandsaufnahme an betriebliche Besonderheiten;
- im Vergleich zur permanenten Inventur die einfachere Bestandsfortschreibung aufgrund des kürzeren Fortschreibungszeitraums und der ausschließlichen Wertfortschreibung.

Neben den Vorteilen beinhaltet die vor- oder nachverlegte Inventur auch Nachteile wie:

- die Mehrarbeit durch
  - die doppelte Abstimmung zwischen Lagerbestand und Buchbestand,
  - die Wertfortschreibung bzw. -rückrechnung und
  - die räumliche Trennung bereits aufgenommener Bestände sowie
- die zusätzliche Fehlerquelle bei der Wertfortschreibung bzw. -rückrechnung.

d. Permanente Inventur

Bei der permanenten Inventur (§ 241 Abs. 2 HGB) handelt es sich um eine sich über das gesamte Geschäftsjahr erstreckende laufende Bestandskontrolle. Der Zeitpunkt für die körperliche Bestandsaufnahme kann über das gesamte Geschäftsjahr auf beliebig viele Termine verteilt werden. Aufnahmetag und Zeitpunkt der Inventarerstellung fallen dabei auseinander. Die Inventarerstellung erfolgt am Abschlussstichtag aus der Lagerbuchführung. Die permanente Inventur stellt somit eine Kombination aus einer buchmäßigen (am Abschlussstichtag) und einer körperlichen (am Inventurstichtag) Bestandsaufnahme dar.

Für die Durchführung einer permanenten Inventur bedarf es der Erfüllung der nachfolgenden *Anwendungsvoraussetzungen*:

- Die Ordnungsmäßigkeit der Lagerbuchführung muss gewährleistet sein. Diese ist gegeben, wenn
  - alle Bestände sowie alle Zugänge und Abgänge einzeln nach Tag, Art und Menge verbucht werden (mengenmäßige Fortschreibung) und
  - die maximale Abweichung vom Gesamtwert weniger als 2 % beträgt.

- Mindestens einmal pro Geschäftsjahr muss die Richtigkeit der Bestände der Lagerbuchführung kontrolliert werden.
  Der Kontrolltermin ist beliebig wählbar und unabhängig von dem des Vorjahres. Höherwertige Bestände, Bestände mit hoher Umschlagshäufigkeit und Bestände mit häufigen Inventurdifferenzen in der Vergangenheit bedürfen einer mehrmaligen Kontrolle im Geschäftsjahr.
- Die Kontrolle muss planmäßig erfolgen, damit die Vollständigkeit gewährleistet ist.
- Differenzen zwischen Ist- und Buchbestand sind auf ihre Ursachen zu analysieren.

Eine permanente Inventur darf nicht durchgeführt werden bei

- Beständen mit auffälligen unkontrollierbaren Abgängen,
- besonders wertvollen Beständen,
- stark bewegten Beständen, bei denen erfahrungsgemäß hohe Mengendifferenzen auftreten, und
- unfertigen Erzeugnissen, da jeder Fertigungsschritt die Art verändert und somit eine Buchung in der Lagerbuchführung hervorrufen würde.

Die Vorteile der permanenten Inventur werden nachfolgend aufgeführt:

- der Aufnahmezeitraum erstreckt sich auf das gesamte Geschäftsjahr;
- der Aufnahmezeitpunkt ist frei wählbar;
- kein Zeitdruck, was sich positiv auf Sorgfalt und Qualität der Bestandsaufnahme auswirkt;
- nur eine geringe Störung betrieblicher Prozesse, da die Aufnahme z. B. im Zeitpunkt einer niedrigen Kapazitätsauslastung vorgenommen werden kann;
- eine Verstärkung der Kontrollfunktion.

Die permanente Inventur beinhaltet folgende Nachteile:

- keine stichtagsbezogene Gesamtkontrolle;
- nicht für alle Bestände anwendbar;
- hohe Implementierungskosten für die Einrichtung, Führung und Kontrolle einer Lagerbuchführung aufgrund organisatorischer und personeller Umstellungen.

ii. Inventurverfahren

a. Körperliche Bestandsaufnahme

Bei der körperlichen Bestandsaufnahme ist zwischen der *vollständigen körperlichen Bestandsaufnahme* und der *körperlichen Bestandsaufnahme in Stichproben* (*Stichprobeninventur*) zu unterscheiden. Im Rahmen der vollständigen körperlichen Bestandsaufnahme werden alle Positionen nach Art, Menge und Wert durch Zählen, Messen, Wiegen oder Schätzen aufgenommen. Hingegen wird bei der Stichprobeninventur nur ein Teil der aufnahmepflichtigen Positionen erfasst. Anhand der Wertverhältnisse der Stichprobe erfolgt eine Hochrechnung auf die Grundgesamtheit.

Die Anwendungsvoraussetzungen der Stichprobeninventur ergeben sich aus § 241 Abs. 1 HGB:

- Anwendung eines anerkannten mathematisch-statistischen Verfahrens;[1]
- das mathematisch-statistische Verfahren muss den GoB entsprechen;
- hierbei sind die GoB im Sinne der GoI angesprochen. Aus der Verwendung von mathematisch-statistischen Stichprobenverfahren für die Bestandsaufnahme von Vermögensgegenständen resultiert die Notwendigkeit einer modifizierten Auslegung der GoI.[2] Aus der gesetzlichen Anforderung der GoB-Entsprechung lässt sich insbesondere ableiten, dass die Anwendung der Stichprobeninventur eine ordnungsgemäße Lagerbuchführung erfordert;
- Aussageäquivalenz, d. h. der Aussagewert eines auf Stichprobeninventur basierenden Inventars darf nicht schlechter sein als der Aussagewert eines auf Vollaufnahme basierenden Inventars.

Besonders wertvolle Vermögensgegenstände stellen kein Einsatzgebiet der Stichprobeninventur dar. Von einer Stichprobeninventur ist zudem bei solchen Vermögensgegenständen abzusehen, bei denen eine hohe Fehlerwahrscheinlichkeit vorliegt (z. B. bei sog. Negativpositionen, d. h. bei Vermögensgegenständen mit einem negativen Buchbestand).

Die wichtigsten Vorteile der Stichprobeninventur liegen in

- der Reduzierung des Erhebungsaufwandes,
- der Verringerung der Aufnahmezeit,
- der Einsparung beim Personaleinsatz,
- den weniger störenden Einflüssen der Inventur auf Produktion, Arbeitsabläufe im Lager und sonstige betriebliche Funktionen und
- der erhöhten Genauigkeit der Aufnahmeergebnisse (durch den verringerten Personalbedarf können qualifizierte Arbeitskräfte eingesetzt werden).

Die Vorteile der Stichprobeninventur sind nur bei korrekter Anwendung des mathematisch-statistischen Verfahrens zu erzielen. Sie sind umso größer, je geeigneter das zugrunde liegende Verfahren ist.

Den aufgeführten Vorteilen stehen folgende Nachteile gegenüber:

- bei kleinen Lägern lohnt sich die Stichprobeninventur nicht (je niedriger die Anzahl der vorhandenen Vorratspositionen, um so größer ist der Prozentsatz, der aufzunehmen ist);
- Globalwertorientierung, d. h. die Stichprobeninventur liefert keine Informationen über die Werte der nicht aufgenommenen Posten;
- Einschränkung der Kontrollfunktion der Inventur (da nicht alle Bestände kontrolliert werden).

1 Vgl. zu den statistischen Verfahren *Quick/Gans* (1998), S. 2027–2032; *Quick* (1992).
2 Vgl. hierzu *Quick* (2000), S. 76–89.

b. Buchmäßige Bestandsaufnahme

Die buchmäßige Bestandsaufnahme erfolgt bei Vermögensgegenständen, die

- nicht physisch, sondern nur nominell erfassbar sind, wie z. B. Forderungen oder immaterielle Vermögensgegenstände oder
- zwar physisch erfassbar sind, bei denen die körperliche Bestandsaufnahme aber unmöglich oder unzumutbar ist (z. B. bei Beständen, die am Abschlussstichtag im Freien unter Schnee lagen).

Zudem ist die buchmäßige Bestandsaufnahme im Anlagevermögen zulässig, sofern der Wertansatz aus einem fortlaufenden Bestandsverzeichnis oder einer Anlagekartei feststellbar ist (R 5.4 Abs. 5 EStR). Diese muss die genaue Bezeichnung des Gegenstandes, den Tag der Anschaffung bzw. Herstellung, die Höhe der Anschaffungs- bzw. Herstellungskosten, den Tag des evtl. Abgangs, die Abschreibungsmethode und die Nutzungsdauer, den Bilanzwert am Bilanzstichtag sowie ggf. Zuschreibungen und außerplanmäßige Abschreibungen enthalten. Außerdem muss sich aus dem Betriebsablauf zwangsläufig eine ständige Kontrolle der wesentlichen Bestandteile des Anlagevermögens ergeben.

c. Bestandsaufnahme anhand von Dokumenten

Die Bestandsaufnahme anhand von Dokumenten wie Lagerscheinen, Rechnungen, Verträgen, Frachtbriefen usw. erfolgt z. B. bei Vermögensgegenständen, die nicht zugänglich sind, wie z. B. unterwegsbefindliche oder bei Dritten eingelagerte Waren.

2. Vereinfachungen der Inventarerstellung

i. Festbewertung

Bei der Festbewertung (§ 240 Abs. 3 HGB) wird für einen bestimmten Bestand an Vermögensgegenständen eine Festmenge zu Festpreisen angesetzt. Dieser Festwert wird in die Bilanz übernommen und unter gleichbleibenden Voraussetzungen für mehrere Geschäftsjahre unverändert fortgeführt. Es gilt bei der Festbewertung die Fiktion, dass sich die Zugänge einerseits und die Abgänge, die planmäßigen Abschreibungen oder der Verbrauch andererseits bei zu einem Festwert zusammengefassten Vermögensgegenständen im Zeitablauf ausgleichen. Das Ziel der Festbewertung liegt in der Vereinfachung der körperlichen und buchmäßigen Bestandsaufnahme und der Bewertung. Es handelt sich bei diesem Verfahren um eine Ausnahme vom Grundsatz der Einzelbewertung (§ 252 Abs. 1 Nr. 3 HGB).

Für die Anwendung der Festbewertung müssen folgende Anwendungsvoraussetzungen erfüllt sein:

- es muss sich um Gegenstände des Sachanlagevermögens (bspw. Bohr- und Gleisanlagen, Laboreinrichtungen, Mess- und Prüfeinrichtungen) bzw. um Roh-, Hilfs- oder Betriebstoffe (bspw. Verbrauchsstoffe wie Kohle und Öle) handeln;
- es muss ein regelmäßiger Ersatz der Vermögensgegenstände erfolgen;
- ihr Gesamtwert muss für das Unternehmen von nachrangiger Bedeutung sein, d. h. der einzelne Festwertansatz darf nicht mehr als 5 % der Bilanzsumme betragen;
- ihr Bestand in Größe (d. h. Menge), Wert und Zusammensetzung darf nur geringen Veränderungen unterliegen. Die Wertveränderung ist nach Auffassung der Steuerverwaltung von nachrangiger Bedeutung, wenn für den Festwert folgendes gilt: über einen Zeitraum von fünf Jahren übersteigt der bei einer körperlichen Bestandsaufnahme ermittelte Wert den bisherigen Wert um nicht mehr als 10 %;[1]
- es muss spätestens alle drei Jahre eine körperliche Bestandsaufnahme erfolgen.

Grundsätzlich ist bei Anwendung des Festwertverfahrens weiterhin eine (Buch-) Inventur erforderlich. Allerdings soll der Ansatz eines Festwertes nicht nur die Bewertungs-, sondern auch die Inventurarbeiten vereinfachen. Sofern sich aufgrund der Inventur herausstellt, dass

- *Mehrmengen* vorliegen und die *Wertabweichung* zwischen aktuellem Wert und Festwert
  > 10 % ist, dann ist der Festwert auf den höheren Wert anzupassen,
  ≤ 10 % ist, dann kann der bisherige Festwert beibehalten werden.
- *Mindermengen* vorliegen, besteht eine *Abwertungspflicht des Festwertes* auf den niedrigeren Wert.

In der Praxis wird die Festbewertung bei gleichartigen Vermögensgegenständen, wie bspw. Hotelgeschirr und -bettwäsche, Büroeinrichtungen, Gerüst- und Schalungsteilen des Baugewerbes, Werkzeugen, Modellen, Rebstöcken im Weinbau sowie Brennstoffvorräten, Betriebs- und Geschäftsausstattungen und maschinellen Anlagen angewendet.[2]

Sofern Kapitalgesellschaften von der Möglichkeit einer Festbewertung Gebrauch machen, ist dies gem. § 284 Abs. 2 Nr. 1 HGB im Anhang anzugeben.

Für Roh-, Hilfs- und Betriebsstoffe erfolgt der Festwertansatz nach den vollen Anschaffungs- oder Herstellungskosten. Die Festwertermittlung für abnutzbare Sachanlagen erfolgt nach Regelsätzen, die bei 40–50 % der Anschaffungs- bzw. Herstellungskosten liegen. Beim erstmaligen Ansatz eines Festwertes am Abschlussstichtag dienen die ggf. um Abschreibungen gekürzten Anschaffungs- und Herstellungskosten unter Beachtung des Niederstwertprinzips als Orientierungsgröße.[3]

1 Vgl. *BMF* (1993), S. 276.
2 Vgl. *IDW* (2012), Tz. E 478.
3 Vgl. *Adler/Düring/Schmaltz* (1998), § 240 HGB, Tz. 100.

Sofern bei Vermögensgegenständen Neubeschaffungen oder Veräußerungen vorgenommen werden, sind diese bis zu dem Zeitpunkt, in dem der Festwert aufgrund der o. g. Regelung angepasst werden muss, als Aufwand bzw. Erlös zu verbuchen. Der Ausweis des Aufwands bzw. des Erlöses hängt von der vom Unternehmen gewählten Gliederung der Gewinn- und Verlustrechnung ab. Beim Gesamtkostenverfahren wird der Aufwand unter der Position »sonstiger betrieblicher Aufwand« (§ 275 Abs. 2 Nr. 8 HGB), beim Umsatzkostenverfahren bei der entsprechenden Kostenart (§ 275 Abs. 3 HGB) verbucht.

ii. Gruppenbewertung

Die Gruppenbewertung (§ 240 Abs. 4 HGB) stellt eine weitere Ausnahme vom Grundsatz der Einzelbewertung (§ 252 Abs. 1 Nr. 3 HGB) dar. Im Rahmen der Gruppenbewertung werden die zu einer Gruppe zusammengefassten Vermögensgegenstände mit einem Durchschnittswert bewertet. Es handelt sich bei der Gruppenbewertung um ein Verfahren zur Ermittlung der Anschaffungs- und Herstellungskosten.

Die Gruppenbewertung kann angewendet werden, wenn es sich um

- gleichartige Vermögensgegenstände des Vorratsvermögens,
- andere gleichartige oder annähernd gleichwertige bewegliche Vermögensgegenstände oder
- Schulden handelt.

In diesem Zusammenhang bedarf es einer Konkretisierung der Begriffe Gleichartigkeit und annähernde Gleichwertigkeit.[1]

Gleichartigkeit bedeutet:

- Gleichartigkeit der Vermögensgegenstände
  d. h. die Vermögensgegenstände gehören zu einer Warengattung (z. B. Abflussrohre mit verschiedenen Abmessungen) oder
- Gleichartigkeit in der Verwendbarkeit oder Funktion
  z. B. Kunststoffpaneele und Holzpaneele, die zur Vertäfelung von Zimmerdecken verwendet werden.

Annähernde Gleichwertigkeit liegt vor, wenn die Preise der zu einer Gruppe zusammengefassten Vermögensgegenstände nicht wesentlich voneinander abweichen. Nach herrschender Meinung liegt keine wesentliche Abweichung vor, wenn der Preisunterschied zwischen dem höchsten und dem niedrigsten Einzelwert maximal 20 % beträgt. Zudem dürfen völlig verschiedenartige Vermögensgegenstände nicht zufällig, etwa aufgrund

---

1 Vgl. *Adler/Düring/Schmaltz* (1998), § 240 HGB, Tz. 120–128.

gleich hoher Anschaffungs- bzw. Herstellungskosten, zu einer Gruppe zusammengefasst werden. Die Gruppenbewertung ist nur zulässig, wenn die Vermögensgegenstände andere wichtige gemeinsame Merkmale besitzen. So gilt dies beispielsweise für die Zugehörigkeit zum gleichen Sortiment.

Es bedarf weiterhin einer jährlichen körperlichen Bestandsaufnahme. Im Vergleich zur Festbewertung, bei der neben der Vereinfachung der Bewertung auch eine Vereinfachung hinsichtlich der Inventur existiert, liegt bei der Gruppenbewertung nur eine Vereinfachung der Bewertung (vgl. § 256 Satz 2 HGB) vor.[1]

Die zu einer Gruppe zusammengefassten Vermögensgegenstände sind mit dem gewogenen Durchschnittswert anzusetzen. Die Berechnung des gewogenen Durchschnittswertes kann anhand von zwei Methoden erfolgen (vgl. *Abb. 10*).

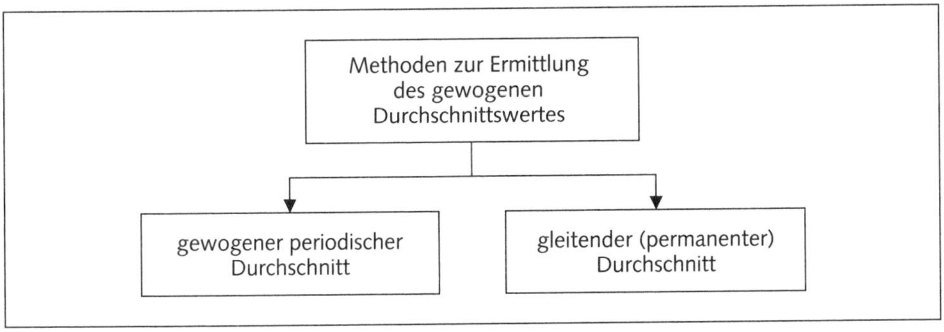

Abb. 10: Methoden zur Ermittlung des gewogenen Durchschnittswertes

Gewogener periodischer Durchschnitt

Beim gewogenen periodischen Durchschnitt ($gD^{period.}$) erfolgt die Berechnung des Durchschnittswertes lediglich zum Jahresende. Hierbei wird der gewogene Durchschnittswert anhand des Quotienten aus dem wertmäßigen Anfangsbestand (AB^w) zuzüglich der wertmäßigen Zugänge (Z^w) und der Gesamtmenge (aus Anfangsbestand (AB^m) zuzüglich der Zugänge (Z^m)) berechnet.

$$gD^{period.} = \frac{AB^w + Z^w}{AB^m + Z^m}$$

Sowohl die Verbrauchsmengen als auch der Endbestand am Jahresende werden mit diesem berechneten Durchschnittswert bewertet.

1 Vgl. *Adler/Düring/Schmaltz* (1998), § 240 HGB, Tz. 112.

Beispiel

Der Endbestand laut Inventur beträgt 1.300 Stück. Zudem liegen die nachfolgenden Daten vor:

Datum	Anfangsbestand (AB)/ Zugang (Z)/Abgang (A)	Menge [Stück]	Preis [€/Stück]	Gesamtwert [€]
01.01.2011	AB	1.000	80,00	80.000,00
01.04.2011	Z	1.000	70,00	70.000,00
01.05.2011	A	1.000		
01.07.2011	Z	1.000	90,00	90.000,00
01.08.2011	A	1.500		
01.10.2011	Z	800	100,00	80.000,00

Tab. 3: Beispieldaten gewogener periodischer Durchschnitt

Zu bewerten ist der Verbrauch und der Endbestand:

Datum	Anfangsbestand (AB)/ Zugang (Z)	Menge [Stück]	Preis [€/Stück]	Gesamtwert [€]
01.01.2011	AB	1.000	80,00	80.000,00
01.04.2011	Z	1.000	70,00	70.000,00
01.07.2011	Z	1.000	90,00	90.000,00
01.10.2011	Z	800	100,00	80.000,00
	Summe	3.800		320.000,00

Tab. 4: Lösung gewogener periodischer Durchschnitt

Gewogener Durchschnittswert = 320.000 €/3.800 Stück = 84,21 €/Stück.
Die Verbrauchsmenge beträgt: 3.800 Stück – 1.300 Stück = 2.500 Stück
Bewertung der Verbrauchsmenge: 2.500 Stück × 84,21 €/Stück = 210.525 €
Bewertung des Endbestandes: 1.300 Stück × 84,21 €/Stück = 109.473 €.

Der Nachteil dieser Methode liegt im Fall von steigenden Preisen in der Besteuerung von Preissteigerungsgewinnen (sog. Scheingewinnen), da der Verbrauch zum Durchschnittswert und somit unter den Wiederbeschaffungskosten angesetzt wird. Diese Preissteigerungsgewinne können die Substanz des Unternehmens aufgrund des erhöhten Liquiditätsabflusses gefährden. Zudem ist das Verfahren realitätsfern, denn in die Bewertung des Verbrauchs fließen auch Preise ein, die erst nach dem Verbrauchszeitpunkt angefallen sind.

Gleitender (permanenter) Durchschnitt

Der gleitende (permanente) Durchschnitt unterscheidet sich vom gewogenen periodischen Durchschnitt dadurch, dass nach jedem Zugang bzw. vor jedem Abgang ein neuer Durchschnittswert ermittelt wird. Der Vorteil dieser Art der Durchschnittswertbestimmung ist die Zeitnähe und die damit verbundene höhere Genauigkeit hinsichtlich der tatsächlichen Wertverhältnisse.

Der mengenmäßige Bestand am Jahresende wird mit dem am Jahresende gültigen gleitenden (permanenten) Durchschnittswert bepreist. Der Verbrauch wird entsprechend den innerjährlich vorliegenden Durchschnittswerten bewertet.

Beispiel

Der Endbestand laut Inventur beträgt 1.300 Stück. Nachfolgende Daten sind gegeben:

Datum	Anfangsbestand (AB)/ Zugang (Z)/Abgang (A)	Menge [Stück]	Preis [€/Stück]	Gesamtwert [€]
01.01.2011	AB	1.000	80,00	80.000,00
01.04.2011	Z	1.000	70,00	70.000,00
01.05.2011	A	1.000		
01.07.2011	Z	1.000	90,00	90.000,00
01.08.2011	A	1.500		
01.10.2011	Z	800	100,00	80.000,00

Tab. 5: Beispieldaten gewogener gleitender Durchschnitt

Zu bewerten ist der Verbrauch und der Endbestand:

Datum	Anfangsbestand (AB)/ Zugang (Z)/Abgang (A)	Menge [Stück]	Preis [€/Stück]	Gesamtwert [€]
01.01.2011	AB	1.000	80,00	80.000,00
01.04.2011	Z	1.000	70,00	70.000,00
	Bestand	2.000	75,00	150.000,00
01.05.2011	A	1.000	75,00	75.000,00
	Bestand	1.000	75,00	75.000,00
01.07.2011	Z	1.000	90,00	90.000,00
	Bestand	2.000	82,50	165.000,00
01.08.2011	A	1.500	82,50	123.750,00
	Bestand	500	82,50	41.250,00
01.10.2011	Z	800	100,00	80.000,00
	Endbestand	1.300	93,27 (gerundet)	121.250,00

Tab. 6: Lösung gewogener gleitender Durchschnitt

Bewertung der Verbrauchsmenge:

	Menge [Stück]	Preis [€/Stück]	Gesamtwert [€]
	1.000	75,00	75.000,00
	1.500	82,50	123.750,00
Summe	2.500		198.750,00

Tab. 7: Bewertung der Verbrauchsmenge

Bewertung des Endbestandes: 1.300 Stück mit einem Gesamtwert von 121.250 €.

Aufgabe 4: Inventarerstellung

Die Firma Herbert Kowalski (Elektroeinzelhandel, Bochum) macht am 31.12.2012 Inventur und stellt folgende Bestände fest:

10 Waschmaschinen Marke M	12.000 €
5 Geschirrspüler Marke M	8.000 €
50 Küchenmaschinen Marke M	30.000 €
20 Handmixer Marke M	4.000 €
Kundenforderung an Albert Lanz, Hattingen	3.000 €
1 Transporter-Bus Baujahr 2003	12.000 €
2 Schreibtische Marke Z, angeschafft 2003	1.900 €
2 Drehstühle Marke Z, angeschafft 2005	800 €
1 Schreibmaschine Marke T, angeschafft 2006	1.200 €
2 Aktenschränke, angeschafft 1999	800 €
1 Buchungsautomat Marke S, angeschafft 2003	3.900 €
Bankguthaben bei der Sparkasse Essen, Kontonr. 47	8.000 €
Kassenbestand	5.000 €
Verbindlichkeit gegenüber der Lieferantenfirma M, Herne	20.000 €
Darlehen bei der Sparkasse Essen	30.000 €
Grundstück Lagerhausstraße 2	30.000 €
Grundstück Bienenstraße 5	100.000 €

Erstellen Sie das Inventar und überführen Sie dieses in die Bilanz zum 01.01.2013.

➔ **Lösung auf Seite 308**

Aufgabe 5: Inventarerstellung

Der Möbelfabrikant Müller macht am Abschlussstichtag 31.12.2012 Inventur und stellt dabei folgende Bestände fest:
Fabrikgebäude: 60.000 €; Maschinen: 98.000 €; Werkzeuge: 36.500 €; Fuhrpark: 82.000 €; Geschäftsausstattung: 18.500 €; Rohstoffe: 19.200 €; Hilfs- und Betriebsstoffe: 7.500 €; Unfertige Erzeugnisse: 12.000 €; Fertigerzeugnisse: 26.500 €; Kundenforderungen: 18.300 €; Kassenbestand: 2.700 €; Bankguthaben bei der Commerzbank AG: 42.700 €; Verbindlichkeiten aus Lieferungen und Leistungen: 42.700 €; Hypothekenschulden: 74.800 €; Darlehen bei der Deutschen Bank AG: 65.100 €.
Stellen Sie das Inventar des Möbelfabrikanten Müller auf.

➔ **Lösung auf Seite 309**

Aufgabe 6: Inventursysteme

Der Einzelkaufmann E. R. Folg betreibt ein Einzelhandelsunternehmen, das sich auf den Vertrieb von Weihnachtsgeschenken spezialisiert hat. Der Abschlussstichtag des Unternehmens ist der 31.12.2012. Aufgrund der hohen Arbeitsintensität in der Vorweihnachtszeit möchte Folg sich und seinen Angestellten vom 24.12.2012 bis 6.1.2013 Urlaub gönnen. Fraglich ist jedoch, ob dies mit der zum Abschlussstichtag üblicherweise anstehenden Inventur vereinbar ist. Wegen des geringen Arbeitsanfalls in den Sommermonaten würde Folg die Inventur am liebsten in den Juli verlegen. Sämtliche Zugänge werden in einem Wareneingangsbuch korrekt erfasst. Der Geschäftserfolg des Einzelunternehmers beruht auf intensiver und persönlicher Betreuung seiner Kunden. Deshalb wurde auf Scannerkassen verzichtet. Für eine Einzelverbuchung von Verkäufen bleibt in dieser Zeit aufgrund der Betreuungsintensität keine Zeit, so dass jeweils nur der Gesamtumsatz pro Tag erfasst wird. Die Diebstahlsquote beträgt zwischen zwei und vier Prozent des Gesamtumsatzes.
Prüfen Sie die Möglichkeiten zur Lösung des zeitlichen Inventurproblems.

➔ **Lösung auf Seite 310**

Aufgabe 7: Festwertverfahren

Beurteilen Sie für die nachfolgenden Sachverhalte, ob eine Festbewertung gem. § 240 Abs. 3 HGB bzw. § 256 Satz 2 HGB durchgeführt werden darf:

a) Der Reisekonzern PFUI AG hält Aktien an der Fluggesellschaft Duftmensa AG. Deren Kurswert am Abschlussstichtag beträgt 52.000 €.
b) Beim Copyshop Bad to Read OHG sind 52 fast neuwertige Kopiergeräte im Bestand. Die Gesellschaft erzielt ihren Umsatz ausschließlich mit Kopien und ist in angemieteten Geschäftsräumen tätig.
c) Die Rundkohle AG verfügt über eine große Anzahl unbebauter Grundstücke. Diese liegen auf ehemaligen Bergwerkgeländen und sind wegen bestehender Altlasten von geringem Marktwert.

d) Die im Bettengeschäft weltweit tätige Bed & Breakfast AG hat sich auf die Produktion von Bambusbetten spezialisiert. Nebenbei beliefert sie im geringen Umfang Möbelhersteller mit geschmeidigsten Mahagoni-Holzplatten, die sie von einem exklusiven brasilianischen Holzhändler bezieht.
e) Die Tankstellenkette DEO AG weist einen Benzinbestand von 2,5 Mio. Litern auf.

➔ **Lösung auf Seite 310**

Aufgabe 8: Festwertverfahren

Die Hotelkette 5 Sterne hat zur Bewertung ihrer Bestecke das Festwertverfahren angesetzt. Im Jahresabschluss 2011 wurden die Bestecke mit einem Wert von 25.000 € bilanziert. Am 31.12.2012 wurde nach drei Jahren wieder eine Inventur durchgeführt. Hierbei ergaben sich folgende Inventurwerte:

a) 23.000 €
b) 26.900 €
c) 35.400 €

Welcher Wert ist im Jahresabschluss 31.12.2012 anzusetzen?

➔ **Lösung auf Seite 311**

Aufgabe 9: Festwertverfahren

Die T. Klöckner Bau AG hat im Jahr 2012 Gerüstteile zum Restbuchwert von 100.000 € in der Bilanz. Die Anschaffungskosten betrugen 200.000 €. Die Gerüstteile unterliegen der linearen Abschreibung bei einer Nutzungsdauer von 20 Jahren.
Aufgrund von Verschleiß wurden im Jahr 2012 Ersatzteile im Wert von 10.000 € beschafft. Die weitere Ersatzteilbeschaffung zur Erhaltung der Einsatzbereitschaft der Gerüstteile gestaltet sich in den anschließenden Jahren wie folgt:

2013	10.800 €
2014	12.500 €
2015	11.900 €
2016	21.300 €

Darf die T. Klöckner Bau AG die Gerüstteile zum Festwert ansetzen bzw. beibehalten, wenn sich die Bilanzsumme des Unternehmens wie folgt entwickelt?

2012	2.120.000 €
2013	2.200.000 €
2014	2.190.000 €
2015	2.080.000 €
2016	2.110.000 €

Berücksichtigen Sie dabei, dass zum 31.12.2015 eine körperliche Bestandsaufnahme der Gerüstteile vorgesehen ist.

➔ **Lösung auf Seite 312**

Aufgabe 10: Gruppenbewertung

Die Textil GmbH besitzt ein Vorratslager für Stoffe. Diese erfüllen das Kriterium der Gleichartigkeit. Aus der Lagerbuchführung ergeben sich für 2012 folgende Anfangsbestände, Zugänge und Abgänge:

Datum	Anfangsbestand (AB)/ Zugang (Z)/Abgang (A)	Stoffmenge [m]	Stoffpreis [€/m]
01.01.2012	AB	500	10,00
23.01.2012	A	200	
14.02.2012	Z	300	14,00
15.05.2012	A	400	
30.06.2012	Z	200	9,00
27.10.2012	A	300	

Ermitteln sie den Endbestand der Rohstoffe zum Abschlussstichtag sowie den Wert nach

a) dem gewogenen periodischen Durchschnitt.

b) dem gleitenden permanenten Durchschnitt.

➔ **Lösung auf Seite 313**

III. Bilanzierung

Der Kaufmann hat gem. § 242 Abs. 1 Satz 1 HGB zu Beginn seines Handelsgewerbes und für den Schluss eines jeden Geschäftsjahres einen das Verhältnis seines Vermögens und seiner Schulden darstellenden Abschluss (Eröffnungsbilanz, Bilanz) aufzustellen. Einzelkaufleute, welche die Größenkriterien des § 241a Abs. 1 HGB nicht überschreiten, sind von der Pflicht zur Aufstellung eines Jahresabschlusses befreit (§ 242 Abs. 4 HGB). Für die Aufstellung des Jahresabschlusses ist zu prüfen, ob die in der Buchführung erfassten Wertänderungen der abgelaufenen Periode als Aufwand oder Ertrag zuzurechnen und dementsprechend in der Gewinn- und Verlustrechnung auszuweisen sind oder ob sie erst in künftigen Perioden erfolgswirksam werden und zunächst allein in der Bilanz erscheinen müssen.

Im Rahmen der Aufstellung der Bilanz bedarf es der Klärung der nachfolgenden Fragen:

- Bilanzierung dem Grunde nach
  Welche Positionen dürfen bzw. müssen in die Bilanz aufgenommen werden (Frage nach dem Bilanzinhalt)?
  → Bilanzierungsfähigkeit
  Neben den Ansatzpflichten und einigen -wahlrechten existieren Ansatzverbote wie z. B. für folgende mögliche Aktivposten:
  - Aufwendungen für die Gründung des Unternehmens (§ 248 Abs. 1 Nr. 1 HGB);
  - Aufwendungen für die Beschaffung des Eigenkapitals (§ 248 Abs. 1 Nr. 2 HGB);
  - Aufwendungen für den Abschluss von Versicherungsverträgen (§ 248 Abs. 1 Nr. 3 HGB) und
  - Selbst geschaffene Marken, Drucktitel, Verlagsrechte, Kundenlisten und vergleichbare immaterielle Vermögensgegenstände des Anlagevermögens (§ 248 Abs. 2 Satz 2 HGB).
  - Forschungskosten und Vertriebskosten (§ 255 Abs. 2 Satz 4 HGB)
- Bilanzierung der Höhe nach
  Mit welchen Werten sind die zu bilanzierenden Vermögensgegenstände und Schulden in der Bilanz anzusetzen (Frage nach den Wertmaßstäben)?
  → Bilanzbewertung
- Ausweis der Bilanzposten
  Unter welcher Bilanzposition sind die zu bilanzierenden Vermögensgegenstände und Schulden auszuweisen?
  → Bilanzausweis
  Inhaltlich untergliedert sich die Bilanz gem. § 247 Abs. 1 HGB in folgende Bilanzposten:
  - Anlagevermögen;
  - Umlaufvermögen;

- Eigenkapital;
- Schulden;
- Rechnungsabgrenzungsposten.

A. Bilanzierungsfähigkeit

Die Bilanzierungsfähigkeit von Vermögensgegenständen und Schulden ist an bestimmte Voraussetzungen geknüpft. Dabei ist zwischen der *abstrakten* und der *konkreten Bilanzierungsfähigkeit* zu unterscheiden. Bei der abstrakten Bilanzierungsfähigkeit geht es um die Frage, unter welchen Voraussetzungen theoretisch ein Vermögensgegenstand bzw. eine Schuld vorliegt. Mit konkreter Bilanzierungsfähigkeit sind konkrete Normen des HGB gemeint, die Abweichungen von der abstrakten Bilanzierungsfähigkeit darstellen. Im Rahmen der konkreten Bilanzierungsfähigkeit werden dem bilanzierenden Unternehmen vereinzelt Wahlrechte eingeräumt, die ihm bilanzpolitische Spielräume eröffnen.

Die zu treffende Entscheidung im Rahmen der Bilanzierungsfähigkeit in der Handelsbilanz ist zudem maßgeblich für die Steuerbilanz. Allerdings ist für die Steuerbilanz entsprechend der geltenden Rechtsprechung[1] zu beachten, dass handelsrechtliche Bilanzierungswahlrechte, sofern im Steuerrecht keine ausdrückliche Regelung dem Wahlrecht entgegensteht, im Fall von

- handelsrechtlichen Aktivierungswahlrechten in steuerrechtliche Aktivierungsgebote und
- handelsrechtlichen Passivierungswahlrechten in steuerrechtliche Passivierungsverbote

umschlagen. Der Grundsatz der materiellen Maßgeblichkeit hat auch nach der Abschaffung der umgekehrten Maßgeblichkeit sowie der Eliminierung zahlreicher handelsrechtlicher Wahlrechte Bestand.[2]

1. Abstrakte und konkrete Aktivierungsfähigkeit

Durch die abstrakte Aktivierungsfähigkeit werden Kriterien festgelegt, nach denen ein Aktivposten als Vermögensgegenstand zu charakterisieren ist. Daneben sind die von der abstrakten Aktivierungsfähigkeit abweichenden gesetzlichen Vorschriften zu beachten, die die Aktivierung von abstrakt aktivierungsfähigen Vermögensgegenständen verbieten oder die Aktivierung von Nicht-Vermögensgegenständen erlauben bzw. verlangen (sog. konkrete Aktivierungsfähigkeit).[3]

1 Vgl. *BFH* (1969), S. 291.
2 Vgl. *Herzig* (2008), S. 1339.
3 Vgl. *Baetge/Kirsch/Thiele* (2011), S. 164.

Abstrakte Aktivierungsfähigkeit

Nach der statischen Bilanzauffassung sind Vermögensgegenstände dadurch charakterisiert, dass sie zur Deckung der Schulden des Unternehmens beitragen können. Im Vordergrund steht somit die *Schuldendeckungsfähigkeit* von Vermögensgegenständen. Dieses Merkmal ist aus Gläubigerschutzgründen aufrechterhalten worden und steht gemeinsam mit der Informationsfunktion im Zentrum der handelsrechtlichen Bilanzierung.

In der Literatur werden verschiedene Kriterien zur Definition der abstrakten Bilanzierungsfähigkeit diskutiert. Das Kriterium »Einzelveräußerbarkeit« erscheint ungeeignet, da es zu eng abgrenzt, denn ein Gut kann auch dann zur Schuldendeckung beitragen, wenn es nicht veräußert aber auf andere Weise (z. B. durch Verpachtung) verwertet werden kann. Daher ist auf das Kriterium »selbständige Verwertbarkeit« abzustellen. Sie liegt vor, wenn das Gut auf irgendeine Weise gegenüber Dritten verwertet und dadurch zur Generierung eines Cashflows genutzt werden kann. Gemäß § 246 Abs. 1 Satz 2 HGB ist ein Vermögensgegenstand grundsätzlich in der Bilanz des Eigentümers auszuweisen; falls ein Vermögensgegenstand jedoch einem anderen wirtschaftlich zuzurechnen ist, hat dieser ihn in seiner Bilanz aufzunehmen.

Konkrete Aktivierungsfähigkeit

Die konkrete Aktivierungsfähigkeit beinhaltet das Aktivierungsverbot von abstrakt aktivierungsfähigen Vermögensgegenständen oder das Wahlrecht bzw. Verlangen der Aktivierung von Nicht-Vermögensgegenständen. Im Einzelnen fallen unter den Begriff der konkreten Aktivierungsfähigkeit folgende Aktivierungsverbote für Vermögensgegenstände und Aktivierungswahlrechte bzw. -pflichten für Nicht-Vermögensgegenstände:

- Ein *Aktivierungsverbot* besteht für selbst geschaffene Marken, Drucktitel, Verlagsrechte, Kundenlisten und vergleichbare immaterielle Vermögensgegenstände des Anlagevermögens (§ 248 Abs. 2 Satz 2 HGB).
  Der Grund für dieses Aktivierungsverbot besteht in der Schwierigkeit, den schuldendeckungsfähigen Wert objektiv und nachprüfbar zu bestimmen.[1] Dennoch besteht für selbst geschaffene immaterielle Vermögensgegenstände des Anlagevermögens grundsätzlich ein Aktivierungswahlrecht (§ 248 Abs. 2 Satz 1 HGB). Ihre Herstellungskosten sind die bei ihrer Entwicklung anfallenden Aufwendungen (§ 255 Abs. 2a Satz 1 HGB). Dagegen besteht für Forschungskosten nach § 255 Abs. 2 Satz 4 HGB ein Aktivierungsverbot. Eine Aktivierung scheidet dann aus, wenn die Kosten von Forschung und Entwicklung nicht verlässlich unterschieden werden können (§ 255 Abs. 2a Satz 4 HGB). Deshalb ist zunächst zu prüfen, ob ein Übergang von Forschung zu Entwicklung deutlich zu erkennen ist.[2] In § 255 Abs. 2a HGB finden sich lediglich Legaldefinitionen von Forschung und Entwicklung. Demnach ist Forschung »die eigenständige und planmäßige Suche nach neuen wissenschaftlichen

---

1 Zur Aktivierung selbsterstellter immaterieller Vermögensgegenstände vgl. *Moxter* (2008), S. 1514 ff.

2 Siehe zur Bilanzierung bzw. Abgrenzung von Forschungs- und Entwicklungskosten auch *Bertram* (2010), § 248 HGB, Tz. 17–22 und *Bertram* (2010), § 255 HGB, Tz. 168–176 sowie *Hahn* (2011), S. 25–30 und *Hendricks* (2011), S. 59–64.

oder technischen Erkenntnissen oder Erfahrungen allgemeiner Art, über deren technische Verwertbarkeit und wissenschaftliche Erfolgsaussichten grundsätzlich keine Aussagen gemacht werden können«. Unter Entwicklung ist »die Anwendung von Forschungsergebnissen oder von anderem Wissen für die Neuentwicklung von Gütern oder Verfahren oder die Weiterentwicklung von Gütern oder Verfahren mittels wesentlicher Änderungen« zu verstehen. Des Weiteren gibt der Gesetzgeber in der Regierungsbegründung zum BilMoG Hinweise für die Abgrenzung von Forschung und Entwicklung. Demnach zählt unter Forschung die systematische Suche nach alternativen Materialien, Verfahren, Techniken u. Ä. zur Erlangung neuer Erkenntnisse. Unter Entwicklung fallen dagegen Aktivitäten wie die Erstellung, Planung und Tests von Entwürfen, Konstruktionen, Prototypen, Materialien, Verfahren u. Ä.

Weiterhin wird in der Gesetzesbegründung und auch mit Blick auf das Vorsichtsprinzip in § 252 Abs. 1 Satz 4 HGB für die Aktivierung von selbst erstellten immateriellen Vermögensgegenständen verlangt, dass mit einer hohen Wahrscheinlichkeit damit zu rechnen ist, dass ein einzeln verwertbarer Vermögensgegenstand des Anlagevermögens entsteht. Die Einzelverwertung bezieht sich dabei nicht nur auf die interne Verwertung, sondern auch auf die externe Verwertung, also dem Verkauf, einschließlich von Zwischenprodukten.

Nach dem Steuerrecht besteht gem. § 5 Abs. 2 EStG auch nach der Einführung des BilMoG weiterhin ein Aktivierungsverbot für selbst geschaffene immaterielle Wirtschaftsgüter des Anlagevermögens und damit auch im vorliegenden Fall für sämtliche anfallende Forschungs- als auch Entwicklungskosten.

- *Aktivierungswahlrechte*[1] bzw. *-pflichten* für Nicht-Vermögensgegenstände
  Hierunter fallen:
  - aktive Rechnungsabgrenzungsposten (Aktivierungspflicht; § 250 Abs. 1 Satz 1 HGB);
  - Disagios (Aktivierungswahlrecht; § 250 Abs. 3 HGB);
  - aktive latente Steuern (Aktivierungswahlrecht; § 274 Abs. 1 Satz 2 HGB);
  - der derivative Geschäfts- oder Firmenwert (Aktivierungspflicht; § 246 Abs. 1 Satz 4 HGB).

2. Abstrakte und konkrete Passivierungsfähigkeit

Die abstrakte Passivierungsfähigkeit legt Kriterien fest, nach denen über das Vorliegen einer Schuld zu entscheiden ist. Dagegen versteht man unter konkreter Passivierungsfähigkeit jene rechtlichen Voraussetzungen für eine Passivierung, die in den handels-

1 Es ist zu konstatieren, dass das deutsche Handelsrecht im Vergleich zum deutschen Steuerrecht und zum internationalen Bilanzrecht historisch bedingt bedeutend mehr Wahlrechte kennt, die i. d. R. durch die Formulierungen »kann/könnte«, »darf/dürfen« bzw. »oder« gekennzeichnet sind. Durch das BilMoG wurden zahlreiche dieser Wahlrechte aufgehoben (vgl. *Küting* (2008), S. 1330).

rechtlichen Passivierungsvorschriften festgelegt sind und die u. U. von der abstrakten Passivierungsfähigkeit abweichen können.[1]

Abstrakte Passivierungsfähigkeit

Die abstrakte Passivierungsfähigkeit wird durch nachfolgende Kriterien charakterisiert:

- Es muss eine *Leistungsverpflichtung* des bilanzierenden Unternehmens *hinreichend konkret* vorliegen. Bei der Verpflichtung kann es sich sowohl um eine Außen- als auch eine Innenverpflichtung handeln.
  - Die *Außenverpflichtung* besteht gegenüber Dritten, denen sich das Unternehmen entweder aus rechtlichen oder wirtschaftlichen (z. B. Kulanz) Gründen nicht entziehen kann.
  - Die *Innenverpflichtung* ist eine Verpflichtung des Bilanzierenden gegen sich selbst. Der Bilanzierende muss mit mehr oder minder großen Schwierigkeiten für den Fortgang der Unternehmenstätigkeit rechnen, wenn er die betreffende Verpflichtung nicht erfüllt. Innenverpflichtungen begründen nur dann zu passivierenden Aufwand, wenn der zugehörige Ertrag bereits im abgelaufenen Geschäftsjahr nach dem Realisationsprinzip entstanden ist.

  Die Leistungsverpflichtung muss hinreichend konkret sein, was bedeutet, dass eine bestimmte Mindestwahrscheinlichkeit für die Eintrittspflicht vorliegt. Die Leistungsverpflichtung gilt als vorhersehbar, wenn mehr Gründe für als gegen den Eintritt der Verpflichtung sprechen.
- Mit der Leistungsverpflichtung muss eine *wirtschaftliche Belastung* für das bilanzierende Unternehmen verbunden sein.

  Das bedeutet, dass durch die Leistungsverpflichtung für das Unternehmen zukünftig eine Bruttovermögensminderung eintreten muss. Für die wirtschaftliche Belastung muss zudem gelten, dass sie hinreichend konkretisiert, d. h. vorhersehbar ist. Am Beispiel einer Bürgschaft wird die Voraussetzung deutlich. Grundsätzlich besteht bei Übernahme einer Bürgschaft eine Leistungsverpflichtung, allerdings ist es unbestimmt, ob das Unternehmen aus der bestehenden Verpflichtung tatsächlich in Anspruch genommen wird. Insofern ist die Bürgschaft nicht abstrakt passivierungsfähig.
- Die *wirtschaftliche Belastung* muss quantifizierbar sein.

  Die Verpflichtung steht zum Abschlussstichtag in der Höhe eindeutig punktuell fest (bei Verbindlichkeiten) oder sie kann im Rahmen einer Bandbreite angegeben werden und ist somit der Höhe nach ungewiss, aber vorhersehbar (bspw. bei Rückstellungen).

Konkrete Passivierungsfähigkeit

Die konkrete Passivierungsfähigkeit grenzt ab, ob eine abstrakt passivierungsfähige Schuld aufgrund abweichender konkreter handelsrechtlicher Vorschriften nicht angesetzt werden muss (oder darf) oder eine Nicht-Schuld aufgrund abweichender rechtlicher Passivierungsvorschriften doch passiviert werden muss (oder darf).

---

1 Vgl. *Baetge/Kirsch/Thiele* (2011), S. 175.

Im Rahmen der konkreten Passivierungsfähigkeit sind nachfolgende Sachverhalte relevant:

- Möglichkeiten der Bildung von Aufwandsrückstellungen
  - Passivierungspflicht für Rückstellungen für unterlassene Instandhaltung (Nachholung in den ersten drei Monaten des Folgejahres) und für Rückstellungen für unterlassene Abraumbeseitigung (Nachholung im Folgejahr) (§ 249 Abs. 1 Satz 2 Nr. 1 HGB).
  - Für alle anderen Aufwandsrückstellungen gilt ein Passivierungsverbot und zwar auch dann, wenn die Kriterien für die abstrakte Passivierungsfähigkeit erfüllt sind.[1]
- Passivierungswahlrecht für unmittelbare Pensionszusagen, die bis zum 31.12.1986 gegeben wurden (Art. 28 Abs. 1 Satz 1 EGHGB).

  Bei diesen sog. Altzusagen handelt es sich um eine hinreichend konkrete Leistungsverpflichtung, mit der eine quantifizierbare wirtschaftliche Belastung für das bilanzierende Unternehmen verbunden ist. Trotzdem müssen sie nicht passiviert werden.
- Passivierungswahlrecht für mittelbare Pensionszusagen (Art. 28 Abs. 1 Satz 2 EGHGB).

  Liegt eine mittelbare Zusage vor, d. h. erfolgt die betriebliche Altersversorgung über eine Unterstützungskasse, eine Pensionskasse, einen Pensionsfonds oder eine Direktversicherung, so braucht ebenfalls keine Rückstellung gebildet zu werden.
- Zudem wird die Passivierung bestimmter Posten gefordert, obwohl die Kriterien für eine abstrakte Passivierungsfähigkeit nicht erfüllt sind. Das gilt für:
  - Eigenkapital (§ 247 Abs. 1 HGB);
  - Passive latente Steuern (§ 274 Abs. 1 Satz 1 HGB);
  - Passive Rechnungsabgrenzungsposten (§ 250 Abs. 2 HGB).

Aufgabe 11: Bilanzierungsfähigkeit

Überprüfen Sie die abstrakte und konkrete Bilanzierungsfähigkeit bei den nachfolgenden Punkten:

a) Pensionsrückstellungen, bei denen die Pensionszusage vor dem 01.01.1987 erteilt wurde;
b) Personalcomputer;
c) Selbsterstellte Software, die speziell nur für ein Unternehmen einsetzbar ist;
d) Eine entgeltlich erworbene Homepage;
e) Selbsterstellte, zum Verkauf bestimmte Projektmanagementsoftware;
f) Kosten für die Einführungswerbung und für Umschulungen im Rahmen der Errichtung eines neuen Geschäftsbetriebes.

➔ **Lösung auf Seite 314**

1 Vgl. *Küting* (2008), S. 1333.

Aufgabe 12: Immaterielle Vermögensgegenstände

Die FuE-Abteilung der X-AG, welche Zulieferer für die Automobilindustrie ist, arbeitet u. a. an einer alternativen Technik für Automatikgetriebe mit dem Ziel, diese an einen Automobilhersteller verkaufen zu können. Bis zur Fertigstellung des ersten Prototyps und Erteilung eines Patents im Jahr 2011 sind für die Suche nach der neuartigen Technik für Automatikgetriebe Aufwendungen in Höhe von 400.000 € entstanden. Anfang 2012 erhält die X-AG unabhängig voneinander von zwei Unternehmen Kaufangebote für das Patent auf die Technik in Höhe von jeweils 750.000 €. Die X-AG beschließt jedoch, die Angebote nicht anzunehmen, sondern zunächst die Technik zu optimieren, um höhere Kaufangebote zu erhalten. Dafür sind aufwendige Erprobungen und Tests mit Prototypen notwendig, weshalb im Jahr 2012 weitere Aufwendungen in Höhe von 500.000 € entstehen.
Diskutieren Sie, wie der Sachverhalt nach HGB behandelt werden kann. Begründen Sie ausführlich Ihre Antwort.

➔ **Lösung auf Seite 316**

Aufgabe 13: Immaterielle Vermögensgegenstände

a) Die Z-AG, welche bisher vor allem für Tennis- und Fußball-Bekleidung bekannt ist, investiert 2.000.000 € in den Aufbau einer eigenen Marke für Outdoor- und Freizeit-Bekleidung. Mittels verschiedener Werbekampagnen konnte der Bekanntheitsgrad der neu gegründeten Marke schnell gesteigert werden. Ein in Auftrag gegebenes Gutachten eines Wirtschaftsprüfers kommt zum Ergebnis, dass die auch einzeln veräußerbare Marke einen Wert von 4.000.000 € hat.
Erläutern Sie kurz, wie der Sachverhalte im Jahresabschluss nach HGB zu behandeln ist.
b) Um auf dem hart umkämpften Markt für Outdoor- und Freizeit-Bekleidung erfolgreich zu sein, kauft die Z-AG einen direkten Konkurrenten für 5.000.000 €. Der Zeitwert der Vermögensgegenstände des Konkurrenten beträgt 10.000.000 €, dessen Schulden 5.750.000 €.
Erläutern Sie kurz, ob und in welcher Höhe ein Geschäfts- oder Firmenwert im Jahresabschluss nach HGB der Z-AG auszuweisen ist.

➔ **Lösung auf Seite 317**

B. Bilanzbewertung

1. Allgemeine Bewertungsgrundsätze

Grundsätzlich gelten für alle Kaufleute die Bewertungsvorschriften der §§ 252–256a HGB. Die allgemeinen Bewertungsvorschriften des § 252 HGB sind in *Tab. 8* zusammengefasst.

Allgemeine Bewertungsgrundsätze (§ 252 HGB)		
Abs.	**Nr.**	**Bewertungsgrundsatz**
1	1	Bilanzidentität
	2	Going-Concern-Prinzip
	3	Grundsatz der Einzelbewertung
	4	Vorsichtsprinzip, Realisationsprinzip, Imparitätsprinzip
	5	Grundsatz der Periodenabgrenzung
	6	Bewertungsstetigkeitsprinzip
2		Ausnahmen

Tab. 8: Allgemeine Bewertungsgrundsätze

Die im Schaubild angeführten Bilanzierungsgrundsätze sind folgendermaßen zu verstehen:

Grundsatz der Bilanzidentität (§ 252 Abs. 1 Nr. 1 HGB)

Bilanzidentität verlangt die Übereinstimmung der Wertansätze in der Eröffnungsbilanz mit denen der Schlussbilanz des vorangegangenen Geschäftsjahres.

Grundsatz des Going-Concern-Prinzips (§ 252 Abs. 1 Nr. 2 HGB)

Nach dem Going-Concern-Prinzip gilt, dass bei der Bewertung von der Fortführung des Unternehmens auszugehen ist, es sei denn, der Unternehmensfortführung stehen rechtliche oder tatsächliche Gegebenheiten entgegen. Der Bilanzierende darf somit nicht ohne zwingenden Grund von der Zerschlagungsfiktion ausgehen. Die Bewertung zu Zerschlagungswerten ist nicht schon bei Zweifeln an der Prämisse der Unternehmensfortführung vorzunehmen, sondern erst bei tatsächlich beabsichtigter oder rechtlich gegebener Liquidation, bspw. bei drohender Überschuldung oder Zahlungsunfähigkeit. Setzt das Unternehmen seine gewerbliche Tätigkeit unter vernünftiger kaufmännischer Beurteilung in einem absehbaren zukünftigen Zeitraum fort, so sind die Vermögensgegenstände zu ihren Fortführungswerten gemäß ihrer beabsichtigten Verwendung im Leistungsprozess zu bewerten.

Grundsatz der Einzelbewertung (§ 252 Abs. 1 Nr. 3 HGB)

Entsprechend dem Grundsatz der Einzelbewertung sind alle Vermögensgegenstände und Schulden am Abschlussstichtag einzeln zu bewerten. Die Einhaltung des Grundsatzes setzt voraus, dass die Bilanzgegenstände zuvor einzeln erfasst wurden (Grundsatz der Einzelerfassung). Vom Grundsatz der Einzelbewertung kann nur in Ausnahmefällen, wie z. B. der Gruppenbewertung, Festbewertung, Sammelbewertung, Pauschalwertberichtigung von Forderungen, Stichprobeninventur und den Pauschalrückstellungen, abgewichen werden.

Vorsichtsprinzip, Realisationsprinzip, Imparitätsprinzip (§ 252 Abs. 1 Nr. 4 HGB)
Bewertungssachverhalte können auch aus dem Vorsichts- sowie dem Realisations- und Imparitätsprinzip abgeleitet werden, nach denen tendenziell Aktiva niedriger und Schulden höher anzusetzen sind.

- Vorsichtsprinzip:
  Es ist vorsichtig zu bewerten. Hierunter wird verstanden, dass alle Verluste, die bis zum Abschlussstichtag entstanden sind (bzw. alle vorhersehbaren Risiken), zu berücksichtigen sind.[1] Im Zweifel soll sich der Kaufmann eher ärmer als reicher rechnen, d.h. Aktiva sollen möglichst niedrig, Passiva möglichst hoch bewertet werden. Diese traditionelle Auslegung des Vorsichtsprinzips ist herrschende Meinung. Daneben existiert eine moderne Interpretation, nach der das Vorsichtsprinzip nur bei unsicheren Erwartungen Anwendung findet. Nach dieser Auffassung dient das Vorsichtsprinzip als Entscheidungshilfe bei der Frage, welcher Wert aus einer Bandbreite möglicher Wertansätze anzusetzen ist.
- Realisationsprinzip:
  Eng verbunden mit dem Vorsichtsprinzip ist das Realisationsprinzip, wonach Gewinne (Erträge) nur ausgewiesen werden dürfen, wenn sie am Abschlussstichtag realisiert sind.
- Imparitätsprinzip:
  Einen weiteren Niederschlag findet das Vorsichtsprinzip im Imparitätsprinzip, nach dem vorhersehbare Risiken und Verluste, die bis zum Abschlussstichtag entstanden sind, im Jahresabschluss zu berücksichtigen sind. Dies beinhaltet, dass unrealisierte Aufwendungen (Verluste) auszuweisen sind. Konkretisiert wird das Imparitätsprinzip durch die Vorschriften des § 253 Abs. 3 und 4 HGB (Niederstwertvorschriften) und den § 249 Abs. 1 Satz 1 HGB (Drohverlustrückstellungen).

Maßgeblich für die Berücksichtigung der Prinzipien ist der Abschlussstichtag (§ 252 Abs. 1 Nr. 3 HGB). Erlangt das Unternehmen zwischen dem Abschlussstichtag und dem Tag der Aufstellung des Jahresabschlusses Informationen über verlustbringende Ereignisse, die sich auf den Abschlussstichtag beziehen, so sind diese im Jahresabschluss zu berücksichtigen (sog. wertaufhellende Tatsachen). Beziehen sich die in diesem Zeitraum gewonnenen Informationen auf die Vermögenssituation des nachfolgenden Jahres, so handelt es sich um wertbegründende Tatsachen, die nicht zu berücksichtigen sind.

Grundsatz der Periodenabgrenzung (§ 252 Abs. 1 Nr. 5 HGB)
Aufwendungen und Erträge sind unabhängig von den entsprechenden Zahlungszeitpunkten zu berücksichtigen. Die Berücksichtigung erfolgt grundsätzlich in der Periode, in der der Werteverzehr bzw. Wertezugang wirtschaftlich verursacht wurde (sog. Verursachungsprinzip). Aus diesem Grundsatz wird gleichzeitig abgeleitet, dass ausschließ-

1 Vgl. *IDW* (2012), Tz. E 297.

lich kalkulatorische Kosten, die zu keinem Zeitpunkt zu Zahlungen führen, nicht im handelsrechtlichen Jahresabschluss erfasst werden dürfen (sog. Gebot der Pagatorik).[1]

Grundsatz der Bewertungsstetigkeit (§ 252 Abs. 1 Nr. 6 HGB)

Der Grundsatz der Bewertungsstetigkeit schreibt die Beibehaltung der auf den vorhergehenden Jahresabschluss angewandten Bewertungsmethoden vor. Mit dem Grundsatz soll verhindert werden, dass die dargestellte wirtschaftliche Lage durch bloße Änderung der Bewertungsmethoden verzerrt wird. Der Grundsatz der Bewertungsstetigkeit gewährleistet, analog zum Grundsatz der Ansatzstetigkeit und Grundsatz der Bilanzidentität, die Vergleichbarkeit aufeinanderfolgender Jahresabschlüsse.

Ausnahmen (§ 252 Abs. 2 HGB)

Von den allgemeinen Bewertungsgrundsätzen darf nur in begründeten Fällen abgewichen werden. Diese Möglichkeit ist praktisch nur bzgl. Nr. 6 von Bedeutung (Ausnahmen zu Nummer 2 und 3 stehen im Gesetz, Abweichungen von Nr. 1, 4 und 5 sind nicht sinnvoll). Weichen Kapitalgesellschaften vom Grundsatz der Bewertungsstetigkeit ab, so ist der Grund für die Abweichung sowie die Erläuterung der neuen Bewertungsmethode und deren Einfluss auf die Vermögens-, Finanz- und Ertragslage im Anhang anzugeben (vgl. § 284 Abs. 2 Nr. 3 HGB).

Aufgabe 14: Vorsichtsprinzip

Der Spielautomatenhersteller Glücklich GmbH hat einen Teil seiner überschüssigen liquiden Mittel in Aktien angelegt. Der Gesamtkaufpreis für 1500 Aktien betrug am 01.01.2012 insgesamt 150.000 €. Am 31.12.2012 stellt der Geschäftsführer begeistert fest, dass der Wert der Aktien auf 200.000 € angewachsen ist. Da er die Aktien sowieso in 2013 verkaufen will und für den Abschluss des Geschäftsjahres 2012 noch positive Ergebnisbeiträge benötigt, entscheidet er sich, den derzeitigen fiktiven Gewinn im Jahresabschluss 2012 zu erfassen.
Beurteilen Sie das Vorgehen des Geschäftsführers aus handelsrechtlicher Sicht.

➔ **Lösung auf Seite 317**

Aufgabe 15: Wertbegründende und -aufhellende Tatsachen

Das Auktionshaus Cheateby´s versteigert zu Beginn des Jahres 2012 eine Statue für 8 Mio. € an einen Kunsthändler. Aufgrund der aufziehenden Finanzkrise sinkt die Liquidität und damit die Zahlungsbereitschaft möglicher Kunden des Händlers, so dass die Statue zum Bilanzstichtag (31.12.2012) lediglich für 5 Mio. € veräußert werden kann. In der Zeit zwischen dem Bilanzstichtag und der Bilanzerstellung treten mehrere bis dahin unbekannte russische Kunstsammler auf dem Markt auf, welche ein Interesse an der Statur bekunden, so dass sich der Wert der Statur auf 10. Mio. € erhöht.

➔ **Lösung auf Seite 317**

1 Vgl. *IDW* (2012), Tz. E 305.

2. Bewertung des Vermögens

i. Erstbewertung

a. Anschaffungskosten

1) Anschaffungskosten dem Grunde nach

Anschaffungskosten stellen die Wertobergrenze für fremdbezogene Vermögensgegenstände in der Bilanz dar. Ihr Zweck ist die erfolgsneutrale Erfassung von Vermögensgegenständen in der Bilanz. Gem. § 255 Abs. 1 Satz 1 HGB sind Anschaffungskosten definiert als

> »Aufwendungen, die geleistet werden, um einen Vermögensgegenstand zu erwerben und ihn in einen betriebsbereiten Zustand zu versetzen, soweit sie dem Vermögensgegenstand einzeln zugeordnet werden können.«

Da im Steuerrecht keine gesetzliche Legaldefinition der Anschaffungskosten existiert, findet die handelsrechtliche Definition nach herrschender Meinung auch für steuerliche Zwecke Anwendung.

Nachfolgend werden die jeweiligen Elemente aus der Definition näher erläutert:[1]

Erwerb (Anschaffung)

Der Erwerb umfasst die Überführung eines bereits existierenden Vermögensgegenstandes aus der fremden in die eigene wirtschaftliche Verfügungsmacht.

Versetzung in den Zustand der Betriebsbereitschaft

Der Zustand der Betriebsbereitschaft liegt vor, sobald der Vermögensgegenstand entsprechend seiner Zweckbestimmung genutzt werden kann.[2]

Unter die Aufwendungen zur Versetzung in den Zustand der Betriebsbereitschaft fallen insbesondere Aufwendungen für Fundamentierungsarbeiten, Aufstellung und Montagearbeiten, Probeläufe und innerbetrieblichen Transport. Die Versetzung in den Zustand der Betriebsbereitschaft ist primär bei Vermögensgegenständen des Sachanlagevermögens relevant. Vermögensgegenstände des Umlaufvermögens werden normalerweise nicht in einen betriebsbereiten Zustand versetzt. Aufwendungen für die Aufnahme in ein Materiallager oder die Einsortierung in die Verkaufsregale können demnach nicht mehr den Anschaffungskosten zugerechnet werden.

Zudem sind die Kosten zur Herstellung der Betriebsbereitschaft unter dem Begriff der Anschaffungsnebenkosten zu subsumieren. Sie dürfen nur aktiviert werden, wenn es sich um einen dem Vermögensgegenstand einzeln zurechenbaren Aufwand handelt.

1 Vgl. *Baetge/Kirsch/Thiele* (2011), S. 189–196.

2 Der Zeitpunkt, ab dem die Betriebsbereitschaft vorliegt, ist jeweils von den spezifischen Gegebenheiten des Betriebes abhängig.

Der Zeitpunkt für die Versetzung in den Zustand der Betriebsbereitschaft muss sich nicht unmittelbar an den Erwerbszeitpunkt anschließen. Werden also z. B. Maschinen aufgrund günstiger Einkaufspreise erworben, zunächst gelagert und erst nach einem Jahr in Betrieb gesetzt, so sind die dann anfallenden Inbetriebsetzungsaufwendungen als Anschaffungskosten zu aktivieren. Jedoch sind die Inbetriebsetzungskosten nur bei erstmaliger Inbetriebnahme den Anschaffungskosten zuzuordnen. Werden also bspw. Maschinen an einem Produktionsstandort abgebaut und an einem anderen Standort des gleichen Unternehmens wieder montiert, so stellen die am neuen Standort anfallenden Montageaufwendungen keine Anschaffungskosten dar. Sie dürfen nicht aktiviert werden, sondern sind als Aufwand zu verrechnen.

Einzelzurechenbarkeit der Aufwendungen

Die Aufwendungen müssen Einzelkostencharakter haben, d. h. sie müssen dem Vermögensgegenstand direkt zugerechnet werden können. Gemeinkosten, d. h. Aufwendungen, die einem Vermögensgegenstand nur pauschal unter Verwendung eines Verteilungsschlüssels zugeordnet werden können, zählen nicht zu den Anschaffungskosten.

2) Anschaffungszeitpunkt

Die Anschaffung beginnt, sobald Aufwendungen zur Erlangung des wirtschaftlichen Eigentums am Vermögensgegenstand anfallen. Bis zur Erlangung des wirtschaftlichen Eigentums sind sämtliche Aufwendungen in der Bilanz als geleistete Anzahlungen auszuweisen. Für die Bestimmung des Anschaffungszeitpunktes ist auf die Erlangung der wirtschaftlichen Verfügungsmacht und nicht auf den Zeitpunkt der Versetzung in den Zustand der Betriebsbereitschaft abzustellen. Der Zeitpunkt für den Übergang des wirtschaftlichen Eigentums auf den Erwerber liegt vor, sobald sich beide Vertragspartner auf den Zeitpunkt des Gefahren-, Nutzen- und Lastenübergangs geeinigt haben. Der Anschaffungszeitpunkt nimmt maßgeblichen Einfluss auf den Zeitpunkt des Beginns der planmäßigen Abschreibungen.

3) Höhe der Anschaffungskosten

Die Höhe der zu bilanzierenden Anschaffungskosten ist entsprechend dem in *Tab. 9* dargestellten Berechnungsschema zu ermitteln.

	Anschaffungspreis
+	Anschaffungsnebenkosten
+	Nachträgliche Anschaffungskosten
–	Anschaffungspreisminderungen
=	Anschaffungskosten

Tab. 9: Berechnungsschema zur Ermittlung der Anschaffungskosten

Anschaffungspreis

Der Anschaffungspreis entspricht grundsätzlich dem im Kaufvertrag vereinbarten Kaufpreis inklusive der zu entrichtenden Umsatzsteuer. Handelt es sich bei dem Erwerber um ein Unternehmen, welches zum Vorsteuerabzug im Sinne von § 15 UStG berechtigt ist, so gehört die abzugsfähige Vorsteuer gem. § 9b Abs. 1 Satz 1 EStG nicht zu den Anschaffungskosten. Letzteres ist der Normalfall.

Anschaffungsnebenkosten

Bei den Anschaffungsnebenkosten muss es sich um Einzelkosten handeln, die im Rahmen der Beschaffung und Inbetriebnahme des Vermögensgegenstandes zusätzlich entstehen. Hierzu zählen z. B. Grunderwerbsteuern, Gebühren, Provisionen, Zölle, Notariatskosten, Eingangsfrachten, Transport- und Speditionskosten, Transportversicherungsprämien und Aufbau- und Montagekosten. Finanzierungskosten (Fremdkapitalzinsen) gehören grundsätzlich nicht zu den Anschaffungsnebenkosten,[1] da der Erwerb und die Finanzierung getrennt voneinander behandelt werden. Im Falle von Neuanlagen mit einer längeren Bauzeit, für die fremdfinanzierte Vorauszahlungen angefallen sind, besteht für den Ansatz der Finanzierungskosten ein Aktivierungswahlrecht.[2]

Falls die Anschaffungsnebenkosten im Verhältnis zum Kaufpreis unbedeutend sind oder der Aufwand für ihre Ermittlung in keinem angemessenen Verhältnis zur Höhe der Anschaffungskosten steht, kann gemäß dem Grundsatz der Wirtschaftlichkeit auf ihren Ansatz verzichtet werden.

Neben der Einzelerfassung von Anschaffungsnebenkosten ist auch die Pauschalierung von Anschaffungsnebenkosten zulässig.[3] Die Pauschalierung kann jedoch nur angewendet werden, wenn die nachfolgenden Voraussetzungen erfüllt sind:

- Anschaffungsnebenkosten müssen üblicherweise und bei vielen Warenbezügen anfallen;
- Anschaffungsnebenkosten müssen im Verhältnis zum Warenwert gleichbleibend oder gering sein;
- die Pauschalierung darf nicht zu wesentlich anderen Anschaffungsnebenkosten führen als den tatsächlich angefallenen.
  Bei der Pauschalierung werden die Anschaffungsnebenkosten mittels Zuschlagssätzen dem Einstandswert hinzugerechnet. Die Methode der Pauschalierung wird bspw. bei der Zuordnung von Eingangsfrachten und Transportversicherungen verwendet.

Nicht zu den Anschaffungsnebenkosten zählen Aufwendungen,

- die im Rahmen der Entscheidungsfindung bei der Auswahl zwischen verschiedenen Beschaffungsalternativen entstehen und
- für den Probebetrieb ganzer Werkseinheiten. Eine Ausnahme stellen hier zahlreiche Probeläufe dar, die notwendig sind, um den Zustand der Betriebsbereitschaft überhaupt herstellen zu können.

1 Vgl. *Adler/Düring/Schmaltz* (1995a), § 255 HGB, Tz. 35.
2 Vgl. *Adler/Düring/Schmaltz* (1995a), § 255 HGB, Tz. 36.
3 Vgl. *Adler/Düring/Schmaltz* (1995a), § 255 HGB, Tz. 30–32.

Nachträgliche Anschaffungskosten

Zu den nachträglichen Anschaffungskosten zählen:

- anschaffungsnahe Aufwendungen, die den Vermögensgegenstand erweitern bzw. über seinen ursprünglichen Zustand hinaus wesentlich verbessern.
  Als Beispiele sind u. a. die später zu zahlenden Straßenanliegerbeiträge, Erschließungsbeiträge, Kanalanschlussgebühren sowie der Austausch von Mikroprozessoren in Personalcomputern anzuführen.
- nachträgliche Anschaffungspreiserhöhungen
  Als Beispiel können die rückwirkende Erhöhung des Anschaffungspreises aufgrund eines Vergleichs bzw. die Abhängigkeit des Kaufpreises vom Eintritt bestimmter Ereignisse genannt werden.

Nachträgliche Anschaffungskosten sind im Jahr ihres Entstehens im Anlagenspiegel als Zugänge auszuweisen.

Anschaffungspreisminderungen

Hierbei handelt es sich um Minderungen der zu aktivierenden Aufwendungen durch:

- Boni;
- Rabatte;
- in Anspruch genommene Skonti;
- zurückgewährte Entgelte;
- (entsprechend der herrschenden Meinung) empfangene Zulagen, Zuschüsse und Subventionen.

Sofern die Rabatte und Boni erst zum Jahresende gewährt werden, dürfen diese nur anteilig auf die im Unternehmen zum Abschlussstichtag noch vorhandenen Vermögensgegenstände angesetzt werden. Skonti und Rabatte dürfen nur angesetzt werden, wenn die Bezahlung vor dem Abschlussstichtag vorgenommen wurde. Erfolgt die Zahlung erst im nachfolgenden Wirtschaftsjahr, so handelt es sich um wertbeeinflussende Ereignisse, die erst in dem Jahr zu berücksichtigen sind, in dem sie entstanden sind.[1]

Nachträgliche Anschaffungspreisminderungen sind im Jahr ihres Entstehens als Abgänge im Anlagenspiegel auszuweisen.

4) Sonderfälle bei den Anschaffungskosten

i) Rentenkauf

a) Grundlagen

Dem Rentenkauf begegnet man in der Praxis häufig im Falle des Erwerbs von ganzen Betrieben, Teilbetrieben oder Grundstücken. Die Motivation für den Erwerb bzw. Verkauf auf Rentenbasis liegt z. B.

1 Vgl. *Adler/Düring/Schmaltz* (1995a), § 255 HGB, Tz. 53.

- beim Käufer in den daraus resultierenden Liquiditätsvorteilen bzw. im spekulativen Moment beim Kauf auf Basis einer Leibrente und
- beim Verkäufer in der langfristigen Versorgung bzw. im spekulativen Moment im Fall der Leibrente.

Der Begriff der Rente kann wie folgt definiert werden:

> Die Rente ist eine aus einem einheitlichen Stammrecht fließende, periodisch wiederkehrende Leistung in Geld oder Geldeswert.

Der Kauf auf Rentenbasis kann sowohl als Zeitrente oder als Leibrente ausgestaltet sein (vgl. *Abb. 11*).

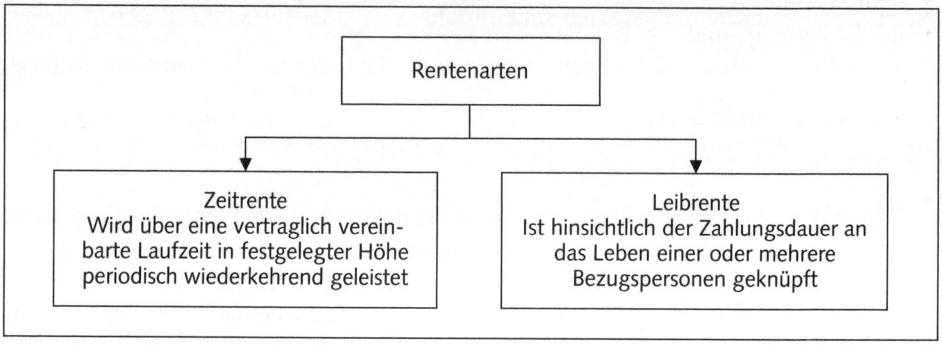

Abb. 11: Rentenarten

Für die bilanzielle Behandlung der Zeitrente oder Leibrente ist zunächst zu prüfen, ob eine Gegenleistung noch erwartet werden kann oder nicht.

- *Rentenverpflichtungen, für die eine Gegenleistung nicht mehr zu erwarten ist:*
  Beim Erwerb eines Vermögensgegenstandes auf Basis einer Zeit- oder Leibrente sind die Anschaffungskosten des erworbenen Vermögensgegenstandes, sofern keine Gegenleistung aus der Rentenverpflichtung mehr zu erwarten ist, auf Basis des Barwertes der Rentenverpflichtungen im Zeitpunkt der Anschaffung zu bestimmen. Dabei sind Rentenverpflichtungen mit einer Restlaufzeit von mehr als einem Jahr mit dem ihrer Restlaufzeit entsprechenden durchschnittlichen Marktzinsatz der vergangenen sieben Geschäftsjahre abzuzinsen. Alternativ kann hiervon abweichend mit dem durchschnittlichen Marktzinssatz abgezinst werden, der sich bei einer angenommenen Restlaufzeit von 15 Jahren ergibt (§ 253 Abs. 2 Satz 3 HGB).[1]
- *Rentenverpflichtungen, für die eine Gegenleistung noch zu erwarten ist:*
  Derartige Rentenverpflichtungen sind nach den Grundsätzen eines schwebenden Geschäfts zu behandeln. Sofern das wirtschaftliche Eigentum noch nicht auf den Erwerber übertragen wurde und sich der Leistungsanspruch und die Leistungsver-

1 Der anzuwendende Abzinsungszinssatz wird von der Deutschen Bundesbank nach Maßgabe einer Rechtsverordnung ermittelt und monatlich bekannt gegeben (§ 253 Abs. 2 Satz 4 und 5 HGB).

pflichtung entsprechen, bedarf es entsprechend den Grundsätzen ordnungsmäßiger Buchführung keiner Passivierung der Rentenschuld. Besteht ein Verpflichtungsüberschuss des Bilanzierenden, so ist dieser entsprechend zu passivieren.

b) Behandlung des Rentenkaufs in der Anschaffungsperiode

(i) Leibrente

Für die Leibrente wird der Rentenbarwert durch die Kapitalisierung der zukünftig zu leistenden Zahlungen bestimmt.

Dieser versicherungsmathematische Barwert hängt ab von

- der Höhe der zu leistenden Rentenzahlungen (R),
- dem Zinssatz (i),
- der Laufzeit (n) und
- der Lebenserwartung (Überlebenswahrscheinlichkeit) des Leistungsempfängers (W_k).

$$\text{Barwert} = \sum_{k=1}^{n} \frac{R_k}{(1+i)^k} \cdot W_k$$

Die Höhe der tatsächlichen Rentenzahlungen ist unsicher, da die Rente für die gesamte Restlebensdauer des Leistungsempfängers gewährt wird. Daher ist die Rentenverpflichtung aus einer Leibrente als Rückstellung auszuweisen. Grundsätzlich gilt, dass der erworbene Vermögensgegenstand nur in Höhe der vom Erwerber im Zeitpunkt des Kaufs bewusst übernommenen Leistungsverpflichtungen zu aktivieren ist. Falls die Rentenzahlungen die Höhe des Rentenbarwertes übersteigen, liegen keine nachträglichen Anschaffungskosten vor. Sofern die Rentenzahlungen den ursprünglich passivierten Rentenbarwert nicht erreichen, liegen keine nachträglichen Anschaffungspreisminderungen vor.

(ii) Zeitrente

Für den Bilanzausweis ist zunächst zu prüfen, ob es sich um einen Rentenkauf (Kaufpreisrente) oder einen Ratenkauf (Kaufpreisrate) handelt. Für die Abgrenzung zwischen dem Renten- und dem Ratenkauf wird in der Regel auf das Interesse der beteiligten Personen an der Verteilung des Kaufpreises abgestellt (vgl. *Abb. 12*).

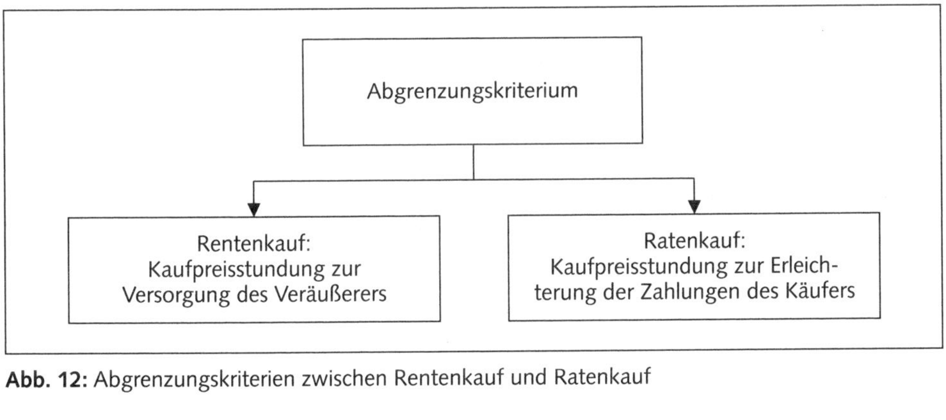

Abb. 12: Abgrenzungskriterien zwischen Rentenkauf und Ratenkauf

Beim Rentenkauf muss der im Vordergrund stehende Versorgungscharakter des Verkäufers eindeutig aus den Vertragskonditionen hervorgehen. Kennzeichen sind langfristige Zahlungsvereinbarungen und ausdrückliche Nennung des Versorgungscharakters für den Veräußerer im Kaufvertrag. Die Kaufpreisstundung dient dagegen beim Ratenkauf zur Erleichterung der Zahlungen des Käufers.

Ratenkauf

Beim Ratenkauf sind in den Ratenzahlungen, sofern der Zinssatz im Vertrag genannt wird, offene bzw., falls nicht genannt, verdeckte Zinszahlungen enthalten. Die Kapital- und Zinsschuld sind zu trennen. Die Anschaffungskosten des Vermögensgengenstands entsprechen dem Barwert der Ratenzahlungen. In der Regel wird dieser Barwert nicht im Vertrag aufgeführt, so dass dieser zu ermitteln ist. Die Abzinsung erfolgt üblicherweise auf Basis eines Zinssatzes von 5,5 %,[1] da dieser den steuerrechtlichen Vorschriften entspricht und somit keine neue Barwertermittlung für die Steuerbilanz vorzunehmen ist.

Da zukünftige zu zahlende Zinsen (Zinsverbindlichkeiten) nicht passiviert werden dürfen, ist die Verbindlichkeit zum Zeitpunkt des Kaufes nach herrschender Meinung ebenfalls mit dem Barwert zu bilanzieren.[2]

Die Ratenzahlungen werden jeweils in voller Höhe als Aufwand verbucht. Des Weiteren muss für jedes Jahr jeweils am Abschlussstichtag der Barwert der Raten neu berechnet werden. Der Unterschiedsbetrag (Tilgungsanteil) zwischen dem Barwert des Vorjahres und dem des aktuellen Jahres ist erfolgswirksam aufzulösen. Dies kann buchungstechnisch so erfolgen, dass dieser Betrag zum einen die Kaufpreisverbindlichkeit verringert und zum anderen die Höhe des Ratenaufwands reduziert. Die noch verbleibende Höhe des Ratenaufwands (Ratenzahlung abzüglich Tilgungsanteil) stellt den Finanzaufwand dar. Summiert man alle sich für jedes Jahr der Vertragslaufzeit ergebende Finanzaufwendungen auf, ergibt sich folglich der Unterschiedsbetrag zwischen dem Barwert des Vermögensgegenstandes im Jahr der Anschaffung und der Summe aller Ratenzahlungen.

In der älteren Literatur[3] wurde anstelle der Passivierung der Verbindlichkeit zum Barwert auch eine Bilanzierungsweise vorgeschlagen, bei welcher als Kaufpreisverbindlichkeit gem. § 253 Abs. 1 Satz 2 HGB, der Rückzahlungsbetrag, d. h. die Summe aller Ratenzahlungen inklusive des Zinsanteils, zu passivieren ist. Sofern nur der Barwert als Anschaffungskosten anzusetzen ist und keine weiteren Anschaffungsnebenkosten bzw. Anschaffungspreisminderungen vorliegen, entspricht, nach dieser Auffassung, die Differenz zwischen der Kaufpreisverbindlichkeit und dem Barwert der Anschaffungskosten einem Disagio. In Anlehnung an § 250 Abs. 3 HGB darf der Aufwand aus einem Disagio wahlweise in voller Höhe erfolgswirksam oder als aktiver Rechnungsabgrenzungsposten verbucht werden. Der aktive Rechnungsabgrenzungsposten ist durch jährliche Abschreibungen über die gesamte Laufzeit der Verbindlichkeit aufzulösen.

1 Der Zinssatz entspricht den Vorgaben des § 12 Abs. 3 BewG.
2 Vgl. *Kozikowski/Schubert* (2012), § 253, Tz. 66 und Tz. 67.
3 Vgl. *Adler/Düring/Schmalz* (1995a), § 253 Tz. 83.

Rentenkauf

Beim Rentenkauf sind die Anschaffungskosten in Höhe des Barwertes der Rentenzahlungen zu aktivieren. Die Rentenverpflichtung ist gem. § 253 Abs. 2 Satz 3 HGB ebenfalls mit dem Barwert der Rentenzahlungen zu passivieren. Ausgewiesen wird die Rentenverpflichtung in der Bilanz unter der Position Verbindlichkeiten.

c) Behandlung des Rentenkaufs in den Folgeperioden

Für die Behandlung der Rentenzahlungen in der Folgezeit existieren zwei Methoden:

- die buchhalterische Methode;
- die versicherungsmathematische Methode.

Buchhalterische Methode

Die laufenden Rentenzahlungen werden zunächst in voller Höhe mit den Rückstellungen im Fall der Leibrente bzw. den Verbindlichkeiten im Fall der Zeitrente verrechnet. Dies geschieht solange, bis der ursprünglich passivierte Barwert aufgezehrt ist. Die laufenden Rentenzahlungen werden somit zunächst, bis zur Aufzehrung des Barwertes, erfolgsneutral verbucht. Erst nach der vollständigen Aufzehrung des Barwertes werden die Rentenzahlungen als Aufwand erfasst.

Vorteile der buchhalterischen Methode:

- der Rentenbarwert muss nur im Zeitpunkt der Anschaffung berechnet werden;
- die Methode ist leicht handhabbar.

Nachteile der buchhalterischen Methode:

- Die buchhalterische Methode steht im Widerspruch zu § 253 Abs. 2 Satz 3 HGB, wonach Rentenverpflichtungen, für die eine Gegenleistung nicht mehr zu erwarten ist, zu ihrem Barwert in der Bilanz zu passivieren sind. Da auch der Zinsanteil aus den laufenden Rentenzahlungen mit der Rückstellung bzw. der Verbindlichkeit verrechnet wird, wird die restliche Rentenschuld mit einem Wert angesetzt, der unter dem Barwert liegt und damit zu niedrig ist.
- Der Erfolgsausweis ist verzerrt. In den ersten Perioden werden die Rentenzahlungen erfolgsneutral erfasst, d. h. der in den Rentenzahlungen enthaltene Zinsanteil wird nicht als Aufwand verbucht. Damit wird ein zu hoher Erfolg ausgewiesen. Ist der ursprünglich passivierte Barwert aufgebraucht, werden die Rentenzahlungen vollständig als Aufwand erfasst, d. h. auch der eigentlich erfolgsneutrale Tilgungsanteil. Der Erfolg ist nun zu niedrig ausgewiesen.

Allerdings ist es steuerrechtlich nicht zulässig, die jährlichen Pensionszahlungen voll von den Rückstellungen abzuziehen,[1] so dass die buchhalterische Methode nicht von Bedeutung ist.

1 Vgl. R 6a EStR.

Versicherungsmathematische Methode
Bei der versicherungsmathematischen Methode wird die Rentenzahlung in voller Höhe erfolgswirksam als Aufwand verbucht. Zudem wird am Abschlussstichtag der Rentenbarwert entsprechend § 253 Abs. 2 Satz 3 HGB neu berechnet. Der Unterschiedsbetrag zwischen dem Barwert des Vorjahres und dem aktuellen Jahr ist erfolgswirksam als sonstiger betrieblicher Ertrag aufzulösen. Die Differenz zwischen den als Aufwand erfassten Rentenzahlungen und diesem Ertrag stellt den Finanzaufwand dar.

Vorteile der versicherungsmathematischen Methode:

- unverzerrter Erfolgsausweis;
- kein Widerspruch zu § 253 Abs. 2 Satz 3 HGB.

Der Nachteil der versicherungsmathematischen Methode ist, dass es sich um ein aufwendiges Verfahren handelt, da der Rentenbarwert jährlich neu zu bestimmen ist.

ii) Anschaffungskosten bei unentgeltlichem Erwerb und Tausch

Anschaffungskosten bei unentgeltlich erworbenen Vermögensgegenständen
Eine Besonderheit bei den Anschaffungskosten ergibt sich für unentgeltlich erworbene Vermögensgegenstände, bei der sich der Erwerbsvorgang ohne Gegenleistung des Erwerbers vollzieht (Schenkung, Erbschaft). Deren bilanzielle Behandlung ist umstritten. Die Meinungen reichen von einem Aktivierungsverbot über ein Aktivierungswahlrecht bis hin zu einem Aktivierungsgebot. Der Zeitwert des erhaltenen Vermögensgegenstandes stellt im Falle der Aktivierung die Wertobergrenze dar.[1] Steuerrechtlich existiert eine Aktivierungspflicht für derartige Vermögensgegenstände (§ 6 Abs. 3 und 4 EStG).[2] Bei unentgeltlichem Erwerb eines Betriebes, eines Teilbetriebes oder Mitunternehmeranteils ist der bisherige Buchwert zu übernehmen. Für einzelne Vermögensgegenstände ist der gemeine Wert anzusetzen.

Anschaffungskosten beim Tausch
Dieser weitere Sonderfall ist dadurch gekennzeichnet, dass die Gegenleistung durch Hingabe eines anderen Vermögensgegenstandes seitens des Erwerbers erbracht wird. Handelsrechtlich sind für die Bestimmung der Anschaffungskosten vier Methoden zulässig:[3]

- Der eingetauschte Vermögensgegenstand kann mit dem Buchwert des hingegebenen Gegenstandes angesetzt werden, gegebenenfalls nach notwendigen, aber bislang unterlassenen Abschreibungen oder erhöht um die durch den Tausch verursachten Ertragsteuerbelastungen.
- Der eingetauschte Vermögensgegenstand ist mit dem Zeitwert des hingegebenen Gegenstandes, gegebenenfalls begrenzt durch den Zeitwert des eingetauschten Gegenstandes anzusetzen.

1 Vgl. *Baetge/Kirsch/Thiele* (2011), S. 191.
2 Vgl. *Grottel/Gadek* (2012), § 255 HGB, Tz. 103 ff.
3 Vgl. *Ballwieser* (2012), § 255 HGB, Tz. 42.

- Zwischen diesen beiden Methoden besteht eine unbegrenzte Wahlmöglichkeit.
- Der eingetauschte Vermögensgegenstand kann mit dem geeignetsten Indikator für die zukünftigen Zahlungsströme, die aus der Nutzung des Vermögensgegenstandes resultieren, angesetzt werden.

Aufgabe 16: Anschaffungskosten

Für die Errichtung eines neuen Verwaltungsgebäudes erwirbt das Unternehmen X ein Grundstück im Wert von 450.000 €. Darüber hinaus sind folgende Kosten entstanden:

- für die Auswahl des geeigneten Grundstücks sind Reisekosten i. H. v. 5.000 € und Beratungskosten i. H. v. 8.000 € angefallen;
- Maklergebühren i. H. v. 3 % des Anschaffungspreises;
- Notar- und Grundbuchkosten i. H. v. 7.500 €;
- Vermessungskosten i. H. v. 15.000 €, die der Erwerber übernimmt;
- Grunderwerbsteuer i. H. v. 3,5 % des Anschaffungspreises.

Ermitteln Sie die zu aktivierenden Anschaffungskosten für das Grundstück.

➔ **Lösung auf Seite 318**

Aufgabe 17: Anschaffungskosten

Der Getränkegroßhändler Ex und Hopp KG plant, seine Produktpalette um ein australisches Bier zu erweitern. Um das beste Produkt herauszufinden, fliegen die beiden Gesellschafter R. Schnell und Mike H. Ince nach Sydney. Dabei fallen folgende Aufwendungen an:

• Flüge:	3.800 €
• Hotel:	2.400 €
• Taxi und andere Transportaufwendungen:	600 €
• Pub- und Restaurantbesuche:	1.300 €

Nach ihrer Rückkehr beschließen Schnell und Ince, die Marke KangooHopp der Brauerei Vomit Again Inc. zu importieren und sie bestellen 100.000 Kisten zum Preis von 10 € (exkl. USt) pro Kiste. Da die Vomit Again Inc. bislang nicht in geschäftlichen Beziehungen zur Ex und Hopp KG stand, besteht sie auf einer Vorauszahlung. Zu diesem Zweck nimmt die Ex und Hopp KG einen Kredit i. H. v. 1 Mio. € auf, für den insgesamt Zinsen i. H. v. 8.000 € anfallen. Die Vomit Again Inc. liefert das Bier frei Hamburger Hafen. Die Seefracht kostet 11.000 €. Vom Zollamt Hamburg erhält die Ex und Hopp KG eine Rechnung über Einfuhrzoll i. H. v. 60.000 € und über Einfuhrumsatzsteuer i. H. v. 190.000 €. Für den Transport vom Hamburger Hafen zum Lager setzt die Ex und Hopp KG einen eigenen LKW ein, der insgesamt 2.000 km unterwegs ist. Für die planmäßige Abschreibung des LKW wird die Leistungsabschreibung eingesetzt (1,4 € pro Kilometer). Der Verbrauch an Diesel beläuft sich auf 1.200 €. Der bei der Ex und Hopp KG angestellte Fahrer erhält ein fixes Monatsgehalt i. H. v. 3.000 € (inkl. Sozialleistungen). Er ist zwei volle Arbeitstage mit dem Transport beschäftigt.

Zur Abdeckung sämtlicher im Laufe eines Geschäftsjahres anfallenden Transportrisiken hat die Ex und Hopp KG eine Versicherung bei der Schluck Kloburg AG abgeschlossen. Die Jahresprämie beläuft sich auf 58.000 €. Um den Absatz des australischen Bieres anzuschieben, organisiert die Ex und Hopp KG eine Promotion-Veranstaltung an der Fernuni Hagen. Dafür fallen folgende Aufwendungen an:

- Miete der Räumlichkeiten: 750 €
- Gehalt für studentische Hostessen: 1.200 €

Mangels studentischer Präsenz erweist sich die Veranstaltung allerdings als Flop. Ermitteln Sie die Anschaffungskosten pro Kiste KangooHopp. Begründen Sie dabei den von Ihnen vorgeschlagenen Wertansatz.

➔ **Lösung auf Seite 318**

Aufgabe 18: Anschaffungskosten

Die Traffic GmbH hat im Zuge ihrer Wachstumsbestrebungen einen weiteren Fertigungsroboter beschafft. Der Kaufpreis betrug 714.000 € inklusive 19 % USt. Aufgrund langfristiger Geschäftsbeziehungen gewährt der Lieferant der Traffic GmbH einen Rabatt von 2 %. Darüber hinaus kann die Traffic GmbH ein Skonto von 3 % nach Abzug des Rabatts in Anspruch nehmen.
Da die Liquiditätslage der Traffic GmbH sehr angespannt ist, wird für die Finanzierung ein Annuitätendarlehen i. H. v. 650.000 € bei der Erfurter Bank aufgenommen. Diese verlangt für die Darlehensgewährung ein Disagio i. H. v. 2 % und einen jährlichen Darlehenszins von 10 %.
Damit der Fertigungsroboter fristgerecht zum Produktionserweiterungstermin betriebsbereit ist, fallen Installationskosten inkl. USt i. H. v. 10.710 € an. Der Installationsbetrieb gewährt ebenfalls ein Skonto von 3 %.
Für die optimale Integration des Fertigungsroboters in den Produktionsablauf sind eine Reihe von Probeläufen notwendig. Der Lieferant berechnet für die von ihm durchgeführten Probeläufe 8.330 € inkl. USt und gewährt ein Skonto von 2 %. Für den Transport des Roboters aus Taiwan fallen Kosten inkl. USt von 11.900 € sowie ein Einfuhrzoll von 5000 € an.
Ermitteln Sie für die Traffic GmbH die Anschaffungskosten des Fertigungsroboters.

➔ **Lösung auf Seite 319**

Aufgabe 19: Anschaffungskosten

Die Schröder GmbH erwirbt im Dezember 2012 ein Bohrwerk zum Listenpreis von 75.000 € zzgl. 19 % USt. Aufgrund der guten Beziehungen zum Lieferanten erhält sie am Jahresende einen Rabatt i. H. v. 2,5 % vom Listenpreis.

Zusätzlich sind für den Transport des Bohrwerks Frachtkosten i. H. v. 750 € zzgl. 19 % USt vom Spediteur in Rechnung gestellt worden. Die Montage des Bohrwerks übernimmt die Firma Still. Hierfür fallen Kosten i. H. v. 2.500 € inkl. USt an. Das Fundament, auf dem das Bohrwerk errichtet werden soll, wurde von der Meyer GmbH in Eigenleistung hergestellt. Die Abteilung Kosten- und Leistungsrechnung hat für die erbrachte Eigenleistung Einzelkosten i. H. v. 1.500 € und Gemeinkosten i. H. v. 600 € ermittelt. Die Finanzierung des Bohrwerks erfolgt je zur Hälfte mit Eigen- und Fremdkapital. Der Fremdkapitalzinssatz beträgt 5,5 % per anno. Ferner wurden alle Rechnungen unter Abzug von 2 % Skonto am 15.12.2012 bezahlt. Das Unternehmen ist vorsteuerabzugsberechtigt.

a) Wie hoch sind die Anschaffungskosten der Maschine?
b) Am 15.01.2013 wird aufgrund der guten Beziehungen ein zusätzlicher Rabatt vom Lieferanten i. H. v. 1.800 € gewährt. Wie verändern sich die Anschaffungskosten im Jahr 2012?

➔ **Lösung auf Seite 320**

Aufgabe 20: Pauschalierte Anschaffungsnebenkosten

Der Lebensmittelgroßhändler Müller ruft einmal pro Woche seinen kompletten Milchbedarf (10.000 Liter) für 4.000 € und Saftbedarf (10.000 Liter) für 6.000 € aus dem mit der Milch- und Saftgenossenschaft Niedersachsen über ein Jahr abgeschlossenen Rahmenvertrag (Milch: Gesamtmenge 520.000 Liter, Gesamtwert: 208.000 €; Saft: Gesamtmenge 520.000 Liter, Gesamtwert 312.000 €) ab.
Für die Anlieferung der Milch und des Saftes hat Herr Müller mit dem Spediteur Schnell und Preiswert einen Preis zwischen 200 € und 250 € je Lieferung für ebenfalls ein Jahr vereinbart. Die Preisspanne resultiert aus den unterschiedlichen Ablieferungsorten und der Dringlichkeit der Lieferung.
Bei der Ermittlung der Anschaffungskosten setzt Herr Müller die Anschaffungsnebenkosten mittels einer Pauschalierung i. H. v. 0,0225 €/€-Warenbezugswert an.
Prüfen Sie, ob der Ansatz pauschalierter Anschaffungsnebenkosten zulässig ist.

➔ **Lösung auf Seite 321**

Aufgabe 21: Ratenkauf

Die Y-GmbH schließt zum 15.12.2012 einen Kaufvertrag über ein Grundstück mit der X-GmbH ab. Der Kaufpreis beträgt 768.000 €. Die Zahlung erfolgt in 12 jährlichen Raten zu je 64.000 € (Fälligkeit erstmals ab Ende 2013). In der jährlichen Rate ist ein Zinssatz von 5,5 % enthalten.
Beurteilen Sie den Sachverhalt vor dem Hintergrund des Ratenkaufs. Ermitteln Sie die zu aktivierenden Anschaffungskosten zum 01.01.2013 und die zu passivierende Höhe der Verbindlichkeit. Welche Buchungen sind am 31.12.2013 vorzunehmen?

➔ **Lösung auf Seite 323**

Aufgabe 22: Rentenkauf

Zum 01.01.2013 erwirbt die Y-OHG ein von K (in der Rechtsform einer Einzelunternehmung) geführtes gewerbliches Treuhandunternehmen.

Aktiva	Bilanz der Y-OHG zum 31.12.2012		Passiva
Betriebs- und Geschäftsausstattung	580.000 €	Eigenkapital	360.000 €
Forderungen aus Lieferungen und Leistungen	20.000 €		
Bank	30.000 €		
Kasse	5.000 €		
RAP	25.000 €	Verbindlichkeiten gegenüber Kreditinstituten	300.000 €
Bilanzsumme	660.000 €	Bilanzsumme	660.000 €

Zum Erwerbszeitpunkt sind die Werte für die Bestimmung eines Firmenwertes nach § 246 Abs. 1 Satz 4 HGB aus nachstehender Übernahmeaufstellung zu entnehmen.

	Buchwert[1]	Zeitwert
Betriebs- und Geschäftsausstattung	150.000 €	180.000 €
Forderungen aus Lieferungen und Leistungen	10.000 €	10.000 €
Verbindlichkeiten gegenüber Kreditinstituten	70.000 €	70.000 €

[1] Bilanzansatz in der Bilanz der K-Treuhandunternehmung zum 31.12.2012.

Der Erwerb der Treuhandunternehmung wird so gestaltet, dass K eine nachschüssige Leibrente i. H. v. 25.000 € gewährt wird (fällig jeweils zum 31.12 eines Jahres, erste Ratenzahlung am 31.12.2013). Die Lebenserwartung des 66-jährigen rüstigen K beträgt zum Zeitpunkt des Verkaufs 12 Jahre.

a) Beschreiben Sie kurz die Grundidee der Leibrente und stellen Sie ausgehend von der Bilanz zum 31.12.2012 die Bilanz der Y-OHG nach Erwerb des Unternehmens (d. h. zum 01.01.2013) auf. Ermitteln Sie zunächst einen Geschäfts- oder Firmenwert. Gehen Sie dabei von einer vollständigen Aktivierung des GoF aus. Als Kalkulationszinsfuß soll 5 % für alle Jahre gelten.
b) Erläutern Sie die Behandlung der Rentenverpflichtung sowie der Rentenzahlung im Jahresabschluss der Y-OHG zum 31.12.2013.

➔ **Lösung auf Seite 324**

b. Herstellungskosten

1) Herstellungskosten dem Grunde nach

Herstellungskosten sind für vom Unternehmen selbst hergestellte Vermögensgegenstände (wie z. B. unfertige und fertige Erzeugnisse, selbsterstellte Vermögensgegenstände des Anlagevermögens) anzusetzen. Die Legaldefinition der Herstellungskosten ist in § 255 Abs. 2 Satz 1 HGB kodifiziert. Nach dieser versteht man unter Herstellungskosten

> Aufwendungen, die durch den Verbrauch von Gütern und die Inanspruchnahme von Diensten für die Herstellung eines Vermögensgegenstandes, seine Erweiterung oder für eine über seinen ursprünglichen Zustand hinausgehende wesentliche Verbesserung entstehen.

Die Bewertung mit Herstellungskosten dient der erfolgsneutralen Abbildung des Herstellungsvorgangs eines Vermögensgegenstandes. Es dürfen nur aufwandsgleiche Kosten berücksichtigt werden. Ausgenommen sind hingegen die nicht-pagatorischen Bestandteile der kalkulatorischen Kosten, wie etwa der kalkulatorische Unternehmerlohn, die kalkulatorischen Abschreibungen oder die kalkulatorischen Zinsen.

Im Vergleich zu den Anschaffungskosten, deren Höhe sich in der Regel aus Fremdrechnungen ergibt, müssen die zur Ermittlung der Herstellungskosten benötigten Daten aus der Kostenrechnung abgleitet werden. Allerdings entspricht der *Herstell*kostenbegriff aus der Kostenrechnung nicht dem *Herstellungs*kostenbegriff des externen Rechnungswesens, da die *Herstell*kosten auch kalkulatorische Größen beinhalten, für die in der handelsrechtlichen Bilanz ein Ansatzverbot besteht. Zudem können in die handelsrechtlichen *Herstellungs*kosten insbesondere auch Verwaltungskosten eingerechnet werden, die nicht Bestandteil der *Herstell*kosten der Kostenrechnung sind.

Der Herstellungsprozess beginnt mit dem Anfall direkt oder indirekt zurechenbarer Aufwendungen und endet mit der Fertigstellung, d. h. der Möglichkeit, den Vermögensgegenstand bestimmungsgemäß zu verwenden.[1] Kosten im Rahmen vorgenommener Grundlagenforschungen und allgemeiner technischer Leistungen bleiben für die Festlegung des Startzeitpunktes der Herstellung unbedeutend.

Neben der erstmaligen Herstellung von Vermögensgegenständen bezieht sich der Herstellungskostenbegriff auch auf die Erweiterung und die wesentliche Verbesserung von Vermögensgegenständen (sog. nachträgliche Herstellungskosten). Bei nachträglich anfallenden Aufwendungen für selbst hergestellte Vermögensgegenstände ist zu untersuchen, ob es sich um Erhaltungsaufwendungen oder um nachträgliche Herstellungskosten handelt (vgl. *Abb. 13*). Bei der Abgrenzung ergeben sich erhebliche Schwierigkeiten.

---

1 Vgl. *IDW* (2012), Tz. E 354.

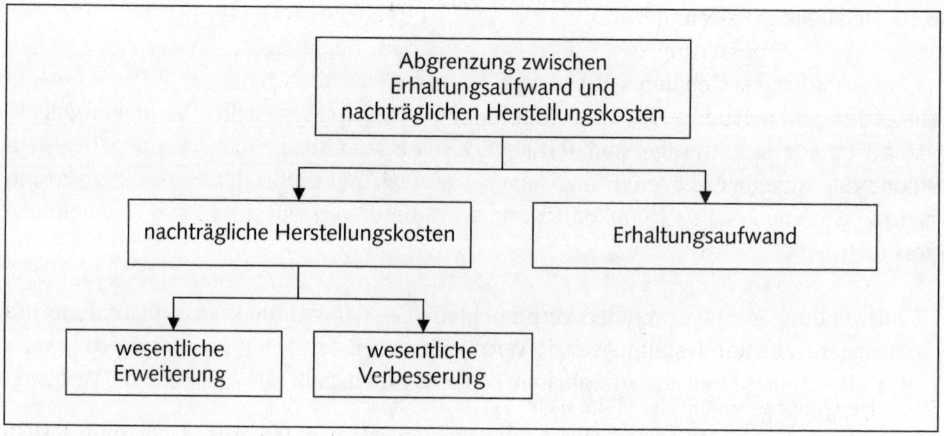

Abb. 13: Abgrenzung zwischen Erhaltungsaufwand und nachträglichen Herstellungskosten

Nachträgliche Herstellungskosten[1]

- *Wesentliche Erweiterung* eines vorhandenen Vermögensgegenstandes:
  Die wesentliche Erweiterung eines vorhandenen Vermögensgegenstandes liegt vor, wenn bei dem Vermögensgegenstand eine Mehrung seiner Substanz bzw. eine Erweiterung der Nutzungsmöglichkeit erzielt wird. Der Aufwand aus dem bloßen Austausch von Teilen eines Vermögensgegenstandes, z. B. der Austausch von Holztreppen durch Betontreppen, oder dem Einbau von Teilen, die lediglich der Erhaltung der Funktionsfähigkeit dienen, stellt keine wesentliche Verbesserung dar und ist somit als Erhaltungsaufwand zu behandeln.
- *Wesentliche Verbesserung* eines vorhandenen Vermögensgegenstandes:
  Von einer wesentlichen Verbesserung eines vorhandenen Vermögensgegenstandes ist immer dann auszugehen, wenn der Vermögensgegenstand so verändert wird, dass eine andere Gebrauchs- oder Verwendungsmöglichkeit vorliegt oder der Vermögensgegenstand derart verbessert wird, dass praktisch ein neuer Gegenstand entsteht. Deutlich wird die Verbesserung des Vermögensgegenstandes immer dann, wenn durch die vorgenommenen Veränderungen die Nutzungsdauer des Vermögensgegenstandes erheblich verlängert wird.

Erhaltungsaufwand

Sofern der Aufwand nicht als eine wesentliche Erweiterung oder eine wesentliche Verbesserung zu identifizieren ist, handelt es sich um Erhaltungsaufwand. Erhaltungsaufwand ist dadurch gekennzeichnet, dass die Aufwendungen lediglich dazu beitragen, den ursprünglichen Zustand des Vermögensgegenstandes zu bewahren. Er wird nicht aktiviert, sondern als Aufwand erfolgswirksam in der Gewinn- und Verlustrechnung erfasst.

Zu Abgrenzungsschwierigkeiten zwischen Erhaltungsaufwendungen und nachträglichen Herstellungskosten kommt es insbesondere bei Aufwendungen für die Instandhal-

1 Vgl. *Adler/Düring/Schmaltz* (1995a), § 255 HGB, Tz. 122.

tung und Modernisierung von Gebäuden. Nachträgliche Herstellungskosten, die eine wesentliche Verbesserung des Gebäudes darstellen, liegen etwa dann vor, wenn der Gebrauchswert des Gebäudes erheblich steigt. Dies kommt durch eine Verlängerung der Gesamtnutzungsdauer oder eine Erhöhung des Mietwertes zum Ausdruck. Nachträgliche Herstellungskosten in Form einer wesentlichen Erweiterung werden im Fall von Nutzflächenvergrößerungen oder Substanzmehrungen angesetzt. Erhaltungsaufwendungen zeichnen sich demgegenüber dadurch aus, dass diese regelmäßig und wertmäßig in etwa gleichen Höhen anfallen oder dass die bestehenden Nutzungs- und Verwendungsmöglichkeiten erhalten bleiben. Ein weiteres Indiz für Erhaltungsaufwendungen liegt vor, wenn lediglich Teile ersetzt wurden, um den ordnungsmäßigen Zustand des Vermögensgegenstandes zu gewährleisten.

2) Herstellungskosten der Höhe nach

Die Höhe der anzusetzenden Herstellungskosten ist in § 255 Abs. 2, 2a und 3 HGB gesetzlich geregelt. Aufgrund der im Gesetz eingeräumten Wahlrechte gibt es letztlich eine Wertuntergrenze und eine Wertobergrenze für Herstellungskosten. Der Inhalt aus dem Gesetzeswortlaut ist in *Tab. 10* zusammengefasst. In der Tabelle sind gegenüberstellend auch die Ansatzpflichten und -wahlrechte bei der Ermittlung der Herstellungskosten nach steuerrechtlichen Normen enthalten.[1]

Inhalte	Handelsbilanz	Steuerbilanz[2]
Einzelkosten gem. § 255 Abs. 2 Satz 2 HGB		
Materialeinzelkosten	Pflicht	Pflicht
Fertigungseinzelkosten	Pflicht	Pflicht
Sondereinzelkosten der Fertigung	Pflicht	Pflicht
Gemeinkosten gem. § 255 Abs. 2 Satz 2 HGB		
Materialgemeinkosten	Pflicht	Pflicht
Fertigungsgemeinkosten	Pflicht	Pflicht
Wertverzehr des Anlagevermögens (Abschreibungen auf Fertigungsanlagen, soweit diese durch die Fertigung veranlasst sind)	Pflicht	Pflicht
= Wertuntergrenze in der Handels- und Steuerbilanz		
Sonstige Kosten gem. § 255 Abs. 2 Satz 3 HGB		
Allgemeine Verwaltungskosten	Wahlrecht	Wahlrecht
Soziale Aufwendungen und Altersversorgung	Wahlrecht	Wahlrecht
Fremdkapitalzinsen gem. § 255 Abs. 3 Satz 2 HGB	Wahlrecht	Wahlrecht
= Wertobergrenze in der Handels- und Steuerbilanz		

Tab. 10: Ansatzpflichten und -wahlrechte bei der Ermittlung der Herstellungskosten aus handelsrechtlicher und steuerrechtlicher Sicht

1 Der Grundsatz der Maßgeblichkeit (§ 5 Abs. 1 Satz 1 EStG) determiniert das Verhältnis von Handels- und Steuerbilanz. Er besagt, dass die Steuerbilanz aus der Handelsbilanz abzuleiten ist. Hierbei werden die handelsrechtlichen Bilanzierungs- und Bewertungsgebote bzw. -verbote auf die Steuerbilanz übertragen, sofern dem nicht spezielle steuerrechtliche Bestimmungen entgegenstehen (§ 5 Abs. 2–6 EStG).

2 Vgl. R 6.3 Abs. 1 und 2 EStR.

Einzelkosten sind Aufwendungen, die unmittelbar im Rahmen der Herstellung anfallen und somit dem produzierten Vermögensgegenstand direkt zurechenbar sind. Zu unterscheiden ist hierbei zwischen Materialeinzelkosten (Rohstoffe oder Halberzeugnisse), Fertigungseinzelkosten (Fertigungslöhne und Lohnnebenkosten[1]) sowie Sondereinzelkosten der Fertigung (Sonderbetriebsmittel, wie etwa Modelle, Spezialwerkzeuge und Entwürfe, oder Lizenzgebühren).

Gemeinkosten sind Aufwendungen, die dem produzierten Vermögensgegenstand nicht direkt zurechenbar sind. Hierbei muss zwischen Gemeinkosten, die einer Ansatzpflicht unterliegen, sowie Gemeinkosten, für deren Einbeziehung in die Herstellungskosten ein Wahlrecht besteht, unterschieden werden. Erstgenannte unterteilen sich in Materialgemeinkosten (z. B. Betriebskosten für das Materiallager), in Fertigungsgemeinkosten (z. B. Lohn für Werkstattmeister) sowie in den Werteverzehr auf Anlagen. Letztgenannte enthalten Kosten der allgemeinen Verwaltung sowie soziale Aufwendungen. Fremdkapitalzinsen dürfen in die Herstellungskosten nur einbezogen werden, sofern sie auf den Zeitraum der Herstellung entfallen und das Fremdkapital zur Finanzierung der Herstellung verwendet wird.

Ein explizites Einbeziehungsverbot besteht gem. § 255 Abs. 2 Satz 4 HGB für Forschungs- und Vertriebskosten. Forschung ist die eigenständige und planmäßige Suche nach neuen wissenschaftlichen oder technischen Erkenntnissen oder Erfahrungen allgemeiner Art, über deren technische Verwertbarkeit und wirtschaftliche Erfolgsaussichten grundsätzlich keine Aussagen gemacht werden können (§ 255 Abs. 2a Satz 3 HGB). Vertriebskosten sind z. B. Aufwendungen für Werbung, Lagerung, Versand sowie Kundendienst.[2]

Bei Unterbeschäftigung verteilen sich die fixen Gemeinkosten auf eine geringere Produktionsmenge als bei einer normalen Beschäftigungslage. Dies führt zwangsläufig dazu, dass die anteiligen fixen Gemeinkosten bei Vermögensgegenständen, die bei einer geringeren Beschäftigung hergestellt wurden, höher ausfallen als bei gleichen Vermögensgegenständen, die bei Normalbeschäftigung produziert wurden. Aufgrund des in § 255 Abs. 2 Satz 2 und 3 HGB kodifizierten Prinzips der Angemessenheit sind derartige Kosten der Unterbeschäftigung, sog. Leerkosten, aus den fixen Gemeinkosten zu eliminieren bzw. direkt als Aufwand in der Gewinn- und Verlustrechnung zu verbuchen.[3] Für die Berechnung der Herstellungskosten darf bei Unterbeschäftigung demnach nur der Teil der fixen Gemeinkosten berücksichtigt werden, der sich auf die genutzte Kapazität bezieht (Nutzkosten).[4] Eine Nicht-Eliminierung der Leerkosten hätte in Zeiten geringer Beschäftigung die Konsequenz, dass einerseits die Herstellungskosten der Vermögens-

1 Typische Lohnnebenkosten, wie z. B. Arbeitgeberanteile zur gesetzlichen Kranken- und Rentenversicherung, haben Einzelkostencharakter und sind damit Bestandteil der Fertigungseinzelkosten. Es existieren jedoch auch Lohnnebenkosten, denen Gemeinkostencharakter zukommt (z. B. tarifvertragliches Weihnachtsgeld).

2 Vgl. *Ballwieser* (2012), § 255 HGB, Tz. 88.

3 Vgl. *Adler/Düring/Schmaltz* (1995a), § 255 HGB, Tz. 162. Diese Beschränkung ergibt sich zudem aus dem Grundsatz der Abgrenzung der Sache nach, nachdem die Erträge eines Geschäftsjahres den korrespondierenden Aufwendungen gegenüberzustellen sind. Vgl. *Leffson* (1987), S. 308.

4 Leerkosten und Nutzkosten stellen die beiden Bestandteile der fixen Gemeinkosten dar.

gegenstände zu hoch angesetzt und andererseits ein zu hoher Gewinn ausgewiesen werden würde. Dies wäre als ein Verstoß gegen das Vorsichtsprinzip zu werten.

Fraglich ist, bei welcher Kapazitätsauslastung Unterbeschäftigung vorliegt und somit eine Eliminierung der Leerkosten vorzunehmen ist. In Betracht kommen hierfür die optimale, die maximale und die normale Beschäftigung. Da die Realisierung der optimalen und der maximalen Beschäftigung in der Praxis eher selten anzutreffen ist, wird für die Ermittlung der Leerkosten die Normalbeschäftigung zugrunde gelegt.[1] Die Untergrenze der Normalbeschäftigung liegt bei 70 % der maximalen Beschäftigung.[2] Wird dieser Schwellenwert unterschritten, so liegt Unterbeschäftigung vor und die Leerkosten sind aus den fixen Gemeinkosten zu eliminieren.

Eine weitere Besonderheit bei der Bestimmung der Herstellungskosten ergibt sich im Rahmen der Kuppelkalkulation, da Einzelkosten nicht für ein Produkt errechnet werden können. Die Bestimmung der Herstellungskosten erfolgt hier über Hilfsprinzipien, bspw. nach der Kostentragfähigkeit.

Aufgabe 23: Abgrenzung zwischen Erhaltungsaufwand und Herstellungskosten

Erläutern Sie, ob die nachfolgenden Sachverhalte als Erhaltungsaufwand oder als nachträgliche Herstellungskosten zu behandeln sind:

a) Der Schornstein eines vor 25 Jahren errichteten Chemiewerkes wird erneuert.
b) Im Rahmen einer Neuorganisation hat das Chemiewerk seine zwei Kontrollräume, die mit unterschiedlichen technischen Systemen ausgestattet waren, zu einem Kontrollraum mit aktuellster Technik zusammengefasst.
c) Die Werkseisenbahn des Chemiewerkes wird mit einem neuen E-Motor versehen, da der alte Motor defekt war.
d) Die Umkleideräume werden aufgrund der gestiegenen Mitarbeiterzahl um ein Stockwerk erweitert.

➔ **Lösung auf Seite 326**

Aufgabe 24: Ansatz und Bewertung von Herstellungskosten

Für die Herstellung einer Linsenschleifmaschine der Optikus GmbH weist deren Kostenrechnung folgende angefallenen Kosten aus: Die Materialeinzelkosten betragen 35.000 €, der Zuschlagssatz für Materialgemeinkosten 20 %, die Fertigungseinzelkosten belaufen sich auf 20.000 € mit einem Fertigungsgemeinkostenzuschlagssatz von 250 %, die Sondereinzelkosten der Fertigung belaufen sich auf 2.000 €. Für die Verwaltungsgemeinkosten ergibt sich ein Betrag von 7.000 €, für die Vertriebskosten ein Betrag von 5.000 €. Die Fertigungsgemeinkosten enthalten 2.500 € Fremdkapitalzinsen, die im Rahmen eines Kredites mit der Hausbank der Herstellung der Linsenschleifmaschine sachlich und zeitlich zurechenbar sind. Die sozialen Aufwendungen des Her-

1 Vgl. *Grottel/Gadek* (2012), § 255 HGB, Tz. 438.
2 Vgl. *Knop/Küting* (2005), § 255 HGB, Tz. 309.

stellungszeitraumes betragen 16.000 €, wobei 75 % auf gesetzliche Kranken- und Rentenversicherungsbeiträge und 25 % auf freiwillige Sozialleistungen entfallen.

a) Ermitteln Sie die Unter- und Obergrenze der Herstellungskosten.
b) Was würde sich für die Herstellungskosten verändern, wenn in den Fertigungsgemeinkosten kalkulatorische Eigenkapitalzinsen i. H. v. 2.000 € enthalten wären?

➔ **Lösung auf Seite 326**

Aufgabe 25: Ansatz und Bewertung von Herstellungskosten

Die Verlagsgruppe Beleke stellt im Laufe des Geschäftsjahres den Bildband »Essen im 3. Jahrtausend« her. Bei der Herstellung fallen folgende Aufwendungen pro Stück an:

- Materialeinzelkosten 4,00 €
- Fertigungslöhne 6,00 €
- Abschreibungen für bei der Produktion eingesetzte Maschinen 2,00 €
- Sozialkosten für bei der Produktion eingesetzte Arbeitskräfte 1,00 €
- Sonstige Material- und Fertigungsgemeinkosten 2,50 €
- Allgemeine Verwaltungskosten (z. B. Post, Registratur, Rechnungswesen) 1,50 €
- Werbeanzeige in der Tageszeitung 0,50 €
- Fremdkapitalzinsen (Kredit wurde speziell für die Herstellung des Bildbandes aufgenommen und entfällt auf den Zeitraum der Herstellung) 0,50 €

Ermitteln Sie die Herstellungskosten nach HGB. Begründen Sie dabei die Einbeziehung/Nicht-Einbeziehung der einzelnen Posten.

➔ **Lösung auf Seite 327**

Aufgabe 26: Ansatz und Bewertung von Herstellungskosten

Der Möbelhersteller Faules Brett GmbH produziert Regale vom Typ Shaky. Dabei fallen folgende Aufwendungen (pro Stück) an:

- Anschaffungskosten Fichtenholz 12,00 €
- Anschaffungskosten Schrauben 0,70 €
- Anschaffungskosten Holzleim (mit pauschalen Sätzen verrechnet) 0,40 €
- Werbeanzeige in TV Movie 2,00 €
- Abschreibungen für Maschinen (Säge, Hobel-, Bohr-, Schleifmaschine) 3,10 €
- Schreinerlohn 4,50 €
- Anteilige Miet- und Energieaufwendungen für die Werkstatt 1,10 €
- Fremdkapitalzinsen (FK wurde für die Produktion der Regale aufgenommen und die FK-Zinsen betreffen den Zeitraum der Herstellung) 0,50 €
- Kalkulatorischer Unternehmerlohn 1,00 €
- Anteilige allgemeine Büroaufwendungen 1,90 €

Ermitteln Sie sowohl die Unter- wie auch die Obergrenze der Herstellungskosten.

➔ **Lösung auf Seite 328**

Aufgabe 27: Ansatz und Bewertung von Herstellungskosten

Das Chemieunternehmen X aus Leverkusen will auf einem bisher leerstehenden angrenzenden Grundstück ein neues Fertigungsgebäude errichten. Der Baubeginn war am 01.05.2012. Bis zum 31.12.2012 sind folgende Aufwendungen angefallen:
Der Architekt M hat für seine Leistungen bisher zwei Abschlagsrechnungen i. H. v. 150.000 € an X ausgestellt. Am 30.11.2012 hat M seine endgültige Rechnung über 565.250 € inkl. 19 % USt für alle erbrachten Leistungen an X weitergeleitet. Die Baugenehmigung hat Kosten i. H. v. 15.000 € verursacht.
Aufgrund der zahlreichen Baumaßnahmen hat das Chemieunternehmcn eigenes Personal für derartige Bauarbeiten. Die direkt zurechenbaren Personalkosten betragen 45.000 €.
An Materialkosten wurden bisher vom Bauunternehmen Karl 166.600 € (brutto) in Rechnung gestellt.

a) Wie ist der Sachverhalt zum 31.12.2012 zu bilanzieren?
b) Die Baumaßnahme ist am 31.03.2013 abgeschlossen. Bis zu diesem Zeitpunkt sind noch die folgenden Kosten angefallen:
   Materialkosten 250.000 € exkl. USt, interne Transportkosten für den Transport der Materialien vom Tor B zum Bauplatz. Es sind zu den kalkulatorische Kosten i. H. v. 5.000 € aufgrund der kalkulatorischen Abschreibung des Gabelstaplers noch effektive Kosten für den Gabelstaplerfahrer i. H. v. 2.500 € angefallen.
   Ermitteln Sie die für das Fertigungsgebäude zu aktivierenden Herstellungskosten zum 31.03.2013.
c) Im November des Jahres 2013 stellt das Chemieunternehmen fest, dass das Fertigungsgebäude zu groß ausgefallen ist und nicht in vollem Umfang genutzt werden kann. Das Chemieunternehmen entschließt sich daher, die freien Gebäudeteile aufgrund der zu engen Räumlichkeiten im Verwaltungsgebäude für die Verwaltung umzugestalten. Für diesen Umbau entstehen zusätzliche Kosten i. H. v. 250.000 €.
   Wie sind diese Kosten im Zeitpunkt der Fertigstellung zum 31.12.2013 im Jahresabschluss zu behandeln?

➔ **Lösung auf Seite 329**

Aufgabe 28: Herstellungskosten unter dem Einfluss von Leerkosten

Die Ferdinand GmbH, ein aufstrebendes Unternehmen im Maschinenbau, ist ein Spezialist für Schiffsgetriebe. In 2012 sind nach Auskunft der Kosten- und Leistungsrechnung folgende Produktionskosten angefallen: (Es handelt sich bei den Gemeinkostenbestandteilen um Kosten auf Basis der Normalauslastung, die einer Stückzahl von 15 Getrieben entsprechen)

• Materialeinzelkosten	250.000 €
• Materialgemeinkosten	120.000 €
• Fertigungseinzelkosten	230.000 €
• Fertigungsgemeinkosten	125.000 €
• Sondereinzelkosten der Fertigung	23.000 €
• Verwaltungsgemeinkosten	27.500 €

- Vertriebskosten 29.900 €
- Sondereinzelkosten des Vertriebs 15.000 €
- Abschreibungen auf Fertigungsanlagen 7.500 €

Wie hoch ist die anzusetzende Wertobergrenze und Wertuntergrenze in der Handelsbilanz, wenn davon auszugehen ist, dass die Material- und Fertigungsgemeinkosten in vollem Umfang fixe Gemeinkosten sind? Die Normalauslastung liegt bei rund 80 %. Die in 2012 tatsächlich vorliegende Kapazitätsauslastung lag bei 55 %.

➔ **Lösung auf Seite 330**

Aufgabe 29: Nachträgliche Herstellungskosten

Im Rahmen neuer gesetzlicher Auflagen muss die Y-GmbH ihre Schornsteine mit neuen Rauchgasentschwefelungsanlagen, die sie selbst fertigt, ausstatten. Insgesamt betrifft die Regelung fünf Schornsteine. Von diesen fünf Schornsteinen waren zwei Schornsteine aufgrund mangelnder Erfüllung gesetzlicher Auflagen nicht mehr in Betrieb. Durch den Einbau dieser Rauchgasentschwefelungsanlagen kann die Y-GmbH diese zwei Schornsteine wieder für ihren Fertigungsprozess nutzen. Die übrigen drei Schornsteine erfüllten die bis dato gültigen gesetzlichen Auflagen. Für die Rauchgasentschwefelungsanlagen sind insgesamt 500.000 € an Kosten angefallen. Den Einbau der Rauchgasentschwefelungsanlagen führt die Y-GmbH in Eigenarbeit durch, da es sich um selbst hergestellte Schornsteine handelte.
Sie werden als Abteilungsleiter von ihrem Sachbearbeiter hinsichtlich der Behandlung im Jahresabschluss angesprochen. Handelt es sich um Erhaltungsaufwand oder um nach-trägliche Herstellungskosten?

➔ **Lösung auf Seite 332**

ii. Folgebewertung

Vermögensgegenstände des Anlage- und des Umlaufvermögens sind zunächst mit ihren Anschaffungs- oder Herstellungskosten zu bewerten (vgl. § 253 Abs. 1 Satz 1 HGB). Bei Anlagevermögensgegenständen, die einer zeitlich begrenzten Nutzungsdauer unterliegen (sog. abnutzbares Anlagevermögen), sind die Anschaffungs- oder Herstellungskosten zwingend um planmäßige Abschreibungen zu vermindern. Neben den planmäßigen Abschreibungen existieren weiterhin außerplanmäßige Abschreibungen. Diese im Rahmen der Niederstwertvorschriften geregelten Wertkorrekturen dienen der Verlustantizipation und sollen künftige Geschäftsjahre vor negativen Erfolgsbeiträgen bewahren sowie das abzuschließende Geschäftsjahr mit dem entsprechenden Aufwand belasten. Die Folgebewertung erfolgt also zu fortgeführten Anschaffungs- oder Herstellungskosten. Ein über die ursprünglichen Anschaffungs- oder Herstellungskosten hinausgehender Wertansatz ist grundsätzlich unzulässig.[1]

1 Ursprünglich hatte der Gesetzgeber im Rahmen des BilMoG vorgesehen, dass zu Handelszwecken erworbene Finanzinstrumente mit dem beizulegenden Zeitwert zu bewerten sind, auch wenn dieser

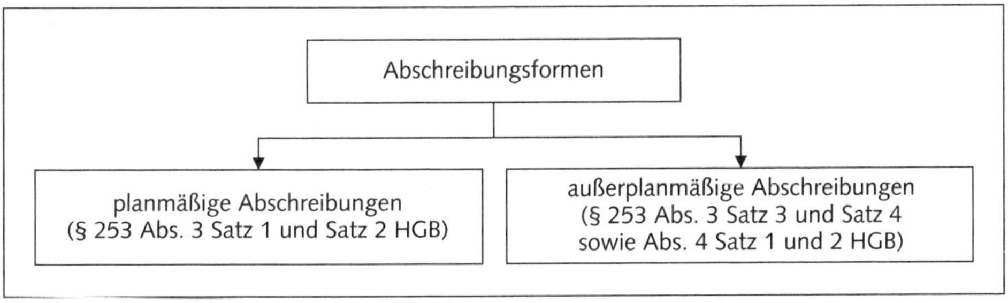

Abb. 14: Abschreibungsformen

a. Planmäßige Abschreibungen

Planmäßige Abschreibungen sind bei allen Vermögensgegenständen des Anlagevermögens durchzuführen, deren Nutzungsdauer zeitlich begrenzt ist. Gründe für eine zeitlich begrenzte Nutzungsdauer sind etwa

- technische Entwertung (Verschleiß),
- wirtschaftliche Entwertung (technischer Fortschritt, Produktionsumstellung, Marktveränderungen) oder
- rechtliche (zeitliche) Begrenzung (zeitlicher Ablauf von Schutzrechten und Verträgen wie Patente, Lizenzen, Konzessionen, Miet- oder Leasingverträge; drohende Enteignung oder gesetzliche Neuregelungen, bspw. beim Umweltschutz oder Arbeitsrecht).

Hiervon betroffen sind u. a. Verschleißanlagen, wie Maschinen und maschinelle Anlagen, die Betriebs- und Geschäftsausstattung, Gebäude und andere Baulichkeiten, Grundstücke mit auszubeutenden Bodenschätzen sowie die immateriellen Vermögensgegenstände.[1]

1) Anfangs- und Endzeitpunkte der planmäßigen Abschreibungen

Anfangszeitpunkt der Abschreibungen

Vermögensgegenstände des abnutzbaren Anlagevermögens sind grundsätzlich »pro rata temporis« abzuschreiben. Dies bedeutet, dass die planmäßige Abschreibung im ersten Jahr zeitanteilig entsprechend der Anzahl der Monate, die seit Anschaffung bzw. Herstellung des Vermögensgegenstandes vergangen sind, durchgeführt werden muss.[2] Ist

über den Anschaffungs- oder Herstellungskosten liegt. Dieses Vorhaben wurde jedoch letztendlich fallen gelassen. Kreditinstitute haben jedoch nach § 340e Abs. 3 HGB ihre Finanzinstrumente des Handelsbestandes zum beizulegenden Zeitwert abzüglich eines Risikoabschlages zu bewerten. Ferner ist nach § 253 Abs. 1 Satz 4 HGB das sog. Deckungsvermögen (welches gemäß § 246 Abs. 2 Satz 2 HGB, z. B. im Wege der Insolvenz, dem Zugriff aller Gläubiger des Unternehmens entzogen ist und ausschließlich der Erfüllung von Schulden aus Altersversorgungsverpflichtungen oder ähnlichen Verpflichtungen dient) im Rahmen der Saldierung mit Pensionsrückstellungen (vgl. Kap. III.B.3.ii.e) zum Zeitwert zu bewerten, auch wenn dieser über den Anschaffungskosten liegt.

1 Vgl. *IDW* (2012), Tz. E 384.

2 Möglich ist auch eine tagesgenaue Abrechnung.

der Vermögensgegenstand innerhalb oder am Ende des Monats zugegangen, so darf der volle Monat bei der Berechnung der Abschreibungswerte berücksichtigt werden.[1]

Die Abschreibung beginnt zum Zeitpunkt der Anschaffung bzw. Herstellung. Es ist ausschließlich auf den Übertragungszeitpunkt des wirtschaftlichen Eigentums[2] abzustellen und nicht auf den Zeitpunkt der erstmaligen Inbetriebnahme[3] oder der Bezahlung des Vermögensgegenstandes[4].

Endzeitpunkt der Abschreibungen

Das Ende der planmäßigen Abschreibung ist i. d. R. mit dem Ablauf der letzten Periode der unterstellten Nutzungsdauer erreicht. Für Vermögensgegenstände des Anlagevermögens, die vor Ablauf der planmäßigen Nutzungsdauer veräußert oder verschrottet werden, sind die Abschreibungen des Geschäftsjahres noch bis zum Veräußerungszeitpunkt anteilig zu verrechnen.

2) Determinanten der planmäßigen Abschreibungen

Die Höhe der planmäßigen Abschreibung wird durch folgende Einflussfaktoren determiniert:

- Abschreibungssumme;
- Nutzungsdauer;
- Abschreibungsverfahren.

Abschreibungssumme

Ausgangspunkt für die Berechnung der über die Nutzungsdauer anfallenden Abschreibungsbeträge ist die Abschreibungssumme der Vermögensgegenstände. Als Abschreibungssumme gelten die Anschaffungs- bzw. Herstellungskosten vermindert um ggf. vorhandene Restwerte am Ende der Nutzungsdauer. Zu den Restwerten gehören u. a. Schrotterlöse, die im Zeitpunkt der erstmaligen Berechnung der planmäßigen Abschreibung bereits hinreichend sicher geschätzt werden können. Steht ein Restwert nicht mit Sicherheit fest oder ist er unerheblich, so ist von einem Restwert von null oder 1 € auszugehen.

Nutzungsdauer

Als Nutzungsdauer anzusetzen ist der Zeitraum, in dem der Vermögensgegenstand voraussichtlich genutzt werden soll (vgl. § 253 Abs. 3 Satz 2 HGB). Die Bestimmung der

---

1 Vgl. R 7.4 Abs. 2 Satz 1 EStR, wobei die kleinste AfA-Einheit der Monat ist. Bereits begonnene Monate werden zu Gunsten des Steuerpflichtigen berücksichtigt.

2 Das wirtschaftliche Eigentum besitzt derjenige, der die tatsächliche Herrschaft über einen Vermögensgegenstand ausübt und den rechtlichen Eigentümer für die Nutzungsdauer von der Einwirkung auf den Vermögensgegenstand ausschließt. Demnach erfolgt die Bilanzierung eines Wirtschaftsgutes (Vermögensgegenstand und Schulden) beim wirtschaftlichen Eigentümer. Der Begriff des wirtschaftlichen Eigentums ist somit nicht immer deckungsgleich mit dem des juristischen Eigentums (bspw. beim Eigentumsvorbehalt oder bei der Sicherungsübereignung).

3 Vgl. *BFH* (1977), S. 708.

4 Vgl. *BFH* (1989), S. 132.

voraussichtlichen Nutzungsdauer kann sich nach den Erfahrungswerten der Vergangenheit richten. Maßgebend ist hierfür die wirtschaftliche und nicht die i. d. R. längere technische Nutzungsdauer. Zudem orientiert sich die Praxis bei der Schätzung der Nutzungsdauer an den AfA-Tabellen der Finanzverwaltungen, aus denen die betriebsgewöhnlichen Nutzungsdauern hervorgehen.

Sollte sich die ursprünglich angesetzte Nutzungsdauer als zu lang herausstellen, so ist in der entsprechenden Periode eine Korrektur vorzunehmen, die entweder zu einer Neuberechnung der verbliebenen Abschreibungsbeträge oder zu einer außerplanmäßigen Abschreibung führt. Stellt sich die angesetzte Nutzungsdauer hingegen als zu kurz heraus, so ist eine Korrektur des Abschreibungsplanes nur dann notwendig, wenn bei »Fortführung des bisherigen Abschreibungsplanes der Grundsatz der Klarheit des Jahresabschlusses (§ 243 Abs. 2 HGB; bei Kapitalgesellschaften und Personenhandelsgesellschaften i. S. d. § 264a HGB: die Generalnorm des § 264 Abs. 2 HGB) beeinträchtigt würde«.[1] Dies bedeutet zumindest eine Verteilung des Buchwertes auf die restliche Nutzungsdauer, u. U. sogar eine Zuschreibung.

Abschreibungsverfahren
Die Höhe der jährlichen Abschreibungsbeträge wird nicht nur durch die Abschreibungssumme und durch die voraussichtliche Nutzungsdauer, sondern auch durch das zugrunde liegende Abschreibungsverfahren bestimmt.

3) Abschreibungsverfahren

Das Unternehmen ist in der Wahl des Abschreibungsverfahrens grundsätzlich frei, da vom Gesetzgeber lediglich eine planmäßige Abschreibung gefordert wird. Allerdings muss das gewählte Abschreibungsverfahren den Grundsätzen ordnungsmäßiger Buchführung (§ 243 Abs. 1 HGB) entsprechen. Das bedeutet, dass der Abschreibungs- und Nutzungsverlauf nicht im Widerspruch zueinander stehen dürfen.[2] Daher ist es z. B. nicht zulässig, die Abschreibung in Abhängigkeit vom Unternehmensergebnis zu berechnen.

Ein Wechsel zwischen den Abschreibungsverfahren ist nach dem Grundsatz der Bewertungsstetigkeit nur in begründeten Ausnahmefällen vorzunehmen (vgl. § 252 Abs. 1 Nr. 6, Abs. 2 HGB). Sieht jedoch der Abschreibungsplan von vornherein einen Verfahrenswechsel vor, etwa vom degressiven zum linearen Abschreibungsverfahren, so ist hierin kein Verstoß gegen den Grundsatz der Bewertungsstetigkeit zu erkennen. Ein Wechsel vom linearen zum degressiven Abschreibungsverfahren ist hingegen nicht möglich. Die Verwendung verschiedener Abschreibungsverfahren nebeneinander (auf unterschiedliche Vermögensgegenstände) ist zulässig und je nach den tatsächlichen Verhältnissen unter Umständen geboten. Einen Überblick über die Verfahren der planmäßigen Abschreibung gibt *Abb. 15*.

1 Vgl. *IDW* (2012), Tz. E 394.
2 Vgl. *Adler/Düring/Schmaltz* (1995a), § 253 HGB, Tz. 385.

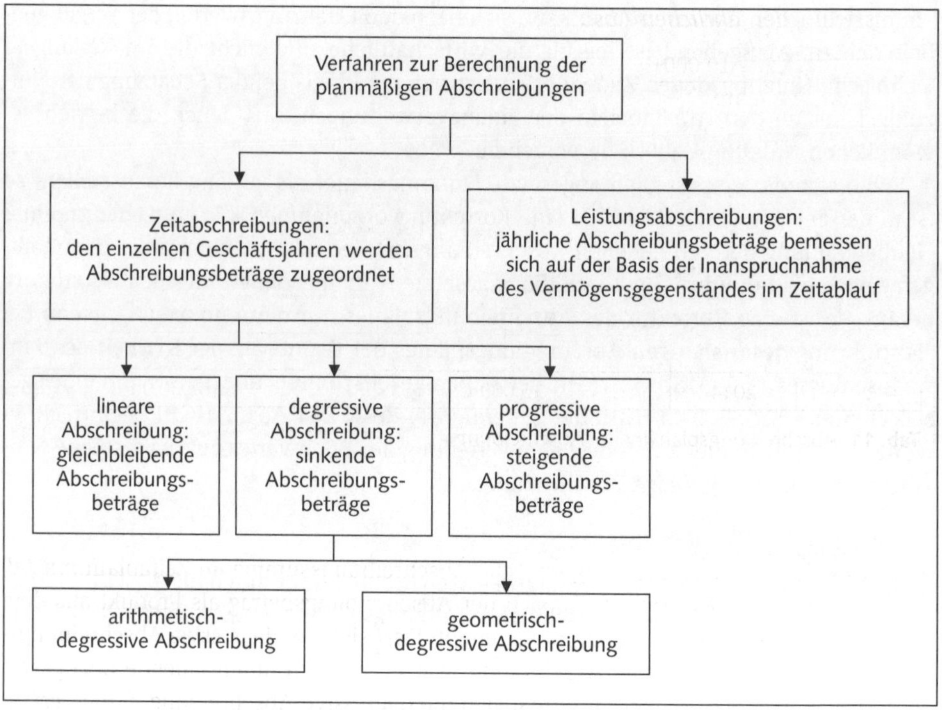

Abb. 15: Abschreibungsverfahren zur Berechnung der planmäßigen Abschreibungen

i) Zeitabschreibungsverfahren

a) Lineare Abschreibungen

Hierbei wird die Abschreibungssumme *gleichmäßig auf die Jahre der Nutzung* verteilt. Das Verfahren der linearen Abschreibung ist sowohl handelsrechtlich als auch steuerrechtlich (vgl. § 7 Abs. 1 Satz 1 EStG) auf alle abnutzbaren Vermögensgegenstände des Anlagevermögens anwendbar. Der Vorteil der linearen Abschreibung liegt in der einfachen Berechnung und der gleich bleibenden Aufwandsbelastung der Perioden. Die lineare Abschreibung ist daher sinnvoll bei einer vermuteten gleichmäßigen Nutzung.

$$\text{Jährliche Abschreibung } (A_t) = \frac{\text{Abschreibungssumme (AS)}}{\text{Nutzungsdauer (ND)}}$$

Beispiel

Anschaffungskosten einer Maschine (AK)	110.000 €
Inbetriebnahme	01.01.2011
Geschätzte Nutzungsdauer (ND)	4 Jahre
Geschätzter Restwert	10.000 €

Berechnung des jährlichen Abschreibungsbetrages:

$$A_t = \frac{110.000\,€ - 10.000\,€}{4 \text{ Jahre}} = 25.000\,€/\text{Jahr}$$

Aufstellung des Abschreibungsplans für die lineare Abschreibung:

Abschreibungsplan			
Periode t	Jahr	jährliche Abschreibung (A_t)	Restbuchwert (RBW_t)
1	2011	25.000 €	85.000,00 €
2	2012	25.000 €	60.000,00 €
3	2013	25.000 €	35.000,00 €
4	2014	25.000 €	10.000,00 €

Tab. 11: Abschreibungsplan lineare Abschreibung

b) Degressive Abschreibungen

Bei der degressiven Abschreibung wird die Abschreibungssumme im Zeitablauf *mit fallenden Beträgen* abgeschrieben. Da sich der Abschreibungsbetrag als Produkt aus dem Abschreibungssatz und der Bezugsgröße ergibt, lässt sich der degressive Abschreibungsverlauf sowohl durch fallende Abschreibungssätze, als auch durch fallende Bezugsgrößen generieren. Entsprechend unterteilt sich die degressive Abschreibung in die Verfahren der arithmetisch-degressiven und der geometrisch degressiven Abschreibung.

(i) Arithmetisch-degressive Abschreibungen

Bei der arithmetisch-degressiven Abschreibung wird die Degression durch fallende Abschreibungssätze bei konstanter Bezugsgröße erreicht. Dabei nehmen die Abschreibungssätze (a) jährlich um den gleichen Betrag (d) ab. Allerdings ist dieses Abschreibungsverfahren steuerrechtlich nicht zulässig und insofern nur von geringer praktischer Relevanz.

Für die Abschreibungssätze gilt folgende Reihe:

$$a_1 > a_2 = a_1 - d > a_3 = a_1 - 2d > \ldots > a_n = a_1 - (n-1) \cdot d$$

Für den Degressionsbetrag d gilt folgendes Berechnungsschema:

$$d = 2 \cdot \left(\frac{a_1 - \frac{1}{ND}}{ND - 1} \right), \text{ mit } \frac{1}{ND} < a_1 < \frac{2}{ND}$$

Dabei ist der erste Abschreibungssatz a_1 im Rahmen der vorgegebenen Bandbreite frei wählbar.

Beispiel

Anschaffungskosten einer Maschine (AK)	110.000 €
Inbetriebnahme	01.01.2011
Geschätzte Nutzungsdauer (ND)	4 Jahre
Abschreibungssatz der ersten Periode (a_1)	30 %
Geschätzter Restwert	10.000 €

Berechnung der Abschreibungsbeträge:

1. Schritt: Prüfe, ob die o. g. Bedingung für a_1 erfüllt ist.

$\frac{1}{4} < \frac{3}{10} < \frac{2}{4}$ Fazit: Bedingung für a_1 ist erfüllt!

2. Schritt: Sofern die Bedingung erfüllt ist, muss der Betrag (d), um den der Abschreibungssatz jährlich sinkt, ermittelt werden.

$$d = 2 \cdot \left(\frac{\frac{3}{10} - \frac{1}{4}}{4 - 1} \right) = 2 \cdot \left(\frac{\frac{6}{20} - \frac{5}{20}}{3} \right) = \frac{1}{30}$$

3. Schritt: Berechnung der jährlichen Abschreibungssätze.

T	a_t	
1	a_1	$= \frac{3}{10} = \frac{9}{30}$
2	$a_2 = a_1 - d$	$= \frac{9}{30} = \frac{1}{30} = \frac{8}{30}$
3	$a_3 = a_1 - 2d$	$= \frac{9}{30} - 2\frac{1}{30} = \frac{7}{30}$
4	$a_4 = a_1 - 3d$	$= \frac{9}{30} - 3\frac{1}{30} = \frac{6}{30}$

4. Schritt: Aufstellung des Abschreibungsplans für die arithmetisch-degressive Abschreibung.

Abschreibungsplan			
Periode t	Jahr	Jährliche Abschreibung ($A_t = AS \cdot a_t$)	Restbuchwert (RBW_t)
1	2011	30.000,00 €	80.000,00 €
2	2012	26.666,67 €	53.333,33 €
3	2013	23.333,33 €	30.000,00 €
4	2014	20.000,00 €	10.000,00 €

Tab. 12: Abschreibungsplan arithmetisch-degressive Abschreibung

Digitale Abschreibungen als Sonderform der arithmetisch-degressiven Abschreibungen
Eine Sonderform der arithmetisch-degressiven Abschreibung ist die digitale Abschreibung. Sie ist dadurch gekennzeichnet, dass der Abschreibungssatz der letzten Abschreibungsperiode gleich der konstanten Differenz der Abschreibungssätze ist.

$$a_n = d$$

Es gilt für den Degressionsbetrag (d) folgende Berechnung:

$$d = \frac{2}{ND \cdot (ND + 1)} \quad \text{und für } a_1,\ a_1 = ND \cdot d.$$

Beispiel

Anschaffungskosten einer Maschine (AK)	110.000 €
Inbetriebnahme	01.01.2011
Geschätzte Nutzungsdauer (ND)	4 Jahre
Geschätzter Restwert	10.000 €

Berechnung der Abschreibungsbeträge:

1. Schritt: Berechnung des Betrages (d).

$$d = \frac{2}{4 \cdot (4 + 1)} = \frac{2}{20} = \frac{1}{10}$$

2. Schritt: Berechnung der jährlichen Abschreibungssätze.

T	a_t	
1	a_1	$= 4\frac{1}{10} = \frac{4}{10}$
2	$a_2 = a_1 - d$	$= \frac{4}{10} - \frac{1}{10} = \frac{3}{10}$
3	$a_3 = a_1 - 2d$	$= \frac{4}{10} - 2\frac{1}{10} = \frac{2}{10}$
4	$a_4 = a_1 - 3d$	$= \frac{4}{10} - 3\frac{1}{10} = \frac{1}{10}$

3. Schritt: Aufstellung des Abschreibungsplans für die digitale Abschreibung.

Abschreibungsplan			
Periode t	Jahr	jährliche Abschreibung ($A_t = AS \cdot a_t$)	Restbuchwert (RBW_t)
1	2011	40.000 €	70.000 €
2	2012	30.000 €	40.000 €
3	2013	20.000 €	20.000 €
4	2014	10.000 €	10.000 €

Tab. 13: Abschreibungsplan digitale Abschreibung

(ii) Geometrisch-degressive Abschreibungen

Bei der geometrisch-degressiven Abschreibung wird die Degression durch eine abnehmende Bezugsgröße bei konstantem Abschreibungssatz erreicht. Dabei wird die jährliche Abschreibung (A_t) mit diesem Abschreibungssatz (a) vom jährlichen Restbuchwert (RBW) errechnet. Sie wird daher auch häufig als Buchwertabschreibung bezeichnet. Für den Abschreibungsbetrag (A) ergibt sich folgendes:

$$A_1 = a \cdot RBW_{t-1}.$$

Aus *steuerrechtlicher Sicht* darf dieses Abschreibungsverfahren grundsätzlich nicht angewendet werden.[1]

Aufgrund der Abhängigkeit des Abschreibungsbetrages vom konstanten Abschreibungssatz und vom jeweiligen Restbuchwert verbleiben am Ende der Nutzungsdauer nicht unerhebliche Restbuchwerte. Es ist handelsrechtlich zulässig, einen planmäßigen Wechsel von der geometrisch-degressiven Abschreibung auf die lineare Abschreibung zu vollziehen. Ein Wechsel von der linearen zur geometrisch-degressiven Abschreibung ist hingegen ausgeschlossen. Der Wechsel von der geometrisch-degressiven zur linearen Abschreibung ist sinnvoll, wenn die lineare Verteilung des Restbuchwertes auf die restliche Nutzungsdauer höhere bzw. gleiche jährliche Abschreibungsbeträge ergibt, als die Fortführung der degressiven Abschreibung.[2] Im Folgenden wird dies beispielhaft dargestellt.

Beispiel

Anschaffungskosten einer Maschine (AK)	120.000 €
Inbetriebnahme	01.01.2011
Geschätzte Nutzungsdauer (ND)	6 Jahre
Abschreibungssatz	20 %

Berechnung der Abschreibungsbeträge:

1. Schritt: Ermittlung des Zeitpunktes für den Wechsel vom geometrisch-degressiven zum linearen Abschreibungsverfahren.
Für die Berechung des Übergangszeitpunkts muss gelten:

$$\frac{1}{\text{Restnutzungsdauer}} \geq \text{Abschreibungssatz der geometrisch-degressiven Abschr.}$$

1 Bedingt durch die Finanzkrise wurde mit dem *Gesetz zur Umsetzung steuerrechtlicher Regelungen des Maßnahmenpakets »Beschäftigungssicherung durch Wachstumsstärkung«* die geometrisch-degressive Abschreibung im Sinne einer steuerlichen Vergünstigung für in den Jahren 2009 und 2010 angeschaffte oder hergestellte bewegliche Wirtschaftsgüter des Anlagevermögens zugelassen.

2 Vgl. *Adler/Düring/Schmaltz* (1995a), § 253 HGB, Tz. 398.

2. Schritt: Aufstellung des Abschreibungsplans.

- Bei ausschließlich geometrisch-degressiver Abschreibung:

Abschreibungsplan			
Periode t	Jahr	Jährliche Abschreibung ($A_t = RBW_{t-1} \cdot a$)	Restbuchwert (RBW_t)
1	2011	24.000 €	96.000 €
2	2012	19.200 €	76.800 €
3	2013	15.360 €	61.440 €
4	2014	12.288 €	49.152 €
5	2015	9.830 €	39.322 €
6	2016	7.864 €	31.458 €

Tab. 14: Abschreibungsplan geometrisch-degressive Abschreibung

- Bei geometrisch-degressiver und Wechsel zur linearen Abschreibung:

Übergangszeitpunkt: $\frac{1}{5} \geq 20\%$ → Übergang im zweiten Jahr

Abschreibungsplan			
Periode t	Jahr	Abschreibungsbetrag (im 1. Jahr: $A_1 = AHK \cdot a$ ab dem 2. Jahr: $A_t = \frac{\text{RBW nach dem 1. Jahr}}{\text{Restnutzungsdauer}}$)	Restbuchwert (RBW_t)
1	2011	24.000,00 €	96.000,00 €
2	2012	19.200,00 €	76.800,00 €
3	2013	19.200,00 €	57.600,00 €
4	2014	19.200,00 €	38.400,00 €
5	2015	19.200,00 €	19.200,00 €
6	2016	19.200,00 €	0,00 €

Tab. 15: Abschreibungsplan geometrisch-degressive Abschreibung mit Übergang zur linearen Abschreibung

Für den Fall, dass am Ende der Abschreibungsdauer der Restbuchwert dem geschätzten oder bekannten Restwert entsprechen soll, lässt sich eine Abschreibungsreihe konstruieren, die die Abschreibungssumme auf die Abschreibungsdauer unter Berücksichtigung dieses Sachverhaltes verteilt. Der konstante Abschreibungssatz (a) ergibt sich anhand folgender Formel[1]:

$$a = 1 - \sqrt[ND]{\frac{RW}{AHK}}$$

1 Beträgt der Restwert Null, ist kein Abschreibungssatz berechenbar.

Die Abschreibungsbeträge (A) werden wie folgt ermittelt.

a) Für die erste Periode: $A_1 = AHK \cdot a$
b) Für alle Folgeperioden: $A_t = RBW_{t-1} \cdot a$, mit $t = 2, \ldots, ND$

Die Vorteile der geometrisch-degressiven Abschreibung sind:

- dem Vorsichtsprinzip wird stärker entsprochen, weil in den ersten Jahren mehr als in den späteren Jahren abgeschrieben und daher die Gefahr einer technisch-wirtschaftlichen Überholung oder einer Überschätzung der Nutzungsdauer reduziert wird;
- der Nutzungsverlauf vieler Anlagegüter entspricht eher der degressiven als der linearen Abschreibung.

c) Progressive Abschreibungen

Beim progressiven Abschreibungsverfahren wird die Abschreibungssumme des Vermögensgegenstandes des Anlagevermögens *mit steigenden Beträgen* abgeschrieben. Entsprechend des degressiven Abschreibungsverfahrens können die jährlichen Abschreibungsbeträge in arithmetischer oder in geometrischer Folge steigen. In der Praxis ist dieses Abschreibungsverfahren nur selten vorzufinden, da seine Anwendung voraussetzt, dass die progressiv abzuschreibenden Anlagen (meist langlebige Anlagen) erst langsam in die Nutzung hineinwachsen.[1] Dies könnte bei Großkraftwerken, Verkehrsunternehmen oder Erdgasleitungen der Fall sein. Die progressive Abschreibung birgt jedoch die Gefahr, dass das Risiko der technisch-wirtschaftlichen Überholung nicht ausreichend berücksichtigt wird und somit ein Verstoß gegen das Vorsichtsprinzip vorliegen könnte. Steuerrechtlich ist das progressive Abschreibungsverfahren nicht zulässig.

ii) Leistungsabschreibungen

Bei dem Verfahren der Leistungsabschreibung werden die jährlichen Abschreibungsbeträge entsprechend der Inanspruchnahme (Leistung) des Vermögensgegenstandes des Anlagevermögens berechnet.

Dieses Abschreibungsverfahren ist steuerrechtlich nur für bewegliche Vermögensgegenstände des Anlagevermögens anwendbar (§ 7 Abs. 1 Satz 6 EStG). Zudem muss ein Nachweis für die jeweilig erbrachte Leistung vorliegen, d. h., dass die Leistungsabschreibung wirtschaftlich begründet sein muss. Dies ist bei Vermögensgegenständen der Fall, die eine schwankende Leistungsabgabe vorweisen, was einen in den einzelnen Perioden der Nutzungsdauer stark voneinander abweichenden Verschleiß bedingt.

Für die Berechnung der Leistungsabschreibung muss zunächst das Gesamtleistungspotential (P) des Vermögensgegenstandes in technischen Einheiten (z. B. Maschinenstunden, Kilometer-Leistung etc.) geschätzt werden. Dividiert man daraufhin die Abschreibungssumme (AS) durch das Gesamtleistungspotential (P), so ergibt sich der Abschreibungsbetrag pro Leistungseinheit (ApL). Multipliziert man den Abschreibungsbetrag pro Leistungseinheit mit der in der entsprechenden Periode t in Anspruch genommen Leistung (p_t), so ergibt sich der Abschreibungsbetrag (A_t).

---

1 Vgl. *IDW* (2012), Tz. E 385.

Der Abschreibungsbetrag pro Leistungseinheit (ApL) berechnet sich demnach folgendermaßen:

$$ApL = \frac{AS}{P}$$

Für den jährlichen Abschreibungsbetrag (A_t) gilt:

$$A_t = ApL \cdot p_t$$

Beispiel

- Anschaffungskosten eines LKW 220.000 €
- Gesamtleistungsmenge 400.000 km
- Geschätzte Nutzungsdauer 4 Jahre
- Restwert 20.000 €
- Leistung in Periode 1 140.000 km
- Leistung in Periode 2 120.000 km
- Leistung in Periode 3 80.000 km
- Leistung in Periode 4 60.000 km

Berechnung der Abschreibungsbeträge:

1. Schritt: Berechnung des Abschreibungsbetrages pro Leistungseinheit.

$$ApL = \frac{220.000\,€ - 20.000\,€}{400.000\,km} = 0{,}50\,€/km$$

2. Schritt: Aufstellung des Abschreibungsplans der Leistungsabschreibung.

Abschreibungsplan			
Periode t	Jahr	Jährliche Abschreibung ($A_t = p_t \cdot ApL$)	Restbuchwert (RBW_t)
1	2011	70.000 €	150.000 €
2	2012	60.000 €	90.000 €
3	2013	40.000 €	50.000 €
4	2014	30.000 €	20.000 €

Tab. 16: Abschreibungsplan Leistungsabschreibung

4) Abschreibung geringwertiger Wirtschaftsgüter

Grundsätzlich sind alle im laufenden Geschäftsjahr angeschafften oder hergestellten Vermögensgegenstände einzeln zu aktivieren und abzuschreiben. Abweichend hiervon räumen § 6 Abs. 2 und Abs. 2a EStG für geringwertige Wirtschaftsgüter (GWG) Wahlrechte ein. Dabei handelt es sich um abnutzbare, bewegliche Wirtschaftsgüter des Anlagevermögens, die einer selbständigen Nutzung fähig sind. Für GWGs, die nach dem 31.12.2009 angeschafft bzw. hergestellt wurden, gilt die in *Tab. 17* dargestellte Bilanzierungsregelung.[1]

1 Eine Übersicht findet sich auch bei *Sorg/Schlachter* (2011), S. 213–215.

Eingeräumte Wahlrechte bei der Bilanzierung von GWG	
Möglichkeit 1: Anwendung des § 6 Abs. 2 EStG	**Möglichkeit 2: Anwendung des § 6 Abs. 2a EStG**
Anschaffungs-/Herstellungskosten: • bis 410 € (netto): sofortige Aufwandsverrechnung oder Aktivierung und planmäßige Abschreibung • ab 410 € (netto): Aktivierung und planmäßige Abschreibung	Anschaffungs-/Herstellungskosten: • bis 150 € (netto): sofortige Aufwandsverrechnung oder Aktivierung und planmäßige Abschreibung • über 150 € (netto) und bis 1.000 € (netto): Bildung eines Sammelposten für die im laufenden Geschäftsjahr angeschafften oder hergestellten Wirtschaftsgüter • über 1.000 € (netto): Aktivierung und planmäßige Abschreibung

Tab. 17: Eingeräumte Wahlrechte bei der Bilanzierung von GWG

Bei Anwendung des § 6 Abs. 2 EStG wird von der GWG-Obergrenze von 410 € ausgegangen. GWG mit Anschaffungs- bzw. Herstellungskosten bis 410 € können entweder sofort als Aufwendungen erfasst oder aktiviert und planmäßig über die betriebsgewöhnliche Nutzungsdauer abgeschrieben werden. Übersteigen die Anschaffungs- bzw. Herstellungskosten für ein Wirtschaftsgut 410 €, ist dieses zu aktivieren und planmäßig über die betriebsgewöhnliche Nutzungsdauer abzuschreiben.

Bei Anwendung des § 6 Abs. 2a EStG liegt die GWG-Obergrenze bei 1000 €. GWG mit Anschaffungs- bzw. Herstellungskosten von bis zu 150 € können entweder sofort als Aufwendungen erfasst oder aktiviert und planmäßig über die betriebsgewöhnliche Nutzungsdauer abgeschrieben werden. Übersteigen die Anschaffungs- bzw. Herstellungskosten 150 €, nicht jedoch 1.000 €, sind diese Wirtschaftsgüter in einem Jahres-Sammelposten zusammenzufassen. Dabei sind jeweils jährlich diejenigen Wirtschaftsgüter zu bündeln, die beweglich und abnutzbar sowie selbständig nutzbar sind. Für die Anschaffungen eines jeden Jahres ist jeweils ein separater Sammelposten zu bilden. Der Sammelposten ist pauschal mit 20 % p. a. abzuschreiben, was einer Nutzungsdauer von fünf Jahren entspricht. Dabei ist es unerheblich, wann die einzelnen Wirtschaftsgüter im Laufe des Jahres erworben wurden. Falls ein Wirtschaftsgut im Laufe der fünf Jahre das Anlagevermögen verlässt, bspw. aufgrund von Beschädigung, Entnahme oder Veräußerung, so beeinflusst dies nicht den Wert des Sammelpostens und er ist weiterhin über den verbleibenden 5-Jahres-Zeitraum abzuschreiben. Im Falle einer Veräußerung oder Entnahme ist der Veräußerungserlös im Zeitpunkt des Zugangs des Veräußerungserlöses bzw. im Zeitpunkt der Entnahme als Betriebseinnahme anzusetzen. Für die Frage der Einstellung in den Sammelposten ist immer der Nettobetrag maßgebend und zwar auch dann, wenn der Unternehmer nicht zum Vorsteuerabzug berechtigt ist. Die nicht als Vorsteuer abziehbare Umsatzsteuer gehört dann zu den Anschaffungs- oder Herstellungskosten. Unternehmer, die nicht zum Vorsteuerabzug berechtigt sind, müssen deshalb den Bruttobetrag im Sammelposten berücksichtigen, auch wenn dieser über 1.000 € liegt. Liegen die Anschaffungs- bzw. Herstellungskosten über 1.000 €, so stellen diese Wirtschaftsgüter keine GWG dar und es erfolgt eine Aktivierung und Abschreibung über die betriebsgewöhnliche Nutzungsdauer.

Die Entscheidung, welche der beschriebenen Möglichkeiten der Bilanzierung von GWG angewandt wird, ist für jedes Kalenderjahr neu zu treffen.

b. Außerplanmäßige Abschreibungen im Rahmen der Niederstwertvorschriften

Außerplanmäßige Abschreibungen sind sowohl auf Vermögensgegenstände des Anlagevermögens (§ 253 Abs. 3 HGB) als auch des Umlaufvermögens (§ 253 Abs. 4 HGB) anzuwenden, sofern der Wert des Vermögensgegenstandes zum Abschlussstichtag unter dem Betrag der (fortgeführten) Anschaffungs- oder Herstellungskosten liegt. Die Ursachen für derartige Abschreibungen sind

- im Bereich des Anlagevermögens:
  - außergewöhnliche technische Abnutzung (d.h. Beeinträchtigung der Substanz des Wirtschaftsgutes, z.B. Mehrschichtbetrieb, äußere Einflüsse aufgrund höherer Gewalt);
  - außergewöhnliche wirtschaftliche Abnutzung (d.h. Beeinträchtigung der wirtschaftlichen Nutzbarkeit, z.B. technischer Fortschritt);
  - gesunkene Beschaffungspreise.[1]
- im Bereich des Umlaufvermögens:
  - gesunkene Börsen- bzw. Marktpreise oder sofern diese nicht vorliegen;
  - ein gesunkener beizulegender Wert.

Die außerplanmäßige Abschreibung resultiert aus den Niederstwertvorschriften (vgl. *Abb. 16*), welche Ausfluss des Imparitätsprinzips sind. Nach dem Imparitätsprinzips sind Verluste, die zum Abschlussstichtag bereits verursacht, jedoch noch nicht realisiert wurden, dem abgelaufenen Geschäftsjahr zuzuordnen (vgl. § 252 Abs. 1 Nr. 4 HGB). Diese Verlustantizipation dient dem Zweck der nominellen Kapitalerhaltung.

Wahlrechte zu außerplanmäßigen Abschreibungen, wie etwa die vor dem Inkrafttreten des BilMoG bei Vermögensgegenständen des Umlaufvermögens zulässigen Abschreibungen auf einen nächsten Zukunftswert oder die Abschreibungen im Rahmen vernünftiger kaufmännischer Beurteilung, die Nicht-Kapitalgesellschaften möglich waren, sind nicht länger zulässig.

1) Außerplanmäßige Abschreibungen im Umlaufvermögen

Im Bereich des Umlaufvermögens gelten die strengen Niederstwertvorschriften, nach denen sowohl bei dauerhafter als auch bei vorübergehender Wertminderung eine Abschreibungspflicht besteht. Zur Bestimmung des möglichen Abschreibungswertes ist auf einen Vergleich zwischen den Anschaffungs-/Herstellungskosten und dem niedrigeren Zeitwert (Stichtagswert) abzustellen. Für die Bestimmung des Zeitwertes nennt das HGB drei Wertmaßstäbe, die der Bewertung in der angegebenen Reihenfolge zugrunde zu legen sind (vgl. § 253 Abs. 4 HGB).

1 Vgl. *Baetge/Brockmeyer* (1986), S. 326–335.

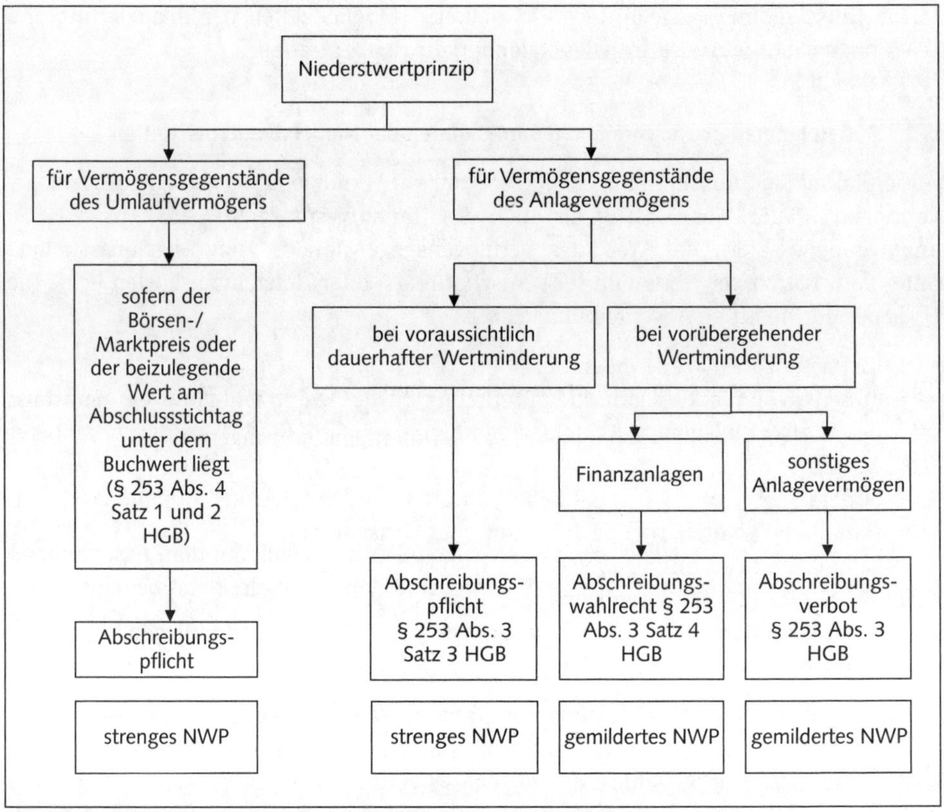

Abb. 16: Niederstwertprinzip und außerplanmäßige Abschreibungen

- Der Wert, der sich aus dem *Börsenpreis* am Abschlussstichtag ableiten lässt:
  Der Börsenpreis ist der an einer amtlich anerkannten Börse festgestellte Preis für die an der betreffenden Börse zum Handel zugelassenen Wertpapiere und Waren.
- Der Wert, der sich aus dem *Marktpreis* am Abschlussstichtag ableiten lässt:
  Der Marktpreis ist derjenige Preis, der an einem Handelsplatz für Waren einer bestimmten Gattung durchschnittlicher Art und Güte zu einem Zeitpunkt im Durchschnitt gewährt wird.
- Der *Wert*, der dem Vermögensgegenstand am Abschlussstichtag *beizulegen* ist:
  Der beizulegende Wert kommt nur zur Anwendung, wenn ein Börsen- oder Marktpreis nicht festzustellen ist. Dieser lässt sich in Abhängigkeit von der Art und Zweckbestimmung des Vermögensgegenstandes von den Verhältnissen am Beschaffungs- und/oder Absatzmarkt ableiten. Im Einzelnen kommen hierfür der Wiederbeschaffungswert und der Einzelveräußerungspreis in Betracht.
  Sofern kein aktiver Markt besteht, ist der beizulegende Zeitwert mit Hilfe allgemein anerkannter Bewertungsmethoden zu bestimmen. Ferner sieht § 255 Abs. 4 HGB vor, dass der letzte zuverlässig ermittelte beizulegende Zeitwert per Fiktion zu den maßgeblichen Anschaffungs- und Herstellungskosten wird und diese dann den Ausgangs-

punkt für die Folgebewertung nach § 253 Abs. 4 HGB darstellen, sofern keine andere Möglichkeit zur Ermittlung des beizulegenden Wertes gegeben ist.[1]

Für die Bestimmung des aus dem Börsen- oder Marktpreis abgeleiteten Wertes und die Ableitung des beizulegenden Wertes ist zu prüfen, ob die Preise des Beschaffungs- oder Absatzmarktes maßgeblich sind. Bezogen auf das Umlaufvermögen haben sich hierzu folgende Grundsätze herausgebildet:

Eine *Maßgeblichkeit des Beschaffungsmarktes* gilt für

- Roh-, Hilfs- und Betriebsstoffe sowie
- unfertige und fertige Erzeugnisse, soweit auch ein Fremdbezug möglich wäre.

Die *Maßgeblichkeit des Absatzmarktes* existiert bei

- unfertigen und fertigen Erzeugnisse, sowie unfertigen Leistungen,
- Überbeständen an Roh-, Hilfs- und Betriebsstoffen sowie
- Wertpapieren.

Eine *doppelte Maßgeblichkeit*, die den niedrigeren Wert sowohl auf dem Beschaffungs- als auch auf dem Absatzmarkt berücksichtigt und den niedrigeren von beiden als Vergleichsmaßstab heranzieht, gilt für

- Handelswaren und
- Überbestände an unfertigen und fertigen Erzeugnissen.

Der zum Vergleich heranzuziehende Zeitwert ist der sich aus einem Börsen-, Marktpreis oder beizulegenden Wert ergebende Wert. Dies bedeutet, dass die Bewertung nicht zum Börsen- oder Marktpreis, sondern zu modifizierten Preisen erfolgt. Die Modifizierung ergibt sich für

- den Beschaffungsmarkt aus dem Wiederbeschaffungspreis inklusive noch zu berücksichtigender Anschaffungsnebenkosten und Abschlägen für Wertminderungen.
- den Absatzmarkt aus dem voraussichtlichen Veräußerungspreis nach Abzug von Erlösminderungen und Vertriebs-, Verpackungs- und Transportkosten.

Ein weiteres Problem bei der Festlegung des Börsen- oder Marktpreises stellt die Stärke der Kursschwankungen im Zeitverlauf dar, so dass sich zum Stichtag Zufallskurse bzw. -marktpreise ergeben. Hier stellt sich die Frage, ob ein durchschnittlicher Kurs oder ein zufälliger Stichtagskurs als Bewertungsmaßstab zugrunde gelegt werden soll. Sofern der Stichtagskurs unter dem allgemeinen Kursniveau liegt, ist der Ansatz des niedrigeren Stichtagskurses vorzunehmen. Liegt hingegen der Stichtagskurs über dem allgemeinen Kursniveau, so ist der Durchschnittskurs anzusetzen.

1 Vgl. *Herzig* (2008), S. 1343.

2) Außerplanmäßige Abschreibungen im Anlagevermögen

Im Bereich des Anlagevermögens sind die gemilderten Niederstwertvorschriften zu beachten. Dabei ist zwischen dauerhaften und vorübergehenden Wertminderungen sowie zwischen Finanzanlagen und anderen Vermögensgegenständen des Anlagevermögens zu unterscheiden.[1] Während im Falle einer voraussichtlich dauerhaften Wertminderung eine Abschreibungspflicht für sämtliche Vermögensgegenstände des Anlagevermögens besteht, ist bei einer vorübergehenden Wertminderung keine außerplanmäßige Abschreibung vorzunehmen. Lediglich bei den Finanzanlagen können außerplanmäßige Abschreibungen auch bei voraussichtlich vorübergehender Wertminderung aufgrund eines Wahlrechtes vorgenommen werden (§ 253 Abs. 3 Satz 4 HGB).

Eine *voraussichtlich dauerhafte Wertminderung im Bereich des Anlagevermögens* ist anzunehmen, wenn

- während eines erheblichen Teils der Restnutzungsdauer der Stichtagswert unter den fortgeführten Anschaffungs- bzw. Herstellungskosten liegt oder
- innerhalb der nächsten fünf Jahre (sofern die Restnutzungsdauer geringer ist, innerhalb der Restnutzungsdauer) keine konkreten Anzeichen für eine Werterhöhung vorliegen.

Hier besteht eine Abschreibungspflicht gem. § 253 Abs. 3 Satz 3 HGB, welche unabhängig davon vorzunehmen ist, ob der Vermögensgegenstand des Anlagevermögens zeitlich begrenzt nutzbar ist.

Im Falle einer *vorübergehenden Wertminderung* des *Anlagevermögens* liegt hingegen ein Abschreibungsverbot vor. Damit wurden die vor dem Inkrafttreten des BilMoG für Kapitalgesellschaften geltenden Regelungen auf alle Unternehmen, die zur Aufstellung eines Jahresabschlusses verpflichtet sind, ausgeweitet.

Bei abnutzbaren Vermögensgegenständen des Anlagevermögens ist nach Durchführung der außerplanmäßigen Abschreibung der verbleibende Restbuchwert auf die Restnutzungsdauer planmäßig zu verteilen.

Außerplanmäßige Abschreibungen auf einen niedrigeren beizulegenden Wert entsprechen in der steuerrechtlichen Terminologie den Teilwertabschreibungen (§ 6 Abs. 1 Nr. 1 Satz 2 EStG).

c. Zuschreibungen

Sofern die Gründe für die gebildeten außerplanmäßigen Abschreibungen in den Folgejahren nicht mehr vorliegen, ist aufgrund eines grundsätzlichen Wertaufholungsgebotes eine Zuschreibung vorzunehmen. Eine besondere Regelung besteht hingegen für einen entgeltlich erworbenen Geschäfts- oder Firmenwert. Für diese Vermögensgegenstände ist ein niedrigerer Wertansatz beizubehalten (§ 253 Abs. 5 Satz 2 HGB).

Die Obergrenze, bis zu der die Zuschreibung erfolgen darf, stellen grundsätzlich die Anschaffungs- bzw. die Herstellungskosten dar. Bei abnutzbaren Vermögensgegenstän-

---

1 Vgl. *IDW* (2012), Tz. E 395.

den des Anlagevermögens wird die Zuschreibung durch die sich unter Berücksichtigung von planmäßigen Abschreibungen ergebenden fortgeführten Anschaffungs- bzw. Herstellungskosten begrenzt.

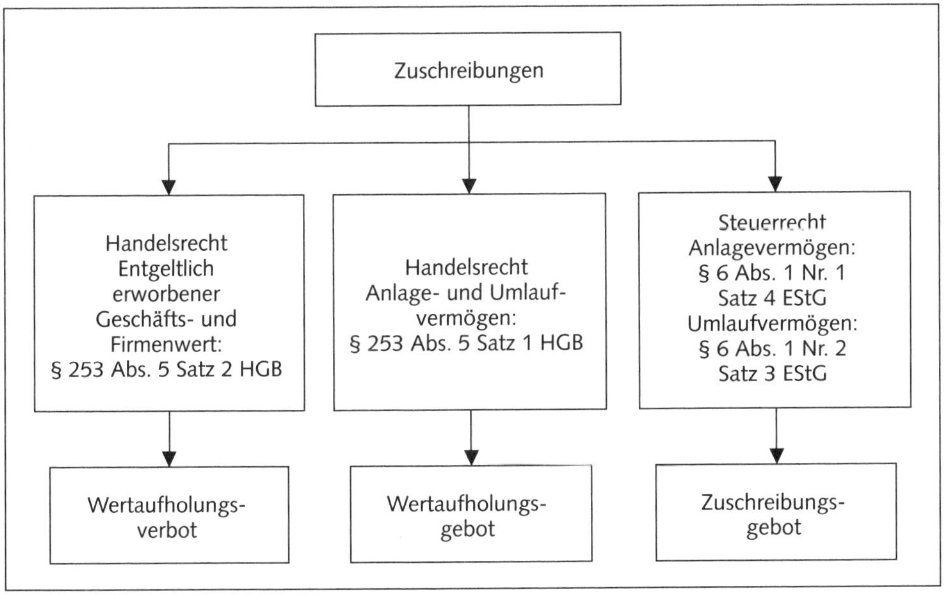

Abb. 17: Zuschreibungen im Anlage- und Umlaufvermögen

Steuerrechtlich gilt seit dem Veranlagungszeitraum 1999 durch das Steuerentlastungsgesetz generell ein Zuschreibungsgebot. Zuschreibungen haben nur dann nicht zu erfolgen, wenn der Steuerpflichtige einen niedrigeren Teilwert aufgrund von voraussichtlich dauernden Wertminderungen nachweisen kann (§ 6 Abs. 1 Nr. 1 Satz 4 EStG). Im Steuerrecht kommt es nicht wie im Handelsrecht auf den Wegfall der Gründe für die vorgenommene Abschreibung an, sondern lediglich auf einen Anstieg des Teilwertes. *Abb. 17* gibt einen abschließenden Überblick über die Zuschreibungsregelungen in der Handels- und Steuerbilanz.

Aufgabe 30: Abschreibungsverfahren

Die Sittard GmbH, ein bekanntes Maschinenbauunternehmen, hat zum 01.01.2012 eine Maschine zur Herstellung von Zahnrädern im Wert von 640.000 € selbst erstellt. Im Rahmen der Endabnahme der Maschine durch den TÜV wurden zusätzliche Herstellungskosten i. H. v. 20.000 € nötig, da der Notausschalter an der falschen Seite angebracht wurde. Anfang des Jahres 2012 ist die Maschine endgültig fertiggestellt. Die geschätzte Nutzungsdauer beträgt 6 Jahre. Am Ende des Jahres 2017 soll die Maschine noch einen Schrotterlös von 30.000 € erzielen.
Stellen Sie die Abschreibungspläne für das lineare, das geometrisch-degressive und das digitale Abschreibungsverfahren auf.

➔ **Lösung auf Seite 333**

Aufgabe 31: Planmäßige Abschreibung

Die Müller AG hat eine Maschine zur eigenen Nutzung im Wert von 50.000 € zzgl. 19 % USt am 01.01.2012 angeschafft. Die Maschine hat eine betriebsgewöhnliche Nutzungsdauer von fünf Jahren. Der voraussichtliche Schrotterlös beträgt 5.000 €.

a) Entwickeln Sie die Abschreibungspläne für den Fall, dass die Maschine linear, geometrisch-degressiv und digital abgeschrieben wird.
b) Nach zwei Jahren ist ein Schaden an der Maschine eingetreten, der nicht repariert werden kann. Trotzdem bleibt die Maschine weiterhin nutzbar. Allerdings sinkt durch diesen Schaden der Wert der Maschine am 31.12.2014 auf 10.000 €. Der Schrotterlös beträgt unverändert 5.000 €.
Passen Sie die drei Abschreibungspläne an diese Datenänderung an.

➔ **Lösung auf Seite 335**

Aufgabe 32: AfA bei unterjährigem Erwerb

Bei der Müller AG läuft das Wirtschaftsjahr jeweils vom 01.10. bis zum 30.09. des Folgejahres. Am 20.07.2012 kauft die Müller AG ein Bohrwerk zu einem Preis von 60.000 € zzgl. USt. Das Bohrwerk soll über einen Zeitraum von 10 Jahren linear abgeschrieben werden, wobei davon auszugehen ist, dass am Ende der Nutzungsdauer ein Schrotterlös nicht mehr erzielt werden kann. Um den Gewinn des Unternehmens möglichst gering zu halten, hat der Finanzvorstand die Ausnutzung möglicher Bewertungsspielräume i. S. d. Unternehmensziels herausgegeben.
Mit welchem Wert ist die Maschine am Abschlussstichtag zu bilanzieren?

➔ **Lösung auf Seite 337**

Aufgabe 33: Abschreibungen auf das Umlaufvermögen

Der Einzelunternehmer Heinz Müller betreibt eine Antenneninstallationsfirma und handelt zusätzlich in seinem Ladengeschäft mit Fernsehern sowie entsprechendem Zubehör. Am 15.10.2012 hat das Unternehmen acht Fernsehgeräte zu einem Stückpreis von 840 € erworben, von denen Herr Müller bis zum Abschlussstichtag 31.12.2012 lediglich drei verkaufen konnte.
Weiterhin fielen im Verlauf des Geschäftsjahres aufgrund von saisonalen Schwankungen die Preise für Fernsehgeräte, so dass bis zum Abschlussstichtag Geräte identischen Typs nur für einen Preis von 760 € pro Stück verkauft werden konnten. Auch nach dem Abschlussstichtag setzt sich dieser Preisverfall fort. Am 28.02.2013 hätten die Fernsehergeräte von Herrn Müller für nur noch 680 € abgesetzt werden können.
Mit welchem Ansatz finden die Fernsehgeräte in der Bilanz von Herrn Müller Berücksichtigung?

➔ **Lösung auf Seite 337**

Aufgabe 34: Außerplanmäßige Abschreibungen

Geben Sie für die nachfolgenden Sachverhalte an, mit welchem Wert die Vermögensgegenstände jeweils in der Bilanz zum 31.12.2012 anzusetzen sind.

a) Die Tünnes AG, eine renommierte Baumarktkette, hat im Jahr 2012 ein unbebautes Grundstück zu Anschaffungskosten i. H. v. 10 Mio. € erworben. Aufgrund von eingeschränkten Zufahrtsmöglichkeiten und Geruchsbelästigungen, deren Ursache in momentanen Bauaktivitäten an der in unmittelbarer Nähe befindlichen Kläranlage liegt, beträgt der Marktwert des Grundstückes am 31.12.2012 nur noch 8 Mio. €.
b) Der umweltfreundliche Kraftstoffhändler LeichtFuß KG hat am Abschlussstichtag 100.000 Liter Öko-Diesel im Bestand, deren Anschaffungskosten 0,80 €/Liter betrugen. Der Preis für Öko-Diesel am Beschaffungsmarkt beläuft sich am 31.12.2012 auf 0,70 €/Liter. Für den Absatz des Öko-Diesels lässt sich am Abschlussstichtag bei den abnehmenden Tankstellen ein Verkaufspreis von 0,90 €/Liter erzielen.
c) Die Stodda GmbH, ein erfolgreicher Computerhersteller, bevorratet am Abschlussstichtag noch 100 im Jahre 2012 produzierte Notebooks, deren Herstellungskosten jeweils 1.000 €/Stück betrugen. Am 31.12.2012 beträgt der erzielbare Verkaufserlös für diese Notebooks 900 €/Stück. Ebenfalls am 31.12.2012 kündigt der koreanische Computerproduzent DumPing AG per großformatiger Werbeanzeige den Verkauf baugleicher Notebooks im Februar 2013 für 800 €/Stück an. Mit welchem Wert sind die Notebooks in der Bilanz des Jahres 2012 bei der Stodda GmbH anzusetzen?
d) Der Lastkraftwagenhändler Heißer Reifen OHG hat acht neuwertige und erst kürzlich erworbene Schwertransporter der Marke PackEsel auf Lager, die zu Anschaffungskosten von 84.000 € pro Stück erworben wurden. Aufgrund eines rapiden Preisverfalles auf dem Markt für Nutzfahrzeuge lässt sich am 31.12.2012 am Absatzmarkt nur noch ein Preis von 77.000 € pro Stück erzielen. Die Wiederbeschaffungskosten belaufen sich am Abschlussstichtag auf 69.000 €.
e) Die Brillianz AG hält ein Aktienpaket mit einem Buchwert (=Anschaffungskosten) von 20 Mio. € an der Scherzbank AG mit langfristiger Beteiligungsabsicht. Aufgrund kurzfristiger Turbulenzen auf den Kapitalmärkten beläuft sich der Tageswert des Aktienpaketes am 31.12.2012 nur noch auf 18 Mio. €. Bereits vor der Aufstellung des Jahresabschlusses 2012 der Brillianz AG ist der Gesamtwert des Aktienpaketes wieder auf 21 Mio. € gestiegen.

➔ **Lösung auf Seite 338**

Aufgabe 35: Außerplanmäßige Abschreibungen

Sie sind Berater des Vorstands der XY-AG, die gerade (29.03.2013) den Jahresabschluss 2012 aufstellt (Stichtag 31.12.2012). Nehmen Sie zu den unten aufgeführten Sachverhalten Stellung und beurteilen Sie diese und die u. U. vorgeschlagene Vorgehensweise aus handelsrechtlicher Sicht.

a) Im Rahmen der Jahresabschlusserstellung 2012 der XY-AG soll eine außerplanmäßige Abschreibung vorgenommen werden, weil der Börsenpreis einer im Jahre 2010 für 50.000 € angeschafften Beteiligung auf 30.000 gesunken ist. Ob dieser gesunkene Börsenpreis dauerhaft auf diesem Niveau verbleibt, lässt sich im Zeitpunkt der Bilanzerstellung noch nicht beurteilen.

b) Ferner ist der Leiter der Rechnungswesenabteilung der XY-AG der Ansicht, dass auch das Öllager um 12.000 € abgeschrieben werden müsste, weil dessen Wert am Abschlussstichtag um diese Summe gesunken sei. Allerdings gibt der zuständige Sachbearbeiter zu bedenken, dass der Weltmarktpreis für Öl zum Zeitpunkt der Bilanzerstellung so stark gestiegen sei, dass der Wert des Öllagers zum Zeitpunkt der Bilanzerstellung über den ursprünglichen Einkaufswert von 500.000 € auf 520.000 € gestiegen ist. Aus diesem Grund schlägt der Sachbearbeiter eine Zuschreibung i. H. v. 20.000 € vor.

c) Es lässt sich kein Börsen- oder Marktpreis für die noch am Abschlussstichtag vorhandenen Handelswaren der XY-AG ermitteln. Aus diesem Grunde wird vom Abteilungsleiter vorgeschlagen, die Waren mit dem Verkaufswert von 20.000 € (ohne USt) anzusetzen. Ein Mitarbeiter wirft ein, dass man noch nicht veräußerte Waren nie mit dem Verkaufspreis ansetzen dürfe. Er ist der Ansicht, dass diese mit dem ursprünglichen Einkaufspreis von 23.000 € anzusetzen seien. Ein weiterer Mitarbeiter ist der Ansicht, dass zu berücksichtigen sei, dass der momentane Einkaufspreis für die Waren 21.000 € sei. Er wiederum fordert den Ansatz dieses Wertes.

d) Da das Ergebnis der XY-AG im Vergleich zum letztjährigen Ergebnis recht hoch ist, möchte der Vorstand einen Teil des Umlaufvermögens um 50.000 € nach kaufmännischer Beurteilung abschreiben, um so das Ergebnis im Zeitablauf zu glätten. Der Leiter der Rechnungswesenabteilung wendet ein, dass diese Ermessensabschreibung nicht zulässig sei.

e) Die XY-AG hatte Liquiditätsüberhänge im Mai des Jahres 2012 dazu verwendet, Aktien der GOB-AG zum Preis von 40 €/Stück zu kaufen. Zusätzlich zum Stückpreis fielen Einkaufsspesen i. H. v. 3 €/Stück an. Der Börsenkurs dieser Aktie war im weiteren Verlauf des Jahres sehr schwankend, so dass er zuweilen einen Höchstkurs von 67 €/Stück und einen Niedrigstkurs von 12 €/Stück erreicht. Der Stichtagskurs am 31.12.2012 beträgt 45 €/Stück.
Ein Mitarbeiter regt an, dass auch die im Falle eines Verkaufs anfallenden Verkaufsspesen i. H. v. 3 €/Stück zu berücksichtigen sind. Ferner gibt er zu berücksichtigen, dass der Kurs zum Zeitpunkt der Bilanzaufstellung auf 37 €/Stück gefallen ist. Allerdings liegen verlässliche Informationen vor, dass der Kurs im Folgemonat wieder auf 44 €/Stück steigen wird. Von den Mitarbeitern der Abteilung werden die folgenden möglichen Stückkurse zum Ansatz in der Bilanz vorgeschlagen: 9 €, 12 €, 15 €, 34 €, 37 €, 40 €, 41 €, 42 €, 43 €, 44 €, 47 € und 48 €. Der Abteilungsleiter weiß sich keinen anderen Rat, als Sie um den richtigen Wertansatz zu fragen.

f) Im Laufe des Jahres 2012 wurde auf einem Nachbargrundstück, das nicht zum Vermögen der XY-AG gehört, aber an ein Grundstück der XY-AG angrenzt, mit einem großen Bauvorhaben begonnen. Im Zuge der Arbeiten wurde die Zufahrt zum Grundstück der XY-AG eingeschränkt, so dass schwere Lkw für die Dauer der Bauarbeiten das Grundstück der XY-AG nicht mehr erreichen können. Das gesamte Bauvorhaben soll zwei Jahre andauern. Danach wird die Zufahrt wieder uneingeschränkt möglich sein. Für die Jahre 2012 und 2013 sinkt der Wert des Grundstücks um 100.000 € auf 600.000 €. Der Leiter der Rechnungswesenabteilung möchte – wenn es möglich ist – eine Abschreibung i. H. v. 100.000 € durchführen.

➔ Lösung auf Seite 339

Aufgabe 36: Niederstwertprinzip

a) Der Elektrohändler Adam Dunkel OHG hat zum Abschlussstichtag folgende Bestände:
(1) 20 Fernsehgeräte der Marke Teleflunkern
(2) 2 Waschmaschinen der Marke AEG Öko Lahm und Fad
(3) 50 Toaster der Marke Always Black
Für die Bewertung sind folgende Daten gegeben:

Produkt	Anschaffungskosten	Nettoverkaufserlös am BST	Wiederbeschaffungskosten am BST
(1)	300 €	350 €	250 €
(2)	150 €	160 €	150 €
(3)	10 €	8 €	6 €

Welche Werte sind in der Bilanz anzusetzen?

b) Angenommen, die Adam Dunkel OHG wäre nicht Händler, sondern Hersteller der o. a. Elektroartikel. Welche Implikationen hätte dies auf die Höhe des Bilanzansatzes?

c) Im folgenden Geschäftsjahr entwickelt sich der Toaster Always Black zum Kultobjekt, so dass bis zum nächsten Abschlussstichtag der Nettoverkaufserlös auf 20 € und die Wiederbeschaffungskosten auf 15 € steigen. Wie wären die Toaster im neuen Geschäftsjahr am Abschlussstichtag zu bilanzieren?

➔ **Lösung auf Seite 339**

Aufgabe 37: Außerplanmäßige Abschreibungen

Mit welchen Werten sind die Vermögensgegenstände in den folgenden Fällen in der Bilanz anzusetzen?

a) Die Speicher OHG vertreibt EDV-Geräte. Am 31.12. hat sie u. a. auch noch 25 Drucker der Marke Fudji Cargo auf Lager, die zum Preis von 600 €/Stück eingekauft wurden. Aufgrund des durch die Finanzkrise veränderten Kosumentenverhaltens ist der Preis am Abschlussstichtag auf 400 €/Stück gesunken.

b) Der Büroartikelhersteller Flotte Hand AG besitzt ein unbebautes Grundstück, dessen Anschaffungskosten 1,2 Mio. € betrugen. Aufgrund der momentanen Bauaktivitäten auf den umliegenden Grundstücken, mit denen enorme Lärmbelästigungen und eingeschränkte Zufahrtsmöglichkeiten auf das Grundstück verbunden sind, beträgt der Tageswert am Abschlussstichtag nur noch 1 Mio. €.

c) Zur kurzfristigen Anlage von Liquiditätsüberschüssen hat der Kfz-Händler Tempofix GmbH u. a. 100 Aktien der Fonda AG zum Kurs von je 58 €/Aktie erworben. Der Kurs am Abschlussstichtag beträgt 52 €. Für das Folgejahr wird ein kräftiger Kursanstieg der Fonda-Aktien erwartet.

d) Der Spediteur Lahme Ente KG hat zum Abschlussstichtag 10.000 Liter Diesel auf Lager, die voraussichtlich im Monat Januar verbraucht werden. Die Anschaffungskosten betrugen 1,20 €/Liter. Die Wiederbeschaffungskosten am Abschlussstichtag belaufen sich auf 1,22 €/Liter, wohingegen eine Veräußerung am Abschlussstichtag unter Berücksichtigung anfallender Nebenkosten nur 1,18 €/Liter erbringen würde.

➔ **Lösung auf Seite 340**

Aufgabe 38: Zuschreibungen

Die Maschinenbau GmbH hat eine Spezialfräsmaschine (Nutzungsdauer zehn Jahre, lineares Abschreibungsverfahren) zu Anschaffungskosten i.H.v. 100.000 € am 01.01.2009 angeschafft. Aufgrund eines technischen Bedienfehlers wird sie im Jahre 2013 um 30.000 € außerplanmäßig abgeschrieben. Eine Reparatur der Spezialfräsmaschine stand im Jahre 2013 nicht zur Diskussion, da die Maschine nicht mehr in vollem Umfang im Produktionsprozess eingebunden war bzw. die noch zur Verfügung stehenden Teilleistungen als ausreichend galten. Aufgrund einer Neuorganisation des Produktionsprozesses entschließt sich die Unternehmensleitung im Jahre 2015 zu einer vollständigen Reparatur der Spezialfräsmaschine.
Wie ist der Sachverhalt in der Bilanz zum 31.12.2015 auszuweisen?

➔ **Lösung auf Seite 341**

iii. Verbrauchsfolgeverfahren zur Bewertungsvereinfachung

Grundsätzlich gilt für die Bewertung von Vermögensgegenständen des Anlage- und Umlaufvermögens der Grundsatz der Einzelbewertung (§ 252 Abs. 1 Satz 3 HGB). Dies bedeutet, dass jeder Vermögensgegenstand für sich zu bewerten ist. Es dürfen u.a. keine Wertsteigerungen eines Vermögensgegenstandes mit Wertminderungen eines anderen verrechnet werden. Um eine Einzelbewertung vornehmen zu können, bedarf es einer separaten Lagerung der jeweiligen Mengen entsprechend ihrer Anschaffungs- oder Herstellungskosten. In der Realität werden Vermögensgegenstände des Vorratsvermögens, die zu unterschiedlichen Kosten angeschafft oder hergestellt wurden, jedoch im Rahmen der Lagerhaltung vermischt. Für eine Trennung der Vorräte nach unterschiedlichen Anschaffungs- oder Herstellungskosten, bedarf es i.d.R. hoher zeitlicher bzw. finanzieller Aufwendungen, die letztlich dem Grundsatz der Wirtschaftlichkeit entgegenstehen.

Der hieraus resultierenden Notwendigkeit nach einer einfacheren Handhabung bei der Vorratsbewertung wird durch die Zulässigkeit der sog. Bewertungsvereinfachungsverfahren nachgekommen. Neben der im Rahmen der Inventurvereinfachungsverfahren bereits vorgestellten Fest- und Gruppenbewertung (§ 240 Abs. 3 und 4 HGB) sind die für gleichartige Vermögensgegenstände des Vorratsvermögens anwendbaren Verbrauchsfolgebewertungsverfahren des § 256 HGB zu nennen.[1]

§ 256 Satz 1 HGB kodifiziert mit dem Fifo- und dem Lifo-Verfahren zwei Verbrauchsfolgeverfahren, die sich am Beschaffungszeitpunkt orientieren.[2]

1 Die Fest- und Gruppenbewertung wurden bereits in Kap. II.B.2 ausführlich behandelt, so dass sich die nachfolgenden Ausführungen auf die Verbrauchsfolgeverfahren beschränken.

2 Vor Inkrafttreten des Bilanzrechtsmodernisierungsgesetzes ermöglichte das HGB die Anwendung weiterer Bewertungsvereinfachungsverfahren, sofern eine bestimmte Verbrauchs- oder Veräußerungsfolge unterstellt werden konnte. Hierzu zählten insbesondere die beschaffungspreisbestimmten Verfahren, d.h. Hifo (highest in – first out) und Lofo (lowest in – first out), sowie die konzerninter-

Für die Anwendung der Verbrauchsfolgeverfahren müssen folgende Voraussetzungen erfüllt sein:

- es muss sich um gleichartige Vermögensgegenstände des Vorratsvermögens handeln;
- das angewendete Verfahren muss den Grundsätzen ordnungsmäßiger Buchführung entsprechen.

Die Abgrenzung des Begriffs »Gleichartigkeit« bezieht sich entsprechend den Ausführungen bei der Gruppenbewertung auf die Funktionsgleichheit oder die gleiche Warengattung. Hinzu kommt die annähernde Preisgleichheit, die im Begriff der »Gleichartigkeit« enthalten ist.

Den GoB wird nicht entsprochen, wenn sich die tatsächlichen Verhältnisse und die mit den jeweiligen Verfahren verbundenen Fiktionen derart widersprechen, dass eine Übereinstimmung absolut undenkbar ist. Ein Beispiel wäre die Bewertung leicht verderblicher Waren entsprechend der Lifo-Methode. Zudem sind die mit Hilfe der Bewertungsvereinfachungsverfahren berechneten Bestände am Abschlussstichtag nicht ohne weiteres in der Bilanz anzusetzen, da diese zunächst nur eine Vereinfachung hinsichtlich der Bestimmung der Anschaffungs- bzw. Herstellungskosten darstellen. Für den endgültigen Wertansatz in der Bilanz sind ferner die Niederstwertvorschriften zu beachten.

Die Verbrauchsfolgeverfahren dienen in der Hauptsache der vereinfachten Ermittlung der Anschaffungs- und Herstellungskosten von Vorräten. Darüber hinaus stellen sie ein bilanzpolitisches Instrument dar, mit dessen Hilfe der Periodenerfolg beeinflusst werden kann.

Von den Verbrauchsfolgeverfahren ist aus steuerrechtlicher Sicht gem. § 6 Abs. 1 Satz 1 Nr. 2a EStG nur das Lifo-Verfahren zulässig. Das Fifo-Verfahren ist hingegen grundsätzlich steuerrechtlich unzulässig (R 6.9 Abs. 1 EStR).

a. Fifo-Verfahren

Im Rahmen des Fifo-Verfahrens wird unterstellt, dass

- die zeitlich früher angeschafften bzw. hergestellten Vorratsbestände zuerst verbraucht oder veräußert werden und
- der Endbestand somit mit den Anschaffungs- bzw. Herstellungskosten der zuletzt beschafften Vorräte bewertet wird.

Das Fifo-Verfahren erlaubt einen guten Einblick in die Vermögenslage des Unternehmens, da die Vorratsendbestände am Abschlussstichtag mit gegenwartsnahen Preisen bewertet werden. Hingegen ist der Einblick in die Ertragslage schlecht, da der Verbrauch mit »alten« Preisen bewertet wird.

---

nen Verfahren, d. h. Kifo (Konzerninterne Lieferungen – first out) und Kilo (Konzerninterne Lieferungen – last out). Sofern diese Verfahren bis zum Übergangszeitpunkt in den Unternehmen angewendet wurden, wird in der Literatur empfohlen, hieraus resultierende Bewertungsänderungen im Übergangszeitpunkt erfolgswirksam zu erfassen, vgl. z. B. *Oser/Roß/Wader/Drögemüller* (2008), S. 57.

Sofern am Markt die Preise für die Vorratsgüter steigen, hätte dies die Entstehung von inflationsbedingten Scheingewinnen zur Folge. Darunter wird die Differenz zwischen den ursprünglichen Anschaffungs- und Herstellungskosten und den aktuellen Wiederbeschaffungskosten verstanden. Derartige Preissteigerungsgewinne können die leistungswirtschaftliche Substanz eines Unternehmens gefährden, da zu viel Liquidität aufgrund zu hoher Gewinnausschüttungen abfließt. Bei sinkenden Preisen hat das Fifo-Verfahren keine Bedeutung, da aufgrund der Niederstwertvorschriften der Jahresendbestand automatisch auf den niedrigsten Wert abgewertet würde. Der bilanzpolitische Nutzen aus der Fifo-Methode ist somit relativ gering, was letztlich auch in der geringen Anwendung in der Praxis zum Ausdruck kommt.

Beispiel

Für die nachfolgende Beispielaufgabe werden die Ausgangsdaten der Gruppenbewertung herangezogen:

Datum	Anfangsbestand (AB)/ Zugang (Z)/Abgang (A)	Menge [Stück]	Preis [€/Stück]	Gesamtwert [€]
01.01.2011	AB	1.000	80,00	80.000
01.04.2011	Z	1.000	70,00	70.000
01.05.2011	A	1.000		
01.07.2011	Z	1.000	90,00	90.000
01.08.2011	A	1.500		
01.10.2011	Z	800	100,00	80.000

Tab. 18: Ausgangsdaten

Die Bewertung des Endbestandes von 1.300 Stück erfolgt, indem dieser mit den zuletzt eingegangenen Zugängen bewertet wird.

	Menge [Stück]	Preis [€/Stück]	Gesamtwert [€]
	800	100,00	80.000
	500	90,00	45.000
Summe	1.300		125.000

Tab. 19: Bewertung des Endbestandes nach dem Fifo-Verfahren

Bei der Bewertung der Verbrauchsmenge wird der Endbestand von der wertmäßigen Summe des Anfangsbestandes und der Zugänge abgezogen. Für die einzelnen Verbräuche gilt, dass der Abgang am 01.05.2011 von 1.000 Stück mit 80 €, der zweite Abgang am 01.08.2011 von 1.500 Stück für 1.000 Stück à 70 € und für 500 Stück à 90 € zu bewerten ist. Es ergibt sich ein Wert für die Verbrauchsmenge von 195.000 €.

	Menge [Stück]	Gesamtwert [€]
	3.800	320.000
	./. 1.300	./. 125.000
Summe	2.500	195.000

Tab. 20: Bewertung der Verbrauchsmenge nach dem Fifo-Verfahren

b. Lifo-Verfahren

Beim Lifo-Verfahren wird angenommen, dass

- die zuletzt angeschafften oder hergestellten – also die jüngsten – Vorratsbestände zuerst verbraucht oder veräußert werden und
- der Jahresendbestand mit den Anschaffungs- bzw. Herstellungskosten der zuerst beschafften Vorräte (inklusive Jahresanfangsbestand) bewertet wird.

Aufgrund der Bewertung der verbrauchten Mengen mit aktuellen Preisen ist der Einblick in die Ertragslage entsprechend positiv. Es kommt im Fall von steigenden Preisen nicht zur Bildung von Scheingewinnen, die die Substanz des Unternehmens gefährden könnten. Der Einblick in die Vermögenslage ist entsprechend schlecht, da die Vorratsendbestände mit »alten« Preisen bewertet sind.

Für die Bewertung nach dem Lifo-Verfahren existieren, ähnlich wie beim gewogenen Durchschnittsverfahren, zwei Methoden:

- *Permanentes-Lifo-Verfahren:*
  Beim Permanenten Lifo-Verfahren wird der Materialverbrauch fortlaufend während des ganzen Jahres erfasst und nach der Lifo-Fiktion bewertet.
- *Perioden-Lifo-Verfahren:*
  Beim Perioden-Lifo-Verfahren wird der Vorratsbestand ausschließlich zum Ende der Periode bewertet.

Probleme wirft das Perioden-Lifo-Verfahren in dem Moment auf, in dem der Jahresendbestand größer ist als der Jahresanfangsbestand. In dem Fall gilt, dass

- der Teil des Endbestandes, der dem Anfangsbestand entspricht, entsprechend dem Wert des Anfangsbestandes anzusetzen ist und
- für die Bewertung des Mehrbestandes (Differenz zwischen Anfangs- und Endbestand) drei Möglichkeiten zulässig sind:[1]
  - Ansatz zu den tatsächlichen Kosten (Anschaffungs- oder Herstellungskosten) in der Reihenfolge des Erwerbs oder der Herstellung der Vermögensgegenstände während des Geschäftsjahres;
  - Ansatz zu den tatsächlichen Kosten der zuletzt angeschafften oder hergestellten Vermögensgegenstände;
  - Ansatz zu den Durchschnittskosten aller Zugänge des Geschäftsjahres.

1 Vgl. *Adler/Düring/Schmaltz* (1995a), § 256 HGB, Tz. 40.

Beispiel

Perioden-Lifo-Verfahren (Ausgangsdaten vgl. Fifo-Verfahren)
Die Bewertung des Endbestandes erfolgt, indem der Wertansatz des Anfangsbestandes (= Endbestand des Vorjahres) herangezogen und anschließend der weitere Mehrbestand mit den Preisen der ersten Zugänge bewertet wird:

	Menge [Stück]	Preis [€/Stück]	Gesamtwert [€]
	1.000	80,00	80.000
	300	70,00	21.000
Summe	1.300		101.000

Tab. 21: Bewertung des Endbestandes nach dem Perioden-Lifo-Verfahren

Für die Bewertung der Verbrauchsmenge von 2.500 Stück ergibt sich ein Wert von 219.000 €, der sich aus der Differenz zwischen dem Wert des Anfangsbestandes zuzüglich der Werte aller Zugänge und dem wertmäßigen Endbestand ergibt (vgl. *Tab. 22*).

	Menge [Stück]	Gesamtwert [€]
	3.800	320.000
	./. 1.300	./. 101.000
Summe	2.500	219.000

Tab. 22: Bewertung der Verbrauchsmenge nach dem Perioden-Lifo-Verfahren

Permanentes-Lifo-Verfahren
Die Bewertung der Verbräuche erfolgt chronologisch. Bspw. wird der erste Abgang am 01.05.2011 mit den zuvor erfolgten Zugängen vom 01.04.2011 bewertet. Für die weiteren Verbräuche ist die Vorgehensweise analog.

Datum	Anfangsbestand (AB)/ Zugang (Z)/Abgang (A)	Menge [Stück]	Preis [€/Stück]	Gesamtwert [€]
01.01.2011	AB	1.000	80,00	80.000
01.04.2011	Z	1.000	70,00	70.000
		2.000		*150.000*
01.05.2011	A	1.000	*70,00*	70.000
		1.000		80.000
01.07.2011	Z	1.000	90,00	90.000
		2.000		*170.000*
01.08.2011	A	1.000	*90,00*	90.000
	A	500	*80,00*	40.000
		500		*40.000*
01.10.2011	Z	800	100,00	80.000
	Endbestand	*1.300*		*120.000*

Tab. 23: Bewertung des Endbestandes und der Verbrauchsmenge nach dem Permanenten-Lifo-Verfahren

Daraus ergibt sich für die Verbrauchsmenge ein Wert von 200.000 €:

	Menge [Stück]	Preis [€/Stück]	Gesamtwert [€]
	1.000	70,00	70.000
	1.000	90,00	90.000
	500	80,00	40.000
Summe	2.500		200.000

Tab. 24: Bewertung der Verbrauchsmenge nach dem Permanenten-Lifo-Verfahren

Aufgabe 39: Verbrauchsfolgeverfahren

Der Lagerbestand des Rohstoffes Aluminium hat sich im abgelaufenen Jahr wie folgt entwickelt:

Datum aus der Lagerbuchführung	Anfangsbestand (AB)/ Zugang (Z)/Abgang (A)	Menge [Tonne]	Wert [€/Tonne]
01.01.2012	AB	400	180,00
02.02.2012	Z	200	162,00
04.04.2012	A	200	
07.08.2012	Z	100	144,00
10.09.2012	Z	200	175,00
11.11.2012	A	400	
31.12.2012	Z	100	166,00

Der Bestand laut Inventur am 31.12.2012 beläuft sich auf 400 Tonnen.

a) Ermitteln Sie den Wert des Endbestandes sowie des Verbrauchs nach den Verbrauchsfolgeverfahren (Fifo, Lifo) und nach der Durchschnittsbewertung (einfache und gleitende Durchschnittsbewertung). Differenzieren Sie jeweils – soweit erforderlich – zwischen den permanenten Verfahren und den Periodenverfahren.

b) Mit welchem Wertansatz ist der Endbestand des Aluminiums am Abschlussstichtag zu bewerten, wenn der Preis am 31.12.2012 bei 166,00 €/Tonne liegt. Beurteilen Sie den Sachverhalt für jedes Bewertungsvereinfachungsverfahren aus der Teilaufgabe a) separat.

➔ **Lösung auf Seite 343**

iv. Bewertung von Forderungen

Unter Forderungen versteht man *Ansprüche eines Unternehmens auf eine Leistung* (Geldleistung oder sonstige Leistung).[1] Sie entstehen kraft Gesetzes (§ 241 BGB) oder aufgrund eines Rechtsgeschäftes. In der Bilanz sind Forderungen unter verschiedenen

1 Vgl. *Schäfer* (1977), S. 11–12.

Positionen auszuweisen. Nach § 266 Abs. 2 HGB setzt sich der Forderungsbestand aus folgenden Positionen zusammen:

- Anzahlungen (getrennt nach Anlage- und Umlaufvermögen);
- Ausleihungen (getrennt nach Ausleihungen an verbundene Unternehmen, Ausleihungen an Unternehmen, mit denen ein Beteiligungsverhältnis besteht, und sonstigen Ausleihungen);
- Wertpapiere (getrennt nach Anlage- und Umlaufvermögen);
- Forderungen aus Lieferungen und Leistungen;
- Guthaben bei Kreditinstituten;
- Forderungen gegen verbundene Unternehmen;
- Forderungen gegen Unternehmen, mit denen ein Beteiligungsverhältnis besteht;
- Aktive Rechnungsabgrenzungsposten.

Forderungen umfassen also eine Vielzahl ungleicher Bilanzpositionen im Anlage- und Umlaufvermögen. Deshalb erfolgt die Bewertung der Forderungen nicht nach für alle Positionen einheitlichen Kriterien.

Die nachfolgenden Ausführungen beziehen sich ausschließlich auf *Forderungen aus Lieferungen und Leistungen*. Forderungen aus Lieferungen und Leistungen stellen Ansprüche aus gegenseitigen Verträgen (Lieferungs-, Dienstleistungs- oder Werkverträgen) dar, die vom bilanzierenden Unternehmen bereits erfüllt wurden, bei denen aber die Gegenleistung durch den Vertragspartner noch aussteht.

a. Klassifizierung von Forderungen entsprechend ihrer Güte

In Anlehnung an *Buchner*[1] können Forderungen entsprechend ihrer Güte klassifiziert werden (siehe *Abb. 18*):

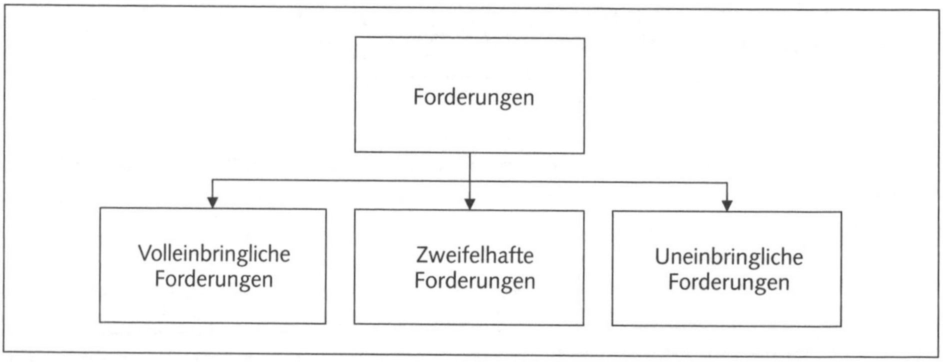

Abb. 18: Klassifizierung von Forderungen

1 Vgl. *Buchner* (2005), S. 250–252.

Volleinbringliche Forderungen

Volleinbringliche Forderungen lassen kein akutes Risiko erkennen. Sie sind mit ihrem Nennbetrag, d. h. den Anschaffungskosten, anzusetzen und beinhalten damit den Rechnungsbetrag einschließlich der Umsatzsteuer und abzüglich Rabatte und sonstiger Preisnachlässe.

Unverzinsliche bzw. minderverzinsliche Forderungen würden bei einem Verkauf vor Fälligkeitstermin nicht den Nennbetrag erbringen. Die aus der Minder- bzw. Nichtverzinsung resultierende Wertminderung ist bei der Bilanzierung zu berücksichtigen, d. h. der Kapitalwert des Zinsverlustes ist vom Nennbetrag der Forderungen abzuziehen. Aus Vereinfachungsgründen ist es üblich, bei Forderungen mit einer Restlaufzeit bis zu drei Monaten (z. T. auch bis zu einem Jahr) von einer Abwertung wegen schlechter Rentierlichkeit abzusehen.[1]

Zweifelhafte Forderungen

Forderungen sind zweifelhaft, wenn der Bilanzierende bis zur Aufstellung des Jahresabschlusses Informationen darüber erlangt, dass der Forderungsbetrag wahrscheinlich nicht oder nicht in voller Höhe eingehen wird. Anzeichen für zweifelhafte Forderungen sind z. B. gegeben, wenn der Schuldner bisher unpünktlich oder trotz mehrmaliger Mahnung nicht gezahlt hat. Zweifelhafte Forderungen sind mit dem wahrscheinlichen Wert anzusetzen, d. h. mit dem Betrag, mit dem die Forderung wahrscheinlich eingehen wird.

Uneinbringliche Forderungen

Uneinbringliche Forderungen sind Forderungen, die aller Wahrscheinlichkeit nach nicht mehr eingetrieben werden können. Eine Forderung erweist sich als uneinbringlich, wenn

- das Insolvenz- oder Vergleichsverfahren über das Vermögen des Schuldners ergebnislos abgeschlossen wurde,
- das Insolvenzverfahren mangels Masse eingestellt wurde,
- fruchtlos gepfändet wurde oder
- der Aufenthaltsort des Schuldners nicht zu ermitteln ist.

Uneinbringliche Forderungen sind vollständig abzuschreiben. Gibt es Schwierigkeiten hinsichtlich der Begleichung geringfügiger Forderungen, für die eine Mahnung oder gerichtliche Eintreibung nicht lohnend ist, so können diese ebenfalls als uneinbringlich abgeschrieben werden.

b. Forderungsrisiken

Neben den allgemeinen Forderungsrisiken, die sich nur aus der Gesamtheit der Forderungen ergeben und keiner einzelnen Forderung zurechenbar sind, sind spezielle Forderungsrisiken zu betrachten, die aus den besonderen Umständen der Kreditgewährung oder aus der Eigenart der Forderung resultieren können.

---

1 Zur Berücksichtigung des Barwertes einer Forderung vgl. *Freidank* (1995), S. 494–499.

Aus den besonderen Umständen der Kreditgewährung bzw. der Person des Schuldners erwachsen folgende Risiken:

- *Ausfallrisiko:*
  Unter dem Ausfallrisiko ist die *Gefahr des gänzlichen oder teilweisen Ausfalls* der vom Schuldner zu erbringenden Leistung zu verstehen.[1]
- *Verzögerungsrisiko:*
  Unter dem Verzögerungsrisiko versteht man die Gefahr, dass die zu bewertende Forderung *erst nach dem Fälligkeitstermin* eingeht. Daraus resultieren Zinsverluste für den Gläubiger (entgangene Zinsen oder Zinsaufwendungen für in Anspruch genommene Kredite). Problematisch ist die Festlegung des anzuwendenden Zinssatzes.[2]
- *Einziehungsrisiko:*
  Das Einziehungsrisiko ist definiert als die Gefahr, dass zur *Beitreibung der Forderungen zusätzliche Ausgaben* notwendig werden (z. B. Mahn-, Vollstreckungs-, Gerichts-, Rechtsanwalts- oder zusätzliche Buchungskosten).

Den Besonderheiten der jeweiligen Forderung zuzuordnen sind hingegen folgende Risiken:

- *Wechselkursrisiko:*
  Das Wechselkursrisiko ist das Risiko, dass sich bei Forderungen in fremder Währung aus Wechselkursänderungen ein negativer Erfolgsbeitrag ergibt.
- *Risiko aus Forderungsverkäufen:*
  Negative Erfolgsbeiträge sind zum Abschlussstichtag zu antizipieren, wenn der Buchwert der Forderungen größer ist als die erwarteten Verkaufserlöse. Ein Verkaufswert von Forderungen ist nur zu berücksichtigen, wenn der Bilanzierende den Verkauf der Forderungen zum Abschlussstichtag beabsichtigt, wobei die zu erwartende Liquiditätsentwicklung und die nach dem Abschlussstichtag gewonnene Einsicht zu berücksichtigen sind.
- *Risiko aus Zinsänderungen:*
  Unrealisierte negative Erfolgsbeiträge aus Zinsänderungen liegen vor, wenn zum Abschlussstichtag zu erwarten ist, dass die zur Finanzierung der Forderungen erforderlichen *Aufwandszinsen* die aus der Forderung zu erzielenden *Zinserträge* während eines bestimmten Zeitraums in der Zukunft übersteigen.

c. Verfahren zur Forderungsbewertung

Auf die in den Forderungen enthaltene Umsatzsteuer darf generell keine Wertberichtigung entsprechend den nachfolgenden Verfahren vorgenommen werden, da bei uneinbringlich gewordenen Forderungen die darauf entrichteten Umsatzsteuerbeträge (auch anteilig) vom Finanzamt, entsprechend der Berichtigung nach § 17 Abs. 2 Nr. 1 UStG, erstattet werden. Bis zur Feststellung der Uneinbringlichkeit existiert ein Anspruch

1 Vgl. *Knüppe* (1985), S. 2361.
2 Vgl. *Puckler* (1986), S. 414.

gegen den Kunden oder gegen den Fiskus, so dass eine Wertberichtigung auf die Umsatzsteuer nicht zulässig ist.[1]

Die Wertberichtigung der Forderungen ohne Umsatzsteuer kann nach den Verfahren der Einzel-, der Gruppen- und der Pauschalbewertung vorgenommen werden.

1) Einzelbewertung

Die Einzelwertberichtigung dient der Erfassung spezieller Forderungsrisiken und basiert auf der sorgfältigen Analyse der Bonität der einzelnen Schuldner und der Werthaltigkeit der einzelnen Forderungen. Es sind alle den Wert der Forderung beeinflussende Umstände zu berücksichtigen, die durch die Verhältnisse am Abschlussstichtag gestützt sind, sowie sämtliche zwischen dem Abschlussstichtag und dem Bilanzerstellungstag erlangten werterhellenden Erkenntnisse.

Bei der Durchführung der Einzelbewertung bzw. der Erfassung spezieller Forderungsrisiken kann in Abhängigkeit vom Informationsstand zwischen drei Erwartungshaltungen unterschieden werden:

- Bestimmung des wahrscheinlichen Wertes bei einwertigen Erwartungen;
- Bestimmung des wahrscheinlichen Wertes bei mehrwertigen Erwartungen;
- Bestimmung des wahrscheinlichen Wertes bei völliger Unsicherheit.

Bestimmung des wahrscheinlichen Wertes bei einwertigen Erwartungen

Hier lassen die vorhandenen Informationen keinen Zweifel am Eintreten des erwarteten Ausfallbetrages zu, d. h. das akute Ausfallrisiko steht bei einzelnen Forderungen objektiv in einer bestimmten eindeutigen Höhe fest. Diese Einwertigkeit beruht auf besonderen Informationsquellen, z. B.:

- Insider-Informationen über die wirtschaftliche Lage und über vom Schuldner angestrebte Maßnahmen (z. B. geplante Vergleichsquote);
- wertaufhellende Ereignisse zwischen Abschlussstichtag und Bilanzerstellung (z. B. Abschluss des Insolvenzverfahrens, so dass die Insolvenzquote feststeht);
- die genaue Kenntnis des Wertes eventuell vorhandener Sicherheiten.

Bestimmung des wahrscheinlichen Wertes bei mehrwertigen Erwartungen

Hier ist aufgrund der Ungewissheit der Zukunft nicht nur ein einziger, sondern eine Bandbreite von Wertansätzen hinsichtlich der Höhe des Forderungseinganges denkbar. Es sind solche Wertansätze zu wählen, die mit als hinreichend empfundener Sicherheit nicht unter- oder überschritten werden (subjektiv unsichere Erwartungen). Anhand des nachfolgenden Beispiels wird die Ermittlung des wahrscheinlichen Wertes verdeutlicht.

---

1 Vgl. *Adler/Düring/Schmaltz* (1995a), § 253 HGB, Tz. 533.

Beispiel

Für den Eingang einer Forderung i. H. v. 300.000 € liegen die in *Tab. 25* dargelegten Eintrittswahrscheinlichkeiten vor.

Buchwert der Forderung: 300.000 €		
Vermutlicher Geldeingang [€]	Eintrittswahrscheinlichkeit	Kumulierte Eintrittswahrscheinlichkeit
300.000	0,1	0,1
240.000	0,3	0,4
180.000	0,2	0,6
120.000	0,2	0,8
60.000	0,2	1,0

Tab. 25: Beispieldaten zur Forderungsbewertung bei mehrwertigen Erwartungen

Aus diesen ergeben sich folgende mögliche Bilanzansätze:

- der Ansatz des Geldeingangs mit der höchsten Eintrittswahrscheinlichkeit, d. h. der Modus (240.000 €);
- der Ansatz des Geldeingangs, dessen kumulierte Eintrittswahrscheinlichkeit gerade größer als 50 % ist, d. h. der Median (180.000 €);
- der Ansatz des niedrigsten Geldeingangs (60.000 €);
- der Ansatz des mathematischen Erwartungswertes (174.000 €). Der mathematische Erwartungswert ergibt sich aus der Summe der Produkte der einzelnen Geldeingänge mit ihren Eintrittswahrscheinlichkeiten. Er berechnet sich in diesem Beispiel aus: $(300.000 \cdot 0,1) + (240.000 \cdot 0,3) + (180.000 \cdot 0,2) + (120.000 \cdot 0,2) + (60.000 \cdot 0,2) = 174.000$

Im Kontext des vorliegenden Beispiels dürfte der Ansatz des Modus nicht mit dem Grundsatz der vorsichtigen Bewertung vereinbar sein.

Bestimmung des wahrscheinlichen Wertes bei völliger Unsicherheit

Dem bewertenden Unternehmen liegen keine Informationen vor, die ihn in die Lage versetzen würden, die Menge der möglichen Werte einer Forderung gegenüber der Bandbreite »Null-Buchwert« einzuschränken und/oder eine subjektive Wahrscheinlichkeitsverteilung der möglichen Geldeingänge aufzustellen. Der wahrscheinliche Wert der Forderungen lässt sich in dieser Situation nicht ermitteln. Es besteht hier nur die Möglichkeit, die Bewertung solange hinauszuzögern, bis der Wert der Forderung feststeht oder entsprechende Informationen zur Bestimmung des wahrscheinlichen Wertes vorliegen. Bleibt diese völlige Unsicherheit bis zur Bilanzerstellung bestehen, sollte keine Abschreibung vorgenommen, aber im Anhang ein Hinweis auf diese Situation eingefügt werden. Adam schlägt vor, die Forderung vollständig abzuschreiben, falls ein Ausfall sicher, seine Höhe jedoch ungewiss sei. Dies begründet er mit dem Grundsatz vorsichtiger Bewertung.[1]

1 Vgl. *Adam* (1975), S. 251.

2) Gruppenbewertung

Die Gruppenbewertung beinhaltet eine pauschale Errechnung der Abschreibungen aufgrund spezieller Forderungsrisiken. Das Prinzip der Einzelbewertung wird beibehalten, jedoch nur auf eine Stichprobe angewandt, d. h. die Einzelabschreibung wird auf eine zufällig aus dem gesamten Forderungsbestand gezogene Teilgesamtheit beschränkt. Mit Hilfe der für die Stichprobenelemente gewonnenen Wertansätze wird über die Anwendung mathematisch-statistischer Schätz- oder Testverfahren ein pauschaler Wertansatz für den gesamten Forderungsbestand ermittelt.

Gesetzliche Grundlage für den Einsatz mathematisch-statistischer Verfahren auf Stichprobenbasis im Bereich der Inventur ist § 241 Abs. 1 HGB. Wenn man sich an diesem orientiert, ist die Verwendung derartiger Stichprobenverfahren zur Forderungsbewertung an drei Bedingungen gebunden:

- die Anwendung eines anerkannten mathematisch-statistischen Verfahrens;
- das Verfahren muss den Grundsätzen ordnungsmäßiger Buchführung entsprechen;
- die Ergebnisse müssen den gleichen Aussagewert haben wie bei einer Einzelbewertung des gesamten Forderungsbestandes.

3) Pauschalwertberichtigung

Mit Hilfe der Pauschalwertberichtigung soll das allgemeine Forderungsrisiko erfasst werden. Das bedeutet, dass auch derzeitig nicht erkennbare Bonitätsrisiken und andere nicht absehbare Risiken in die Bewertung einfließen. Anhand einer Pauschalwertberichtigung werden nur die nicht wegen spezieller Forderungsrisiken einzelwertberichtigten Forderungen bewertet. Folglich werden auch derzeitig als volleinbringlich eingestufte Forderungen pauschalwertberichtigt. Hinsichtlich der Abwertung der volleinbringlichen Forderungen bestehen keine Einwände, da auch für diese ein latentes Ausfallrisiko existiert, welches analog zu den Grundsätzen ordnungsmäßiger Buchführung – demnach sind alle Risiken zu berücksichtigen – in die Bewertung einfließen muss (vgl. § 252 Abs. 1 Nr. 4 HGB).

Für die Berechnung der pauschalen Abschreibung stehen der traditionelle Ansatz und moderne Verfahren zur Verfügung. Der traditionelle Ansatz, welcher in der Praxis vorherrscht, orientiert sich dabei an den in der Vergangenheit beobachteten Ausfällen. Der in der Vergangenheit vorliegende Ausfallsatz wird als bester Schätzwert zur Ermittlung des zukünftigen Forderungsausfalls, sofern die Verhältnisse annähernd gleich geblieben sind, angenommen. Sollten sich die Verhältnisse im Vergleich zur Vergangenheit verändert haben, so ist eine entsprechende Anpassung an die aktuellen Verhältnisse vorzunehmen. Die modernen Verfahren ermitteln die Abwertung mittels mathematisch-statistischer Verfahren wie z. B. der Diskriminanzanalyse und dem Markov-Ketten-Modell.[1]

Aus steuerrechtlicher Sicht soll sich die Höhe der Pauschalwertberichtigung ebenfalls an Erfahrungswerten vergangener Perioden orientieren.

1 Vgl. *Velten* (1984), S. 241–435; *Faller* (1985), S. 263–297.

Aufgabe 40: Forderungsbewertung

Das Maschinenbauunternehmen Leopold GmbH muss zum Abschlussstichtag (31.12.2012) seinen Forderungsbestand bewerten. Der Forderungsbestand zum 31.12.2012 – vor Durchführung der Forderungsbewertung – sieht wie folgt aus:

Forderung gegenüber	Wert inkl. 19 % USt [€]	Klassifizierung	Erwartungswert [€]	Eintrittswahrscheinlichkeit	Begründung
A-GmbH	119.000	Volleinbringlichkeit	119.000	1	Keine negativen Informationen
B-GmbH	238.000	Zweifelhaft	166.600	1	Vergleichsquote von 70 % wurde am 30.12.2011 festgelegt
C-AG	59.500	Uneinbringlich	0	1	Insolvenzverfahren mangels Masse eingestellt am 23.12.2011
D-OHG	178.500	Zweifelhaft	47.600 83.300 119.000 154.700 178.500	0,2 0,2 0,2 0,3 0,1	Bereits Mahnstufe 3, aus der Vergangenheit als Kunde mit schlechter Zahlungsmoral bekannt.
Übrige Kunden	4.165.000	Volleinbringlich	4.165.000	1	Keine negativen Informationen

Führen Sie zum 31.12.2012 sowohl eine Einzel- als auch eine Pauschalwertberichtigung – inklusive der Berücksichtigung von eventuell vorzunehmenden Umsatzsteuerkorrekturen – durch. Das allgemeine Ausfallrisiko betrug in den Vorjahren 1 %. Ihnen liegen jedoch Informationen vor, dass im Jahr 2013 das allgemeine Ausfallrisiko bei 3 % liegen wird, da innerhalb der Branche der Kunden ein enormer Wettbewerbsdruck entstanden ist, der bereits einige Unternehmen in die Insolvenz getrieben und bei der Leopold GmbH zu einigen innerjährigen Forderungsausfällen geführt hat. Sofern Forderungen existieren, für die es mehrwertige Erwartungen gibt, so sind diese für alle Möglichkeiten eines Bilanzansatzes (Modus, Median, niedrigster Geldeingang und mathematischer Erwartungswert) zu bewerten.
Wie wirken sich die unterschiedlichen Möglichkeiten der Bewertung von Forderungen – für die es mehrwertige Erwartungen gibt – auf die Pauschalwertberichtigung aus?

➔ **Lösung auf Seite 346**

Aufgabe 41: Forderungsbewertung

Die Bauunternehmung Karl GmbH besitzt gegenüber dem Bauherrn, die Fritz AG, eine Forderung i. H. v. 238.000 € inkl. 19 % USt. Die Forderung ist ohne mögliche Abzüge – innerhalb von 14 Tagen nach Rechnungsdatum – am 31.11.2012 fällig. Am 31.12.2012 muss Karl die Forderung für die Erstellung der Bilanz bewerten. Der marktübliche Zinssatz beträgt 9 % per anno. Auf die von der Karl GmbH an die Fritz AG ausgestellten Mahnungen (bis zum 31.12.2012 insgesamt zwei) hat die Fritz AG bisher nicht reagiert. Der Anfangsbestand (AB) der Forderungen am 01.01.2012 betrug 1,5 Mio. €, der Endbestand am 31.12.2012 insgesamt 2,7 Mio. €. Der Jahresbruttoumsatz ohne Bargeschäfte beläuft sich auf 15 Mio. €. Die im Jahr angefallenen Kosten für Mahnungen, gerichtliche Verfolgung und Inkasso etc. belaufen sich auf rund 15.000 €.
Bewerten Sie die Forderung vor dem Hintergrund des vorliegenden Einziehungs- und Verzögerungsrisikos.

➔ **Lösung auf Seite 349**

Aufgabe 42: Forderungsbewertung

Das Einzelunternehmen Heinz Müller betreibt die Innenausstattung von Ladenlokalen. Am 15.06.2012 hat Herr Müller die Innenausstattung eines Herrenausstatters abgeschlossen. Der Gesamtwert des Auftrages belief sich auf 120.000 € (netto), von dem der Herrenausstatter bereits 50.000 € (netto) als Anzahlung geleistet hat. Da der Herrenausstatter trotz mehrfacher Aufforderung den Restbetrag nicht beglichen hat, besteht zum Abschlussstichtag 31.12.2012 eine Restforderung i. H. v. 83.300 € (brutto).
Wie ist die Restforderung am Abschlussstichtag zu bewerten, wenn Herr Müller am 22.12.2012 erfährt, dass der Herrenausstatter aufgrund eines Wasserrohrbruches und der damit verbundenen Beschädigung der Verkaufsräume Insolvenz angemeldet hat und das Insolvenzverfahren bereits mangels Masse eingestellt wurde.

➔ **Lösung auf Seite 350**

3. Bewertung des Kapitals

i. Eigenkapital

a. Grundlagen

Zur Finanzierung der Vermögensgegenstände benötigt ein Unternehmen Kapital. Dieses Kapital kann sowohl eigen- als auch fremdfinanziert sein.

Das fremdfinanzierte Kapital (*Fremdkapital*) wird dem Unternehmen von Dritten für einen befristeten Zeitraum überlassen. Für die Überlassung des Fremdkapitals erhalten die Fremdkapitalgeber häufig eine erfolgsunabhängige Vergütung. Zudem stellt das Fremdkapital im Vergleich zum Eigenkapital kein Haftungskapital dar.

Das eigenfinanzierte Kapital (*Eigenkapital*) wird dem Unternehmen einerseits von den jeweiligen Eigentümern bzw. Gesellschaftern unbefristet zur Verfügung gestellt und andererseits durch die Thesaurierung von Gewinnen durch das Unternehmen selbst generiert. Die Eigentümer bzw. Gesellschafter erhalten für die Kapitalüberlassung i. d. R. eine erfolgsabhängige Vergütung. Gleichzeitig haften die Eigentümer bzw. Gesellschafter mit dem eingesetzten Kapital.

Die Höhe des Eigenkapitals kann nach dem in der folgenden Tabelle angefertigten Schema berechnet werden:

	Summe aller Aktiva
./.	Summe aller Schulden
./.	Passive Rechnungsabgrenzungsposten
=	Eigenkapital

Tab. 26: Berechnungsschema des Eigenkapitals

Es wird deutlich, dass die Berechnung des Eigenkapitals als eine Differenzgröße erst nach Ansatz und Bewertung der übrigen Bilanzpositionen möglich wird.

b. Bilanzausweis

Der Eigenkapitalausweis hängt grundsätzlich von der Rechtsform des Unternehmens ab. Für Einzelunternehmen und Personengesellschaften wird gem. § 247 Abs. 1 HGB lediglich ein gesonderter Ausweis und die hinreichende Aufgliederung des Eigenkapitals gefordert. Für Kapitalgesellschaften wird die Darstellung im § 266 Abs. 3 HGB eindeutig vorgegeben. Demnach besteht die Position »Eigenkapital« aus dem gezeichneten Kapital, der Kapitalrücklage, den Gewinnrücklagen sowie dem Gewinn- bzw. Verlustvortrag und dem Jahresüberschuss bzw. -fehlbetrag.

1. *Gezeichnetes Kapital (Nennkapital)*
   Das gezeichnete Kapital stellt das Haftungskapital der Gesellschafter dar.
2. *Kapitalrücklage*
   Die Kapitalrücklage beinhaltet hauptsächlich die Beträge, die dem Eigenkapital von außen über das gezeichnete Kapital hinaus zufließen.
3. *Gewinnrücklagen*
   Gewinnrücklagen werden aus dem Jahresergebnis – d. h. aus internen Mitteln – gebildet. Hierzu gehören
   - die gesetzliche Rücklage,
   - die Rücklage für Anteile an herrschenden oder mehrheitlich beteiligten Unternehmen,
   - die satzungsmäßigen Rücklagen und
   - andere Gewinnrücklagen.
4. *Gewinnvortrag/Verlustvortrag*
   Der Gewinnvortrag bzw. der Verlustvortrag resultiert aus dem Ergebnis des vorangegangenen Geschäftsjahres.

5. *Jahresüberschuss/Jahresfehlbetrag*
Hierbei handelt es sich um das Ergebnis des aktuellen Geschäftsjahres.

Alternativ können bei teilweiser Verwendung des Jahresergebnisses der Gewinn-/Verlustvortrag und der Jahresüberschuss/-fehlbetrag zur Position »Bilanzgewinn/Bilanzverlust« zusammengefasst werden (vgl. § 268 Abs. 1 Satz 2 HGB). Bei vollständiger Verwendung des Jahresergebnisses werden nur die ersten drei Posten in die Bilanz aufgenommen.

Die Berechnung des Bilanzgewinns/Bilanzverlustes ist nach folgendem Schema vorzunehmen:

	Jahresüberschuss/Jahresfehlbetrag
+/–	Gewinnvortrag/Verlustvortrag aus dem Vorjahr
+	Entnahmen aus der Kapitalrücklage
+	Entnahmen aus den Gewinnrücklagen
./.	Einstellungen in die Gewinnrücklagen
=	Bilanzgewinn/Bilanzverlust

Tab. 27: Berechnungsschema zur Ermittlung des Bilanzgewinns/-verlustes

Ferner ist das rechnerische Eigenkapital gegebenenfalls um folgende Posten zu korrigieren:

- ausstehende Einlagen auf das gezeichnete Kapital (§ 272 Abs. 1 Satz 3 HGB);
- eigene Anteile (§ 272 Abs. 1a Satz 1 HGB);
- nicht durch Eigenkapital gedeckter Fehlbetrag (§ 268 Abs. 3 HGB).

1) Gezeichnetes Kapital

Das gezeichnete Kapital (Nennkapital der Kapitalgesellschaft) ist der Teil des Eigenkapitals, auf den die Haftung der Gesellschafter für die Verbindlichkeiten der Kapitalgesellschaft gegenüber den Gläubigern beschränkt ist (vgl. § 272 Abs. 1 HGB).

Bei Aktiengesellschaften entspricht das gezeichnete Kapital dem gesellschaftsrechtlichen Begriff des Grundkapitals und umfasst eine Mindesthöhe von 50.000 € (§ 7 AktG). Dieses Grundkapital wird in Aktien (Nennbetragsaktien (§ 8 Abs. 2 AktG) oder Stückaktien (§ 8 Abs. 3 AktG)) zerlegt, die mit unterschiedlichen Rechten – Aktien mit oder ohne Stimmrecht und mit einer erhöhten Dividende (Stammaktien (§ 12 Abs. 1 Satz 1 AktG), Vorzugsaktien (§ 12 Abs. 1 Satz 2 AktG)) – ausgestattet sein können.

Bei Gesellschaften mit beschränkter Haftung entspricht das gezeichnete Kapital dem gesellschaftsrechtlichen Begriff des Stammkapitals und umfasst eine Mindesthöhe von 25.000 €. Dieses Stammkapital wird in Geschäftsanteile zerlegt, die auf volle Euro lauten müssen (§ 5 Abs. 1 und 2 GmbHG). Der Nennbetrag der Aktien bzw. der Stammeinlagen bestimmt schließlich – ohne dass eine selbständige Bewertung vorgenommen werden muss – die Höhe des gezeichneten Kapitals. Das gezeichnete Kapital unterliegt einer Ausschüttungssperre. Dies bedeutet, dass Verluste nicht automatisch den Nennbetrag des gezeichneten Kapitals mindern, sondern auf nachfolgende Geschäftsjahre vorzutragen und gegebenenfalls durch Gewinne auszugleichen sind, bevor wieder eine Gewinnausschüttung an die Gesellschafter vorgenommen werden darf.

Das gezeichnete Kapital ist grundsätzlich mit dem Nennbetrag in der Bilanz anzusetzen (§ 272 Abs. 1 Satz 2 HGB). Solange das gezeichnete Kapital noch nicht in voller Höhe durch die Gesellschafter in Form einer Einlage[1] in das Unternehmen eingebracht ist, ist eine Anpassung des Bilanzausweises erforderlich. Eine ausstehende, d. h. von den Gesellschaftern noch nicht getätigte Einlage ist entweder durch das Unternehmen selbst noch nicht eingefordert, oder bereits eingefordert, aber von den Gesellschaftern noch nicht eingezahlt. Ausstehende, noch nicht eingeforderte Einlagen sind in der Vorspalte der Passivseite offen vom gezeichneten Kapital abzusetzen. Die Differenz von gezeichnetem Kapital und ausstehenden, noch nicht eingeforderten Einlagen ist dann in der Hauptspalte der Passivseite in einem Posten mit der Bezeichnung »Eingefordertes Kapital« auszuweisen. Derjenige Teil des eingeforderten Kapitals, der noch nicht eingezahlt ist, wird als Korrekturposten auf der Aktivseite unter der Bilanzposition »Forderungen« separat ausgewiesen und entsprechend gekennzeichnet (§ 272 Abs. 1 Satz 3 HGB).

Eine weitere Anpassung ist vorzunehmen, wenn ein Unternehmen eigene Anteile erwirbt. Gem. § 272 Abs. 1a HGB ist der Nennbetrag der erworbenen eigenen Anteile in der Vorspalte der Passivseite offen von dem Posten »Gezeichnetes Kapital« abzusetzen. Der Unterschiedsbetrag zwischen dem Nennbetrag und den Anschaffungskosten der eigenen Anteile ist mit den frei verfügbaren Rücklagen zu verrechnen.

Die Höhe des gezeichneten Kapitals kann durch eine Kapitalerhöhung (§§ 182 ff. AktG bei der AG, § 55 GmbHG bei der GmbH) bzw. -herabsetzung (§§ 222 ff. AktG für die AG, § 58 GmbHG für die GmbH) verändert werden. Die Formen der Veränderung des gezeichneten Kapitals sind übersichtsartig in *Abb. 19* dargestellt.

Beispiel

Eine Aktiengesellschaft weist ein gezeichnetes Kapital von 300 T€ aus. Hiervon sind 250 T€ eingezahlt, von denen wiederum 30 T€ von den Gesellschaftern eingefordert wurden. Der bilanzielle Ausweis gestaltet sich damit wie folgt:

Aktiva **Bilanz** Passiva

Aktiva		Passiva		
B. Umlaufvermögen		A. Eigenkapital		
II. Forderungen und sonstige Vermögensgegenstände		I. Eingefordertes Kapital		
4. Eingefordertes, noch nicht eingezahltes Kapital		Gezeichnetes Kapital	300	
IV. Kassenbestand		– Nicht eingeforderte ausstehende Einlagen	20	
		= Eingefordertes Kapital		280
	30			
	250			

1 Die Einlage kann sowohl als Bar- oder Sacheinlage erfolgen. Bareinlagen müssen mit mindestens einem Viertel des geringsten Ausgabebetrages und bei Ausgabe der Aktien für einen höheren als diesen auch mit dem Mehrbetrag eingefordert sein. Sacheinlagen sind vollständig zu leisten (vgl. § 36a AktG).

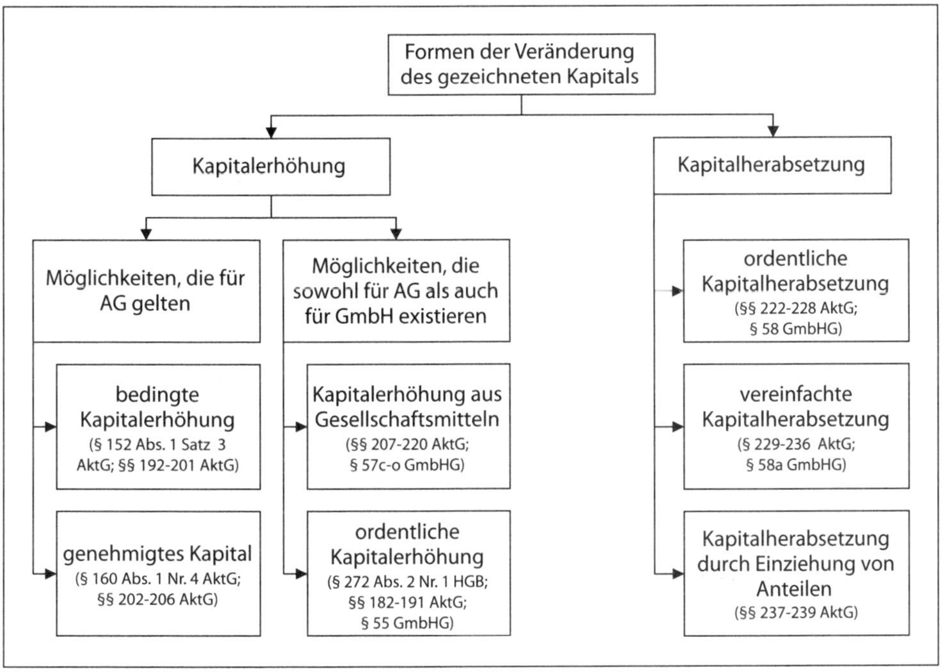

Abb. 19: Formen der Veränderung des gezeichneten Kapitals

Ordentliche Kapitalerhöhung (bzw. Kapitalerhöhung gegen Einlage)

Durch die Ausgabe neuer (junger) Aktien bzw. Gesellschaftsanteile wird das gezeichnete Kapital bzw. Stammkapital erhöht. Bei über-pari-Emissionen (d.h. der Ausgabepreis übersteigt den Nennbetrag der Aktie) ist das Agio in voller Höhe in die Kapitalrücklage einzustellen.

Bedingte Kapitalerhöhung

Die bedingte Kapitalerhöhung kann ausschließlich von Aktiengesellschaften durchgeführt werden und ist in der Höhe auf die Hälfte des bis dahin eingetragenen Grundkapitals beschränkt. Eine bedingte Erhöhung des Grundkapitals ist nur im Falle des Eintritts der Bedingung möglich (§ 192 Abs. 1 AktG). Entsprechend dem § 192 Abs. 2 AktG kann die bedingte Kapitalerhöhung nur zu folgenden drei Zwecken beschlossen werden:

- zur Gewährung von Umtausch- oder Bezugsrechten an Gläubiger von Wandelschuldverschreibungen;
- zur Vorbereitung des Zusammenschlusses mehrerer Unternehmen;
- zur Gewährung von Bezugsrechten an Arbeitnehmer und Mitglieder der Geschäftsführung der Gesellschaft oder eines verbundenen Unternehmens im Wege des Zustimmungs- oder Ermächtigungsbeschlusses.

Der Nennbetrag im Rahmen der bedingten Kapitalerhöhung ist in der Bilanz beim gezeichneten Kapital zu vermerken. Eine Einrechnung des Nennbetrages aus der bedingten Kapitalerhöhung in die Bilanzsumme erfolgt nicht. Erst nach Eintragung des Beschlusses und Ausgabe der Bezugsaktien ist das gezeichnete Kapital zu erhöhen.

Genehmigtes Kapital

Durch die Satzung oder eine Satzungsänderung über einen Beschluss der Hauptversammlung mit einer Dreiviertelmehrheit kann dem Vorstand einer Aktiengesellschaft die Erhöhung des gezeichneten Kapitals innerhalb eines Zeitraums von höchstens fünf Jahren erlaubt werden. Die Erhöhung des Grundkapitals erfolgt durch Ausgabe neuer Aktien. Der Nennbetrag des genehmigten Kapitals darf nicht mehr als 50 % des im Zeitpunkt der Genehmigung vorliegenden Grundkapitals umfassen (vgl. § 202 Abs. 3 Satz 1 AktG). Die Höhe des genehmigten Kapitals ist im Anhang anzugeben (vgl. § 160 Abs. 1 Nr. 4 AktG). Mit dieser Ermächtigung erhält der Vorstand die Möglichkeit, eine Grundkapitalerhöhung in Abhängigkeit vom tatsächlichen Kapitalbedarf und der aktuellen Kapitalmarktsituation durchführen zu können.

Kapitalerhöhung aus Gesellschaftsmitteln

Bei der Kapitalerhöhung aus Gesellschaftsmitteln erhöht die Gesellschaft aus der Umwandlung von Kapitalrücklagen und/oder Gewinnrücklagen das gezeichnete Kapital. Es fließen keine Geld- oder Sachmittel von außen in die Gesellschaft. Die Kapitalerhöhung erlangt ihre Gültigkeit mit Eintragung in das Handelsregister. Die Umwandlung von Rücklagen in gezeichnetes Kapital ist bei Aktiengesellschaften im Anhang zu erläutern (vgl. § 152 AktG).

Ordentliche Kapitalherabsetzung

Im Rahmen der ordentlichen Kapitalherabsetzung wird das gezeichnete Kapital, entsprechend dem im Handelsregister eingetragenen Beschluss, vermindert. Die Reduzierung des gezeichneten Kapitals durch Rückzahlung von gezeichnetem Kapital an die Gesellschafter ist in der Bilanz erfolgsneutral zu behandeln. Sofern keine Rückzahlung des gezeichneten Kapitals, sondern eine Umschichtung in die Rücklagen (Kapitalrücklage) vollzogen wird, ist dieser Vorgang erfolgswirksam zu verbuchen.

Vereinfachte Kapitalherabsetzung

Die vereinfachte Kapitalherabsetzung hat die buchmäßige Sanierung der Gesellschaft zum Ziel. Hierdurch sollen Wertminderungen ausgeglichen, sonstige Verluste gedeckt oder Beträge in die Kapitalrücklage eingestellt werden. Die vereinfachte Kapitalherabsetzung ist unabhängig von der Rechtsform der Kapitalgesellschaft nur zulässig, wenn keine Gewinnvorträge existieren und derjenige Anteil der Kapitalrücklage und gesetzlichen Rücklage aufgelöst wurde, welcher 10 % des herabgesetzten Grundkapitals überschreitet. Mit einer vereinfachten Kapitalherabsetzung ist automatisch eine Ausschüttungssperre verbunden (§ 230 AktG). Für Gesellschaften mit beschränkter Haftung existiert die Ausschüttungssperre über einen Zeitraum von fünf Jahren (§ 58d Abs. 1 GmbHG).

Kapitalherabsetzung durch Einziehung von Anteilen

Diese weitere Form der Herabsetzung des Grundkapitals kann entweder gegen Zahlung eines Entgelts an die abgebenden Aktionäre oder zwangsweise erfolgen. Für den ersten Fall gelten die Vorschriften der ordentlichen Kapitalherabsetzung. Im zweiten Fall, wenn die Aktien unentgeltlich zur Verfügung gestellt bzw. zu Lasten des Bilanzgewinns oder einer anderen Gewinnrücklage eingezogen werden, ist der entsprechende Teil in die Kapitalrücklage einzustellen. Für die Einziehung ist ein Beschluss der Hauptversammlung erforderlich, soweit nicht eine durch die Satzung angeordnete Zwangseinziehung vorliegt.

2) Rücklagen

Einen weitereren Bestandteil des Eigenkapitals stellen offene Rücklagen dar, die durch Zurückbehaltung von Gewinnen (Gewinnrücklagen) oder durch Zuführung von Eigenkapital über das Haftungskapital hinaus (Kapitalrücklagen) entstehen. Abzugrenzen von diesen eigenständigen, aus der Bilanz ersichtlichen Posten, sind die sog. stillen Rücklagen (stille Reserven). Stille Reserven entstehen bei Auseinanderfallen von Marktwerten und Bilanzwerten, so dass Vermögensgegenstände unter- und Schulden überbewertet werden. Sie sind ein beliebtes Instrument der Bilanzpolitik, da ihre Auflösung oder Bildung Einfluss auf die Höhe des Periodenergebnisses und des Vermögens hat. Die Arten der Rücklagen sind in *Abb. 20* systematisiert.

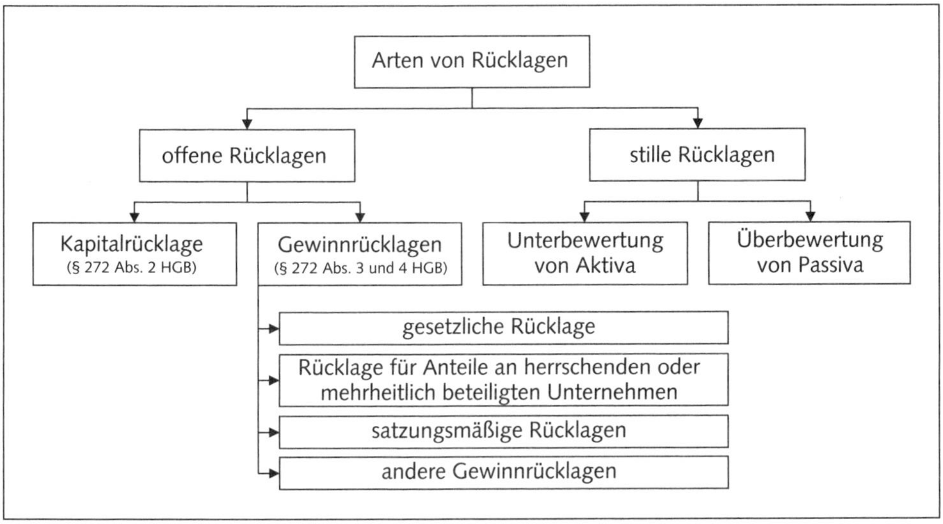

Abb. 20: Arten von Rücklagen

i) Kapitalrücklage

Bei der Kapitalrücklage handelt es sich um Beträge, die dem Unternehmen von außen zugeflossen sind. Derartige Beträge sind im § 272 Abs. 2 HGB abschließend aufgeführt. Hierzu zählen:

- Agio bei der Ausgabe von Anteilen (§ 272 Abs. 2 Nr. 1 HGB);
- Agio bei der Ausgabe von Schuldverschreibungen für Wandlungsrechte und Optionsrechte zum Erwerb von Anteilen (§ 272 Abs. 2 Nr. 2 HGB);
- Zuzahlungen der Gesellschafter gegen Gewährung eines Vorzugs (§ 272 Abs. 2 Nr. 3 HGB);
- andere Zuzahlungen der Gesellschafter (§ 272 Abs. 2 Nr. 4 HGB).

Die Einstellungen in die Kapitalrücklage nach Nr. 1–3 sowie deren Verwendung sind zwingend aufgrund der Zweckbindung vorzunehmen. Hingegen wird die Kapitalrücklage nach Nr. 4 auf freiwilliger Basis gebildet. Ihre Auflösung unterliegt somit auch keinen Beschränkungen.

Veränderungen der Kapitalrücklage bei Aktiengesellschaften müssen entweder in der Bilanz oder im Anhang im Jahr der Veränderung angegeben werden (vgl. § 152 Abs. 2 AktG).

ii) Gewinnrücklagen

Gewinnrücklagen (§ 272 Abs. 3 HGB) werden im Rahmen der Ergebnisverwendung aus den Gewinnen der Kapitalgesellschaft gebildet.

Zu den Gewinnrücklagen zählen:

- *Gesetzliche Rücklage:*
  Entsprechend § 150 Abs. 1 und 2 AktG müssen Aktiengesellschaften und Kommanditgesellschaften auf Aktien (KGaA) 5 % des um einen eventuellen Verlustvortrag bereinigten Jahresüberschusses in die gesetzliche Rücklage einstellen, soweit die gesetzliche Rücklage und die Kapitalrücklage nach § 272 Abs. 2 Nr. 1–3 HGB zusammen nicht mehr als 10 % des Grundkapitals umfassen. Die gesetzliche Rücklage dient vorwiegend dem Verlustausgleich, wobei an die Auflösung der gesetzlichen Rücklage strenge Bedingungen gestellt sind (vgl. § 150 Abs. 3 und 4 AktG).
- *Rücklage für Anteile an einem herrschenden oder mehrheitlich beteiligten Unternehmen:*
  Unter der Position »Gewinnrücklagen« wird auch die »Rücklage für Anteile an einem herrschenden oder mehrheitlich beteiligten Unternehmen« ausgewiesen. Die Bildung dieser Rücklage ist gegebenenfalls auch dann zwingend vorzunehmen, wenn kein Jahresüberschuss erwirtschaftet wurde. Eine Rücklage für Anteile an einem herrschenden oder mehrheitlich beteiligten Unternehmen muss gebildet werden, wenn die Gesellschaft Anteile des herrschenden oder beteiligten Unternehmens kauft oder unentgeltlich erwirbt.[1]
  Wirtschaftliche Schwierigkeiten des bilanzierenden Unternehmens gehen oft mit entsprechenden Problemen bei herrschenden oder beteiligten Unternehmen einher.

1 Der auf der Aktivseite angesetzte Wert der Anteile an herrschenden oder mehrheitlich beteiligten Unternehmen bestimmt die Höhe der zugehörigen Rücklage auf der Passivseite. Im Schrifttum ist nun jedoch umstritten, ob die Rücklage bei unentgeltlich erworbene Anteilen überhaupt zu bilden ist. Für eine Rücklagenbildung sprechen sich hier Baetge/Kirsch/Thiele (2011), S. 501 aus; dagegen argumentieren etwa *Förschle/Hoffmann* (2006), Tz. 123.

Insofern kann die Werthaltigkeit entsprechender Anteile eingeschränkt sein. Daher müssen liquide Mittel in gleicher Höhe an das Unternehmen mittels der Rücklage für Anteile an herrschenden oder mehrheitlich beteiligten Unternehmen gebunden werden. Der eventuell eingeschränkten Werthaltigkeit der Anteile wird durch die Bindung liquider Mittel und die damit verbundene Reduzierung der Gewinnausschüttungsmöglichkeit Rechnung getragen.

- *Satzungsmäßige Rücklagen:*
  In die satzungsmäßige Rücklage werden alle entsprechend der Satzung (§ 158 Abs. 4 AktG) oder dem Gesellschaftsvertrag (§ 29 Abs. 1 GmbH) vorgeschriebenen und nicht unter die gesetzlichen Rücklagen fallenden Rücklagen eingestellt.
- *Andere Gewinnrücklagen:*
  Bei den anderen Gewinnrücklagen handelt es sich um freiwillige Rücklagen, die nicht einer der vorstehenden Rücklagen zugeordnet werden können.

Kapitalgesellschaften, die i. S. d. § 267 Abs. 1 HGB als kleine Kapitalgesellschaft eingestuft wurden, dürfen die Gewinnrücklagen, aufgrund der Möglichkeit einer verkürzten Bilanzdarstellung, in einer Summe in der Bilanz ausweisen (§ 266 Abs. 1 HGB). Entsprechend § 152 Abs. 3 AktG müssen Aktiengesellschaften zu den jeweiligen Posten der Gewinnrücklagen in der Bilanz oder im Anhang noch folgende Erläuterungen vornehmen:

- Angabe der Beträge, die die Hauptversammlung aus dem Bilanzgewinn des Vorjahres eingestellt hat;
- Angabe der Beträge, die aus dem Jahresüberschuss des Geschäftsjahres eingestellt werden;
- Angaben über Beträge, die für das Geschäftsjahr entnommen werden.

3) Nicht durch Eigenkapital gedeckter Fehlbetrag

Grundsätzlich wird ein negatives Bilanzergebnis als Abzugsposten beim Eigenkapital auf der Passivseite ausgewiesen. Ist jedoch das bilanzielle Eigenkapital durch Verluste aufgebraucht und ergibt sich ein Überschuss der Passivposten über die Aktivposten, so ist dieser Differenzbetrag am Schluss der Bilanz auf der Aktivseite als »nicht durch Eigenkapital gedeckter Fehlbetrag« auszuweisen (vgl. § 268 Abs. 3 HGB).

Im Folgejahr ist der auf der Aktivseite ausgewiesene »nicht durch Eigenkapital gedeckte Fehlbetrag« nicht auf der Aktivseite fortzuentwickeln. Der den »nicht durch Eigenkapital gedeckte Fehlbetrag« auslösende Jahresfehlbetrag des Vorjahres ist vielmehr als Ergebnisvortrag in das aktuelle Jahr zu überführen. Sollte unter Berücksichtigung des aktuellen Jahresergebnisses weiterhin ein »nicht durch Eigenkapital gedeckter Fehlbetrag« existieren, so ist dieser erneut zu berechnen.

In diesem Zusammenhang ist darauf hinzuweisen, dass zwischen der gerade beschriebenen buchmäßigen (formellen) Überschuldung und einer insolvenzrechtlichen (materiellen) Überschuldung zu unterscheiden ist. Die insolvenzrechtliche Überschuldung ist auf Basis von Zeitwerten zu ermitteln, wohingegen die buchmäßige Überschuldung lediglich aus der Bilanz abgeleitet wird. Allerdings kann die buchmäßige Überschuldung in eine insolvenzrechtliche Überschuldung übergehen, wenn das Unternehmen nicht über ausreichende stille Reserven verfügt.

Aufgabe 43: Vereinfachte Kapitalherabsetzung

Die Bio GmbH weist zum 31.12.2012 folgende vorläufige Bilanz aus:

Aktiva	Vorläufige Bilanz der Bio GmbH zum 31.12.2012 [Mio. €]		Passiva
Aktiva	120	Gezeichnetes Kapital	80
		Kapitalrücklage	15
		Bilanzverlust	–25
		Sonstige Passiva	50
Bilanzsumme	120	Bilanzsumme	120

Die Gesellschafter-Geschäftsführer entschließen sich gem. § 58a GmbHG aufgrund der anhaltenden Jahresfehlbeträge zu einer vereinfachten Kapitalherabsetzung i. H. v. 20 Mio. €. Erstellen Sie unter diesen Gegebenheiten die endgültige Bilanz zum 31.12.2012.

➔ **Lösung auf Seite 350**

Aufgabe 44: Bilanzausweis des Eigenkapitals

Die am 01.01.2012 neu gegründete Gustav Gans AG hat ihre 1 Mio. Aktien zu 150 € je Aktie an der Börse platzieren können. Der Nennwert der Aktien beträgt 5 € je Aktie. Am Ende des Jahres 2013 hat sie einen Jahresüberschuss i. H. v. 1 Mio. € erzielt. Der Verlustvortrag aus dem Jahr 2012 beträgt 250.000 €. In der Satzung der AG wurde festgelegt, dass jährlich eine Rücklage i. H. v. 150.000 € zu bilden ist. Diese satzungsmäßige Rücklage darf jedoch nicht mehr als 1 Mio. € betragen. Ferner wurde auf der Hauptversammlung eine freiwillige Rücklage i. H. v. 200.000 € genehmigt.

a) Stellen Sie den Bilanzausweis des Eigenkapitals am 01.01.2012 dar.
b) Stellen Sie den Bilanzausweis des Eigenkapitals zum 31.12.2013 vor einer möglichen Ergebnisverwendung und nach Berücksichtigung der Ergebnisverwendung – unter Beachtung eventueller gesetzlicher Rücklagen – dar.

➔ **Lösung auf Seite 351**

Aufgabe 45: Bilanzausweis ausstehender Einlagen

Die neu gegründete Mayer AG hat ein Grundkapital von 1,6 Mio. €. Von diesen als Bareinlage zu tätigenden 1,6 Mio. € sind lediglich 25 % eingefordert, jedoch noch nicht eingezahlt.
In welcher Form sind der eingeforderte Teil bzw. der nicht eingeforderte Anteil an ausstehenden Einlagen auf das gezeichnete Kapital in der Bilanz zum 31.12.2012 darzustellen?

➔ **Lösung auf Seite 353**

Aufgabe 46: Nicht durch Eigenkapital gedeckter Fehlbetrag

Die Pleiten, Pech und Pannen GmbH weist zum 31.12.2012 folgendes Eigenkapital in der Bilanz aus:

Eigenkapital	
Gezeichnetes Kapital	200.000 €
Gewinnrücklage	50.000 €

Im Jahresabschluss zum 31.12.2013 ist ein Jahresfehlbetrag i. H. v. 300.000 € entstanden.

a) Wie ist der Sachverhalt am 31.12.2013 in der Bilanz vor dem Hintergrund eines »nicht durch Eigenkapital gedeckten Fehlbetrages« zu behandeln?
b) Wie sieht die Bilanz am 31.12.2014 aus, wenn im Jahr 2014 ein Jahresüberschuss von 70.000 € erzielt wurde – ohne Berücksichtigung eventuell zu bildender Gewinnrücklagen?

➔ **Lösung auf Seite 353**

ii. Rückstellungen

a. Grundlagen

Rückstellungen sind zu bilden für:

> Verpflichtungen des Unternehmens, die am Abschlussstichtag dem Grunde, ihrer Höhe und/oder ihrer Inanspruchnahme nach ungewiss sind und deren zugehöriger Aufwand der Verursachungsperiode zugerechnet werden muss (soll).

In der Literatur sind Rückstellungen wie folgt charakterisiert:[1]

- Aufwand vergangener (oder gegenwärtiger) Rechnungsperioden;
- Entstehung durch künftige Handlungen des Kaufmanns, bspw. bei Zahlungen, Lieferungen und Leistungen;
- keine Korrektur des Bilanzansatzes bestimmter Aktivposten;
- keine eindeutige, aber ausreichend genaue Quantifizierung.

Für die Passivierung einer Rückstellung müssen die Passivierungsgrundsätze Verpflichtung, wirtschaftliche Belastung und Quantifizierbarkeit gemeinsam erfüllt sein, wobei für die Bilanzierungspflicht von Rückstellungen eine ungewisse Verbindlichkeit am Abschlussstichtag rechtlich entstanden oder wirtschaftlich bereits verursacht worden sein muss.[2]

1 Vgl. *Adler/Düring/Schmaltz* (1998), § 249 HGB, Tz. 30.
2 Vgl. *Adler/Düring/Schmaltz* (1998), § 249 HGB, Tz. 66.

Entsprechend § 249 HGB besteht eine *Pflicht zur Bildung von Rückstellungen* (sog. obligatorische Rückstellungen, § 249 Abs. 1 HGB) für:

- ungewisse Verbindlichkeiten (§ 249 Abs. 1 Satz 1 HGB),
- drohende Verluste aus schwebenden Geschäften (§ 249 Abs. 1 Satz 1 HGB),
- im Geschäftsjahr unterlassene Aufwendungen für Instandhaltung, die im folgenden Geschäftsjahr innerhalb von drei Monaten, oder für Abraumbeseitigungen, die im folgenden Geschäftsjahr nachgeholt werden (§ 249 Abs. 1 Satz 2 Nr. 1 HGB) und
- Gewährleistungen, die ohne rechtliche Verpflichtung erbracht werden (§ 249 Abs. 1 Satz 2 Nr. 2).

Zu den fakultativen Rückstellungen zählen Pensionsrückstellungen für Altzusagen (Verpflichtung wurde vor dem 31.12.1986 eingegangen), für mittelbare Pensionsverpflichtungen sowie für ähnliche unmittelbare oder mittelbare Verpflichtungen (Art. 28 Abs. 1 EGHGB). Pensionsrückstellungen, deren unmittelbare Pensionsverpflichtung nach dem 31.12.1986 – sog. Neuzusagen – eingegangen wurde, gehören zu den obligatorischen Rückstellungen für ungewisse Verbindlichkeiten und sind daher zwingend zu passivieren. Für andere als die genannten Zwecke besteht ein Passivierungsverbot. Rückstellungen bspw. für unterlassene Forschungs- und Entwicklungsaufwendungen oder für unterlassene Werbung können dementsprechend nicht gebildet werden (§ 249 Abs. 2 HGB).

Aus steuerlicher Sicht gilt für die Bilanzierung von Rückstellungen grundsätzlich die Maßgeblichkeit der Handelsbilanz für die Steuerbilanz. Eine Durchbrechung des Maßgeblichkeitsgrundsatzes existiert bei Rückstellungen für drohende Verluste aus schwebenden Geschäften, die entsprechend § 5 Abs. 4a EStG in der Steuerbilanz nicht gebildet werden dürfen. Zusätzlich werden an die Möglichkeit der Rückstellungsbildung in der Steuerbilanz durch die Finanzrechtsprechung im Vergleich zum Handelsrecht strengere Anforderungen gestellt, vor allem hinsichtlich der wirtschaftlichen Verursachung und des Vorliegens einer wirtschaftlichen Verpflichtung (vgl. R 5.7 und 5 EStR).

Sollten Rückstellungen in vorangegangenen Geschäftsjahren nicht angesetzt worden sein, obwohl eine Passivierungspflicht bestand und weiterhin noch vorliegt, so sind diese unterlassenen Rückstellungen in dem letzten noch nicht festgestellten Jahresabschluss gewinnmindernd nachzuholen. Handelt es sich um Passivierungswahlrechte, so dürfen die Rückstellungen nicht nachgeholt werden, da die fehlende Passivierung als eine Nichtausübung des Passivierungswahlrechtes interpretiert wird.

Rückstellungen können darüber hinaus, wie in *Abb. 21* dargestellt, nach ihrem Verpflichtungscharakter – Verpflichtungen gegenüber Dritten (Außenverpflichtung) oder sich selbst (Innenverpflichtung) – unterteilt werden. Im Rahmen der Außenverpflichtung kann weiterhin in rechtliche sowie wirtschaftliche Verpflichtungen unterschieden werden. Neben der bürgerlich-rechtlichen Verpflichtung, die sich bspw. aus einem privatrechtlichen Vertrag ergibt, konkretisiert sich eine rechtliche Außenverpflichtung zudem durch ein öffentlich-rechtliches Rechtsverhältnis. Die Bildung einer Rückstellung für ungewisse öffentlich-rechtliche Verpflichtungen (Steuerrückstellungen, Rückstellungen für Altlastensanierung, Rückstellungen für Rekultivierungskosten) ist dann zulässig, wenn die Verfügung einer Behörde vorliegt oder ein Gesetz ein inhaltlich genau bestimmtes Handeln innerhalb eines bestimmten Zeitraums enthält und eine Verletzung an Sanktionen geknüpft ist.

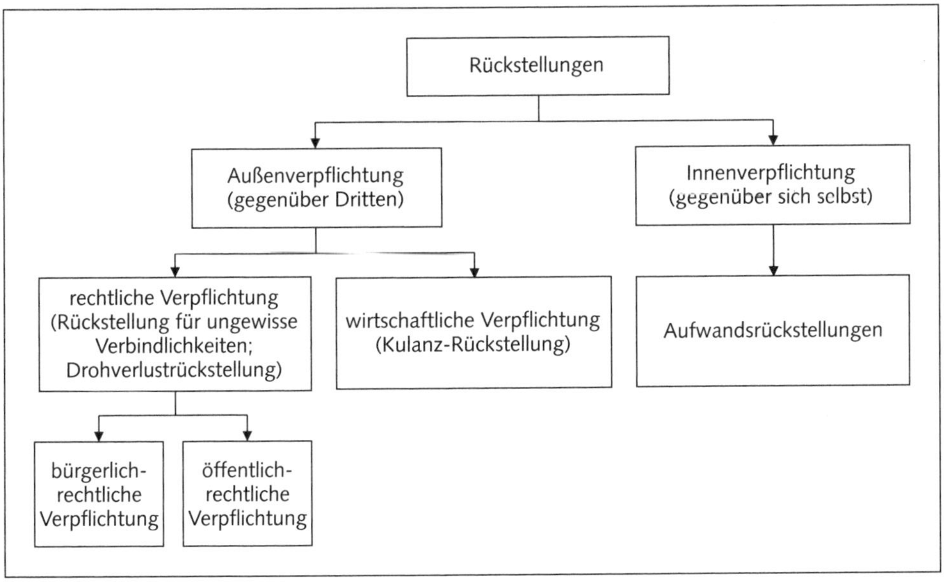

Abb. 21: Rückstellungen entsprechend ihrem Verpflichtungscharakter

Mit Hilfe von Rückstellungen werden somit Aufwendungen, die erst in den nachfolgenden Geschäftsjahren entstehen, dem Jahr zugeordnet, in dem sie wirtschaftlich verursacht wurden. Durch den Ansatz von Rückstellungen, die nach vernünftiger kaufmännischer Beurteilung zu bewerten sind, ergeben sich für das Unternehmen Möglichkeiten zur bilanzpolitischen Gestaltung. Denn durch die Bildung von Rückstellungen werden zusätzliche Aufwendungen erfasst, die den Erfolg mindern und so finanzielle Mittel an das Unternehmen binden. Diese Bindung finanzieller Mittel wirkt sich positiv auf die Liquidität und das Finanzergebnis des Unternehmens aus. Aus steuerlicher Sicht tritt zudem durch die vorgezogene Berücksichtigung des Aufwands ein Steuerstundungseffekt ein.

b. Rückstellungsarten

§ 249 Abs. 1 HGB sieht folgende Möglichkeiten zur Bildung von Rückstellungen vor.

Rückstellungen für ungewisse Verbindlichkeiten

Derartige Rückstellungen sind zu bilden, wenn eine wirtschaftlich belastende und in der Höhe quantifizierbare Verpflichtung gegenüber Dritten wahrscheinlich, aber nicht sicher ist. Diese Rückstellungsarten setzen demnach eine hinreichend konkretisierte[1]

1 Konkretisiert meint, dass sowohl der Inhalt als auch der Zeitpunkt der Entstehung der Verpflichtung bekannt sein müssen.

rechtliche oder wirtschaftliche Verpflichtung gegenüber einem Dritten voraus. Unter »Dritte« sind die Vertragsparteien des Unternehmens zu verstehen, bspw. Lieferanten, Kunden, Mitarbeiter, Behörden oder Körperschaften. Zwingend ist hierbei, dass vor dem Abschlussstichtag die Ursache für eine wirtschaftliche Belastung[1] entstanden ist, die erst in Zukunft zu einer wahrscheinlichen Inanspruchnahme führt. Die Wahrscheinlichkeit der Inanspruchnahme ist dann gegeben, wenn mit der Inanspruchnahme ernsthaft zu rechnen ist, d. h. es müssen mehr Gründe für als gegen die Inanspruchnahme sprechen. Neben den Rückstellungen für Pensionsverpflichtungen und Steuerzahlungen gibt es eine Vielzahl weiterer Rückstellungen für ungewisse Verbindlichkeiten, bspw. Rückstellungen für Patentverletzungen, Prozessrisiken, Provisionsverpflichtungen, Pachterneuerungsverpflichtungen, Boni und Rabatte, Abschluss, Prüfungs- und Beratungskosten, Gewährleistungs- und Garantieverpflichtungen, Sozialverpflichtungen, Handelsvertreterausgleichszahlungen, Bürgschaftsinanspruchnahmen, gewinnabhängige Entgelte oder Urlaubsrückstände.[2]

Rückstellungen für drohende Verluste aus schwebenden Geschäften

Ein schwebendes Geschäft liegt vor, wenn bei einem zweiseitig verpflichtenden Vertrag (Außenverpflichtung) noch keiner der Vertragspartner die vereinbarte Lieferung oder Leistung erbracht hat. So lange die Vertragsparteien davon ausgehen können, dass sich Leistung und Gegenleistung dabei ausgleichen, sind schwebende Geschäfte grundsätzlich nicht zu bilanzieren. Nun kann es jedoch in zwei Situationen zu einem Verpflichtungsüberhang kommen:

- Beim liefernden Unternehmen liegt der vertraglich vereinbarte Preis unterhalb der zur Erstellung der Leistung anfallenden Herstellungskosten oder
- der beizulegende Wert der zu beziehenden Leistung liegt unterhalb des vertraglich vereinbarten Kaufpreises.

Wäre die Leistung bereits erbracht, müsste diese in beiden Fällen im Sinne der Niederstwertvorschriften des § 253 Abs. 3 und 4 HGB die Notwendigkeit einer außerplanmäßigen Abschreibung überprüft werden (vgl. hierzu Kapitel B.2.ii.b). Im vorliegenden Falle ist die Leistung jedoch noch nicht erbracht; § 249 HGB fordert nun, den Abschreibungsaufwand zu antizipieren und in Form einer so genannten Drohverlustrückstellung als Aufwand der Periode zuzuordnen, der der Verlust wirtschaftlich zuzuordnen ist – also praktischerweise der Periode, in der die Wertminderung erkannt wurde.

Rückstellungen für drohende Verluste aus schwebenden Geschäften treten bei einem auf einmalige Leistung gerichteten Schuldverhältnis (bspw. Kauf von Rohstoffen, Reparatur eines Anlagegutes) oder bei Dauerschuldverhältnissen auf. Dauerschuldverhältnisse sind Austauschverhältnisse, deren Leistungserfüllung sich über einen längeren Zeitraum erstreckt und bei denen vielfach zusätzliche Nebenleistungs- und Verhaltens-

1 Eine wirtschaftliche Belastung tritt dann ein, wenn in Zukunft durch die Einlösung der Verpflichtung eine Bruttovermögensminderung zu verzeichnen ist.
2 Vgl. *IDW* (2012), Tz. E 149 ff.

pflichten entstehen. Ausprägungen der beiden Schuldverhältnisse sind Beschaffungsgeschäfte und Absatzgeschäfte. Dauerschuldverhältnisse bei Beschaffungsgeschäften sind bspw. Darlehensaufnahmen, Anmietungen, Leasing- und Arbeitsverhältnisse. Darlehensvergaben, Vermietungen und Verpachten sind absatzseitige Dauerschuldverhältnisse. Die Bilanzierung der Rückstellung soll allerdings zu keiner grundsätzlichen Erfassung von Ansprüchen und Verpflichtungen aus dem schwebenden Geschäft führen. So werden gewinnbringende Sachverhalte im Rahmen schwebender Geschäfte gemäß dem Realisationsprinzip nicht in der Bilanz ausgewiesen, wohl aber im Sinne des Imparitätsprinzips antizipierte Verluste passiviert. Der drohende Verlust ergibt sich aus der Differenz zwischen dem Wert der eigenen ausstehenden Leistungsverbindlichkeit und dem Wert des ausstehenden Gegenleistungsanspruchs.

Rückstellungen für Gewährleistungen ohne rechtliche Verpflichtung

Rückstellungen für Gewährleistungen, die ohne rechtliche Verpflichtung erbracht werden, werden auch als »Kulanzrückstellungen« bezeichnet. Sie beruhen nicht auf einem Rechtsanspruch des Leistungsabnehmers, vielmehr sind es freiwillige Leistungen an den ehemaligen Abnehmer zur Beseitigung von Mängeln. Für deren Bildung kommen Gewährleistungen in Betracht, die nach Ablauf von vereinbarten oder gesetzlichen Garantiefristen erbracht werden oder die über das gesetzliche oder vertragliche Maß hinausgehen.

Aufwandsrückstellungen

Unter dem Begriff »Aufwandsrückstellungen« subsumiert man die Passivierungspflicht für unterlassene Aufwendungen für Instandhaltung (sofern die Instandhaltung innerhalb von drei Monaten nachgeholt wird) oder für Abraumbeseitigung (sofern die Nachholung im neuen Geschäftsjahr erfolgt).

c. Bewertung

Rückstellungen sind nur in Höhe des Betrages anzusetzen, der nach vernünftiger kaufmännischer Beurteilung notwendig ist (§ 253 Abs. 1 Satz 2 HGB), um das Risiko abzudecken. Dabei beinhaltet die Bewertung nach vernünftiger kaufmännischer Beurteilung den Grundsatz der Vorsicht (§ 252 Abs. 1 Nr. 4 HGB). Grundsätzlich sind Rückstellungen mit dem Erfüllungsbetrag anzusetzen. Eine Abzinsungspflicht von Rückstellungen mit einer Laufzeit von mehr als einem Jahr ergibt sich aus § 253 Abs. 1 u. 2 HGB. Demnach ist bei der Abzinsung von Rückstellungen grundsätzlich der durchschnittliche Marktzinssatz der letzten sieben Jahre zu Grunde zu legen.[1] Rückstellungen für laufende Pensionen oder Anwartschaften auf Pensionen dürfen abweichend hiervon pauschal mit dem durchschnittlichen Marktzinssatz bei einer angenommenen Laufzeit von

1 Der anzuwendende Abzinsungszinssatz wird von der Deutschen Bundesbank nach Maßgabe einer Rechtsverordnung ermittelt und monatlich bekannt gegeben (§ 253 Abs. 2 S. 5 und 6 HGB).

15 Jahren abgezinst werden.[1] Für die Schätzung des Aufwands sind die Vollkosten (inklusive Gemeinkosten) maßgeblich.

Da Rückstellungen gem. § 252 Abs. 1 Nr. 4 HGB grundsätzlich vorsichtig zu bewerten sind, ist bei einer Bandbreite möglicher Inanspruchnahmen der Betrag mit der höchsten Eintrittswahrscheinlichkeit anzusetzen. Existieren mehrere gleichwahrscheinliche Werte, so ist der höchste Wert anzusetzen.[2] Allerdings würde es nicht dem Grundsatz der Vorsicht entsprechen, wenn eine Rückstellung zwar mit dem wahrscheinlichsten Wert angesetzt wurde, der nächst möglich höhere Betrag jedoch nur eine unwesentlich geringere Eintrittswahrscheinlichkeit aufweist. Für diesen Fall wäre eine höhere Inanspruchnahme durchaus realistisch und im Rahmen der Bewertung zu berücksichtigen. Bei der Ermittlung eines Betrages, der das Risiko angemessen abdecken soll, ist demnach nicht nur auf den Betrag mit der höchsten Eintrittswahrscheinlichkeit abzustellen. Vielmehr ist zu berücksichtigen, ob die Wahrscheinlichkeit wesentlich höher ist als die Wahrscheinlichkeit anderer höherer Werte. Ist dies nicht der Fall, so ist die Rückstellung aufgrund des Grundsatzes der vorsichtigen Bewertung mit dem höheren realistischen Wert zu bewerten.[3]

Für Rückstellungen gilt ebenfalls der Grundsatz der Einzelbewertung (§ 252 Abs. 1 Nr. 3 HGB). Ausgenommen vom Grundsatz der Einzelbewertung sind bestimmte gleichartige Sachverhalte, für die eine Pauschalrückstellung gebildet werden darf. Derartige Pauschalrückstellungen dürfen nur dann gebildet werden, wenn eine große Zahl von zu antizipierenden Risiken – deren Einzelrisiko vernachlässigbar ist – vorliegt, bei denen aus der Vergangenheit eine bestimmte Inanspruchnahme abgeleitet werden kann. Pauschalrückstellungen werden z. B. für Garantien und Gewährleistungen gebildet. Die Bewertung von Pauschalrückstellungen erfolgt in der Regel auf Basis von Erfahrungswerten der Vergangenheit aus der Branche und dem Unternehmen.[4]

Rückstellungen sind an jedem Abschlussstichtag daraufhin zu begutachten, ob der Grund, für den sie ursprünglich gebildet wurden, noch besteht und wie die Rückstellung unter Ansatz neuerer Informationen einzuschätzen ist. Sofern der Grund für die ursprüngliche Rückstellungsbildung nicht mehr vorliegt, ist die Rückstellung erfolgswirksam aufzulösen (§ 249 Abs. 2 Satz 2 HGB).[5] Die Auflösungspflicht greift auch bei Rückstellungen, für die ein Passivierungswahlrecht bestand.

d. Bilanzausweis

Für Einzelunternehmen, Personengesellschaften und kleine Kapitalgesellschaften besteht keine Pflicht zur Aufgliederung der Rückstellungen wie bei mittelgroßen und großen Kapitalgesellschaften. Sie können die Rückstellungen summiert in der Bilanz

1 Auch in der Steuerbilanz besteht eine Verpflichtung zur Abzinsung, sofern die Rückstellung für einen Zeitraum von mehr als einem Jahr zu bilden ist und/oder die Verpflichtung einen Zinsanteil enthält (vgl. § 6 Abs. 1 Nr. 3 a Buchstabe e EStG).
2 Vgl. *Adler/Düring/Schmaltz* (1995a), § 253 HGB, Tz. 192.
3 Vgl. *Kozikowski/Schubert* (2012), § 253 HGB, Tz. 155.
4 Vgl. *Mayer-Wegelin/Kessler/Höfer* (2004), § 249 HGB, Tz. 273–276.
5 Vgl. *Adler/Düring/Schmaltz* (1998), § 249 HGB, Tz. 13.

ausweisen, wobei eine gleichlautende Aufgliederung wie bei mittelgroßen und großen Kapitalgesellschaften empfehlenswert ist.

Mittelgroße und große Kapitalgesellschaften sind verpflichtet, die Rückstellungen entsprechend dem Gliederungsschema des § 266 Abs. 3 B HGB zu untergliedern:

- Rückstellungen für Pensionen und ähnliche Verpflichtungen;
- Steuerrückstellungen;
- sonstige Rückstellungen.

Rückstellungen, die zu den sonstigen Rückstellungen zählen und einen nicht unerheblichen Umfang aufweisen (vgl. § 285 Nr. 12 HGB), bedürfen einer Erläuterung im Anhang.

e. Pensionsrückstellungen

1) Grundlagen

Neben der privaten und gesetzlichen Altersvorsorge sehen Unternehmen für ihre Arbeitnehmer häufig zusätzliche Leistungen zur Alters-, Invaliden- oder Hinterbliebenenversorgung vor.[1] Diese Versorgungsleistungen, die von den Unternehmen für einen befristeten Zeitraum oder bis zum Lebensende an den Berechtigten entrichtet werden und für die vom Berechtigten keine Gegenleistungen mehr zu erbringen sind, werden als Pensionen bezeichnet.[2] Die Zusagen derartiger Versorgungsleistungen erfolgen auf freiwilliger Basis, wobei die Rücknahme der Zusage nahezu ausgeschlossen ist.[3]

Die von Seiten des Unternehmens eingegangene Verpflichtung kann in zwei Arten unterteilt werden:

- *unmittelbare Pensionsverpflichtung:*
  Im Falle der unmittelbaren Pensionsverpflichtung erbringt das Unternehmen ohne Zwischenschaltung eines anderen Rechtsträgers die zu leistenden Versorgungsaufwendungen unmittelbar aus eigenen Mitteln (sog. Direktzusagen).
- *mittelbare Pensionsverpflichtung:*
  Im Falle der mittelbaren Pensionsverpflichtung beauftragt das Unternehmen einen anderen Rechtsträger (z. B. Pensions- oder Unterstützungskassen) mit der Erbringung der zu leistenden Versorgungsaufwendungen. Derartige Pensions- oder Unterstützungskassen werden oftmals von den Unternehmen selbst gegründet (vgl. §§ 4c und 4d EStG). Eine weitere Möglichkeit ist der Abschluss von Direktversicherungsverträgen (vgl. § 4b EStG) für die Arbeitnehmer. Das Unternehmen stellt den Pensions- oder Unterstützungskassen die zur Erbringung der Versorgungsaufwendungen

1 Es handelt sich bei diesen Versorgungsleistungen nicht mehr nur um reine Fürsorgemaßnahmen der Unternehmen gegenüber den Berechtigten. Vielmehr werden derartige Versorgungsleistungen als zusätzliche Leistungsentgelte an die Berechtigten verstanden, deren Anspruch der Berechtigte sich im Laufe seiner aktiven Tätigkeit im Unternehmen erwirbt und den er am Ende seines aktiven Arbeitsverhältnisses entweder in einer Summe oder als Rente ausbezahlt bekommt.

2 Vgl. *Ellrott/Rhiel* (2012), § 249 HGB, Tz. 151 ff.

3 Vgl. *Esser* (1994), S. 24.

erforderlichen flüssigen Mittel bereit bzw. zahlt die erforderlichen Prämien an die Versicherungsgesellschaften.

Für eine Direktzusage ist von Seiten des Unternehmens eine Rückstellung für Pensionen zu bilden, da die vorliegende Schuld aufgrund ihrer Ungewissheit bei der Zahlungsdauer, -höhe und dem Eintrittszeitpunkt des Versorgungsfalls unsicher ist. Sie gehört zur Gruppe der Rückstellungen für ungewisse Verbindlichkeiten. Es besteht somit entsprechend § 249 Abs. 1 HGB eine Passivierungspflicht. Eingeschränkt wird die Passivierungspflicht durch Art. 28 Abs. 1 EGHGB, wonach unmittelbare Pensionsverpflichtungen, bei denen der Rechtsanspruch vor dem 01.01.1987 (sog. Altzusagen) erworben wurde, passiviert werden dürfen. Bei erworbenen Rechtsansprüchen nach dem 31.12.1986 (sog. Neuzusagen) besteht eine generelle Passivierungspflicht. Das Passivierungswahlrecht für eine Altzusage bleibt auch dann erhalten, wenn die rechtsverbindliche Zusage nachträglich verbessert oder erhöht wird.

Für mittelbare Pensionsverpflichtungen besteht entsprechend Art. 28 Abs. 1 Satz 2 EGHGB ein Passivierungswahlrecht. Dieses Passivierungswahlrecht bezieht sich auf die Differenz zwischen dem Kassenvermögen der Pensions- oder Unterstützungskasse und den den Anspruchsberechtigten zugesicherten Versorgungsleistungen. Ist bspw. das Kassenvermögen niedriger als die Höhe der zugesicherten Versorgungsleistungen, so kann vom Unternehmen eine Rückstellung gebildet werden, da die Pensions- oder Unterstützungskassen auf diesen Differenzbetrag nach § 1b Abs. 4 Satz 1 BetrAVG keinen Rechtsanspruch gewähren.

Die Höhe der Altersversorgungsverpflichtungen ist mit etwaigem, zum beizulegenden Zeitwert zu bewertendem Deckungsvermögen zu saldieren (§ 253 Abs. 1 Satz 4 HGB, § 246 Abs. 2 Satz 2 und 3 HGB), sofern dieses dem Zugriff aller übrigen Gläubiger entzogen ist und ausschließlich der Erfüllung von Schulden aus Altersversorgungsverpflichtungen oder vergleichbaren langfristigen fälligen Verpflichtungen dient.

Ein passivisch verbleibender Überhang ist dann als Pensionsrückstellung zu bilanzieren, ein aktivischer hingegen als »Aktiver Unterschiedsbetrag aus der Vermögensverrechnung« (§ 266, Abs. 2 E. HGB).

Im Anhang sind die verrechneten Aufwendungen und Erträge aus der Auf- bzw. Abzinsung von Verpflichtungen und aus dem zu verrechnenden Deckungsvermögen gemäß § 285 Nr. 25 Halbsatz 1 HGB brutto anzugeben.[1]

Eine Auflösung der Pensionsrückstellungen ist nur dann zulässig, wenn der Grund für die ursprüngliche Bildung der Rückstellung weggefallen ist (§ 249 Abs. 2 Satz 2 HGB) – dabei ist es unerheblich, ob die Bildung der Rückstellung aus einer Passivierungspflicht oder einem Passivierungswahlrecht resultiert.[2]

Die in der Bilanz passivierten Pensionsrückstellungen sind von Unternehmen in der Rechtsform einer Kapitalgesellschaft gem. § 266 Abs. 3 Nr. B 1. HGB gesondert auszuweisen. Sofern die Passivierung von Altzusagen in der Bilanz unterlassen wurde, sind

1 Vgl. IDW RS HFA 30, Tz. 85.

2 Der Grund für die Bildung einer Pensionsrückstellung ist z. B. dann weggefallen, wenn aufgrund einer Betriebsvereinbarung die ursprünglichen Pensionszusagen aufgehoben wurden, vgl. *Adler/Düring/Schmaltz* (1995a), § 253 HGB, Tz. 339.

die »in der Bilanz nicht ausgewiesenen Rückstellungen für laufende Pensionen, Anwartschaften auf Pensionen und ähnliche Verpflichtungen« (vgl. Art. 28 Abs. 2 EGHGB) im Anhang anzugeben.

2) Bewertung

Es handelt sich bei den vom Unternehmen zugesicherten Pensionsleistungen um Renten, die – sofern keine Gegenleistung mehr zu erwarten ist – entsprechend § 253 Abs. 2 Sätze 2 und 3 HGB zu ihrem Barwert einzeln gem. § 252 Abs. 1 Nr. 3 HGB zu bewerten sind.

Eine Gegenleistung ist nicht mehr zu erwarten, wenn

- der Versorgungsfall eingetreten oder
- der Empfänger einer unverfallbaren Pensionsanwartschaft vor Eintritt des Versorgungsfalles aus dem Unternehmen ausgeschieden ist.

Für den Fall, dass Gegenleistungen von Seiten des Pensionsempfängers im Rahmen seines aktiven Arbeitsverhältnisses noch zu erbringen sind, enthält der § 253 HGB keine explizite Bewertungsvorschrift. Die Bewertung der Pensionsverpflichtung ist daher entsprechend der allgemeinen Bewertung von Rückstellungen gem. § 253 Abs. 1 Satz 2 HGB auf Basis einer vernünftigen kaufmännischen Beurteilung in Höhe des notwendigen Erfüllungsbetrages für jeden Pensionsberechtigten einzeln vorzunehmen.[1] Aufgrund des aktiven Tätigkeitsverhältnisses des zukünftigen Pensionsempfängers ist die Rückstellung ratierlich – entweder im Fall des *Gegenwartswertverfahrens* vom Zeitpunkt der Zusage der Pensionsleistungen oder im Fall des *Teilwertverfahrens* vom Eintrittszeitpunkt in das Unternehmen bis zum Eintritt des Versorgungszeitpunktes – anzusammeln. Neben dem Teilwertverfahren und dem Gegenwartswertfahren sind versicherungsmathematische Näherungsverfahren zulässig, sofern diese nicht zu einer Unterbewertung[2] der Pensionsrückstellungen führen.

Sowohl beim Teilwert- als auch beim Gegenwartswertverfahren erfolgt die Ansammlung der Pensionsrückstellung (entspricht dem Barwert der künftigen Pensionsleistungen) nach dem Gleichverteilungsverfahren[3] auf Basis einer jährlichen Annuität. Im Rahmen des Gegenwartswertverfahrens wird die Annuität in Abhängigkeit vom Zeitpunkt der Erteilung der Pensionszusage bis zum Eintritt des Versorgungszeitpunktes ermittelt. Beim Teilwertverfahren wird an die Stelle des Zeitpunkts der Erteilung der Pensionszusage der Eintrittszeitpunkt in das Unternehmen angesetzt. Zu unterschiedlichen Annuitäten gelangt man somit nur, wenn der Zeitpunkt der Zusage der Pensionsleistungen vom Eintrittszeitpunkt in das Unternehmen abweicht. Das handelsrechtliche Teilwertverfahren unterscheidet sich vom steuerrechtlich anzuwendenden Teilwertverfahren (vgl. § 6a EStG) insofern, als aus steuerrechtlicher Sicht erstmals mit Vollendung des 27. Lebensjahres des Pensionsberechtigten eine Pensionsrückstellung gebildet werden darf.

1 Vgl. *Adler/Düring/Schmaltz* (1995a), § 253 HGB, Tz. 300.
2 Vgl. *Adler/Düring/Schmaltz* (1995a), § 258 HGB, Tz. 65.
3 Vgl. *Thoms-Meyer* (1996), S. 6.

Im Falle, dass die gleichmäßige Verteilung des Altersversorgungsaufwandes über die gesamte aktive Dienstzeit auszuschließen ist, ist nach h. M. das Anwartschaftsbarwertverfahren PUCM (projected unit credit method) i. S. d. IAS 19 anzuwenden.[1] Dies ist der Fall, wenn die Versorgungszusage auf einer einmaligen Entgeltumwandlung des Versorgungsberechtigten beruht oder wenn aufgrund einer Änderung der ursprünglichen Zusage in den künftigen Dienstjahren keine oder allenfalls unwesentliche Anwartschaftszuwächse erworben werden können (Beispiel zu PUCM: siehe Seite 268).

Die Anwendbarkeit der Bewertungsverfahren im Handels- bzw. Steuerrecht ist *Abb. 22* zu entnehmen.

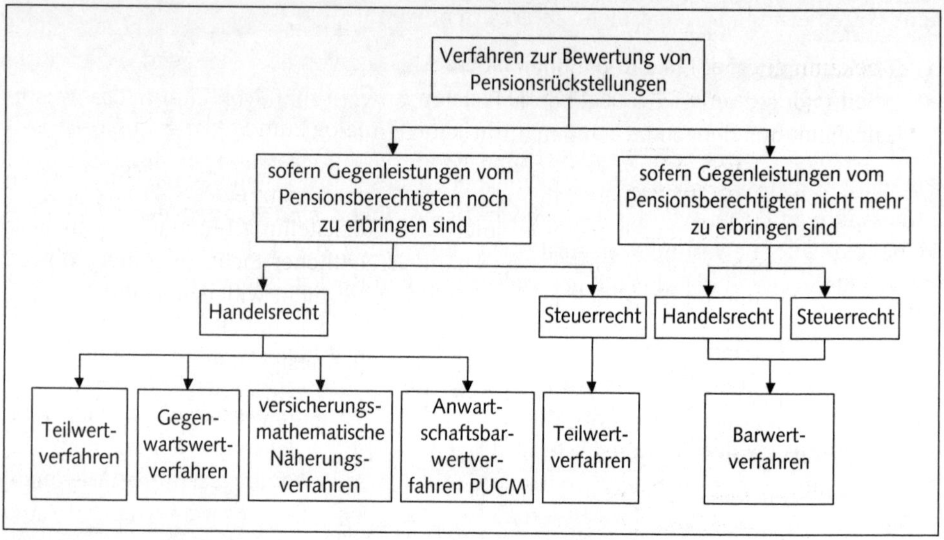

Abb. 22: Zulässige Verfahren zur Bewertung von Pensionsrückstellungen im Handels- und Steuerrecht

Berechnung der Höhe der Rückstellung bei unmittelbaren Pensionsverpflichtungen

Die einzelnen *Arbeitsschritte zur Berechnung der* jährlichen wertmäßigen *Zuführung zur Pensionsrückstellung* aufgrund von unmittelbaren Pensionsverpflichtungen können wie folgt dargestellt werden:

1. Der Barwert der Pensionsleistungen (Rente) zum Versorgungseintritt berechnet sich entsprechend der anerkannten Regeln der Versicherungsmathematik[2]. Hierzu ist zunächst folgender Rentenbarwertfaktor (RBF) zu errechnen:

   $$RBF(i;n) = \frac{(1+i)^n - 1}{(1+i)^n \cdot i} = \frac{q^n - 1}{q^n \cdot (q-1)} \quad \text{(nachschüssig)},$$

   mit $q = 1 + i$; i = angesetzter Zinssatz; n = Laufzeit

1 Vgl. IDW RS HFA 30, Tz. 61.
2 Vgl. *Adler/Düring/Schmaltz* (1995a), § 253, Tz. 301.

Der Barwert ermittelt sich dann durch Multiplikation der gleich bleibenden Rentenzahlung mit dem Rentenbarwertfaktor.

Barwert = jährliche Rentenzahlung · RBF(i; n)

Der Barwert der Pensionsleistungen ist abhängig von:
- der Höhe der zugesicherten Leistung,
- den persönlichen Daten des Versorgungsberechtigten (z. B. Geburtsdatum, Eintrittsdatum in das Unternehmen, Höhe des Gehaltes etc.),
- den biometrischen Wahrscheinlichkeiten,[1]
- dem angewendeten Kapitalisierungszinsfuß (Letzterer wird von der Deutschen Bundesbank nach Maßgabe einer Rechtsverordnung ermittelt und monatlich bekannt gegeben); steuerrechtlich ist ein Zinssatz von 6 % zwingend vorgeschrieben (vgl. § 6a Abs. 3 Satz 3 EStG)),
- der Fluktuation[2] im Unternehmen (ihr kann – analog zum Steuerrecht § 6a Abs. 3 Nr. 1 Satz 6 EStG – z. B. durch einen Beginn der Rückstellungsbildung erst nach Vollendung des 27. Lebensjahres oder durch den Ansatz eines Zinssatzes unter 6 % Rechnung getragen werden; sofern die Rückstellungsbildung erst ab dem 27. Lebensjahr geplant wird, ist aus handelsrechtlicher Sicht zu prüfen, ob die Gegebenheiten im Unternehmen diesem Zeitpunkt nicht widersprechen[3]),
- dem Zeitpunkt der Pensionierung (in den überwiegenden Fällen ist der Zeitpunkt der Pensionierung an den Zeitpunkt des gesetzlich festgelegten Rentenalters von 65 (Arbeitnehmer der Jahrgänge ab 1964 erst ab 67) Jahren gekoppelt[4]) und
- den künftigen Veränderungen der Höhe des Gehaltes und der Rente[5] (maßgeblich sind die Preissteigerungen und die zugesicherten Leistungssteigerungen am Abschlussstichtag[6]).

2. Der aus dem ersten Schritt ermittelte Barwert ist entsprechend dem jeweils angewendeten Verfahren auf den Zeitpunkt der Pensionszusage (Gegenwartswertverfahren) bzw. Zeitpunkt des Eintritts in das Unternehmen (Teilwertverfahren) mit dem entsprechenden Abzinsungsfaktor abzuzinsen. Für den Abzinsungsfaktor (AZF) gilt:

$$AZF(i;n) = \frac{1}{(1+i)^n} = \frac{1}{q^n} \quad \text{, mit } q = 1 + i;\ i = \text{angesetzter Zinssatz};\ n = \text{Laufzeit}$$

3. Durch Multiplikation des Wiedergewinnungsfaktors mit dem Barwert im Zeitpunkt der Pensionszusage bzw. des Eintritts in das Unternehmen (gemäß dem zweiten Schritt) ist nun die Annuität zu berechnen.

---

1 Die biometrischen Wahrscheinlichkeiten gehen auf Klaus Heubeck zurück, der aus Sterbe-, Invalidisierungs- und Ehewahrscheinlichkeit Richttafeln für die Bestimmung von Pensionsleistungen ermittelt hat, vgl. *Ellrott/Rhiel* (2012), § 249 HGB, Tz. 222 ff.

2 Fluktuation bedeutet in diesem Zusammenhang Austritt aus dem Unternehmen vor Eintritt des Versorgungsfalles.

3 Vgl. *Adler/Düring/Schmaltz* (1995a), § 253, Tz. 318.

4 Unter Berücksichtigung von versicherungsmathematischen Abschlägen ist auch ein früheres Eintrittsalter möglich. Vgl. *Thoms-Meyer* (1996), S. 123.

5 Vgl. *Heubeck* (1986), S. 356 und *Adler/Düring/Schmaltz* (1995a), § 253, Tz. 319.

6 Vgl. *Thoms-Meyer* (1996), S. 87–94.

Der Wiedergewinnungsfaktor (WGF) kann unter Verwendung der nachfolgenden Formel berechnet werden:

$$WGF(i; n) = \frac{q^n(q-1)}{q^n - 1} \quad \text{(nachschüssig)},$$

mit $q = 1 + i$; i = angesetzter Zinssatz; n = Laufzeit

Die Laufzeit umfasst den Zeitraum zwischen dem Zeitpunkt der Pensionszusage (Gegenwartswertverfahren) bzw. dem Zeitpunkt des Eintritts in das Unternehmen (Teilwertverfahren) und dem Zeitpunkt des Versorgungseintritts.

4. Die im dritten Schritt ermittelte Annuität ist für die nachfolgenden Abschlussstichtage jeweils um ein Jahr aufzuzinsen. Die aufgezinste Annuität stellt gleichzeitig den Zuführungsbetrag zur Pensionsrückstellung dar.
5. Die Addition der Annuitäten an den jeweiligen Abschlussstichtagen ergibt schließlich die in der Bilanz auszuweisende Höhe der Pensionsrückstellung.

Berechnung der Höhe der Rückstellung bei mittelbaren Pensionsverpflichtungen

Im Rahmen der mittelbaren Pensionsverpflichtung bestimmt sich die Höhe der Rückstellung aus der Differenz zwischen dem Kassenvermögen der Pensions- bzw. Unterstützungskasse und der zugesicherten Versorgungsverpflichtung abzüglich bereits hierfür gebildeter Rückstellungen.

Aufgabe 47: Bewertung von Rückstellungen

Ein Hersteller von teuren Sportwagen gewährt eine vertraglich zugesicherte einjährige Garantie auf seine Fahrzeuge ab Auslieferungsdatum an die Händler. Im Jahr 2012 hat er insgesamt 500 Kraftfahrzeuge – kontinuierlich über das Jahr verteilt – an seine Händler ausgeliefert. Aus der Vergangenheit ist ihm bekannt, dass ein durchschnittlicher Garantieaufwand i. H. v. 1.000 €/Kraftfahrzeug entsteht.

Ist für diesen Sachverhalt in der Bilanz zum 31.12.2012 eine Rückstellung für Gewährleistungen ohne rechtliche Verpflichtung anzusetzen und wenn ja, mit welchem Wert?

➔ **Lösung auf Seite 354**

Aufgabe 48: Pensionsrückstellungen (vgl. auch Aufgabe 96)

Herr Mustermann hat a seinem 55. Geburtstag dem 01.01.2007 seinen Dienst bei der Maschinenbau AG aufgenommen. In seinem Dienstvertrag wurden ihm zunächst keine Pensionsleistungen zugesichert.

Erst nach drei Jahren erhält er die Zusicherung aufgrund seiner Stellung im Unternehmen eine jährliche Pension i. H. v. 60.000 € über eine Laufzeit von 14 Jahren einzelvertraglich zugesichert bekommen. Die Laufzeit der Pensionszahlungen beginnt mit Eintritt des gesetzlichen Rentenalters (derzeitig 65. Lebensjahr) am 01.01.2017.

Berechnen Sie die Höhe der für Herrn Mustermann zu bilanzierenden Pensionsrückstellung zum 31.12.2012 entsprechend dem Gegenwartswertverfahren und dem Teilwertverfahren. Der Zinssatz für langfristige Verbindlichkeiten mit einer Restlaufzeit von

10 Jahren liegt bei 4,85 %, für eine Restlaufzeit von 15 Jahren beträgt er 5,13 %. Die Unternehmensleitung hat entschieden, auf Pensionsverpflichtungen den Abzinsungssatz für Verbindlichkeiten mit einer Restlaufzeit von 15 Jahren anzuwenden. Es wird von einer nachschüssigen Zahlung der Pensionen ausgegangen.

➔ **Lösung auf Seite 354**

Aufgabe 49: Rückstellungen für ungewisse Verbindlichkeiten

Die T. Klöckner Bau AG, ein im Ruhrgebiet ansässiges Bauunternehmen, hat im Geschäftsjahr 2012 mehrere Fertighäuser im Märkischen Kreis aufgestellt und ausgebaut. Die daraus resultierenden Garantieverpflichtungen belaufen sich erfahrungsgemäß auf 150.000 €. Der stellvertretende Vorstandsvorsitzende M. Lettke sieht sich wegen des Konkurrenzdrucks auch weiterhin gezwungen, neben Garantieleistungen noch Kulanzleistungen zu erbringen, deren Höhe auf 10 % der Garantieverpflichtungen geschätzt wird. Am 30.06.2013 stellt sich heraus, dass sich die tatsächlichen Garantieleistungen für 2012 insgesamt lediglich auf 100.000 € und die Kulanzleistungen auf 20.000 € beliefen.
Wie sind die Sachverhalte im Jahresabschluss zum 31.12.2012, der am 31.03.2013 aufgestellt wird, zu berücksichtigen?

➔ **Lösung auf Seite 356**

Aufgabe 50: Rückstellungen für ungewisse Verbindlichkeiten

Teilaufgabe 1:
Im Jahr 2012 sieht sich die SparNix OHG, ein renommiertes Kreditinstitut im Ruhrgebiet, aufgrund einer von ihr ebenfalls im Jahr 2012 ausgesprochenen Kaufempfehlung für Aktien der PleiteFix AG einer Sammelklage der Aktionäre i. H. v. 800.000 € gegenüber. Da die Finanzanalysten der SparNix OHG eingestehen, dass sie die künftige Ertragskraft der PleiteFix AG zu positiv dargestellt haben, ist die Rechtsabteilung dazu bereit, 50 % des Schadens anzuerkennen. Die Anwälte der betroffenen Aktionäre würden sich nach langen Verhandlungsnächten mit der Geschäftsleitung der SparNix OHG mit 75 % des Streitwertes zufrieden geben. Die SparNix OHG bleibt hingegen bei ihrer zuvor geäußerten Auffassung und überweist vorab 300.000 € zu Gunsten der Aktionäre. Diese bestehen ihrerseits weiterhin auf die 75 % der Schadenssumme und streben diesbezüglich einen Prozess beim Landgericht Essen an, der voraussichtlich Mitte 2013 entschieden wird. Ein in rechtlichen Fragen kundiges Mitglied der Geschäftsleitung der Sparnix OHG geht für den Fall einer Prozessniederlage von Gerichtskosten i. H. v. 25.000 € und – zusätzlich zu den bereits anerkannten 50 % – von folgender Wahrscheinlichkeitsverteilung möglicher Inanspruchnahmen aus:

50.000 €	→	0 %
100.000 €	→	19 %
150.000 €	→	42 %
200.000 €	→	39 %

Wie ist der Sachverhalt am Abschlussstichtag (31.12.2012) im Jahresabschluss zu berücksichtigen?
Wie wäre der Sachverhalt hingegen zu bewerten, wenn sich am 28.02.2013 herausstellt, dass sich die Prozesskosten auf 50.000 € belaufen und der Jahresabschluss erst am 31.03.2013 erstellt wird?

Teilaufgabe 2:
Der Mineralölkonzern SauFix AG nimmt zum 01.01.2012 eine Bohrinsel in der Ostsee zur Förderung von Rohöl in Betrieb und geht von einer voraussichtlichen Nutzungsdauer von fünf Jahren aus. In Absprache mit den örtlichen Behörden und dem ortsansässigen Tierschutzverein erklärt sich die SauFix AG bereit, in diesem Zeitraum zum Erhalt der Ostsee jährlich einen Betrag i. H. v. 100.000 € zu entrichten.
Weiterhin wird sie mittels eines rechtskräftigen Gerichtsbeschlusses dazu verpflichtet, die Bohrinsel am Ende ihrer Nutzungsdauer komplett zu demontieren, fachgerecht zu entsorgen sowie alle am Meeresboden entstandenen Schäden zu beseitigen. Ein beauftragter Fachgutachter schätzt die voraussichtlichen Kosten folgendermaßen ein:

Kosten für die Demontage:	1.100.000 €
Kosten für die Entsorgung:	900.000 €
Kosten für die Beseitigung der Schäden am Meeresboden:	500.000 €

Die Kosten entstehen unabhängig von der Fördermenge und somit direkt bei der Errichtung und erstmaligen Nutzung der Bohrinsel.
Wie ist dieser Sachverhalt am Bilanzstichtag zum 31.12.2012 zu berücksichtigen, wenn nach Angaben der Deutschen Bundesbank ein durchschnittlicher Abzinsungszins (Forward Rates) von 5,8 % für dreijährige, 6,2 % für vierjährige und 6,5 % für fünfjährige Anleihen (stetige Verzinsung) zum 31.12.2012 gilt?
Im Jahr 2012 entsprach der von der Deutschen Bundesbank ermittelte Durchschnittzins dem tatsächlichen Durchschnittszins. Für das Jahr 2014 werden von der Deutschen Bundesbank zum 31.12.2013 Durchschnittszinsen i. H. v. 6,5 % für dreijährige, 10,5 % für vierjährige und 12 % für fünfjährige Anleihen bekannt gegeben. Wie ist dies in der Bilanz zum 31.12.2013 zu berücksichtigen?

➔ **Lösung auf Seite 357**

Aufgabe 51: Rückstellungen für drohende Verluste aus schwebenden Geschäften

Im Januar 2012 schließt die Getriebebau GmbH einen Rahmenvertrag mit dem Baumaschinenhersteller Bagger AG über die Lieferung von monatlich 25 Getrieben bis zum 31.12.2013 ab. Der vereinbarte Verkaufspreis pro Getriebe beträgt 20.000 €. Aufgrund gestiegener Rohstoffpreise steigen die Herstellungskosten ab dem 11.02.2012 bei der Getriebebau GmbH auf 22.000 €/Getriebe.
Wie ist der Sachverhalt in der Bilanz vom 31.12.2012 zu berücksichtigen?

➔ **Lösung auf Seite 358**

Aufgabe 52: Vorsichtsprinzip und Rückstellungen

a) Die Nice AG, ein global tätiger Sportartikelhersteller, schließt am 01.10.2012 einen Vertrag mit dem Verpackungsmaschinenhersteller Sack und Pack AG über die Lieferung einer Verpackungsmaschine zum 01.04.2013 ab. Der vereinbarte Kaufpreis beträgt 1 Mio. €. Gesunkene Weltmarktpreise lassen am 31.12.2012 erwarten, dass die Maschine am 01.04.2013 Wiederbeschaffungskosten i. H. v. 800.000 € aufweist. Wie ist der Sachverhalt in der Handelsbilanz der Nice AG vom 31.12.2012 zu berücksichtigen?

b) Wie wären am 31.12.2012 bereits vorhersehbare Wiederbeschaffungskosten zum 01.04.2013 der Maschine i. H. v. 1,2 Mio. € in der Handelsbilanz der Nice AG vom 31.12.2012 abzubilden?

c) Ebenfalls zum 01.10.2012 schließt die Nice AG einen Vertrag mit der Vohwinkel AG über den Verkauf von 10.000 Trainingsanzügen zum 01.04.2013 ab. Der vereinbarte Kaufpreis beträgt 400.000 €. Aufgrund einer bei Vertragsabschluss nicht vorhersehbaren Entwicklung sinken die Herstellungskosten der erst im neuen Geschäftsjahr hergestellten Trainingsanzüge um 10 % und belaufen sich nunmehr auf 315.000 €. Zeigen Sie die Konsequenzen dieser Entwicklung für den handelsrechtlichen Jahresabschluss der Nice AG für die Jahre 2012 und 2013 auf.

d) Wie wäre eine bei Vertragsabschluss nicht vorhersehbare Veränderung der angefallenen Herstellungskosten der erst im neuen Geschäftsjahr hergestellten Trainingsanzüge auf 425.000 € in der Handelsbilanz der Nice AG vom 31.12.2012 zu berücksichtigen?

e) Der Autohändler Alles Schrott GmbH erwirbt im November des Geschäftsjahres (Bilanzstichtag 31.12.) einen alten Audi 80 (Baujahr 1980) zum Preis von 1.000 €. Anfang Dezember schließt der Autohändler einen Vertrag zum Verkauf dieses Autos zum Preis von 2.000 € ab. Die Lieferung des Wagens und die Bezahlung des Kaufpreises soll erst Mitte Januar des neuen Geschäftsjahres erfolgen. Am Bilanzstichtag stellt der Autohändler fest, dass der Audi 80, der sich inzwischen zum Kultobjekt entwickelt hat, zu 5.000 € hätte verkauft werden können. Wie ist dieser Sachverhalt im Jahresabschluss abzubilden?

➔ **Lösung auf Seite 358**

Aufgabe 53: Aufwandsrückstellungen

Die Bootswerft Überwasser GmbH bezieht ihren gesamten Strombedarf von ihrem in 2011 aufgestellten Windkraftrad. Aufgrund des ständig steigenden Energiebedarfs entschließt sich das Unternehmen zur Aufstellung eines weiteren Windkraftrades. Dieses zweite Windkraftrad wird allerdings erst im Februar des Jahres 2013 an das Energienetz angeschlossen.

Im Herbst 2012 erleidet das aktive Windkraftrad aufgrund heftiger Stürme einen leichten Schaden an den Rotorblättern. Das Windkraftrad liefert dadurch nicht mehr die maximale Energieleistung. Die Möglichkeit der Reparatur würde die vollständige Abschaltung des Windkraftrades und somit eine fehlende Energieversorgung verursachen. Aus diesem Grund entschließt sich die Werftleitung, die Reparatur erst im März 2013 durchführen zu lassen, da zu diesem Zeitpunkt das zweite Windkraftrad seinen Betrieb aufgenommen hat. Die erwarteten Reparaturkosten belaufen sich auf 150.000 €.

a) Wie ist dieser Sachverhalt am 31.12.2012 in der Bilanz anzusetzen?
b) Wie ist der Sachverhalt am 31.12.2012 in der Bilanz anzusetzen, wenn die Reparatur nicht im März, sondern erst im Juli 2013 durchgeführt wird?

➔ **Lösung auf Seite 359**

Aufgabe 54: Rückstellung dem Grunde nach

Die Kopadelen AG, eine global agierende Marketingagentur, plant für das Jahr 2014 eine kostenintensive und zuvor niemals da gewesene Werbekampagne für eine US-amerikanische Handelskette. Die Kosten der Kampagne werden sich voraussichtlich auf 3.000.000 € belaufen. Für den Erfolg dieser Kampagne ist weiterhin eine groß angelegte Marktforschungsinitiative im Jahr 2013 nötig, die voraussichtlich einen Aufwand von 750.000 € verursachen wird. Die Abteilung für Rechnungswesen unter der Leitung von N.-D. Wielich möchte die oben aufgeführten Aufwendungen in der Bilanz zum 31.12.2012 zurückstellen. Nehmen Sie zu diesem Vorhaben Stellung!

➔ **Lösung auf Seite 360**

Aufgabe 55: Rückstellung dem Grunde nach

Die RaubBau AG kündigt im Geschäftsjahr 2012 ihre Versicherungen gegen Untergang bzw. Beschädigung des eigenen Transportgutes. Die dadurch eingesparte Prämie beträgt 15.000 €. Nach der Erfahrung der vergangenen Jahre muss durchschnittlich alle fünf Jahre mit einem größeren Unfall gerechnet werden, der Schäden am eigenen Transportgut zwischen 20.000 € und 100.000 € verursacht.
Wie ist der Sachverhalt am Abschlussstichtag 30.09.2012 zu behandeln?

➔ **Lösung auf Seite 360**

iii. Verbindlichkeiten

a. Grundlagen

Verbindlichkeiten sind im Gesetz nicht definiert. Die herrschende Meinung subsumiert unter dem Begriff Verbindlichkeiten alle Verpflichtungen eines Unternehmens zur Erbringung einer Leistung, die sowohl dem Grunde als auch der Höhe nach sicher feststehen.

Eine Verbindlichkeit im bilanziellen Sinne ist somit eine erzwingbare, eindeutig quantifizierbare, wirtschaftliche Belastung desjenigen, der diese Verbindlichkeit zu bilanzieren hat. Zu den Abgrenzungskriterien, wann eine Schuld als Verbindlichkeit zu passivieren ist, sei auf die Ausführungen zur Passivierungsfähigkeit verwiesen.

b. Bewertung

Die Bewertung von Verbindlichkeiten erfolgt entsprechend § 253 Abs. 1 Satz 2 HGB mit ihrem Erfüllungsbetrag. Der Erfüllungsbetrag ist der Betrag, der aufgewendet werden muss, um der Verpflichtung zum Erfüllungszeitpunkt nachkommen zu können. Eine Abzinsung von Verbindlichkeiten ist im Handelsrecht nicht zulässig.[1]

Darüber hinaus gilt für Verbindlichkeiten das Höchstwertprinzip[2], d.h. Verbindlichkeiten sind grundsätzlich mit dem höheren Abschlussstichtagswert anzusetzen, falls die aus der Verbindlichkeit resultierende Belastung am Abschlussstichtag über dem bisher angesetzten Erfüllungsbetrag liegt. Eine Verminderung des Wertansatzes einer Verbindlichkeit kommt nur in Frage, wenn die Gründe, die zu einer früheren Aufwendung geführt haben, zwischenzeitlich entfallen sind. Andernfalls würde ein Verstoß gegen das Realisationsprinzip vorliegen.

c. Bilanzausweis

Entsprechend § 266 Abs. 3 HGB sind Verbindlichkeiten unter dem Gliederungspunkt »C. Verbindlichkeiten« auf der Passivseite der Bilanz auszuweisen. Innerhalb von § 266 Abs. 3 C HGB erfolgt eine weitere Unterteilung nach:

- Anleihen, davon konvertibel;
- Verbindlichkeiten gegenüber Kreditinstituten;
- erhaltene Anzahlungen auf Bestellungen;
- Verbindlichkeiten aus Lieferungen und Leistungen;
- Verbindlichkeiten aus der Annahme gezogener Wechsel und der Ausstellung eigener Wechsel;
- Verbindlichkeiten gegenüber verbundenen Unternehmen;
- Verbindlichkeiten gegenüber Unternehmen, mit denen ein Beteiligungsverhältnis besteht;

---

1 In der Steuerbilanz sind Verbindlichkeiten ggf. entsprechend dem § 6 Abs. 1 Nr. 3 EStG mit einem Zinssatz von 5,5 % abzuzinsen. Als Voraussetzungen für die steuerrechtliche Abzinsung der Verbindlichkeiten werden genannt:
- die Restlaufzeit muss am Bilanzstichtag mehr als 12 Monate betragen,
- es handelt sich nicht um verzinsliche Verbindlichkeiten und
- die Verbindlichkeiten beruhen nicht auf einer Anzahlung oder einer Vorausleistung.

2 Das Höchstwertprinzip hat sich aus dem Imparitätsprinzip in Verbindung mit dem Stichtagsprinzip entwickelt.

- sonstige Verbindlichkeiten
  - davon aus Steuern,
  - davon im Rahmen der sozialen Sicherheit.

Zudem haben Gesellschaften mit beschränkter Haftung Verbindlichkeiten gegenüber Gesellschaftern gem. § 42 Abs. 3 GmbHG in der Bilanz gesondert auszuweisen bzw. im Anhang anzugeben.

Einzelunternehmen, Personengesellschaften und kleine Kapitalgesellschaften (i. S. d. § 267 Abs. 1 HGB) dürfen die Verbindlichkeiten zu einem Bilanzposten zusammenfassen.[1] Kleine Kapitalgesellschaften sind allerdings verpflichtet, Verbindlichkeiten mit einer Restlaufzeit von maximal einem Jahr separat zu vermerken (vgl. § 268 Abs. 5 Satz 1 HGB). Mittelgroße und große Kapitalgesellschaften sind zur separaten Darstellung aller auszuweisenden Einzelposten in der Bilanz verpflichtet. Zudem müssen Kapitalgesellschaften ihre Verbindlichkeiten mit einer Restlaufzeit von mehr als fünf Jahren in einem Gesamtbetrag in der Bilanz oder im Anhang (§ 285 Nr. 1a HGB) angeben. Sofern die Verbindlichkeiten durch Pfandrechte oder ähnliche Rechte gesichert wurden, ist die Sicherungsform und -art im Anhang anzugeben (vgl. § 285 Nr. 1b HGB). Die Anhangangaben werden i. d. R. im Rahmen eines Verbindlichkeitenspiegels dargestellt, der beispielhaft in *Tab. 28* aufgezeigt ist.

Einzelposten der Verbindlichkeiten entsprechend dem Bilanzgliederungsschema des § 266 Abs. 3 Gliederungspunkt C HGB	Mit einer Restlaufzeit von			Gesamt	davon gesichert	Art der Sicherheit
	bis zu 1 Jahr	zwischen 1 und 5 Jahren	über 5 Jahre			
…						
Summe						

Tab. 28: Verbindlichkeitenspiegel

d. Einzelprobleme

1) Erhaltene Anzahlungen auf Vorräte

Sofern ein Unternehmen Anzahlungen auf Vorräte erhält, kann es diese gem. § 268 Abs. 5 Satz 2 HGB entweder als Verbindlichkeiten ausweisen (sog. Bruttomethode) oder aber offen von den Vorräten (sog. Nettomethode) absetzen.

2) Abweichung von Auszahlungs- und Erfüllungsbetrag

Der Erfüllungsbetrag entspricht dem Betrag, der im Erfüllungszeitpunkt zurückgezahlt werden muss. Im Rahmen von Anleihen und Darlehen ergeben sich häufig Unterschiede zwischen dem Rückzahlungsbetrag (Erfüllungsbetrag) und dem tatsächlichen Auszah-

1 Vgl. § 266 Abs. 1 Satz 2 HGB, der die Aggregation zu einem Bilanzposten für kleine Kapitalgesellschaften regelt.

lungsbetrag. Es lassen sich für das die Verbindlichkeit bilanzierende Unternehmen folgende zwei Fälle unterscheiden:

Fall 1: Auszahlungsbetrag < Erfüllungsbetrag (Disagio[1])
Der für den Kreditnehmer mit einem solchen Abschlag verbundene Nachteil wird durch niedrigere Zinszahlungen kompensiert. Insofern lässt sich ein Disagio auch als Zinsvorauszahlung interpretieren (Ausgabe jetzt, Aufwand später), d.h. vom Charakter her liegt ein aktiver Rechnungsabgrenzungsposten vor.
Zur Bilanzierung des Differenzbetrags zwischen dem Auszahlungs- und dem Erfüllungsbetrag besteht ein Wahlrecht gem. § 250 Abs. 3 HGB. Demnach darf der Differenzbetrag als aktiver Rechnungsabgrenzungsposten in der Bilanz ausgewiesen und über die gesamte Laufzeit der Anleihe abgeschrieben werden. Macht der Schuldner von dem Wahlrecht keinen Gebrauch, so ist das Disagio sofort in voller Höhe erfolgswirksam zu verbuchen.
Zerobonds sind dagegen bei erstmaliger Bilanzierung mit dem Auszahlungsbetrag zu verbuchen (sofern bis dahin noch keine Zinsen aufgelaufen sind). Später sind sie mit dem Betrag »Auszahlungsbetrag zuzüglich bis zum Abschlussstichtag angefallene Zinsschuld« anzusetzen.

Fall 2: Auszahlungsbetrag > Erfüllungsbetrag (Agio)
Das Agio – die Differenz zwischen dem Erfüllungs- und dem darüber liegenden Auszahlungsbetrag – kann als ein vom Gläubiger gezahltes Entgelt für eine höhere Verzinsung verstanden werden. Eine unmittelbare erfolgswirksame Verrechnung des Agios ist nicht zulässig, da dies einen Verstoß gegen das Realisationsprinzip bedeuten würde. Der Differenzbetrag ist als passiver Rechnungsabgrenzungsposten in der Bilanz auszuweisen und in den Folgejahren – entsprechend der Laufzeit der Anleihe bzw. des Darlehens – ertragswirksam aufzulösen.

Aufgabe 56: Bewertungen von Verbindlichkeiten gegenüber Kreditinstituten in ausländischer Währung

Aufgrund der günstigen Zinslage in Asien und im Pazifikraum hat die Reis AG Anfang August 2012 in Japan bei der Sumo Bank einen Kredit über 400.000 € zu 8 % p.a. und bei der Känguru Bank in Australien einen Kredit über 300.000 € zu 10 % p.a. aufgenommen. Die Kredite (diskrete Verzinsung) sind jeweils in Landeswährung aufgenommen und aus Praktikabilitätsgründen in € umgerechnet worden.
Aufgrund entsprechender geldpolitischer Maßnahmen haben sich Wechselkursschwankungen ergeben, so dass für den australischen Dollar ein Kursanstieg von 4 % und für den Yen ein Kursrückgang von 8 % im Vergleich zum Abschlussstichtag zu verzeichnen ist. Die Kredite besitzen eine Laufzeit von zehn Jahren und sind am Ende der Laufzeit zurückzuzahlen.
Wie stellt sich für die Verbindlichkeit der Bilanzansatz zum 31.12.2012 dar?

➔ Lösung auf Seite 360

1 Auch als Damnum oder Darlehensabgeld bezeichnet.

Aufgabe 57: Bewertung von Verbindlichkeiten

Die Meyer AG importiert aus den USA Glasfaserkabel. Am 30.09.2012 hat sie einen Vertrag i. H. v. 150.000 US$ abgeschlossen. Geliefert wurde das Glasfaserkabel am 10.10.2012. Der Buchhalter hat eine Verbindlichkeit am 10.10.2012 i. H. v. 300.000 € (2 €/US$) eingebucht. Die Zahlung der Verbindlichkeit erfolgt erst Ende Januar 2013. Der Geldmarktzins beträgt am 31.12.2012 4 % p. a..
Wie ist die Verbindlichkeit am Abschlussstichtag zu bewerten, wenn kein Sicherungsgeschäft vorgenommen wurde und der Dollarkurs bei

a) 1,60 €/US$ und
b) 2,10 €/US$ liegt?

Was ändert sich an der Bewertung der Verbindlichkeit, wenn die Rückzahlung erst Ende Januar 2014 erfolgen soll?

➔ **Lösung auf Seite 361**

4. Sonderfälle der Bilanzierung

i. Rechnungsabgrenzungen

Für die Einhaltung der Rechnungslegungszwecke ist eine periodengerechte Erfolgsermittlung erforderlich. Dies bedeutet, dass der Aufwand bzw. Ertrag den Perioden zuzuordnen ist, zu denen er wirtschaftlich gehört. In der Praxis kommt es oftmals vor, dass Einnahmen oder Ausgaben vom Zeitpunkt des wirtschaftlichen Anfalls des Aufwands oder Ertrags abweichen. Zur Gewährleistung einer periodengerechten Erfolgsermittlung hat der Gesetzgeber die Bildung von Rechnungsabgrenzungsposten (RAP) im § 246 bzw. § 250 Abs. 2 und 3 HGB gesondert kodifiziert. Begrifflich handelt es sich weder um Vermögensgegenstände[1] noch um Schulden. RAP können entsprechend der *Abb. 23* unterschieden werden.

Lediglich die *transitorischen RAP* dürfen gem. § 250 Abs. 1 und Abs. 2 HGB sowie § 5 Abs. 5 Satz 1 Nr. 1 und 2 EStG handels- und steuerrechtlich[2] als RAP bilanziert werden. Grundsätzlich unterliegen die transitorischen RAP einer Bilanzierungspflicht, es sei denn, es handelt sich entsprechend dem Grundsatz der Wesentlichkeit um geringfügige, vernachlässigbare Posten. Aktive und passive RAP unterliegen dem Verrechnungsverbot, auch wenn die Vertragspartner identisch sind (vgl. § 246 Abs. 2 HGB).

1 Da es sich bei einem RAP nicht um einen bewertungsfähigen Vermögensgegenstand handelt, sind außerplanmäßige Abschreibungen – bzw. Teilwertabschreibungen aus steuerrechtlicher Sicht – grundsätzlich unzulässig, es sei denn, der Vertragszeitraum, für den sie gebildet wurden, hat sich verkürzt oder der Zahlungsvorgang wird rückgängig gemacht.

2 Der Ansatz transitorischer RAP im Steuerrecht entspricht dem des HGB.

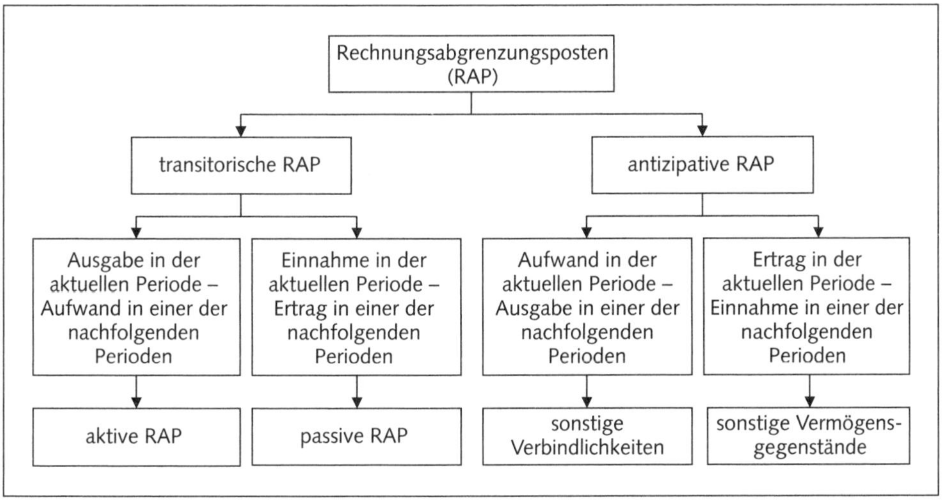

Abb. 23: Rechnungsabgrenzungen

Aus dem § 250 Abs. 1 und 2 HGB können für den Ansatz von transitorischen RAP folgende Voraussetzungen abgeleitet werden:

- die Einnahmen bzw. Ausgaben müssen vor dem Abschlussstichtag angefallen sein;
- es müssen zeitliche Unterschiede zwischen Einnahmen und Ertrag bzw. Ausgaben und Aufwand vorhanden sein;
- der Zeitraum, in dem der Aufwand bzw. Ertrag anfällt, muss eine bestimmte Zeit[1] – z. B. ein oder mehrere Jahre – nach dem Abschlussstichtag betreffen und exakt bestimmbar sein.

Beispiele für einen aktiven RAP, bei dem die Ausgabe in der aktuellen Periode, der Aufwand jedoch in einer späteren Periode anfällt, sind im abgelaufenen Jahr geleistete Miet-, Pachtzahlungen, Vorauszahlungen von Beiträgen, Gebühren, Zinsen oder Versicherungsprämien für das kommende Jahr. Bei passiven RAP erhält das Unternehmen zuvor genannte Zahlungen.

Gemäß § 250 Abs. 3 HGB besteht für ein Disagio ein Bilanzierungswahlrecht als RAP. Steuerrechtlich besteht für dieses handelsrechtliche Bilanzierungswahlrecht eine Bilanzierungspflicht.

RAP sind entsprechend dem Zeitraum, für den sie gebildet wurden, aufzulösen. Liegen Vorauszahlungen über mehrere Jahre vor, ist der RAP zeitanteilig aufzulösen. Eine vorzeitige Auflösung von RAP ist in den Fällen vorzunehmen, in denen der zugrunde gelegte Vertrag vorzeitig aufgehoben bzw. die Laufzeit verkürzt wird oder die Vorauszahlungen zurückerstattet werden. Im Fall einer Betriebsveräußerung oder -aufgabe

1 Eine »bestimmte Zeit« bedeutet, dass der Zeitraum kalendermäßig bestimmt oder zumindest ein Zeitraum berechnet werden kann (vgl. *BFH* (1982a), S. 643; *BFH* (1983), S. 572). Sofern zur Ermittlung des Zeitraumes eine Schätzung vorzunehmen ist, liegt keine »bestimmte Zeit« vor (vgl. *BFH* (1982b), S. 132).

sind die RAP am Tag der letzten Bilanzaufstellung erfolgswirksam aufzulösen. Die Auflösung des RAP im Falle eines Disagios hat mit Hilfe einer planmäßigen jährlichen Abschreibung (gem. § 250 Abs. 3 Satz 2 HGB) zu erfolgen, er kann aber auch außerplanmäßig abgeschrieben werden. Aufgrund des zinsähnlichen Charakters eines Disagios ist die jährliche Verteilung – analog zum Zinsaufwand – vorzunehmen. Für ein Disagio ist sowohl die lineare als auch die digitale Abschreibungsmethode zulässig.[1]

Antizipative RAP sind dadurch gekennzeichnet, dass Zahlungen nach der Erfolgswirksamkeit zu leisten sind, d.h. periodenübergreifende Zahlungen erfolgen nachschüssig. Auch bei dieser Konstellation gibt es gem. *Abb. 23* zwei Varianten. Zu beachten ist, dass antizipative RAP nicht unter der Bezeichnung »Rechnungsabgrenzungsposten« ausgewiesen werden, sondern unter den sonstigen Forderungen (bei Kapitalgesellschaften unter den sonstigen Vermögensgegenständen) bzw. unter den sonstigen Verbindlichkeiten.

Aufgabe 58: Aktiver RAP

Die Friedrich Klamm GmbH erhält am 15.10.2012 von ihrer Kfz-Versicherung für die Firmenwagen die Prämienrechnung für das kommende Versicherungsjahr (01.11. bis 31.10. des Folgejahres). Fällig ist die Prämienrechnung am 01.11.2012. Aufgrund der falschen Ablage der Eingangsrechnung durch den Auszubildenden fällt die Prämienrechnung dem Bilanzbuchhalter Mayer am 28.12.2012 in die Hände. Herr Mayer bucht die Prämienrechnung mit einem Gesamtbetrag von 150.000 € unmittelbar als Verbindlichkeit ein, da eine Regulierung im Dezember nicht mehr möglich ist.
Wie ist die Prämienrechnung vor dem Hintergrund der Abgrenzung von RAP am Abschlussstichtag zu behandeln?

➔ **Lösung auf Seite 361**

Aufgabe 59: Aktiver und passiver RAP

Das Maschinenbauunternehmen Hanjo hat ein Verwaltungsgebäude für 25.000 € pro Monat angemietet. Mit dem Vermieter wurde vereinbart, dass bei einer Vorauszahlung von vier Monatsmieten ein Rabatt von 5 % vom monatlichen Mietzins möglich ist. Die Zahlungstermine wurden festgelegt auf den 01.03., 01.07., 01.11. eines jeden Jahres. Da das Maschinenbauunternehmen einen hohen Liquiditätsüberschuss aufweist, entschließt es sich, die Vorauszahlung der vier Monatsmieten in Anspruch zu nehmen.

a) Welche Problematik tritt bei der Mietzahlung vom 01.11. am Abschlussstichtag 31.12.2012 auf?
b) Wie ist der Sachverhalt zu bilanzieren, wenn das Maschinenbauunternehmen nicht die Stellung des Mieters sondern des Vermieters einnimmt?

➔ **Lösung auf Seite 362**

1 Die digitale Verteilung berechnet sich am Bilanzstichtag aus dem Quotienten der noch zu tilgenden Raten und der Gesamtzahl an Tilgungsraten (GZT), die anhand der Formel berechnet wird (n = Anzahl der Tilgungsraten insgesamt). Für den Abschreibungssatz gilt demnach folgende Berechnung:

$$\text{Abschreibungssatz digital} = \frac{\text{Anzahl noch zu tilgender Raten}}{\text{GZT}}$$

Aufgabe 60: Bilanzierung von RAP

Die Brau und Brunnen AG benötigt für die Errichtung eines Verwaltungsgebäudes einen Kredit i. H. v. 5 Mio. €. Nach einigen zähen Verhandlungen mit diversen Banken nimmt sie den Kredit bei der Bank Zins AG am 02.01.2012 zu folgenden Konditionen auf:

- Kreditbetrag 5,5 Mio. €, Auszahlungsbetrag 5,0 Mio. €, Kreditzins 8 % per anno, Laufzeit fünf Jahre, Rückzahlung des Kreditbetrages am Ende der Laufzeit.

Wie ist das Bilanzierungswahlrecht gem. § 250 Abs. 3 HGB (möglicher Ansatz eines aktiven RAP für ein Disagio) auszuüben, wenn

a) ein möglichst hoher Gewinn in 2012 erzielt werden soll?
b) ein möglichst niedriger Gewinn in 2012 erzielt werden soll?

Wie werden die Unternehmensergebnisse (Fall a) und Fall b)) in den Folgejahren beeinflusst?

➔ **Lösung auf Seite 363**

Aufgabe 61: Bilanzielle Behandlung eines Disagios

Die Brau und Brunnen AG benötigt für die Errichtung eines Verwaltungsgebäudes einen Kredit von 5 Mio. €. Nach einigen zähen Verhandlungen mit diversen Banken nimmt sie den Kredit bei der Bank Zins AG am 02.01.2012 zu folgenden Konditionen auf:

- Kreditbetrag 5,5 Mio. €, Auszahlungsbetrag 5,0 Mio. €, Kreditzins 8 % per anno, Laufzeit fünf Jahre, Tilgung des Darlehens halbjährlich am 30.06. und am 31.12. eines jeden Jahres.

Bilden Sie für das Disagio einen aktiven RAP. Wie hoch sind die in den Folgejahren vorzunehmenden Auflösungsbeträge, wenn eine digitale Auflösung vorgenommen wird?

➔ **Lösung auf Seite 364**

Aufgabe 62: Rückstellungen für ungewisse Verbindlichkeiten

Die Versicherungsgesellschaft Bremen-Darmstädter Versicherungs AG vertreibt ihre Versicherungen über selbständige Handelsvertreter. Am Bilanzstichtag stellt sie fest, dass für den letzten Monat des alten Geschäftsjahres noch keine Abrechnungen der Versicherungsvertreter vorliegen. Die Höhe der ausstehenden Vertreterprovisionen wird auf 70.000 € geschätzt.

➔ **Lösung auf Seite 365**

ii. Latente Steuern

Trotz der Maßgeblichkeit der Handels- für die Steuerbilanz (§ 5 Abs. 1 EStG) kann die bilanzielle Abbildung ein- und derselben Sachverhalte in den beiden Rechenwerken aufgrund divergierender Regelungen in der Handels- und der Steuerbilanz voneinander abweichen. So kann ein Sachverhalt in der Handelsbilanz abgebildet werden, dessen Berücksichtigung in der Steuerbilanz unzulässig ist (z. B. eine Drohverlustrückstellung) oder Sachverhalte, die in beiden Rechenwerken erfasst wurden, werden unterschiedlich bewertet (z. B. steuerrechtliche AfA höher als handelsrechtliche Abschreibung).

Solche divergierenden Bilanzansätze führen letzten Endes – wenn sich die Wertunterschiede wieder auflösen – zu unterschiedlichen Steuerbelastungen in der Handels- und Steuerbilanz. Der gemäß Steuerrecht in der Handelsbilanz ausgewiesene Ertragssteueraufwand entspricht nicht der Steuerbelastung, die sich ergäbe, wenn die Wertansätze der Handelsbilanz für die Steuerberechnung herangezogen würden, so dass sich eine nicht periodengerechte Erfolgsermittlung ergibt.

Um dennoch eine periodengerechte Erfolgsermittlung gewährleisten zu können, wurde ausschließlich für Kapitalgesellschaften im § 274 HGB die Steuerabgrenzung bei Wertunterschieden zwischen der Handels- und der Steuerbilanz kodifiziert. Die Differenz zwischen der effektiven Höhe der Steuerschuld (Basis für die Berechnung ist die Steuerbilanz) und der fiktiven Höhe der Steuerschuld (Basis für die Berechnung ist die Handelsbilanz) wird als latente Steuer bilanziert. Auch steuerliche Verlustvorträge sind in Höhe der innerhalb der nächsten fünf Jahre zu erwartenden Verlustverrechnung zu berücksichtigen.

Die Bilanzierung latenter Steuern ist nur zulässig, wenn sich die Wertunterschiede zwischen der Steuer- und der Handelsbilanz in Zukunft wieder ausgleichen (*zeitlicher Unterschied*). An einem derartigen Ausgleich mangelt es bei permanenten Wertunterschieden. *Permanente Unterschiede* zwischen der Steuerbilanz und der Handelsbilanz resultieren z. B. aus nichtabzugsfähigen Betriebsausgaben (verdeckte Gewinnausschüttungen in Form überhöhter Geschäftsführergehälter) und steuerfreien Einnahmen (z. B. steuerfreie Investitionszulagen gemäß § 10 InvZulG). Sie treten entweder nur im Rahmen der steuer- oder der handelsrechtlichen Gewinnermittlung auf.

Neben den permanenten Differenzen können auch noch quasi-permanente Differenzen existieren, deren Umkehrung zum Zeitpunkt des Entstehens noch nicht zu erwarten ist oder erst bei Liquidierung des Unternehmens erfolgt. Gem. § 274 HGB dürfen nur für permanente Differenzen keine latenten Steuern angesetzt werden, da mit einem Ausgleich der Bilanzdifferenzen nicht zu rechnen ist (sog. *Temporary-Konzept*). Die Regelung des § 274 HGB ist in *Abb. 24* zusammengefasst.

Aktive bzw. passive latente Steuern bilden jeweils eine eigene Hauptposition in der Bilanz und dürfen dort auch unsaldiert ausgewiesen werden (§ 274 Abs. 1 Satz 3 HGB). Sofern aktive oder passive latente Steuern angesetzt werden (kleine Kapitalgesellschaften sind von der Anwendung dieser Vorschrift gem. § 274a Nr. 5 HGB befreit), besteht in Höhe eines Netto-Überhangs an aktiven latenten Steuern eine Ausschüttungssperre (vgl. § 268 Abs. 8 Satz 2 HGB). Die Auflösung der latenten Steuern erfolgt, sobald die

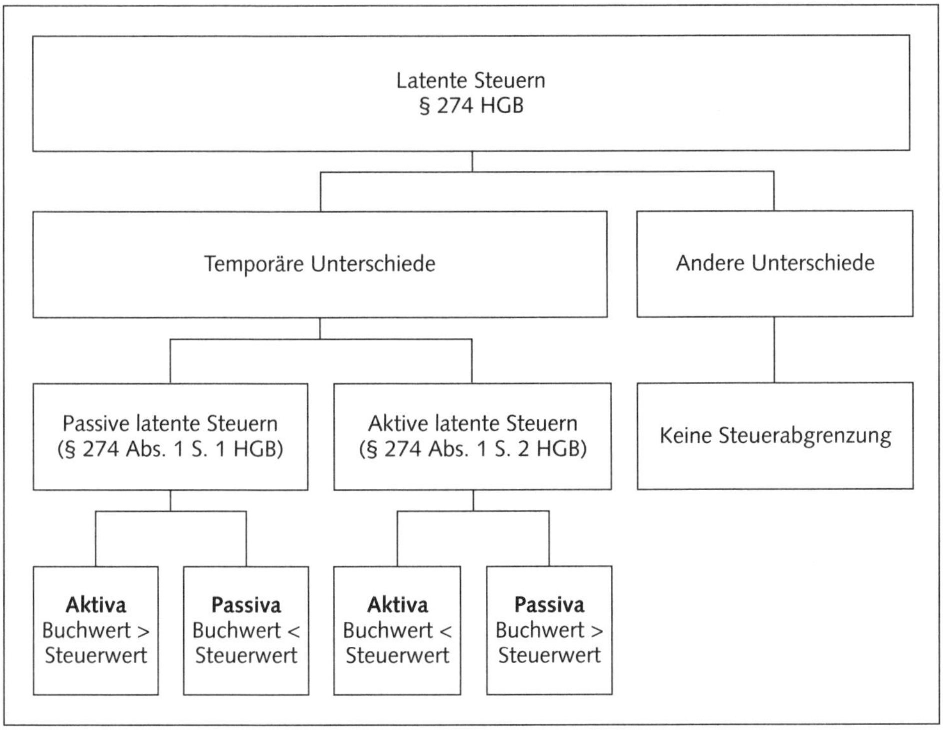

Abb. 24: Bilanzierung latenter Steuern[1]

Steuerbe- oder entlastung eingetreten oder mit ihr nicht mehr zu rechnen ist (vgl. § 274 Abs. 2 Satz 2 HGB).

Bemerkenswert an der Bilanzposition der latenten Steuern ist dabei, dass diese nicht als Vermögensgegenstand oder Schuld, sondern als Posten eigener Art interpretiert werden können.[2]

Aufgabe 63: Passive latente Steuern

Die Gartenbau GmbH bewertet ihre Bestände an 50-kg-Säcken Rindenmulch in der Handelsbilanz entsprechend dem Fifo-Verfahren. Die Lagerkartei weist folgende Bestandsbewegungen auf:

1 *Vgl. Hoffmann/Lüdenbach* (2012), Tz. 16.
2 Vgl. *Hoffmann/Lüdenbach* (2012), Tz. 3c.

Lagerkarteikarte Nr. 47: Lagerplatz: 10	50-kg-Säcke Rindenmulch			
	Datum	Säcke	Preis [€/Sack]	Gesamtwert [€]
Anfangsbestand	01.01.2012	10.000	10,00	100.000
Lagerzugang	31.01.2012	2.000	12,00	24.00
Lagerzugang	31.03.2012	6.000	13,00	78.000
Lagerabgang	30.06.2012	13.000		
Lagerzugang	31.10.2012	3.000	14,00	42.000
Endbestand laut Inventur	31.12.2012	8.000		

Die Bestandsbewertung entsprechend dem Fifo-Verfahren wurde im Rahmen der ersten Betriebsprüfung verworfen, da zum einen das Fifo-Verfahren steuerrechtlich unzulässig ist und zum anderen die tatsächliche Verbrauchsfolge nach Auffassung des Betriebsprüfers nicht der vom Fifo-Verfahren unterstellten Verbrauchsfolge entsprach. Seitdem ist aus steuerlicher Sicht die Bewertung der Rindenmulchsäcke im Rahmen der Steuerbilanz anhand des gleitenden Durchschnittsverfahrens vorgenommen worden.

Wie entwickeln sich die latenten Steuern am Abschlussstichtag 31.12.2012 und 31.12.2013, wenn ein zeitlich befristeter Unterschied zwischen dem Steuerbilanzgewinn und dem Handelsbilanzgewinn vorliegt und es sich beim bilanzierenden Unternehmen um ein Unternehmen in der Rechtsform einer mittelgroßen Kapitalgesellschaft handelt?

Der Steuersatz des Unternehmens beträgt an beiden Abschlussstichtagen 40 %. In 2012 hat die Gartenbau GmbH einen handelsrechtlichen Gewinn unter Berücksichtigung der Fifo-Bewertung von 500.000 € erzielt.

Für den Jahresabschluss 2014 hat die Gartenbau GmbH das bisher in der Handelsbilanz angewendete Bewertungsverfahren (Fifo-Verfahren) auf das steuerliche Bewertungsverfahren (gleitender Durchschnitt) umgestellt, so dass ab dem Jahr 2014 der Unterschied zwischen dem handelsbilanziellen und dem steuerbilanziellen Gewinn aufgrund der unterschiedlichen Bewertung entfällt. Der handelsbilanzielle Gewinn in 2013 beträgt 430.000 €.

➔ **Lösung auf Seite 366**

Aufgabe 64: Passive latente Steuern

Die Softie AG, ein Softwareunternehmen, entwickelt im Jahr 2012 eine neue Softwarelösung. Die hierfür angefallen Herstellungskosten i. H. v. 3 Mio. € stellen Entwicklungskosten dar. Einige Interessenten haben bereits ihr Interesse an der Software der Softie AG geäußert; der Wert des Softwareprogramms wird bislang auf 5 Mio. € geschätzt. Ab dem Jahr 2015 soll das Patent für die Software zum Preis von 7 Mio. € freigegeben werden.

Wie wirkt sich der Ansatz des Softwareprogramms in der Handelsbilanz zum 31.12.2012 auf die Bilanzierung latenter Steuern in der Bilanz zum 31.12.2012 und 31.12.2015 aus? Der auf das Unternehmen anzuwendende Steuersatz beträgt 40 %. Die Softie AG weist am 31.12.2012 einen Verlustvortrag i. H. v. 500.000 € aus.

➔ **Lösung auf Seite 367**

Aufgabe 65: Aktive latente Steuern

Im Januar 2012 schließt die Getriebebau GmbH einen Rahmenvertrag mit dem Baumaschinenhersteller Bagger AG über die Lieferung von monatlich 25 Getrieben bis zum 31.12.2013 ab. Der vereinbarte Verkaufspreis pro Getriebe beträgt 20.000 €. Aufgrund gestiegener Rohstoffpreise steigen die Herstellungskosten ab dem 11.02.2012 bei der Getriebebau GmbH auf 22.000 €/Getriebe.
Wie ist der Sachverhalt unter Berücksichtigung latenter Steuern (Steuersatz beträgt 40 %) in der Bilanz vom 31.12.2012 zu berücksichtigen?

➔ **Lösung auf Seite 368**

iii. Leasing

a. Grundlagen

Unter einem Leasinggeschäft versteht man

> ein Vertragsverhältnis, bei dem sich der Leasinggeber (Vermieter) für eine unbestimmte oder bestimmte Zeit (Grundmietzeit (GMZ)) verpflichtet, einen beweglichen (Mobilien) oder unbeweglichen (Immobilien) Vermögensgegenstand, das sog. Leasingobjekt, gegen wiederkehrende Entgeltzahlungen (Leasingraten) dem Leasingnehmer (Mieter) zu überlassen.[1]

Der Abschluss von Leasingverträgen kann für den Leasingnehmer von Vorteil sein, da er nicht nur das Leasingobjekt gegen Entgelt zum Gebrauch überlassen bekommt, sondern auch die Anschaffungskosten zunächst nicht aus eigenen liquiden Mitteln bewirken muss, so dass diese zumindest temporär anderweitig gewinnbringend investiert werden können. Zudem handelt es sich bei den Leasingobjekten häufig um Vermögensgegenstände, die einem rasanten technischen Fortschritt unterliegen und insofern regelmäßig substituiert werden müssen.

Aufgrund der vielfältigen Ausgestaltungsmöglichkeiten von Leasinggeschäften und der damit verbundenen Konsequenzen für Leasinggeber und -nehmer soll im Folgenden zunächst eine Abgrenzung typischer Leasingverträge vorgenommen und die dabei zugrunde gelegten Unterscheidungskriterien erläutert werden (vgl. *Abb. 25*).

1 Vgl. *Baetge/Kirsch/Thiele* (2011), S. 635.

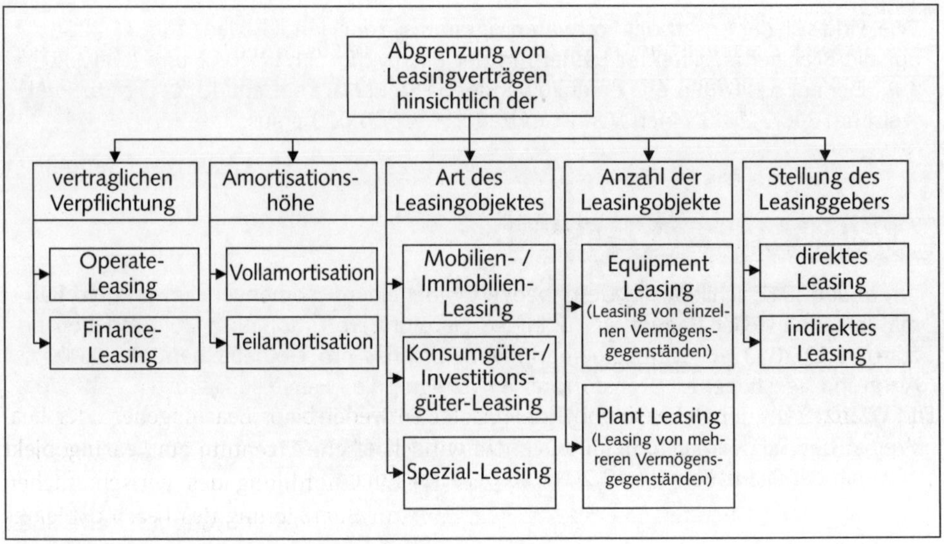

Abb. 25: Abgrenzung typischer Leasingverträge

Operate-Leasing versus Finance-Leasing

Das *Operate-Leasing* ist durch eine kurze Grundmietzeit (gemessen an der betriebsgewöhnlichen Nutzungsdauer), eine kurze Kündigungsfrist und ein i. d. R. beim Leasinggeber verbleibendes Investitionsrisiko (d. h. das Risiko möglicher Fehlinvestitionen und technischer oder wirtschaftlicher Überholungen) gekennzeichnet. Zudem ist der Leasinggeber für die Wartung, Pflege und Instandhaltung des Leasingobjektes verantwortlich. Das Operate-Leasing weist als vordergründiges Ziel die Gebrauchsüberlassung auf und kann daher auch mit Miet- oder Pachtverträgen verglichen werden.

Das *Finance-Leasing* (*Finanzierungs-Leasing*) ist durch eine längere, i. d. R. unkündbare Grundmietzeit und ein auf den Leasingnehmer übertragenes Investitionsrisiko charakterisiert. Die Kosten für die Wartung, Pflege und Instandhaltung des Leasingobjektes sind vom Leasingnehmer zu tragen.

Vollamortisation versus Teilamortisation

Bei der Vollamortisation decken abweichend zur Teilamortisation die vereinbarten Leasingraten in Summe sämtliche Aufwendungen wie Anschaffungskosten inklusive Finanzierungs- und Nebenkosten und einen Gewinnaufschlag des Leasinggebers ab.

Mobilien-Leasing versus Immobilien-Leasing

Mobilien-Leasing umfasst das Leasen von beweglichen Vermögensgegenständen wie beispielsweise Maschinen, Kraftfahrzeuge und Personalcomputer. Beim Immobilien-Leasing werden unbewegliche Vermögensgegenstände wie z. B. Grund und Boden und Gebäude geleast.

Direktes versus indirektes Leasing

Beim direkten Leasing ist der Leasinggeber identisch mit dem Hersteller des Vermögensgegenstandes. Hingegen tritt beim indirekten Leasing eine Leasing-Gesellschaft als Leasinggeber in Erscheinung, die den Vermögensgegenstand selbst von einem Hersteller erwerben muss.

Das rechtliche Eigentum am Leasingobjekt bleibt stets beim Leasinggeber. Für die Frage der Bilanzierung ist allerdings gem. § 246 Abs. 1 Satz 2 HGB die Zuordnung des wirtschaftlichen Eigentums und nicht die des rechtlichen Eigentums von entscheidender Bedeutung.

b. Bilanzierung des Leasingobjektes

Die Bilanzierung eines Leasingobjektes erfolgt entweder beim Leasinggeber oder Leasingnehmer und hängt davon ab, wem das wirtschaftliche Eigentum am Leasingobjekt zugeordnet werden kann. Unproblematisch ist die Zuordnung des wirtschaftlichen Eigentums beim Operate-Leasing, das zwingend zur Bilanzierung des Leasingobjektes beim Leasinggeber führt.

Sofern es an einer derartigen eindeutigen Möglichkeit der Zuordnung mangelt, orientiert sich die Zuordnung des wirtschaftlichen Eigentums aus handelsrechtlicher Sicht an vier im Steuerrecht entwickelten Leasingerlassen, die die Zuordnung des wirtschaftlichen Eigentums nach »typisierenden und praktikablen Regeln« vornehmen (vgl. *Abb. 26*).[1]

Für den Fall, dass eine wirtschaftlich sinnvolle Nutzung des Leasingobjekts nur von einem bestimmten Leasingnehmer vorgenommen werden kann, liegt ein sog. Spezialleasing vor, bei dem das Leasingverhältnis die besonderen Bedürfnisse und Anforderungen des Leasingnehmers berücksichtigt. Die Bilanzierung des Leasingobjektes beim Spezialleasing erfolgt unabhängig von der Ausgestaltung des Leasingvertrages und der Art des Leasingobjektes beim Leasingnehmer.

Die Bilanzierung von Leasingobjekten im Rahmen von Vollamortisationsverträgen ohne Kauf- oder Verlängerungsoption ist bei Mobilien und Gebäuden grundsätzlich abhängig von dem Verhältnis zwischen Grundmietzeit und betriebsgewöhnlicher Nutzungsdauer. Beträgt die Grundmietzeit zwischen 40 % und 90 % der Nutzungsdauer, erfolgt die Bilanzierung des Leasingobjektes beim Leasinggeber, anderenfalls beim Leasingnehmer. Beinhaltet der Leasingvertrag eine Kauf[2]- oder Verlängerungsoption[3], hängt die Zuordnung des wirtschaftlichen Eigentums und damit die Bilanzierung von dem im Leasingvertrag vereinbarten Kaufpreis bzw. der Anschlussmiete ab. Handelt es sich

1 Vgl. *Adler/Düring/Schmaltz* (1998), § 246 HGB, Tz. 390.
2 Bei Verträgen mit der Option zum Kauf wird dem Leasingnehmer ein Vorkaufsrecht eingeräumt.
3 Verträge mit einer Verlängerungsoption ermöglichen dem Leasingnehmer eine Verlängerung der Mietdauer. Für die Zuordnung des Leasingobjektes zum Leasingnehmer bzw. Leasinggeber ist entscheidend, ob die Anschlussmiete unter oder über dem Wertverzehr liegt. Der Werteverzehr bei beweglichen Vermögensgegenständen wird aus dem Restbuchwert und der Restnutzungsdauer ermittelt.

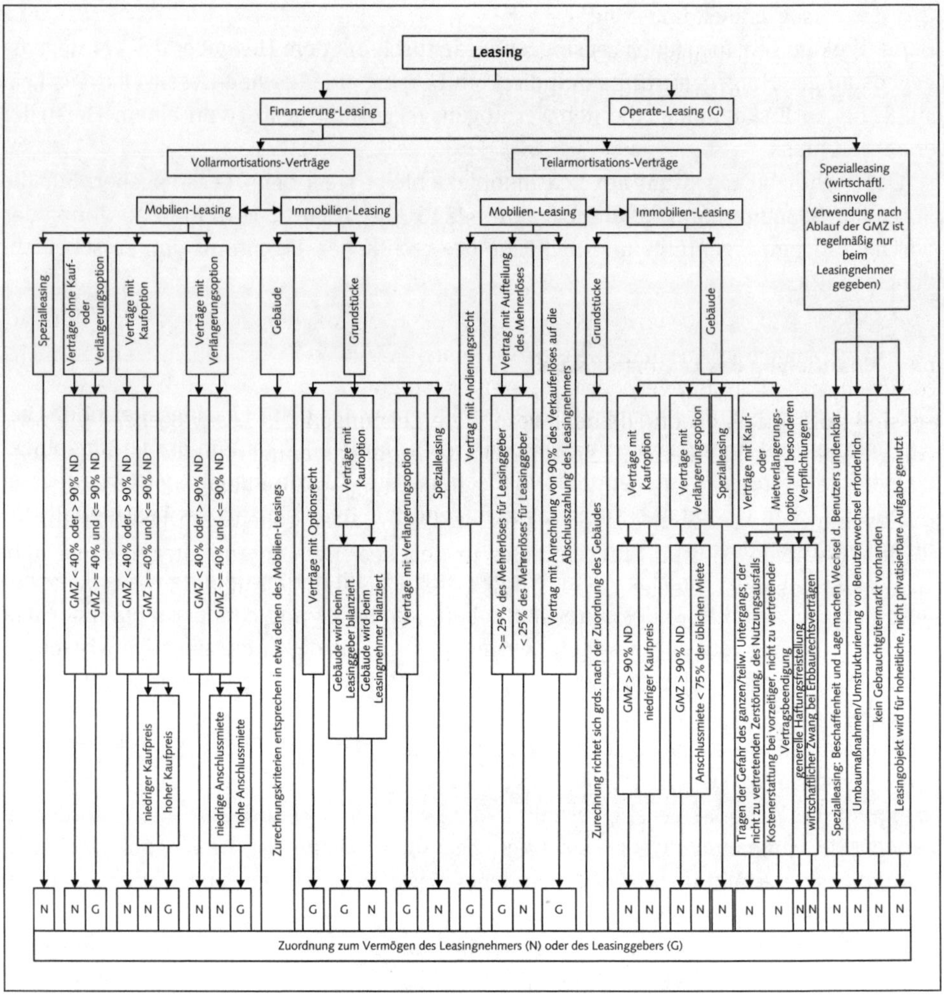

Abb. 26: Die Zuordnung des wirtschaftlichen Eigentums bei Leasinggeschäften[1]

beim Leasingobjekt um ein Grundstück, erfolgt die Bilanzierung grundsätzlich beim Leasinggeber. Allein für den Fall, dass das auf dem Grundstück stehende Gebäude beim Leasingnehmer bilanziell erfasst wird, wird auch das wirtschaftliche Eigentum des Grundstücks dem Leasingnehmer zugeordnet.

In der Praxis sind die Leasingverträge i. d. R. so ausgestaltet, dass das *wirtschaftliche Eigentum* dem *Leasinggeber* zugerechnet werden muss. In diesen Fällen hat der Lea-

1 Als Grundlage zur Erstellung der Abbildung dienten folgende Quellen: *BdF* (1971), S. 264–266; *BMWF* (1972), S. 188–189; *BdF* (1975), S. 72–73; *BdF* (1991), S. 13–15.

singgeber das Leasingobjekt im Anlagevermögen und in Höhe der Anschaffungs- oder Herstellungskosten jedoch ohne etwaige Vertragsbeschaffungskosten auszuweisen. In den Folgejahren ist das Leasingobjekt einer planmäßigen bzw. außerplanmäßigen Abschreibung zu unterziehen.

Für den Fall, dass das *wirtschaftliche Eigentum* am Leasingobjekt beim *Leasingnehmer* liegt, muss dieser das Leasingobjekt in Höhe der Anschaffungskosten aktivieren und eine Verbindlichkeit in gleicher Höhe passivieren. Der Leasinggeber muss daraufhin das zunächst aktivierte Leasingobjekt ausbuchen, indem er stattdessen eine Forderung gegenüber dem Leasingnehmer ausweist.[1] Die Höhe der Anschaffungskosten bemisst sich dabei, sofern die bei der Ermittlung der Leasingraten zum Ansatz gekommenen tatsächlichen Anschaffungs- bzw. Herstellungskosten dem Leasingnehmer nicht vorliegen, nach dem Barwert der künftigen Leasingraten. In die Ermittlung des Barwertes sind zukünftige, eventuelle oder besondere Leistungen des Leasinggebers wie z. B. Wartungsarbeiten nicht einzubeziehen.[2] Der Leasingnehmer hat das aktivierte Leasingobjekt über die vereinbarte Laufzeit des Leasingvertrages planmäßig und im Bedarfsfall außerplanmäßig abzuschreiben. Die Zahlungen der Leasingraten vom Leasingnehmer an den Leasinggeber sind, aufgrund des in den Leasingraten enthaltenen Zins- und Tilgungsanteils, mit Hilfe der Zinsstaffel- oder Barwertvergleichsmethode in einen Zins- und Tilgungsanteil zu zerlegen. In der Praxis wird die Zerlegung i. d. R. anhand der Zinsstaffelmethode vorgenommen, die am nachfolgenden Beispiel kurz erläutert wird.

Beispiel

Die Summe der Leasingraten (ΣLR) über einen Zeitraum von fünf Jahren beträgt 100.000 €. Als Anschaffungskosten (AK) sind für die Maschine 70.000 € anzusetzen.

1. Schritt: Zerlegung der Gesamtsumme der Leasingraten in einen Zins-/Kostenanteil (Z) und einen Tilgungsanteil (T)

$$Z = \sum LR - AK = 100.000\ € - 70.000\ € = 30.000\ €$$

2. Schritt: Berechnung der Jahresordnungszahl (S)

$$S = \frac{n \cdot (n+1)}{2} = \frac{5 \cdot (5+1)}{2} = 15$$, mit n = Grundmietzeit

3. Schritt: Berechnung des Zins-/Kostenanteils je Periode (Z_t)

$$Z_t = \frac{Z}{S} \cdot (n - t + 1)$$, mit t = betrachtete Periode

1 Vgl. *Adler/Düring/Schmaltz* (1998), § 246 HGB, Tz. 391.
2 Vgl. *Adler/Düring/Schmaltz* (1995a), § 255 HGB, Tz. 73.

Periode	Leasingrate in der Periode	Zins-/Kostenanteil je Periode	Tilgungsanteil je Periode
t	LR in t	Z_t	T_t
[1]	[2]	[3]	[4]=[2]-[3]
Jahre	[€]	[€]	[€]
1	20.000	10.000	10.000
2	20.000	8.000	12.000
3	20.000	6.000	14.000
4	20.000	4.000	16.000
5	20.000	2.000	18.000
15	100.000	30.000	70.000

Tab. 29: Zins-, Kosten- und Tilgungsanteil im Rahmen von Leasingverträgen

Der Zinsanteil nimmt, wie in *Tab. 29* zu ersehen ist, im Zeitablauf des Leasingvertrages ab und der Tilgungsanteil zu. Es erfolgt eine sukzessive Verminderung der Verbindlichkeit in Höhe des Tilgungsanteils.
Am Ende der Laufzeit des Leasingvertrages ist im Falle der Rückgabe des Leasingobjektes der noch vorhandene Restbuchwert des Leasingobjektes auszubuchen. Sofern das Leasingobjekt nach Ablauf der Laufzeit des Leasingvertrages beim Leasingnehmer aufgrund z. B. der ursprünglich vereinbarten und nun ausgeübten Kaufoption verbleibt, ist die geleistete Zahlung grundsätzlich erfolgswirksam zu verbuchen. Sollten allerdings die Voraussetzungen für nachträgliche Anschaffungskosten vorliegen, so ist die abschließend geleistete Zahlung entsprechend beim ursprünglichen Leasingobjekt zu aktivieren.

Abschließend besteht für Kapitalgesellschaften gem. § 285 Nr. 3a HGB die Verpflichtung zur Angabe sonstiger finanzieller Verpflichtungen im Anhang. Zu diesen sonstigen finanziellen Verpflichtungen gehören neben Mietverpflichtungen auch Verpflichtungen aus Leasinggeschäften, sofern die vom Unternehmen abgeschlossenen Leasingverträge, aufgrund des fehlenden wirtschaftlichen Eigentums beim Leasingnehmer, nicht in der Bilanz erscheinen. Eine Angabe im Anhang kann unterbleiben, wenn die aus den Leasingverträgen entstehenden finanziellen Verpflichtungen für die Beurteilung der finanziellen Lage des Unternehmens nicht maßgeblich sind.

Aufgabe 66: Leasing

Für den Ausbau des E-Commerce-Geschäftes least die Nippon AG zum Ende des Geschäftsjahres 2012 insgesamt 50 Personalcomputer bei der Leasinggesellschaft Total Leasing GmbH. Für die Grundmietzeit von drei Jahren umfassen die Jahresleasingraten 70.000 € zahlbar am 30.12. eines jeden Jahres. Nach Auskunft der Leasinggesellschaft verursachten die Personalcomputer Anschaffungskosten inklusive Anschaffungsnebenkosten i. H. v. 170.000 € und zusätzliche Finanzierungskosten von 10.000 €. Die Nutzungsdauer für die Personalcomputer beläuft sich auf fünf Jahre. Als Abschreibungsverfahren wird die lineare Abschreibung verwendet. Der Leasingvertrag schließt die Möglichkeit einer Kündigung innerhalb der Grundmietzeit aus. Darüber hinaus haben sich beide Vertragsparteien auf eine mögliche Kaufoption für alle Personalcomputer zu einem Preis von

a) 70.000 € und
b) 60.000 € geeinigt.

Wie ist der Sachverhalt sowohl aus der Sicht des Leasinggebers als auch aus der des Leasingnehmers in der Grundmietzeit zu bilanzieren, wenn:

- Im Fall a) die Kaufoption ausgeübt wird?
- Im Fall b) die Kaufoption nicht ausgeübt wird?

➔ **Lösung auf Seite 368**

iv. Bilanzierung von Bewertungseinheiten

Prinzipiell gilt bei der Gegenüberstellung von Vermögensgegenständen und Schulden der Grundsatz der Einzelbewertung; dieser erstreckt sich auch auf Finanzinstrumente. Somit greifen bei einer positiven Entwicklung des beizulegenden Wertes das Anschaffungskostenprinzip (§ 253 Abs. 1 Nr. HGB) sowie das Realisationsprinzip. Bei einer negativen Wertentwicklung ist die Notwendigkeit einer außerplanmäßigen Abschreibung (bei Vermögensgegenständen) bzw. einer außerplanmäßigen Werterhöhung (bei Schulden) oder die Bildung einer Drohverlustrückstellung nach § 249 Abs. 1 HGB zu prüfen.[1]

Eine solche getrennte Erfassung einzelner Geschäfte und damit wirtschaftlicher Risiken führt immer dann zu einer unzutreffenden Darstellung der Risikoexposition eines Unternehmens, wenn zwei Geschäfte zwar demselben Risiko unterliegen, dieses Risiko jedoch in unterschiedlicher Richtung abbilden.[2]

Beispiel

Ein Unternehmen nimmt zum 5.3.2012 einen Kredit über 100.000 US$ auf und bewertet die daraus resultierende Verbindlichkeit mit dem aktuellen Umrechnungskurs von 1 USD = 1 € und damit mit 100.000 €. Eine Woche später geht eine Forderung über ebenfalls 100.000 US$ ein. Zum Bilanzstichtag sind nun hinsichtlich der ökonomisch zu beurteilenden Risikoexposition drei Szenarien denkbar:

Szenario 1:
Der Wechselkurs bleibt bei 1 : 1; hier werden weder Forderung noch Verbindlichkeit verändert.

1 Vgl. *Schmidt* (2009), S. 883.
2 Vgl. *Baetge/Kirsch/Thiele* (2011), S. 649.

Szenario 2:
Der Wechselkurs verändert sich auf 0,9 US$ = 1 €. Damit hätte die Verbindlichkeit einen beizulegenden Wert von 111.111 € und wäre imparitätisch erfolgswirksam zuzuschreiben. Die Forderung würde zwar ebenfalls einen Zeitwert von 111.111 € aufweisen, allerdings dürfte dieser unrealisierte Gewinn dem Realisationsprinzip folgend nicht gegengerechnet werden. Es wäre handelsrechtlich also ein Aufwand in Höhe von 11.111 € erfasst, obwohl dieser mit keinem wirtschaftlichen Risiko korrespondiert – Forderung und Verbindlichkeit gleichen sich in der Realität nach wie vor aus.

Szenario 3:
Der Wechselkurs verändert sich auf 1,1 US$ = 1 €. Hier wäre die Forderung imparitätisch auf 90.909 € zu korrigieren; dies ginge mit einem Aufwand von 9.091 € einher, obwohl sich auch die gleich lautende Verpflichtung auf 90.909 € reduziert hat. Aber auch dieser in der Realität vorliegende Verpflichtungsrückgang dürfte als unrealisierter Ertrag handelsrechtlich nicht vereinnahmt werden.

Da in solchen Konstellationen stets ein Aufwand zu erfassen wäre, dem kein wirtschaftliches Risiko gegenübersteht, räumt der Gesetzgeber in § 254 HGB die Möglichkeit ein, unter bestimmten Voraussetzungen zwei Geschäfte (das Grundgeschäft und das Sicherungsgeschäft) als wirtschaftliche Einheit, die so genannte Bewertungseinheit, zusammenzufassen und auf die imparitätische Erfassung kompensierter Aufwendungen zu verzichten.

Der Einzelbewertungsgrundsatz ist somit im Zeitraum der Sicherungsbeziehung nicht auf die Einzelgeschäfte, sondern auf die Bewertungseinheit anzuwenden. Sinkt der Wert der Bewertungseinheit unter die Anschaffungskosten, ist grundsätzlich außerplanmäßig abzuschreiben bzw. bei schwebenden Geschäften eine Drohverlustrückstellung zu bilden.

Der Gesetzgeber akzeptiert alle in der Praxis gängigen Formen von Bewertungseinheiten. Diese sind:

- *Micro Hedge:* Das aus einem einzelnen Grundgeschäft entstehende Risiko wird durch ein individuelles Sicherungsinstrument direkt abgesichert.
- *Portfolio Hedge:* Die Risiken mehrerer gleichartiger Grundgeschäfte werden durch ein oder mehrere Sicherungsgeschäfte neutralisiert.
- *Macro Hedge:* Die Nettorisikoposition aus mehreren, sich teilweise gegenseitig kompensierenden Grundgeschäften wird durch ein oder mehrere Sicherungsgeschäfte abgesichert.[1]

Allerdings knüpft der Gesetzgeber einige Bedingungen an die Bilanzierung von Bewertungseinheiten.

Als Grundgeschäfte sind in § 254 HGB Vermögensgegenstände, Schulden, schwebende Geschäfte sowie erwartete, mit hoher Wahrscheinlichkeit eintretende Transaktionen angeführt. Diese Definition ist weit gefasst und beschränkt sich nicht ausschließlich

1 Vgl. *Cassel* (2008), S. 190.

auf finanzielle Vermögensgegenstände. Mit hoher Wahrscheinlichkeit eintretende Transaktionen sind Rechtsgeschäfte, die am Bilanzstichtag noch nicht abgeschlossen wurden. Werden erwartete Transaktionen einbezogen, so bilden diese eine antizipative Bewertungseinheit. Als Sicherungsinstrumente werden nach § 254 HGB nur Finanzinstrumente akzeptiert. In der Praxis sind Finanzderivate der Regelfall, wobei auch originäre Finanzinstrumente möglich sind.[1]

Weitere Bedingungen, die kumulativ erfüllt werden müssen, sind:

- *Durchhalteabsicht:*
  Die Kompensation zweier gegenläufiger Wertentwicklungen reicht für die Bildung einer Bewertungseinheit nicht aus. Der Bilanzierende muss im Vorhinein die Absicht dokumentieren, die Sicherungsbeziehung bis zum Erreichen des Zwecks beizubehalten. Die Dokumentation enthält:[2]
  - Art des zu sichernden Risikos einschließlich des geplanten Sicherungszeitraumes sowie der Ziele und Strategien des Unternehmens bezüglich der Sicherung;
  - Identifikation und Beschreibung des Grundgeschäfts und des Sicherungsgeschäfts;
  - die Eignung des Sicherungsinstrumentes zur Absicherung des Risikos;
  - Methode(n) zur Überprüfung der Wirksamkeit der Sicherungsbeziehung.
- *Prospektiver Nachweis der Wirksamkeit der Sicherungsbeziehung:*
  Hier soll die objektive Eignung des Grund- und Sicherungsgeschäft gewährleistet werden, indem zunächst beide Komponenten der Sicherungsbeziehung einen vergleichbaren Risikozusammenhang aufweisen müssen. Darüber hinaus ist die Wirksamkeit der Sicherungsbeziehung im Vorhinein nachzuweisen; dieser Nachweis ist durch ein Risikoüberwachungssystem zu führen, das alle Maßnahmen zur Früherkennung, Analyse, Bewertung, Überwachung und Steuerung von Risiken umfasst. Sofern die wesentlichen Merkmale von Grund- und Sicherungsgeschäft identisch und die Sicherungsbeziehung damit quasi perfekt ist, kann auf eine quantitative Ermittlung der prospektiven Effektivität gemäß IDW RS HFA 35.58 verzichtet werden.
- *Retrospektiver Nachweis der Wirksamkeit der Sicherungsbeziehung:*
  Der Bilanzierende hat die tatsächliche Wirksamkeit auch ex post nachzuweisen. Die Bilanzierung einer Bewertungseinheit gilt lediglich für den Zeitraum und in dem Umfang, in dem sich negative und positive Wertverläufe beider Geschäfte ausgleichen. Deshalb muss mindestens zu jedem Bilanzstichtag die Wirksamkeit ermittelt werden. Die Wirksamkeit einer Bewertungseinheit wird durch den Umfang, in dem sich die verlässlich gemessenen gegenläufigen Wertänderungen oder Zahlungsströme aufheben, definiert. Unwirksame Teile der Bewertungseinheit werden nach dem Imparitätsprinzip bilanziert.[3]

1 Vgl. *Helke/Wiechens/Klaus* (2009), S. 30.
2 Vgl. *Küting/Pfitzner/Weber* (2009), S. 212.
3 Vgl. *Baetge/Kirsch/Thiele* (2011), S. 651–652.

Zur Bilanzierung von Bewertungseinheiten stehen dem Bilanzierenden zwei verschiedene Methoden zur Verfügung:[1]

- *Einfrierungsmethode:*
  Die sich in ihrer Wertentwicklung kompensierenden Bestandteile der Bewertungseinheit werden nicht bilanziell, sondern nur in einer Nebenrechnung erfasst. Lediglich Wertverluste aus dem unwirksamen Teil der Bewertungseinheit werden imparitätisch bilanziell erfasst.
- *Durchbuchungsmethode:*
  Hierbei werden sämtliche Wertänderungen von Grund- und Sicherungsgeschäft erfasst. Der wirksame Teil der Bewertungseinheit führt zu einem Nullsummenspiel. Die bilanzielle Erfassung des unwirksamen Teils erfolgt analog zur Einfrierungsmethode. Der Unterschied beider Methoden liegt darin, dass es sich bei der Durchbuchungsmethode um eine »Bruttodarstellung« handelt.[2]

Aufgabe 67: Bildung von Bewertungseinheiten

Die Expansion AG bestellt am 1.12.2012 von der USA-Tec. Ltd. für 200.000 US$ (Kurs 1,00 US$ = 0,88 €) einen speziell angefertigten Großrechner für die Abwicklung des erhöhten geplanten Auftragsbestandes. Gemäß Vertragsbedingungen ist die Lieferung und Bezahlung für den 31.01.2013 vorgesehen. Zur Absicherung des Geschäftes schließt der Finanzvorstand der Expansion AG zeitgleich ein Devisentermingeschäft über den Kauf von 200.000 $ zum aktuellen Kurs auf den 31.01.2013 ab, dokumentiert die Sicherungsbeziehung und gibt die Verträge zur laufenden Überwachung der Geschäfte an Herrn Sorgsam aus dem Controlling weiter, der auch für die laufende Überwachung der Wirksamkeit von Sicherungsbeziehungen zuständig ist. In dem Beispiel wird vereinfachend davon ausgegangen, dass der Kassakurs dem Terminkurs entspricht.
Am 31.12.2012 liegen Kassa- und Terminkurs zum 31.01.2013 bei 1,00 US$ = 0,82 €.
Beurteilen sie die vorliegende Sicherungsbeziehung.
Wie ist der Sachverhalt zum 1.12.2012, zum 31.12.2012 sowie zum 31.01.2013 zu behandeln? Der beizulegende Wert des Termingeschäfts bestimmt sich annahmegemäß vereinfacht aus der Differenz der Stichtagskurse.
Latente Steuern werden aus Vereinfachungsgründen nicht in die Betrachtung einbezogen.

➔ **Lösung auf Seite 372**

1 Vgl. IDW RS HFA 35, Tz 75.
2 Vgl. *Schmidt* (2009), S. 886.

IV. Gewinn- und Verlustrechnung, Anhang, Lagebericht

A. Gewinn- und Verlustrechnung

1. Grundlagen

Der Jahresüberschuss bzw. -fehlbetrag wird im Rahmen der doppelten Buchführung sowohl in der Bilanz als auch in der Gewinn- und Verlustrechnung ermittelt. In der Bilanz berechnet sich der Jahresüberschuss bzw. -fehlbetrag als Saldo aus den Vermögenspositionen der Aktivseite der Bilanz, vermindert um die Schulden (Rückstellungen, Verbindlichkeiten) von der Passivseite der Bilanz und das Eigenkapital des Vorjahres. Bei der Gewinn- und Verlustrechnung wird der Jahresüberschuss bzw. -fehlbetrag als absolute Größe aus der Gegenüberstellung der Erträge und Aufwendungen in der betrachteten Periode berechnet.

Die Gewinn- und Verlustrechnung ist eine *periodenbezogene Zeitraumrechnung*, die Auskünfte über die Art, Höhe und Quellen der Erfolgskomponenten Aufwand und Ertrag ermöglicht. Der Jahresüberschuss bzw. -fehlbetrag setzt sich aus dem Ergebnis der gewöhnlichen Geschäftstätigkeit, das sich wiederum in ein Betriebs- und ein Finanzergebnis aufgliedern lässt, und einem außerordentlichen Ergebnis zusammen.

Die rechtliche Verpflichtung zur Aufstellung einer Gewinn- und Verlustrechnung resultiert aus dem § 242 Abs. 2 HGB, wonach jeder Kaufmann für den Schluss eines jeden Geschäftsjahres eine Gegenüberstellung von Aufwendungen und Erträgen des Geschäftsjahres (sog. Gewinn- und Verlustrechnung) vorzunehmen hat. Eine Ausnahme hiervon betrifft Einzelkaufleute i. S. d. § 241a Abs. 1 HGB. Neben der Bilanz ist die Gewinn- und Verlustrechnung der zweite Bestandteil des Jahresabschlusses (vgl. § 242 Abs. 3 HGB).

Die Gewinn- und Verlustrechnung als ein Bestandteil des Jahresabschlusses ist nach den GoB innerhalb der einem ordentlichen Geschäftsgang entsprechenden Zeit aufzustellen (vgl. § 243 Abs. 1 und Abs. 3 HGB i. V. m. § 242 Abs. 3 HGB). Zudem fordert § 243 Abs. 2 HGB ausdrücklich eine klare und übersichtliche Gestaltung der Gewinn- und Verlustrechnung.

Die Vollständigkeit, d. h. der Ausweis sämtlicher Aufwendungen und Erträge in der Gewinn- und Verlustrechnung in nicht saldierter Form, ist im § 246 Abs. 1 Satz 1 und Abs. 2 HGB gesetzlich geregelt.

Für Kapitalgesellschaften existieren ergänzende Vorschriften zur Aufstellung der Gewinn- und Verlustrechnung (vgl. § 284 HGB). Es besteht beispielsweise für Kapitalgesellschaften die Möglichkeit, die Gewinn- und Verlustrechnung nach dem Gesamtkostenverfahren (§ 275 Abs. 2 HGB) oder dem Umsatzkostenverfahren (§ 275 Abs. 3 HGB) aufzustellen.

2. Gestaltungsmöglichkeiten

Die Gewinn- und Verlustrechnung kann in Abhängigkeit von der Rechtsform der Gesellschaft in unterschiedlicher Art und Weise aufgestellt und gegliedert werden. Für Kapitalgesellschaften darf die Aufstellung der Gewinn- und Verlustrechnung aufgrund von Übersichtlichkeitsgesichtspunkten nur nach der Staffelform erfolgen. Personengesellschaften und Einzelunternehmen haben neben der Staffelform auch die Möglichkeit, die Gewinn- und Verlustrechnung nach der Kontoform aufzustellen.

i. Konto- versus Staffelform

a. Kontoform

Bei der Aufstellung der Gewinn- und Verlustrechnung in Kontoform werden die Aufwendungen und Erträge derart einander gegenübergestellt, dass auf der Habenseite die Erträge und auf der Sollseite die Aufwendungen aufgeführt werden. Übersteigen die Erträge die Aufwendungen, ergibt sich als Saldo auf der Sollseite ein Jahresgewinn (vgl. *Abb. 27*), im umgekehrten Fall als Kontensaldo auf der Habenseite ein Jahresverlust (vgl. *Abb. 28*).

Soll *Gewinn- und*	*Verlustrechnung* Haben
Aufwand	Ertrag
Jahresgewinn	
Summe	Summe

Abb. 27: Ausweis eines Jahresgewinns in der Gewinn- und Verlustrechnung

Soll *Gewinn- und*	*Verlustrechnung* Haben
Aufwand	Ertrag
	Jahresverlust
Summe	Summe

Abb. 28: Ausweis eines Jahresverlustes in der Gewinn- und Verlustrechnung

b. Staffelform

Bei der Darstellung in Staffelform werden die Erträge und Aufwendungen in einer skontrierenden, d. h. fortschreibenden, Differenzen bildenden Aufstellung angeordnet (vgl. *Abb. 29*). Diese Form der Darstellung der Gewinn- und Verlustrechnung erleichtert die Bildung von Zwischensummen bzw. -differenzen, wodurch die Aussagekraft der Erfolgsrechnung erhöht wird. Es ist eine bessere Beurteilung der Zusammensetzung des Erfolgs möglich.

ii. Gesamtkosten- versus Umsatzkostenverfahren

Sowohl das Gesamtkosten- als auch das Umsatzkostenverfahren führen zum selben Jahresergebnis. Wesentliche Unterschiede bestehen lediglich in der Berücksichtigung von Bestandsveränderungen sowie in der Aufgliederung der Aufwendungen.

Gewinn- und Verlustrechnung in Staffelform		
1.	=	*Umsatzerlöse*
	+	Erhöhungen des Bestandes an fertigen und unfertigen Erzeugnissen
	./.	Verminderungen des Bestandes an fertigen und unfertigen Erzeugnissen
	+	Andere aktivierte Eigenleistungen
	+	Sonstige betriebliche Erträge
2.	=	*Gesamtleistung*
	./.	Materialaufwand
3.	=	*Rohergebnis*
	+	Verschiedene Erträge
	./.	Verschiedene Aufwendungen
4.	=	*Jahreserfolg*

Abb. 29: Gewinn- und Verlustrechnung in Staffelform nach dem Gesamtkostenverfahren

a. Gesamtkostenverfahren

Beim Gesamtkostenverfahren (*Produktionserfolgsrechnung*) werden den aus dem Verkauf von Erzeugnissen erzielten Umsatzerlösen sämtliche der Produktion des Unternehmens zurechenbare Aufwendungen gegenübergestellt (vgl. *Abb. 30* und *Abb. 31*).

Soll — *Gewinn- und Verlustrechnung*	Haben
Aufwendungen der in der Periode *produzierten Mengeneinheiten*	*Umsatzerlöse* der in der Periode *abgesetzten Mengeneinheiten*
Jahresüberschuss	
Summe	Summe

Abb. 30: Ausweis eines Jahresgewinns nach dem Gesamtkostenverfahren ohne Bestandsveränderungen

Soll — *Gewinn- und Verlustrechnung*	Haben
Aufwendungen der in der Periode *produzierten Mengeneinheiten*	*Umsatzerlöse* der in der Periode *abgesetzten Mengeneinheiten*
	Jahresfehlbetrag
Summe	Summe

Abb. 31: Ausweis eines Jahresverlustes nach dem Gesamtkostenverfahren ohne Bestandsveränderungen

Dies führt nur dann zu einem richtigen Periodenergebnis, wenn produzierte und abgesetzte Erzeugnismengen einander entsprechen. Weichen produzierte und abgesetzte Erzeugnismengen voneinander ab, so müssen die Abweichungen als *Bestandsveränderungen* in der Gewinn- und Verlustrechnung berücksichtigt werden.

Wird mehr produziert als abgesetzt, so liegt eine *Bestandserhöhung* vor. Zur Kompensation der für die nicht abgesetzten Mengen angefallenen Aufwendungen wird die Bestandserhöhung als Ertrag ausgewiesen (vgl. *Abb. 32*).

Soll	*Gewinn- und Verlustrechnung*	Haben
Aufwendungen der in der Periode *produzierten Mengeneinheiten*	auf Lager produziert	Bestandserhöhung
	für den Verkauf produziert	Umsatzerlöse der in der Periode abgesetzten Mengeneinheiten
Jahresüberschuss		
Summe		Summe

Abb. 32: Ausweis eines Jahresgewinns nach dem Gesamtkostenverfahren mit Bestandserhöhungen

Wird mehr abgesetzt als produziert, so liegt eine *Bestandsminderung* vor. Zur Kompensation der Umsatzerlöse, die für nicht produzierte (d. h. vom Lager verkaufte) Mengeneinheiten erzielt wurden, wird die Bestandsminderung als Aufwand ausgewiesen (vgl. *Abb. 33*).

Soll	*Gewinn- und Verlustrechnung*	Haben
Aufwendungen der in der Periode *produzierten Mengeneinheiten*		Umsatzerlöse der in der Periode abgesetzten Mengeneinheiten
Bestandsminderung		
Jahresüberschuss		
Summe		Summe

Abb. 33: Ausweis eines Jahresgewinns nach dem Gesamtkostenverfahren mit Bestandsminderungen

Andere aktivierte Eigenleistungen, wie z. B. selbsterstellte Anlagen oder Gebäude, werden wie Bestandsveränderungen behandelt.

Zusammenfassend kann festgehalten werden, dass das Gesamtkostenverfahren die Kosten der Produktion – nach Aufwandsarten gegliedert – unter Berücksichtigung von Bestandsveränderungen darstellt. Der Vorteil des Gesamtkostenverfahrens liegt in der einfachen Handhabbarkeit, da das Gesamtkostenverfahren unmittelbar aus den Konten der Finanzbuchführung abgeleitet werden kann. Nachteilig wirkt sich beim Gesamtkostenverfahren der mangelnde Einblick in die Erfolgsquellen aus. Im Falle von Mehrproduktunternehmen lassen sich die Erfolgsbeiträge der einzelnen Erzeugnisse nicht ohne zusätzliche Auswertungen beurteilen.

b. Umsatzkostenverfahren

Beim Umsatzkostenverfahren (*Absatzerfolgsrechnung*) werden den Umsatzerlösen nur die Aufwendungen der abgesetzten Erzeugnisse gegenübergestellt (vgl. *Abb. 34* und *Abb. 35*).

Das Umsatzkostenverfahren weist keine Bestandsveränderungen aus. Der Teil der Herstellungskosten, der auf nicht verkaufte Fertigerzeugnisse bzw. nicht verbrauchte unfertige Erzeugnisse angefallen ist, wird direkt als Zugang auf dem Konto für Fertigerzeugnisse bzw. dem Konto für unfertige Erzeugnisse verbucht.

Soll	*Gewinn- und Verlustrechnung* Haben
Aufwendungen der in der Periode *abgesetzten Mengeneinheiten*	*Umsatzerlöse* der in der Periode *abgesetzten Mengeneinheiten*
Jahresüberschuss	
Summe	Summe

Abb. 34: Ausweis eines Jahresgewinns nach dem Umsatzkostenverfahren

Soll	*Gewinn- und Verlustrechnung* Haben
Aufwendungen der in der Periode *abgesetzten Mengeneinheiten*	*Umsatzerlöse* der in der Periode *abgesetzten Mengeneinheiten*
	Jahresfehlbetrag
Summe	Summe

Abb. 35: Ausweis eines Jahresverlustes nach dem Umsatzkostenverfahren

Arbeitsschritte bei der Erstellung des Gewinn- und Verlustkontos nach dem Umsatzkostenverfahren:

- Aufteilung der Kontoinhalte der Aufwandskonten in Herstellungskosten, Verwaltungskosten und Vertriebskosten;
- Saldo des Kontos Herstellungskosten wird im Soll des Kontos »unfertige Erzeugnisse« als Zugang gebucht;
- Einbuchung des Endbestandes der unfertigen Erzeugnisse. Der Saldo des Kontos »unfertige Erzeugnisse« entspricht den Herstellungskosten der in der Periode hergestellten Fertigerzeugnisse. Dieser Saldo wird im Soll des Kontos »Fertigerzeugnisse« als Zugang verbucht;
- Einbuchung des Endbestandes der Fertigerzeugnisse. Der Saldo des Kontos »Fertigerzeugnisse« entspricht dem Herstellungsaufwand der in der Periode abgesetzten Fertigerzeugnisse. Dieser Saldo wird im Soll auf dem Gewinn- und Verlustkonto verbucht;
- Einbuchung der im ersten Schritt separierten Verwaltungs- und Vertriebskosten sowie der Umsatzerlöse in das Gewinn- und Verlustkonto.

Die Arbeitsschritte zur Erstellung des Gewinn- und Verlustkontos nach dem Umsatzkostenverfahren sind in *Abb. 36* graphisch veranschaulicht.

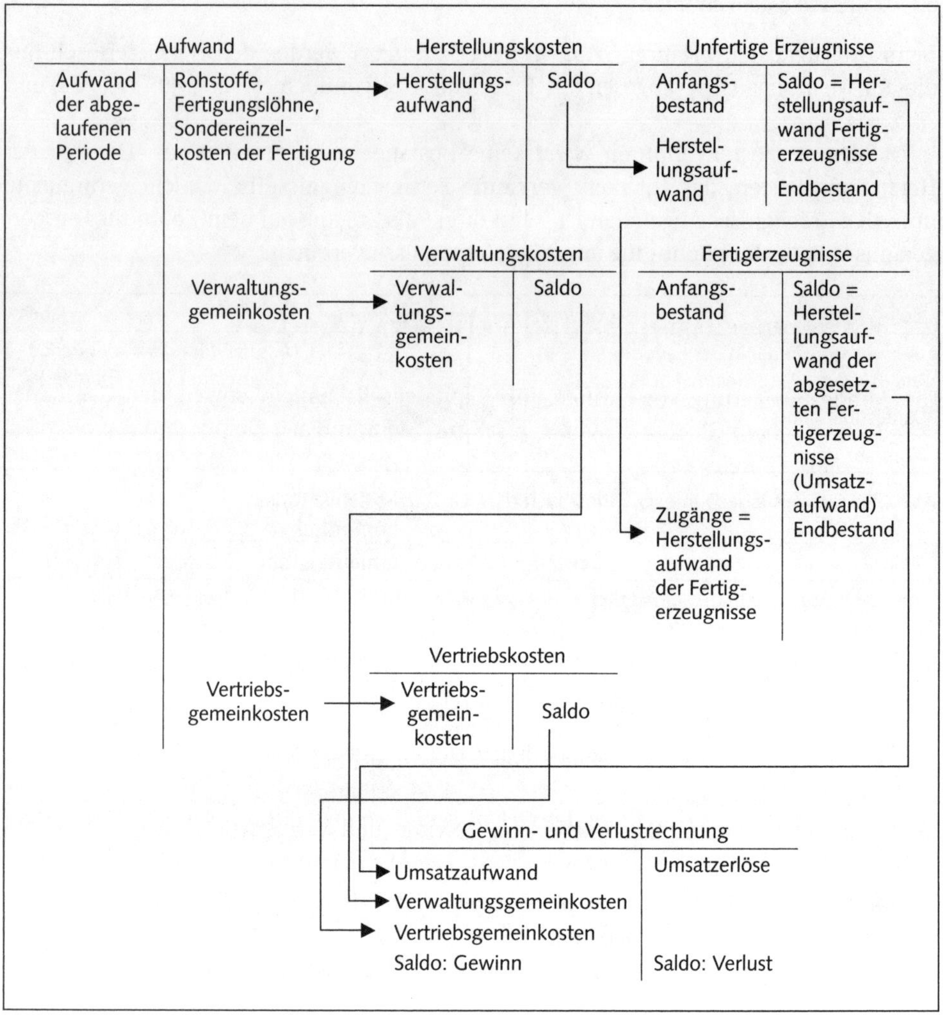

Abb. 36: Arbeitsschritte bei der Erstellung des Gewinn- und Verlustkontos nach dem Umsatzkostenverfahren

Der Vorteil des Umsatzkostenverfahrens liegt bei Mehrproduktunternehmen in der Möglichkeit des Einblicks in die Erfolgsbeiträge einzelner Produkte. Voraussetzung hierfür ist jedoch, dass das Unternehmen für jedes Produkt separate Konten für unfertige Erzeugnisse, Fertigerzeugnisse und Umsatzerlöse führt.

c. Vergleich von Gesamtkosten- und Umsatzkostenverfahren

Das Gesamtkostenverfahren und das Umsatzkostenverfahren führen grundsätzlich zum identischen Jahresüberschuss bzw. -fehlbetrag. Ein abweichendes Jahresergebnis ergibt sich nur, wenn die Bestände an unfertigen Erzeugnissen und Fertigerzeugnissen im Gesamtkostenverfahren und im Umsatzkostenverfahren unterschiedlich bewertet werden.

Sofern Bestandserhöhungen vorliegen, weist das Gesamtkostenverfahren im Vergleich zum Umsatzkostenverfahren einen höheren Aufwand aus. Dieser erhöhte Aufwand wird durch die Erfassung der Bestandserhöhung als Ertrag kompensiert.

Bei Bestandsminderungen weist das Gesamtkostenverfahren einen niedrigeren Aufwand als das Umsatzkostenverfahren aus. Dieser geringere Aufwand wird durch die Erfassung der Bestandsminderung als Aufwand ausgeglichen.

3. Posten der Gewinn- und Verlustrechnung

Die Mindestgliederungsvorschriften für Kapitalgesellschaften, soweit der Geschäftszweig keine andere Gliederung vorschreibt und nicht im Falle kleiner und mittelgroßer Kapitalgesellschaften von den Gliederungserleichterungen des § 276 HGB Gebrauch gemacht wird, sind in der nachfolgenden *Tab. 30* dargestellt.

Eine tiefergehende Gliederung ist grundsätzlich möglich (vgl. § 265 Abs. 5 HGB), sofern nicht gegen das Klarheits- und Übersichtlichkeitsgebot verstoßen wird (§ 243 Abs. 2 HGB). Wird die Gewinn- und Verlustrechnung nicht entsprechend den Gliederungsvorschriften (§§ 275 und 277 HGB) und den Gliederungsgrundsätzen (§ 265 Abs. 2, 4, 6 HGB) aufgestellt, so liegt eine Ordnungswidrigkeit vor, die mit einer Geldstrafe geahndet werden kann (§ 334 Abs. 1 Nr. 1c HGB).[1]

Einzelunternehmen und Personengesellschaften, die nicht unter das PublG fallen, unterliegen nicht diesen Mindestgliederungsvorschriften. Allerdings wird die Anlehnung an die Mindestgliederungsvorschriften empfohlen. Für Unternehmen, die unter die Vorschriften des PublG fallen, ist die Gewinn- und Verlustrechnung grundsätzlich entsprechend dem Gliederungsschema des § 275 Abs. 2 und Abs. 3 HGB (vgl. § 5 Abs. 1 Satz 2 PublG) aufzustellen. Ausgenommen hiervon sind Einzelunternehmen und Personengesellschaften, die neben der Anwendung des Gliederungsschemas des § 275 Abs. 2 und Abs. 3 HGB die Möglichkeit zur Aufstellung der Gewinn- und Verlustrechnung nach den für ihre Rechtsform geltenden Vorschriften besitzen (vgl. § 5 Abs. 5 PublG). Unternehmen, die unter das PublG fallen und ihre Gewinn- und Verlustrechnung nicht veröffentlichen wollen, sind entsprechend § 5 Abs. 5 Satz 3 i. V. m. § 9 Abs. 2 PublG gehalten, die nachfolgenden Angaben in einer separaten Anlage zur Bilanz zu veröffentlichen:

- Umsatzerlöse;
- Beteiligungserträge;
- Löhne, Gehälter, soziale Abgaben sowie Aufwendungen für Altersversorgung und Unterstützung;
- Bewertungs- und Abschreibungsmethoden sowie wesentliche Änderungen dieser Methoden;
- Zahl der Beschäftigten.

1 Vgl. *IDW* (2012), Tz. F 478.

	Gesamtkostenverfahren gem. § 275 Abs. 2 HGB	Umsatzkostenverfahren gem. § 275 Abs. 3 HGB
Betriebsergebnis	1. Umsatzerlöse[1] 2. Erhöhung oder Verminderung des Bestands an fertigen und unfertigen Erzeugnissen	1. Umsatzerlöse 2. Herstellungskosten der zur Erzielung der Umsatzerlöse erbrachten Leistungen
	= Gesamtleistung	3. *Bruttoergebnis vom Umsatz*
	3. andere aktivierte Eigenleistungen[2]	
	4. sonstige betriebliche Erträge[3]	4. Vertriebskosten
	5. Materialaufwand Aufwendungen für Roh-, Hilfs- und Betriebsstoffe und für bezogene Waren Aufwendungen für bezogene Leistungen	5. allgemeine Verwaltungskosten
	= Rohergebnis 6. Personalaufwand Löhne und Gehälter Soziale Abgaben und Aufwendungen für Altersversorgung und für Unterstützung, davon für Altersversorgung	6. sonstige betriebliche Erträge
	7. Abschreibungen auf immaterielle Vermögensgegenstände des Anlagevermögens und Sachanlagen sowie auf Vermögensgegenstände des Umlaufvermögens, soweit diese die in der Kapitalgesellschaft üblichen Abschreibungen überschreiten	
	8. sonstige betriebliche Aufwendungen[4]	7. sonstige betriebliche Aufwendungen

1 Zu den Umsatzerlösen gehören alle Erträge, die typisch für die gewöhnliche Geschäftstätigkeit sind (auch wenn sie nur unregelmäßig oder selten anfallen).

2 Hierzu zählen selbsterstellte Vermögensgegenstände des Anlagevermögens und Großreparaturen.

3 Sonstige betriebliche Erträge sind regelmäßig auftretende Erträge, soweit sie nicht typisch für das Unternehmen sind, keinen Korrekturposten darstellen und nicht das Finanzergebnis betreffen. Dazu gehören – soweit sie regelmäßig anfallen – Erträge aus:
- dem Abgang von Vermögensgegenständen,
- Zuschreibungen zu Vermögensgegenständen des Anlagevermögens,
- der Herabsetzung von Pauschalwertberichtigungen auf Forderungen,
- der Auflösung von Rückstellungen,
- dem Verkauf von Wertpapieren des Umlaufvermögens,
- Zuschreibungen zu Gegenständen des Umlaufvermögens,
- Währungskursgewinnen.

4 Die sonstigen betrieblichen Aufwendungen enthalten alle betrieblichen Aufwendungen, die nicht unter einem anderen Aufwandsposten auszuweisen sind. Grenzt man die sonstigen betrieblichen Aufwendungen negativ vom außerordentlichen Aufwand ab, so handelt es sich beim außerordentlichen Aufwand um Aufwendungen, die für die gewöhnliche Geschäftstätigkeit untypisch sind und unregelmäßig anfallen bzw. mit deren Auftreten künftig nicht zu rechnen ist. Als Beispiele für die sonstigen betrieblichen Aufwendungen können angeführt werden:
- Verluste aus dem Abgang von Gegenständen des Anlagevermögens,
- Verluste aus dem Abgang von Gegenständen des Umlaufvermögens,
- Abschreibungen auf Forderungen,

	Gesamtkostenverfahren gem. § 275 Abs. 2 HGB	Umsatzkostenverfahren gem. § 275 Abs. 3 HGB
Finanzergebnis	9. Erträge aus Beteiligungen, davon aus verbundenen Unternehmen	8. Erträge aus Beteiligungen, davon aus verbundenen Unternehmen
	10. Erträge aus anderen Wertpapieren und Ausleihungen des Finanzanlagevermögens, davon aus verbundenen Unternehmen	9. Erträge aus anderen Wertpapieren und Ausleihungen des Finanzanlagevermögens, davon aus verbundenen Unternehmen
	11. sonstige Zinsen und ähnliche Erträge, davon aus verbundenen Unternehmen	10. sonstige Zinsen und ähnliche Erträge, davon aus verbundenen Unternehmen
	12. Abschreibungen auf Finanzanlagen und auf Wertpapiere des Umlaufvermögens	11. Abschreibungen auf Finanzanlagen und auf Wertpapiere des Umlaufvermögens
	13. Zinsen und ähnliche Aufwendungen, davon an verbundene Unternehmen	12. Zinsen und ähnliche Aufwendungen, davon an verbundene Unternehmen
	14. Ergebnis der gewöhnlichen Geschäftstätigkeit	13. Ergebnis der gewöhnlichen Geschäftstätigkeit
Außerordentliches Ergebnis	15. außerordentliche Erträge	14. außerordentliche Erträge
	16. außerordentliche Aufwendungen	15. außerordentliche Aufwendungen
	17. außerordentliches Ergebnis[1]	16. außerordentliches Ergebnis
	18. Steuern vom Einkommen und vom Ertrag[2]	17. Steuern vom Einkommen und vom Ertrag
	19. sonstige Steuern[3]	18. sonstige Steuern
	20. Jahresüberschuss/-fehlbetrag	19. Jahresüberschuss/-fehlbetrag

Tab. 30: Posten der Gewinn- und Verlustrechnung

1 Das außerordentliche Ergebnis resultiert aus den außerordentlichen Erträgen und Aufwendungen. Außerordentliche Erträge und Aufwendungen fallen außerhalb der gewöhnlichen Geschäftstätigkeit an. Als charakterisierende Eigenschaften fordert die Literatur, dass die außerordentlichen Erträge bzw. Aufwendungen in hohem Maße ungewöhnlich sind, selten bzw. unregelmäßig vorkommen und einen wesentlichen Betrag ausmachen.

2 Die Steuern vom Einkommen betreffen die Körperschaftsteuer vor Berücksichtigung etwaiger Anrechnungsbeträge und vor Abzug etwaiger anrechenbarer Kapitalertragsteuer. Die Steuern vom Ertrag betreffen die Gewerbeertragsteuer (vgl. *IDW* (2012), Tz. F 590 ff.). Unter den Posten Steuern vom Einkommen und vom Ertrag sind auch Erträge aus der Aktivierung bzw. Aufwendungen aus der Passivierung latenter Steuern zu fassen und gesondert auszuweisen (vgl. § 274 Abs. 2 Satz 4 HGB).

3 Hierunter fallen alle Steuern, die nicht unter Nr. 8 zusammengefasst und nicht unter Nr. 18 ausgewiesen wurden. Als Beispiele seien die Versicherungssteuer und die Grundsteuer angeführt, vgl. *IDW* (2012), Tz. F 598.

Aufgabe 68: Aufstellung der Gewinn- und Verlustrechnung

Die Karl Maier AG, ein Spezialist im Bau von Getrieben, setzt von diesen im Jahr 2012 insgesamt 10.000 Stück zu einem Preis von je 25.000 € um. Zur Herstellung von 8.000 Getrieben sind Materialaufwendungen i. H. v. 56 Mio. €, Personalaufwendungen i. H. v. 50 Mio. € und Abschreibungen i. H. v. 15 Mio. € angefallen. Hinzu kommen sonstige betriebliche Aufwendungen von 5 Mio. €. Ein außerordentlicher Ertrag i. H. v. 500.000 € resultiert aus einer nachträglichen Erstattung durch den Verkäufer des Grundstücks, welches die Karl Maier AG vor fünf Jahren gekauft und für welches sie damals versehentlich 500.000 € zu viel überwiesen hatte. Die Gewerbeertragsteuer beträgt 20 % auf den zu versteuernden Ertrag. Nach Abzug der Gewerbeertragsteuer unterliegt das zu versteuernde Einkommen einem Körperschaftsteuersatz i. H. v. 40 %. Auf Lager befanden sich zum 31.12.2011 insgesamt 2.000 Getriebe, die zu Herstellungskosten von 14.000 €/Stück bewertet waren.
Für das Umsatzkostenverfahren sind noch folgende Angaben zu berücksichtigen:
Der Materialaufwand beinhaltet neben dem reinen anteiligen Herstellungsaufwand (95 %) auch anteilige Aufwendungen für die Verwaltung (2 %) und den Vertrieb (3 %). Der Personalaufwand enthält einen anteiligen Herstellungsaufwand von 75 %, einen Verwaltungsaufwand von 15 % und einen Vertriebsaufwand von 10 %. Die Abschreibungen verteilen sich auf den Herstellungsbereich mit 80 %, auf den Verwaltungsbereich mit 12 % und auf den Vertriebsbereich mit 8 %. Die sonstigen betrieblichen Aufwendungen beinhalten einen Verwaltungsanteil von 20 %, einen Vertriebsanteil von 70 % und einen Herstellungsanteil von 10 %.
Berechnen Sie das Jahresergebnis nach dem

a) Gesamtkostenverfahren b) Umsatzkostenverfahren.

➔ **Lösung auf Seite 372**

Aufgabe 69: Aufstellung der Gewinn- und Verlustrechnung

Die Stodda AG ist ein global agierender Hersteller für ökologisches Spielzeug. Als neuer Angestellter der Abteilung für externes Rechnungswesen ist es ihre Aufgabe, unter Berücksichtigung folgender Daten des Geschäftsjahres 2012, die Bilanz sowie die Gewinn- und Verlustrechnung (nach dem Gesamtkostenverfahren) der Stodda AG zu erstellen:

- Die Rechnungsbeträge für die verkauften Waren betrugen 618.800 € (inkl. 19 % USt). Es wurden 20.000 € Skonto auf den Netto-Warenwert geltend gemacht.
- Die fertigen Erzeugnisse hatten einen Anfangsbestand von 40.000 € und einen Endbestand von 110.000 €. Die unfertigen Erzeugnisse wiesen einen Anfangsbestand von 55.000 € sowie einen Endbestand von 45.000 € auf.
- Im Rahmen der Produktion wurde Holz im Wert von 68.000 € verarbeitet und insgesamt fielen Löhne i. H. v. 82.000 € an. Weiterhin wurde durch die Produktion ein leistungsabhängiger Verschleiß der Maschinen i. H. v. 40.000 € verursacht.
- Die Mieteinnahmen für eine auf dem Betriebsgrundstück stehende fremdgenutzte Lagerhalle belaufen sich auf 37.000 €.

- Durch die Anlage kurzfristiger Liquiditätsüberschüsse in Aktien konnte das Unternehmen einen Spekulationsgewinn i. H. v. 19.000 € erzielen. Demgegenüber mussten für laufende Kredite 60.000 € Zinsen an ein renommiertes Kreditinstitut gezahlt werden.
- Für das Geschäftsjahr wurden Rückstellungen für die Gewerbeertrag- und Körperschaftsteuer i. H. v. 44.000 € gebildet. Die Steuer für Kraftfahrzeuge betrug 12.000 €.
- Im Geschäftsjahr 2008 ergab sich ein Verlust i. H. v. 10.000 €. Dieser musste in voller Höhe vorgetragen werden.

Das gezeichnete Kapital des Unternehmens beträgt 600.000 €. Die Kapitalrücklage beläuft sich auf 58.000 €. Gewinnrücklagen bestanden bisher nicht. Aus der Kapitalrücklage wurden keine Beträge entnommen. Vorstand und Aufsichtsrat wollen 50 % des Jahresüberschusses in die Gewinnrücklagen einstellen; der Rest soll ausgeschüttet werden. Gehen Sie bei der Lösung der folgenden Aufgaben davon aus, dass es sich bei der Stodda AG um eine große Kapitalgesellschaft handelt, auch wenn die – aus Vereinfachungsgründen – gewählten Zahlen nicht die vorgesehenen Größengrenzen überschreiten.

a) Ermitteln Sie das Ergebnis der gewöhnlichen Geschäftstätigkeit sowie das Jahresergebnis.
b) Überführen Sie das ermittelte Jahresergebnis unter Berücksichtigung der Ergebnisverwendung in das Bilanzergebnis.
c) Bilanzieren Sie das Eigenkapital.

➔ **Lösung auf Seite 375**

B. Anhang

1. Grundlagen

Der Anhang ist neben der Bilanz und der Gewinn- und Verlustrechnung der dritte wesentliche Bestandteil des Jahresabschlusses eines Unternehmens. Die Verpflichtung zur Aufstellung des Anhangs ist in § 264 Abs. 1 Satz 1 HGB kodifiziert, nach dem die gesetzlichen Vertreter der Kapitalgesellschaft den Jahresabschluss um einen Anhang zu erweitern haben, der als gleichwertiger Bestandteil mit der Bilanz und der Gewinn- und Verlustrechnung eine Einheit bildet.

Vorrangige Aufgabe des Anhangs ist die Vermittlung von Informationen, die zusammen mit den Angaben in der Bilanz und der Gewinn- und Verlustrechnung den Jahresabschlussadressaten ein den tatsächlichen Verhältnissen entsprechendes Bild der Vermögens-, Finanz- und Ertragslage der Kapitalgesellschaft vermitteln (§ 264 Abs. 2 Satz 1 HGB) und zusätzliche Erkenntnisse und Zusammenhänge offen legen.[1]

1 Vgl. *Hinz* (2003), B 100, Tz. 58.

Weiterhin gehören zu den *Aufgaben des Anhangs*:

- *Erläuterungs- und Interpretationsfunktion:*[1]
  Der Anhang hat die Angaben aus der Bilanz und der Gewinn- und Verlustrechnung zu erläutern. So sind beispielsweise Veränderungen gegenüber dem vorherigen Geschäftsjahr nicht nur anzugeben, sondern es ist auch ihr Einfluss auf die Vermögens-, Finanz- und Ertragslage gesondert darzustellen, um die Vergleichbarkeit des Jahresabschlusses mit denen der Vorjahre zu gewährleisten.
- *Entlastungsfunktion:*[2]
  Da das HGB hinsichtlich des Ausweises von Informationen in der Bilanz, Gewinn- und Verlustrechnung oder dem Anhang zahlreiche Wahlrechte einräumt (z. B. § 265 Abs. 3 Satz 1 HGB), können durch Verlagerung der Angaben in den Anhang die Bilanz und die Gewinn- und Verlustrechnung entlastet und damit deren Aussagefähigkeit erhöht werden.
- *Ergänzungsfunktion:*[3]
  Gem. § 264 Abs. 2 Satz 2 HGB sind im Anhang für den Fall, dass die Bilanz und die Gewinn- und Verlustrechnung allein ein den tatsächlichen Verhältnissen entsprechendes Bild i. S. d. § 264 Abs. 2 Satz 1 HGB nicht vermitteln, zusätzliche Angaben zu machen bzw. Angaben aus der Bilanz und Gewinn- und Verlustrechnung zu interpretieren.

2. Anwendungsbereich

Der handelsrechtlichen Pflicht zur Aufstellung eines Anhangs unterliegen grundsätzlich alle Kapitalgesellschaften (§ 264 Abs. 1 Satz 1 HGB) sowie eingetragene Genossenschaften (§ 336 Abs. 1 Satz 1 HGB) und alle Unternehmen, die nach dem PublG zur Rechnungslegung verpflichtet sind (vgl. §§ 1 Abs. 1, 2 i. V. m. § 5 Abs. 2 Satz 1 PublG).

Während die Vorschriften über die Erstellung des Anhangs von großen Kapitalgesellschaften i. S. d. § 267 Abs. 3 HGB in vollem Umfang erfüllt werden müssen, können kleine und mittelgroße Kapitalgesellschaften i. S. d. § 267 Abs. 1 und 2 HGB sowohl bei der Aufstellung als auch bei der Offenlegung Erleichterungen in Anspruch nehmen. So gelten für kleine und mittelgroße Kapitalgesellschaften die größenabhängigen Erleichterungen des § 288 Satz 1 und 2 HGB. Ausschließlich für kleine Kapitalgesellschaften i. S. d. § 267 Abs. 1 HGB gelten die zusätzlichen Erleichterungen der §§ 274a und 276 Satz 2 HGB.

Hinsichtlich der Offenlegungspflichten befreit § 326 Satz 2 HGB kleine Kapitalgesellschaften von der Verpflichtung, Informationen über die einzelnen Posten der Gewinn- und Verlustrechnung im Anhang anzugeben. Mittelgroßen Kapitalgesellschaften erlaubt

1 Vgl. *Baetge/Kirsch/Thiele* (2011), S. 691; *Adler/Düring/Schmaltz* (1995b), § 284 HGB, Tz. 12 und 14; *Dörner/Wirth* (1995), § 284 HGB, Tz. 2; *Ellrott* (2006b), § 284 HGB, Tz. 6 und 36.
2 Vgl. *Adler/Düring/Schmaltz* (1995b), § 284 HGB, Tz. 13; *Ellrott* (2006b), § 284 HGB, Tz. 6.
3 Vgl. *IDW* (2006), Tz. F 554–555; *Adler/Düring/Schmaltz* (1995b), § 284 HGB, Tz. 15.

§ 327 Satz 2 Nr. 2 HGB, den Anhang ohne die Angaben nach § 285 Nr. 2 und 8 Buchstabe a HGB beim Betreiber des elektronischen Bundesanzeigers einzureichen.[1]

3. Bestandteile

Um die vorangestellten Funktionen zu erfüllen, enthält der Anhang Pflichtangaben, Wahlpflichtangaben sowie zusätzliche und freiwillige Angaben.[2]

Pflichtangaben

Bei den Pflichtangaben handelt es sich um Informationen, die zwingend im Anhang auszuweisen sind und die Bilanz und die Gewinn- und Verlustrechnung, deren Inhalt, die angewandten Bewertungs- und Abschreibungsmethoden sowie die Durchbrechungen der Bewertungs- und Abschreibungsmethoden betreffen. Ferner beziehen sich die Pflichtangaben auf wichtige finanzielle und sonstige Informationen, die keinen Niederschlag in der Bilanz oder Gewinn- und Verlustrechnung gefunden haben.

Einen Überblick über die im HGB und AktG geforderten Pflichtangaben geben die *Tab. 31* und *Tab. 32*.[3]

1. Pflichtangaben nach dem HGB	
§ 264 Abs. 2 Satz 2 HGB	zusätzliche Angaben, falls der Jahresabschluss aufgrund besonderer Umstände kein den tatsächlichen Verhältnissen entsprechendes Bild der Vermögens-, Finanz- und Ertragslage vermittelt
§ 265 Abs. 1 Satz 2 HGB	Angabe und Begründung der Abweichungen in der Form der Darstellung in der Bilanz und der Gewinn- und Verlustrechnung, sofern diese Abweichungen nicht wegen besonderer Umstände erforderlich sind
§ 265 Abs. 2 Satz 2 HGB	Angabe und Erläuterung von nicht vergleichbaren Vorjahresbeträgen in der Bilanz oder der Gewinn- und Verlustrechnung
§ 265 Abs. 2 Satz 3 HGB	Angabe und Erläuterung von Anpassungen der Vorjahresbeträge in der Bilanz oder Gewinn- und Verlustrechnung
§ 265 Abs. 4 Satz 2 HGB	Angabe und Begründung der Ergänzung des Jahresabschlusses nach der für die anderen Geschäftszweige vorgeschriebenen Gliederung
§ 265 Abs. 7 Nr. 2 HGB	gesonderter Ausweis, falls zur Vergrößerung der Klarheit der Darstellung in der Bilanz oder Gewinn- und Verlustrechnung Einzelposten zulässigerweise zusammengefasst ausgewiesen werden
§ 268 Abs. 4 Satz 2 HGB	Erläuterung von größeren Beträgen in den »sonstigen Vermögensgegenständen«, die erst nach dem Abschlussstichtag rechtlich entstehen
§ 268 Abs. 5 Satz 3 HGB	Erläuterung von größeren Beträgen in den Posten »Verbindlichkeiten«, die erst nach dem Abschlussstichtag rechtlich entstehen
§ 274 Abs. 2 Satz 3 HGB	gesonderte Erläuterung der aktivierten oder passivierten Posten zur Steuerabgrenzung

1 Kleine Kapitalgesellschaften sind von dieser Angabepflicht bereits nach § 288 Satz 1 HGB befreit.
2 Zur Systematisierung der Anhangangaben vgl. *Adler/Düring/Schmaltz* (1995b), § 284 HGB, Tz. 10.
3 Vgl. *Adler/Düring/Schmaltz* (1995b), § 284 HGB, Tz. 41–44; *Baetge/Kirsch/Thiele* (2011), S. 691–722.

1. Pflichtangaben nach dem HGB *(Fortsetzung)*	
§ 277 Abs. 4 Satz 2 HGB	Erläuterung der »außerordentlichen Erträge« und »außerordentlichen Aufwendungen« hinsichtlich ihres Betrags und ihrer Art, soweit sie nicht von untergeordneter Bedeutung sind
§ 277 Abs. 4 Satz 3 HGB	Erläuterung der periodenfremden Erträge und Aufwendungen hinsichtlich ihres Betrags und ihrer Art, soweit sie nicht von untergeordneter Bedeutung sind
§ 284 Abs. 2 Nr. 1 HGB	Angabe der auf die Posten der Bilanz und Gewinn- und Verlustrechnung angewandten Bilanzierungs- und Bewertungsmethoden
§ 284 Abs. 2 Nr. 2 HGB	Angaben der Grundlagen für die Umrechnung in Euro, sofern der Jahresabschluss Posten enthält, die auf fremde Währung lauten oder ursprünglich auf fremde Währung lauteten
§ 284 Abs. 2 Nr. 3 HGB	Angabe und Begründung von Abweichungen von Bilanzierungs- und Bewertungsmethoden und gesonderte Darstellung von deren Einfluss auf die Vermögens-, Finanz- und Ertragslage
§ 284 Abs. 2 Nr. 4 HGB	Ausweis von Unterschiedsbeträgen bei Anwendung des Gruppenbewertungsverfahrens mit Durchschnittswerten oder eines Verbrauchsfolgeverfahrens, wenn die Bewertung im Vergleich zu einer Bewertung auf der Grundlage des letzten vor dem Abschlussstichtag bekannten Börsenkurses oder Marktpreises einen erheblichen Unterschied aufweist
§ 284 Abs. 2 Nr. 5 HGB	Angaben über die Einbeziehung von Zinsen für Fremdkapital in die Herstellungskosten
§ 285 Nr. 1 HGB	Angaben des Gesamtbetrages der Verbindlichkeiten mit einer Restlaufzeit von mehr als fünf Jahren und der gesicherten Verbindlichkeiten
§ 285 Nr. 2 HGB	Aufgliederung der in der Bilanz ausgewiesenen Verbindlichkeiten mit einer Restlaufzeit von mehr als fünf Jahren sowie der durch Pfandrechte oder ähnliche Rechte gesicherten Verbindlichkeiten für jeden einzelnen Posten
§ 285 Nr. 3 HGB	Angabe von Art und Zweck sowie Risiken und Vorteilen von nicht in der Bilanz enthaltenen Geschäften, soweit dies für die Beurteilung der Finanzlage notwendig ist
§ 285 Nr. 3a HGB	Angabe des Gesamtbetrags der sonstigen finanziellen Verpflichtungen, die nicht in der Bilanz erscheinen und nicht nach § 251 oder Nummer 3 anzugeben sind, sofern diese Angabe für die Beurteilung der Finanzlage von Bedeutung ist; davon sind Verpflichtungen gegenüber verbundenen Unternehmen gesondert anzugeben
§ 285 Nr. 4 HGB i. V. m. § 286 Abs. 2 HGB	Aufgliederung der Umsatzerlöse nach Tätigkeitsbereichen sowie nach geografisch bestimmten Märkten
§ 285 Nr. 6 HGB	Angabe der Belastung des Ergebnisses der gewöhnlichen Geschäftstätigkeit und des außerordentlichen Ergebnisses durch die Steuern vom Einkommen und Ertrag
§ 285 Nr. 7 HGB	Angabe der durchschnittlichen Zahl der während des Geschäftsjahres beschäftigten Arbeitnehmer getrennt nach Gruppen
§ 285 Nr. 8 HGB	Angabe des Material- und Personalaufwands bei Anwendung des Umsatzkostenverfahrens

1. Pflichtangaben nach dem HGB *(Fortsetzung)*	
§ 285 Nr. 9 HGB i. V. m. § 286 Abs. 4,5 HGB	Angabe der Gesamtbezüge, Vorschüsse, Kredite, Haftungsverhältnisse und der beizulegenden Zeitwerte für Bezugsrechte und sonstige aktienbasierte Vergütungen für Organmitglieder sowie der gebildeten und nicht gebildeten Pensionsrückstellungen für ehemalige Organmitglieder und deren Hinterbliebene. Bei börsennotierten Aktiengesellschaften Aufschlüsselung der Vorstandsbezüge, unter Namensnennung, in erfolgsbezogene und erfolgsunabhängige Komponenten, und in Komponenten mit langfristiger Anreizwirkung. Angabe von zugesagten Abfindungszahlungen und Leistungen, die dem einzelnen Vorstandsmitglied von einem Dritten in Hinblick auf seine Vorstandstätigkeit zugesagt oder gewährt worden sind.
§ 285 Nr. 10 HGB	Angabe aller Mitglieder des Geschäftsführungsorgans und eines Aufsichtsrats
§ 285 Nr. 11 HGB i. V. m. § 286 Abs. 3 HGB	Angabe über Beteiligungsgesellschaften
§ 285 Nr. 12 HGB	Erläuterungen von nicht gesondert ausgewiesenen sonstigen Rückstellungen, die einen nicht unerheblichen Umfang haben
§ 285 Nr. 13 HGB	Angabe der Gründe, welche die Annahme einer betrieblichen Nutzungsdauer eines entgeltlich erworbenen Geschäfts- oder Firmenwertes von mehr als fünf Jahren rechtfertigen
§ 285 Nr. 14 HGB	Angabe von Namen und Sitz des Mutterunternehmens, das den Konzernabschluss für den größten Kreis von Unternehmen aufstellt und ihres Mutterunternehmens, das den Konzernabschluss für den kleinsten Kreis von Unternehmen aufstellt, sowie im Fall der Offenlegung der vom Mutterunternehmen aufgestellten Konzernabschlüsse des Ortes, wo diese erhältlich sind
§ 285 Nr. 16 HGB	Angabe über Abgabe und Ort der öffentlichen Zugänglichmachung der Erklärung zum Corporate Governance Kodex nach § 161 AktG für börsennotierte Aktiengesellschaften
§ 285 Nr. 17 HGB	Angabe des für den Abschlussprüfer nach § 319 Abs. 1 Satz 1 und 2 für im Geschäftsjahr erbrachte Leistungen berechneten Gesamthonorars, aufgeschlüsselt in das Honorar für • Abschlussprüfungsleistungen, • andere Bestätigungsleistungen, • Steuerberatungsleistungen, • sonstige Leistungen, soweit die Angaben nicht in einem das Unternehmen einbeziehenden Konzernabschluss enthalten sind
§ 285 Nr. 18 HGB	Angabe • des Buchwerts und des beizulegenden Zeitwerts der einzelnen Vermögensgegenstände oder angemessener Gruppierungen sowie • der Gründe für das Unterlassen der Abschreibung einschließlich der Anhaltspunkte, die darauf hindeuten, dass die Wertminderung voraussichtlich nicht von Dauer ist, für zu den Finanzanlagen gehörende Finanzinstrumente, die über ihrem beizulegenden Zeitwert ausgewiesen werden, da eine außerplanmäßige Abschreibung nach § 253 Abs. 3 Satz 4 unterblieben ist

<table>
<tr><th colspan="2">1. Pflichtangaben nach dem HGB (Fortsetzung)</th></tr>
<tr><td>§ 285 Nr. 19 HGB</td><td>für jede Kategorie nicht zum beizulegenden Zeitwert bilanzierter derivativer Finanzinstrumente Angaben über
• deren Art und Umfang,
• deren beizulegendem Zeitwert, soweit er sich nach § 255 Abs. 4 verlässlich ermitteln lässt, unter Angabe der angewandten Bewertungsmethode,
• deren Buchwert und der Bilanzposten, in welchem der Buchwert, soweit vorhanden, erfasst ist sowie
• die Gründe dafür, warum der beizulegende Zeitwert nicht bestimmt werden kann</td></tr>
<tr><td>§ 285 Nr. 20 HGB</td><td>Angaben für gemäß § 340e Abs. 3 Satz 1 mit dem beizulegenden Zeitwert bewertete Finanzinstrumente über
• die grundlegenden Annahmen, die der Bestimmung des beizulegenden Zeitwertes mit Hilfe allgemein anerkannter Bewertungsmethoden zugrunde gelegt wurden, sowie
• Umfang und Art jeder Kategorie derivativer Finanzinstrumente einschließlich der wesentlichen Bedingungen, welche die Höhe, den Zeitpunkt und die Sicherheit künftiger Zahlungsströme beeinflussen können</td></tr>
<tr><td>§ 285 Nr. 21 HGB</td><td>Angaben über die zumindest nicht zu marktüblichen Bedingungen zustande gekommenen Geschäfte, soweit sie wesentlich sind, mit nahe stehenden Unternehmen und Personen, einschließlich Angaben zur Art der Beziehung, zum Wert der Geschäfte sowie weiterer Angaben, die für die Beurteilung der Finanzlage notwendig sind; ausgenommen sind Geschäfte mit und zwischen mittel- oder unmittelbar in hundertprozentigem Anteilsbesitz stehenden, in einen Konzernabschluss einbezogenen Unternehmen; Angaben über Geschäfte können nach Geschäftsarten zusammengefasst werden, sofern die getrennte Angabe für die Beurteilung der Auswirkungen auf die Finanzlage nicht notwendig ist</td></tr>
<tr><td>§ 285 Nr. 22 HGB</td><td>Im Fall der Aktivierung nach § 248 Abs. 2 HGB die Angabe des Gesamtbetrags der Forschungs- und Entwicklungskosten des Geschäftsjahres sowie der davon auf selbst geschaffene immaterielle Vermögensgegenstände des Anlagevermögens entfallende Betrag</td></tr>
<tr><td>§ 285 Nr. 23 HGB</td><td>bei Anwendung des § 254, Angaben darüber,
a) mit welchem Betrag jeweils Vermögensgegenstände, Schulden, schwebende Geschäfte und mit hoher Wahrscheinlichkeit vorgesehene Transaktionen zur Absicherung welcher Risiken in welche Arten von Bewertungseinheiten einbezogen sind sowie die Höhe der mit Bewertungseinheiten abgesicherten Risiken,
b) für die jeweils abgesicherten Risiken, warum, in welchem Umfang und für welchen Zeitraum sich die gegenläufigen Wertänderungen oder Zahlungsströme künftig voraussichtlich ausgleichen einschließlich der Methode der Ermittlung,
c) eine Erläuterung der mit hoher Wahrscheinlichkeit erwarteten Transaktionen, die in Bewertungseinheiten einbezogen wurden,
soweit die Angaben nicht im Lagebericht gemacht werden.</td></tr>
</table>

1. Pflichtangaben nach dem HGB *(Fortsetzung)*	
§ 285 Nr. 24 HGB	zu den Rückstellungen für Pensionen und ähnliche Verpflichtungen die Angabe des angewandten versicherungsmathematischen Berechnungsverfahrens sowie die grundlegenden Annahmen der Berechnung, wie Zinssatz, erwartete Lohn- und Gehaltssteigerungen und zugrunde gelegte Sterbetafeln
§ 285 Nr. 25 HGB	im Fall der Verrechnung von Vermögensgegenständen und Schulden nach § 246 Abs. 2 Satz 2 Angabe der Anschaffungskosten und des beizulegenden Zeitwertes der verrechneten Vermögensgegenstände, der Erfüllungsbetrag der verrechneten Schulden sowie die verrechneten Aufwendungen und Erträge
§ 285 Nr. 26 HGB	Angaben zu Anteilen oder Anlageaktien an inländischem Investmentvermögen im Sinn des § 1 des Investmentgesetzes oder vergleichbaren ausländischen Investmentanteilen im Sinn des § 2 Abs. 9 des Investmentgesetzes von mehr als 10 %, aufgegliedert nach Anlagezielen, deren Wert im Sinn des § 36 des Investmentgesetzes oder vergleichbarer ausländischer Vorschriften über die Ermittlung des Marktwertes, die Differenz zum Buchwert und die für das Geschäftsjahr erfolgte Ausschüttung sowie Beschränkungen in der Möglichkeit der täglichen Rückgabe; darüber hinaus die Gründe dafür, dass eine Abschreibung gemäß § 253 Abs. 3 Satz 4 unterblieben ist, einschließlich der Anhaltspunkte, die darauf hindeuten, dass die Wertminderung voraussichtlich nicht von Dauer ist.; Nummer 18 ist insoweit nicht anzuwenden
§ 285 Nr. 27 HGB	für nach § 251 unter der Bilanz ausgewiesene Verbindlichkeiten und Haftungsverhältnisse Angabe der Gründe der Einschätzung des Risikos der Inanspruchnahme
§ 285 Nr. 28 HGB	Angabe des Gesamtbetrags der Beträge im Sinn des § 268 Abs. 8, aufgegliedert in die Beträge aus der Aktivierung selbst geschaffener immaterieller Vermögensgegenstände des Anlagevermögens und latenter Steuern sowie aus der Bewertung von Vermögensgegenständen zum beizulegenden Zeitwert
§ 285 Nr. 29 HGB	Angabe, auf welchen Differenzen oder steuerlichen Verlustvorträgen die latenten Steuern beruhen und mit welchen Steuersätzen die Bewertung erfolgt ist
§ 286 Abs. 3 Satz 4 HGB	Angabe der Inanspruchnahme der Ausnahmeregelung bei Unterlassen von Angaben über Beteiligungsgesellschaften, die von untergeordneter Bedeutung sind oder deren Angabe der Kapitalgesellschaft nach vernünftiger kaufmännischer Beurteilung einen erheblichen Nachteil zufügen kann
§ 291 Abs. 2 Satz 1 Nr. 3 HGB	Angaben im Jahresabschluss eines von der Verpflichtung zur Aufstellung eines Konzern- bzw. Teilkonzernabschlusses befreiten Unternehmens

Tab. 31: Pflichtangaben nach dem HGB

2. Pflichtangaben nach dem AktG	
§ 160 Abs. 1 Nr. 1 AktG	Angaben über den Bestand und den Zugang an Vorratsaktien einschließlich deren Verwendung
§ 160 Abs. 1 Nr. 2 AktG	Angaben über den Bestand, den Erwerb oder die Veräußerung eigener Aktien einschließlich deren Nennbeträge
§ 160 Abs. 1 Nr. 3 AktG	die Zahl und bei Nennbetragsaktien den Nennbetrag der Aktien jeder Gattung, sofern sich diese Angaben nicht aus der Bilanz ergeben; davon sind Aktien, die bei einer bedingten Kapitalerhöhung oder einem genehmigten Kapital im Geschäftsjahr gezeichnet wurden, jeweils gesondert anzugeben
§ 160 Abs. 1 Nr. 4 AktG	Angaben über das genehmigte Kapital
§ 160 Abs. 1 Nr. 5 AktG	Angaben zur Zahl der Bezugsrechte gem. § 192 Abs. 3 AktG, der Wandelschuldverschreibungen und vergleichbaren Wertpapiere
§ 160 Abs. 1 Nr. 6 AktG	Angaben zu Genuss- und ähnlichen Rechten
§ 160 Abs. 1 Nr. 7 AktG	Angaben zum Bestehen einer wechselseitigen Beteiligung unter Angabe des Unternehmens
§ 160 Abs. 1 Nr. 8 AktG	Angaben über das Bestehen von Beteiligungen nach § 20 Abs. 1 oder 4 AktG
§ 240 Satz 3 AktG	Erläuterungen über die Verwendung der aus einer Kapitalherabsetzung oder aus der Auflösung von Gewinnrücklagen gewonnenen Beträge
§ 261 Abs. 1 Satz 3 AktG	Angabe der Gründe für eine niedrigere Bewertung und der Entwicklung des Wertes oder Betrages
§ 261 Abs. 1 Satz 4 AktG	Bericht über den Abgang von Gegenständen und die Verwendung der Erlöse

Tab. 32: Pflichtangaben nach dem AktG

Wahlpflichtangaben

- Wahlpflichtangaben sind im Anhang zu veröffentlichen, wenn von Ausweiswahlrechten Gebrauch gemacht wird, um die Bilanz und die Gewinn- und Verlustrechnung zu entlasten.
- Einen Überblick über die im HGB, AktG und GmbHG geforderten Wahlpflichtangaben geben die *Tab. 33* bis *Tab. 35*.[1]

Zusätzliche Angaben

Zur Erfüllung der Ergänzungs- und Interpretationsfunktion sind zusätzliche Angaben zu machen, wenn durch die Bilanz, die Gewinn- und Verlustrechnung und die Pflichtangaben des Anhangs ein tatsächliches Bild der Vermögens-, Finanz- und Ertragslage nicht vermittelt wird.

1 In Anlehnung an *Adler/Düring/Schmaltz* (1995b), § 284 HGB, Tz. 45–48.

Freiwillige Angaben

Neben den gesetzlich geforderten Pflichtangaben sind darüber hinausgehende, freiwillige Angaben im Anhang zulässig, um dem Jahresabschlussadressaten zusätzliche Informationen zur Verfügung zu stellen. Allerdings dürfen derartige Informationen nur insoweit angegeben werden, als sie die Klarheit und Übersichtlichkeit des Anhangs nicht gefährden.

1. Wahlpflichtangaben nach dem HGB	
§ 265 Abs. 3 Satz 1 HGB	Angabe der Mitzugehörigkeit eines Postens zu einem anderen Posten, sofern ein Vermögensgegenstand oder eine Schuld unter mehrere Posten in der Bilanz fällt
§ 268 Abs. 1 Satz 2 HGB	Gesonderte Angabe eines vorhandenen Gewinn- und Verlustvortrages, wenn die Bilanz unter Berücksichtigung der teilweisen Verwendung des Jahresergebnisses aufgestellt wird
§ 268 Abs. 2 Satz 1 HGB	Darstellung der Entwicklung der einzelnen Posten des Anlagevermögens
§ 268 Abs. 2 Satz 3 HGB	Angabe der Abschreibungen des Geschäftsjahres in einer der Gliederung des Anlagevermögens entsprechenden Aufgliederung
§ 268 Abs. 6 HGB	Angabe eines nach § 250 Abs. 3 HGB in den aktiven Rechnungsabgrenzungsposten aufgenommenen Unterschiedsbetrags
§ 268 Abs. 7 HGB	Angabe der in § 251 HGB bezeichneten Haftungsverhältnisse unter Angabe von gewährten Pfandrechten und sonstigen Sicherheiten sowie die gesonderte Angabe solcher Verpflichtungen gegenüber verbundenen Unternehmen
§ 277 Abs. 3 Satz 1 HGB	Angabe von außerplanmäßigen Abschreibungen nach § 253 Abs. 3 Satz 3 und 4
§ 327 Nr. 1 HGB	gesonderte Angaben zu bestimmten Bilanzposten durch mittelgroße Kapitalgesellschaften bei Verwendung des für kleine Kapitalgesellschaften geltenden Gliederungsschemas für die Offenlegung

Tab. 33: Wahlpflichtangaben nach dem HGB

2. Wahlpflichtangaben nach dem AktG	
§ 58 Abs. 2a Satz 2 AktG	Angabe des Betrages des Eigenkapitalanteils von Wertaufholungen und von bei der steuerrechtlichen Gewinnermittlung gebildeten Passivposten, die in andere Gewinnrücklagen eingestellt werden
§ 152 Abs. 2 AktG	Angabe der während des Geschäftsjahres eingestellten und entnommenen Beträge der Kapitalrücklage
§ 152 Abs. 3 AktG	Angabe der Beträge, die die Hauptversammlung aus dem Bilanzgewinn des Vorjahres oder aus dem Jahresüberschuss des Geschäftsjahres in die Gewinnrücklagen eingestellt oder für das Geschäftsjahr entnommen hat
§ 158 Abs. 1 Satz 2 AktG	Darstellung der Entwicklung des Jahresüberschusses bzw. -fehlbetrages zum Bilanzgewinn bzw. -verlust
§ 160 Abs. 1 Nr. 3 AktG	Angabe von Zahl und Nennbetrag unterschiedlicher Aktiengattungen

Tab. 34: Wahlpflichtangaben nach dem AktG

3. Wahlpflichtangaben nach dem GmbHG	
§ 29 Abs. 4 Satz 2 GmbHG	Der in andere Gewinnrücklagen eingestellte Eigenkapitalanteil von Wertaufholungen bei Vermögensgegenständen des Anlage- und Umlaufvermögens und von bei der steuerrechtlichen Gewinnermittlung gebildeten Passivposten, die nicht im Sonderposten mit Rücklageanteil ausgewiesen werden dürfen
§ 42 Abs. 3 GmbHG	Angabe von Ausleihungen, Forderungen und Verbindlichkeiten gegenüber Gesellschaftern

Tab. 35: Wahlpflichtangaben nach dem GmbHG

Aufgabe 70: Anhangangaben

Im Jahresabschluss der Y-AG (große Kapitalgesellschaft i. S. d. § 267 HGB) sind folgende Anhangangaben sowie Sachverhalte zu finden:

a) Den Mitgliedern des Vorstandes und des Aufsichtsrates wurden Gesamtbezüge i. H. v. 10.000.000 € gezahlt.
b) Die Umsatzerlöse werden nach Sparten aufgegliedert. Eine Aufgliederung nach Regionen fehlt völlig, obwohl die Y-AG gleichermaßen innerhalb der EU als auch in den USA sowie in Südostasien Umsätze generiert.
c) Im Vergleich zum Vorjahr haben sich die Bewertungs- und Abschreibungsmethoden für dieses Geschäftsjahr nicht geändert. Angaben zu den Methoden sind dem Anhang des Vorjahres zu entnehmen.
d) Die Bilanzgliederung der Y-AG unterliegt aufgrund der Eingliederung eines anderen Unternehmens erheblichen Änderungen im Vergleich zum Vorjahr.
e) Im Anhang werden die Erläuterungen zu dem auf jede Aktiengattung entfallenden Betrag des Grundkapitals aus der Bilanz wiederholt. Weitere Angaben werden nicht gemacht.
f) Die Y-AG wendet das Umsatzkostenverfahren an. Der Anhang enthält die Materialaufwendungen.

Beurteilen Sie die dargelegten Sachverhalte hinsichtlich der Behandlung im Anhang.

→ **Lösung auf Seite 376**

C. Kapitalflussrechnung

1. Charakterisierung

Die Kapitalflussrechnung (KFR) stellt gemäß § 264 Abs. 1 Satz 2 HGB auch einen Pflichtbestandteil im Jahresabschluss von solchen kapitalmarktorientierte Kapitalgesellschaften dar, die nicht zur Aufstellung eines Konzernabschlusses verpflichtet sind. Für

Letztere ergibt sich die Pflicht zur Erstellung einer Kapitalflussrechnung nach den Vorschriften des § 297 Abs. 1 HGB bzw. des § 11 PublG. Die Gesetzesvorschriften regeln jedoch keine konkrete Ausgestaltung der KFR. Inhaltliche Vorgaben zu deren Erstellung liefert der DRS 2.

Ausgehend von der Beobachtung, dass der Jahresüberschuss, der in Form der Gewinn- und Verlustrechnung ermittelt und offen gelegt wird, auf Grund von Wahlrechten und Ermessensspielräumen in gewissen Bandbreiten gestaltbar ist, wird mit der Kapitalflussrechnung und den mit ihr ermittelten Varianten des Cash Flow eine Größe ermittelt, die nominell zunächst eine Finanzstromgröße ist – der Cash Flow der Periode stellt die Veränderung des Finanzmittelbestandes der Periode dar. Andererseits kann diese Kennzahl aber auch als Erfolgsgröße interpretiert werden, da v. a. in der indirekten Ermittlungsmethode der Jahresüberschuss um bestimmte (nämlich die nicht zahlungswirksamen und daher mit besonderen Spielräumen behafteten) Erfolgskomponenten bereinigt wird. Daher besitzt die Kapitalflussrechnung für viele Jahresabschlussadressaten einen besonderen Stellenwert.

Formelles Ziel der KFR ist es, die Veränderung des Finanzmittelbestandes von einer Periode zur nächsten transparent zu machen. Dabei setzen sich die Zahlungsmittel aus dem Kassenbestand und aus Sichteinlagen bei Kreditinstituten zusammen, werden aber regelmäßig auch um andere, kurzfristig verfügbare Mittel, wie etwa Kontokorrentkredite bei Banken, zu ergänzen sein. Die deutsche Entsprechung findet sich in § 266 Abs. 2 HGB mit dem Posten »Kassenbestand, Bundesbankguthaben, Guthaben bei Kreditinstituten und Schecks«. Zahlungsmitteläquivalente hingegen setzen sich aus Mitteln zusammen, die dem Unternehmen zur Aufrechterhaltung seiner jederzeitigen Zahlungsbereitschaft, nicht jedoch für Investitionsvorhaben dienen. Sie sind kurzfristiger Natur und ohne wesentliche Wertabschläge in Zahlungsmittel zu transformieren. In der Regel fallen hierunter etwa kurzfristige Finanzinvestitionen mit einer Restlaufzeit von weniger als drei Monaten (DRS 2.18).

Um die Veränderungen des Finanzmittelbestandes zu erklären, wird eine KFR in drei Aktivitätsbereiche untergliedert:

- laufende Geschäftstätigkeit;
- Investitionstätigkeit;
- Finanzierungstätigkeit.

Diese Unterteilung soll es dem Jahresabschlussleser ermöglichen, die Veränderungen des Finanzmittelbestandes in seiner Entstehung besser nachvollziehen und interpretieren zu können, da hierdurch ein verbesserter Einblick in die Mittelherkunft und -verwendung gewährt wird. Des Weiteren fordert DRS 2.10 bei der Erstellung der Kapitalflussrechnung die Einhaltung des Grundsatzes der Stetigkeit sowie die Angabe von Vergleichszahlen aus der Vorperiode, was dem Jahresabschlussadressaten die Interpretierbarkeit dieses Rechenwerks erleichtert.

Bei der Aufstellung der KFR sind die Finanzmittelbewegungen, abgesehen vom Cash Flow aus laufender Geschäftstätigkeit, grundsätzlich unsaldiert offen zu legen. Ein saldierter Ausweis ist ausnahmsweise lediglich für die folgenden Posten zulässig:

- Ein- und Auszahlungen im Namen von Kunden, wenn diese Bewegungen eher dem Kunden als dem Unternehmen zuzurechnen sind;
- Ein- und Auszahlungen für Posten mit hoher Umschlagshäufigkeit, großen Beträgen und kurzen Laufzeiten.[1]

2. Aufbau der Kapitalflussrechnung

Zur Aufstellung der drei Teilbereiche der KFR stehen prinzipiell die direkte und die indirekte Vorgehensweise zur Verfügung. Ausgehend von dem Zahlenwerk aus Bilanz und GuV werden bei der direkten Ermittlung der Kapitalflussrechnung die relevanten Ein- und Auszahlungen direkt zum jeweiligen Cash Flow summiert. Diese Methode ist nach DRS 2.12 üblicherweise bei der Ermittlung der Cash Flows aus Investitions- und die Finanzierungstätigkeit anzuwenden. Bei der indirekten Methode, die für den laufenden/betrieblichen Aktivitätsbereich bevorzugt wird, wird hingegen der Jahresüberschuss i. d. R. um diejenigen Erträge und Aufwendungen korrigiert, die nicht zahlungswirksam waren, d. h. nicht zu Ein- bzw. Auszahlungen geführt haben. In beiden Fällen ist die Kapitalflussrechnung in Staffelform zu erstellen, wobei die hierfür jeweils vorgesehenen Mindestgliederungen des DRS 2 einzuhalten sind. Dementsprechend ergeben sich folgende Berechnungsschemata (DRS 2.27):

Periodenergebnis (einschließlich Ergebnisanteilen von Minderheitsgesellschaften) vor außerordentlichen Posten	
±	Abschreibungen/Zuschreibungen auf Gegenstände des Anlagevermögens
±	Zunahme/Abnahme der Rückstellungen
±	Sonstige zahlungsunwirksame Aufwendungen/Erträge, z. B. Abschreibungen auf Wertpapiere des Umlaufvermögens, Abschreibungen auf ein aktiviertes Disagio
±	Verlust/Gewinn aus dem Abgang von Gegenständen des Anlagevermögens
±	Abnahme/Zunahme der Vorräte, der Forderungen aus Lieferungen und Leistungen und anderer Aktiva, die nicht der Investitions- oder Finanzierungstätigkeit zuzurechnen sind, z. B. sonstige Vermögenswerte, aktive Rechnungsabgrenzungsposten
±	Zunahme/Abnahme der Verbindlichkeiten aus Lieferungen und Leistungen sowie anderer Passiva, die nicht der Investitions- oder Finanzierungstätigkeit zugerechnet werden können, z. B. sonstige Verbindlichkeiten, passive Rechnungsabgrenzungsposten
±	Ein-/Auszahlungen aus außerordentlichen Posten
=	**Cash Flow aus laufender/betrieblicher Geschäftstätigkeit (indirekte Ermittlung)**

Abb. 37: Cash Flow aus laufender Geschäftstätigkeit (indirekte Methode)

Alternativ hierzu kann der Cash Flow aus laufender Geschäftstätigkeit auch direkt ermittelt werden (DRS 2.26):

1 Vgl. DRS 2.15.

Einzahlungen von Kunden aus dem Verkauf von Erzeugnissen, Waren und Dienstleistungen	
–	Auszahlungen an Lieferanten und Beschäftigte
+	Sonstige Einzahlungen, die nicht der Investitions- und Finanzierungstätigkeit zugeordnet werden können
–	Sonstige Auszahlungen, die nicht der Investitions- und Finanzierungstätigkeit zugeordnet werden können
±	Ein-/Auszahlungen aus außerordentlichen Posten
=	**Cash Flow aus laufender/betrieblicher Geschäftstätigkeit (direkte Ermittlung)**

Abb. 38: Cash Flow aus laufender Geschäftstätigkeit (direkte Methode)

Hierbei hat der Bilanzierende zu berücksichtigen, dass sich Geschäftsvorfälle, deren Ergebnisse sich als Gewinn oder Verlust im Ergebnis aus der gewöhnlichen Geschäftstätigkeit niederschlagen, auch selbst Saldo unterschiedlicher Transaktionen sein können, also selbst bereits ein Nettoergebnis darstellen können, und somit im Sinne des Bruttoausweises der KFR auch unterschiedlichen Fonds zugerechnet werden müssen.[1] Ein Beispiel hierfür ist ein positiver Gewinnbeitrag aus dem Abgang eines Gegenstandes des Sachanlagevermögens, der im Betriebsergebnis enthalten ist. Die korrespondierenden Zahlungsmittelflüsse sind jedoch dem Investitionsbereich zuzurechnen. Daher sind die Finanzmittel aus laufender Geschäftstätigkeit um diesen Gewinnbeitrag zu kürzen und der gesamte Finanzmittelfluss ist in den Investitionsbereich umzugliedern.

Einzahlungen aus Abgängen von Gegenständen des Sachanlagevermögens	
–	Auszahlungen für Investitionen in das Sachanlagevermögen
+	Einzahlungen aus Abgängen von Gegenständen des immateriellen Anlagevermögens
–	Auszahlungen für Investitionen in das immaterielle Anlagevermögen
+	Einzahlungen aus Abgängen von Gegenständen des Finanzanlagevermögens
–	Auszahlungen für Investitionen in das Finanzanlagevermögen
+	Einzahlungen aus dem Verkauf von konsolidierten Unternehmen und sonstigen Geschäftseinheiten
–	Auszahlungen für den Erwerb von konsolidierten Unternehmen und sonstigen Geschäftseinheiten
+	Einzahlungen auf Grund von Finanzmittelanlagen im Rahmen der kurzfristigen Finanzdisposition
–	Auszahlungen auf Grund von Finanzmittelanlagen im Rahmen der kurzfristigen Finanzdisposition
=	**Cash Flow aus Investitionstätigkeit (direkte Ermittlung)**

Abb. 39: Cash Flow aus Investitionstätigkeit (direkte Methode)

1 Vgl. DRS 2.9.

Der separate Ausweis von Finanzmittelflüssen im Investitionsbereich soll dem Jahresabschlussleser deutlicher vor Augen führen, inwieweit das Unternehmen in der abgelaufenen Periode Kapital gebunden hat, das in zukünftigen Perioden Erträge wie auch Finanzmittel erwirtschaften soll. Dementsprechend werden Mittelbewegungen im Umlaufvermögen hierunter nicht erfasst, sondern der laufenden Geschäftstätigkeit zugeordnet.

Einzahlungen aus Eigenkapitalzuführungen, z. B. Kapitalerhöhungen, Verkauf eigener Anteile	
–	Auszahlungen an Unternehmenseigner und Minderheitsgesellschafter, z. B. Dividenden, Erwerb eigener Anteile
+	Einzahlungen aus der Begebung von Anleihen und der Aufnahme von (Finanz-) Krediten
–	Auszahlungen aus der Tilgung von Anleihen und (Finanz-) Krediten
=	**Cash Flow aus Finanzierungstätigkeit (direkte Ermittlung)**

Abb. 40: Cash Flow aus Finanzierungstätigkeit (direkte Methode)

Im Rahmen der Mittelflüsse aus Finanzierungstätigkeit werden die finanziellen Verknüpfungen des Unternehmens mit den Kapitalgebern (Anteilseigner wie auch Fremdkapitalgeber) abgebildet.

Finanzmittelbestand am Anfang der Periode	
+	Cash Flow aus laufender Geschäftstätigkeit
+	Cash Flow aus Investitionstätigkeit
+	Cash Flow aus Finanzierungstätigkeit
±	Wechselkurs-, konsolidierungskreis- und bewertungsbedingte Wertänderungen des Finanzmittelbestandes
=	**Finanzmittelbestand am Ende der Periode**

Abb. 41: Kapitalflussrechnung und Finanzmittelbestand – Überleitungsrechnung

In Ergänzung zu dieser Fondsveränderungsrechnung ist die Zusammensetzung der Finanzmittel offen zu legen und den korrespondierenden Bilanzposten in einer Überleitungsrechnung gegenüber zu stellen. Dementsprechend ist jeder Posten, der Finanzmittel beinhaltet, so aufzugliedern, dass ersichtlich wird, welche Teile davon auf die Zahlungsmittel oder deren Äquivalente entfallen und der gewöhnlichen Geschäftstätigkeit bzw. dem Investitons- oder dem Finanzierungsbereich zugeordnet werden können. Die hierbei gewählte Zuordnungsmethode ist anzugeben und eventuelle Veränderungen des Finanzmittelfonds im Vergleich zum Vorjahr sind anzugeben.[1]

1 Vgl. DRS 2.52 i. V. m. 2.9.

3. Abgrenzungen und Angabepflichten

Hinsichtlich einiger Posten gibt DRS 2 Hinweise zur sachgerechten Zuordnung zu den verschiedenen Aktivitätsbereichen und fordert spezielle Angaben. Hierzu gehören folgende Posten:

- *Ertragsteuern (DRS 2.40–43)*
  Ertragsteuerzahlungen sind generell der laufenden Geschäftstätigkeit zuzurechnen, es sei denn, sie könnten vollständig oder teilweise anderen Aktivitätsbereichen eindeutig zugerechnet werden. Für Ertragsteuern ist ein gesonderter Ausweis entweder in der KFR oder im Anhang notwendig.
- *Zinszahlungen (DRS 2.36–39)*
  Diese sind generell der laufenden Geschäftstätigkeit zuzurechnen; alternativ ist es bei sachlicher Begründung möglich, gezahlte Zinsen dem Finanzierungsbereich, erhaltene Zinsen hingegen der Investitionstätigkeit zuzurechnen. Auch hierbei ist ein gesonderter Ausweis entweder in der KFR oder im Anhang.
- *Dividenden (DRS 2.36–39)*
  Erhaltene Dividenden werden standardmäßig der laufenden Geschäftstätigkeit zugeordnet. In begründeten Ausnahmefällen ist es aber auch möglich, erhaltene Dividenden der Investitionstätigkeit zuzuordnen. Gezahlte Dividenden hingegen sind der Finanzierungstätigkeit zuzurechnen und gesondert anzugeben.
- *Fremdwährungsgeschäfte (DRS 2.21–22)*
  Mittelbewegungen aus Geschäften in Fremdwährung sind prinzipiell jeweils zum Wechselkurs am Bilanzstichtag zu bewerten. Die Wertveränderungen dieser Transaktionen sind als unrealisierte Gewinne bzw. Verluste nicht Bestandteil der KFR und werden deshalb in einem besonderen Posten der KFR ausgewiesen. Dieser ist notwendig, um die Überleitung vom Finanzmittelfonds der letzten Berichtsperiode auf den der aktuellen Berichtsperiode konsistent abzubilden.
- *Sicherungsgeschäfte (DRS 2.47)*
  Zahlungen aus Termin-, Devisentermin-, Options- und Swap-Kontrakten, die als Sicherungsgeschäfte dienen, werden entsprechend den Zahlungen ihrer zugehörigen Grundgeschäfte behandelt.
- *Erwerb und Verkauf von konsolidierten Unternehmen und sonstigen Geschäftseinheiten (DRS 2.44–46)*
  Werden in der Periode Anteile an anderen Unternehmen erworben oder veräußert, sind die entsprechenden zahlungswirksamen Beträge (d. h. der Kaufpreis abzgl. der mitveräußerten Finanzmittel als Zufluss oder Abfluss) explizit auszuweisen. Naturgemäß werden diese Transaktionen grundsätzlich der Investitionstätigkeit zugerechnet. Gefordert werden dabei Angaben zu:
  - Verkaufserlösen bzw. Kaufpreisen;
  - dem Anteil an Kauf- bzw. Verkaufspreisen, die auf Zahlungsmittel und deren Äquivalente entfallen;
  - dem Betrag von Zahlungsmitteln und äquivalenten, die in den transferierten Unternehmen vorhanden waren;

- dem Betrag der Vermögenswerte (außer Zahlungsmittel und äquivalente) und Schulden, aufgegliedert nach Bilanzposten.[1]

- *Unbare Transaktionen (DRS 2.48 – 49)*
  Aufgrund ihrer Zielsetzung zählen nicht zahlungswirksame Transaktionen – also solche, die nicht zu einer Veränderung des Finanzmittelbestandes führen, z. B. Kauf von Vermögenswerten durch Schuldübernahme oder durch Finanzierungsleasing (DRS 2.49) – nicht zu den Sachverhalten, die innerhalb einer KFR zu erfassen sind.
- *Außerordentliche Posten (DRS 2.50)*
  Zahlungsströme aus außerordentlichen Posten sind, sofern sie wesentlich sind, in der Kapitalflussrechnung gesondert anzugeben.
- *Minderheitsgesellschafter (DRS 2.51)*
  Ein- und Auszahlungen von und an Minderheitsgesellschafter, wie etwa Eigenkapitalzuführungen und -rückzahlungen von und an diese Gesellschafter sowie Dividenden und sonstige Ausschüttungen, sind innerhalb der Kapitalflussrechnung gesondert auszuweisen, sofern sie nicht unter den ergänzenden Angaben im Anhang gesondert angegeben werden.

D. Eigenkapitalveränderungsrechnung

Wie die Kapitalflussrechnung stellt auch die Eigenkapitalveränderungsrechnung (*auch: Eigenkapitalspiegel*) gemäß § 297 Abs. 1 HGB einen separaten Bestandteil des Konzernabschlusses dar. Nach § 264 Abs. 1 Satz 2 HGB müssen darüber hinaus auch kapitalmarktorientierte Kapitalgesellschaften, die nicht zur Aufstellung eines Konzernabschlusses verpflichtet sind, eine Eigenkapitalveränderungsrechnung offenlegen.

Diese muss entweder sämtliche Veränderungen des Eigenkapitals beinhalten oder aber zumindest diejenigen Veränderungen des Eigenkapitals offenlegen, die nicht aus finanziellen Transaktionen mit den Anteilseignern resultieren. Eine konkrete handelsrechtliche Detailregelung zur Aufstellung des Eigenkapitalspiegels existiert nicht, so dass ein Rückgriff auf die Ausführungen des DRS 7 notwendig ist, der sowohl für nach HGB bilanzierende Konzern- als auch Nicht-Konzernunternehmen die Bestandteile des Eigenkapitalspiegels regelt.

Der Vollständigkeit halber wird in der folgenden Darstellung der Eigenkapitalveränderungsrechnung von einem Konzern ausgegangen. Handelt es sich beim bilanzierenden Unternehmen um eine kapitalmarktorientierte Kapitalgesellschaft, die nicht zur Aufstellung eines Konzernabschlusses verpflichtet ist, sind ggf. nicht relevante Bestandteile zu ignorieren.

In diesem Rechenwerk ist die Entwicklung des (Konzern-) Eigenkapitals getrennt nach eigenen und Minderheitsanteilen darzustellen, wobei sich das (Konzern-) Eigenkapital aus den in *Abb. 42* dargestellten Posten zusammensetzt (DRS 7.7).

---

1 Vgl. DRS 2.52.

	Gezeichnetes Kapital des Mutterunternehmens
–	Nicht eingeforderte ausstehende Einlagen des Mutterunternehmens
+	Kapitalrücklage (des Mutterunternehmens)
+	Erwirtschaftetes (Konzern-) Eigenkapital
–	Eigene Anteile, die zur Einziehung bestimmt sind
+	Kumuliertes übriges (Konzern-) Ergebnis, soweit es auf die Gesellschafter des Mutterunternehmens entfällt
=	**Eigenkapital des Mutterunternehmens gemäß (Konzern-) Bilanz**
–	Eigene Anteile, die nicht zur Einziehung bestimmt sind
=	**Eigenkapital des Mutterunternehmens**
+	Eigenkapital der Minderheitsgesellschafter
	• davon: Minderheitenkapital
	• davon: kumuliertes übriges (Konzern-) Ergebnis, soweit es auf den Minderheitsgesellschafter entfällt
=	**(Konzern-) Eigenkapital**

Abb. 42: Darstellung der Entwicklung des (Konzern-) Eigenkapitals

Dabei setzt sich das erwirtschaftete (Konzern-) Eigenkapital aus genau dem Anteil des Eigenkapitals zusammen, der nicht auf die Minderheitsgesellschafter entfällt, d. h. zum einen aus dem Jahresüberschuss/-fehlbetrag des Mutterunternehmens selbst sowie aus den vom Mutterunternehmen einbehaltenen Jahresüberschüssen/-fehlbeträgen der Tochterunternehmen, zum anderen aus den vorhandenen Gewinnrücklagen und dem Ergebnisvortrag des Mutterunternehmens. Auch aus dem ergebniswirksamen Konsolidierungsvorgang resultierende Gewinne/Verluste werden unter dem Posten erwirtschaftetes Konzerneigenkapital subsumiert.

Zum erwirtschafteten (Konzern-) Eigenkapital sind die Beträge anzugeben, die zur Ausschüttung an die Gesellschafter zur Verfügung stehen, sowie Beträge, die gesetzlichen, gesellschaftsvertraglichen oder satzungsmäßigen Ausschüttungssperren unterliegen.

Die Kapitalrücklage umfasst alle von den Eigenkapitalgebern erfolgsneutral vorgenommenen Ein- und Auszahlungen, die nicht Bestandteil des gezeichneten Kapitals sind.

Der auf das Mutterunternehmen und die Minderheitsgesellschafter angefallene (Konzern-) Jahresüberschuss/-fehlbetrag ist dann unter Berücksichtigung des übrigen (Konzern-) Ergebnisses auf das (Konzern-) Gesamtergebnis überzuleiten. Als übriges (Konzern-) Ergebnis sind solche Ein- und Auszahlungen zu verstehen, die erfolgsneutral sind und auch nicht auf Ebene der Gesellschafter erfolgt sind, denn erstere Zahlungsvorgänge werden im Rahmen des Jahresüberschusses/ -fehlbetrags, Letztere innerhalb der Kapitalrücklagen erfasst. Als Beispiel für einen Bestandteil des übrigen (Konzern-) Ergebnisses kann der Ausgleichsposten für die Fremdwährungsumrechnung genannt werden.

Entwicklung des Eigenkapitals (Millionen €)						
	Ausstehende Aktien (Stück)	Gezeichnetes Kapital	Kapitalrücklage	Gewinnrücklagen/ Bilanzgewinn	Sonstige Eigenkapitalposten[1]	Eigenkapital der Aktionäre der BASF SE
Stand 01.01.2011	918.478.694	1.176	3.216	15.817	1.195	21.404
Effekte aus sukzessivem Anteilserwerb	–	–	–	34	–	34
Effekte aus Beherrschungsübergang	–	–	–	–	–	–
Gezahlte Dividende	–	–	–	−2.021	–	−2.021
Jahresüberschuss	–	–	–	6.188	–	6.188
Veränderung der direkt im Eigenkapital zu erfassenden Aufwendungen und Erträge	–	–	–	−582	−881	−1.463
Änderungen des Konsolidierungskreises und sonstige Veränderungen	–	–	−13[3]	10	–	−3
Stand 31.12.2011	918.478.694	1.176	3.203	19.446	314	24.139
Stand 01.01.2010	918.478.694	1.176	3.229	12.916	156	17.477
Effekte aus Beherrschungsübergang	–	–	–	–	–	–
Kapitalrückzahlung/ -einzahlung	–	–	–	–	–	–
Gezahlte Dividende	–	–	–	−1.561	–	−1.561
Jahresüberschuss	–	–	–	−4.557	–	4.557
Veränderung der direkt im Eigenkapital zu erfassenden Aufwendungen und Erträge	–	–	–	−101	1.039	938
Änderungen des Konsolidierungskreises und sonstige Veränderungen	–	–	−13[3]	6	–	-7
Stand 31.12.2010	918.478.694	1.176	3.216	15.817	1.195	21.404

	Anteile anderer Gesellschafter	Eigenkapital
Stand 01.01.2011	1.253	22.657
Effekte aus sukzessivem Anteilserwerb	−2	32
Effekte aus Beherrschungsübergang	2	2
Gezahlte Dividende	−457[2]	−2.478
Jahresüberschuss	415	6.603
Veränderung der direkt im Eigenkapital zu erfassenden Aufwendungen und Erträge	−2	−1.465
Änderungen des Konsolidierungskreises und sonstige Veränderungen	37	34
Stand 31.12.2011	1.246	25.385
Stand 01.01.2010	1.132	18.609
Effekte aus Beherrschungsübergang	−53	−53
Kapitalrückzahlung/-einzahlung	−18	−18
Gezahlte Dividende	−370[2]	−1.931
Jahresüberschuss	517	5.074
Veränderung der direkt im Eigenkapital zu erfassenden Aufwendungen und Erträge	42	980
Änderungen des Konsolidierungskreises und sonstige Veränderungen	3	−4
Stand 31.12.2010	1.253	22.657

1 Die Zusammensetzung ist in der Darstellung der »Entwicklung der ergebnisneutral im Eigenkapital der Aktionäre der BASF SE erfassten Erträge und Aufwendungen« auf Seite 143 erläutert.
2 Inklusive Ergebnisabführung
3 Gewährung von BASF-Aktien im Rahmen des Mitarbeiterbeteiligungsprogramms »Plus«

Abb. 43: Eigenkapitalveränderungsrechnung (Quelle: Geschäftsbericht BASF 2011)

Die Veränderung der einzelnen Bestandteile des (Konzern-) Eigenkapitals ist darzustellen bzw. überzuleiten, denn sowohl für das Berichtsjahr als auch für das Vorjahr ist der Eigenkapitalspiegel aufzustellen. *Abb. 43* enthält einen Konzerneigenkapitalspiegel nach DRS 7.

Ergänzende Angaben zum erwirtschafteten (Konzern-) Eigenkapital sind über solche Beträge, die am Bilanzstichtag zur Ausschüttung an die Gesellschafter zur Verfügung stehen sowie gesetzlichen, satzungsmäßigen oder gesellschaftsvertraglichen Ausschüttungssperren unterliegen, zu machen.

E. Lagebericht

1. Grundlagen

Der Lagebericht ist ein *eigenständiger Teil der Rechnungslegung* (d. h. kein Bestandteil des Jahresabschlusses) und muss von mittelgroßen und großen Kapitalgesellschaften i. S. d. § 267 Abs. 2 und 3 HGB (vgl. § 264 Abs. 1 Satz 1 und 4 HGB) sowie von Genossenschaften (§ 336 HGB) aufgestellt werden. Kreditinstitute (§ 340a HGB) und Versicherungsunternehmen (§ 341a Abs. 1 HGB) sind unabhängig von Größe und Rechtsform zur Aufstellung eines Lageberichtes verpflichtet. Der Lagebericht hat zum Ziel:

- die Vermittlung eines Bildes über die gegenwärtigen und künftigen Verhältnisse der Gesellschaft;
- die Ergänzung des Jahresabschlusses um Informationen, die der Jahresabschluss wegen seiner Periodenbezogenheit nicht erbringen kann;
- die Informations- und Rechenschaftsfunktion.

Besondere Beachtung kommt Kapitalgesellschaften im Sinne des § 264d HGB zu. Diese sind gemäß § 289 Abs. 5 HGB verpflichtet, im Lagebericht zusätzlich die wesentlichen Merkmale ihres internen Kontroll- und Risikomanagementsystems im Hinblick auf den Rechnungslegungsprozess zu beschreiben.

Bei der Aufstellung des Lageberichts steht das Gläubigerschutzprinzip, woraus wiederum das Vorsichtsprinzip sowie das Imparitätsprinzip abgeleitet werden können, im Vordergrund. Aus diesen Prinzipien leiten sich die Grundsätze ordnungsmäßiger Lageberichterstattung ab. Hierzu gehören der:

- Grundsatz der Vollständigkeit;
- Grundsatz der Wesentlichkeit;
- Grundsatz der Richtigkeit;
- Grundsatz der Klarheit;
- Grundsatz der Vergleichbarkeit;
- Grundsatz der Informationsabstufung.

Bei der Aufstellung des Lageberichts gilt das Stichtagsprinzip nicht.

2. Bestandteile des Lageberichts

Entsprechend der gesetzlichen Definition in § 289 bzw. § 289a HGB ergeben sich nachfolgend aufgeführte gesetzliche Bestandteile des Lageberichts (vgl. *Abb. 44*). Darüber hinaus kann das aufstellende Unternehmen den Lagebericht um freiwillige Bestandteile, wie z. B. eine Segmentberichterstattung, ergänzen.

i. Wirtschaftsbericht

Im *Wirtschaftsbericht* müssen der *Geschäftsverlauf* und die *Lage der Gesellschaft* in der Form dargestellt werden, dass ein den tatsächlichen Verhältnissen entsprechendes Bild der Vermögens-, Finanz- und Ertragslage vermittelt wird. Zudem muss der Lagebericht

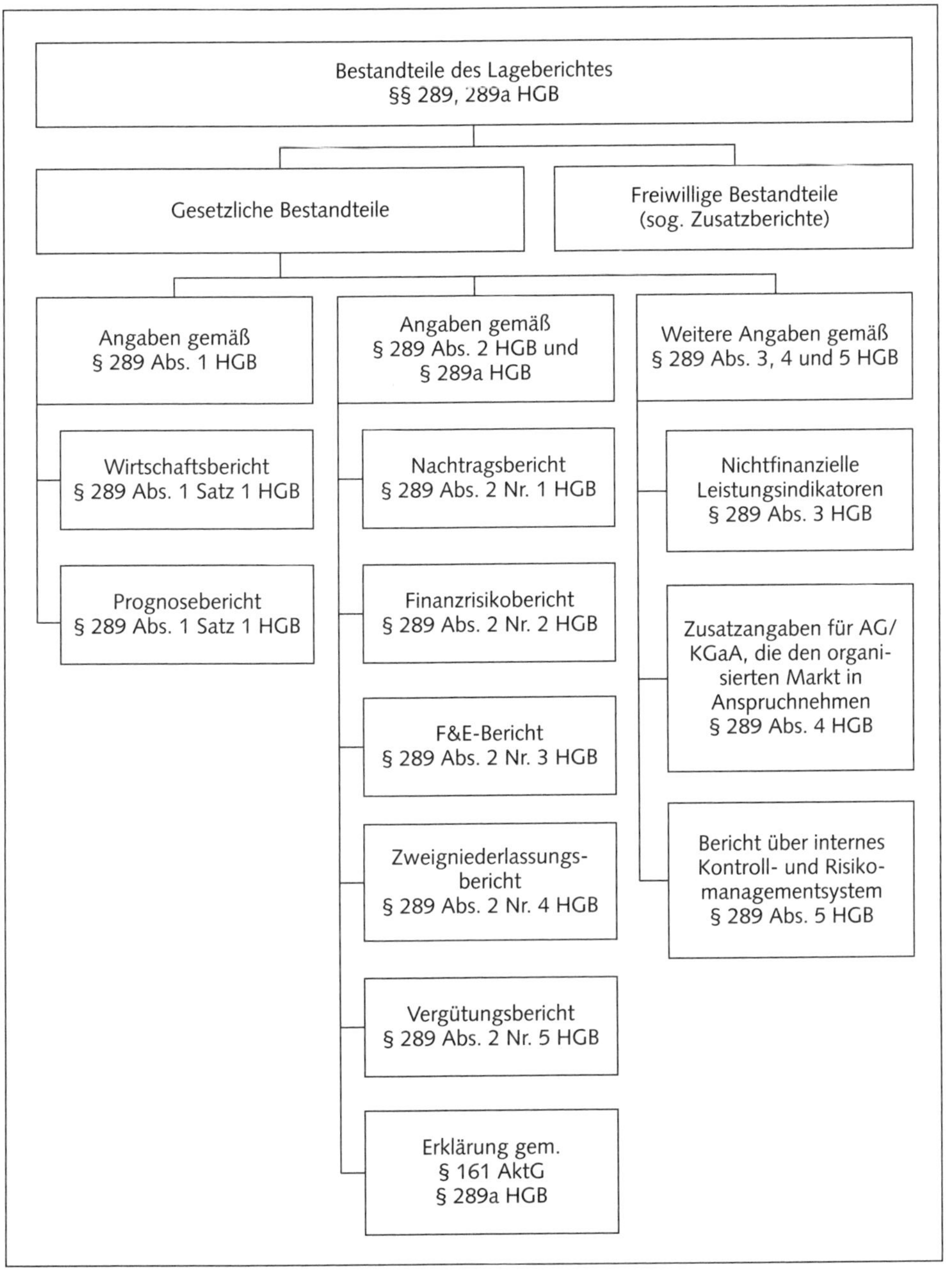

Abb. 44: Bestandteile des Lageberichtes

mit dem Jahresabschluss im Einklang stehen, d. h. er darf kein abweichendes Bild von der Lage der Gesellschaft vermitteln. Das Geschäftsergebnis ist mit Hilfe finanzieller, bei großen Kapitalgesellschaften auch nicht-finanzieller, Leistungsindikatoren darzustellen und zu analysieren.

Die *Darstellung des Geschäftsverlaufs* zeigt auf, wie sich die Geschäfte im abgelaufenen Geschäftsjahr entwickelt haben und welche Umstände dafür ursächlich waren. Sie beinhaltet:

- wirtschaftliche und gesellschaftliche Rahmenbedingungen;
- Entwicklung des Jahresergebnisses;
- Angaben über den Beschaffungs-, Produktions-, Absatz-, Investitions- und Finanzierungsbereich;
- Angaben über das Personal- und Sozialwesen;
- Angaben über wichtige Ereignisse während des Berichtsjahres.

Die *Darstellung der Lage der Gesellschaft* baut auf der Darstellung des Geschäftsverlaufs auf und enthält Angaben über

- die Unternehmensstruktur,
- die Absatzlage,
- die Vermögenslage,
- die Finanzlage und
- die Ertragslage.

ii. Prognosebericht

Der *Prognosebericht* beinhaltet die Darstellung der voraussichtlichen Unternehmensentwicklung sowie der wesentlichen, hiermit verbundenen Chancen und Risiken, d. h. mögliche Vorteile und Gefahren, aufgrund positiver oder negativer Abweichungen von Erwartungswerten, die sich auf die künftige Entwicklung der Kapitalgesellschaft auswirken können. Bei den zu berücksichtigenden Chancen und Risiken handelt es sich um

- unternehmensinterne Chancen und Risiken,
- Chancen und Risiken aus der allgemeinen Marktentwicklung,
- Entwicklungschancen- und -risiken aus dem technischen Bereich,
- Chancen und Risiken aus dem gesetzlichen Bereich und
- Chancen und Risiken aus dem sozialen sowie ökonomischen Bereich.

Der zeitliche Horizont, für den Prognosen abzugeben sind, ist i. d. R. auf zwei Jahre ausgelegt, da ein darüber hinausgehender Zeithorizont eine ansteigende Prognoseunsicherheit beinhaltet. Quantitative Prognoseangaben werden empfohlen (DRS 15.120).

iii. Nachtragsbericht

Der Nachtragsbericht berichtet über Vorgänge im neuen Geschäftsjahr, deren Kenntnis für die Beurteilung der Lage und des Jahresabschlusses der Gesellschaft bedeutsam sind (der Grundsatz der Wesentlichkeit ist zu beachten). Hierzu gehören Angaben über:

- wirtschaftliche und politische Ereignisse;
- Verschlechterung der Geschäftslage;
- Drohen oder Eintritt von schweren Verlusten;
- gravierende Marktveränderungen;
- einzelne Geschäftsvorfälle (z. B. Kauf/Verkauf von Grundstücken oder Beteiligungen, Abschluss wichtiger Verträge).

Die Berichterstattung hat sowohl über negative als auch positive Vorgänge zu erfolgen. Eine Unterlassung der Berichterstattung ist nur in begründeten Ausnahmefällen (z. B. Insolvenzrisiko) zulässig.

iv. Finanzrisikobericht

Der Finanzrisikobericht enthält gem. § 289 Abs. 2 Nr. 2 HGB Angaben über die Risikomanagementziele und -methoden des Unternehmens einschließlich Darstellung der Absicherungsstrategien und -maßnahmen aller wichtigen Transaktionsarten, die im Rahmen der Bilanzierung von Sicherungsgeschäften erfasst werden. Hierbei ist auch auf Preisänderungs-, Ausfall- und Liquiditätsrisiken und Risiken aus Zahlungsstromschwankungen gesondert einzugehen.

v. Forschungs- und Entwicklungsbericht

Sowohl Kapitalgesellschaften, die eigene Forschung und Entwicklung betreiben, als auch solche, die durch Dritte forschen und entwickeln lassen, sind berichtspflichtig. Die Berichtspflicht beschränkt sich auf Angaben, die die zu schützenden Interessen der Gesellschaft nicht gefährden (sog. Konkurrenzschutz). Der Forschungs- und Entwicklungsbericht enthält Angaben über:

- bestehende Forschungs- und Entwicklungseinrichtungen;
- Anzahl der im Forschungs- und Entwicklungsbereich tätigen Mitarbeiter;
- Forschungs- und Entwicklungsinvestitionen und damit im Zusammenhang stehende empfangene Zuwendungen;
- Höhe der Gesamtaufwendungen für Forschung und Entwicklung.

vi. Zweigniederlassungsbericht

Der Zweigniederlassungsbericht enthält Angaben über Gegenstand, Firmierung und Sitz der Niederlassung sowie über wesentliche Veränderungen bzgl. Einrichtung, Zusammenlegung, Sitzverlegung und Auflösung im Berichtsjahr. Mit Hilfe des Zweigniederlassungsberichts soll schließlich die geographische Marktpräsenz der Kapitalgesellschaft dargestellt werden.

vii. Vergütungsbericht

Gem. § 289 Abs. 2 Nr. 5 HGB sind die Grundzüge des Vergütungssystems der Gesellschaft für die Mitglieder des Geschäftsführungsorgans, des Aufsichtsrats, des Beirats oder einer ähnlichen Einrichtung (vgl. § 285 Nr. 9 HGB) je nach Personengruppe gesondert zu erläutern. Den Schwerpunkt der Erläuterung bildet die Aufschlüsselung der Vergütung in erfolgsabhängige und erfolgsunabhängige Vergütungsbestandteile sowie die Aufspaltung der Gesamtvergütung in einzelne Bezüge unterschiedlicher Art, bspw. Gehälter, Gewinnbeteiligungen, Bezugsrechte und sonstige aktienrechtliche Vergütungen, Aufwandsentschädigungen, Versicherungsentgelte, Provisionen etc. (§ 285 Nr. 9 HGB).

viii. Erklärung zur Unternehmensführung

Die Erklärung zur Unternehmensführung ist von allen börsennotierten sowie von Aktiengesellschaften, die ausschließlich andere Wertpapiere als Aktien an einem organisierten Markt ausgegeben haben, in den Lagebericht aufzunehmen. Sie umfasst eine Erklärung der Unternehmensführung darüber, inwieweit den Empfehlungen der »Regierungskommission Deutscher Corporate Governance Kodex« entsprochen wurde (Erklärung nach 161 AktG), inwieweit über die gesetzlichen Anforderungen hinaus gehende Unternehmensführungspraktiken angewandt werden sowie einen Hinweis darauf, wo Letztere öffentlich zugänglich sind. Sie enthält weiterhin eine Beschreibung der Arbeitsweise von Vorstand und Aufsichtsrat bzw. der Zusammensetzung und Arbeitsweise von deren Ausschüssen.

ix. Bericht über nichtfinanzielle Leistungsindikatoren

Bei einer großen Kapitalgesellschaft i. S. d. § 267 Abs. 3 HGB sind die Angaben des Wirtschaftsberichtes nach Abs. 1 entsprechend für nichtfinanzielle Leistungsindikatoren zu ergänzen, etwa Informationen über Umwelt- und Arbeitnehmerbelange, soweit sie für das Verständnis des Geschäftsverlaufs oder der Lage von Bedeutung sind.

x. Zusatzangaben für AG/KGaA

Gemäß § 289 Abs. 4 HGB haben Aktiengesellschaften und Kommanditgesellschaften auf Aktien, die einen organisierten Markt im Sinne des § 2 Abs. 7 WpÜG durch von ihnen ausgegebene stimmberechtigte Aktien in Anspruch nehmen, im Anhang folgende Angaben zu machen:

- die Zusammensetzung des gezeichneten Kapitals; bei verschiedenen Aktiengattungen sind für jede Gattung die damit verbundenen Rechte und Pflichten und der Anteil am Gesellschaftskapital anzugeben, soweit die Angaben nicht im Anhang zu machen sind;
- Beschränkungen, die Stimmrechte oder die Übertragung von Aktien betreffen, auch wenn sie sich aus Vereinbarungen zwischen Gesellschaftern ergeben können, soweit sie dem Vorstand der Gesellschaft bekannt sind;
- direkte oder indirekte Beteiligungen am Kapital, die 10 vom Hundert der Stimmrechte überschreiten, soweit die Angaben nicht im Anhang zu machen sind;
- die Inhaber von Aktien mit Sonderrechten, die Kontrollbefugnisse verleihen; die Sonderrechte sind zu beschreiben;
- die Art der Stimmrechtskontrolle, wenn Arbeitnehmer am Kapital beteiligt sind und ihre Kontrollrechte nicht unmittelbar ausüben;
- die gesetzlichen Vorschriften und Bestimmungen der Satzung über die Ernennung und Abberufung der Mitglieder des Vorstands und über die Änderung der Satzung;
- die Befugnisse des Vorstands insbesondere hinsichtlich der Möglichkeit, Aktien auszugeben oder zurückzukaufen;
- wesentliche Vereinbarungen der Gesellschaft, die unter der Bedingung eines Kontrollwechsels infolge eines Übernahmeangebots stehen, und die hieraus folgenden Wirkungen; die Angabe kann unterbleiben, soweit sie geeignet ist, der Gesellschaft einen erheblichen Nachteil zuzufügen; die Angabepflicht nach anderen gesetzlichen Vorschriften bleibt unberührt;
- Entschädigungsvereinbarungen der Gesellschaft, die für den Fall eines Übernahmeangebots mit den Mitgliedern des Vorstands oder Arbeitnehmern getroffen sind, soweit die Angaben nicht im Anhang zu machen sind.

Sind Angaben nach Satz 1 bereits im Anhang zu machen, ist im Lagebericht darauf zu verweisen.

xi. Bericht über internes Kontroll- und Risikomanagementsystem

Kapitalmarktorientierte Kapitalgesellschaften i. S. d. § 264d HGB haben im Lagebericht die wesentlichen Merkmale des internen Kontroll- und des Risikomanagementsystems im Hinblick auf den Rechnungslegungsprozess zu beschreiben.

xii. Zusatzbericht

Im Zusatzbericht kann die Kapitalgesellschaft über das gesetzlich vorgeschriebene Maß hinaus freiwillig zusätzliche Angaben (z. B. Segmentberichterstattungen, Informationen für Aktionäre) verfassen. Allerdings dürfen die freiwilligen Angaben die gesetzlichen Pflichtangaben nicht in den Hintergrund drängen. Die Kapitalgesellschaft hat, gerade was den Zusatzbericht betrifft, den Grundsatz der Wesentlichkeit in besonderem Maße zu beachten.

V. Aufstellung, Prüfung, Offenlegung

Von dem zum Abschlussstichtag aufzustellenden Jahresabschluss ist die Bilanz nur ein Teil. Neben der Bilanz müssen alle Kaufleute (Einzelunternehmen, Personengesellschaften und Kapitalgesellschaften) noch die Gewinn- und Verlustrechnung aufstellen. Darüber hinaus sind Kapitalgesellschaften zur Aufstellung eines Anhangs (§§ 284–288 HGB) und, wenn es sich um mittelgroße oder große Kapitalgesellschaften i. S. d. § 267 HGB handelt, eines Lageberichtes (§ 289 HGB i. V. m. § 264 Abs. 1 Satz 4 HGB) verpflichtet. Für sämtliche kapitalmarktorientierten Kapitalgesellschaften, die nicht zur Aufstellung eines Konzernabschlusses verpflichtet sind, ist zudem die Erstellung einer eigenen Kapitalflussrechnung sowie einer eigenen Eigenkapitalveränderungsrechnung vorgeschrieben (§ 264 Abs. 1 Satz 2 HGB).

Aufstellungsfrist					
Rechtsform	**Einzelunternehmen/ Personengesellschaften**		**Kapitalgesellschaften**		
	die nicht unter das PublG fallen (§ 1 PublG)	**die unter das PublG fallen (§ 1 PublG)**	**kleine**	**mittelgroße**	**große**
Aufzustellen sind:	Bilanz, GuV	Bilanz, GuV	Bilanz, GuV, Anhang	Bilanz, GuV, Anhang, Lagebericht	Bilanz, GuV, Anhang, Lagebericht
Frist:	Innerhalb der einem ordnungsmäßigen Geschäftsgang entsprechenden Zeit (*entspricht einer Frist von 6 bis 12 Monaten*[1])	In den ersten drei Monaten des Geschäftsjahres für das vergangene Geschäftsjahr. (*3 Monate*)	Grundsätzlich in den ersten drei Monaten des Geschäftsjahres für das vergangene Geschäftsjahr mit der Möglichkeit zu einer späteren Aufstellung, wenn dies einem ordnungsmäßigen Geschäftsgang entspricht, jedoch innerhalb der ersten sechs Monate (*3 bis 6 Monate*)	In den ersten drei Monaten des Geschäftsjahres für das vergangene Geschäftsjahr. (*3 Monate*)	In den ersten drei Monaten des Geschäftsjahres für das vergangene Geschäftsjahr. (*3 Monate*)
Gesetzliche Vorschrift:	§ 243 Abs. 3 HGB	§ 5 Abs. 1 Satz 1 PublG	§ 264 Abs. 1 Satz 4 HGB	§ 264 Abs. 1 Satz 3 HGB	§ 264 Abs. 1 Satz 3 HGB

Tab. 36: Aufstellungsfristen

1 Vgl. *Adler/Düring/Schmaltz* (1998), § 243 HGB, Tz. 4.

Wenn ein Unternehmen eine Bilanz erstellen muss, ist es an gesetzlich vorgeschriebene Aufstellungsfristen gebunden. Die Aufstellungsfrist kann der obigen Tabelle entnommen werden. Zudem können für eine Bilanz, in Abhängigkeit von der Größe und der Rechtsform des Unternehmens, eine Prüfungspflicht und eine Pflicht zur Offenlegung bestehen. Eine Übersicht über die Pflicht zur Prüfung bzw. zur Offenlegung des Jahresabschlusses ist in den nachstehenden Tabellen gegeben.

Prüfungspflicht von Bilanz, GuV, KFR Anhang und Lagebericht					
Rechtsform	**Einzelunternehmen/ Personengesellschaften**		**Kapitalgesellschaften**		
	die nicht unter das PublG fallen (§ 1 PublG)	**die unter das PublG fallen (§ 1 PublG)**	**kleine**	**mittelgroße**	**große**
Prüfungspflicht	Nein	Ja	Nein	Ja	Ja
Abschlussprüfer	—	WP, WPG	—	WP, WPG und bei GmbH's auch vBP, BPG (§ 319 Abs. 1 S. 2 HGB)	WP, WPG (§ 319 Abs. 1 S. 1 HGB)
Gesetzliche Vorschrift	§ 316 Abs. 1 HGB	§ 6 Abs. 1 PublG	§ 316 Abs. 1 HGB	§ 316 Abs. 1 HGB	§ 316 Abs. 1 HGB
Folge bei fehlender Prüfung	—	Jahresabschluss kann nicht festgestellt werden	—	Jahresabschluss kann nicht festgestellt werden	Jahresabschluss kann nicht festgestellt werden

Tab. 37: Prüfungspflichten

Offenlegungspflichten					
Rechtsform	**Einzelunternehmen/ Personengesellschaften**		**Kapitalgesellschaften**		
	die nicht unter das PublG fallen (§ 1 PublG)	**die unter das PublG fallen (§ 1 PublG)**	**kleine**	**mittelgroße**	**große**
Umfang der Offenlegung	—	Bilanz, Anhang, GuV, Bestätigungsvermerk (bzw. Vermerk über die Versagung des Bestätigungsvermerks), Bericht des Aufsichtsrates, Ergebnisverwendungsvorschlag und -beschluss	Bilanz, GuV, Anhang	Verkürzte Bilanz, verkürzter Anhang, GuV, Bestätigungsvermerk (bzw. Versagung des Bestätigungsvermerks), Bericht des Aufsichtsrates, Ergebnisverwendungsvorschlag und -beschluss	Bilanz, Anhang, GuV, ggf. Kapitalflussrechnung, Eigenkapitalspiegel, Lagebericht, Bestätigungsvermerk (bzw. Versagung des Bestätigungsvermerks), Bericht des Aufsichtsrates, Ergebnisverwendungsvorschlag und -beschluss
Alternative Offenlegung eines IAS/ IFRS-Abschlusses	Anstelle des Jahresabschlusses nach HGB kann ein nach den Vorschriften der IAS/ IFRS erstellter Einzelabschluss offengelegt werden. Das Prüfungsurteil über den Erhalt bzw. die Versagung des Bestätigungsvermerks über den befreienden IAS/ IFRS- und den HGB-Jahresabschluss sowie der Vorschlag oder Beschluss über die Ergebnisverwendung unter Angabe des Jahresüberschusses oder -fehlbetrags müssen in die Offenlegung einbezogen werden (§ 325 Abs. 2a und 2b HGB).				
Ort der Offenlegung	—	Einreichung und Offenlegung im elektronischen Bundesanzeiger (§ 9 Abs. 1 PublG).	Einreichung und Offenlegung im elektronischen Bundesanzeiger (§ 325 Abs. 1 Satz 1 und Abs. 2 HGB).	Einreichung und Offenlegung im elektronischen Bundesanzeiger (§ 325 Abs. 1 Satz 1 und Abs. 2 HGB).	Einreichung und Offenlegung im elektronischen Bundesanzeiger (§ 325 Abs. 1 Satz 1 und 2 HGB).
	Die Erklärung kapitalmarktorientierter Unternehmen zur Unternehmensführung muss nicht im Lagebericht erfolgen, sofern sie auf den Internetseiten der Gesellschaft öffentlich zugänglich gemacht wird und der Lagebericht eine Bezugnahme auf die Adresse der Internetseite enthält (§ 289a Abs. 1 S. 2 und 3 HGB).				

Offenlegungspflichten *(Fortsetzung)*					
	Offenlegungspflichten				
Rechtsform	Einzelunternehmen/ Personengesellschaften		Kapitalgesellschaften		
	die nicht unter das PublG fallen (§ 1 PublG)	die unter das PublG fallen (§ 1 PublG)	kleine	mittelgroße	große
Offenlegungsfrist	—	Unverzüglich nach Vorlage an die Gesellschafter, jedoch spätestens vor Ablauf des zwölften Monats des dem Abschlussstichtag nachfolgenden Geschäftsjahres.	Unverzüglich nach Vorlage an die Gesellschafter, jedoch spätestens vor Ablauf des zwölften Monats des dem Abschlussstichtag nachfolgenden Geschäftsjahres.	Unverzüglich nach Vorlage an die Gesellschafter, jedoch spätestens vor Ablauf des neunten Monats des dem Abschlussstichtag nachfolgenden Geschäftsjahres.	Unverzüglich nach Vorlage an die Gesellschafter, jedoch spätestens vor Ablauf des neunten Monats des dem Abschlussstichtag nachfolgenden Geschäftsjahres.
Gesetzliche Vorschriften zu den Erleichterungen hinsichtlich der Offenlegung	—	Vgl. § 9 Abs. 2 und 3 PublG	Vgl. § 326 HGB	Vgl. § 327 HGB	—

Tab. 38: Offenlegungsfristen

Für Unternehmen in der Rechtsform einer Kapitalgesellschaft & Co. – als eine Rechtsform unter den Personengesellschaften –, bei denen kein persönlich haftender Gesellschafter

- »eine natürliche Person oder
- eine offene Handelsgesellschaft, Kommanditgesellschaft oder andere Personengesellschaft mit einer natürlichen Person als persönlich haftendem Gesellschafter ist oder sich die Verbindung von Gesellschaften in dieser Art fortsetzt« (§ 264a Abs. 1 Nr. 1 und 2 HGB),

sind die Rechnungslegungsvorschriften für Kapitalgesellschaften (§§ 264–330 HGB) analog anzuwenden (vgl. § 264a Abs. 1 HGB).

Sofern Unternehmen in der Rechtsform

- einer Kapitalgesellschaft,
- eines Einzelunternehmens oder einer Personengesellschaft, die unter das PublG fallen und
- einer Kapitalgesellschaft & Co.

der Offenlegungspflicht nicht nachkommen, kann dies mit einem Ordnungsgeld von bis zu 25.000 € geahndet werden (vgl. § 335 Abs. 1 Satz 4 HGB). Der Antrag auf Eröffnung des Verfahrens zur Festsetzung eines Ordnungsgeldes kann von allen Personen, die ein Interesse an der Offenlegung des Jahresabschlusses besitzen, beim zuständigen Registergericht eingereicht werden. Abweichend von § 14 HGB wird das Registergericht nur nach Antragstellung tätig.

Teil 2: Bilanzierung nach IFRS

I. Grundlagen der IFRS-Rechnungslegung

A. Zielsetzung

Das Ziel der Rechnungslegung nach den International Financial Reporting Standards (IFRS) (*objective of financial reporting*) wird im Framework und in IAS 1 grundlegend erörtert. Demzufolge ist es vorrangiges Ziel des Abschlusses, die Abschlussadressaten mit *entscheidungsnützlichen Informationen* (*decision usefulness*) über die wirtschaftliche bzw. die finanzielle Lage des Unternehmens zu versorgen (F.OB2; IAS 1.9). Für ihre Entscheidungen benötigen die Adressaten insbesondere Informationen zur Einschätzung künftiger Zahlungsmittelzuflüsse beim rechnungslegenden Unternehmen (F.OB3–4).[1] Dazu sind auch Kenntnisse über die Ressoucen des und Ansprüche an das Unternehmen sowie darüber, wie gut die Unternehmensorgane diese Ressourcen nutzen, erforderlich. Diese Zielsetzung korrespondiert mit den Bestandteilen des Jahresabschlusses:

- Die Bilanz liefert Informationen über die Vermögens- und Finanzlage.
- Die Gewinn- und Verlustrechnung gibt die Ertragskraft wieder.
- Die Kapitalflussrechnung stellt die Änderung der Finanzlage dar.

IAS 1.10 nennt mit der Eigenkapitalveränderungsrechnung und dem Anhang zwei weitere zentrale Bestandteile des Jahresabschlusses. Jahresabschlüsse sind nach IAS 1.36 zumindest jährlich zu erstellen.

Als primäre Adressaten werden nach F.OB7–8 aktuelle und potenzielle Anteilseigner sowie Kreditgeber und andere Gläubiger angesehen. Auch für andere Gruppen, wie die Unternehmensleitung, Normengeber und die Öffentlichkeit, dürften Jahresabschlüsse nützlich sein. An diese ist die Rechnungslegung aber nicht in erster Linie gerichtet.

Die IFRS sind gemäß § 315a HGB bei der Aufstellung von Konzernabschlüssen kapitalmarktorientierter Mutterunternehmen zu beachten.[2] Die Rechnungslegungsstandards und -interpretationen (IFRS/IFRIC) werden vom IASB (International Accounting Standards Board) herausgegeben. Die EU-Instanzen haben sich vorbehalten, die Änderungen der IFRS vor Übernahme in europäisches Recht zu überprüfen. Zu diesem Zweck

1 Während in der Rechnungslegung nach HGB der Gläubigerschutz und das Vorsichtsprinzip (Imparitätsprinzip, Realisationsprinzip) zentrale Basisannahmen der Jahresabschlusserstellung darstellen, die eher substanzorientiert sind, stellen die Rechnungslegungsgrundsätze nach IFRS die Ertragskraft und die Fähigkeiten des Unternehmens Cash zu generieren in den Vordergrund; vgl. *Lüdenbach/Hoffmann*, (2011), § 1, Tz. 12 ff..

2 Zudem besteht nach § 315a HGB für nicht kapitalmarktorientierte Mutterunternehmen ein Wahlrecht, einen Konzernabschluss nach den Regeln der IFRS aufzustellen. Darüber hinaus kann gemäß § 325 Abs. 2a HGB anstelle eines HGB-Jahresabschlusses ein nach den IFRS aufgestellter Einzelabschluss offen gelegt werden.

wurde ein Anerkennungsverfahren (Endorsementverfahren) installiert, an dessen Ende die Billigung durch das EU-Parlament steht.[1]

B. Rechnungslegungsgrundsätze

1. Basisannahmen zur Abschlusserstellung

Die Basisannahmen der Rechnungslegung nach IFRS sind die Abgrenzung des periodengerechten Erfolges (*accrual basis*) und die Annahme der Unternehmensfortführung (*going concern*).

Grundsatz der Periodenabgrenzung

Der Grundsatz der Periodenabgrenzung (*accrual basis*) besagt, dass Geschäftsvorfälle nicht zum Zeitpunkt ihres Zu- oder Abflusses ergebniswirksam werden, sondern den Perioden zuzurechnen sind, denen sie wirtschaftlich zugehören (F.OB17; IAS 1.27). Eine solche Abgrenzung ist notwendig, da die Geschäftstätigkeit eines Unternehmens sich nicht notwendigerweise an den Periodengrenzen orientiert, wie sich beispielsweise bei der langfristigen Auftragsfertigung zeigt.

Annahme der Unternehmensfortführung

Bei der Jahresabschlusserstellung ist von der Annahme der Unternehmensfortführung (*going concern*) auszugehen (F.4.1; IAS 1.25). Als Bezugsperiode für die Beurteilung der Unternehmensfortführung ist ein Zeitraum von mindestens 12 Monaten nach dem Abschlussstichtag heranzuziehen. Falls sich eine negative Beurteilung der Überlebensfähigkeit des Unternehmens ergibt, ist der Abschluss auf einer anderen, anzugebenden Grundlage zu erstellen.[2]

2. Qualitative Anforderungen an die Rechnungslegung

Bei den qualitativen Anforderungen (*qualitative characteristics of useful financial information*) handelt es sich um Merkmale, welche für die Nützlichkeit der Jahresabschlussinformationen grundlegend sind. Finanzinformationen sind nützlich, sofern sie relevant und glaubwürdig dargestellt sind. Fundamentale qualitative Anforderungen sind daher:

- Entscheidungsrelevanz (*relevance*) und
- Glaubwürdige Darstellung (*faithful representation*).

---

1 Im Detail siehe z. B. *Pellens/Fülbier/Gassen/Sellhorn* (2011), S. 95 ff., S. 104 ff..
2 Vgl. *Ruhnke* (2008), S. 223–224.

Demnach muss der Jahresabschluss Informationen enthalten, die wirtschaftliche Entscheidungen der Jahresabschlussadressaten beeinflussen (*Entscheidungsrelevanz*; F.QC6). Finanzinformationen sind nach F.QC7 entscheidungsrelevant, wenn sie einen prognostischen oder einen bestätigenden Nutzen entfalten. Informationen haben einen prognostischen Nutzen (*predictive value*), sofern die Jahresabschlussadressaten diese ihren Prognosen zu Grunde legen können. Ein bestätigender Nutzen (*confirmatory value*) liegt vor, falls die Informationen frühere Einschätzungen bestätigen oder auch ändern. In diesem Zusammenhang gilt der Grundsatz der Wesentlichkeit (*materiality*). Als wesentlich sind Informationen anzusehen, welche bei Weglassen oder fehlerhafter Darstellung zu einer anderen wirtschaftlichen Entscheidung des Adressaten führen könnten (F.QC11; IAS 1.7). Es handelt sich um eine unternehmensspezifische Ausprägung von Relevanz.

Eine glaubwürdige Darstellung verlangt vollständige, neutrale und fehlerfreie Informationen (F.QC12). Vollständigkeit ist nach F.QC13 gegeben, sofern der Jahresabschlussadressat über alle erforderlichen Informationen, Beschreibungen und Erklärungen verfügt, um den zu Grunde liegenden Sachverhalt zu verstehen. Neutralität verlangt eine unverzerrte Auswahl und Darstellung der Informationen (F.QC14). Eine glaubwürdige Darstellung ist nach F.QC15 nicht mit absoluter Richtigkeit gleichzusetzen. Um die Verlässlichkeit der Jahresabschlussinformationen zu gewährleisten, ist es aber erforderlich, dass diese keine wesentlichen Fehler enthalten und frei von verzerrenden Einflüssen sind. Nur unter diesen Umständen kann sich der Adressat auf diese verlassen. Dabei ist zu berücksichtigen, dass Informationen zwar relevant sein können, jedoch in ihrer Art oder aufgrund ihrer Darstellung als unzuverlässig zu werten sind. Beispielsweise ist es denkbar, dass die Rechtsgültigkeit und/oder der Betrag eines/r Schadensersatzanspruches (-pflicht) im Rahmen eines Gerichtsverfahrens offen ist, so dass es unangebracht wäre, den kompletten Betrag des möglichen Anspruches in der Bilanz auszuweisen. Vielmehr kann es in einer solchen Situation, um die Verlässlichkeit des Jahresabschlusses zu gewährleisten, angebracht sein, den voraussichtlichen Betrag sowie die Gründe des Anspruches im Anhang anzugeben.

Um die Nützlichkeit von Informationen, die relevant und glaubwürdig dargestellt sind, zu verbessern, formuliert das Framework unterstützende qualitative Anforderungen (*enhancing qualitative characteristics*):

- Vergleichbarkeit (*comparability*) (F.QC20–25),
- Nachprüfbarkeit (*verifiability*) (F.QC26–28),
- Zeitnähe (*timeliness*) (F.QC29),
- Verständlichkeit (*understandability*) (F.QC30–32).

Der Grundsatz der *Vergleichbarkeit* des Jahresabschlusses (IAS 1.38–46) ermöglicht es den Adressaten, die Abschlüsse eines Unternehmens über mehrere Perioden hinweg zu vergleichen (Zeitvergleich). Damit soll diesen die Möglichkeit gegeben werden, Schwankungen oder Tendenzen in der Entwicklung der Vermögens-, Finanz- und Ertragslage zu erkennen. Darüber hinaus soll es den Adressaten ermöglicht werden, eine sinnvolle Gegenüberstellung der Abschlüsse verschiedener Unternehmen vornehmen zu können (Unternehmensvergleich). Um Vergleichbarkeit zu gewährleisten, müssen sowohl die

Bewertung als auch die Darstellung der ökonomischen Auswirkungen vergleichbarer Geschäftsvorfälle innerhalb eines Unternehmens für dieses über die Zeit hinweg betrachtet sowie für unterschiedliche Unternehmen stetig vorgenommen werden (*Stetigkeit*). Zudem sind die Bezeichnungen und die Klassifikationen der Jahresabschlusspositionen grundsätzlich beizubehalten (*formelle Kontinuität*) (IAS 1.45–46).

Gemäß dem Grundsatz der *Nachprüfbarkeit* muss ein sachverständiger, unabhängiger Dritter zwar nicht zu einer identischen, wohl aber zu einer konsistenten Darstellung des Sachverhalts gelangen. Dabei ist nach F.QC27 zwischen direkter und indirekter Nachprüfbarkeit zu unterscheiden. Eine direkte Nachprüfung basiert auf einer unmittelbaren Beobachtung, z. B. dem Nachzählen von Vorräten. Indirekte Nachprüfung meint das Überprüfen der Inputvariablen eines Modells oder einer Formel und das Nachrechnen der Ergebnisse unter Rückgriff auf die gleiche Methode.

Zeitnähe bedeutet, dass den Adressaten entscheidungsrelevante Informationen rechtzeitig zur Verfügung stehen müssen. Kommt es bei der Berichterstattung zu einer unangemessenen Verzögerung, so können die Informationen ihre Relevanz verlieren. Allerdings kann eine *zeitnahe Berichterstattung* auch zu einer verringerten Verlässlichkeit der Informationen führen, sofern noch nicht alle Aspekte eines Geschäftsvorfalls oder eines Ereignisses bekannt sind. Bilanzierende Unternehmen haben daher zu berücksichtigen, wie den Bedürfnissen der Adressaten im Hinblick auf deren wirtschaftlichen Entscheidungen am besten entsprochen werden kann.

Um die Nützlichkeit des Jahresabschlusses zu gewährleisten, ist es erforderlich, dass der Jahresabschluss für die Adressaten leicht verständlich (*Verständlichkeit*) ist. Dies setzt wiederum voraus, dass Informationen eindeutig und prägnant klassifiziert, charakterisiert und präsentiert werden. In diesem Zusammenhang wird bei den Adressaten vorausgesetzt, dass diese über angemessene Kenntnisse der geschäftlichen und wirtschaftlichen Tätigkeiten sowie der Rechnungslegung verfügen sowie die Bereitschaft besitzen, die Informationen mit entsprechender Sorgfalt zu lesen. Informationen zu komplexen Themen, die auf Grund ihrer Relevanz für wirtschaftliche Entscheidungen der Adressaten im Abschluss enthalten sein müssen, dürfen jedoch nicht allein deswegen weggelassen werden, weil sie für bestimmte Adressaten zu schwer verständlich sein könnten (F.QC31). Der Verständlichkeit dient auch das in IAS 1.32 postulierte *Saldierungsverbot*.

3. Kosten-Nutzen-Postulat

Die Bereitstellung von Finanzinformationen verursacht Kosten, die durch den Informationsnutzen gerechtfertigt sein sollten, d. h. der aus einer Information abzuleitende Nutzen muss die Kosten der Informationsbereitstellung übersteigen (*cost contraint*). Kosten der Informationsbereitstellung entstehen zunächst beim Jahresabschlussersteller. Letztendlich tragen aber die Nutzer diese Kosten in Form von geringeren Erträgen. Bei den Nutzern fallen aber auch unmittelbare Kosten an, die im Rahmen der Analyse und Interpretation der Informationen entstehen. Sofern benötigte Informationen nicht zur Verfügung gestellt werden, entstehen Kosten, weil diese Informationen über alternative

Quellen beschafft oder geschätzt werden müssen (F.QC36). Auf der anderen Seite verringern Finanzinformationen die Unsicherheit von Entscheidungen. Aus volkswirtschaftlicher Sicht verbessert sich dadurch die Funktionsfähigkeit der Kapitalmärkte und die Kapitalkosten sinken. Darüber hinaus profitieren aber auch einzelne Anleger und Gläubiger, da sie fundiertere Entscheidungen treffen können (F.QC37).

II. Bilanzierungsfähigkeit

Die Erfassung von Vermögenswerten, Schulden und Eigenkapital in der Bilanz sowie von Erträgen und Aufwendungen in der Gewinn- und Verlustrechnung ist grundsätzlich im Framework (F.4.2–4.36) geregelt.

A. Allgemeine Bilanzierungsfähigkeit

Die im Framework formulierten Kriterien zur Bilanzierungsfähigkeit bestimmter Sachverhalte unterliegen einem zweistufigen Konzept. Zunächst muss ein Sachverhalt die definitorischen Voraussetzungen eines Jahresabschlusselements (*element of financial statements*) erfüllen (F.4.2–4.36),[1] ehe im zweiten Schritt die Konkretisierung der Ansatzfähigkeit des jeweiligen Jahresabschlusselements durch die so genannten konkreten Ansatzkriterien (*recognition criteria*) erfolgt (F.4.37–4.53). *Abb. 45* fasst die Kriterien für die Bilanzierungsfähigkeit zusammen.

abstrakte Bilanzierungsfähigkeit

- Der Sachverhalt muss die definitorischen Voraussetzungen eines Jahresabschlusselements (Vermögenswert, Schuld, Eigenkapital, Ertrag, Aufwand) erfüllen (*elements of a financial statements*).

konkrete Bilanzierungsfähigkeit

- Es ist wahrscheinlich, dass der mit dem vorliegenden Sachverhalt verbundene Nutzen dem Unternehmen zu- bzw. von dem Unternehmen abfließt (F.4.40).
- Eine verlässliche Bewertung des Sachverhaltes ist möglich (F.4.41).

Abb. 45: Abstrakte und konkrete Bilanzierungsfähigkeit

Der Ansatz eines Sachverhaltes in der Bilanz bzw. der Gewinn- und Verlustrechnung erfolgt, wenn die aufgeführten Kriterien zur *abstrakten* und *konkreten Bilanzierungsfähigkeit* kumulativ erfüllt werden (F.4.38). Bezüglich der *konkreten* Bilanzierungsfähig-

1 Vgl. *Adler/Düring/Schmaltz* (2002), Abschnitt 1, Tz. 142.

keit ist hervorzuheben, dass es neben den beiden genannten allgemeinen weitere elementspezifische Ansatzkriterien (F.4.44–4.53) gibt.[1]

B. Ansatz der Jahresabschlusselemente

Unter einem Jahresabschlusselement sind nach dem Verständnis des IASB Kategorien finanzieller Auswirkungen von Geschäftsvorfällen und weiteren Ereignissen zu verstehen, von denen das Unternehmen betroffen ist.[2] Eine Abgrenzung der Elemente des Jahresabschlusses nach ihren ökonomischen Merkmalen erfolgt im Framework. Dort sind Vermögenswerte (*assets*), Schulden (*liabilities*) sowie Eigenkapital (*equity*) als Bilanzelemente (F.4.2) aufgeführt, während Erträge (*income*) und Aufwendungen (*expenses*) als Elemente der Gewinn- und Verlustrechnung aufgefasst werden (F.4.2).[3] Hervorzuheben ist in diesem Zusammenhang, dass die Elemente des Jahresabschlusses nicht mit den deutschen Begriffen der Bilanz- und GuV-Posten deckungsgleich verwendet werden können, da die deutschen Begriffe auch Sachverhalte erfassen, welche die konkreten Ansatzkriterien des Frameworks oder einzelner Standards nicht erfüllen.[4]

1. Vermögenswerte

Die Bilanzierung der Vermögenswerte erfolgt grundsätzlich nach den Bestimmungen des IAS 16 für das Sachanlagevermögen, des. IAS 38 für immaterielle Vermögenswerte, des IAS 39 für Finanzvermögen bzw. des IAS 2 für Vorräte. Eine allgemeine Definition von Vermögenswerten sowie die Auflistung der relevanten Ansatzkriterien erfolgt jedoch bereits im Framework.

- **Definitorische Voraussetzungen (Abstrakte Bilanzierungsfähigkeit)**
  Ein Vermögenswert (*asset*) ist eine in der Verfügungsmacht des Unternehmens stehende Ressource, die ein Ergebnis von Ereignissen darstellt und von der erwartet wird, dass dem Unternehmen ihr künftiger wirtschaftlicher Nutzen zufließt (F.4.4 (a)). Der wirtschaftliche Nutzen liegt hierbei in dem Potenzial eines Vermögenswertes, zum direkten oder indirekten Zufluss von Zahlungsmitteln oder Zahlungsmitteläquivalenten beizutragen (F.4.8). Dieses Potenzial ist nicht an eine spezifische physikalische Form des Vermögenswertes gebunden, so dass sich »Vermögenswerte« sowohl aus materiellen als auch aus immateriellen Werten zusammensetzen.[5] Ferner

1 Die elementspezifischen Ansatzkriterien sind im Gegensatz zu den allgemeinen Ansatzkriterien nicht für sämtliche Elemente der Bilanz und der Gewinn- und Verlustrechnung maßgebend, sondern bezüglich ihres Geltungsbereiches auf einzelne Elemente beschränkt.
2 Vgl. *Adler/Düring/Schmaltz* (2002), Abschnitt 1, Tz. 138.
3 Vgl. *Pellens/Fülbier/Gassen/Sellhorn* (2011), S. 128–132.
4 Vgl. *Adler/Düring/Schmaltz* (2002), Abschnitt 1, Tz. 138.
5 Vgl. *Ruhnke* (2008), S. 265.

sind, wie aus dem Begriff »*Potenzial*« hervorgeht, die zukünftigen Auswirkungen des Vermögenswertes und nicht die derzeitigen Eigenschaften entscheidend.

Die Verfügungsmacht über eine Ressource (F.4.4 (a)) ergibt sich nicht zwangsläufig aus dem rechtlichen Eigentum. Stattdessen ist für den Ansatz eines Vermögenswertes die wirtschaftliche Zuordnung grundlegend (F.4.12).[1] So ist z.B. bei einem Leasinggegenstand nicht entscheidend, wer der rechtliche Eigentümer ist, sondern wer als wirtschaftlicher Eigentümer den Vermögenswert dauerhaft nutzt.

- **Konkrete Bilanzierungsfähigkeit**

  Neben den definitorischen Voraussetzungen ist es für den Ansatz der Vermögenswerte erforderlich, dass die Kriterien der *konkreten Bilanzierungsfähigkeit* eines Sachverhaltes erfüllt werden. Demnach muss es *wahrscheinlich* (*probable*) sein, dass dem Unternehmen aus dem vorliegenden Sachverhalt ein wirtschaftlicher Nutzen zufließt. Bedauerlicherweise wird die erforderliche *Wahrscheinlichkeit* im Framework nicht durch quantitative Angaben des IASB präzisiert, sondern lediglich allgemein umschrieben. Mögliche Anhaltspunkte für eine Konkretisierung der erforderlichen Wahrscheinlichkeit lassen sich aus den IAS/IFRS Einzelstandards ableiten. So wird als grundsätzliche Richtlinie für die Bilanzierungsfähigkeit von Sachverhalten oftmals eine Wahrscheinlichkeit von mindestens 50 % angenommen.[2] Zu dieser Interpretation des Wahrscheinlichkeitsbegriffes kommt es aufgrund des IAS 37.23. Darin wird der Terminus »probable« in Zusammenhang mit einem wahrscheinlichen Ressourcenabfluss bei Rückstellungen verwendet und als »more likely than not« definiert. Allerdings ist die Definition des IAS 37 nicht zwangsläufig für andere Standards maßgeblich (IAS 37.23 Fn. 1). So wird in der Literatur die Auffassung vertreten, wonach der Terminus »probable« eher einer Eintrittswahrscheinlichkeit in einer Größenordnung von 70–90 % entspricht.[3] Diese Einordnung wird aus den Bestimmungen der US-GAAP abgeleitet. Insgesamt ist zu konstatieren, dass trotz der konzeptionell vorgesehenen gleichen Auslegung des Wahrscheinlichkeitsbegriffes für Vermögenswerte und Verbindlichkeiten (F.4.38 (a)) durch die Einzelnormen die Gefahr einer imparitätischen Auslegung des Wahrscheinlichkeitsbegriffes besteht. Die Wahrscheinlichkeitsschwelle für die Aktivierung von Vermögenswerten könnte dann je nach Sachverhalt somit faktisch höher ausfallen, als für die Passivierung von Verbindlichkeiten.[4] Dies stünde aber im Widerspruch zu F.4.38 (a).

  Neben der Eintrittswahrscheinlichkeit des Nutzenzuflusses ist eine *zuverlässige* (*reliable*) Bewertung des Sachverhaltes Grundvoraussetzung des Ausweises in der Bilanz. Die Verwendung von Schätzgrößen stellt hierbei keinen Verstoß gegen die Verlässlichkeit dar, solange diese hinreichend genau sind (*reasonable estimates*). Ist eine verlässliche Schätzung, bspw. der aus schwebenden Rechtsstreitigkeiten erwarteten Erträge, hingegen nicht möglich, so darf ein Ansatz als Vermögenswert nicht erfol-

1 Vgl. *Adler/Düring/Schmaltz* (2002), Abschnitt 1, Tz. 146.
2 Vgl. *Wagenhofer* (2009), S. 146.
3 Vgl. *Adler/Düring/Schmaltz* (2002), Abschnitt 1, Tz. 210; *Ruhnke* (2008), S. 265–266.
4 Vgl. *Ruhnke* (2008), S. 266; vgl *Lüdenbach/Hoffmann* (2011), § 1, Tz. 20, 88f., 96.

gen. Stattdessen ist ein entsprechender Hinweis in den Anhang aufzunehmen (F.4.41).

2. Schulden

Die Bilanzierung von Schulden erfolgt grundsätzlich nach den Bestimmungen der IAS 39 (finanzielle Schulden), IAS 37 (Rückstellungen) und IAS 19 (Leistungen für Arbeitnehmer). Eine allgemeine Definition von Schulden sowie die Auflistung der relevanten Ansatzkriterien erfolgt jedoch bereits im Framework.

- **Definitorische Voraussetzungen (Abstrakte Bilanzierungsfähigkeit)**
  Schulden (*liabilities*) sind als gegenwärtige Verpflichtungen des Unternehmens definiert, welche aus Ereignissen der Vergangenheit entstehen und deren Erfüllung für das Unternehmen erwartungsgemäß mit einem Abfluss von Ressourcen verbunden ist (F.4.4 (b)).
  Eine Verpflichtung liegt vor, wenn ein Unternehmen in einer bestimmten Art und Weise handelt oder eine Leistung erbringen muss. Dabei ist es nachrangig, ob eine *rechtliche* Verpflichtung (*legal obligation*) (bspw. in Form eines Vertrages) oder eine *faktische* Verpflichtung (*constructive obligation*) (bspw. aufgrund gewöhnlicher Geschäftsgebaren) Grundlage des zukünftigen Nutzenabflusses oder der Leistungserbringung ist.[1] Folglich ist beispielsweise die Bildung von Kulanzrückstellungen möglich, obwohl keine entsprechende rechtliche Verpflichtung besteht. Entscheidend für die Passivierung ist dann das Vorliegen einer faktischen Außenverpflichtung (vgl. IAS 37.17 (b)), welche bspw. aus dem Interesse an guten Geschäftsbeziehungen resultieren kann.
  Das Vorliegen einer reinen Innenverpflichtung reicht für den Ausweis einer Verpflichtung in der Bilanz nicht aus. Somit ist bspw. der Ansatz von Aufwandsrückstellungen unzulässig (vgl. IAS 37.20).
- **Konkrete Bilanzierungsfähigkeit**
  Neben den abstrakten Bilanzierungskriterien ist bezüglich der konkreten Ansatzkriterien analog zu den *Vermögenswerten* vorzugehen (F.4.38 und F.4.46). Folglich ist neben der erforderlichen Eintrittswahrscheinlichkeit eines Nutzenabflusses auch eine zuverlässige Bestimmung des anzusetzenden Wertes Voraussetzung für eine Passivierung. Für die Interpretation des Wahrscheinlichkeitsbegriffes ist, wie bereits erwähnt, insbesondere IAS 37.23 maßgeblich. Dieser sieht für den Sachverhalt eines der Höhe und dem Zeitpunkt nach unbestimmten Nutzenabflusses eine Passivierungspflicht als Rückstellung vor, sobald die Eintrittswahrscheinlichkeit des Sachverhaltes 50 % (»*more likely than not*«) übersteigt.[2]

1 Vgl. *Adler/Düring/Schmaltz* (2002), Abschnitt 1, Tz. 160.
2 Vgl. *Ruhnke* (2008), S. 269.

3. Eigenkapital

Komplettiert werden die Bilanzelemente durch das Eigenkapital (*equity*). Das Eigenkapital ist die Restgröße, welche nach Abzug aller Schulden (*liabilities*) von den Vermögenswerten (*assets*) des Unternehmens verbleibt (F.4.4 (c)). Folglich hängt die Höhe der Residualgröße von der Bewertung der Jahresabschlusselemente Vermögenswerte und Schulden ab.[1]

4. Ertrag

Für die Erfassung von Erträgen gilt, analog zu den Bestimmungen für Vermögenswerte und Schulden, die zweistufige Konzeption aus Definitions- und Ansatzkriterien (F.4.26).

- **Definitorische Voraussetzungen (Abstrakte Bilanzierungsfähigkeit)**
  Prinzipiell sind Erträge (*income*) als Zunahme wirtschaftlichen Nutzens (*economic benefit*) in der Berichtsperiode in Form von Zuflüssen oder Erhöhungen von Vermögenswerten (Wertsteigerung) oder einer Abnahme von Schulden definiert (F.4.25 (a)). Die Zunahme des wirtschaftlichen Nutzens kann sowohl in Form von Erlösen (*revenues*) aus der unmittelbaren operativen Tätigkeit (Umsatzerlöse, Gebühren, Lizenz- und Mieterträge, Zinsen und Dividenden), als auch aus anderen Erträgen (*gains*), wie etwa der Wertsteigerung von Vermögenswerten (*assets*) oder der Wertminderung von Schulden (*liabilities*), resultieren (F.4.30). Andere Erträge beinhalten neben realisierten ausdrücklich auch unrealisierte Wertänderungen, die nicht in der Gewinn- und Verlustrechnung ausgewiesen werden, sondern stattdessen ergebnisneutral in der Bilanz abgebildet werden (F.4.31),[2] in der sie zu einer Erhöhung des Eigenkapitals führen.[3] Eine Erhöhung des Eigenkapitals durch Zuführungen der Anteilseigner stellt hingegen keinen Ertrag dar (F.4.25 (a)).
- **Konkrete Bilanzierungsfähigkeit**
  Neben den genannten abstrakten Bilanzierungskriterien sind die konkreten Ansatzkriterien analog zu den Vermögenswerten und Schulden anzuwenden (F.4.38). Somit muss es für den Ansatz von Erträgen *wahrscheinlich* sein, dass die mit den Erträgen zusammenhängenden wirtschaftlichen Vorteile tatsächlich dem Unternehmen zufließen. Ferner ist eine zuverlässige Bestimmung der Erträge erforderlich.[4] De facto beziehen sich diese Kriterien jedoch nicht auf die Erträge, sondern auf die Erhöhung der Vermögenswerte und/oder die Reduzierung von Schulden, aus welchen die Erträge simultan resultieren (F.4.47).[5]
  Eine detaillierte Regelung zur Vereinnahmung von Erlösen erfolgt in IAS 18. Gemäß der Zielsetzung des IAS 18 werden Erlöse erfasst, wenn es hinreichend wahrschein-

1 Vgl. *Baetge/Kirsch/Wollmert/Brüggemann* (2007), Teil A, Kapitel II, Tz. 84.
2 Vgl. *Adler/Düring/Schmaltz* (2002), Abschnitt 1, Tz. 188.
3 Vgl. *Baetge/Kirsch/Wollmert/Brüggemann* (2007), Teil A, Kapitel II, Tz. 87.
4 Vgl. *Adler/Düring/Schmaltz* (2002), Abschnitt 1, Tz. 190.
5 Vgl. *Ruhnke* (2008), S. 272.

lich ist, dass dem Unternehmen ein künftiger wirtschaftlicher Nutzen erwächst, der verlässlich bestimmt werden kann. Bei den Vorschriften zur Erfassung von Erlösen wird zwischen dem Verkauf von Gütern (IAS 18.14–18.19), dem Erbringen von Dienstleistungen (IAS 18.20–18.28) sowie Zinsen, Nutzungsentgelten und Dividenden (IAS 18.29–18.34) unterschieden. Bei dem Verkauf von Gütern ist für die Erfassung als Erlös erforderlich, dass die maßgeblichen mit dem Eigentum verbundenen Chancen und Risiken auf den Erwerber übertragen werden. Weiterhin darf der Verkäufer weder über ein fortwährendes Verfügungsrecht noch über eine effektive Kontrolle der verkauften Güter verfügen.[1] Zudem ist es nach IAS 18.14 (c) bis (e) entsprechend den allgemeinen Grundsätzen erforderlich, dass ein zukünftiger Nutzenzufluss wahrscheinlich ist und eine verlässliche Bestimmung von Erlösen und Kosten erfolgen kann. Bei Dienstleistungsverträgen gelten ebenfalls die allgemeinen Kriterien der Wahrscheinlichkeit des ökonomischen Nutzens und der verlässlichen Bestimmbarkeit der Erlöshöhe.[2] Bei Dienstleistungen über mehrere Perioden ist eine Vereinnahmung entsprechend dem Leistungsfortschritt vorzunehmen, wenn das Ergebnis des Dienstleistungsgeschäftes verlässlich geschätzt werden kann (IAS 18.20). Gemäß IAS 18.21 gelten die Anforderungen des IAS 11 auch für die Erfassung von Erlösen und Aufwendungen im Zusammenhang mit Dienstleistungen. Der IAS 11 regelt die Verteilung der Erlöse und Kosten aus langfristigen Fertigungsaufträgen auf die einzelnen Perioden, also einem besonders komplexem Problem der Erlösrealisierung (vgl. im Detail Kap. III.G.1). Sofern Dienstleistungen durch eine unbestimmte Zahl von Teilleistungen über einen bestimmten Zeitraum erbracht werden, kann unter Praktikabilitätsgesichtpunkten von einer linearen Erfassung der Umsatzerlöse ausgegangen werden, wenn nicht durch eine andere Methode der Fertigstellungsgrad besser wiedergegeben werden kann. Sofern allerdings eine Teilleistung von erheblich größerer Bedeutung als die Übrigen ist, ist die Erfassung der Umsatzerlöse bis zur Erbringung dieser Teilleistung zu verschieben (IAS 18.25). Bei den Zinsen ist als besonderes Kriterium zu beachten, dass sie nach der Effektivzinsmethode zeitanteilig zu erfassen sind (IAS 18.30 (a)). Nutzungsentgelte sind unter Beachtung des zugrunde liegenden Vertrages periodengerecht abzugrenzen (IAS 18.30 (b)). Dividenden sind mit der Entstehung des Rechtsanspruches auf Zahlung zu erfassen (IAS 18.30 (c)).[3]

5. Aufwand

Die definitorischen Voraussetzungen für Aufwendungen (*expenses*) sind im Framework (F.4.25 (b)) geregelt.

1 Vgl. *Ruhnke* (2008), S. 272.
2 Vgl. *Lüdenbach* (2011), § 25, Tz. 43.
3 Das IASB betreibt im Rahmen der angestrebten Konvergenz zwischen den IFRS und US-GAAP gemeinsam mit dem FASB das Revenue Recognition Project, mit dem Ziel, die Erfassung von Erlösen in sich konsistent zu regeln. Aktuell liegt der überarbeitete Standardentwurf ED/2011/6 *Revenue from Contracts with Customers* vor.

- **Definitorische Voraussetzungen (Abstrakte Bilanzierungsfähigkeit)**
  Bei Aufwendungen handelt es sich um Abnahmen des wirtschaftlichen Nutzens in der Berichtsperiode in Form von Nutzenabflüssen, Verminderungen von Vermögenswerten oder einer Erhöhung der Schulden, die zu einer Reduzierung des Eigenkapitals führen. Als Aufwendungen i. e. S. werden bestimmte Aufwendungen, die im Rahmen der gewöhnlichen Geschäftstätigkeit anfallen, verstanden, wie z. B. die umsatzbezogenen Herstellungskosten, Löhne, Gehälter sowie Abschreibungen, welche als Pendant zu den Erlösen zu betrachten sind. Andere Aufwendungen (*losses*) können sowohl im Rahmen der gewöhnlichen Geschäftstätigkeit entstehen, als auch aus außerordentlichen Sachverhalten resultieren (F.4.34). Somit zählen zu den anderen Aufwendungen bspw. auch unrealisierte Verluste aus schwankenden Wechselkursen oder Aufwendungen aus der Veräußerung langfristiger Vermögenswerte. Darüber hinaus sind den anderen Aufwendungen auch jene Eigenkapitalminderungen zuzurechnen, welche ergebnisneutral in die Bilanz einfließen (F.4.35).

- **Konkrete Bilanzierungsfähigkeit**
  Neben den definitorischen Voraussetzungen sind die konkreten Ansatzkriterien zu berücksichtigen. Analog zu den bereits genannten Jahresabschlusselementen ist es für den Ausweis eines Aufwands im Jahresabschluss erforderlich, dass der Eintritt des zu Grunde liegenden Sachverhaltes wahrscheinlich ist und die Wertermittlung der daraus resultierenden Nutzenabnahme zuverlässig erfolgen kann.
  Die Erfassung eines Aufwandes muss simultan mit der Wertabnahme eines Vermögenswertes bzw. der Wertzunahme einer Verbindlichkeit erfolgen (F.4.49). Auch muss der Grundsatz der Periodenabgrenzung eingehalten werden, welcher besagt, dass Aufwendungen derjenigen Periode zurechnen sind, in welcher der zugehörige Ertrag vereinnahmt wird (*matching*). Ist eine unmittelbare Zuordnung von Erträgen und Aufwendungen nicht möglich, sind die Aufwendungen anhand systematischer und vernünftiger Verteilungsverfahren (z. B. Abschreibungsverfahren) zu periodisieren.[1]

C. Immaterielle Vermögenswerte

1. Generelle Regelung

Für die Aktivierung immaterieller Vermögenswerte müssen zunächst die definitorischen Voraussetzungen (abstrakte Bilanzierungskriterien) erfüllt werden. Gemäß IAS 38.8 werden immaterielle Vermögenswerte als identifizierbare, nicht-monetäre Vermögenswerte ohne physische Substanz definiert. Unter der Identifizierbarkeit ist nach IAS 38.11 explizit eine klare Unterscheidbarkeit des immateriellen Vermögenswertes vom Geschäfts- und Firmenwert (Goodwill) zu verstehen. Der immaterielle Vermögenswert

1 Vgl. *Ruhnke* (2008), S. 276–277.

muss demnach vom Unternehmen abtrennbar (*separable*) sein und selbstständig (*individually*) oder mit anderen Vermögenswerten gemeinsam übertragen, lizenziert, verpachtet oder getauscht werden können (IAS 38.12). Ferner liegt eine Identifizierbarkeit des immateriellen Vermögenswerts vor, wenn dieser aus gesetzlichen oder vertraglichen Berechtigungen (*contractual or other legal rights*) hervorgeht (IAS 38.12 (b)). Des Weiteren setzt die Aktivierung eines immateriellen Vermögenswertes nach IAS 38.17 einen künftigen wirtschaftlichen Nutzenzufluss (*future economic benefits*) voraus. Das bilanzierende Unternehmen muss zudem diesen Vermögenswert kontrollieren (*control*), d.h. die Macht haben, den künftigen Nutzenzufluss zu erlangen und Dritte von diesem Nutzen auszuschließen (IAS 38.13). Aus diesem Grund kann z.B. das Know-how der Mitarbeiter nicht aktiviert werden. Neben diesen abstrakten Bilanzierungskriterien sind die konkreten Ansatzkriterien des IAS 38.21 zu erfüllen. Demnach wird die Wahrscheinlichkeit eines Nutzenzuflusses aus einem immateriellen Vermögenswert für den Ansatz ebenso vorausgesetzt wie die zuverlässige Ermittlung der Anschaffungs- oder Herstellungskosten. Hinsichtlich der Bilanzierungskriterien ist zudem nach der Art des Erwerbs zu unterscheiden:

- **Einzelerwerb**
  Bei Vorliegen eines getrennten Erwerbes ist der Ansatz immaterieller Vermögenswerte weitgehend unproblematisch und unterliegt lediglich den bereits genannten allgemeinen Kriterien, da ein Einzelerwerb nur für einen bereits vorhandenen Vermögenswert erfolgen kann. Folglich liegen eindeutige Bewertungsmaßstäbe (Anschaffungskosten) vor.
- **Erwerb im Rahmen eines Zusammenschlusses**
  Beim Erwerb eines Unternehmens ist die bilanzielle Abbildung des über den Buchwert des Unternehmens hinaus bezahlten Kaufpreises sowie die Zuordnung des Differenzbetrages auf die erworbenen Einzelvermögenswerte (Kaufpreisallokation) eine zentrale Aufgabe (*purchase price allocation*). Hierzu sind zunächst neben den stillen Reserven im aktivierten Sachanlagevermögen insbesondere auch immaterielle Vermögenswerte zu identifizieren und vom Geschäfts- und Firmenwert abzugrenzen, der lediglich als Residualgröße verbleibt. Gemäß IFRS 3.46 sind die Kriterien für einen Ansatz der immateriellen Vermögenswerte bei einem Unternehmenserwerb vereinfacht. So ist es neben der Identifizierbarkeit lediglich erforderlich, dass der immaterielle Vermögenswert entweder separierbar ist oder aus vertraglichen oder anderen gesetzlichen Rechten entsteht. Die im Framework verankerten konkreten Ansatzkriterien werden im Fall eines Unternehmenszusammenschlusses als erfüllt betrachtet. Dies drückt sich darin aus, dass die Wahrscheinlichkeit eines künftigen Nutzenzuflusses (IAS 38.33) und eine zuverlässige Wertermittlung (IAS 38.35) für den immateriellen Vermögenswert im Fall eines Unternehmenszusammenschlusses unterstellt werden.[1]

1 Zu Einzelheiten dieser Unterstellung und einer kritischen Betrachtungsweise vgl. *Hommel/Benkel/Wich* (2004), S. 1267 ff.; vgl. auch *Hoffmann* (2011), § 13, Tz. 23.

2. Besondere Sachverhalte

i. Entwicklungskosten

Der Ansatz von selbst geschaffenen immateriellen Vermögenswerten ist häufig auf Grund unzureichender Identifizierbarkeit und Schwierigkeiten bei der verlässlichen Bewertung des Sachverhaltes problematisch (IAS 38.51). Um diesem Problem zu begegnen, wird die Herstellung eines immateriellen Vermögenswerts in zwei Phasen, eine Forschungs- und eine Entwicklungsphase, unterteilt (IAS 38.52). Unter Forschung wird die eigenständige und planmäßige Suche mit der Aussicht, zu neuen wissenschaftlichen oder technischen Erkenntnissen zu gelangen, verstanden. Entwicklung ist die Anwendung von Forschungsergebnissen oder von anderem Wissen auf einen Plan oder Entwurf für die Produktion von neuen oder erheblich verbesserten Materialien, Vorrichtungen, Produkten, Verfahren, Systemen oder Dienstleitungen (IAS 38.8). Die Entwicklung findet dabei vor Beginn der kommerziellen Produktion oder Nutzung statt.

Während der *Forschungsphase* ist eine Ermittlung der künftigen Nutzenzuflüsse nicht zuverlässig bestimmbar (IAS 38.55). Somit scheidet ein Bilanzansatz grundsätzlich aus.

In der *Entwicklungsphase* muss der Ansatz eines immateriellen Vermögenswertes erfolgen, wenn nachfolgend aufgeführte Kriterien kumulativ erfüllt werden (IAS 38.57):[1]

- Technische Machbarkeit (*technical feasibility*) der Fertigstellung, so dass ein ökonomischer Nutzenzufluss möglich ist;
- Beabsichtigte Vollendung (*intention to complete*) des Projekts;
- Fähigkeit zur Eigennutzung oder zum Verkauf (*ability to use or sell*) des immateriellen Vermögenswertes;
- Darlegung des künftigen ökonomischen Vorteils (*future economic benefit*);
- Verfügbarkeit (*availability*) zur Fertigstellung erforderlicher technischer, finanzieller und anderer Ressourcen (IAS 38.61);
- Zuverlässige Ermittlung (*measure reliably*) der für die Entwicklung des immateriellen Vermögenswertes erforderlichen Kosten (IAS 38.62).

Bei den genannten Anforderungen handelt es sich um eine Konkretisierung der Kriterien des Frameworks. Demzufolge darf eine Aktivierung der Entwicklungskosten nicht erfolgen, wenn diese nicht erfüllt werden. Trotz der detaillierten Regelungen besteht im Bereich der Entwicklungskosten ein hoher bilanzpolitischer Spielraum.[2] Insbesondere eine Nichtaktivierung von Entwicklungskosten kann durch die Nichterbringung eines nachvollziehbaren Nachweises der Erfüllung der vorgenannten Aktivierungskriterien erreicht werden.

Eine Aktivierung der nachfolgend aufgeführten, selbst geschaffenen Sachverhalte ist gem. IAS 38.63 grundsätzlich abzulehnen:

---

1 Anforderungen in Anlehnung an *Hoffmann* (2011), § 13, Tz. 29.

2 Vgl. *Hoffmann* (2011), § 13, Tz. 34, wo für die Entwicklungskosten aufgrund der Möglichkeit und Notwendigkeit der Ermessensausübung bei den gegebenen Spielräumen von einem »faktischen Ansatzwahlrecht« ausgegangen wird.

- Marken und Warenzeichen,
- Druck- und Verlagsrechte,
- Kundenlisten, Kundenbeziehungen,
- ähnliche Werte.

Für den derivativen Erwerb eines Forschungs- und Entwicklungsprojektes kann eine Aktivierung erfolgen (IAS 38.42).

ii. Goodwill

Der Ansatz eines selbst geschaffenen (originären) Goodwills ist nicht möglich (IAS 38.48). Der derivative Goodwill in Folge eines Unternehmenszusammenschlusses hingegen resultiert aus dem Differenzbetrag der Anschaffungskosten und den beizulegenden Zeitwerten, welche sämtlichen erworbenen identifizierbaren Vermögenswerten und übernommenen Schulden zugeordnet werden können (Kaufpreisallokation).[1] Fällt der Differenzbetrag positiv aus, so liegt ein Goodwill vor, der auf der Aktivseite auszuweisen ist (IFRS 3.32). Ein negativer Unterschiedsbetrag muss kritisch überprüft werden (IFRS 3.36) und führt zu einem sofortigen Ertrag (IFRS 3.34). Bei der Kaufpreisallokation kommt es nicht auf die Bilanzierung beim Verkäufer an, sondern es ist über die Bilanzierungsfähigkeit und die Bewertung neu zu entscheiden. Eine hohe Bedeutung bei der Kaufpreisallokation gewinnen insbesondere vom erworbenen Unternehmen selbsterstellte Vermögenswerte wie immaterielle Kundenlisten oder Marken, welche beim Verkäufer gemäß IAS 38.63 nicht aktiviert werden dürfen. Die Abgrenzung zum Goodwill ist insbesondere deshalb von Bedeutung, weil der Goodwill keiner planmäßigen Abschreibung unterliegt, während bei den identifizierbaren immateriellen Vermögenswerten eine begrenzte Nutzungsdauer vorliegen kann. Allerdings ist z. B. bei Marken eine bestimmte Nutzungsdauer in der Regel nicht definierbar. In diesem Fall wäre jährlich zu überprüfen, ob die Einschätzung der Unbestimmtheit der Nutzungsdauer weiterhin sachgerecht ist und ob das Erfordernis einer außerplanmäßigen Abschreibung besteht.[2]

iii. Aktivierungsverbot

Neben dem generellen Aktivierungsverbot für Forschungsaufwendungen und den Aktivierungseinschränkungen für Entwicklungsaufwendungen sind nachfolgend aufgeführte Sachverhalte von einer Aktivierung mangels Erfüllung der Ansatzkriterien explizit ausgeschlossen (IAS 38.69):

1 Es ist zu beachten, dass bei der Kaufpreisallokation auch den Eventualschulden, welche gemäß IAS 37.27 ff. grundsätzlich nicht in der Bilanz anzusetzen sind, ein Wert beizumessen ist, wenn deren beizulegender Wert verlässlich ermittelt werden kann (vgl. IFRS 3.23 ff.).

2 Vgl. *Hoffmann* (2011), § 13, Tz. 83 und 85.

- Kosten zur Unternehmensgründung und zum Anlauf eines Geschäftsbetriebes (*start-up-costs*),
- Aus- und Weiterbildungskosten,
- Werbeaufwand und Verkaufsförderungen,
- Kosten für das Verlegen oder die Umorganisation von Unternehmensteilen oder des gesamten Unternehmens.

Aufgabe 71: Immaterielle Vermögenswerte

Der Automobilhersteller FORSCHE AG entwickelt eine neue Sportwagengeneration. Im Jahr 2012 fielen hierfür Aufwendungen in Höhe von 75 Mio. € an. Die FORSCHE AG beabsichtigt, die neue Modellreihe auf der Frankfurter Automobilausstellung 2013 erstmals vorzustellen und anschließend in Produktion zu gehen. An der Realisierbarkeit dieser Pläne bestehen auf Grund der ausgezeichneten Finanzlage der FORSCHE AG keinerlei Zweifel. Das Image der FORSCHE AG allein ist Garant dafür, dass auch für die neue Sportwagengeneration ein Markt existiert. Zeigen Sie auf, wie dieser Sachverhalt im Jahresabschluss für das Jahr 2012 nach IFRS zu erfassen ist. Begründen Sie Ihre Auffassung.

➔ **Lösung auf Seite 377**

Aufgabe 72: Goodwill, immaterielle Vermögenswerte

Die Kauf AG erwirbt zum 31.12.2012 100 % der Anteile der Versand AG für einen Kaufpreis von 20 Mio. €. Die Versand AG wird im Rahmen der Vollkonsolidierung in den Konzernabschluss der Kauf AG einbezogen. Die Berater GmbH hat zum 31.12.2012 folgende Werte ermittelt:

Bezeichnung	Bilanzierter Wert bei der Versand AG zum 31.12.2012	Beizulegender Wert
Sachanlagevermögen	10.000.000 €	15.000.000 €
Guter Ruf der Versand AG	0 €	3.000.000 €
Organisation	0 €	2.000.000 €
Mitarbeiter	0 €	1.000.000 €
Auftragsbestände	0 €	2.000.000 €
Kundenliste »Schnäppchenjäger«	0 €	1.000.000 €
Kundenliste »Neukunden«	0 €	30.000 €
Rückstellungen	5.000.000 €	5.000.000 €
Verbindlichkeiten	3.000.000 €	3.000.000 €
Eventualverbindlichkeiten	0 € (Anhangangabe: 20.000.000 €)	500.000 €

Die Versand AG ist ein Versandhandelsunternehmen (Schwerpunkt Internet) und verfügt über einen exzellenten Ruf in der Branche, welchen sie durch eine hohe Verfügbarkeit, kurze Lieferzeiten und großzügige Garantieregelungen erlangt hat. Als einziger von 15 getesteten Versandhändlern hat sie von der Stiftung Warentest die Beurteilung »sehr gut« erhalten. Die Versand AG verfügt über hochmotivierte Mitarbeiter und bindet diese über verschiedene Incentives an sich. Das Rekrutieren und Anlernen neuer Mitarbeiter – insbesondere in den Bereichen Marketing und IT-Abteilung – wäre mit erheblichen Kosten verbunden. Die Organisation der Abläufe in der Versand AG ist außerordentlich straff und effizient. Die Versand AG profitiert dabei von ihrer langjährigen Erfahrung als Pionier der Branche. Diese Vorteile können von der Konkurrenz nur langsam aufgeholt werden. Zum 31.12.2012 liegen Kundenbestellungen in Höhe von € 10.000.000 vor, welche kurzfristig zur Auslieferung kommen werden.

Die Versand AG hat in jahrelanger Kleinstarbeit durch Analyse ihrer Verkäufe die Schnäppchenjäger identifiziert und schreibt diese bei Sonderaktionen zum Verkauf von Restposten gezielt an. Andere Kunden werden nicht angeschrieben, um sich die regulären Verkaufspreise nicht kaputt zu machen. An der Schnäppchenjäger-Liste hätten Konkurrenzunternehmen ein großes Interesse. Es wird davon ausgegangen, dass keine Datenschutzbestimmungen einer Veräußerung der Liste entgegenstehen würden. Ein Verkauf der Liste ist nicht vorgesehen.

Zudem versucht die Versand AG, durch eine größere Werbeaktion Firmenkunden für die Büroartikellinie zu gewinnen. Dafür hat sie aus dem Telefonbuch die Anschriften von Firmen entnommen, welche sie für attraktiv hält. Die Kriterien für die auszuwählenden Branchen wurden von der Marketingabteilung in mehreren Diskussionen entwickelt. Die IT-Abteilung hat diese Anforderungen dann durch eine automatische Abfrage umgesetzt. Die Aktion startet im Januar 2013 und die Versand AG ist sehr zuversichtlich, dass die Aktion ein Erfolg wird.

Ermitteln Sie den zum 31.12.2012 anzusetzenden Goodwill. Latente Steuern bleiben aus Vereinfachungsgründen unberücksichtigt.

➔ **Lösung auf Seite 377**

Aufgabe 73: Forschungs- und Entwicklungskosten

Die Peng AG benötigt für ihren neuen Kampfhubschrauber ein neues, besonders belastbares Spezialglas. Der Vorstand der Klar AG, welche langjähriger Zulieferer der Peng AG ist, beschließt am 30.6.2011 die Bereitstellung von Mitteln zur Entwicklung des neuen Spezialglases. Die Finanzierung des Projektes ist aufgrund der soliden Finanzlage der Gesellschaft zu jedem Zeitpunkt sichergestellt.

Für die grundlegende Untersuchung der Eigenschaften in Frage kommender Bestandteile des Spezialglases fallen bis zum 31.12.2011 50.000 € als Kosten für Probematerialien, 200.000 € an Personalkosten und 50.000 € an weiteren zurechenbaren Kosten an. In seinem Zwischenbericht an den Vorstand berichtet Dr. Vorsichtig (Leiter der Forschungs- und Entwicklungsabteilung), dass er die Chancen für eine erfolgreiche Entwicklung des Spezialglases bei 50 % sieht. Der Vorstand beschließt aufgrund der hohen Ertragschancen das Projekt trotzdem weiter fortzusetzen.

Nachdem die Eigenschaften der Stoffe hinreichend bekannt geworden sind, wird bis zum 30.6.2012 die geeignete Mischung dieser in Frage kommenden Materialien gesucht. Dafür fallen 60.000 € an Kosten für Probematerialien, 150.000 € an Personalkosten und 30.000 € an weiteren zurechenbaren Kosten an. Im Zwischenbericht vom 30.6.2012 meldet der Abteilungsleiter der Forschungsabteilung Dr. Vorsichtig

nach Abstimmung mit dem Produktionsleiter, dass die Klar AG in der Lage sein wird, das Glas in der geforderten Güte herstellen zu können. Das Controlling prüft die Aussagen der Forschungs- und Produktionsabteilung und rechnet bei einer Umsetzung der Pläne mit einem erheblichen Profit.
Der Vorstand der Klar AG schließt am 30.6.2012 mit der Peng AG einen Rahmenvertrag über die Lieferung von Gläsern im Werte von 3 Mio. € bis 5 Mio. € in 2013 und akzeptiert eine Vertragsstrafe von 1 Mio. €, falls nicht geliefert werden kann.
Vom 1.7.2012 bis 31.8.2012 werden Gläser in Einzelfertigung fertig gestellt und erprobt. Die Erkenntnisse der Erprobungsphase führen dazu, dass die Materialzusammensetzung und die zunächst vorgesehene Produktionsweise leicht modifiziert werden. In diesem Zeitraum fielen insgesamt Materialkosten von 40.000 €, Personalkosten von 25.000 € und weitere Kosten von 20.000 € an. Für die Anmeldung des Patents fallen 25.000 € an. Die Verhandlungen mit der Peng AG bedeuten eine hohe zeitliche Belastung für die Vorstände. Der anteilige Aufwand für die Vorstandsvergütungen für die Zeit vom 30.6.2011 bis 31.12.2011 beträgt 35.000 €, vom 1.1.2012 bis 30.6.2012 50.000 € und vom 1.7.2012 bis 31.8.2012 20.000 €. Im Zusammenhang mit den Vertragsverhandlungen sind 100.000 € gegenüber der Sozietät Schlaumeier angefallen.
In welcher Höhe sind Entwicklungskosten zu aktivieren?

➔ **Lösung auf Seite 378**

Aufgabe 74: Bilanzierungsfähigkeit, Erlösrealisation

Überprüfen Sie den Ansatz für die Vermögenswerte, Schulden, Erträge und Aufwendungen zum 31.12.2012 in folgenden Fällen:

a) Die Maschinen AG hat am 20.12.2012 eine Bestellung einer Mischmaschine von der Bau AG erhalten. Die Auslieferung an die Bau AG erfolgte am 28.12.2012. Am 15.1. 2013 versendet die Maschinen AG die Rechnung über 5.000 € (zzgl. Umsatzsteuer) an die Bau AG. Am 10.2.2013 bezahlt die Bau AG die Rechnung. Gemäß Vertragsbedingungen verbleibt das rechtliche Eigentum an der Mischmaschine bis zur vollständigen Bezahlung bei der Maschinen AG. Wie ist der Sachverhalt im Jahresabschluss zum 31.12.2012 der Maschinen AG zu berücksichtigen?
b) Die Buchhalter AG ist seit 1.7.2012 für eine Jahrespauschale von 60.000 € (zzgl. USt) für die Brauche-Hilfe GmbH tätig. 60 % der zu erbringenden Arbeitsleistung fallen aufgrund der Jahresabschlusserstellung im ersten Halbjahr des jeweiligen Jahres an. Bis zum 31.12.2012 hat die Brauche-Hilfe GmbH aufgrund entsprechender Rechnungen 30.000 € (zzgl. USt) an die Buchhalter AG gezahlt. In welcher Höhe sind bei der Buchhalter AG zum 31.12.2012 Umsatzerlöse zu erfassen?
c) Die Portal AG vertreibt über das Internet unter anderem Produkte der Bastel GmbH. Die Portal AG wickelt mit den Kunden die Bestellung und Bezahlung ab. Die Bastel GmbH liefert die Ware an den Kunden und ist für die Retouren und Reklamationen zuständig. Die Portal AG erhält für ihre Tätigkeit 15 % der Umsätze. Wenn die Forderung ausfällt, verliert die Portal AG ihren Anspruch auf 15 % der Umsätze. In welcher Höhe hat die Portal AG Umsatzerlöse zu erfassen?

➔ **Lösung auf Seite 379**

III. Bewertung

A. Bewertungsmaßstäbe und -konzepte

Erfüllt ein Sachverhalt die Ansatzkriterien, stellt sich die Frage nach dessen Bewertung. Im Framework (F.4.54) wird die Bewertung (*measurement*) als das Verfahren bezeichnet, welches zur Bestimmung der Beträge dient, mit denen Sachverhalte zu erfassen und im Jahresabschluss anzusetzen sind. Hierzu ist zunächst die Entscheidung für einen Bewertungsmaßstab erforderlich.

1. Bewertungsmaßstäbe des Frameworks

Gemäß Framework stehen vier Bewertungsmodelle zunächst einheitlich für Vermögenswerte (*assets*) und Verbindlichkeiten (*liabilities*) zur Auswahl (F.4.55):

- die historischen Anschaffungs- oder Herstellungskosten (*historical costs*),
- die Wiederbeschaffungskosten/der Tageswert (*current cost*),
- der Veräußerungswert/Erfüllungsbetrag (*realisable/settlement value*) sowie
- der Barwert (*present value*).

Historische Anschaffungs- oder Herstellungskosten (historical cost)
Bei den historischen Kosten handelt es sich um die monetäre Bewertung sämtlicher, für den jeweiligen zu bewertenden Sachverhalt erbrachten Gegenleistungen. Bei einem Vermögenswert sind das entweder die zum Erwerb aufgewendeten Zahlungsmittel, Zahlungsmitteläquivalente oder, etwa bei Tauschgeschäften, der beizulegende Zeitwert (*fair value*) der Gegenleistungen zum Erwerbszeitpunkt. Im Falle von Schulden handelt es sich um den Betrag, welchen der Bilanzierende durch das Eingehen der Verpflichtung erhalten bzw. den er voraussichtlich zum Ausgleich der Schuld aufzuwenden hat (z. B. bei Ertragsteuern).

Wiederbeschaffungskosten/Tageswert (current cost)
Die Wiederbeschaffungskosten sind bei Vermögenswerten durch den Betrag bestimmt, der für die Wiederbeschaffung eines identischen oder vergleichbaren Vermögenswertes gegenwärtig aufgebracht werden muss. Somit unterscheiden sich die Wiederbeschaffungskosten von den historischen Kosten durch den Zeitpunkt des Erwerbs, welcher der Bewertung zugrunde gelegt wird. Bezüglich einer Schuld wird der Betrag als Tageswert bezeichnet, der zum gegenwärtigen Zeitpunkt gezahlt werden müsste, um eine Verpflichtung zu begleichen.

Veräußerungswert (realisable value)/Erfüllungsbetrag (settlement value)

Als Veräußerungswert wird jener Betrag bezeichnet, der durch den Verkauf eines Vermögenswertes zum gegenwärtigen Zeitpunkt hypothetisch erzielt werden könnte (Absatzmarktorientierung). Für Verbindlichkeiten gilt, dass der Erfüllungsbetrag jener Betrag ist, der unter der Prämisse eines gewöhnlichen Geschäftsverlaufes aus gegenwärtiger Sicht zum Rückzahlungszeitpunkt zur Begleichung der Verpflichtung gezahlt werden müsste.

Barwert (present value)

Der Barwert ist zunächst durch den Betrag bestimmt, der sich im normalen Geschäftsverlauf aus den Einzahlungsüberschüssen eines Vermögenswertes erzielen lässt. Analog wird der Barwert von Schulden zunächst durch künftige Zahlungsmittelabflüsse, die zur Tilgung der Schuld im Rahmen des normalen Geschäftsverlaufes notwendig sind, determiniert. In einem zweiten Schritt werden die Einzahlungsüberschüsse bzw. Nettomittelabflüsse auf den heutigen Zeitpunkt diskontiert. Durch diese Vorgehensweise eignet sich die Barwertmethode insbesondere für die Bewertung von Sachverhalten, für die kein ausreichend aktiver Markt existiert.[1]

Das Framework beinhaltet neben den genannten Bewertungsmaßstäben keine Zuordnung der Bewertungskonzeptionen zu einzelnen Vermögenswerten oder Schulden. Diese erfolgt stattdessen in den jeweiligen Standards unter Bezugnahme auf die im Framework vorgestellten Bewertungsmaßstäbe. Darüber hinaus werden in den einzelnen Standards zusätzliche Bewertungsmaßstäbe eingeführt, so dass die im Framework genannten Bewertungskonzeptionen nicht abschließend zu verstehen sind. Insbesondere die Bewertung zum beizulegenden Zeitwert (*fair value*) ist, obwohl nicht im Framework enthalten, von hoher praktischer Relevanz.

2. Das Bewertungskonzept des beizulegenden Zeitwerts (Fair Value)

In den einzelnen Standards sind teilweise Bewertungsmaßstäbe enthalten, welche von dem im Framework dominierenden Anschaffungskostenkonzept abweichen. Stattdessen gewinnt durch die Einzelstandards die Bilanzierung zu Zeitwerten an Bedeutung.

Der beizulegende Zeitwert (*fair value*) gibt den Betrag an, zu dem zwischen *sachverständigen, vertragswilligen* und voneinander *unabhängigen Parteien* ein Vermögenswert getauscht oder eine Schuld beglichen werden könnte. Wie aus der Definition hervorgeht, ist hierbei von einem fiktiven Wert auszugehen, da die Transaktion lediglich unterstellt wird. Folglich handelt es sich beim beizulegenden Wert um eine Einschätzung des Barwertes der künftig aus dem Vermögenswert erzielbaren Cashflows (IAS 40.40).

1 Vgl. *Pellens/Fülbier/Gassen/Sellhorn* (2011), S. 135.

Zielsetzung einer solchen Vorgehensweise ist es, eine marktnahe, für die Jahresabschlussadressaten entscheidungsnützliche Bewertung der Abschlussposten zu gewährleisten. Folglich handelt es sich weniger um einen eigenständigen, einheitlichen Bewertungsmaßstab, als vielmehr um einen Oberbegriff für zahlreiche marktnahe Bewertungsmaßstäbe:[1]

Marktpreis (market price)

Der Marktpreis ist jener Betrag, welcher beim Verkauf von Vermögenswerten oder der Abgabe von Schulden auf einem aktiven Markt erzielbar wäre. Als aktiver Markt ist in diesem Zusammenhang ein liquider Markt mit homogenen Produkten und öffentlich zugänglichen Konditionen zu verstehen (IAS 36.6). In Anbetracht der fiktiven Annahme eines Verkaufes zu aktuellen Marktpreisen handelt es sich beim Marktpreis um einen gegenwartsbezogenen Wert.

Nettoveräußerungswert (net realisable value)

Der Nettoveräußerungswert ist aus dem im Framework diskutierten Veräußerungswert (F.4.55 (c)) abzuleiten. Zur Ermittlung sind dazu vom Veräußerungswert sämtliche geschätzte Kosten bis zur Fertigstellung sowie die Kosten des Verkaufes abzuziehen.

Beizulegender Zeitwert abzüglich Verkaufskosten (fair value less costs to sell)

Ein dem Nettoveräußerungswert ähnlicher Bewertungsmaßstab ist der beizulegende Zeitwert abzüglich Verkaufskosten (fair value less costs to sell). Dieser ist zunächst als der Betrag definiert, der beim Verkauf eines Vermögenswertes zu Marktbedingungen zwischen sachverständigen, vertragswilligen Parteien nach Abzug der Verkaufskosten erzielt werden könnte. Zur Ermittlung kann dabei entweder direkt auf bestehende Kaufverträge, die unter Marktbedingungen geschlossen wurden, zurückgegriffen werden oder alternativ eine Orientierung an einem aktiven Markt erfolgen.

Falls keine gegenwärtigen Preise zur Verfügung stehen, können als Schätzgrößen für den beizulegenden Zeitwert abzüglich Verkaufskosten auch mögliche Vertragsabschlüsse aus der jüngeren Vergangenheit in Frage kommen, sofern die Rahmenbedingungen als vergleichbar zu betrachten sind. In dem Falle, in dem auch für diese Vorgehensweise keine ausreichenden Vergleichsdaten verfügbar sind, kommen Schätzungen auf Grundlage der am besten geeigneten Informationen in Betracht.

Zusammenfassend ist festzuhalten, dass der beizulegende Zeitwert abzüglich Verkaufskosten ein sehr marktnaher, oder aber auch ein in hohem Maße auf Schätzungen beruhender Bewertungsmaßstab sein kann.

Wiederbeschaffungskosten (replacement costs)

Bei den Wiederbeschaffungskosten handelt es sich um eine Hilfsgröße, die hinzugezogen werden kann, wenn eine zuverlässige Bewertung zu Marktpreisen nicht möglich ist. Die Wiederbeschaffungskosten dienen bspw. zur Bewertung von Roh-, Hilfs-, und

1 Vgl. *Pfitzer/Dutzi*, (2002), Sp. 750.

Betriebsstoffen (IAS 2.32) und entsprechen dem Betrag, welcher zum Stichtag für die Wiederbeschaffung eines identischen oder zumindest vergleichbaren Vermögenswertes aufgebracht werden muss. Analog gilt für Verbindlichkeiten, dass die Wiederbeschaffungskosten durch den Betrag bestimmt sind, der für die Begleichung der Schuld am Stichtag aufzuwenden ist.

Nutzungswert (value in use)
Der Nutzungswert ist definiert als Barwert der geschätzten künftigen Cashflows, die mit einer hohen Wahrscheinlichkeit aus der Nutzung eines Vermögenswertes und seinem Abgang am Ende seiner Nutzungsdauer erzielt werden können (IAS 36.6).

B. Erstbewertung

1. Fremdbezogene Vermögenswerte

Die **Anschaffungskosten** sind der Bewertungsmaßstab für von Dritten erworbene Vermögenswerte. Vermögenswerte gelten als erworben, wenn sie durch Kauf, Tausch oder eine sonstige Übertragung in das wirtschaftliche Eigentum des Unternehmens gelangt sind und nicht von dem Unternehmen selbst erstellt wurden.

In die Anschaffungskosten von Vermögenswerten sind zunächst der Anschaffungspreis und die Anschaffungspreisminderungen einzubeziehen. Diese gilt gleichermaßen für Vorräte (IAS 2), Sachanlagen (IAS 16) und immaterielles Anlagevermögen (IAS 38).

Der *Anschaffungs- bzw. Kaufpreis* bildet den Hauptbestandteil der Anschaffungskosten. Dieser ist um die abziehbare Vorsteuer zu vermindern. Dagegen sind die nicht abziehbare Umsatzsteuer und sonstige, von den Steuerbehörden nicht rückforderbare Steuern in den Kaufpreis einzubeziehen.

Als *Anschaffungspreisminderungen* sind Skonti, Boni, Rabatte und andere vergleichbare Beträge abzuziehen. Boni stellen allerdings nur dann eine Minderung der Anschaffungskosten dar, wenn die entsprechenden Vermögenswerte im Zeitpunkt der Entstehung des Anspruchs noch vorhanden sind. Sind die Vermögenswerte nur noch zum Teil vorhanden, so sind die Anschaffungskosten nur anteilig zu mindern. Dagegen sind Boni ergebniswirksam, d. h. z. B. als Verminderung des Materialaufwandes zu erfassen, sofern die Vermögenswerte überhaupt nicht mehr vorhanden sind. Nach IAS 20.24 besteht zudem die Möglichkeit, die Anschaffungskosten um Zuschüsse zu kürzen oder einen passiven Rechnungsabgrenzungsposten zu bilden, der während der Nutzungsdauer des Vermögenswertes ertragswirksam aufzulösen ist. Allerdings gilt dies nur für langfristige Vermögenswerte.[1] Bei Vorräten hingegen, die in der Regel kurzfristige Vermögenswerte

1 Vgl. *Pellens/Fülbier/Gassen/Sellhorn* (2011), S. 398; *Riese* (2009), § 8, Tz. 23; *Jacobs/Schmitt* (2001), Teil B, IAS 2, Tz. 38 und *Adler/Düring/Schmaltz* (2002), Abschnitt 15, Tz. 45.

darstellen, sind Zuwendungen in den Perioden als Ertrag zu erfassen, in denen die korrespondierenden Aufwendungen kompensiert werden sollen.[1]

Einen weiteren Bestandteil, der mitunter auch als *Anschaffungsnebenkosten* bezeichnet wird, stellen alle direkt zurechenbare Kosten dar, die angefallen sind, um den Vermögenswert in einen betriebsbereiten Zustand zu versetzen (IAS 2.11; IAS 16.16 (b); IAS 38.27). Dies setzt nach der h. M.[2] nicht voraus, dass es sich um Einzelkosten handelt. Lediglich fixe Gemeinkosten gelten demnach nicht als Bestandteil der Anschaffungskosten. Gemeinkosten, die durch den Anschaffungsvorgang veranlasst sind, sind durch einen geeigneten Schlüssel als Anschaffungsnebenkosten des Vermögenswertes zu aktivieren. Allerdings lassen Anschaffungsvorgänge regelmäßig keine vernünftige Schlüsselung von vermeintlich zuordenbaren Gemeinkosten zu. Zu den Anschaffungsnebenkosten gehören Einfuhrzölle (sofern das bilanzierende Unternehmen keinen entsprechenden Erstattungsanspruch hat), Transport- und Abwicklungskosten sowie die sonstigen Kosten der Beschaffung, wie z. B. Versicherungen, Vermittlungsgebühren und Kommissionskosten. Bei finanziellen Vermögenswerten, die erfolgswirksam zum beizulegenden Zeitwert bewertet werden, dürfen Transaktionskosten (z. B. Gebühren und Provisionen) im Sinne von IAS 39.9 nicht als Anschaffungsnebenkosten aktiviert werden (IAS 39.43). Für die Berücksichtigung von Anschaffungsnebenkosten ist es unerheblich, ob es sich um interne oder externe Kosten handelt.

Weiterhin ist die Aktivierung von sog. *nachträglichen Anschaffungskosten* vorzunehmen, welche aus einer Erhöhung des Anschaffungspreises oder der Anschaffungsnebenkosten (z. B. aufgrund eines Prozesses oder eines Vergleichs) resultieren.

Fremdkapitalkosten, die *direkt dem Erwerb* eines *qualifizierten Vermögenswertes* zugeordnet werden können, sind als Teil der Anschaffungskosten zu aktivieren (IAS 23.1 und.8). Diese umfassen nicht nur die Zinsen, sondern auch andere dazugehörige Aufwendungen, wie z. B. Prämien. Ein qualifizierter Vermögenswert ist gem. IAS 23.5 ein Vermögenswert, für den ein beträchtlicher Zeitraum erforderlich ist, um ihn in seinen beabsichtigten gebrauchs- oder verkaufsfähigen Zustand zu versetzten. Ein Zeitraum über zwölf Monate hinaus kann grundsätzlich als beträchtlich angesehen werden.[3] Bei Sachanlagen wäre diese Konstellation etwa aufgrund von längerfristigen Implementierungsphasen durchaus denkbar. Vorräte hingegen fallen nur ausnahmsweise unter die Kategorie der qualifizierten Vermögenswerte, etwa beim Bezug von Waren, die einem längeren Reifungsprozess unterliegen, wie z. B. hochwertige in Fässern reifende Weine, Whiskey und Cognac oder spezielle Käse- und Schinkensorten.[4] Zudem müssen die Fremdkapitalkosten nach IAS 23.9 einen *künftigen wirtschaftlichen Nutzen* versprechen und *verlässlich ermittelt* werden können.

Geleistete Anzahlungen auf Vorräte sind aktivierungspflichtig und unter den kurzfristigen Vermögenswerten auszuweisen. Geleistete Anzahlungen auf Sachanlagen sind als

1 Vgl. *Adler/Düring/Schmaltz* (2002), Abschnitt 15, Tz. 45.
2 Vgl. *Kümpel* (2003), S. 2610; *Jacobs/Schmitt* (2001), Teil B, IAS 2, Tz. 36; *Adler/Düring/Schmaltz* (2002), Abschnitt 15, Tz. 42.
3 Vgl. *Adler/Düring/Schmaltz* (2002), Abschnitt 15, Tz. 84.
4 Vgl. *Pellens/Fülbier/Gassen/Sellhorn* (2011), S. 399.

langfristige Vermögenswerte unter dem Posten zu erfassen, für den sie geleistet worden sind. Bei Vorräten müssen *erhaltene Anzahlungen* als kurzfristige Verbindlichkeiten ausgewiesen werden, denn nach IFRS besteht ein generelles Saldierungsverbot. Ein Saldieren der erhaltenen Anzahlungen mit den Vorräten ist daher unzulässig.[1]

Kostenbestandteile, die ausdrücklich nicht in die Anschaffungskosten einfließen dürfen, werden in den Einzelstandards dargestellt. Für Vorräte etwa existieren solche *Aktivierungsverbote* z. B. für Lagerkosten, es sei denn, dass diese im Produktionsprozess vor einer Produktionsstufe erforderlich sind, und Verwaltungsgemeinkosten, die nicht dazu beitragen, die Vorräte an ihren derzeitigen Ort und in ihren derzeitigen Zustand zu versetzen (IAS 2.16). Für Sachanlagen werden Aktivierungsverbote durch IAS 16.19–20 geregelt. Hierzu zählen Kosten der Neueröffnung einer Betriebsstätte, Einführungskosten neuer Produkte und Dienstleistungen (einschließlich Werbungsausgaben), Kosten, die bei der Schaffung neuer Geschäfts- oder Kundenbeziehungen anfallen (einschließlich Schulungskosten) sowie Verwaltungs- und andere Gemeinkosten.

Bei Vermögenswerten, die in *Fremdwährung* angeschafft werden, sind die Anschaffungskosten nach IAS 21.21 mit dem Kassakurs in die funktionale Währung umzurechnen. Aus Vereinfachungsgründen ist es gem. IAS 21.22 auch zulässig, Wochen- oder Monatsdurchschnittskurse zu verwenden, sofern die Wechselkurse keinen starken Schwankungen unterliegen.

Werden Vermögenswerte im Wege des *Tauschs* erworben, so ist generell nach IAS 16.24 zu verfahren. Grundsätzlich bestimmen sich die Anschaffungskosten des erworbenen Vermögenswertes nach dem beizulegenden Zeitwert des hingegebenen Vermögenswertes, es sei denn, dem Tauschgeschäft fehlt es an wirtschaftlicher Substanz oder der beizulegende Zeitwert des hingegebenen Vermögenswertes ist nicht verlässlich messbar. Im letzteren Fall bestimmen sich die Anschaffungskosten nach dem beizulegenden Zeitwert des erhaltenen Vermögenswertes. Ist auch dieser nicht verlässlich ermittelbar, werden die Anschaffungskosten durch den Buchwert des hingegebenen Vermögenswertes bestimmt. Gleiches gilt, sofern es dem Tauschgeschäft an wirtschaftlicher Substanz fehlt.

Bei *unentgeltlich erworbenen Vermögenswerten* ist es sachgerecht, die Anschaffungskosten nach dem beizulegenden Zeitwert des Vermögenswertes zu bemessen.[2] Eine explizite Regelung hierzu existiert aber nicht.

Bei Vermögenswerten des Sachanlagevermögens sind über die bisher aufgeführten Bestandteile hinaus auch zukünftige Ausgaben zu aktivieren, sofern bei der Anschaffung eine Verpflichtung entsteht, derer sich das Unternehmen in künftigen Perioden nicht entziehen kann (16.16 (c)). Hierzu gehören Entsorgungs-, Rekultivierungs- oder ähnliche Verpflichtungen nach der Stilllegung des Vermögenswertes, um die Wiederherstellung des ursprünglichen Zustandes zu erreichen. Voraussetzung für die Aktivierung ist, dass die entsprechende Verpflichtung eine Rückstellungspflicht nach IAS 37 auslöst und dass die Verpflichtungsentstehung nicht in Verbindung mit der Vorratsfertigung steht.

1 Zu diesem Absatz vgl. *Oertzen* (2009), § 10, Tz. 19f.
2 Vgl. ausführlich *Adler/Düring/Schmaltz* (2002), Abschnitt 15, Tz. 53.

2. Selbst erstellte Vermögenswerte

Die *Herstellungskosten* sind der Bewertungsmaßstab für unfertige und fertige Erzeugnisse sowie sonstige selbst erstellte Vermögenswerte. Diese sind als *produktionsbezogene Vollkosten* zu bemessen, d. h. dem Bilanzierenden wird vom Grundsatz her kein Spielraum bei der Bestimmung der Höhe der Herstellungskosten eingeräumt. Damit wird dem Matching Principle entsprochen, wonach alle Aufwendungen der Periode zuzurechnen sind, in der die korrespondierenden Erträge erfasst werden. Die während des Herstellungsvorgangs angefallenen Aufwendungen dürfen also erst in der Periode ergebniswirksam erfasst werden, in der die Vermögenswerte auch tatsächlich abgesetzt werden. Einen Ansatz zu Teilkosten lehnen die IFRS ab.

Welche Bestandteile in die Herstellungskosten einzubeziehen sind, richtet sich nach IAS 2.10. Obwohl IAS 2 die Bilanzierung des Vorratsvermögens regelt, sind die Vorschriften zum Umfang der Herstellungskosten generell auch auf Vermögenswerte des Sachanlagevermögens anzuwenden (IAS 16.22).

In die Herstellungskosten sind nicht nur alle Kosten der Herstellung, sondern auch alle sonstigen Kosten einzubeziehen, die anfallen, um den Vermögenswert an den für ihn vorgesehenen Ort zu bringen und in den für ihn vorgesehenen Zustand zu versetzen. Neben den Einzelkosten sind auch variable und fixe Produktionsgemeinkosten zu berücksichtigen, sofern sie angemessen und produktionsbezogen sind sowie auf den Zeitraum der Herstellung entfallen (IAS 2.12).

Die Herstellungskosten umfassen *Einzelkosten*, d. h. die Kosten, die dem Vermögenswert direkt zuzurechnen sind. Dabei handelt es sich um Materialeinzelkosten (z. B. der Verbrauch an Rohstoffen), Fertigungseinzelkosten (z. B. Fertigungslöhne) und Sondereinzelkosten der Fertigung (z. B. für Spezialwerkzeuge).

Des Weiteren sind alle systematisch zurechenbaren fixen und variablen Produktionsgemeinkosten, d. h. nicht direkt der Produktion zurechenbare Kosten, in die Herstellungskosten einzubeziehen, die bei der Verarbeitung der Ausgangsstoffe zum entsprechenden Vermögenswert anfallen. *Fixe Gemeinkosten* sind dadurch gekennzeichnet, dass sie unabhängig vom Produktionsvolumen relativ konstant anfallen (z. B. Abschreibungen und Instandhaltungen von Betriebsgebäuden und -einrichtungen, Kosten des Managements und der Qualitätskontrolle, fertigungsbezogene Verwaltungskosten). Es dürfen nur angemessene Teile der Gemeinkosten einbezogen werden. Die fixen Gemeinkosten werden daher gemäß IAS 2.13 auf Basis einer *Normalauslastung* der Produktionskapazitäten zugerechnet. Diese normale Kapazität ist das Produktionsvolumen, das im Durchschnitt über eine Anzahl von Perioden bzw. Saisons unter normalen Umständen und unter Berücksichtigung von Ausfällen aufgrund planmäßiger Instandhaltung erwartet werden kann. Das tatsächliche Produktionsniveau kann zugrunde gelegt werden, wenn es der Normalkapazität nahe kommt. Offen bleibt, wann dies gegeben ist. Eine Abweichung von 30 % von der normalerweise erreichbaren Kapazität dürfte jedoch nicht mehr angemessen sein.[1] Die Normalauslastung determiniert die zurechenbaren

1 Vgl. *Küting/Harth* (1999), S. 2346.

fixen Produktionsgemeinkosten pro Stück. *Leerkosten* kommen nicht zum Ansatz, sondern werden als Periodenaufwand verrechnet, d. h. die fixen Gemeinkosten pro Einheit erhöhen sich bei Unterauslastung nicht. Liegt dagegen die Auslastung über der Normalkapazität, mindert sich der auf die einzelne Produktionseinheit entfallende Betrag der fixen Gemeinkosten. Vermögenswerte können also nicht höher bewertet werden als die tatsächlich angefallenen Istkosten.[1]

Variable Produktionsgemeinkosten sind dadurch gekennzeichnet, dass sie unmittelbar oder nahezu unmittelbar mit dem Produktionsvolumen variieren (z. B. Material- und Fertigungsgemeinkosten). Sie werden den einzelnen Produktionseinheiten auf der Grundlage des tatsächlichen Einsatzes der Produktionsmittel zugerechnet.

Zu den *Materialgemeinkosten* zählen z. B. Aufwendungen für Hilfsstoffe, den Einkauf, die Warenannahme und -prüfung und die Materialläger. In die *Fertigungsgemeinkosten* fließen u. a. Aufwendungen für Betriebsstoffe und Energie ein.

Wegen der generellen Einbeziehungspflicht produktionsbezogener Kosten müssen alle *Verwaltungskosten* aufgeschlüsselt und einer betrieblichen Funktion zugeordnet werden. Die Verwaltungskosten des Material- und Fertigungsbereichs sind in der Regel vollständig den fixen oder variablen Produktionsgemeinkosten zuzurechnen und daher aktivierungspflichtig. Handelt es sich dagegen um Verwaltungskosten des Vertriebs, so unterliegen sie wie die primären Vertriebskosten einem Aktivierungsverbot. Die verbleibenden *Kosten der allgemeinen Verwaltung* sind ebenfalls zu aktivieren, sofern sie dem Produktionsbereich zuzuordnen sind. Für alle anderen Kosten des allgemeinen Verwaltungsbereichs besteht dagegen ein Aktivierungsverbot. Maßstab für die Zuordnung ist dabei der Grad der Unterstützung der jeweiligen Funktion. Eine solche Differenzierung der allgemeinen Verwaltungskosten nach betrieblichen Funktionen setzt ein leistungsfähiges internes Rechnungswesen voraus. Ist ein solches nicht gegeben, so dürfen die produktionsbezogenen Kosten der allgemeinen Verwaltung unter Anwendung des Grundsatzes der Wesentlichkeit auch pauschaliert verrechnet werden. Im Einzelfall ist es unter Abwägung der Kosten und Nutzen der Informationsbereitstellung auch vertretbar, die Kosten der allgemeinen Verwaltung in voller Höhe als Periodenaufwand zu erfassen.[2]

Kosten für soziale Einrichtungen des Betriebs (z. B. Kantine), für freiwillige soziale Leistungen (z. B. Jubiläumszuwendungen) und für betriebliche Altersversorgung (z. B. Beiträge an Pensionskassen) erfahren in IAS 2 keine explizite Regelung. Diese *Kosten des sozialen Bereichs* müssen in die Herstellungskosten einbezogen werden, wenn sie dem Herstellungsvorgang zuzuordnen sind. Dazu bedarf es einer Aufschlüsselung der sozialen Kosten auf die Funktionsbereiche. Kosten der betrieblichen Altersversorgung und der freiwilligen sozialen Leistungen lassen sich sachgerecht aufteilen, indem die Anteile, die die im Produktionsprozess beschäftigten Mitarbeiter betreffen, den aktivierungspflichtigen Herstellungskosten zugerechnet werden. Im Gegensatz zu solchen primären Sozialkosten weisen die sogenannten sekundären Sozialkosten, die den Arbeit-

1 Vgl. *Quick* (2008), S. 2209.
2 So z. B. *Riese* (2009), § 8, Tz. 41.

nehmern nicht unmittelbar zugutekommen, wie z. B. Kosten für eine werksärztliche Versorgung, häufig keinen engen Zusammenhang mit der Produktion auf, so dass sie nur ausnahmsweise zu aktivieren sind.

Sonstige Kosten sind nach IAS 2.15 nur insoweit in die Herstellungskosten einzubeziehen, als sie angefallen sind, um den Vermögenswert an dessen derzeitigen Ort und in dessen derzeitigen Zustand zu versetzen. Hierzu zählen z. B. die Kosten für notwendige innerbetriebliche Transporte und die Kosten der Produktentwicklung für bestimmte Kunden.

Analog zur Bemessung der Anschaffungskosten sind *Fremdkapitalkosten* grundsätzlich als Bestandteil der Herstellungskosten zu aktivieren, sofern ein *qualifizierter Vermögenswert* vorliegt und Fremdkapitalkosten dem Herstellungsvorgang direkt zugerechnet werden können. Ein *direkter Zusammenhang* zum Herstellungsvorgang ist gegeben, wenn ohne die Herstellung des betreffenden Vermögenswertes die Fremdkapitalaufnahme vermieden worden wäre. Zudem müssen die Finanzierungskosten *zuverlässig ermittelt* werden können (IAS 23.9) und auf den *Zeitraum der Herstellung entfallen*. Dieser Zeitraum beginnt, wenn erstmalig Ausgaben für den Vermögenswert anfallen, Fremdkapitalkosten anfallen und die erforderlichen Arbeiten begonnen haben, die notwendig sind, um den Vermögenswert in seinen bestimmungsgemäßen Zustand zu versetzen (IAS 23.17). Der Herstellungsvorgang endet, wenn der Vermögenswert im Wesentlichen in seinen bestimmungsgemäßen Zustand versetzt worden ist (IAS 23.22). Für Vorräte, die routinemäßig gefertigt oder auf andere Weise in großen Mengen wiederholt über einen kurzen Zeitraum hergestellt werden, ist IAS 23 nicht zwingend anzuwenden, d. h. Fremdkapitalkosten dürfen als Periodenaufwand erfasst werden (IAS 23.4).

Die IFRS sehen eine Aktivierungspflicht für Entwicklungskosten vor, wenn bestimmte Bedingungen erfüllt sind (IAS 38.57). Da Herstellungsprozessen häufig Entwicklungsvorgänge vorgelagert sind und die dadurch entstandenen immateriellen Vermögensgegenstände nur begrenzt nutzbar sind, müssen ggf. anteilige Entwicklungskosten in die Herstellungskosten einbezogen werden. Das HGB sieht in § 248 Abs. 2 HGB i. V. m. § 255 Abs. 2a HGB ein Wahlrecht zur Aktivierung von Entwicklungskosten vor. Sofern der Bilanzierende von diesem Wahlrecht Gebrauch macht, fließen ebenfalls anteilige Abschreibungen auf diesen immateriellen Vermögensgegenstand in die Herstellungskosten ein.

Bei Sachanlagen sind die Herstellungskosten analog zu den Anschaffungskosten um Entsorgungs-, Rekultivierungs- oder ähnliche Verpflichtungen nach der Stilllegung des Vermögenswertes zu erweitern (IAS 16.16 (c)), sofern bei der Nutzung eine Verpflichtung entsteht, die zu zukünftigen Ausgaben führen.

Aktivierungsverbote enthält IAS 2.16. Die Aufzählung ist allerdings nicht abschließend. Vielmehr werden lediglich beispielhaft einzelne Kosten aufgelistet, die aufgrund des produktionsbezogenen Vollkostenprinzips von der Aktivierung ausgeschlossen sind. Überhöhte Kosten, die etwa für nicht angemessenen Materialaufwand durch Fehlarbeiten anfallen, dürfen demnach nicht in die Herstellungskosten einbezogen werden. Gleiches gilt für *Kosten der Endlagerung*. Anders verhält es sich dagegen in Fällen, in denen die Lagerung für den eigentlichen Produktionsvorgang erforderlich ist und Wert erhöhend wirkt. In diesem Ausnahmefall zählen die Lagerkosten zu den Herstellungskosten.[1] Weitere Aktivierungsverbote, die speziell auf Sachanlagen zu beziehen sind, regelt analog zu den Anschaffungskosten IAS 16.19. Schließlich besteht auch für Vertriebskosten ein Ansatzverbot. Alle genannten Kosten müssen vielmehr in der Periode ihres Anfalls als Aufwand erfasst werden.

Problematisch gestaltet sich die Ermittlung der Herstellungskosten von immateriellen Anlagevermögenswerten. IAS 38.52 schreibt hierzu die grundsätzliche Einteilung des Erstellungsprozesses in eine Forschungs- und eine Entwicklungsphase vor, wobei grundsätzlich gilt, dass Forschungsausgaben nicht aktivierungsfähig und Entwicklungsausgaben unter Erfüllung der in IAS 38.57 aufgeführten Voraussetzungen aktivierungspflichtig sind.

Zusammenfassend lässt sich der Umfang der Herstellungskosten nach IFRS in Abgrenzung zu den Regelungen des HGB wie folgt darstellen:

	Herstellungskosten nach IFRS	**Herstellungskosten nach § 255 Abs. 2 HGB**
Einzelkosten		
Materialeinzelkosten	Pflicht	Pflicht
Fertigungseinzelkosten	Pflicht	Pflicht
Sondereinzelkosten der Fertigung	Pflicht	Pflicht
Gemeinkosten		
Materialgemeinkosten	Pflicht	Pflicht
Fertigungsgemeinkosten	Pflicht	Pflicht
Allgemeine Verwaltungskosten: • produktionsbezogen • nicht produktionsbezogen	 Pflicht Verbot	 Wahlrecht Wahlrecht
Sozialkosten: • produktionsbezogen • nicht produktionsbezogen	 Pflicht Verbot	 Wahlrecht Wahlrecht
zurechenbare Fremdkapitalkosten	Pflicht	Wahlrecht
Ertragsteuern[2]	Verbot	Verbot
Forschungskosten	Verbot	Verbot
Anteilige produktionsbezogene Entwicklungskosten	Pflicht	Wahlrecht[3]
Vertriebskosten	Verbot	Verbot
Leerkosten	Verbot	Verbot

1 Vgl. *Engel-Ciric* (2001), S. 74.

2 Die Behandlung von Substanz- und Verbrauchsteuern richtet sich nach deren Zuordnung zu den in der Tabelle genannten Kostenarten.

3 Nach HGB muss der Werteverzehr des Anlagevermögens, soweit dieser durch die Fertigung veranlasst ist, in die Herstellungskosten einbezogen werden (Aktivierungspflicht). Nach der hier vertretenen Auffassung kann auch der Werteverzehr für selbsterstellte immaterielle Vermögensgegenstände des Anlagevermögens durch die Fertigung veranlasst und somit von dieser Regelung betroffen sein. Trotz der grundsätzlichen Pflicht zum Einbeziehen dieses Werteverzehrs in die Herstellungskosten besteht faktisch ein Einbeziehungswahlrecht, da für selbsterstellte immaterielle Vermögensgegenstände des Anlagevermögens nach § 248 Abs. 2 HGB ein Aktivierungswahlrecht besteht.

	Herstellungskosten nach IFRS	Herstellungskosten nach § 255 Abs. 2 HGB
Bei Sachanlagen zusätzlich zu beachten		
Entsorgungs-, Rekultivierungs- oder ähnliche Verpflichtungen	Pflicht	Verbot
Lagerkosten für Fertigerzeugnisse	Verbot	Verbot
Kosten der Neueröffnung einer Produktionsstätte	Verbot	Verbot
Einführungskosten neuer Produkte oder Dienstleistungen	Verbot	Verbot
Kosten, die bei der Schaffung neuer Geschäfts- oder Kundenbeziehungen anfallen	Verbot	Verbot

Tab. 39: Bestandteile der Herstellungskosten nach IFRS und HGB

Aufgabe 75: Anschaffungskosten

Die Investment AG erwirbt zum 31.12.2012 eine Biogasanlage für 10,5 Mio. €. Im Rahmen der Abwicklung des Kaufs sind 100.000 € an Beraterhonoraren angefallen. Nach einer erwarteten Nutzungsdauer von 20 Jahren ist die Investment AG zu einem Rückbau der Biogasanlage verpflichtet. Die Kosten für den Rückbau werden mit 1 Mio. € abgeschätzt. Der marktübliche Diskontierungszins für diesen Zeitraum wird mit 5 % angenommen.
Welcher Betrag ist zum 31.12.2012 zu aktivieren?

➔ **Lösung auf Seite 380**

Aufgabe 76: Herstellungskosten

Die Brauerei Falschsander AG produziert u. a. die Biermarke Dusty Taste. Pro Hektoliter fallen folgende Aufwendungen an:

Hopfen	120 €
Malz	80 €
Abschreibung Braukessel (arithmetisch-degressive Abschreibung)	25 €
Anteilige allgemeine Büroaufwendungen (produktionsbezogen)	15 €
Fertigungslöhne (leistungsbezogene Entlohnung)	78 €
Werbespot (anteilig) auf Sport1	17 €
Anteilige Abschreibung Fertigungshalle (lineare Abschreibung)	12 €
Wasser	3 €
Abschreibungen Mehrweg-Glasflaschen	6 €
Anteilige Sozialaufwendungen (Kantine u. Ä., produktionsbezogen)	8 €
Anteilige Fremdkapitalzinsen (Kreditaufnahme zur Modernisierung der Auslieferungslager)	4 €

Ermitteln Sie die Herstellungskosten pro Hektoliter nach HGB und IFRS. Begründen Sie jeweils Ihre Auffassung.

➔ **Lösung auf Seite 381**

C. Folgebewertung

1. Modell der fortgeführten Anschaffungs- oder Herstellungskosten

i. Grundlagen

Das primäre Ziel der Vermittlung entscheidungsrelevanter Informationen (F.OB2, IAS 1.9) und damit eines *true and fair view*[1] führt dazu, dass ein dem handelsrechtlichen Anschaffungswertprinzip entsprechender genereller Grundsatz in der internationalen Rechnungslegung nicht existiert und insofern eine *Begrenzung des Wertansatzes auf die Anschaffungs- oder Herstellungskosten nicht zwingend vorgeschrieben* ist. Vielmehr ist die Arbeit des IASB durch die vermehrte Verwendung des Wertmaßstabs *fair value* und eine dadurch eröffnete Möglichkeit der Durchbrechung des (handelsrechtlichen) Anschaffungswertprinzips geprägt.[2]

Während die handelsrechtliche Rechnungslegung aus einer eher geringen Anzahl sehr abstrakter Regelungen besteht, sind die Vorschriften des IASB in starkem Maße kasuistischer Natur. Dieser in der internationalen Rechnungslegung verfolgte und an das angloamerikanische Einzelfallrecht angelehnte Ansatz (rule-based approach) trägt im Ergebnis dazu bei, dass die Regelungen des IASB im Gegensatz zum HGB (principle-based approach) die Folgebewertung nicht einheitlich an einer Stelle behandeln.[3] Vielmehr werden im Framework des IASB lediglich Grundkonzepte der Bewertung genannt, die dann im Rahmen einzelner Standards für verschiedene Bilanzposten ergänzt werden. Der auf den erstmaligen Ausweis folgende Wertansatz von Vermögenswerten ermittelt sich dann unter gemeinsamer Berücksichtigung der im Framework beschriebe-

1 Mit der in § 264 Abs. 2 HGB enthaltenen Generalnorm der Vermittlung eines den tatsächlichen Verhältnissen entsprechenden Bildes der Vermögens-, Finanz- und Ertragslage existiert zwar eine dem *true and fair view* auf den ersten Blick ähnliche Norm auch in der handelsrechtlichen Rechnungslegung, diese dient jedoch eher als Auslegungshilfe in Zweifelsfragen. Dagegen ist in IAS 1.15 die Generalnorm der fair presentation fixiert, die gemäß IAS 1.19 ein Abweichen von einzelnen IFRS ermöglicht, wenn nur so eine fair presentation erreicht werden kann. Allerdings betont IAS 1.19 selbst, dass es sich hier nur um extrem seltene Ausnahmefälle handeln dürfte, die zudem lediglich unter den restriktiven Voraussetzungen des IAS 1.20 zur besagten Abweichung führen. Vgl. *Pellens/Fülbier/Gassen/Sellhorn* (2011), S. 122.

2 Vgl. bereits *Mujkanovic* (2002), S. 361; ferner stellvertretend IAS 39.43, IAS 40.30, IAS 41.12, sowie IFRS 1.16.

3 Vgl. zu den grundlegenden Unterschieden beispielsweise *v. Keitz*, (2005), S. 3–5.

nen allgemeinen Bewertungsmaßstäbe und den in den einzelnen Standards niedergelegten Einzelfallregelungen.

Dabei ist die Fortführung der Anschaffungs- bzw. Herstellungskosten unter Berücksichtigung von planmäßigen Abschreibungen genauso vorgesehen wie die Vornahme außerplanmäßiger Abschreibungen und entsprechender Zuschreibungen, wobei mitunter der handelsrechtlichen Rechnungslegung fremde Bewertungskonzepte zur Anwendung kommen, z. B. der Nutzungswert (*value in use*). Deren grundlegende Systematik sowie Besonderheiten gegenüber den Vorschriften des HGB werden im Folgenden dargestellt.

ii. Planmäßige Abschreibungen

Dem Wortlaut des Handelsgesetzbuches folgend, sind planmäßige Abschreibungen auf Vermögenswerte des Anlagevermögens mit begrenzter Nutzungsdauer[1] beschränkt und sie spiegeln insofern primär die technische bzw. wirtschaftliche Entwertung von Vermögenswerten des Anlagevermögens oder deren durch rechtliche bzw. vertragliche Ursachen begründete begrenzte Nutzungsdauer wider.

Im Gegensatz zum HGB enthalten die Vorschriften des IASB eine weiter gefasste Begründung für die Vornahme planmäßiger Abschreibungen: So führt das Framework des IASB aus, dass bei Vermögenswerten, deren wirtschaftlicher Nutzen auf mehrere Perioden entfällt, eine Verteilung der Aufwendungen durch ein systematisches Verfahren zu erfolgen hat (F.4.51). Derartige Aufwendungen werden dann unter dem Begriff »Abschreibungen« subsumiert. Aufgrund abweichender Ansatzvorschriften nach IFRS weicht im Ergebnis der Kreis der Vermögenswerte, die planmäßig abschreibungsfähig sind, von denen des HGB ab. So ist eine planmäßige Abschreibung eines *erworbenen Geschäfts- oder Firmenwerts* gemäß den Vorschriften des IASB explizit nicht zulässig. Vielmehr ist ein aktivierter Geschäfts- oder Firmenwert mindestens jährlich auf Wertminderungen hin zu überprüfen und gegebenenfalls außerplanmäßig im Wert zu reduzieren. Mit § 246 Abs. 1 Satz 4 HGB wird der entgeltlich erworbene Geschäfts- oder Firmenwert im Wege einer Fiktion zum zeitlich begrenzt nutzbaren Vermögensgegenstand erhoben, der nach Maßgabe des § 253 HGB planmäßig abzuschreiben ist.

a. Planmäßige Abschreibung des Sachanlagevermögens gemäß IAS 16

Nach den IFRS bilanzierende Unternehmen haben gemäß IAS 16.29 grundsätzlich ein Wahlrecht, ob sie für die Folgebewertung des Sachanlagevermögens das Modell der fortgeführten Anschaffungs- bzw. Herstellungskosten (cost model) heranziehen oder die entsprechenden Vermögenswerte einer Neubewertung (revaluation model) unterziehen möchten. Unabhängig von der Wahl einer der beiden Methoden sind planmäßige Abschreibungen bei der Bewertung des Sachanlagevermögens immer zu berücksichtigen. Aufgrund der im Zusammenhang mit dem Neubewertungsmodell existierenden

1 Eine Berücksichtigung von Finanzanlagen kommt aufgrund unbegrenzter Nutzungsdauer nicht in Betracht. Vgl. hierzu *Hoyos/Schramm/Ring*, (2010), § 253 HGB, Tz. 219.

Besonderheiten, ist diesem Themengebiet ein gesondertes Kapitel gewidmet, so dass im Folgenden ausschließlich auf die relevanten Vorschriften für das Modell der fortgeführten Anschaffungs- bzw. Herstellungskosten eingegangen wird.

Die grundsätzliche Vorgehensweise bei der Ermittlung des Wertansatzes gemäß dem Modell der fortgeführten Anschaffungs- oder Herstellungskosten entspricht in weiten Teilen der des HGB: Gemäß IAS 16.30 sollen Vermögenswerte im Rahmen der Folgebewertung mit ihren historischen Anschaffungs- oder Herstellungskosten vermindert um kumulierte Abschreibungen (*accumulated depreciation*) und kumulierte Wertminderungen (*accumulated impairment losses*) bewertet werden. Bei den kumulierten Abschreibungen gemäß IAS 16 handelt es sich inhaltlich um die planmäßigen Abschreibungen im Sinne des HGB, wohingegen die kumulierten Wertminderungen inhaltlich den außerplanmäßigen Abschreibungen des HGB gleichzustellen sind.

Die Ermittlung der planmäßigen Abschreibungen hat unter Anwendung des Komponentenansatzes (*component approach*) zu erfolgen. Im Gegensatz zum HGB (Aggregatansatz) ergibt sich ein Unterschied insofern, als der in Frage stehende Vermögenswert nicht grundsätzlich als Ganzes bewertet wird. Vielmehr sind die einzelnen Bestandteile eines Vermögenswertes des Sachanlagevermögens, deren Kosten im Verhältnis zu den Gesamtkosten als wesentlich einzustufen sind, sowie die verbleibenden, nicht als wesentlich einzustufenden Bestandteile dieses Vermögenswertes getrennt abzuschreiben (IAS 16.43). Eine Ausnahme von der vorgenannten Zerlegung ist nur in Fällen zulässig, in denen einzelne, für sich betrachtet wesentliche Bestandteile dieselbe Nutzungsdauer haben. Derartige Bestanteile dürfen gemäß IAS 16.45 zu einer Gruppe zusammengefasst und gemeinsam abgeschrieben werden.

Der Komponentenansatz wurde im Rahmen des IASB Improvement Project in den IAS 16 eingefügt und soll der Begründung (IAS 16 BC26–27) folgend den Werteverzehr des Sachanlagevermögens im Sinne der Vermittlung entscheidungsrelevanter Informationen besser widerspiegeln als der Aggregatansatz dies aufgrund unterschiedlicher Nutzungsdauern einzelner Bestandteile könnte. Es bleibt jedoch festzustellen, dass mit der gewonnenen Genauigkeit bei der Abbildung des Werteverzehrs durch den Komponentenansatz auch vermehrt Kritik an der dadurch erhöhten Komplexität der Bewertung des Sachanlagevermögens geäußert wurde.[1] Neben Problemen bei der Ermittlung des Abschreibungsbetrages und der Abschreibungsdauer befand sich insbesondere die Auslegung der Frage, wann der Bestandteil eines Vermögenswertes des Sachanlagevermögens als wesentlich zu beurteilen ist, im Mittelpunkt der Kritik.[2]

Die Vorschriften des IASB hinsichtlich der Ermittlung der Determinanten der planmäßigen Abschreibung ähneln in weiten Teilen den handelsrechtlichen Vorschriften, so dass an dieser Stelle lediglich auf die Grundkonzepte bzw. Abweichungen der IFRS von den nationalen Regelungen eingegangen werden soll.

---

1 Die Grenzen seiner Anwendbarkeit findet der Komponentenansatz jedoch letztlich in der Forderung des Framework des IASB nach einem ausgewogenen Verhältnis der Kosten und Nutzen von Jahresabschlussinformationen. Vgl. *Ballwieser* (2009), Teil B, IAS 16, Tz. 40a und die dort zitierten Quellen.

2 Da eine Konkretisierung der Vorschriften bzw. Interpretationen durch das IASB zurzeit nicht existiert, wird der Komponentenansatz auch in näherer Zukunft Spielräume für Unsicherheiten und bilanzpolitische Maßnahmen eröffnen.

Der auf die Laufzeit zu verteilende Wert des Vermögenswerts, also die Abschreibungssumme (*depreciable amount*), lässt sich gemäß IAS 16.53 aus den historischen Anschaffungs- bzw. Herstellungskosten abzüglich eines gegebenenfalls nach Ende der Nutzungsdauer noch verbleibenden Restwerts (*residual value*) ermitteln. Hierbei kann es sich beispielsweise um einen am Ende der technischen Nutzungsdauer mit hinreichender Sicherheit quantifizierbaren Schrottwert handeln. Plant das bilanzierende Unternehmen jedoch einen Vermögenswert bereits vor Ende seiner technischen Nutzungsdauer wieder zu veräußern, so kann der Restwert durchaus auch im Verhältnis zu den Anschaffungs- bzw. Herstellungskosten wesentlich sein.[1]

Auch hinsichtlich der Bestimmung der Nutzungsdauer (*useful life*) gleichen sich die IFRS-Rechnungslegung und die Vorschriften des HGB weitgehend: Die nationalen Vorschriften stellen auf die vom bilanzierenden Unternehmen zu ermittelnde betriebsgewöhnliche Nutzungsdauer ab. Im IAS 16 hingegen wird eine Reihe bei der Bestimmung der Nutzungsdauer zu berücksichtigender Faktoren wie beispielsweise die erwartete Nutzung und Abnutzung aufgeführt. Insofern basiert die Ermittlung der Nutzungsdauer sowohl gemäß IFRS als auch gemäß HGB auf Erfahrungswerten und subjektiven Einschätzungen. Die internationalen Vorschriften stellen jedoch in IAS 16.57 explizit fest, dass die Absicht, einen Vermögenswert nur für einen im Voraus definierten (kürzeren) Zeitraum zu nutzen, die Nutzungsdauer auf eben diesen Zeitraum verkürzt. Ein Wegfall der Nutzungsabsicht ist bei der Ermittlung der Nutzungsdauer gemäß den Vorschriften des HGB nach herrschender Meinung hingegen unberücksichtigt zu lassen.[2] Dies führt ceteris paribus zu einer im Vergleich zum HGB höheren Abschreibung und damit zu einer früheren Erfassung des Aufwandes.

Der Beginn des Abschreibungszeitraumes hingegen ist nach IFRS und HGB im Wesentlichen gleich und entspricht gemäß IAS 16.55 dem Zeitpunkt, zu dem der Vermögenswert dem Unternehmen zur Verfügung steht. Dies ist regelmäßig der Fall, wenn sich der Gegenstand an seinem Standort und in dem vom Management beabsichtigten betriebsbereiten Zustand befindet.[3]

Bei der Wahl der Abschreibungsmethode eröffnet die IFRS-Rechnungslegung weite Spielräume. Grundsätzlich ist – unter Beachtung der Prämisse der Beibehaltung eines angemessenen Verhältnisses der Kosten und Nutzen einer Jahresabschlussinformation – die Methode zu wählen, die den Nutzenverlauf des Vermögenswertes in optimaler Art und Weise widerspiegelt (IAS 16.60) und damit das Prinzip des true and fair view bestmöglich beachtet. Explizit erwähnt werden in IAS 16.62 die lineare Abschreibung (*straight-line method*), die degressive Abschreibung (*diminishing balance method*) sowie die leistungsabhängige Abschreibung (*units of production method*).[4]

1 Für eine identische Handhabung des Restwertes gemäß handelsrechtlicher Rechnungslegung vgl. *Adler/Düring/Schmaltz* (1995a), § 253 HGB, Tz. 416.

2 Vgl. hierzu *Kozikowski/Roscher/Schramm* (2010), § 253 HGB, Tz. 229.

3 Unter der Voraussetzung, dass eine Abweichung zwischen dem Zeitpunkt der Versetzung des Gegenstandes in einen betriebsbereiten Zustand und dem Zeitpunkt der erstmaligen Nutzung unwesentlich ist, wird vom Schrifttum auch der letztgenannte Zeitpunkt als Beginn des Abschreibungszeitraumes für zulässig erachtet. Vgl. hierzu *Adler/Düring/Schmaltz* (1995a), § 253 HGB, Tz. 439.

4 Für Beispiele anderer Abschreibungsmethoden vgl. *Bonham* (2004), S. 691–693.

b. Planmäßige Abschreibung immaterieller Vermögenswerte gemäß IAS 38

Wie bereits im Falle der Folgebewertung des Sachanlagevermögens gemäß IAS 16 diskutiert, besteht auch bei der Bewertung immaterieller Vermögenswerte nach IAS 38.72 grundsätzlich ein Wahlrecht hinsichtlich der Anwendung der Methode der fortgeführten Anschaffungs- oder Herstellungskosten (*cost model*) oder des Neubewertungsmodells (*revaluation model*).

Unabhängig von der Wahl der Methode sind immaterielle Vermögenswerte grundsätzlich planmäßig abzuschreiben[1]. Dabei gelten für die Ermittlung der konkreten Abschreibungsbeträge in weiten Teilen dieselben Regeln wie für die Folgebewertung des Sachanlagevermögens gemäß IAS 16. Insofern werden im Folgenden nur diejenigen Aspekte thematisiert, in denen die Regelungen des IAS 38 von denen des IAS 16 abweichen oder die in besonderem Maße erwähnenswert sind.

Ein wesentlicher Unterschied ergibt sich insbesondere aufgrund des Umstandes, dass immaterielle Vermögenswerte im Gegensatz zum Sachanlagevermögen keinerlei physischem Verschleiß unterliegen. Daraus resultiert die Möglichkeit einer deutlich längeren und im Extremfall unbegrenzten Lebensdauer. Eine in früheren Versionen des IAS 38 geltende Beschränkung des Abschreibungszeitraums auf maximal 20 Jahre wurde insofern vielfach als unangemessen und Verstoß gegen den Grundsatz der fair presentation gewertet. In der aktuellen Fassung besteht diese Beschränkung nun nicht mehr. Vielmehr hat das bilanzierende Unternehmen zunächst zu überprüfen, ob es sich bei dem immateriellen Vermögenswert um einen solchen mit begrenzter Nutzungsdauer (*finite useful live*) oder unbegrenzter Nutzungsdauer (*indefinite useful live*) handelt.

Ist die Lebensdauer beschränkt, so sind immaterielle Vermögenswerte nach Maßgabe der bereits für den IAS 16 beschriebenen Vorschriften abzuschreiben. Aufgrund der besonderen Komplexität der Ermittlung der Nutzungsdauer von immateriellen Vermögenswerten, enthalten die Vorschriften des IASB diesbezüglich eine Reihe von Klarstellungen: So wird explizit darauf hingewiesen, dass Software einem teilweise rasanten technologischen Wandel ausgesetzt ist und ihre Nutzungsdauer insofern sehr kurz sein kann (IAS 38.92). Ferner stellt IAS 38.93 fest, dass die Komplexität einer zuverlässigen Bestimmung der Nutzungsdauer von Vermögenswerten aufgrund der Unsicherheit zukünftiger Ereignisse zwar eine vorsichtige Schätzung rechtfertigt, jedoch keinesfalls eine unrealistisch kurze.

Bei immateriellen Vermögenswerten, die aus vertraglichen oder gesetzlichen Rechten entstehen, bildet eben der Endzeitpunkt des Bestehens dieser Rechte die Obergrenze der bei der Ermittlung der planmäßigen Abschreibungen heranzuziehenden Nutzungsdauer. Dabei ist jedoch grundsätzlich zu berücksichtigen, dass wirtschaftliche Einflussfaktoren die Verwertbarkeit dieser Rechte einschränken können. Kann ein immaterieller Vermögenswert aufgrund derartiger wirtschaftlicher Einflussfaktoren nicht bis zum Ende der vertraglich oder gesetzlich definierten Nutzungsdauer tatsächlichen Nutzen

---

1 Während der Originaltext für Abschreibungen im Falle des Sachanlagevermögens den Begriff *depreciation* verwendet, werden selbige im Falle immaterieller Vermögensgegenstände als *amortisation* bezeichnet.

generieren, entspricht seine Nutzungsdauer dem kürzeren, durch wirtschaftliche Faktoren bestimmten Zeitraum.

Ferner besteht ein Unterschied hinsichtlich der Ermittlung des Restwertes. Der Restwert ist entgegen dem Fall des Sachanlagevermögens grundsätzlich mit Null anzunehmen, sofern nicht entweder bereits bei Ermittlung der planmäßigen Abschreibung eine Verpflichtung einer dritten Person besteht, den immateriellen Vermögenswert nach Ablauf der Nutzungsdauer zu erwerben, oder ein aktiver Markt zum Zeitpunkt der Folgebewertung existiert sowie zum Ende der Nutzungsdauer für den immateriellen Vermögenswert existieren wird, anhand dessen der Restwert ermittelt werden kann (IAS 38.100).[1]

Ein weiterer Unterschied im Rahmen der Folgebewertung gemäß IAS 16 und IAS 38 besteht bei der Wahl der Abschreibungsmethode. Während das Grundkonzept mit den zu IAS 16 gemachten Ausführungen übereinstimmt, schränkt IAS 38.97 die Wahl der Abschreibungsmethode in Fällen, in denen der Nutzenverlauf des in Frage stehenden immateriellen Vermögenswertes nicht zuverlässig ermittelt werden kann, auf die lineare Abschreibung ein.

iii. Außerplanmäßige Abschreibungen

Gemäß internationaler Rechnungslegung sind neben den den erwarteten Werteverzehr widerspiegelnden planmäßigen Abschreibungen auch die den unerwarteten Werteverzehr widerspiegelnden außerplanmäßigen Abschreibungen fester Bestandteil des Konzepts der fortgeführten Anschaffungs- bzw. Herstellungskosten (IAS 16.30, IAS 38.74).

Wie bereits zuvor dargelegt sind außerplanmäßige Abschreibungen gemäß HGB bei Vorliegen der gesetzlichen Voraussetzungen sowohl für Vermögenswerte des Anlagevermögens als auch für solche des Umlaufvermögens[2] zu bilden. Dies gilt in gleichem Maße auch für nach IFRS bilanzierende Unternehmen, jedoch gibt es auch im Zusammenhang mit außerplanmäßigen Abschreibungen einige Besonderheiten im Vergleich zu den Vorschriften des HGB, die im Folgenden näher erläutert werden.

Der Ermittlung außerplanmäßiger Abschreibungen ist aufgrund ihrer besonderen Bedeutung im Rahmen der Vermittlung entscheidungsrelevanter Informationen mit IAS 36 ein eigener, recht umfänglicher Standard gewidmet. Wie auch im Falle der handelsrechtlichen Vorschriften differenzieren die IFRS jedoch zwischen Anpassungen der Buchwerte von Vermögenswerten des Anlagevermögens und des Umlaufvermögens. Dabei regelt IAS 36 im Wesentlichen die außerplanmäßige Abschreibung des Sachanlagevermögens, der immateriellen Vermögenswerte und des Geschäfts- oder Firmenwer-

1 Das Kriterium der Existenz eines aktiven Marktes wird jedoch aufgrund der häufigen Einzigartigkeit immaterieller Vermögensgegenstände vielfach nicht zu erfüllen sein. Vgl. *Baetge/v. Keitz* (2010), IAS 38, Tz. 140.

2 Im Falle des Umlaufvermögens wird der Begriff Abschreibung zwar ohne eine Unterscheidung hinsichtlich der Kriterien der Planmäßigkeit oder Außerplanmäßigkeit verwendet, aufgrund der fehlenden Intention der Verteilung des Werteverzehrs auf die Nutzungsdauer sind Abschreibungen auf das Umlaufvermögen jedoch grundsätzlich den außerplanmäßigen Abschreibungen zuzurechnen.

tes.[1] Außerplanmäßige Abschreibungen auf das Umlaufvermögen – also insbesondere die Vorräte – werden im IAS 2 separat behandelt.

a. Außerplanmäßige Abschreibungen gemäß IAS 36

Im Wortlaut der Regelungen des IASB werden außerplanmäßige Abschreibungen unter dem Begriff impairment losses subsumiert. Die wörtliche Übersetzung des Begriffes als Wertminderungsverlust enthält bereits Hinweise darauf, welchem Zweck außerplanmäßige Abschreibungen gemäß IAS 36 dienen. Die Frage, wann eine Wertminderung (bzw. ein aus ihr resultierender Verlust für das bilanzierende Unternehmen) als Abschreibung zu berücksichtigen ist und auf welche Art und Weise dies konkret zu erfolgen hat, ist indes schwieriger zu beantworten und wird daher ausführlich im IAS 36 behandelt. Dementsprechend werden im Folgenden lediglich die Grundzüge der Systematik des vorgenannten Standards dargestellt.

Zur Klärung der Frage, ob eine außerplanmäßige Abschreibung vorzunehmen ist, hat das bilanzierende Unternehmen zunächst zu prüfen, ob entsprechende Anhaltspunkte für eine Wertminderung vorliegen. Eine solche Überprüfung hat es nach IAS 36.9 mindestens zu jedem Bilanzstichtag vorzunehmen. Hinsichtlich der Beantwortung der Frage, ob ein Anhaltspunkt für eine Wertminderung konkret vorliegt, werden in IAS 36.12–14 einige, aus externen wie internen Informationsquellen zu gewinnende Anhaltspunkte beispielhaft aufgeführt. Neben sich verschlechternden Marktbedingungen wird beispielsweise die Entwertung des Vermögenswertes infolge einer allgemeinen technologischen Weiterentwicklung oder einer konkreten Beschädigung aufgeführt.

Liegt im Falle eines Gegenstandes des Sachanlagevermögens ein solcher Anhaltspunkt vor, ist der angesetzte Buchwert des Vermögenswertes mit dessen erzielbaren Betrag (*recoverable amount*) zu vergleichen (IAS 36.8).[2] Dabei ist der erzielbare Betrag der höhere aus dem beizulegenden Wert abzüglich Verkaufskosten (*fair value less cost to sell*) und dem Nutzungswert (*value in use*) des Vermögenswertes. Ist das Ergebnis dieses Wertminderungstests (*impairment test*) eine Wertminderung, d. h. der Buchwert ist größer als der höhere der beiden Vergleichswerte, ist der Buchwert auf eben diesen höheren der beiden Vergleichswerte (außerplanmäßig) abzuschreiben. Immaterielle Vermögenswerte und der Geschäfts- oder Firmenwert hingegen sind auch ohne Vorliegen eines Anhaltspunktes für eine Wertminderung einem mindestens jährlich zum Bilanzstichtag durchzuführenden Wertminderungstest zu unterziehen.

Die Zugrundelegung des höheren Wertes aus dem beizulegenden Wert abzüglich Verkaufskosten und dem Nutzungswert als Vergleichsmaßstab für den Buchwert folgt der Überlegung, dass eine rational handelnde Unternehmensleitung einen Vermögenswert nur dann weiternutzt, wenn die Erlöse aus dem Verkauf des Gegenstandes die

---

1 Vgl. *Pellens/Fülbier/Gassen/Sellhorn* (2011), S. 287.

2 Die Grenzen der Anwendbarkeit findet diese Vorschrift indes im Grundsatz der Wesentlichkeit sowie der Forderung nach einem ausgewogenen Verhältnis von Kosten und Nutzen einer Jahresabschlussinformation. IAS 36.15 stellt klar, dass in Fällen, in denen aus früheren Berechnungen hervorgeht, dass der erzielbare Betrag deutlich über dem Buchwert eines Vermögensgegenstandes liegt, kein Wertminderungstest durchgeführt werden muss. Vgl. auch *IDW* (2012), Tz. N 214.

diskontierten Mittelzuflüsse aus einer fortdauernden Nutzung des Vermögenswertes nicht übersteigen. Andererseits würde die Unternehmensleitung den Vermögenswert verkaufen, wenn der Veräußerungserlös abzüglich eventueller im Zusammenhang mit dem Verkauf stehender Aufwendungen die diskontierten Mittelzuflüsse aus der weiteren Nutzung übersteigt.[1]

Im Gegensatz zu den Vorschriften des HGB, bei denen eine Abschreibung auf den unter Heranziehung einer Reihe verschiedener Hilfswerte und unter Beachtung des Vorsichtsprinzips zu ermittelnden niedrigeren beizulegenden Wert zu erfolgen hat, ist der Rahmen möglicher Wertansätze nach IFRS insofern enger abgegrenzt.

Die Ermittlung des erzielbaren Betrages – ergo der Komponenten beizulegender Wert abzüglich Verkaufskosten und Nutzungswert – hat nach Maßgabe der Vorschriften in IAS 36.18–57 zu erfolgen. Der beizulegende Wert abzüglich Verkaufskosten ermittelt sich aus dem wahrscheinlich für den Vermögenswert im Rahmen einer zwischen sachverständigen, vertragswilligen Parteien zu Marktbedingungen geschlossenen Transaktion zu erlösenden Betrag abzüglich gegebenenfalls mit der Veräußerung im Zusammenhang stehender Aufwendungen wie Gerichts- oder Anwaltskosten oder auch eventuell anfallender Verkaufssteuern. Da zum Zeitpunkt der Durchführung eines Wertminderungstests in der Regel kein Kaufvertrag mit einer dritten Partei hinsichtlich des zu bewertenden Vermögenswertes besteht, kann das bilanzierende Unternehmen zwecks Bestimmung des zu erlösenden Betrags neben dem vertraglichen Verkaufspreis auch andere Hilfswerte heranziehen. Dazu zählen beispielsweise der an einem aktiven Markt quotierte Preis oder wenn ein aktiver Markt für den Vermögenswert nicht existiert ein anderer, auf Basis der bestmöglichen Informationen zu ermittelnder Preis (IAS 36.27).

Die Ermittlung des Nutzungswerts ist aus einem theoretisch-mathematischen Blickwinkel betrachtet kaum schwieriger als die Ermittlung des beizulegenden Wertes abzüglich Verkaufskosten: Er entspricht dem Ertragswert und wird ermittelt als Barwert der über die Nutzungsdauer des Vermögenswertes generierten Cashflows. Aufgrund der Tatsache, dass die Ermittlung der einzelnen Komponenten der Gleichung zwangsläufig in starkem Maße durch subjektive Einschätzungen geprägt ist, können geringe Abweichungen der getroffenen Annahmen von dem tatsächlichen zukünftigen Ist-Zustand insbesondere bei Vermögenswerten mit langen Nutzungsdauern zu signifikanten Abweichungen vom tatsächlichen Nutzungswert führen. Eben aufgrund dieser Unsicherheiten hat das IASB frühere Fassungen des IAS 36 dahingehend überarbeitet, dass dem bilanzierenden Unternehmen nun detaillierte Vorschriften hinsichtlich der Ermittlung der erforderlichen Komponenten[2] an die Hand gegeben werden.[3]

Falls es nicht möglich ist, den erzielbaren Betrag für den einzelnen Vermögenswert zu schätzen, hat ein Unternehmen den erzielbaren Betrag der zahlungsmittelgenerierenden Einheit zu bestimmen, zu der der Vermögenswert gehört (IAS 36.66).

---

1 Vgl. *Baetge/Krolak/Thiele/Hain* (2008), IAS 36, Tz. 1.
2 Für eine ausführliche Darstellung der Komponenten vgl. IAS 36.30.
3 Zu einer ausführlichen Darstellung der konkreten Vorgehensweise vgl. *Baetge/Krolak/Thiele/Hain* (2008), IAS 36, Tz. 49–72 und die dort zitierten Quellen.

Abweichend von den handelsrechtlichen Vorschriften wird gemäß IFRS keine Differenzierung hinsichtlich der Dauerhaftigkeit einer Wertminderung vorgenommen, so dass ein entsprechendes Wahlrecht, wie es in § 253 Abs. 3 Satz 4 HGB kodifiziert ist, nach internationalen Vorschriften nicht existiert.

b. Außerplanmäßige Abschreibungen gemäß IAS 2

Anders als im Handelsrecht existiert in der internationalen Rechnungslegung kein einheitlicher Standard, der die (Folge-)Bewertung des gesamten Umlaufvermögens regelt. IAS 2 bezieht sich ausschließlich auf das Vorratsmögen, wohingegen das übrige Umlaufvermögen in anderen Standards und hier insbesondere IAS 39 geregelt wurde.

Die grundsätzliche Vorgehensweise bei der Ermittlung eines möglichen Abschreibungsbedarfs entspricht der handelsrechtlichen Vorgehensweise: Während nach den Vorschriften des HGB der Buchwert mit dem Börsen- oder Marktpreis – oder falls keiner der beiden ermittelbar ist mit dem am Bilanzstichtag beizulegenden Wert – verglichen wird und gegebenenfalls auf einen niedrigeren Wert abgeschrieben werden muss, hat nach den Vorschriften des IASB ein Vergleich der Anschaffungs- oder Herstellungskosten (*cost*) mit dem Nettoveräußerungserlös (*net realisable value*) zu erfolgen. Sind die dem Buchwert entsprechenden Anschaffungs- bzw. Herstellungskosten höher als der Nettoveräußerungserlös, so ist zwingend auf diesen niedrigeren Wert abzuschreiben.

Die Ermittlung des Nettoveräußerungswertes gestaltet sich dabei wie folgt:

	Geschätzter, im normalen Geschäftsgang erzielbarer Verkaufserlös
./.	geschätzte noch anfallende Kosten bis zur Fertigstellung
./.	geschätzte notwendige Vertriebskosten
=	Nettoveräußerungswert

Mit dem Nettoveräußerungswert ist im Vergleich zum HGB also lediglich ein Vergleichswert zu berücksichtigen. Auch wenn der im Originaltext verwendete Begriff *net realisable value* üblicherweise mit Nettoveräußerungswert ins Deutsche übersetzt wird, so ist er doch nicht mit dem Wertmaßstab *fair value less cost* des IAS 36 identisch, obwohl dieser noch in einer früheren Fassung des IAS 36 als Nettoveräußerungspreis (*net selling price*) bezeichnet wurde. Während der erstere in IAS 2 verwendete Wertebegriff sich auf den Nettobetrag bezieht, den ein Unternehmen aus dem Verkauf der Vorräte im Rahmen der gewöhnlichen Geschäftstätigkeit zu erzielen erwartet, spiegelt der Letztere den Betrag wider, für den dieselben Vorräte zwischen sachverständigen und vertragswilligen Käufern und Verkäufern auf einem Markt getauscht werden könnten. Dem Wortlaut des Standards folgend, handelt es sich beim net realisable value also um einen unternehmensspezifischen Wertmaßstab, wohingegen der fair value less cost dies nicht ist (IAS 2.7).

Im Ergebnis führen die Regeln genauso wie das handelsrechtliche (strenge) Niederstwertprinzip zu einer Begrenzung des Wertansatzes des Vorratsvermögens nach oben auf seine Anschaffungs- oder Herstellungskosten. Im Gegensatz zu den handelsrechtlichen Vorschriften ergibt sich ein Unterschied allerdings insofern, als dass bei der Ermittlung des Nettoveräußerungswertes – mit einer Ausnahme – grundsätzlich der Preis am Absatzmarkt heranzuziehen ist. Eine differenzierte Betrachtung zwischen beschaffungsmarktorientierten oder absatzmarktorientierten Bestandteilen der Vorräte bzw. solchen Bestandteilen, für die aufgrund ihres Charakters beide Marktseiten relevant sind, erfolgt gemäß IFRS indes nicht.[1]

Die vorgenannte Ausnahme bezieht sich auf die Bewertung der Roh-, Hilfs- und Betriebsstoffe, die in IAS 2.32 gesondert geregelt wird. Eine erste Besonderheit ergibt sich dahingehend, dass eine Abschreibung von Roh-, Hilfs- und Betriebsstoffen grundsätzlich nicht erforderlich ist, solange die Vorräte, in die sie eingehen, mindestens zu ihren Herstellungskosten veräußert werden können. Insofern bestimmt sich der zu wählende Wertansatz nicht durch die Roh-, Hilfs- und Betriebsstoffe selbst, sondern ist abhängig von der Bewertung eines anderen, eigenständigen Vermögenswertes.[2] Eine solche Durchbrechung des Grundsatzes der Einzelbewertung ist nach handelsrechtlichen Vorschriften unzulässig.

Eine weitere Besonderheit für Roh-, Hilfs- und Betriebsstoffe ergibt sich dann, wenn ein Verlust aus der Veräußerung der Fertigerzeugnisse entsteht. In diesem Fall sind die Roh-, Hilfs- und Betriebsstoffe außerplanmäßig abzuschreiben, wobei die Wiederbeschaffungskosten für die Stoffe die beste verfügbare Bewertungsgrundlage für den Nettoveräußerungswert darstellen, d. h. der Wertansatz ist entgegen der grundsätzlichen Systematik des IAS 2 nicht am Absatzmarkt, sondern am Beschaffungsmarkt zu bestimmen.[3]

iv. Zuschreibungen

Zuschreibungen kommen analog zu den handelsrechtlichen Regelungen nur dann in Frage, wenn die Gründe, die zur Bildung einer außerplanmäßigen Abschreibung führten, zum Bilanzstichtag nicht mehr existieren. Eine Zuschreibung für planmäßige Abschreibungen sehen die IFRS ebenfalls nicht vor. Wie die Frage, ob eine Wertminderung vorliegt, hat das bilanzierende Unternehmen auch mindestens zu jedem Bilanzstichtag die umgekehrte Frage zu klären, ob Anhaltspunkte für einen Wegfall des Grundes einer früheren Wertminderung vorliegen.[4] Bei der Beantwortung dieser Frage hat das bilanzierende Unternehmen abermals mindestens die in einer in IAS 36 vorgegebenen Liste aufgeführten internen und externen Informationsquellen heranzuziehen. Ist ein Wertminderungsgrund weggefallen, so ist unter Berücksichtigung des Wegfalls ein aktueller erzielbarer Betrag zu ermitteln und auf diesen zuzuschreiben. Die Obergrenze für eine Zuschreibung bildet hierbei gem. IAS 36.117 der Buchwert des Vermögenswertes, der sich ohne Berücksichtigung einer früheren Wertminderung ergeben hätte. Die gegebenenfalls auf diese Art und Weise ermittelte Zuschreibung ist erfolgswirksam zu erfassen.

1 Vgl. *Quick* (2009a), IAS 2, Rn. 53–60.
2 Vgl. *Scheinpflug* (2009a), § 8, Tz. 99.
3 Vgl. *Scheinpflug* (2009a), § 8, Tz. 133.
4 Vgl. *Born* (2007), S. 258.

Eine Ausnahme besteht für den Geschäfts- oder Firmenwert, bei dem eine Wertaufholung unzulässig ist. Die Vorgehensweise folgt der Systematik, dass ein selbst geschaffener Geschäfts- oder Firmenwerts grundsätzlich nicht aktiviert werden darf (IAS 36.125). Das IASB unterstellt jedoch, dass eine Zuschreibung des Geschäfts- oder Firmenwert eben einen selbst geschaffenen Geschäfts- oder Firmenwert widerspiegelt und verbietet insofern eine Zuschreibung generell (IAS 36.124).

IAS 2.33 gibt vor, dass der Nettoveräußerungswert von Vorräten in jeder Folgeperiode neu zu ermitteln ist. Sind die Gründe für eine außerplanmäßige Abschreibung entfallen, ist zwingend eine Wertaufholung vorzunehmen. Der Betrag der Wertminderung ist jedoch nur insoweit rückgängig zu machen, dass der neue Buchwert dem niedrigeren Wert aus Anschaffungs- bzw. Herstellungskosten und aktualisierten Nettoveräußerungswert entspricht. Die Wertobergrenze jeder Wertaufholung ist folglich durch die historischen Anschaffungs- oder Herstellungskosten bestimmt.

Aufgabe 77: Folgebewertung Vorräte

Der Möbelhändler Holzwurm OHG hat 100 Sessel der Marke *Kreuzschmerz* auf Lager. Die Anschaffungskosten betragen 30 € pro Stück. Da bekannt wurde, dass die Sessel Gesundheitsschäden verursachen, sind die Preise bis zum Bilanzstichtag gesunken. Die Wiederbeschaffungskosten betragen 20 € und der zu erzielende Verkaufserlös (abzgl. Vertriebskosten) 26 €. Wie sind die Sessel nach IFRS am Bilanzstichtag zu bilanzieren? Im neuen Geschäftsjahr stellt sich heraus, dass das Märchen von den Gesundheitsschäden bewusst vom Konkurrenzhersteller lanciert war, um die Marktchancen für die eigenen Produkte zu steigern. In einer wissenschaftlichen Studie konnte sogar eine gesundheitsfördernde Wirkung der Kreuzschmerz-Sessel nachgewiesen werden. Diese Informationen lassen die Preise wieder anziehen. Zum Bilanzstichtag des neuen Geschäftsjahres betragen die Wiederbeschaffungskosten 32 € und der zu erzielende Verkaufserlös (abzgl. Vertriebskosten) 38 €. Wie sind die Sessel in der Bilanz nach IFRS im neuen Geschäftsjahr zu bewerten?

➔ **Lösung auf Seite 382**

Aufgabe 78: Folgebewertung Vorräte

Der Büromaterialhändler Penholder AG hat zum Bilanzstichtag 31.12.2012 noch folgende Handelswaren im Bestand:

(1) 100.000 Kugelschreiber der Marke Ink Blot
(2) 20.000 Zirkel der Marke Roundabout
(3) 50.000 Radiergummis der Marke Eliminator

Die Waren wurden am 1.10.2012 beschafft.
Für die Bewertung sind folgende Daten gegeben:

Produkt	Anschaffungskosten	Wiederbeschaffungskosten am 31.12.12	Nettoverkaufserlös am BST 31.12.12
(1)	0,08 €	0,06 €	0,09 €
(2)	1,50 €	1,30 €	1,40 €
(3)	0,45 €	0,50 €	0,40 €

a) Welche Werte sind in der Bilanz nach HGB und IFRS anzusetzen?
b) Angenommen, die Penholder AG wäre nicht Händler, sondern Hersteller o. a. Artikel. Welche Implikationen hätte dies auf die Höhe des Bilanzansatzes nach HGB? Gehen Sie dabei davon aus, dass die Herstellungskosten den o. a. Anschaffungskosten entsprechen.
c) Im folgenden Geschäftsjahr entwickelt sich der Zirkel Roundabout zum Kultobjekt, so dass bis zum nächsten Bilanzstichtag der Nettoverkaufserlös auf 2 € und die Wiederbeschaffungskosten auf 1,80 € steigen. Wie wäre der Zirkel im neuen Geschäftsjahr zum 31.12.2013 nach HGB und IFRS unter den Voraussetzungen der ersten Teilaufgabe zu bewerten?

Begründen Sie jeweils Ihre Auffassung!

➔ **Lösung auf Seite 382**

Aufgabe 79: Folgebewertung Vorräte

Die A+S OHG ist Hersteller von DVD-Recordern. Für die Fertigung der Hauptplatine eines DVD-Recorders wird unter anderem 50 Gramm Lötzinn benötigt. Im Jahr 2012 wurden insgesamt 200 Kilogramm Lötzinn zum Preis von 100 € netto pro Kilogramm angeschafft.
Die Herstellungskosten eines DVD-Recorders betrugen in 2012 insgesamt 250 €, wobei ein Recorder zum Jahresende 2012 zu einem Preis von 300 € netto verkauft werden kann.
Die A+S OHG erstellt den Jahresabschluss sowohl nach HGB als auch nach IFRS.

- Zum Jahresende 2012 sind noch 100 Kilogramm von der in 2012 angeschafften Menge Lötzinn auf Lager. Die Anschaffungskosten für Lötzinn am Bilanzstichtag sind unverändert. Wie ist dieser Lagerbestand im Jahresabschluss zu bewerten?
- Wie wären die 100 Kilogramm Lötzinn im Jahresabschluss 2012 zu bewerten, wenn die Preise auf dem Beschaffungsmarkt gegen Jahresende sinken, und ein Kilogramm nun zu 80 € netto bezogen werden könnte? Das Management rechnet jedoch weiterhin mit stabilen Preisen auf dem Markt für DVD-Recorder.
- Wie wäre der Lagerbestand des Lötzinns zum Jahresende 2012 zu bewerten, wenn nicht nur die Preise des Lötzinns auf 80 € pro Kilogramm sinken, sondern auch der Absatzmarkt im vierten Quartal einbricht, und ein DVD-Recorder zum Jahresende nur noch zu 240 € netto abgesetzt werden kann?

➔ **Lösung auf Seite 383**

2. Neubewertungsmodell

Wie bereits eingangs erwähnt, besteht für nach IFRS bilanzierende Unternehmen im Rahmen der Folgebewertung, neben dem Modell der fortgeführten Anschaffungs- oder Herstellungskosten, auch die Möglichkeit, dem deutschen Handelsrecht unbekannte Bewertungsmodelle anzuwenden. Dazu zählt neben dem Neubewertungsmodell (*reva-*

luation model), das in diesem Abschnitt dargestellt wird, auch das Fair Value-Modell (*fair value model*), dem der nächste Abschnitt gewidmet ist.

Die Anwendung des Neubewertungsmodells ist den nach IFRS bilanzierenden Unternehmen gemäß IAS 16 (Sachanlagevermögen), IAS 38 (immaterielle Vermögenswerte) und IFRS 6[1] (Exploration und Evaluierung von Bodenschätzen) jeweils als Alternative zum Modell der fortgeführten Anschaffungs- oder Herstellungskosten (*cost model*) freigestellt.[2]

Die in IAS 16 und IAS 38 beschriebenen Vorgehensweisen hinsichtlich der Anwendung des Neubewertungsmodells sind – mit Ausnahme einer Besonderheit im Rahmen der Anwendung für immaterielle Vermögenswerte gemäß IAS 38 – in weiten Teilen identisch. Insofern wird im Folgenden zunächst das Neubewertungsmodell gemäß IAS 16 gewürdigt, um anschließend die Besonderheiten des Neubewertungsmodells gemäß IAS 38 darzustellen. Eine gesonderte Darstellung des Modells gemäß IFRS 6 erfolgt hingegen nicht, da dieser lediglich auf die Vorschriften des IAS 16 bzw. IAS 38 verweist.

i. Neubewertungsmodell gemäß IAS 16

Wie der Name bereits vermuten lässt, ist dem Modell des IAS 16 eine Neubewertung von Vermögenswerten des Sachanlagevermögens als wesentlicher Bestandteil inhärent. Die tatsächliche Neubewertung eines Vermögenswertes ist allerdings nur ein erster Schritt bei der Ermittlung des im Rahmen der Folgebewertung relevanten Wertansatzes: Bei Anwendung des Modells hat das bilanzierende Unternehmen zusätzlich zur Neubewertung des Gegenstandes des Sachanlagevermögens planmäßige wie auch außerplanmäßige Abschreibungen für Wertminderungen zu berücksichtigen. Es erfolgt also insofern durch die Anwendung des Neubewertungsmodells eine Anpassung der Abschreibungsbasis,[3] so dass eine vom Modell der fortgeführten Anschaffungs- oder Herstellungskosten losgelöste Betrachtung des Neubewertungsmodells nicht sachgemäß wäre.

Eine Neubewertung des Sachanlagevermögens soll insbesondere in anlageintensiven Branchen einer genaueren Darstellung der Vermögens-, Finanz- und Ertragslage dienen, da so Inflationseffekte aus der Bewertung von Vermögenswerten mit langer Nutzungsdauer auf geeignete Art und Weise bereinigt werden.[4]

Zu diesem Zweck wird der aktuelle Buchwert des Vermögenswertes – also entweder die um planmäßige und gegebenenfalls außerplanmäßige Abschreibungen korrigierten historischen Anschaffungs- bzw. Herstellungskosten oder der im Rahmen einer früheren Neubewertung ermittelte Wertansatz – unter Zugrundelegung des zum Zeitpunkt

1 Es handelt sich hier beispielsweise um Erschließungsrechte, verschiedene topographische oder geologische Studien und andere mit der Rohstoffgewinnung im Zusammenhang stehende Vermögenswerte. Das IASB erachtet aufgrund der Nichtanwendbarkeit von IAS 16 und IAS 38 auf derartige Sachverhalte gesonderte Regelungen für erforderlich und veröffentlichte diese im Jahr 2004 mit dem IFRS 6.

2 Auf die konkreten Anwendungsvoraussetzungen wird im Folgenden näher eingegangen.

3 Vgl. *Pellens/Fülbier/Gassen/Sellhorn* (2011), S. 353 und die dort zitierten Quellen.

4 Vgl. *Scheinpflug*, (2009b), § 5, Tz. 123.

der Neubewertung bestehenden beizulegenden Wertes (*fair value*) korrigiert. Den Regelungen des IAS 16 folgend, hat sich das bilanzierende Unternehmen bei der Ermittlung des beizulegenden Wertes grundsätzlich an verfügbaren Marktwerten[1] zu orientieren.[2] Ist ein Marktwert hingegen nicht zu ermitteln, muss der beizulegende Wert unter Verwendung eines geeigneten Ertragswertverfahrens oder durch Ermittlung der um Abschreibungen korrigierten Wiederbeschaffungskosten geschätzt werden. Das alleinige Fehlen eines Marktes negiert mithin nicht die als Voraussetzung für die Anwendung des Neubewertungsmodells in IAS 16.31 geforderte zuverlässige Bestimmbarkeit des beizulegenden Wertes. Somit ist auch die Ermittlung des unter Verwendung des Neubewertungsmodells ermittelten Wertansatzes in einem gewissen Maße durch subjektive Einflüsse charakterisiert und sie eröffnet dem bilanzierenden Unternehmen somit grundsätzlich weitere Gestaltungsspielräume.

Zur Vermeidung eines *cherry picking* ist eine lediglich selektive Anwendung des Neubewertungsmodells auf einzelne Vermögenswerte grundsätzlich nicht zulässig. Vielmehr hat die Anwendung ausschließlich für ganze Gruppen von Vermögenswerten des Sachanlagevermögens zu erfolgen. Ferner hat die Ermittlung der Neubewertungsbeträge innerhalb derart gebildeter Gruppen grundsätzlich gleichzeitig zu erfolgen, um eine Vermischung von unterschiedlichen Wertansätzen aus der gleichzeitigen Verwendung des Modells der fortgeführten Anschaffungs- oder Herstellungskosten und des Neubewertungsmodells zu vermeiden (IAS 16.36–37).

Damit das Neubewertungsmodell seine positiven Effekte im Hinblick auf die eingangs diskutierte Inflationsbereinigung auch entfalten kann, ist es erforderlich, Neubewertungen regelmäßig durchzuführen.[3] Als Kriterium für die Notwendigkeit einer erneuten Neubewertung führt IAS 16.34 eine wesentliche Abweichung des aktuellen Buchwerts vom beizulegenden Wert an. Da Unternehmen den beizulegenden Wert ohne eine konkrete Ermittlung allenfalls schätzen können, ist die Häufigkeit einer Neubewertung von der Volatilität des beizulegenden Wertes abhängig. So kann es nach Auffassung des IASB im Falle von Vermögenswerten, deren beizulegender Wert signifikanten Schwankungen unterliegt, erforderlich sein, eine jährliche Neubewertung durchzuführen. Im Falle von Vermögenswerten, deren beizulegender Wert hingegen nur geringfügigen Schwankungen unterliegt, kann eine alle drei bis fünf Jahre erfolgende Neubewertung angemessen sein. Auch an dieser Stelle eröffnen die Vorschriften des IASB erhebliche Ermessensspielräume[4] hinsichtlich der Beantwortung der Frage, wann eine Abweichung des Buchwertes vom beizulegenden Wert als wesentlich zu beurteilen ist und wann die Volatilität des beizulegenden Wertes signifikant ist. Ebenso geben die Vorschriften des IASB keinerlei Hinweise darauf, welche Qualität die Datenbasis für die Ermittlung der Volatilität haben muss.

1 Dabei kann aus IAS 16.32 i. V. m. IAS 16.33 abgeleitet werden, dass die Ermittlung des beizulegenden Wertes nach Auffassung des IASB grundsätzlich absatzmarktorientiert zu erfolgen hat.

2 Abweichend von den Vorschriften des HGB sind auch über den historischen Anschaffungs-/Herstellungskosten liegende Marktwerte ansetzbar.

3 Vgl. *Quick* (2009b), IAS 16, Rn. 56.

4 Auch die einschlägige Literatur hat bisher keinerlei Aussagen dahingehend getroffen, wie die Vorschriften sinnvoll auszulegen sind.

Im Anschluss an die oben beschriebene Ermittlung des Neubewertungsbetrags sind die bis zum Zeitpunkt der Neubewertung angefallenen planmäßigen und außerplanmäßigen Abschreibungen[1] zu berücksichtigen. Zulässig sind in diesem Zusammenhang nach IAS 16.35 zwei Verfahren.[2]

Ist ein Marktwert nicht ermittelbar, so hat das bilanzierende Unternehmen die Wiederbeschaffungskosten des Vermögenswertes zu ermitteln. Die zum Zeitpunkt der Neubewertung ermittelten Wiederbeschaffungskosten sind dann zu den historischen Anschaffungs- bzw. Herstellungskosten ins Verhältnis zu setzen. Anschließend wird das so ermittelte Verhältnis auf die bis zum Zeitpunkt der Neubewertung tatsächlich erfolgten Abschreibungen übertragen, um auf diese Weise eine proportionale Anpassung der kumulierten Abschreibungen zu berechnen. Sind die Wiederbeschaffungskosten also beispielsweise um 10 % höher als die historischen Anschaffungskosten, so sind auch die kumulierten Abschreibungen um 10 % zu erhöhen. Nach Abzug der angepassten kumulierten Abschreibungen von den Wiederbeschaffungskosten ergibt sich der Buchwert nach Neubewertung.

Ist ein Marktwert für den Vermögenswert hingegen ermittelbar oder wurde anstelle des Marktwertes ein geeigneter Ertragswert ermittelt, spiegelt dieser die fortgeführten Wiederbeschaffungskosten wider und beinhaltet insofern die bis zum Zeitpunkt der Neubewertung angefallenen Abschreibungen. Eine Anpassung der kumulierten Abschreibungen kann dann entfallen. Vielmehr handelt es sich bei dem Marktwert bereits um den beizulegenden Wert des Vermögenswertes, der sodann als Buchwert anzusetzen ist.

Aus der Neubewertung von Vermögenswerten resultiert per definitionem entweder ein Neubewertungsertrag oder ein Neubewertungsaufwand. Diese sind unter Beachtung der Vorgaben des IAS 16 entweder erfolgsneutral über eine Neubewertungsrücklage oder erfolgswirksam über die Gewinn- und Verlustrechnung zu erfassen (IAS 16.39–40). Neubewertungserträge sind grundsätzlich erfolgsneutral über eine zu bildende Neubewertungsrücklage zu erfassen, Neubewertungsverluste hingegen erfolgswirksam. Eine Einschränkung ergibt sich, wenn in Vorperioden bereits gegenläufige Neubewertungseffekte berücksichtigt wurden. Wurde beispielsweise in einer Vorperiode ein Neubewertungsverlust erfolgswirksam erfasst, so ist ein Neubewertungsgewinn der aktuellen Periode entgegen der generellen Regel zunächst in selber Höhe erfolgswirksam zu erfassen. Eventuell vorhandene, den Verlust der Vorperiode übersteigende Beträge sind dann gemäß der generellen Regel erfolgsneutral zu erfassen. Selbiges gilt in umgekehrter Richtung: Wurde in einer Vorperiode ein Neubewertungsgewinn erfolgsneutral erfasst, so ist ein Neubewertungsverlust der aktuellen Periode entgegen der generellen Regel zunächst in selber Höhe erfolgsneutral zu erfassen. Eventuell vorhandene, den Gewinn der Vorperiode übersteigende Beträge sind dann gemäß der generellen Regel erfolgswirksam zu erfassen.

1 Unabhängig von einer vorgenommenen Neubewertung sind sämtliche Sachanlagen auf Anhaltspunkte für eine Wertminderung zu kontrollieren. Eine außerplanmäßige Abschreibung ist erforderlich, sofern der erzielbare Betrag unter dem durch den beizulegenden Zeitwert determinierten Buchwert liegt. Eine solche Konstellation ist möglich, da sich der erzielbare Betrag u. U. durch den beizulegenden Zeitwert abzüglich der Verkaufskosten bestimmt.

2 Im Sprachgebrauch haben sich für die alternativen Verfahren die Begriffe »direkte Neubewertung« und »indirekte Neubewertung« herausgebildet.

Im Fall einer nicht abnutzbaren Sachanlage ist die Neubewertungsrücklage bei Veräußerung oder Stilllegung der Sachanlage vollständig in die Gewinnrücklagen zu überführen. Im Fall einer abnutzbaren Sachanlage darf die Neubewertungsrücklage auch über die Nutzungsdauer anteilig in die Gewinnrücklagen überführt werden. Gemäß IAS 16.41 bestimmt sich die übertragbare Rücklage als Differenz zwischen der Abschreibung auf den neu bewerteten Buchwert und der Abschreibung auf Basis historischer Anschaffungs- und Herstellungskosten.[1]

Aufgabe 80: Erst- und Folgebewertung Sachanlagevermögen

Die Tiger AG erwirbt am 1.1. des Geschäftsjahres eine Lagerhalle zum Preis von 12 Mio. €. Umsatzsteuer fällt dabei nicht an. Die voraussichtliche Nutzungsdauer beträgt 20 Jahre. Für das Verlegen eines für die Inbetriebnahme des Lagers notwendigen Holzfußbodens durch eine Fremdfirma fallen 100.000 € (netto) an. Des Weiteren fallen Aufwendungen für den TÜV in Höhe von 20.000 € an. Am 8.1. ist das Lager betriebsbereit. Zur Finanzierung der Anschaffung wurde ein Darlehen aufgenommen. Der Zinsaufwand beträgt hierfür im laufenden Geschäftsjahr 600.000 €. Gebäude werden von der Tiger AG durchgehend linear abgeschrieben. Am Bilanzstichtag (31.12.) wird eine gleichartige Lagerhalle (mit Holzfußboden und TÜV) am Markt für 12 Mio. € (netto) angeboten.
Wie ist dieser Sachverhalt im Jahresabschluss nach HGB und IFRS abzubilden?
Welche Implikationen hätte es für den HGB- bzw. den IFRS-Jahresabschluss, falls der Marktwert am Bilanzstichtag 10 Mio. € betragen würde?
Begründen Sie jeweils Ihre Auffassung.

➔ **Lösung auf Seite 383**

Aufgabe 81: Bewertungsprobleme Sachanlagevermögen

Die Tiefst AG erwirbt am 1.1. des Geschäftsjahres eine Spezialmaschine zum Preis von 95,2 Mio. € (inkl. USt). Die voraussichtliche Nutzungsdauer beträgt 10 Jahre. Für den Transport dieser Maschine und für eine spezielle Transportversicherung fallen netto 100.000 € an. Am 10.1. ist die Maschine betriebsbereit. Zur Finanzierung der Maschine wurde ein Darlehen aufgenommen. Der Zinsaufwand beträgt hierfür im laufenden Geschäftsjahr 4 Mio. €. Maschinen werden von der Tiefst AG durchgehend linear abgeschrieben. Am Bilanzstichtag wird eine gleichartige gebrauchte Maschine am Markt für 80,2 Mio. € (netto) bei Lieferung frei Werk angeboten. Wie ist dieser Sachverhalt im Jahresabschluss nach IRFS abzubilden? Welche Implikationen hätte es für den IFRS-Jahresabschluss, falls der Marktwert am Bilanzstichtag (ebenfalls bei Lieferung frei Haus) 70,2 Mio. € betragen würde (es existieren keine Anzeichen für einen höheren Nutzungswert)?
Begründen Sie jeweils Ihre Auffassung.

➔ **Lösung auf Seite 385**

1 Zur Behandlung der Neubewertungsrücklage vgl. auch Kapitel III.F.2.iii.

Aufgabe 82: Komponentenansatz

Die Airline AG erwirbt zum 1.1.2012 ein Flugzeug zu einem Kaufpreis von 200 Mio. €. Es wird von einer voraussichtlichen Nutzungsdauer von 20 Jahren ausgegangen. Die Abschreibung erfolgt linear. Auf Sitze und die Bordküche, welche voraussichtlich nach 10 Jahren ausgetauscht werden, entfallen 12 Mio. €. Auf die Triebwerke entfallen 40 Mio. €. Die Triebwerke müssen erwartungsgemäß alle 4 Jahre ausgetauscht werden. Weiterhin ist für alle 5 Jahre eine Generalüberholung, welche das gesamte Flugzeug (ohne die Triebwerke) umfasst, vorgesehen, für die 25 Mio. € veranschlagt werden.
Nach Ablauf der Gesamtnutzungsdauer wird zum jetzigen Zeitpunkt davon ausgegangen, dass unter Berücksichtigung von Veräußerungskosten ein Erlös von 15 Mio. € für das Flugzeug erzielt werden kann. Die laufenden Aufwendungen für die Wartung des Flugzeugs belaufen sich auf etwa 2 Mio. € pro Jahr.
Ermitteln Sie die Abschreibung des Jahres 2012 unter Berücksichtigung des Komponentenansatzes; erläutern Sie dabei Ihr Vorgehen.

➔ **Lösung auf Seite 386**

Aufgabe 83: Erst- und Folgebewertung Immobilien

Das Touristikunternehmen Flotter Otto AG erwirbt am 01.01.2012 ein unbebautes Grundstück an der galizischen Atlantikküste. Die Anschaffungskosten betragen 8 Mio. €. Das Grundstück wird nicht als Finanzinvestition gehalten.
Galizien entwickelt sich zum Renner der Urlaubssaison 2012. Freundliche Menschen, naturbelassene Landschaften, herrliche Strände und moderate Preise in Hotels und Gaststätten lösen einen Tourismusboom aus. Aufgrund dieser Entwicklung beträgt der Marktpreis des Grundstücks am 31.12.2012, dem Bilanzstichtag der Flotter Otto AG, 15 Mio. €.
Die Urlaubssaison 2013 knüpft zunächst an der des Jahres 2012 an. Bereits im Frühjahr vermelden Hotels und Pensionen »ausgebucht«. Doch im Juni 2013 geschieht ein Unglück. Im Golf von Biskaya kollidiert der Supertanker Baetxon Wasdes mit einem Containerschiff des Hamburger Reeders von Schleiff. Abertausende Tonnen Rohöl ergießen sich in den Atlantik. Östliche Winde sorgen für eine Umweltkatastrophe ungeheuren Ausmaßes. Galiziens Strände sind verseucht. Der Tourismus kommt praktisch zum Erliegen. Daher beträgt der Nettoveräußerungspreis am 31.12.2013 nur noch 4 Mio. €. Es besteht kein Grund zu der Annahme, dass der Nutzwert des unbebauten Grundstücks den Nettoveräußerungspreis wesentlich übersteigt.
Im Jahr 2014 erholt sich die galizische Tourismusindustrie langsam von der Katastrophe. Tote Fische und Seevögel sind beseitigt, die Strände gereinigt, die Preise wieder moderat und die Einheimischen freundlicher als je zuvor. Die Touristen kommen langsam wieder zurück. Insofern erhöht sich der Nettoveräußerungspreis des Grundstücks bis zum 31.12.2014 wieder auf 6 Mio. €.
Wie ist der Sachverhalt in den Jahresabschlüssen 2012, 2013 und 2014 der Flotter Otto AG nach HGB bzw. IFRS abzubilden?
Begründen Sie jeweils Ihre Auffassung!

➔ **Lösung auf Seite 387**

Aufgabe 84: Neubewertungsrücklage

Die XY-AG erwirbt am 1.1. des Geschäftsjahres 2012 eine neue Büroimmobilie zu Anschaffungskosten in Höhe von 250.000 €. Es wird eine Nutzungsdauer von 20 Jahren geschätzt. Die Immobilie soll linear abgeschrieben werden. Am 31.12.2012 (Bilanzstichtag) wird der Marktwert der Immobilie auf 300.000 € beziffert.
Wie ist dieser Sachverhalt im Jahresabschluss 2012 zu berücksichtigen, wenn das Neubewertungsmodell zur Anwendung kommt? Wie ist der Sachverhalt im darauffolgenden Jahresabschluss 2013 zu behandeln, unter der Annahme, dass es im Jahr 2013 zu keinen Marktwertänderungen kommt?

➔ **Lösung auf Seite 388**

ii. Neubewertungsmodell gemäß IAS 38

Das Neubewertungsmodell des IAS 38 entspricht fast durchgängig dem Neubewertungsmodell gemäß IAS 16, so dass auf die diesbezüglichen Ausführungen verwiesen werden soll. Eine Ausnahme besteht lediglich hinsichtlich der Anforderung der Existenz eines aktiven Marktes für den zu bewertenden immateriellen Vermögenswert. Während IAS 16 lediglich die Anforderung stellt, dass der beizulegende Wert der zu bewertenden Vermögenswerte zuverlässig ermittelbar (*measured reliably*) sein muss, wurde diese Anforderung im Hinblick auf immaterielle Vermögenswerte dahingehend konkretisiert, dass der beizulegende Wert an einem aktiven Markt ermittelt werden muss.

Gemäß IAS 38.8 ist ein solcher aktiver Markt durch das kumulative Vorliegen von drei Voraussetzungen definiert. Auf einem aktiven Markt müssen homogene Produkte gehandelt werden, es muss sich grundsätzlich jederzeit ein Käufer bzw. Verkäufer eines in Frage stehenden Vermögenswertes finden lassen, d. h. der Markt muss liquide sein, und die Preise auf dem Markt müssen öffentlich zugänglich sein.

Diese sehr restriktiven Bedingungen sind aufgrund der besonderen Schwierigkeiten bei der Ermittlung eines beizulegenden Wertes sinnvoll und unterstützen die Informationsfunktion. Das IASB selbst hat jedoch in IAS 38.78 eingeräumt, dass die Existenz eines aktiven Marktes für immaterielle Vermögenswerte unwahrscheinlich ist, auch wenn dies in Einzelfällen vorkommen kann. Im Ergebnis führt dies zu einem recht eingeschränkten Anwendungsbereich des Neubewertungsmodells im Rahmen der Folgebewertung immaterieller Vermögenswerte.[1]

1 *V. Keitz* stellte im Rahmen einer umfänglichen Studie fest, dass die Anwendung des Neubewertungsmodells für immaterielle Vermögensgegenstände in der Praxis kaum eine Rolle spielt. Vgl. *v. Keitz* (2005), S. 43.

Aufgabe 85: Erst- und Folgebewertung immaterieller Vermögenswerte

Der Getränkehersteller Obertal GmbH hat am 1. Januar 2012 das Modegetränk Großer Schwächling auf den Markt gebracht. Die Herstellungskosten für die Rezeptur belaufen sich auf 40.000 €. Erfahrungsgemäß hält sich ein solches Getränk nur vier Jahre auf dem Markt. Auf Grund des bisherigen Markterfolges haben verschiedene Konkurrenten der Obertal GmbH Ende Dezember 2012 60.000 € für die Rezeptur geboten. Mit welchem Betrag ist die Rezeptur in die Bilanz zum 31.12.2012 nach IFRS auszuweisen?

➔ **Lösung auf Seite 389**

Aufgabe 86: Bewertungsprobleme immaterieller Vermögenswerte

Seit dem 1. Januar des abgeschlossenen Geschäftsjahres 2012 hat die Robert Frosch GmbH ihr neues Produkt Inhouse Air Refresher auf dem Markt, ein elektronisches Gerät, das Geruchsbelästigungen registriert und durch die dosierte Abgabe von Aromastoffen – wahlweise in den Duftnoten Tanne, Veilchen oder Zitrone – eliminiert. Das Produkt wurde hausintern bei der Robert Frosch GmbH entwickelt und ist durch ein Patent (das am 31.12. des Vorjahres erteilt wurde) geschützt. Die Herstellungskosten für das Patent belaufen sich auf 160.000 € (= Herstellungskostenobergrenze im Sinne des HGB; darin enthalten sind 40.000 € Fertigungs- und Materialgemeinkosten, 40.000 € Verwaltungskosten und 20.000 € Sozialkosten; 50 % der Verwaltungs- und Sozialkosten sind nicht produktionsbezogen), seine geschätzte Nutzungsdauer beträgt 5 Jahre. Aufgrund des überragenden Markterfolgs des Inhouse Air Refreshers haben verschiedene Konkurrenten, wie z. B. die Elektrofuchs AG, für das Patent 250.000 € geboten.
Mit welchem Betrag ist das Patent in der Bilanz zum 31.12.2012 nach HGB und IFRS auszuweisen?
Begründen Sie Ihre Auffassung.

➔ **Lösung auf Seite 390**

D. Modell »Fair Value-Bewertung«[1]

Gemäß IAS 40.30 besteht im Rahmen der Folgebewertung ein Wahlrecht, bestimmte Immobilien (*investment property*) unter Anwendung des Fair Value-Modells zu bewerten. Unter die Begriffsdefinition des IAS 40.5 fallen solche Immobilien, die zur Erzielung von Mieteinnahmen und/oder zum Zwecke der Wertsteigerung gehalten werden. Explizit von der Begriffsdefinition und damit von der Anwendung des IAS 40 ausgenommen sind Immobilien, die im weiteren Sinne Produktionszwecken dienen oder im

1 In der offiziellen Übersetzung des Originaltextes wird »fair value model« mit »Modell des beizulegenden Zeitwerts« übersetzt. Da sich der Begriff »Fair Value-Modell« im Sprachgebrauch durchgesetzt hat, wird im Folgenden dieser Begriff verwendet.

Rahmen der gewöhnlichen Geschäftstätigkeit des bilanzierenden Unternehmens verkauft werden sollen.

Übt ein Unternehmen dieses Wahlrecht aus, ist das Fair Value-Modell grundsätzlich auf alle als Finanzinvestition gehaltene Immobilien anzuwenden.[1]

Der Wertmaßstab beizulegender Wert (*fair value*) wurde bereits im Zusammenhang mit den Vorschriften zum Wertminderungstest gemäß IAS 36 und dem Neubewertungsmodell gemäß IAS 16 und IAS 38 thematisiert. In den vorgenannten Standards war der beizulegende Wert jedoch immer nur eines von mehreren Elementen des gesamten Bewertungskonzepts.[2]

Im Gegensatz zum Falle der vorgenannten Vorschriften handelt es sich bei dem Bewertungsmodell des IAS 40 um ein »echtes« Fair Value-Modell. Um diese zunächst noch etwas kryptisch anmutende Ausführung mit Inhalt zu füllen, wird im Folgenden die grundlegende Vorgehensweise diskutiert und es werden die zentralen Unterschiede zum Neubewertungsmodell gemäß IAS 16 und IAS 38 herausgearbeitet.

IAS 40.5 definiert den beizulegenden Zeitwert als den Betrag, zu dem ein Vermögenswert zwischen sachverständigen, vertragswilligen und voneinander unabhängigen Geschäftspartnern getauscht werden könnte. Dies entspricht den in den IAS 16, IAS 36 und IAS 38 kodifizierten Definitionen des beizulegenden Wertes, so dass sich zunächst keinerlei Abweichungen von der grundsätzlichen Vorgehensweise des IASB ergeben. Hinsichtlich der konkreten Ermittlung des beizulegenden Wertes für Immobilien enthalten IAS 40.36–52 verschiedene Vorschriften sowie Hinweise und Klarstellungen, die zu einer Objektivierung des beizulegenden Wertes beitragen sollen. Ohne an dieser Stelle im Detail auf die Marktbewertung von Immobilien eingehen zu können, werden einige zentrale Punkte der Ermittlung des beizulegenden Wertes nachfolgend erläutert.

Die Ermittlung des beizulegenden Wertes im Rahmen des Fair Value-Modells hat strikt marktbezogen zu erfolgen und soll nach IAS 40.38 die Verhältnisse am Bilanzstichtag widerspiegeln. Der beizulegende Wert ist also kein unternehmensspezifischer Wert, der beispielsweise durch die Hebung von Synergien, die Notwendigkeit zur zeitnahen Geldanlage oder andere Argumentations- oder Machtvorteile[3] einer potenziellen Vertragspartei verursachte, für das bilanzierende Unternehmen individuelle Bewertungseffekte abbildet. Vielmehr soll es sich beim beizulegenden Wert um einen grundsätzlich für alle Marktteilnehmer gültigen Wert handeln. Er ist in seiner wirtschaftlichen Bedeutung mit dem in der deutschen Gesetzgebung kodifizierten Wertmaßstab des Verkehrswerts identisch.[4] Dieser wird in § 194 BauGB als derjenige Preis definiert, der zu dem Zeitpunkt,

1 Zwei Ausnahmen von dieser Regel ergeben sich gemäß IAS 40.30 i. V. m. IAS 40.32A und.53. Demzufolge ist eine Durchbrechung der einheitlichen Bewertung möglich, wenn die in Frage stehenden Immobilien der Besicherung bestimmter Verbindlichkeiten dienen oder für bereits im Rahmen des Fair Value-Modells bewertete Immobilien ein beizulegender Wert nicht mehr verlässlich zu ermitteln ist.

2 Im Falle des IAS 36 handelte es sich beim beizulegenden Wert lediglich um eine Komponente des erzielbaren Betrags, also um einen möglichen Vergleichsmaßstab für den Buchwert. Im Falle des Neubewertungsmodells gemäß IAS 16 und IAS 38 wiederum war der beizulegende Wert für die Ermittlung des korrekten Wertansatzes im Rahmen der Folgebewertung um planmäßige und außerplanmäßige Abschreibungen zu korrigieren.

3 Vgl. *Ballwieser* (2008), IAS 40, Tz. 41.

4 Vgl. *Jung* (2009), § 6, Tz. 55.

auf den sich die Ermittlung bezieht, im gewöhnlichen Geschäftsverkehr nach den rechtlichen Gegebenheiten und tatsächlichen Eigenschaften, der sonstigen Beschaffenheit und Lage des Grundstücks oder des sonstigen Gegenstands der Wertermittlung ohne Rücksicht auf ungewöhnliche oder persönliche Verhältnisse zu erzielen wäre.

Gemäß IAS 40.53 geht das IASB widerlegbar davon aus, dass ein Unternehmen in der Lage ist, den beizulegenden Wert einer als Finanzinvestition gehaltenen Immobilie fortwährend zuverlässig zu ermitteln, so dass die Verwendung von Hilfswerten in Fällen, in denen ein Marktwert nicht zu ermitteln ist, grundsätzlich unzulässig ist.[1] Kann das bilanzierende Unternehmen diese Vermutung jedoch für einzelne Vermögenswerte nachweislich widerlegen, sind diese ausnahmsweise mit den gemäß IAS 16 ermittelten fortgeführten Anschaffungs- oder Herstellungskosten zu bewerten, während alle anderen Immobilien im Sinne des IAS 40 weiterhin zum beizulegenden Wert angesetzt werden können.

Im Gegensatz zur Vorgehensweise im Rahmen des Neubewertungsmodells hat das bilanzierende Unternehmen bei Anwendung des Fair Value-Modells zu jedem Bilanzstichtag eine Neubewertung der als Finanzinvestition gehaltenen Immobilien zum beizulegenden Wert vorzunehmen. Eine Erleichterung dahingehend, dass in Abhängigkeit von der Volatilität des beizulegenden Wertes eine Ermittlung nur alle drei oder fünf Jahre erforderlich ist, sieht IAS 40 für als Finanzinvestition gehaltene Immobilien nicht vor. Da das Fair Value-Modell eine zu jedem Bilanzstichtag wiederkehrende Ermittlung des beizulegenden Wertes vorsieht, ist auch eine analog zum Neubewertungsmodell durchgeführte Anpassung der beizulegenden Werte aus Vorperioden um planmäßige oder außerplanmäßige Abschreibungen nicht erforderlich und dementsprechend auch nicht zulässig. Derartige Einpreisungen des gewöhnlichen Werteverzehrs oder anderer Wertminderungen sind regelmäßig im Rahmen der Ermittlung des beizulegenden Wertes zu berücksichtigen.

Beim Ansatz des beizulegenden Wertes im Rahmen der Folgebewertung existiert keine Wertobergrenze. Eine dem handelsrechtlichen Anschaffungswertprinzip analoge Regelung existiert nicht, so dass ein Ansatz über den historischen Anschaffungs- bzw. Herstellungskosten zulässig ist.

Gegenüber dem Neubewertungsmodell besteht ein weiterer Unterschied im Zusammenhang mit der Berücksichtigung von Bewertungsgewinnen und -verlusten. Gemäß Neubewertungsmodell hat eine imparitätische Berücksichtigung in dem Sinne zu erfolgen, dass Bewertungsgewinne – unter Berücksichtigung des (eingeschränkten) Vorsichtsprinzips – grundsätzlich erfolgsneutral behandelt werden, während Bewertungsverluste erfolgswirksam über die Gewinn- und Verlustrechnung erfasst werden. Von der imparitätischen Behandlung hat das IASB im Rahmen des Fair Value-Modells Abstand genommen. Gemäß IAS 40.35 sind durch Veränderungen des beizulegenden Zeitwertes

1 Ist ein Marktwert nicht ermittelbar, verbietet die restriktive Regelung des IAS 40 zwar die Anwendung von den Marktwert approximierenden Hilfswerten. Es ist jedoch ausnahmsweise zulässig, entweder einen über das DCF-Verfahren ermittelten Ertragswert oder einen (hilfsweise) ermittelten Marktwert zu verwenden, der auf einem Markt für andersartige Immobilien notiert und im Hinblick auf die Abweichungen entsprechend angepasst wurde.

verursachte Gewinne oder Verluste ausnahmslos erfolgswirksam über die Gewinn- und Verlustrechnung zu erfassen.

Von besonderer Relevanz ist die Fair Value-Bewertung für Finanzinstrumente. Nach IAS 32.11 ist ein Finanzinstrument ein Vertrag, der gleichzeitig bei dem einen Unternehmen zu einem finanziellen Vermögenswert und bei dem anderen Unternehmen zu einer finanziellen Verbindlichkeit oder einem Eigenkapitalinstrument führt.

Finanzielle Vermögenswerte sind gemäß IAS 32.11:[1]

1. flüssige Mittel;
2. Eigenkapitalinstrumente anderer Unternehmen (Anteile an Unternehmen);
3. vertragliche Rechte an
   a. flüssigen Mitteln oder daran, finanzielle Vermögenswerte zu erhalten oder daran,
   b. finanzielle Vermögenswerte oder finanzielle Verbindlichkeiten mit einem anderen Unternehmen zu potenziell vorteilhaften Bedingungen austauschen zu können oder
4. Verträge, die in eigenen Eigenkapitalinstrumenten des Unternehmens erfüllt werden und
   a. ein nicht derivatives Finanzinstrument sind, welches das Unternehmen verpflichten könnte, eine variable Anzahl eigener Eigenkapitalinstrumente zu erwerben oder
   b. ein derivatives Finanzinstrument sind, welches anders als durch den Austausch einer festen Zahl eines finanziellen Vermögenswertes gegen eine feste Zahl eigener Eigenkapitalinstrumente erfüllt wird (ausgenommen Eigenkapitalinstrumente, welche selbstständige Verträge über den zukünftigen Erwerb eigener Eigenkapitalinstrumente darstellen).

Finanzielle Verbindlichkeiten umfassen gemäß IAS 32.11:[2]

1. vertragliche Verpflichtungen,
   a. flüssige Mittel oder einen anderen finanziellen Vermögenswert an ein anderes Unternehmen abzugeben oder
   b. finanzielle Vermögenswerte oder finanzielle Verbindlichkeiten mit einem anderen Unternehmen zu potenziell nachteiligen Bedingungen austauschen zu müssen oder
2. Verträge, die in eigenen Eigenkapitalinstrumenten des Unternehmens erfüllt werden und
   a. ein nicht derivatives Finanzinstrument sind, welches das Unternehmen verpflichten könnte, eine variable Anzahl eigener Eigenkapitalinstrumente zu liefern oder
   b. ein derivatives Finanzinstrument sind, welches anders als durch den Austausch einer festen Zahl eines finanziellen Vermögenswertes gegen eine feste Zahl eigener Eigenkapitalinstrumente erfüllt wird (ausgenommen Eigenkapitainstrumente,

1 Vgl. hierzu auch *Lüdenbach* (2011), § 28, Tz. 6; zur Kritik an und zu Abweichungen von den hier wiedergegebenen abstrakten Definitionen gemäß herrschender Meinung und gängiger Praxis vgl. im Detail *Lüdenbach* (2011), § 28, Tz. 7.

2 Vgl. hierzu auch *Lüdenbach* (2011), § 28, Tz. 6.

welche selbstständige Verträge über den zukünftigen Erwerb eigener Eigenkapitalinstrumente darstellen).

Eigenkapitalinstrumente sind Verträge, die einen Residualanspruch an den Vermögenswerten abzüglich der Schulden eines Unternehmens begründen.

Derivate sind gemäß IAS 39.9 Finanzinstrumente oder Verträge[1],

1. deren Wertentwicklung von der Änderung eines Basisobjektes abhängt (Basisobjekte können Zinssätze, Wechselkurse oder ähnliches sein);
2. für die keine oder nur eine geringe Anfangszahlung erforderlich ist; und
3. die zu einem späteren Zeitpunkt beglichen werden.

Beispiele für Derivate sind Zins- oder Währungsswaps.

Im Rahmen der Erstbewertung sind Finanzinstrumente mit dem beizulegenden Zeitwert (Fair Value) zu bewerten (IAS 39.43). Bei Finanzinstrumenten, die nicht erfolgswirksam zum beizulegenden Zeitwert folgebewertet (zu den dafür relevanten Kriterien siehe die folgenden Ausführungen) werden, sind die mit dem Erwerb oder der Ausgabe in direkter Verbindung stehenden Transaktionskosten zusätzlich mit einzubeziehen.

Liegt ein aktiver Markt vor (Preise werden regelmäßig bereitgestellt und resultieren aus Transaktionen zwischen gleichberechtigten Partnern), stellen die aktuellen (oder letzt verfügbaren) Preise dieses Marktes den beizulegenden Zeitwert dar (IAS 39.AG71). Ist dagegen kein aktiver Markt verfügbar, muss zur Bestimmung des beizulegenden Zeitwertes ein geeignetes Bewertungsverfahren herangezogen werden. Naheliegend sind hier Vergleichspreise (d. h. der Vergleich mit dem Fair Value eines anderen, im Wesentlichen identischen Finanzinstrumentes). Stehen solche nicht zur Verfügung, nennt IAS 39 die Discounted Cash Flow-Methode und die Optionspreismodelle.

Hinsichtlich der Folgebewertung sind nach IAS 39.45 vier Kategorien zu unterscheiden[2]:

- Finanzinstrumente, die ergebniswirksam zum beizulegenden Zeitwert folgebewertet werden (*financial assets at fair value through profit or loss*)
  In diese Kategorie fallen zum einen verpflichtend alle Finanzinstrumente des Handelsbestands (Finanzinstrumente, die mit der Absicht einer kurzfristigen Veräuße-

1 Für Definitionen vgl. im Detail *Lüdenbach* (2011), § 28, Tz.9.

2 Die im IAS 39 dargelegten Regelungen befinden sich derzeit in einem Überarbeitungsprozess. Der IAS 39 soll durch den IFRS 9 ersetzt werden. Die Überarbeitung erfolgt in drei Phasen (Classification and Measurement, Impairment Methology, Hedge Accounting). In der ersten Phase geht es um die Klassifikation und Bewertung von Finanzinstrumenten. Hierzu hat das IASB am 12. November 2009 den IFRS 9 veröffentlicht. Der derzeitige IFRS 9 sieht u. a. vor, dass künftig für finanzielle Vermögenswerte nur noch zwei Bewertungskategorien zu bilden sind. Zum zweiten Abschnitt des Projektes wurde der Standardentwurf ED/2009/12 (Wertminderungen) veröffentlicht. Mit diesem soll ein Wechsel vom Incurred Loss Model zum Expected Loss Model vollzogen werden. Zur dritten Phase des Projektes wurden mit dem Standardentwurf ED/2010/13 vom 9.12.2010 zum Hedge Accounting weitere Vorschläge zur Ergänzung des IFRS 9 zur Diskussion gestellt. Der bisherige IFRS 9 umfasst bislang lediglich die erste Projektphase. Die Anwendung des IFRS 9 wird gemäß ED/2011/3 für die in 2015 beginnenden Geschäftsjahre empfohlen. Weiterhin hat die EU-Kommision die Übernahme des veröffentlichten IFRS 9 in europäisches Recht zunächst ausgesetzt, um das Gesamtprojekt (also den dann vollständigen IFRS 9) nach dessen Abschluss einer Würdigung zu unterziehen (vgl. *Märkl/ Schaber* (2010), S. 65), so dass der IFRS 9 zunächst nicht anzuwenden ist.

rung gehalten werden – *held for trading* – und Derivate[1]). Zum anderen können bestimmte andere Finanzinstrumente in diese Gruppe eingeordnet werden (bestimmte hybride Finanzinstrumente; Finanzinstrumente, deren ergebniswirksame Folgebewertung zum beizulegenden Zeitwert helfen würde, eine bewertungsbedingte Verzerrung zu vermeiden; Finanzinstrumente, die in einem Portfolio von ähnlichen Instrumenten auf Basis ihres beizulegenden Zeitwertes gesteuert werden[2]). Ausgenommen hiervon sind generell Eigenkapitalinstrumente, für die kein aktiver Markt besteht und für die auch anderweitig kein verlässlicher Fair Value bestimmbar ist.

- Bis zur Endfälligkeit gehaltene finanzielle Vermögenswerte (*held to maturity investments*)
  Finanzielle Vermögenswerte dieser Gruppe müssen eine feste Endlaufzeit aufweisen, sämtliche Zahlungen müssen fest oder klar determinierbar sein, das Unternehmen muss auch weiterhin die Absicht und die Fähigkeit zum Halten bis zum Ende der Laufzeit besitzen und es darf sich nicht um Finanzinstrumente der nächsten Kategorie halten.
- Ausleihungen und Forderungen (*loans and receivables*)
  Es handelt sich um finanzielle Vermögenswerte im Sinne von Ausleihungen, bei denen das bilanzierende Unternehmen als Gläubiger fungiert und die nicht an einem aktiven Markt notiert werden. Zudem müssen Zahlungen fest oder klar determinierbar sein und die Definition des Handelsbestandes darf nicht erfüllt sein.
- Zur Veräußerung verfügbare finanzielle Vermögenswerte (*available for sale financial assets*)
  Hierunter fallen alle finanziellen Vermögenswerte, die nicht den ersten drei Gruppen zuordenbar sind. Wenn das bilanzierende Unternehmen dies wünscht, können auch bis zur Endfälligkeit gehaltene finanzielle Vermögenswerte sowie Ausleihungen und Forderungen dieser Gruppe zugeordnet werden.

Zudem ist zu beachten, dass finanzielle Verbindlichkeiten, die nicht der ersten Kategorie angehören (d. h. die nicht zum Handelsbestand gehören und für die nicht das Wahlrecht der ergebniswirksamen Marktbewertung wahrgenommen wurde) als weitere Gruppe von Finanzinstrumenten anzusehen sind.

Für finanzielle Vermögenswerte ist die Fair Value-Bewertung der Regelfall (IAS 39.46). Sie umfasst die erste und die vierte Kategorie. Dagegen sind bis zur Endfälligkeit gehaltene finanzielle Vermögenswerte sowie Ausleihungen und Forderungen zu fortgeführten Anschaffungskosten mittels der Effektivzinsmethode zu bewerten. Investitionen in Eigenkapitaltitel anderer Unternehmen, für die kein aktiver Markt vorliegt und deren beizulegender Zeitwert nicht verlässlich ermittelt werden kann, sowie Derivate auf solche Eigenkapitaltitel sind zu Anschaffungskosten zu bewerten. Für finanzielle Verbindlichkeiten ist die Bewertung zu fortgeführten Anschaffungskosten (mittels der Effektivzinsmethode) der Regelfall (IAS 39.47). Zum Fair Value sind nur solche finanzi-

1 Ausgenommen sind derivative Finanzinstrumente, die Teil einer Sicherungsbeziehung sind. Diese werden nach den Grundsätzen des Hedge Accounting bewertet.
2 Sogenannte Fair Value Option nach IAS 39.9 (b) und 39.11A.

ellen Verbindlichkeiten zu bewerten, die in die erste Kategorie fallen. Derivate Verbindlichkeiten auf nicht notierte Eigenkapitalinstrumente, deren Fair Value nicht verlässlich bestimmbar ist, sind zu Anschaffungskosten zu bewerten.

Bewertungsdifferenzen im Zusammenhang mit der Folgebewertung von Finanzinstrumenten, die ergebniswirksam zum beizulegenden Zeitwert folgebewertet werden, sind nach IAS 39.55 erfolgswirksam in der Gewinn- und Verlustrechnung zu erfassen. Dagegen werden Wertschwankungen des beizulegenden Zeitwertes bei zur Veräußerung verfügbaren finanziellen Vermögenswerten erfolgsneutral in einem separaten Eigenkapitalposten abgebildet.

Alle finanziellen Vermögenswerte, die nicht ergebniswirksam zum beizulegenden Zeitwert bewertet werden, sind zu jedem Bilanzstichtag auf ihre Werthaltigkeit zu überprüfen. Falls eine Wertminderung festgestellt wird, ist der Vermögenswert abzuschreiben (IAS 39.58).

Die vorherigen Ausführungen haben gezeigt, dass Finanzinstrumente in Abhängigkeit von ihrer Klassifizierung entweder zum Fair Value oder aber zu fortgeführten Anschaffungskosten folgebewertet werden. Eine besondere Situation ist gegeben, wenn sich ein Unternehmen mit einem Finanzinstrument gegen das Risiko zukünftiger Wertänderungen eines Grundgeschäfts absichern möchte und Finanzinstrument und Grundgeschäft zugleich voneinander abweichenden Bewertungsprinzipien unterliegen. Das Eingehen solch einer *Sicherungsbeziehung* hat daher die Beachtung spezieller Bewertungsregeln zur Folge, die mit dem Terminus *Hedge Accounting* umschrieben werden und in IAS 39.71–102 geregelt sind. Eine Sicherungsbeziehung besteht grundsätzlich aus einem gesicherten Grundgeschäft und einem Sicherungsinstrument. Die Wertänderung des Sicherungsinstruments und die Wertänderung des gesicherten Grundgeschäfts weisen dabei entgegengesetzte Richtungen auf, so dass insgesamt ein Risikoausgleich realisiert wird. Durch Hedge Accounting soll eine synchrone Abbildung der Ergebnisbeiträge aus Grund- und Sicherungsgeschäft erreicht werden.

- Ein *Grundgeschäft* kann ein Vermögenswert, eine Schuld, eine nicht bilanzierte feste Verpflichtung, eine erwartete künftige Transaktion oder eine Nettoinvestition in einen ausländischen Geschäftsbetrieb sein (IAS 39.9).
- Ein *Sicherungsinstrument* ist ein derivatives Finanzinstrument (bei einer Absicherung von Wechselkursrisiken auch ein nicht derivatives Finanzinstrument), von dessen beizulegendem Zeitwert oder Cashflows erwartet wird, dass sie die Änderungen des beizulegenden Zeitwerts oder der Cashflows des Grundgeschäfts ausgleichen (IAS 39.9).

Damit eine Sicherungsbeziehung bilanziell abgebildet werden darf, müssen folgende Voraussetzungen erfüllt sein:

- Dokumentation der Sicherungsbeziehung;
- Die Sicherung muss effektiv sein, d. h. dass die Wertänderung des Sicherungsinstruments die Wertänderung des Grundgeschäfts in einer Bandbreite von 80 % bis 125 % kompensieren muss;
- Die Effektivität der Sicherungswirkung muss vom Unternehmen zuverlässig bestimmbar sein;

- Die Effektivität des Sicherungszusammenhangs wird in der Berichtsperiode laufend überwacht.

Drei Arten von Sicherungsbeziehungen lassen sich klassifizieren:

- Absicherung des beizulegenden Zeitwerts (*fair value hedge*)
  Hierunter würde beispielsweise die Absicherung eines festverzinslichen Wertpapiers gegen Marktpreisschwankungen einzuordnen sein. Für die Bewertung dieser Sicherungsbeziehung gilt, dass Sicherungsinstrument und gesichertes Grundgeschäft beide ergebniswirksam zum Fair Value zu bewerten sind.
- Absicherung von Cashflows (*cash flow hedge*);
  Hierunter würde beispielsweise die Absicherung von künftigen Zinszahlungen einer variabel verzinslichen Verbindlichkeit fallen. Mithilfe eines Swaps könnte diese in eine festverzinsliche Verbindlichkeit transformiert werden. Das Sicherungsinstrument wird hierbei zum Fair Value bewertet. Gewinne und Verluste aus dieser Bewertung sind in einen sicherungseffektiven und einen sicherungsineffektiven Teil zu zerlegen, wobei der sicherungseffektive Teil erfolgsneutral im Eigenkapital und der sicherungsineffektive Teil gemäß den Regeln für das entsprechende Finanzinstrument zu erfassen sind.
- Absicherung einer Nettoinvestition in einen ausländischen Geschäftsbetrieb (*hedge of a net investment in a foreign operation*).

Aufgabe 87: Bewertung Finanzinstrumente

Bei der Moneyburn AG, einem Elektrogroßhändler, fallen u. a. folgende Bilanzierungsprobleme an:

a) Aus spekulativen Gründen hat die Moneyburn AG einen Zinsswap erworben. Die Anschaffungskosten betragen 5.000 €. Mit dem Zinsswap sind das Recht und die Pflicht verbunden, eine Zinszahlungsverpflichtung mit einem variablen Zins in eine Zinszahlungsverpflichtung mit festem Zins (5 %) zu tauschen. Da der Marktzins am Bilanzstichtag auf 3 % gesunken ist, hat der Zinsswap zu diesem Termin einen negativen Marktwert in Höhe von 3.000 €.
b) Die Moneyburn AG hat Forderungen aus Lieferungen und Leistungen in Höhe von 80.000 € gegen einen Schuldner mit zweifelhafter Bonität. Im Rahmen eines Factoring könnte die Moneyburn AG bei Verkauf der Forderungen 20.000 € erzielen. Da ihr der dabei entstehende Verlust zu hoch ist, beschließt man, die Forderungen bis zum nach dem Bilanzstichtag liegenden Fälligkeitstermin zu halten.
c) Zur kurzfristigen Anlage von Liquiditätsüberschüssen hat die Moneyburn AG Aktien der Raff & Gier AG zum Kurs von 17 € pro Stück erworben. Am Bilanzstichtag beträgt der Kurs 22 €.
d) Aus spekulativen Gründen hat die Moneyburn AG Aktienoptionsscheine zum Preis von 3 € pro Stück bezogen. Bis zum Bilanzstichtag ist der Kurs auf 1 € gefallen. Aufgrund dieser negativen Entwicklung beabsichtigt die Moneyburn AG, die Aktienoptionsscheine bis zur Fälligkeit zu halten.

Erläutern Sie, wie sich die Vorgänge im Jahresabschluss nach IFRS niederschlagen.

➔ **Lösung auf Seite 391**

Aufgabe 88: Anleihen

Die Geldanlage AG erwirbt zum 1.1.2012 zu einem Kurs von 103,7 % für 103.700 € zzgl. Provisionen von 300 € börsennotierte Anleihen, welche von der X AG herausgegeben worden sind. Diese sind mit einem Kupon von 5,1 % ausgestattet, welcher jeweils am Ende des Jahres zur Auszahlung kommt. Die Laufzeit der Anleihen beträgt 4 Jahre. Es ist beabsichtigt, die Anleihen bis zu Endfälligkeit zu halten. Es wird davon ausgegangen, dass die Voraussetzungen für die Inanspruchnahme der Fair Value Option nicht erfüllt sind.
Die Kurswerte zum Ende der Jahre belaufen sich auf

Jahr	Kurswert Jahresende
2012	103,50 €
2013	101,90 €
2014	100,10 €

a) Welche Möglichkeiten bestehen für die Kategorisierung der Anleihen und wie sind die Anleihen in Abhängigkeit davon zum 31.12.2012 zu bewerten?
b) Welche Änderungen ergeben sich, wenn unklar ist, ob die Anleihe bis zur Endfälligkeit gehalten wird?
c) Wie wären die Bewertungen in 2012 vorzunehmen, wenn die Anleihen zu Handelszwecken erworben worden sind?
d) Wie wäre die Bewertung bei den unter a) und b) genannten Fallgestaltungen vorzunehmen, wenn bekannt wird, dass die Bonität der X AG nachhaltig in Frage steht und der Kurs zum 31.12.2012 in Folge dessen auf 70 % zurückgegangen ist. Der Kupon zum 31.12.2012 wurde allerdings bedient.

➔ **Lösung auf Seite 392**

Aufgabe 89: Hedge Accounting

Aufgabenteil a)

Die Expansion AG bestellt am 1.12.2012 von der USA-Tec. Ltd. für 200.000 $ einen speziell angefertigten Großrechner für die Abwicklung des erhöhten geplanten Auftragsbestandes. Gemäß Vertragsbedingungen ist die Lieferung und Bezahlung für den 31.01.2013 vorgesehen. Zur Absicherung des Geschäftes schließt der Finanzvorstand der Expansion AG ein Devisentermingeschäft über den Kauf von 200.000 $ zum 31. Januar 2012 ab, dokumentiert die Sicherungsbeziehung und gibt die Verträge zur laufenden Überwachung der Geschäfte an Herrn Sorgsam aus dem Controlling weiter, der auch für die laufende Überwachung der Wirksamkeit von Sicherungsbeziehungen zuständig ist. In dem Beispiel wird vereinfachend davon ausgegangen, dass der Kassakurs dem Terminkurs entspricht.

Am 1. Dezember 2012 liegt der Kassakurs und der Terminkurs zum 31.01.2013 bei 1,00 $=0,88 €.

Am 31. Dezember 2012 liegt der Kassakurs und der Terminkurs zum 31.01.2013 bei 1,00 $= 0,82 €.

Wie ist der Sachverhalt zum 1.12.2012 und zum 31.12.2012 zu behandeln? Der Fair Value des Termingeschäfts bestimmt sich annahmegemäß vereinfacht aus der Differenz der Terminkurse.
Latente Steuern werden aus Vereinfachungsgründen nicht in die Betrachtung einbezogen.

Aufgabenteil b) – Variante zu a):
Die Expansion AG steht im Dezember 2012 mit der USA-Tec Ltd. Lieferanten noch in Verhandlungen. Die Parteien sind sich über die Modalitäten (u. a. Liefertermin zum 31.01. und Kaufpreis von 200.000 $) weitestgehend einig. Die USA-Tec Ltd. will noch abwarten, ob Sie den Rechner bis zu dem geforderten Termin liefern kann. Beide Seiten gehen jedoch davon aus, dass der entsprechende Vertrag zustande kommt. Eine verbindliche Bestellung und die Annahme des Auftrags erfolgen erst zum 7.01.2013 für 200.000 $. Der Finanzvorstand schließt wiederum zum 1.12.2012 das Devisentermingeschäft ab. Herr Sorgsam überwacht das Devisentermingeschäft und den Verlauf der Verhandlungen bzgl. des Rechners.
Beurteilen Sie den Sachverhalt.

➔ **Lösung auf Seite 394**

Aufgabe 90: Forderungen aus LuL

Die Versand AG verkauft Spirituosen an Firmen- und Privatkunden im Inland (Fakturierung in €) sowie an Firmenkunden im Ausland (Fakturierung in $). Die Veräußerungen in das Ausland erfolgten annahmegemäß sämtlich zum 1.12.2012 (Wechselkurs 1 € = 1,30 $). Der Wechselkurs zum 31.12.2012 ist 1 € = 1,40 $. Die Forderungen gegenüber den Firmenkunden sind jeweils größer als 50.000 € bzw. 75.000 $ und für sich wesentlich. Die Einzelforderungen gegenüber den Privat-Inlandskunden belaufen sich auf jeweils unter 1.000 € und sind für sich nicht wesentlich. Ein Firmenkunde im Inland, gegenüber dem Forderungen von 119.000 € bestehen, hat im Dezember 2012 Insolvenz angemeldet und es wird damit gerechnet, dass die komplette Forderung ausfällt. Der Insolvenzfall stellt eine Ausnahme dar, da bei den Firmenkunden im In- und Ausland ansonsten in den letzten Jahren die Ausfälle bei durchschnittlich 2 % lagen, womit auch weiterhin gerechnet wird. Die Erfahrungen der Vergangenheit zeigen auch, dass Forderungen gegenüber Firmenkunden, die seit 0 bis 30 Tagen überfällig sind, mit einer Wahrscheinlichkeit von 1 % (Ausland 2 %) ausfallen. Bei Forderungen, die seit über 30 Tagen überfällig sind, steigt die Ausfallwahrscheinlichkeit auf 10 % (Ausland 14 %). Der Marktzinssatz für ungesicherte Darlehen an diese Kundengruppe beträgt 5 % (Ausland: 6 %).

Die Ausfälle bei den Privatkunden lagen in der Vergangenheit bei durchschnittlich 5 %, womit auch weiterhin gerechnet wird. Die Erfahrungen der Vergangenheit zeigen auch, dass Forderungen gegenüber Privatkunden, die seit 0 bis 30 Tagen überfällig sind, mit einer Wahrscheinlichkeit von 3 % ausfallen. Bei Forderungen, die seit über 30 Tagen überfällig sind, steigt die Ausfallwahrscheinlichkeit auf 10 %. Der Marktzinssatz für ungesicherte Darlehen an diese Kundengruppe beträgt 7 %.
Das vertragliche Zahlungsziel beträgt für alle Kundengruppen 21 Tage. Die Rechnungen werden in durchschnittlich 28 Tagen beglichen. Der durchschnittlich erwartete Zahlungsausgleich für die Forderungen zum 31. Dezember 2012 beträgt 14 Tage.
Ansonsten weist der Forderungsbestand folgende Charakteristika auf:

	Inlandsforderungen Unternehmen (inkl. 19 % USt)	Inlandsforderungen Privat (inkl. 19 % USt)	Auslandsforderungen Unternehmen (annahmegemäß ohne USt)
Bestand zum 31.12.2012	11.900.000 €	59.500.000 €	10.500.000 $
Seit 0 bis 30 Tagen überfällig (ohne Insolvenzen)	1.190.000 €	11.900.000 €	700.000 $
Seit über 30 Tagen überfällig (ohne Insolvenzen)	357.000 €	3.570.000 €	210.000 $

Ermitteln Sie den Forderungsausweis unter Berücksichtigung vorzunehmender Wertminderungen.

➔ **Lösung auf Seite 395**

E. Bewertungsvereinfachungen

Vorräte, die normalerweise nicht austauschbar sind (d. h. etwa Einzelstücke wie Kunstgegenstände oder Oldtimer), und Erzeugnisse, Waren oder Leistungen, die für spezielle Projekte hergestellt oder ausgesondert werden (z. B. auftragsbezogene Sonderbestände), unterliegen nach IAS 2.23 der Einzelbewertung, d. h. bestimmten Vorräten werden spezielle Anschaffungs- oder Herstellungskosten zugeordnet.

Bei der Lagerung und Produktion von Vorräten kommt es häufig zu einer Vermischung von zu unterschiedlichen Kosten angeschafften oder hergestellten Vorräten, so dass eine Einzelbewertung bei schwankenden Kosten unmöglich ist bzw. unverhältnismäßig hohe Kosten verursacht. Es besteht ein Vereinfachungsbedarf. Bewertungsvereinfachungsverfahren dürfen nur auf *gleichartige*, d. h. normalerweise untereinander austauschbare *Gegenstände des Vorratsvermögens* angewendet werden, die *nicht projektbezogen angeschafft oder hergestellt* worden und in einer *großen Anzahl* vorhanden sind (IAS 2.24). Es muss sich also um Vermögenswerte handeln, die nach ihrer Art und Funktion keine wesentlichen Unterschiede aufweisen und in derselben Region produziert und vermarktet werden.

Bei einer großen Stückzahl beliebig austauschbarer Vorratsgegenstände sind gem. IAS 2.25 Vereinfachungsverfahren *zwingend vorgeschrieben*.[1] Damit sollen *Manipulationen* dergestalt, dass die am Abschlussstichtag verbleibenden Vorräte bewusst danach ausgewählt werden, den Wertansatz und damit das Jahresergebnis in bestimmter Weise zu beeinflussen, *ausgeschlossen* werden.

Sowohl das *Fifo-Verfahren* als auch die *Durchschnittsbewertung* sind nach IAS 2.25 erlaubt.

Im Rahmen des Fifo-Verfahrens (First in – first out) wird unterstellt, dass

- die zeitlich früher angeschafften bzw. hergestellten Vorratsbestände zuerst verbraucht oder veräußert werden;
- der Endbestand somit mit den Anschaffungs- bzw. Herstellungskosten der zuletzt beschafften Vorräte bewertet wird.

Es handelt sich um ein vergleichsweise einfaches Verfahren, das jedoch eine fortlaufende Aufzeichnung zumindest der Zugänge voraussetzt. Da die bei Periodenbetrachtung zuerst gelieferten Güter den bis zu jedem der Entnahmezeitpunkte jeweils zuerst gelieferten Gütern entsprechen müssen, gibt es keinen Unterschied zwischen periodischem und permanentem Fifo. Das Fifo-Verfahren erlaubt einen guten *Einblick in die Vermögenslage* des Unternehmens, da die Vorratsendbestände am Bilanzstichtag mit gegenwartsnahen Preisen bewertet werden. Hingegen ist der *Einblick in die Ertragslage* schlecht, da der Verbrauch mit »alten« Preisen bewertet wird.

Bei der Durchschnittsbewertung wird aus den Anschaffungs- oder Herstellungskosten des Anfangsbestandes und denjenigen der Zugänge ein gewogener Durchschnitt gebildet. Die Durchschnittsbewertung kann dabei in Abhängigkeit von den Unternehmensverhältnissen sowohl periodisch als auch gleitend, d. h. bei jedem Lagerzugang erfolgen (IAS 2.27). *Periodische Durchschnittsbewertung* bedeutet, dass ein einheitlicher Durchschnittswert ermittelt und dieser der Bewertung des Verbrauchs und des Endbestandes zu Grunde gelegt wird. Bei der *gleitenden Durchschnittsbewertung* werden die Durchschnittswerte permanent aktualisiert und die Abgänge bzw. der Endbestand mit dem jeweils gültigen Durchschnittswert bewertet. Eine Zusammenfassung von lediglich gleichwertigen Vorräten zum Zwecke einer Durchschnittsbewertung ist unzulässig.

Sämtliche Vorräte, die von ähnlicher Beschaffenheit und Verwendung für das Unternehmen sind, müssen einheitlich nach demselben Verfahren bewertet werden. Dies bedeutet jedoch nicht, dass sämtliche Vorräte eines Unternehmens einheitlich zu bewerten sind. Vielmehr können für Vorräte unterschiedlicher Kategorien und für art- und funktionsverschiedene Posten unterschiedliche Bewertungsverfahren zur Anwendung kommen (IAS 2.25). Zu beachten bleibt jedoch das Stetigkeitsgebot für das einmal gewählte Verfahren. So können z. B. gleichartige Vorräte, die in verschiedenen Geschäftssegmenten eingesetzt werden, unterschiedlich verwendet werden. Ein Unterschied im geografischen Standort rechtfertigt jedoch allein nicht die Anwendung unterschiedlicher Zuordnungsverfahren (IAS 2.26).

1 *Ruhnke* (2008), S. 487; *Hoffmann* (2011), § 8, Tz. 42.

Das früher zulässige *Lifo-Verfahren* wurde im Zuge des Improvement Project *abgeschafft*. Der Grund für diese Änderung liegt darin, dass die Annahme des Lifo-Verfahrens, dass zuletzt zugegangene Vorräte zuerst verbraucht oder veräußert werden, nur in wenigen Fällen haltbar ist. Folglich deckt sich diese Verbrauchsfolgefiktion nur selten mit den tatsächlichen Lagerbewegungen, so dass ihre Anwendung die wirtschaftliche Lage nicht zuverlässig darstellen würde.[1] Zudem stellen steuerliche Überlegungen keine adäquate Begründung für ein unterlegenes Bewertungsverfahren dar.

Die *Verwendung sonstiger Verbrauchsfolgeverfahren*, die nicht in IAS 2 genannt sind, ist *nicht zulässig*. Dies gilt sowohl für die beschaffungspreisbestimmten als auch für die konzernbestimmten Verbrauchsfolgeverfahren. Auch die Festbewertung ist nicht vorgesehen. Dem Gedanken, die Festbewertung sei unter Hinweis auf den Grundsatz der Wesentlichkeit als zulässig zu erachten, da der Festwert den tatsächlichen Wertansatz annähern soll und die mit einem Festwert bewerteten Vermögenswerte für das Unternehmen von nachrangiger Bedeutung sein müssen,[2] ist nicht zu folgen. Denn ansonsten müssten auch alle anderen möglichen Bewertungsvereinfachungen, u. a. auch das ausdrücklich abgeschaffte Lifo-Verfahren, bei Vorräten von nachrangiger Bedeutung zulässig sein.

Bei den Bewertungsvereinfachungsverfahren handelt es sich lediglich um Verfahren zur vereinfachten Ermittlung der ursprünglichen Anschaffungs- oder Herstellungskosten und nicht um einen eigenständigen Bewertungsmaßstab. Soweit die durch ein vereinfachtes Verfahren ermittelten Anschaffungs- oder Herstellungskosten über dem realisierbaren Nettoveräußerungserlös liegen, ist eine entsprechende *Abwertung auf den Niederstwert* vorzunehmen (IAS 2.9) und zwar unabhängig davon, ob die Wertminderung auf Beschädigung, Veralterung oder allgemein rückläufige Verkaufspreise am Absatzmarkt zurückzuführen ist (IAS 2.28). Nach der Berichtsperiode gewonnene werterhellende Erkenntnisse über die Wertverhältnisse am Abschlussstichtag (z. B. fehlende Gängigkeit von Vorräten) sind nach IAS 2.30 zu berücksichtigen. Abwertungen wegen gesunkener Wiederbeschaffungs- bzw. Wiederherstellungskosten sind dagegen nicht zulässig. Mittelfristig dürften sich allerdings solche Rückgänge bei den Einstandswerten auch auf den Verkaufswert auswirken.

1 Vgl. *Kümpel* (2003), S. 2613.
2 So z. B. *Ellrott* (2010), § 256 HGB, Tz. 111; *Ruhnke* (2008), S. 490; *Jacobs/Schmitt* (2009), Teil B, IAS 2, Tz. 47; *Kümpel* (2003), S. 2614; *Riese* (2009), § 8, Tz. 86.

F. Bewertung des Kapitals

1. Grundlagen

Eigenkapital

In den IFRS existiert kein eigener Standard zur Behandlung des Eigenkapitals (*equity*). Aus dem Framework ist jedoch ersichtlich, dass das Eigenkapital einen Residualposten darstellt: den nach Abzug aller Schulden verbleibenden Restbetrag der Vermögenswerte des Unternehmens (F.4.4(c)). Damit ist das Eigenkapital nach HGB und IFRS im Wesentlichen identisch. In beiden Fällen ist seine Höhe von der Ermittlung der Vermögenswerte und Schulden abhängig.

Die IFRS enthalten keine expliziten Vorschriften zur Gliederung des Eigenkapitals. Es finden sich lediglich Regelungen zu bestimmten Ausweispflichten. So sind mindestens

- das gezeichnete Kapital (*issued capital*),
- die Rücklagen (*reserves*) sowie
- der Minderheitenanteil

voneinander getrennt auszuweisen (IAS 1.54 (q) und (r)). Es kann jedoch erforderlich sein, dem Grundsatz der *fair presentation* folgend, die Rücklagen weiter zu unterteilen in

- die Kapitalrücklagen (*capital reserves*) und
- die Gewinnrücklagen (*revenue reserves*).[1]

Neubewertungsrücklage

Einige IFRS, z.B. IAS 16 (Sachanlagen) oder IAS 38 (Immaterielle Vermögenswerte), räumen dem Bilanzierenden die Möglichkeit ein, seine Vermögenswerte im Rahmen der Folgebewertung mit der Neubewertungsmethode zu bewerten. Dieses Wahlrecht stellt eine Besonderheit der IFRS dar.

Werterhöhungen von Vermögenswerten sind dabei prinzipiell ergebnisneutral zu erfassen. Hierzu ist eine besondere Rücklagenart zu bilden, die sog. Neubewertungsrücklage (*revaluation surplus*). Mit dieser werden sämtliche Wertschwankungen, die sich aufgrund einer Neubewertung ergeben, verrechnet. Erst für den Fall, dass ein Wertverlust eines vormals im Wert gestiegenen Vermögenswertes nicht mehr aus der Neubewertungsrücklage gedeckt ist, ist eine erfolgswirksame Erfassung vorzunehmen.

1 Vgl. F.4.20.

Eigenkapitalveränderungsrechnung
Zu beachten ist auch, dass die Informationen, die Bilanz und Anhang zum Eigenkapital geben, durch eine Eigenkapitalveränderungsrechnung ergänzt werden müssen. Gemäß IAS 1.106 sollen so die Veränderungen des Eigenkapitals und aller seiner Komponenten im Zeitablauf für die Jahresabschlussadressaten transparent gemacht werden.

Fremdkapital
Während die Unterschiede bei der Behandlung des bilanziellen Eigenkapitals nach HGB und IFRS eher im Detail stecken, bestehen beim Verständnis des Fremdkapitals deutliche Abweichungen.

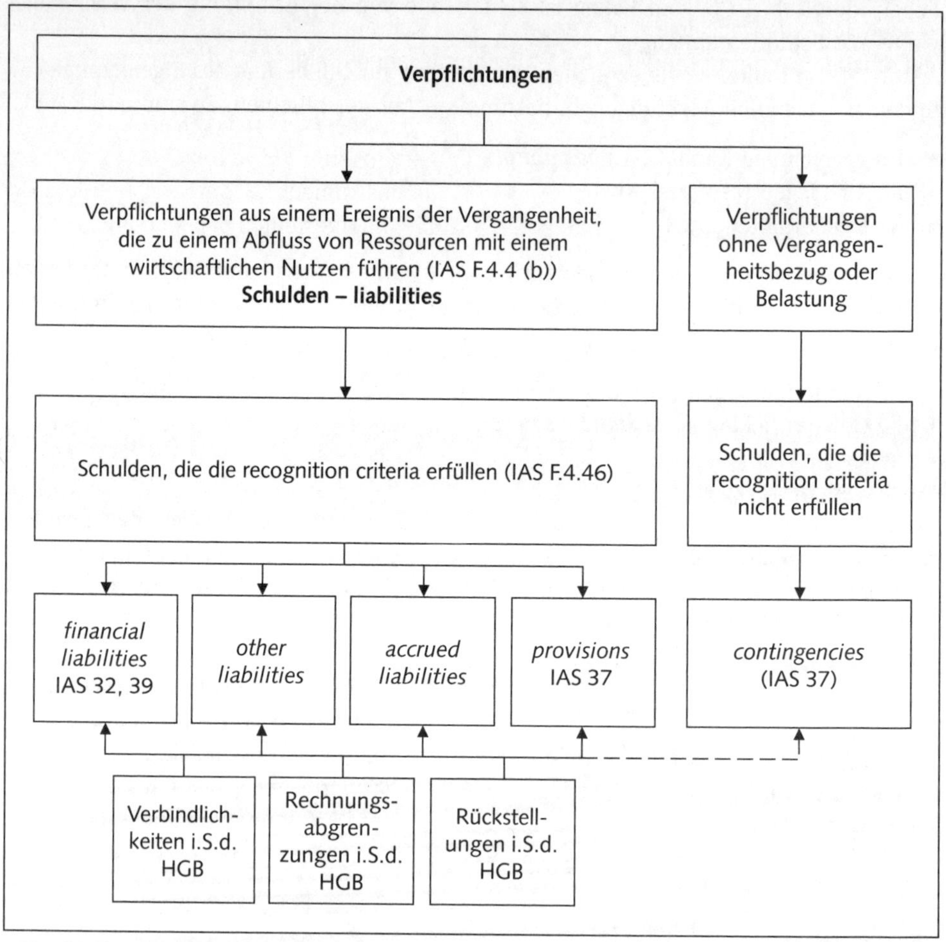

Abb. 46: Abgrenzung von Schulden

Dies macht sich zunächst dadurch bemerkbar, dass das Bilanzgliederungsschema gemäß § 266 Abs. 3 HGB nach Rückstellungen, Verbindlichkeiten und passiven Rechnungsabgrenzungsposten differenziert, während die IFRS hier lediglich zwischen Schulden (*liabilities*) und ggf. einem passiven Rechnungsabgrenzungsposten unterscheiden. Nach F.4.4(b) ist eine Schuld eine gegenwärtige Verpflichtung des Unternehmens auf Grund vergangener Ereignisse, von deren Erfüllung erwartet wird, dass aus dem Unternehmen Ressourcen abfließen, die einen wirtschaftlichen Nutzen darstellen (gleich lautend IAS 37.10). Die weitere Unterteilung der Schulden (*liabilities*) ist in *Abb. 46* dargestellt.[1]

Es wird ersichtlich, dass das HGB eine eher einfache Systematisierung nach dem Grad der Sicherheit der Ansprüche an das Unternehmen verfolgt: ist eine Schuld hinsichtlich dem Grunde sowie der Höhe nach als sicher anzusehen, wird sie als Verbindlichkeit eingestuft. Bestehen hinsichtlich das Anfalls und/oder der Höhe Unsicherheiten, wird tendenziell eine Rückstellung zu erfassen sein. Zeitraumbezogene Verpflichtungen sind ggf. abzugrenzen und führen dann zu Rechnungsabgrenzungen.

Finanzinstrumente

In den IFRS wird demgegenüber zunächst differenzierter hinterfragt, ob es sich bei einem wirtschaftlichen Sachverhalt um ein Finanzinstrument i. S. d. IAS 32 handelt. Die Passivseite der Bilanz betreffen dabei die in *Tab. 40* dargestellten Sachverhalte.

Finanzinstrumente (IAS 32.11)	
Verträge, die gleichzeitig bei einer Partei zu einem finanziellen Vermögenswert und bei der anderen Partei zu einer finanziellen Schuld oder zu einem Eigenkapitalinstrument führen	
Passivische Finanzinstrumente	
Finanzielle Schulden • Vertragliche Verpflichtungen – flüssige Mittel oder andere finanzielle Vermögenswerte zu liefern; – zum Austausch finanzieller Vermögenswerte oder finanzieller Schulden unter potenziell nachteiligen Bedingungen. • Bestimmte Vereinbarungen, die durch Lieferung von Eigenkapitalinstrumenten des Unternehmens an Dritte erfüllt werden (können).	**Eigenkapitalinstrumente** Verträge, die einen Residualanspruch am Vermögen des Unternehmens nach Begleichung aller **Schulden** begründen.

Tab. 40: Systematisierung von Finanzinstrumenten der Passivseite nach IAS 32.11

Darüber hinaus sind für die Klassifizierung eines Finanzinstruments als Eigenkapitalinstrument die Abgrenzungskriterien des IAS 32.16 verbindlich:

- Das Finanzinstrument darf keine vertragliche Verpflichtung gegenüber anderen Unternehmen zur Lieferung eines finanziellen Vermögenswertes oder den Tausch einer Schuld zu ungünstigen Bedingungen darstellen (vgl. IAS 32.16(a)).

1 In Anlehnung an *Hachmeister* (2006), S. 5.

- Beim Finanzinstrument darf es sich entweder um
  - ein nicht-derivatives Instrument, das keine vertragliche Verpflichtung seitens des Emittenten (ausgebendes Unternehmen) beinhaltet, eine variable Anzahl eigener Eigenkapitalinstrumente abzugeben oder
  - ein Derivat, das vom Emittenten nur durch den Austausch eines festen Betrags an flüssigen Mitteln oder anderen finanziellen Vermögenswerten gegen eine feste Anzahl eigener Eigenkapitalinstrumente erfüllt wird,

  handeln (vgl. IAS 32.16(b)).

Von einem derivativen Finanzinstrument spricht man, wenn dessen Wertentwicklung von einem als *Basisobjekt* bezeichneten Sachverhalt abhängt. Als solche kommen etwa Währungen, Zinsen, Aktien(indizes) oder auch Rohstoffe in Frage. Dabei ist es nicht notwendig, im Besitz des Basisobjektes zu sein. Auf diese Weise ist es Kapitalmarktteilnehmern möglich, mit relativ geringem finanziellen Aufwand an den positiven (oder auch negativen) Wertentwicklungen solcher Sachverhalte teilzuhaben. Auch ermöglichen derivative Finanzinstrumente eine weit gehende bilanzielle Berücksichtigung von Sicherungsgeschäften (*hedge accounting*).[1]

Als Finanzinstrument ist somit jedwede Vertragsform zu qualifizieren, bei der es ohne Produktions- und Absatzprozess direkt oder indirekt zu einem Zu- oder Abfluss von flüssigen Mitteln oder Eigenkapitalinstrumenten kommt.[2] Auf der Passivseite der Bilanz sind damit grundsätzlich alle Geldverbindlichkeiten als Finanzinstrumente (finanzielle Schulden) zu qualifizieren, also z. B.:

- Verbindlichkeiten aus Lieferung und Leistung,
- Verbindlichkeiten gegenüber Kreditinstituten,
- Wechselverbindlichkeiten,
- Darlehensverbindlichkeiten,
- börsennotierte und nicht börsennotierte Schuldtitel,
- Anleiheschulden,
- negative Marktwerte von Derivaten.

Die Bilanzierung derartiger Finanzinstrumente wird grundsätzlich durch IAS 32 und IAS 39 geregelt, es sei denn, sie werden in eigenen Standards behandelt, wie z. B.

- Verpflichtungen aus Leasingverhältnissen → IAS 17,
- Verpflichtungen des Arbeitgebers aus Altersversorgungsplänen → IAS 19,
- Verpflichtungen aus Versicherungsverträgen → IFRS 4.

Den Finanzinstrumenten der Passivseite ist nach IFRS gemeinsam, dass der Abfluss finanzieller Ressourcen als sicher angesehen wird. Sie wären damit im Sinne des HGB als Verbindlichkeiten zu klassifizieren. In der Konsequenz ist IAS 39 hauptsächlich für die Bewertung von finanziellen Vermögenswerten (*financial assets*) und demzufolge die Aktivseite der Bilanz zu berücksichtigen.

1 Vgl. Vgl. *Schmidt* (2005), S. 66ff.
2 Vgl. *Pellens/Fülbier/Gassen/Sellhorn* (2011), S. 557.

Darüber hinaus existieren jedoch Vertragsformen, bei denen ein als sicher eingestufter Abfluss wirtschaftlicher Ressourcen erfolgt, der jedoch nicht in Form finanzieller flüssiger Mittel oder durch einen anderen finanziellen Vermögenswert beglichen wird wie z. B.

- passive Rechnungsabgrenzungsposten (*deferred revenues*),
- erhaltene Anzahlungen auf Bestellungen (*unearned revenues*),
- Sachleistungsverpflichtungen, (IAS 32.AG11)
- Warentermingeschäfte, die voraussichtlich durch Lieferung beglichen werden (IAS 32.AG20–21).

Diese Sachverhalte erfüllen nicht die Definition eines Finanzinstruments, sind aber gleichwohl als sicher einzustufende Schuld zu klassifizieren. Entsprechend werden sie als sonstige Verbindlichkeiten (*other liabilities*) ausgewiesen.

Ein Finanzinstrument liegt auch dann nicht vor, wenn der Abfluss von Ressourcen nicht als sicher angesehen wird. In diesem Falle werden in Abhängigkeit vom Grad der Wahrscheinlichkeit des Ressourcenabflusses abgegrenzte Schulden (*accrued liabilities*, Wahrscheinlichkeitsniveau nahezu sicher), Rückstellungen (*provisions*, Wahrscheinlichkeitsniveau nicht sicher, aber > 50 %) oder Eventualschulden (*contingencies*) bilanziert. Dabei wird eine abgestufte Berücksichtigung in Bilanz und Anhang verfolgt, lediglich Eventualschulden werden nicht bilanziell berücksichtigt. Sie werden in IAS 37 geregelt.

2. Eigenkapital

i. Gezeichnetes Kapital

Das gezeichnete Kapital (*issued capital*) wird durch die nationalen gesellschaftsrechtlichen Normen determiniert, so dass sich das gezeichnete Kapital gemäß IFRS und HGB weitestgehend entsprechen. Demnach wird hierunter bei börsennotierten Aktiengesellschaften das gezeichnete Kapital aus Stamm- und Vorzugsaktien (mit oder ohne Nennwert) gefasst. Es sind einige Informationen zu geben, die entweder in der Bilanz oder im Anhang platziert werden können (IAS 1.79). So ist für jede Anteilsart anzugeben:

- die Anzahl der genehmigten Anteile;
- die Anzahl der ausgegebenen und voll eingezahlten Anteile und die Anzahl der ausgegebenen und nicht voll eingezahlten Anteile;
- der Nennwert der Anteile oder die Aussage, dass die Anteile keinen Nennwert haben;
- eine Überleitungsrechnung der Anzahl der im Umlauf befindlichen Anteile am Anfang und am Ende der Periode;
- Rechte, Vorzugsrechte und Beschränkungen für die jeweilige Kategorie von Anteilen einschließlich Beschränkungen bei der Ausschüttung von Dividenden und der Rückzahlung des Kapitals;
- Anteile an dem Unternehmen, die durch das Unternehmen selbst, seine Tochterunternehmen oder assoziierte Unternehmen gehalten werden;

- Anteile, die für die Ausgabe von Optionen und Verkaufsverträgen vorgehalten werden, unter Angabe der Modalitäten und Beträge;
- die Beschreibung von Art und Zweck jeder Rücklage innerhalb des Eigenkapitals.

Auch die Auswirkungen von Kapitalerhöhungen oder -herabsetzungen werden durch die gesellschaftsrechtlichen Bestimmungen festgelegt, so dass sich hier keine Besonderheiten ergeben. Hinsichtlich der bilanziellen Behandlung ausstehender Einlagen finden sich in den IFRS keine expliziten Regelungen. Die Regelung des § 272 Abs. 1 S. 3 HGB, wonach nicht eingeforderte ausstehende Einlagen auf das gezeichnete Kapital offen vom gezeichneten Kapital abzusetzen, der verbleibende Betrag als »eingefordertes Kapital« in der Hauptspalte der Passivseite auszuweisen und eingeforderte, aber noch nicht eingezahlte Beträge unter den Forderungen gesondert auszuweisen sind, ist daher auch in den IFRS anwendbar.

ii. Rücklagen

In den IFRS findet sich keine explizite Regelung zur Untergliederung der Rücklagen. Aus dem Grundsatz der *fair presentation* (IAS 1.78) lässt sich jedoch in Analogie zum HGB eine Systematisierung nach Kapitalrücklagen (*capital reserves*, IAS 1.78 (e)) und Gewinnrücklagen (*revenue reserves*) ableiten, die in enger Anlehnung an § 272 Abs. 1–4 HGB zu sehen sind.

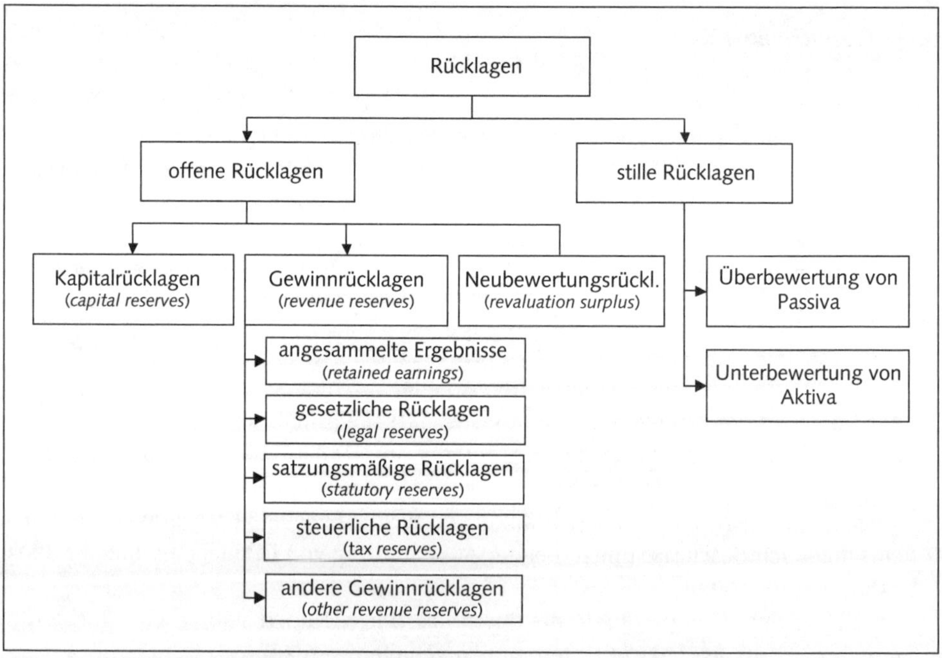

Abb. 47: Rücklagen nach IFRS

Somit ergeben sich für die IFRS die in *Abb. 47* dargestellten Rücklagenarten. Art und Zweck jeder Rücklage im Eigenkapital sind gemäß IAS 1.79 (b) entweder in der Bilanz oder im Anhang zu beschreiben.

a. Kapitalrücklagen

In diesen Posten wird auch nach IFRS das Agio (Aufgeld) eingestellt, welches das ausstellende Unternehmen bei Aktienausgabe über den Nennwert der Aktien hinaus einnimmt. Eine Formaldefinition ist in den IFRS nicht enthalten, IAS 1.78 (e) fordert lediglich den separaten Ausweis der Kapitalrücklagen in Bilanz oder Anhang.

b. Gewinnrücklagen

Die Gewinnrücklagen (*retained earnings*) werden in den IFRS prinzipiell wie im HGB systematisiert. Werden vom Unternehmen eigene Anteile zurückgekauft, so sind diese mit dem Eigenkapital zu verrechnen (vgl. IAS 32.33).

Die Gewinnrücklagen repräsentieren die einbehaltenen (thesaurierten) Vorjahresergebnisse zusammen mit dem aktuellen Jahresüberschuss/Jahresfehlbetrag. Die IFRS kennen dabei keine Ergebnisverwendungsrechnung in Analogie zu § 268 Abs. 1 HGB (Möglichkeit des Ausweises des Bilanzgewinns an Stelle des Jahresüberschusses). An Stelle dieser Rechnung ist die vorgeschlagene bzw. beschlossene Ausschüttung an die Anteilseigner (Dividende) gemäß IAS 1.107 in der Bilanz oder im Anhang offen zu legen.

Darüber hinaus fungieren die Gewinnrücklagen auch als Puffer, wenn sich das bilanzielle Eigenkapital etwa auf Grund von Änderungen bei den Ansatz- und Bewertungsmethoden (IAS 8.22 und 8.26) ändert oder Vorjahresergebnisse aufgrund von wesentlichen Fehlern korrigiert werden müssen (IAS 8.42). Diese Änderungen sollen ergebnisneutral abgebildet werden (d. h. den Jahresgewinn nicht beeinflussen), so dass eine Verrechnung mit den Gewinnrücklagen vorgesehen ist und auch nahe liegend erscheint. Auch werden Veränderungen des Eigenkapitals, die sich aus der erstmaligen Anwendung eines IFRS ergeben, erfolgsneutral über die Gewinnrücklagen verrechnet (IAS 8.19).[1]

Des Weiteren machen die individuellen Rahmenbedingungen des bilanzierenden Unternehmens ggf. die Einrichtung einer gesetzlichen (*legal reserve*), satzungsmäßigen (*statutory reserve*) und/oder einer steuerlichen (*tax reserve*) Rücklage notwendig. Auch diese sind gemäß IAS 1.79 (b) in Bilanz, Anhang oder Eigenkapitalveränderungsrechnung anzugeben.

Die gesetzliche und die Kapitalrücklage unterliegen in Deutschland gemäß § 150 AktG einer besonderen Ausschüttungssperre, die eine Einrechnung in den ausschüttungsfähigen Gewinn verhindert. Diese Ausschüttungssperre wird durch die IFRS nicht tangiert und gilt dementsprechend uneingeschränkt.

1 Vgl. hierzu auch *Pellens/Fülbier/Gassen/Sellhorn* (2011), S. 499.

iii. Neubewertungsrücklage

Führt die Neubewertungsmethode zu Wertanpassungen bei den Vermögenswerten, d. h. weicht der Buchwert des Vermögenswertes vom ermittelten beizulegenden Zeitwert (Fair Value) ab, dann ist die bilanzielle Behandlung der Wertschwankung davon abhängig, ob es sich um eine Wertsteigerung (Neubewertungsgewinn) oder eine Wertminderung (Neubewertungsverlust) des Vermögenswertes handelt. Die nachfolgende *Abb. 48* verdeutlicht diesen Sachverhalt.

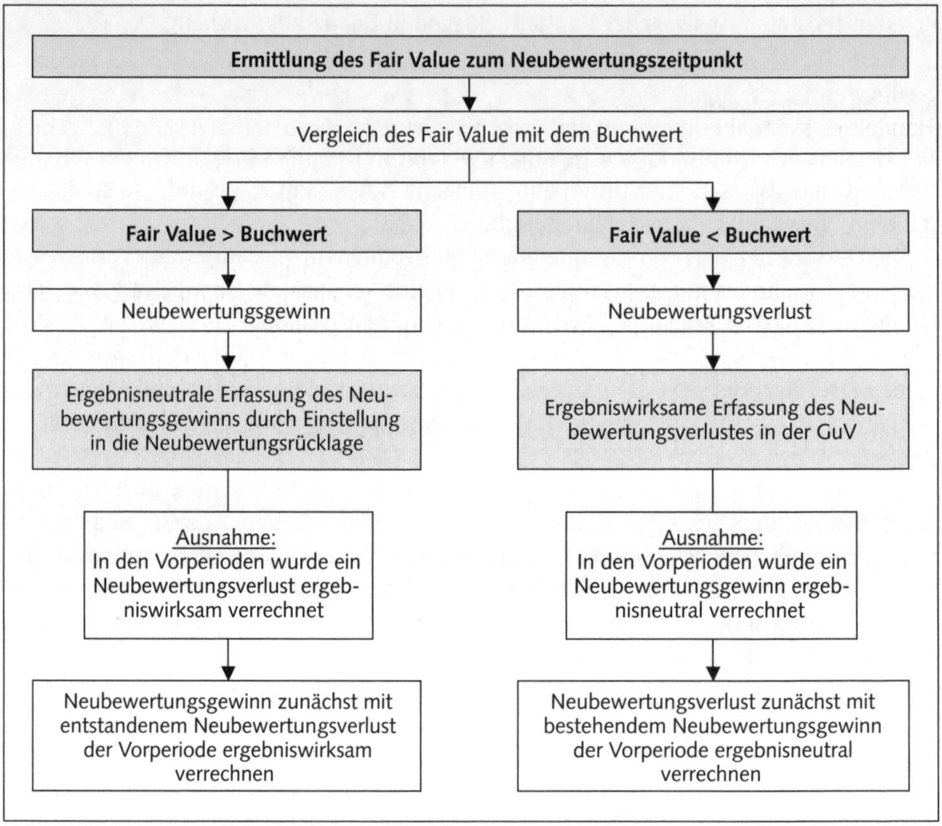

Abb. 48: Vorgehensweise im Rahmen des Neubewertungsmodells[1]

Ist der ermittelte Fair Value höher als der bilanzielle Buchwert, so ist der ermittelte Neubewertungsgewinn (Fair Value./. Buchwert) ergebnisneutral zu behandeln: Der Neubewertungsgewinn wird in eine spezielle Rücklagenart, die Neubewertungsrücklage (*revaluation surplus*), eingestellt. Wurde allerdings in der Vorperiode ein Neubewertungsverlust für diesen Vermögenswert in der GuV in Form einer außerplanmäßigen

1 *In Anlehnung an: Pellens/Fülbier/Gassen/Sellhorn* (2011), S. 352.

Abschreibung erfasst, so ist der Neubewertungsgewinn zunächst mit dem Neubewertungsverlust aus der Vorperiode zu verrechnen und damit ergebniswirksam zu behandeln (IAS 16.39, 38.85).

Ist hingegen der Fair Value niedriger als der Buchwert, so ist der Neubewertungsverlust in der GuV außerplanmäßig abzuschreiben. Enthält jedoch die Neubewertungsrücklage einen Neubewertungsgewinn für diesen Vermögenswert aus der Vorperiode, so ist der Neubewertungsverlust zunächst mit dem Neubewertungsgewinn ergebnisneutral zu verrechnen, d.h. die Neubewertungsrücklage ist entsprechend zu verringern. Kann der Neubewertungsverlust nicht vollständig gedeckt werden, ist der Restbetrag in der GuV abzuschreiben (IAS 16.40, 38.86).

Wird eine Sachanlage ausgebucht, darf die für diesen Vermögenswert gebildete Neubewertungsrücklage nach IAS 16.41 in die Gewinnrücklagen eingestellt werden. Handelt es sich dabei um eine abnutzbare Sachanlage, bestehen zwei Handlungsmöglichkeiten: Das Unternehmen kann entweder eine vollständige Umbuchung der Neubewertungsrücklage bei Veräußerung oder Stilllegung der Sachanlage vornehmen oder die Rücklage bereits während der Nutzung der Sachanlage anteilig erfolgsneutral in die Gewinnrücklagen übertragen. Gebildete Neubewertungsrücklagen für nicht abnutzbare Sachanlagen (z.B. Grundstücke) können nur vollständig bei der Veräußerung oder Stilllegung dieser Vermögenswerte übertragen werden (vgl. *Abb. 49*).

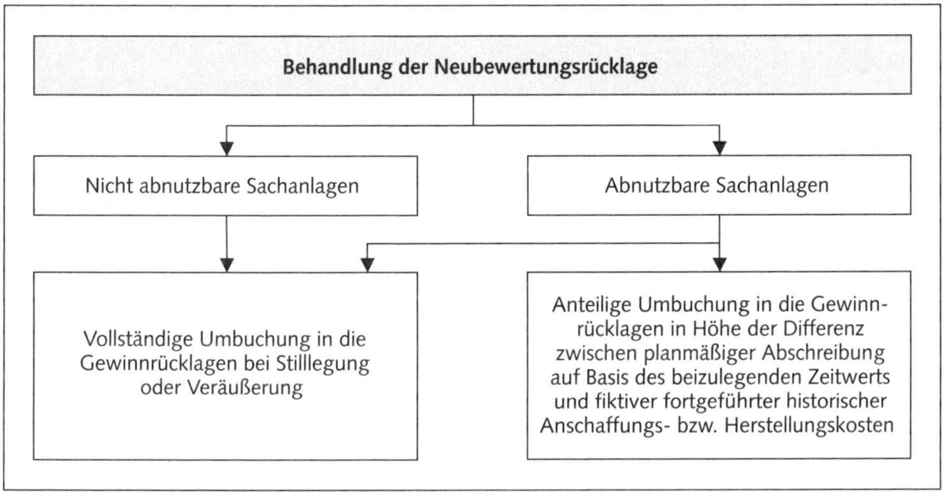

Abb. 49: Behandlung der Neubewertungsrücklage[1]

Bei immateriellen Vermögenswerten (*intangible assets*) kann eine erfolgsneutrale Übertragung der Neubewertungsrücklage in die Gewinnrücklagen entweder vollständig (bei Stilllegung oder Veräußerung) oder anteilig während der Nutzung des Vermögenswertes erfolgen (IAS 38.87).

1 Entnommen aus: *Pellens/Fülbier/Gassen/Sellhorn* (2011), S. 353.

Aufgabe 91: Bilanzausweis des Eigenkapitals (vgl. Aufgabe 44)

Die am 01.01.2012 neu gegründete Gustav Gans AG hat ihre 1 Mio. Aktien zu 150 €/Aktie an der Börse platzieren können. Der Nennwert der Aktien beträgt 5 €/Aktie. Am Ende des Jahres 2013 hat sie einen Jahresüberschuss i. H. v. 1 Mio. € erzielt. Der Verlustvortrag aus dem Jahr 2012 beträgt 250.000 €. In der Satzung der AG wurde festgelegt, dass jährlich eine Rücklage i. H. v. 150.000 € zu bilden ist. Diese satzungsmäßige Rücklage darf jedoch nicht mehr als 1 Mio. € betragen. Ferner wurde auf der Hauptversammlung eine freiwillige Rücklage i. H. v. 200.000 € genehmigt.

a) Stellen Sie den Bilanzausweis des Eigenkapitals am 01.01.2012 dar.
b) Stellen Sie den Bilanzausweis des Eigenkapitals zum 31.12.2013 vor einer möglichen Ergebnisverwendung und nach Berücksichtigung der Ergebnisverwendung – unter Beachtung eventueller gesetzlicher Rücklagen – dar.

➔ **Lösung auf Seite 396**

Aufgabe 92: Neubewertungsrücklage

Die NixLos-AG hat im Januar 2012 eine Maschine zur Herstellung von Geschenkartikeln gekauft. Der Anschaffungspreis belief sich auf 100.000 € zuzügl. 19 % USt. Darüber hinaus sind keine weiteren Kosten entstanden. Die NixLos-AG ist gem. § 15 UStG zum Vorsteuerabzug berechtigt.
Die Maschine wird über ihre wirtschaftliche Nutzungsdauer von fünf Jahren vollständig linear abgeschrieben.

a) Eine im Dezember 2012 erstmals (nach IAS 16.31 ff.) durchgeführte Neubewertung der Sachanlagen des Unternehmens ergab, dass die im Januar angeschaffte Maschine aufgrund der Lieferschwierigkeiten des Maschinenherstellers noch einen Marktwert von 96.000 € hat.
b) Stellen Sie sich vor, eine im Dezember 2014 erneut durchgeführte Neubewertung (unter Beachtung von a) ergibt, dass die Maschine aufgrund einer drastischen Preissenkung seitens des Maschinenherstellers nur noch einen Marktwert von 30.000 € besitzt.

Ermitteln Sie für die vorliegenden Sachverhalte die jährlichen Abschreibungsbeträge, Buchwerte und die jeweilige Höhe der Neubewertungsrücklage und geben Sie die relevanten Buchungssätze an.

➔ **Lösung auf Seite 398**

3. Rückstellungen

i. Charakterisierung der Rückstellungen nach IFRS und Rückstellungsarten

Rückstellungen (*provisions*) sind nach IFRS Bestandteil der Schulden (*liabilities*) und werden mit den Eventualschulden bzw. -forderungen in IAS 37 normiert. IAS 37 ist auf Rückstellungen, Eventualforderungen und -schulden, die von einem anderen Standard abgedeckt werden, nicht anzuwenden (IAS 37.1), wie es insbesondere bei langfristigen Fertigungsaufträgen (IAS 11), Steuerrückstellungen (IAS 12), Leasingverträgen (IAS 17), Pensionsverpflichtungen (IAS 19) und Versicherungsverträgen (IFRS 4) der Fall ist (IAS 37.5).

Rückstellungen stellen insofern einen Sonderfall dar, als es sich um Schulden handelt, die bezüglich ihrer Fälligkeit oder ihrer Höhe ungewiss sind (IAS 37.10 und 11). Basierend auf dem Schuldverständnis der IFRS (siehe F.4.4(b) und gleich lautend IAS 37.10) sind Rückstellungen zu bilden für gegenwärtige Verpflichtungen des Unternehmens, die aus Ereignissen der Vergangenheit entstanden sind und deren Erfüllung für das Unternehmen erwartungsgemäß mit einem Abfluss von Ressourcen mit wirtschaftlichem Nutzen verbunden ist.

Für den Ansatz einer Rückstellung ist daher das Vorliegen folgender Tatbestandsmerkmale (*recognition criteria*) notwendig:

- gegenwärtige Verpflichtung (*present obligation*)
  Der Ansatz einer Rückstellung darf nur dann erfolgen, wenn die Verpflichtung (rechtlich oder faktisch) zum Bilanzstichtag existiert (IAS 37.15).
- Wahrscheinlichkeit der Inanspruchnahme (*probability*)
  Kann eine gegenwärtige Verpflichtung nicht mit vollkommener Sicherheit angenommen werden, ist eine Rückstellung immer dann anzusetzen, wenn mehr Gründe für das Bestehen der Verpflichtung zum Bilanzstichtag sprechen als dagegen (IAS 37.15).
  Beispiel: schwebende Schadenersatzprozesse.
- vergangenes Ereignis (*past event*)
  Eine gegenwärtige Verpflichtung aufgrund eines vergangenen Ereignisses liegt immer dann vor, wenn sich das Unternehmen dieser Verpflichtung aus rechtlichen (*legal obligation*) oder faktischen (*constructive obligations*) Gründen nicht entziehen kann, d. h. wenn das vergangene Ereignis ein verpflichtendes Ereignis darstellt (IAS 37.17).
  Beispiel: Gesetze/Verträge (rechtliche Verpflichtung), übliches Geschäftsgebahren (faktische Verpflichtung – IAS 37.10).
- wirtschaftliche Belastung zum Bilanzstichtag (*outflow of recources embodying economic benefits*)
  Unabhängig vom Vorliegen einer gegenwärtigen Verpflichtung darf eine Rückstellung immer nur dann angesetzt werden, wenn die Erfüllung der Verpflichtung mit dem Abfluss von Ressourcen mit wirtschaftlichem Nutzen in Zusammenhang steht bzw. ein solcher Abfluss wahrscheinlich ist (IAS 37.23).
  Beispiel: Erwartung zukünftiger Ausgaben bzw. Mindereinnahmen.

Neben der Erfüllung der Definitionskriterien müssen für die bilanzielle Erfassung einer Rückstellung weitere Voraussetzungen erfüllt sein:

- selbständige Bewertbarkeit (*reliable estimate*)
  Ein Ansatz als Rückstellung kann nur dann erfolgen, wenn der wahrscheinliche Ressourcenabfluss hinreichend quantifiziert werden kann. Dies beinhaltet die Fähigkeit zur Vornahme plausibler Schätzungen sowie zur Angabe von Bandbreiten möglicher Werte (IAS 37.25).

- Erstattungen (*reimbursements*)
  Werden die aus der Verpflichtung resultierenden wirtschaftlichen Belastungen durch Rückgriffs- oder Erstattungsansprüche (z. B. Versicherungen) gegenüber Dritten teilweise oder vollständig kompensiert, wird die Erstattung – wenn sie so gut wie sicher ist – als separater Vermögenswert erfasst. Die korrespondierende Rückstellung darf in der Höhe dabei jedoch nicht überstiegen werden (IAS 37.53).

Im Gegensatz zur Handhabung der Rückstellungen nach HGB ist dem Verständnis von IAS 37 folgend nicht die Unsicherheit dem Grunde und/oder der Höhe nach, sondern lediglich der Höhe und/oder dem Zeitpunkt nach relevant. Damit unterscheiden sich Rückstellungen nach IFRS von anderen Schuldposten lediglich durch den Grad ihrer Unsicherheit, nicht jedoch durch die Art der Unsicherheit. Der Zwang zur Leistung wird also – anders als nach HGB – nicht in Frage gestellt. Rückstellungen sind von folgenden Arten von Schulden abzugrenzen:

- Verbindlichkeiten aus einem Leistungsverhältnis, bei dem der Vertragspartner seine Leistung bereits erbracht und in Rechnung gestellt hat (*trade payables*). Mögliche Unsicherheiten (z. B. die mögliche Inanspruchnahme von Boni, Skonti u. Ä.) werden so gering eingeschätzt, dass sie einer Erfassung als Verbindlichkeiten aus Lieferung und Leistung nicht entgegenstehen (IAS 37.11).
- Verbindlichkeiten aus einem Leistungsverhältnis, bei dem der Vertragspartner seine Leistung bereits erbracht, aber noch nicht in Rechnung gestellt hat (*accruals*), also z. B. Verpflichtungen aus noch ausstehendem Urlaub bei Arbeitsverhältnissen. Diese Art von Verbindlichkeiten wird auch als abgegrenzte Schulden bezeichnet und in der Bilanz häufig als Teil der Verbindlichkeiten aus Lieferungen und Leistungen ausgewiesen. Bei abgegrenzten Schulden ist die Unsicherheit höher einzustufen als bei Verbindlichkeiten aus Lieferungen und Leistungen, jedoch immer noch geringer als bei Rückstellungen; sie wären im Rahmen der HGB-Rechnungslegung unter den Rückstellungen für ungewisse Verbindlichkeiten zu erfassen (IAS 37.11).
- Ist das Tatbestandsmerkmal der Wahrscheinlichkeit der Inanspruchnahme nicht hinreichend erfüllt, d. h. ist die Inanspruchnahme nicht wahrscheinlich (*probable*), sondern lediglich möglich (*remote*), sind Eventualschulden (*contingent liabilities*) auszuweisen; bei noch geringeren Wahrscheinlichkeitsgraden darf keine bilanzielle Erfassung erfolgen (IAS 37.13).

Das Kriterium der Wahrscheinlichkeit der Inanspruchnahme führt dazu, dass Rückstellungen nach IFRS eingeschränkter gebildet werden können als nach deutschen GoB. Hinzu kommt, dass Rückstellungen nur gebildet werden dürfen, wenn eine Außenverpflichtung gegenüber Dritten vorliegt (IAS 37.20), d. h. für Aufwandsrückstellungen jeglicher Art, die aus Innenverpflichtungen resultieren, gilt ein Passivierungsverbot.

Die auf Grundlage des HGB zu bildenden Rückstellungsarten unterliegen nach IFRS folgenden Besonderheiten:

- *Rückstellungen für ungewisse Verbindlichkeiten*
  Im Gegensatz zum HGB nimmt IAS 37 eine genauere Abgrenzung der Rückstellungen hinsichtlich der Wahrscheinlichkeit der Inanspruchnahme vor. Aus diesem Grund

müssen Verpflichtungen, welche nach HGB zur Bildung einer Verbindlichkeitsrückstellung führen würden, nach IAS 37 möglicherweise als abgegrenzte Schuld angesetzt werden. Ansonsten stellen Rückstellungen für ungewisse Verbindlichkeiten auch nach IFRS den Standardfall der Rückstellungsbildung dar.

- *Rückstellungen für drohende Verluste aus schwebenden Geschäften*
  Drohverlustrückstellungen sind nach IAS 37.68 bei Vorliegen eines belastenden Vertrages (*onerous contract*) und einem damit verbundenen verlustbringendem Geschäft zu bilden. Ein solches Geschäft liegt vor, wenn die zur Erfüllung des Vertrages anfallenden und nicht vermeidbaren Kosten den aus dem Vertrag zufließenden Nutzen übersteigen. Eine derartige Rückstellung darf jedoch nur gebildet werden, wenn der Verpflichtungsüberschuss nicht durch die Abschreibung eines Vermögenswertes abgebildet werden kann, welcher Teil des Vertragsverhältnisses geworden ist. Dabei sind die Verhältnisse des Bilanzstichtags maßgeblich.
- *Rückstellungen für Gewährleistungen ohne rechtliche Verpflichtung*
  Auch die IFRS sehen bei faktischem Leistungszwang eine Rückstellungsbildung vor.[1]
- *Aufwandsrückstellungen*
  Da nach IAS 37 nur Außenverpflichtungen zu einer Rückstellungsbildung führen können, ist die Bildung von Aufwandsrückstellungen in den IFRS nicht möglich.

Bei Dauerschuldverhältnissen ist die Bildung einer Drohverlustrückstellung nur insofern erlaubt, als es dem Unternehmen nicht möglich ist, den Verpflichtungsüberschuss – z. B. durch Kündigung des Vertrags – zu vermeiden. Gleiches gilt für den Zeitraum nach Ablauf der Kündigungsfrist sowie die Verlängerung eines derartigen Dauerschuldverhältnisses.[2]

ii. Bewertung

Die Bewertung von Rückstellungen hat mit der bestmöglichen Schätzung (*best estimate*) ihres Erfüllungsbetrages zu erfolgen (IAS 37.36). Der *best estimate* entspricht dabei konzeptionell dem nach vernünftiger kaufmännischer Beurteilung notwendigen Erfüllungsbetrag gemäß HGB. Im Falle einzelner Verpflichtungen entspricht der *best estimate* i. d. R. dem wahrscheinlichsten Ergebnis (IAS 37.40). Umfasst die Rückstellung eine große Anzahl von Positionen (z. B. Garantierückstellungen), wird der anzusetzende Betrag durch die Gewichtung aller möglichen Ergebnisse mit den korrespondierenden Wahrscheinlichkeiten als Erwartungswert ermittelt (IAS 37.39). Bei einer Bandbreite möglicher Ergebnisse mit derselben Wahrscheinlichkeit ist der Mittelpunkt der Bandbreite zu wählen (IAS 37.39) und nicht – wie nach HGB möglich – der höchste Wert.

Ist der Zinseffekt wesentlich, ist stets der Barwert unter Verwendung des Marktzinssatzes anzusetzen (IAS 37.45). Ob ein wesentlicher Effekt vorliegt, ist z. B. anhand der Höhe der Verpflichtung und der Laufzeit zu beurteilen.

1 Beispiele hierzu finden sich etwa in IAS 37 Appendix C.
2 Vgl. *Hommel* (2002), § 249 HGB, Rn. 583 m. w. N.

Rückstellungen sind an jedem Bilanzstichtag zu prüfen und ggf. anzupassen (IAS 37.59). Dies spiegelt sich bei abgezinsten Rückstellungen darin wider, dass sie periodisch auf den jeweils aktuellen Barwert zu erhöhen sind (IAS 37.60). Bei Wegfall des Grundes der zur Bildung der Rückstellung geführt hat, ist die Rückstellung in Abhängigkeit vom Ausgang des Ereignisses erfolgswirksam (z. B. Ablauf der Gewährleistungsfrist ohne Inanspruchnahmen) oder erfolgsneutral (z. B. Inanspruchnahme innerhalb der Gewährleistungsfrist) aufzulösen.

iii. Bilanzausweis

Rückstellungen sind nach IAS 1.54 unter den Verbindlichkeiten (*liabilities*) gesondert auszuweisen. Dabei ist eine Untergliederung in kurz- und langfristige Rückstellungen obligatorisch. Eine tiefer gehende Untergliederung ist vorzunehmen, wenn diese zweckdienlich erscheint (z. B. verzinslich vs. unverzinslich).

Die Veränderung der Rückstellungen ist in einer gesonderten Übersicht, dem sog. »Rückstellungsspiegel« offen zu legen.[1] Gemäß IAS 37.84 ist hierin für jede Rückstellungsart zu vermerken:

- Buchwert der Rückstellung zu Beginn und Ende des Geschäftsjahres;
- während der Periode zugeführte Beträge einschließlich Zuschreibungen;
- Betrag der im Geschäftsjahr beanspruchten Rückstellungen;
- Betrag der nicht mehr benötigten und deshalb aufgelösten Rückstellungen;
- die Erhöhung des während der Berichtsperiode auf Grund des Zeitablaufs abgezinsten Betrages und die Auswirkung von Änderungen des Abzinsungssatzes.

Ausnahmen von diesen Offenlegungserfordernissen sind sehr selten und an strenge Voraussetzungen geknüpft (IAS 37.92). Damit sind die Offenlegungsvorschriften der IFRS deutlich umfangreicher als im deutschen Handelsrecht.

Aufgabe 93: Rückstellungen für ungewisse Verbindlichkeiten (vgl. Aufgabe 50)

Teilaufgabe 1:

Im Jahr 2012 sieht sich die SparNix OHG, ein renommiertes Kreditinstitut im Ruhrgebiet, aufgrund einer von ihr ebenfalls im Jahr 2012 ausgesprochenen Kaufempfehlung für Aktien der PleiteFix AG einer Sammelklage der Aktionäre i. H. v. 800.000 € gegenüber. Da die Finanzanalysten der SparNix OHG eingestehen, dass sie die künftige Ertragskraft der PleiteFix AG zu positiv dargestellt haben, ist die Rechtsabteilung dazu bereit, 50 % des Schadens anzuerkennen. Die Anwälte der betroffenen Aktionäre würden sich nach langen Verhandlungsnächten mit der Geschäftsleitung der SparNix OHG mit 75 % des Streitwertes zufrieden geben. Die SparNix OHG bleibt hingegen bei ihrer zuvor geäußerten Auffassung und überweist vorab 300.000 € zu Gunsten der Aktio-

1 Vgl. *Hommel* (2002), § 249 HGB, Rn. 553 m. w. N.

näre. Diese bestehen ihrerseits weiterhin auf die 75 % der Schadenssumme und streben diesbezüglich einen Prozess beim Landgericht Essen an, der voraussichtlich Mitte 2013 entschieden wird. Ein in rechtlichen Fragen bewandtes Mitglied der Geschäftsleitung der SparNix OHG geht für den Fall einer Prozessniederlage von Gerichtskosten i. H. v. 25.000 € und von folgender Wahrscheinlichkeitsverteilung möglicher Inanspruchnahmen aus:

50.000 €	→	0 %
100.000 €	→	19 %
150.000 €	→	42 %
200.000 €	→	39 %

a) Wie ist der Sachverhalt am Abschlussstichtag (31.12.2012) im Jahresabschluss zu berücksichtigen?
b) Wie wäre der Sachverhalt hingegen zu bewerten, wenn sich am 28.02.2013 herausstellt, dass sich die Prozesskosten auf 50.000 € belaufen und der Jahresabschluss erst am 31.03.2013 erstellt wird?

Teilaufgabe 2:
Der Mineralölkonzern SauFix AG nimmt zum 01.01.2012 eine Bohrinsel in der Ostsee zur Förderung von Rohöl in Betrieb und geht von einer voraussichtlichen Nutzungsdauer von fünf Jahren aus. In Absprache mit den örtlichen Behörden und dem ortsansässigen Tierschutzverein erklärt sich die SauFix AG bereit, in diesem Zeitraum zum Erhalt der Ostsee jährlich einen Betrag i. H. v. 100.000 € zu entrichten.
Weiterhin wird sie mittels eines rechtskräftigen Gerichtsbeschlusses dazu verpflichtet, die Bohrinsel am Ende ihrer Nutzungsdauer komplett zu demontieren, fachgerecht zu entsorgen sowie alle am Meeresboden entstandenen Schäden zu beseitigen. Ein beauftragter Fachgutachter schätzt die voraussichtlichen Kosten folgendermaßen ein:

Kosten für die Demontage:	1.100.000 €
Kosten für die Entsorgung:	900.000 €
Kosten für die Beseitigung der Schäden am Meeresboden:	500.000 €

Wie ist dieser Sachverhalt in den jeweiligen Jahresabschlüssen zu berücksichtigen, wenn sich die jährliche Aufwandszuordnung an den unten aufgeführten Rohölfördermengen orientieren soll?

2012:	20 Mio. Liter
2013:	12 Mio. Liter
2014:	25 Mio. Liter
2015:	28 Mio. Liter
2016:	15 Mio. Liter
Gesamt:	100 Mio. Liter

➔ **Lösung auf Seite 400**

Aufgabe 94: Vorsichtsprinzip und Rückstellungen (vgl. Aufgabe 52)

a) Die Nice AG, ein global tätiger Sportartikelhersteller, schließt am 01.10.2012 einen Vertrag mit dem Verpackungsmaschinenhersteller Sack und Pack AG über die Lieferung einer Verpackungsmaschine zum 01.04.2013 ab. Der vereinbarte Kaufpreis beträgt 1 Mio. €. Gesunkene Weltmarktpreise lassen am 31.12.2012 erwarten, dass die Maschine am 01.04.2013 Wiederbeschaffungskosten i. H. v. 800.000 € aufweist. Wie ist der Sachverhalt in der Bilanz der Nice AG vom 31.12.2012 zu berücksichtigen?

b) Wie wären am 31.12.2012 bereits vorhersehbare Wiederbeschaffungskosten zum 01.04.2013 der Maschine i. H. v. 1,2 Mio. € in der Handelsbilanz der Nice AG vom 31.12.2012 abzubilden?

c) Ebenfalls zum 01.10.2012 schließt die Nice AG einen Vertrag mit der Vohwinkel AG über den Verkauf von 10.000 Trainingsanzügen zum 01.04.2013 ab. Der vereinbarte Kaufpreis beträgt 400.000 €. Aufgrund einer bei Vertragsabschluss nicht vorhersehbaren Entwicklung sinken die Herstellungskosten der erst im neuen Geschäftsjahr hergestellten Trainingsanzüge um 10 % und belaufen sich nunmehr auf 315.000 €. Zeigen Sie die Konsequenzen dieser Entwicklung für den handelsrechtlichen Jahresabschluss der Nice AG für die Jahre 2012 und 2013 auf.

d) Welche Berücksichtigung würde eine bei Vertragsabschluss nicht vorhersehbare Veränderung der angefallenen Herstellungskosten der erst im neuen Geschäftsjahr hergestellten Trainingsanzüge auf 425.000 € in der Handelsbilanz der Nice AG vom 31.12.2012 erfahren?

e) Der Autohändler Alles Schrott GmbH erwirbt im November des Geschäftsjahres (Bilanzstichtag 31.12.) einen alten Audi 80 (Baujahr 1980) zum Preis von 1.000 €. Anfang Dezember schließt der Autohändler einen Vertrag zum Verkauf dieses Autos zum Preis von 2.000 € ab. Die Lieferung des Wagens und die Bezahlung des Kaufpreises soll erst Mitte Januar des neuen Geschäftsjahres erfolgen. Am Bilanzstichtag stellt der Autohändler fest, dass der Audi 80, der sich inzwischen zum Kultobjekt entwickelt hat, zu 5.000 € hätte verkauft werden können. Wie ist dieser Sachverhalt im Jahresabschluss abzubilden?

➔ Lösung auf Seite 401

Aufgabe 95: Aufwandsrückstellungen (vgl. Aufgabe 53)

Die Bootswerft Überwasser GmbH bezieht ihren gesamten Strombedarf von ihrem in 2011 aufgestellten Windkraftrad. Aufgrund des ständig steigenden Energiebedarfs entschließt sich das Unternehmen zur Aufstellung eines weiteren Windkraftrades. Dieses zweite Windkraftrad wird allerdings erst im Februar des Jahres 2013 an das Energienetz angeschlossen.

Im Herbst 2012 erleidet das aktive Windkraftrad aufgrund heftiger Stürme einen leichten Schaden an den Rotorblättern. Das Windkraftrad liefert dadurch nicht mehr die maximale Energieleistung. Die Möglichkeit der Reparatur würde die vollständige Abschaltung des Windkraftrades und somit eine fehlende Energieversorgung verursachen. Aus diesem Grund entschließt sich die Werftleitung, die Reparatur erst im

März 2013 durchführen zu lassen, da zu diesem Zeitpunkt das zweite Windkraftrad seinen Betrieb aufgenommen hat. Die erwarteten Reparaturkosten belaufen sich auf 150.000 €.

a) Wie ist dieser Sachverhalt am 31.12.2012 in der Bilanz anzusetzen?
b) Wie ist der Sachverhalt am 31.12.2012 in der Bilanz anzusetzen, wenn die Reparatur nicht im März, sondern erst im Juli 2013 durchgeführt wird?

➔ **Lösung auf Seite 402**

iv. Pensionsrückstellungen

a. Grundlagen

Die Bilanzierung von Pensionsverpflichtungen wird durch IAS 19 geregelt und umfasst gemäß IAS 19.4(b) künftige Leistungsverpflichtungen des bilanzierenden Unternehmens im Rahmen einer betrieblichen Altersversorgung seiner Mitarbeiter. Hierunter fallen sämtliche Leistungen der Alters-, Invaliditäts- und Hinterbliebenenversorgung nach Beendigung des Arbeitsverhältnisses. Man unterscheidet zwei Arten von Pensionsplänen:

- Beitragsorientierte Pläne (*defined contribution plans*)
  Hierbei verpflichtet sich das zusagende Unternehmen lediglich zu festgelegten Beitragszahlungen an einen Pensionsfonds (IAS 19.25). Das Unternehmen unterliegt dabei keiner Subsidiärhaftung, d. h. für den Fall, dass der Pensionsfonds nicht in der Lage ist, die erworbenen Ansprüche des Arbeitnehmers zu befriedigen, ist das Unternehmen nicht in der Pflicht, diese negative Differenz auszugleichen. Der Aufwand der Periode entspricht damit der vertraglich zugesicherten Zuführung zum Pensionsfonds (IAS 19.44).
- Leistungsorientierte Pläne (*defined benefit plans*)
  Bei dieser Durchführungsform sagt das Unternehmen dem Arbeitnehmer eine bestimmte Leistung (Pensionszahlung) zu (IAS 19.27). Zur Finanzierung dieser Ansprüche wird i. d. R. ein Pensionsfonds gebildet. Reichen die dort angesammelten Mittel nicht aus, um die Ansprüche der Arbeitnehmer abzudecken, ist das Unternehmen verpflichtet, diese negative Differenz auszugleichen. Der Aufwand der Periode besteht damit aus der Zuführung zum Pensionsfonds auf Grund des gestiegenen Anspruchs des Arbeitnehmers zzgl. möglicher negativer Entwicklungen des Pensionsfonds und damit einhergehender Unterdeckungen. Naturgemäß kann es nur bei leistungsbezogenen Pensionsplänen zu Pensionsrückstellungen kommen.

b. Bewertung

Bei beitragsorientierten Pensionszusagen sind keine rückstellungsfähigen mittelbaren Verpflichtungen zu erwarten. Die Verpflichtung des Unternehmens in jeder Periode ergibt sich aus den ratierlich zu entrichtenden Beiträgen. Die der Rechnungslegungsperiode zuzurechnenden, aber noch nicht gezahlten Beträge müssen in der Bilanz als Schuld (*accrued expense*) passiviert werden, welche darüber hinaus bei Fälligkeit in mehr als zwölf Monaten abzuzinsen sind (IAS 19.45). Vorauszahlungen sind entsprechend als Vermögenswert (*prepaid expense*) zu aktivieren.

Der in der Bilanz auszuweisende Rückstellungsbetrag aus leistungsorientierten Pensionszusagen ergibt sich nicht endgültig aus dem nach versicherungsmathematischen Grundsätzen ermittelten Barwert der leistungsorientierten Verpflichtung, sondern aus dem Verpflichtungsüberhang des Versorgungsanspruchs des Arbeitnehmers über das Kapital des Pensionsfonds. Daher ist der Barwert der Pensionsverpflichtung um verschiedene Korrekturposten zu modifizieren. Nach IAS 19.54 erfolgt die Feststellung der in der Bilanz anzusetzenden Verpflichtung mit Hilfe des folgenden Berechnungsschemas (vgl. *Tab. 41*).

Barwert der leistungsorientierten Verpflichtung

Ausgangspunkt der Pensionsrückstellung ist nach IAS 19.54 der unter versicherungsmathematischen Gesichtspunkten ermittelte Barwert der leistungsorientierten Verpflichtung (*present value of the defined benefit obligation*). Die zum Bilanzstichtag erdienten Pensionsansprüche dürfen hierbei explizit nur unter Anwendung der *projected unit credit method* (PUCM), einem Ansammlungsverfahren, berechnet werden.

Barwert der leistungsorientierten Verpflichtung	
±	versicherungsmathematische Gewinne (Verluste) aus der leistungsorientierten Verpflichtung, die noch nicht ergebniswirksam erfasst wurden (*actuarial gains and losses*)
–	noch nicht ergebniswirksam erfasster aperiodischer Dienstzeitaufwand (*unrecognized past service cost*)
–	beizulegender Zeitwert des Planvermögens (*fair value of plan assets*)
±	versicherungsmathematische Gewinne (Verluste) aus dem Planvermögen, die noch nicht ergebniswirksam erfasst wurden
=	Pensionsrückstellung

Tab. 41: Barwert der leistungsorientierten Verpflichtung nach IAS 19

Der überarbeitete IAS 19 (rev. 2011), der spätestens für Geschäftsjahre relevant ist, die ab dem 1. Januar 2013 beginnen, sieht bzgl. der Pensionsrückstellungen einige Änderungen vor. So errechnet sich die Pensionsrückstellung künftig aus der Differenz der beiden Positionen »Barwert der leistungsorientierten Verpflichtung (defined benefit obligation DBO)« und »beizulegender Zeitwert des Planvermögens (fair value of plan assets)« (vgl. *Tab. 42*).

Barwert der leistungsorientierten Verpflichtung	
–	beizulegender Zeitwert des Planvermögens (*fair value of plan assets*)
=	Pensionsrückstellung

Tab. 42: Barwert der leistungsorientierten Verpflichtung nach IAS 19 (rev. 2011)

Die PUCM bewertet den erdienten Pensionsanspruch als versicherungsmathematischen Barwert unter Einbeziehung eines individuellen Leistungsplans (*defined benefit obligation*, DBO) zum Bilanzstichtag (IAS 19.67). Die Verwendung eines Leistungsplans ermöglicht es, bestimmte Jahre der Erwerbstätigkeit des Arbeitnehmers stärker zu gewichten als andere; werden frühe Dienstjahre stärker gewichtet, spricht man von *frontloading*, weit gängiger ist jedoch die stärkere Gewichtung der späten Dienstjahre (*backloading*). Aber auch die lineare Verteilung des Versorgungsanspruchs über die Dienstjahre ist möglich, wenn auch unüblich.

Die eigentliche Höhe der künftigen Pensionszahlungen hängt neben den jeweiligen Vertragsdetails der Pensionszusage von weiteren statistischen Daten (versicherungsmathematische Annahmen) ab. Letztere sind unvoreingenommen zu wählen und aufeinander abzustimmen (IAS 19.72). Allgemeine biometrische Wahrscheinlichkeiten für Invalidität, Sterblichkeit und Hinterbliebenensituation sind aufgrund des vorgeschriebenen expliziten Ansatzes (*explicit approach*) gegebenenfalls unternehmensspezifisch anzupassen. Künftige Lohn- bzw. Gehaltssteigerungen müssen, sofern ein gehaltsabhängiger Plan vorliegt, im Gegensatz zum handelsrechtlichen Stichtags- und Verursachungsprinzip bereits zum Zeitpunkt der Pensionszusage berücksichtigt werden, wobei in die Schätzung Informationen über die künftige Arbeitsmarktsituation, Inflation und etwaige Beförderungen einzuschließen sind (IAS 19.83–87). Gleiches gilt auch für den Fall, dass die Leistungszusage an das Niveau der staatlichen Rentenversicherung gekoppelt ist. Der für die Diskontierung zu verwendende Kalkulationszins ist auf Grundlage der Marktrendite erstrangiger, festverzinslicher Industrieanleihen mit vergleichbarer Laufzeit zu ermitteln. Sofern keine Liquidität für solche Anleihen existiert, sind ersatzweise die Marktrenditen von Staatspapieren heranzuziehen (IAS 19.78).

Beispiel zur projected unit credit method (vgl. IAS 19.65)

Bei Beendigung des Arbeitsverhältnisses ist eine Kapitalleistung in Höhe von 1 % des Endgehalts für jedes geleistete Dienstjahr zu zahlen. Im ersten Dienstjahr beträgt das Gehalt 10.000, das erwartungsgemäß jedes Jahr um 7 % (bezogen auf den Vorjahresstand) ansteigt. Der Abzinsungssatz beträgt 10 % per annum. Die folgende Tabelle veranschaulicht, wie sich die Verpflichtung für einen Mitarbeiter aufbaut, der erwartungsgemäß am Ende des 5. Dienstjahres ausscheidet, wobei unterstellt wird, dass die versicherungsmathematischen Annahmen keinen Änderungen unterliegen. Zur Vereinfachung wird im Beispiel die ansonsten erforderliche Berücksichtigung der Wahrscheinlichkeit vernachlässigt, dass der Arbeitnehmer vor oder nach diesem Zeitpunkt ausscheidet.

	1	2	3	4	5
Leistung erdient in:					
• früheren Dienstjahren	0	131	262	393	524
• dem laufenden Dienstjahr (1 % des Endgehalts)	131	131	131	131	131
• dem laufenden und früheren Dienstjahren	131	262	393	524	655
Verpflichtung zu Beginn des Berichtszeitraums	–	89	196	324	476
Zinsen von 10 %	–	9	20	33	48
Laufender Dienstzeitaufwand	89	98	108	119	131
Verpflichtung am Ende des Berichtszeitraums	89	196	324	476	655

Anmerkung:
1. Die jeweilige Verpflichtung zu Beginn des Berichtszeitraums entspricht dem Barwert der Leistungen, die früheren Dienstjahren zugeordnet werden.
2. Der laufende Dienstzeitaufwand entspricht dem Barwert des Leistungsbausteins, der der Berichtsperiode zugeordnet wird.
3. Die jeweilige Verpflichtung am Ende einer Berichtsperiode entspricht dem Barwert der Leistungen, die früheren und der laufenden Periode zugeordnet werden.

Nicht ergebniswirksam erfasste versicherungsmathematische Gewinne und Verluste aus der leistungsorientierten Verpflichtung

IAS 19 basiert auf einer aufwandsbezogenen Methodik (*income approach*). Dies bedeutet, dass der Bilanzansatz wie auch der Pensionsaufwand durch die Parameter determiniert wird, die zu Beginn des Geschäftsjahres vorliegen bzw. auf das Geschäftsjahresende hin geschätzt werden. Die tatsächliche Wertstellung erfolgt jedoch entsprechend der Verhältnisse am Bilanzstichtag, wodurch Abweichungen nahezu zwangsläufig und systembedingt sind – die versicherungsmathematischen Gewinne und Verluste (*actuarial gains and losses*). Diese entstehen beispielsweise bei sich verändernden Zinssätzen oder sich anders als angenommen entwickelnden Verläufen der Pensionsverpflichtungen (etwa durch unerwartete Rentenanpassungen), aber auch bei einer anders als vorhergesagten Entwicklung des Vermögens des Pensionsfonds.

Durch diese systembedingten Abweichungen entsteht oft eine nicht gewünschte Volatilität des Bilanzansatzes. Daher räumt IAS 19.92–95 die Möglichkeit ein, derartige Abweichungen entweder vollständig im Pensionsaufwand der Periode abzubilden oder aber den sog. Korridor-Ansatz (*corridor approach*) zu verwenden. Demnach können versicherungsmathematische Gewinne und Verluste solange unberücksichtigt bleiben, bis ihr kumulierter Gesamtbetrag am Ende der Vorperiode 10 % des Barwerts der leistungsorientierten Verpflichtung oder des Marktwerts des Planvermögens – falls dieser größer ist – übersteigt. Laut IAS 19.93 kann der überschießende Differenzbetrag über die erwartete Restlebenszeit des Pensionsberechtigten abgeschrieben werden. Dies erfolgt im Rahmen einer damit erforderlichen Nebenbuchführung. Als dritte Alternative ist es auch möglich, *actuarial gains and losses* im Jahr der Entstehung erfolgsneutral gegen Gewinnrücklagen (*retained earnings*) zu verrechnen.

Mit dem neuen IAS 19 (rev. 2011) und damit spätestens für die Geschäftsjahre, die am oder nach dem 01.01.2013 beginnen, werden die versicherungsmathematischen Gewinne und Verluste zukünftig als »*remeasurements*« sofort im »sonstigen Ergebnis« (*other comprehensive income* – OCI) erfasst. Der Korridor-Ansatz ist künftig ebensowenig zulässig wie die sofortige Erfassung in den Gewinnen/Verlusten.[1]

Nicht ergebniswirksam erfasster aperiodischer Dienstzeitaufwand

Ein nachzuverrechnender aperiodischer Dienstzeitaufwand (*past service cost*) resultiert aus der Einführung eines leistungsorientierten Plans für bereits im Unternehmen tätige Mitarbeiter, bei dem vergangene Dienstzeiten angerechnet werden oder aber aus Änderungen der Leistungszusagen eines bestehenden Plans. Er entspricht derjenigen Veränderung des Barwerts der leistungsorientierten Versorgungsverpflichtung, der Arbeitsleistungen vergangener Perioden zuzuordnen ist. Im Rahmen des Bilanzansatzes ist zu unterscheiden, ob die Pensionszusage bereits unverfallbar ist oder nicht. Liegen bereits unverfallbare Ansprüche vor, so hat nach IAS 19.96 eine sofortige Aufwandsverrechnung zu erfolgen. Im Falle noch verfallbarer Leistungen ist der aperiodische Dienstzeitaufwand linear erfolgswirksam auf die bis zum Eintritt der Unverfallbarkeit verbleibenden Wirtschaftsjahre zu verteilen. Diese Verfahrensweise gilt, wenn eine Änderung des Versorgungsplans vorgenommen wird, nach der die Ansprüche des Arbeitnehmers sinken (IAS 19.100).

Nach IAS 19 (rev. 2011) ist der nachzuverrechnende Dienstzeitaufwand künftig in der Periode zu erfassen, in der die zugrundeliegende Planänderung stattfindet, eine Verteilung wird nicht mehr vorgenommen.

Behandlung von Planvermögen

Sofern das Unternehmen die Pensionsverpflichtungen extern finanziert, müssen diese Finanzmittel im Gegensatz zum deutschen Handelsrecht nicht getrennt von der Verpflichtung auf der Aktivseite der Bilanz ausgewiesen werden. Vielmehr verwendet IAS 19 einen Nettoansatz, nach dem eine Saldierung und damit eine Bilanzverkürzung möglich ist. Im Idealfall der vollständigen Deckung kann somit die Pensionsverpflichtung vollständig bilanzneutral gehalten werden. Für den Bilanzausweis ist sogar die Situation denkbar, dass infolge einer Überdotierung des *plan asset* oder durch die Erfassung versicherungsmathematischer Gewinne der Endbetrag der Pensionsverpflichtung auch negative Werte annehmen kann, so dass konsequenterweise ein Aktivposten (*pension asset*) auszuweisen ist. Die Größe dieses Postens wird allerdings nach IAS 19.58 durch das *asset ceiling* beschränkt.

Die Möglichkeit der Saldierung besteht jedoch nur, wenn es sich um qualifizierte Versicherungspolicen oder Vermögen handelt, die von einer rechtlich unabhängigen Einheit (z. B. Pensionsfonds oder Versicherungsunternehmen) zur Erfüllung von Pensi-

1 Vgl. IAS 19.BC23 rev. 2011.

onsansprüchen der Arbeitnehmer gehalten werden. Des Weiteren müssen die Vermögenswerte ausschließlich zur Zahlung oder Finanzierung von Versorgungsleistungen dienen und dem Zugriff der Gläubiger des zusagenden Unternehmens auch im Falle der Insolvenz entzogen sein. Die Bewertung des Planvermögens erfolgt zum beizulegenden Zeitwert (IAS 19.102–104). Letzterer ergibt sich alternativ aus dem Marktwert der Vermögensanlagen oder aus Schätzungen, welche z. B. auf dem Barwert zukünftiger Cash Flows basieren können.

c. Ausweis

Wie bereits gezeigt wurde, ist bei einer perfekten Abbildung des Versorgungsanspruchs durch das Fondsvermögen weder der Barwert des Versorgungsanspruchs noch das Fondsvermögen aus der IFRS-Bilanz ersichtlich. Erst bei einer Unterdeckung wird ein Ausweis in Form einer Pensionsrückstellung sichtbar. Gleiches gilt für den Fall der rein unternehmensinternen Finanzierung der Versorgungsansprüche.

Aus diesem Grund sind im Anhang eines IFRS-Abschlusses (*notes*) weiter reichende Angaben zu machen (IAS 19.120–125). Demnach sind die Pensionspläne mit ihren wichtigsten Leistungsparametern (etwa Kalkulationszinsfuß, erwartete Rendite des Planvermögens, Lohn-, Gehalts- und Rentenentwicklung) aufzuführen und zu beschreiben. Auch der Barwert der leistungsorientierten Verpflichtungen ist zusammen mit dem Zeitwert des Planvermögens offen zu legen, ebenso wie die Einzelbestandteile der in der GuV und der Bilanz ausgewiesenen Posten.

Aufgabe 96: Pensionsrückstellungen (vgl. Aufgabe 48)

Herr Mustermann hat zum 01.01.2007 im Alter von 55 Jahren (sein Geburtsdatum ist der 01.01.1952) seinen Dienst bei der Maschinenbau AG aufgenommen. In seinem Dienstvertrag wurden ihm zunächst keine Pensionsleistungen zugesichert.
Erst nach drei Jahren hat Herr Mustermann aufgrund seiner Stellung im Unternehmen eine jährliche Pension i. H. v. 60.000 € über eine Laufzeit von 14 Jahren einzelvertraglich zugesichert bekommen. Die Laufzeit der Pensionszahlungen beginnt mit Eintritt des gesetzlichen Rentenalters (derzeitig 65. Lebensjahr) am 01.01.2017.
Berechnen Sie die Höhe der für Herrn Mustermann zu bilanzierenden Pensionsrückstellung zum 31.12.2012 anhand der Methode PUCM (project unit credit method) sowohl nach HGB als auch nach IFRS.
Folgende Zinssätze stehen für die Berechnungen zur Verfügung:

1. Kalkulationszins auf der Grundlage der Marktrendite erstrangiger, festverzinslicher Industrieanleihen: 5,4 %
2. Zinssatz für langfristige Verbindlichkeiten mit einer Restlaufzeit von 15 Jahren (ermittelt und bekanntgegeben durch die Deutsche Bundesbank): 5,13 %.

Es wird von einer nachschüssigen Zahlung der Pensionen ausgegangen

➔ **Lösung auf Seite 403**

4. Verbindlichkeiten

i. Grundlagen

Die IFRS kennen keinen gesonderten Verbindlichkeitsbegriff. Sachverhalte, die nach HGB als Verbindlichkeiten einzuordnen wären, werden hier unter die Schulden (*liabilities*) gefasst und sind zu bilanzieren, wenn die Definitions- und Ansatzkriterien des Framework erfüllt sind. Verbindlichkeiten sind gemäß F.4.4(b) zu erfassen für (*recognition criteria*):

- eine gegenwärtige Verpflichtung des Unternehmens, die aus Ereignissen der Vergangenheit entsteht und
- deren Erfüllung für das Unternehmen erwartungsgemäß mit einem Abfluss von Ressourcen mit wirtschaftlichem Nutzen verbunden ist.
- Darüber hinaus muss der Ressourcenabfluss wahrscheinlich und verlässlich bewertbar sein (F.4.46).

Nahezu alle Sachverhalte, die gemäß § 266 Abs. 3 HGB unter die Verbindlichkeiten gefasst werden, sind nach IFRS als finanzielle Schulden (*financial liabilities*) zu klassifizieren und fallen daher in den Geltungsbereich von IAS 39 i. V. m. IAS 32. Finanzielle Schulden werden dabei als jedwede vertragliche Verpflichtung aufgefasst, flüssige Mittel oder einen anderen finanziellen Vermögenswert an ein anderes Unternehmen abzuführen oder Finanzinstrumente mit einem anderen Unternehmen unter potenziell nachteiligen Bedingungen austauschen zu müssen (IAS 39.8 i. V. m. IAS 32.11). Dieses Verständnis geht über die allgemeinen Regelungen des Framework hinaus, da explizit ein Vertrag gefordert wird, um IAS 39 anwenden zu können (IAS 39.14).

Verbindlichkeiten aus Lieferung und Leistung, die nicht auf einem finanziellen Vermögenswert beruhen, sind in Analogie zum HGB erst nach erfolgter Lieferung bzw. Leistung zu passivieren, da erst dann ein finanzieller Vermögenswert vorliegt.

ii. Bewertung

Bei der erstmaligen Erfassung sind sämtliche Finanzinstrumente mit ihren Anschaffungskosten zu bewerten, welche bei einer finanziellen Schuld dem beizulegenden Zeitwert entsprechen (IAS 39.43). Prinzipiell können *financial liabilities* nur in die erste der vier Bewertungskategorien des IAS 39, also in die Kategorie der finanziellen Vermögenswerte und finanziellen Schulden, die erfolgswirksam zum beizulegenden Zeitwert bewertet werden (IAS 39.9), eingeordnet werden, da sämtliche anderen Kategorien sich lediglich auf finanzielle Vermögenswerte beziehen. Diese Kategorie erfasst analog zu den finanziellen Vermögenswerten alle finanziellen Verbindlichkeiten, die entweder zu Handelszwecken gehalten werden oder die bei ihrer erstmaligen Erfassung der ersten Kategorie zugeordnet wurden. Alle anderen finanziellen Schulden (die bei Industrieunternehmen das größte Volumen ausmachen, wie etwa Forderungen aus Lieferung und

Leistung) sind zu fortgeführten Anschaffungskosten unter Verwendung der Effektivzinsmethode zu bewerten (IAS 39.47).

iii. Bilanzausweis

Hinsichtlich der Untergliederung existiert in den IFRS kein mit dem Handelsrecht vergleichbares Bilanzgliederungsschema. Gemäß IAS 1.54 sind aber zumindest folgende Posten gesondert auszuweisen:

- Verbindlichkeiten aus Lieferung und Leistung (*trade and other payables*),
- übrige finanzielle Schulden (*financial liabilities*),
- Steuerschulden (*liabilities for current tax*),
- latente Steuerschulden sowie
- die Schulden, die den Veräußerungsgruppen zugeordnet sind, die gemäß IFRS 5 als zur Veräußerung gehalten eingestuft werden.

Darüber hinaus ist eine Unterteilung in langfristige und kurzfristige Schulden vorzunehmen, wenn ein Unternehmen sich gemäß IAS 1.60 für einen solchen Ausweis entschieden hat.

G. Sonderfälle der Bilanzierung

1. Langfristige Fertigungsaufträge

HGB

Von Auftragsfertigung spricht man, wenn der Abnehmer einer Leistung (Auftraggeber) diese vor der Erbringung beim Ersteller (Auftragnehmer) in Auftrag gegeben hat. Umfasst die Herstellung des vereinbarten Werkes mehr als eine Bilanzperiode, wird diese Auftragsfertigung als langfristig bezeichnet (= langfristige Auftragsfertigung).

Aus bilanzieller Sicht stellt sich dabei die Frage nach dem Realisierungszeitpunkt. Dem Vorsichtsprinzip folgend gilt im deutschen Handelsrecht die Übergabe des Gesamtwerkes an den Auftraggeber als Realisationszeitpunkt. Bei strenger Anwendung des Realisationsprinzips kann erst zu diesem Zeitpunkt der Umsatzausweis mit entsprechender Ergebnisrealisation erfolgen. Man spricht in diesem Zusammenhang von der »*completed contract method*«.

Problematisch ist hierbei, dass in Höhe der nicht aktivierten bzw. nicht aktivierungsfähigen Selbstkostenbestandteile bilanzielle Verluste ausgewiesen werden müssen, die in dieser Form wirtschaftlich nicht verursacht sind. In der Periode der Fertigstellung des Auftrages und Endabrechnung sind dann Gewinne auszuweisen, die nicht nur den eigentlichen Auftragsgewinn umfassen, sondern zusätzlich die in den Vorperioden als Aufwand gebuchten Selbstkostenbestandteile. Damit kommt es zu einer verzerrten Darstellung der wirtschaftlichen Lage des Unternehmens, da der gesamte Gewinn eines langfristigen Fertigungsauftrages erst am Ende der Bearbeitungszeit ausgewiesen werden kann. Eine periodengerechte Gewinnermittlung ist somit nicht möglich.

Zu umgehen ist dieses Problem lediglich durch die vertragliche Vereinbarung von abrechenbaren Teilleistungen (Zerlegung des Gesamtwerkes in Teilwerke), die auch eine Teilgewinnrealisierung nach HGB gestatten. Diese setzen jedoch auch Teilabnahmen voraus, so dass diese in der Praxis eher selten anzutreffen sind.

IFRS

Im Gegensatz zum HGB, das langfristige Fertigungsaufträge (*construction contracts*) nicht direkt berücksichtigt, ist deren Bewertung in IAS 11 explizit geregelt. Die hier gewählte Vorgehensweise orientiert sich vom Grundsatz her stärker am Prinzip der periodengerechten Erfolgsermittlung (*accrual basis*). Ziel ist die Bereitstellung entscheidungsrelevanter Informationen über Umfang und Stand der Aktivitäten im Bereich der Auftragsfertigung (IAS 11.25).

Von grundsätzlicher Bedeutung für die bilanzielle Behandlung von langfristigen Fertigungsaufträgen ist der Zuverlässigkeitsgrad, mit dem das Ergebnis (*outcome*) des Auftrages geschätzt werden kann. Ist eine zuverlässige Schätzung möglich, sind die mit dem Fertigungsauftrag verbundenen Aufwendungen und Erträge zwingend nach der *percentage of completion*-Methode zu behandeln (IAS 11.22), d. h. es ist ein Gewinnausweis vorzunehmen, der mit dem Fertigstellungsgrad korrespondiert.

Falls dies nicht der Fall ist (z. B. zu Beginn eines Fertigungsprojektes), sind die Fertigungskosten in der Periode ihrer Entstehung sofort als Aufwand zu berücksichtigen (IAS 11.32). Sofern trotz der Unsicherheit davon ausgegangen werden kann, dass die zukünftigen Erträge die anfallenden Kosten decken werden, ist die erfolgswirksame Vereinnahmung der Erträge auf die Höhe der angefallenen Kosten beschränkt. Ein Gewinnausweis wird durch diese Vorgehensweise vermieden (IAS 11.33). Sofern in späteren Perioden die Unsicherheiten entfallen und damit das Ergebnis des Fertigungsauftrages zuverlässig bestimmt werden kann, ist eine anteilige Gewinnrealisation entsprechend dem Grad der Fertigstellung nach IAS 11.22 vorzunehmen (IAS 11.35).

Die nach IAS 11 zu behandelnden Erlöse setzen sich – sofern sie voraussichtlich tatsächlich zu Erlösen führen und verlässlich bestimmt werden können – aus folgenden Positionen zusammen (IAS 11.11–15):

Ursprünglich vereinbarter Kaufpreis	
+	Erhöhungen des Kaufpreises auf Grund von Änderungswünschen des Kunden (*variations*), z. B. bei geänderten Designwünschen
+	Erhöhungen des Kaufpreises aufgrund von vom Kunden zu vertretenden Mehrkosten (*claims*), z. B. in Folge falscher Spezifikationsvorgaben
+	Anreizzahlungen (*incentive payments*), z. B. für die Einhaltung von Leistungsvorgaben oder für die Unterschreitung von Zeitvorgaben
=	**Gesamterlös des langfristigen Fertigungsauftrags**

Die Fertigungskosten langfristiger Aufträge setzen sich aus folgenden Komponenten zusammen (IAS 11.16–21):

Direkte Kosten des Fertigungsauftrags, wie z. B. Lohnkosten, Materialkosten, Abschreibungen der eingesetzten Maschinen usw.	
+	Allgemeine Kosten der Auftragsfertigung, die dem einzelnen Fertigungsauftrag zurechenbar sind, wie z. B. Versicherungen, auftragsabhängige Kosten für Entwürfe und technische Unterstützung, Fertigungsgemeinkosten
+	Sonstige Kosten, die auf Grund vertraglicher Vereinbarungen dem Kunden in Rechnung gestellt werden können
=	**Gesamtkosten des langfristigen Fertigungsauftrags**

Kosten, die einzelnen Aufträgen nicht zugeordnet werden können, dürfen nicht als Kosten des Fertigungsauftrages berücksichtigt werden (IAS 11.20). Hierzu gehören:

- Kosten der allgemeinen Verwaltung, sofern für sie keine Erstattung im Vertrag vereinbart wurde;
- Vertriebskosten;
- Forschungs- und Entwicklungskosten, sofern für sie keine Erstattung im Vertrag vereinbart wurde und
- planmäßige Abschreibungen auf ungenutzte Anlagen und Maschinen, die nicht für die Abwicklung eines bestimmten Auftrages verwendet werden.

Das IASB unterscheidet bei langfristigen Fertigungsaufträgen zwischen den zwei Grundtypen des Festpreis- (*fixed price contract*) und des Kostenzuschlags-Vertrages (*cost plus contract* – IAS 11.3). Festpreisverträge vereinbaren einen fixen Auftragspreis, der unter Umständen noch durch spezielle Preisgleitklauseln zur Berücksichtigung von Kostensteigerungen erweitert werden kann. Bei Kostenzuschlags-Verträgen werden dem Auftragnehmer die angefallenen Kosten (Zielkosten oder anderweitig definierte Kosten) einschließlich eines prozentualen oder absoluten Gewinnaufschlags erstattet.

Das Ergebnis eines Fertigungsauftrages mit Festpreisvereinbarung lässt sich verlässlich schätzen, wenn die im Folgenden dargestellten Voraussetzungen kumulativ erfüllt sind (IAS 11.23):

- Der gesamte Fertigungserlös kann zuverlässig bestimmt werden.
- Der Zufluss des mit dem Auftrag verbundenen wirtschaftlichen Nutzens ist wahrscheinlich.
- Sowohl die bis zur Fertigstellung des Auftrags noch anfallenden Kosten als auch der Fertigstellungsgrad können zum Bilanzstichtag verlässlich bestimmt werden.
- Die Kosten des Fertigungsauftrags können eindeutig abgegrenzt und zuverlässig bestimmt werden, um die bislang angefallenen Kosten mit früheren Schätzungen vergleichen zu können.

Die Voraussetzungen für die verlässliche Schätzung des Ergebnisses bei Kostenzuschlags-Verträgen sind dem gegenüber etwas weniger streng (IAS 11.24):

- Der Zufluss des mit dem Auftrag verbundenen wirtschaftlichen Nutzens ist wahrscheinlich.
- Die Kosten des Fertigungsauftrags können eindeutig abgegrenzt und zuverlässig bestimmt werden.

Das Ermittlungsverfahren für den Fertigstellungsgrad ist grundsätzlich in das Ermessen des Unternehmens gestellt und wird regelmäßig von der konkreten Vertragsausgestaltung abhängen (IAS 11.30). Die gewählte Methode hat jedoch den Fertigstellungsgrad verlässlich zu bestimmen. Beispielhaft können dabei folgende Verfahren zum Einsatz kommen:

- Verhältnis der bisher angefallenen zu den geschätzten Gesamtkosten (*cost-to-cost*);
- Verhältnis der bisher erbrachten Leistung zu der geschätzten Gesamtleistung (*effort expended method*);
- Verhältnis des physikalischen Anteils des bisher erstellten Fertigungsauftrags zu der vereinbarten Gesamtleistung (*milestone method*).

Unabhängig von der Art der Fertigungsaufträge, des gegenwärtigen Fertigstellungsgrades und der zur Anwendung kommenden Bilanzierungsmethode sind erwartete Gesamtverluste aus Fertigungsaufträgen sofort als Aufwand zu verbuchen und nicht erst bei ihrer Realisation (IAS 11.22 bzw. IAS 11.32 i. V. m. IAS 11.36).

Angabepflichten, welche sich im Zusammenhang mit der Bilanzierung langfristiger Fertigungsaufträge ergeben, betreffen die anteilig berücksichtigten Erlöse, die Verfahren zur Ermittlung des Fertigstellungsgrades und die noch nicht abgeschlossenen Aufträge (IAS 11.39 ff.).

Langfristige Dienstleistungsaufträge werden im Grundsatz analog den Bestimmungen des IAS 11 für langfristige Fertigungsaufträge behandelt (IAS 18.20–28). Für die anteilige Gewinnvereinnahmung nach der *percentage of completion*-Methode sind ähnliche Voraussetzungen zu erfüllen wie für Festpreis-Verträge (IAS 18.20).

Aufgabe 97: Langfristige Fertigungsaufträge

Die Abbruch AG führt ein Bauprojekt für die Fußball-Weltmeisterschaft 2018 im Auftrag der FIFA durch. Gebaut wird ein neues Fußballstadion, das Ende 2015 fertig gestellt werden soll. Baubeginn ist Januar 2012.
Da die Planung und Kalkulation der bisherigen Aufträge immer gepasst hat, geht die Abbruch AG auch hier davon aus, dass sich keine Änderungen bei den Kosten- und Erlösdaten ergeben werden, so dass das Bauprojekt am Ende jeder Periode die gleichen Kostendaten aufweisen wird und Ende 2015 fertig gestellt ist.

Kosten- und Erlösdaten (in Tsd. €):

Periode	2012	2013	2014	2015	
Selbstkosten[1]	40.000	40.000	40.000	40.000	160.000
Gesamterlös					180.000
Gesamtkosten					160.000
Gesamtgewinn					20.000

Wie muss die Abbruch-AG den Bau des Fußballstadions bilanziell und in der GuV nach Gesamt- bzw. Umsatzkostenverfahren nach IFRS erfassen? Gehen Sie dabei auch kurz auf die Vorgehensweise nach HGB ein.

➔ **Lösung auf Seite 405**

2. Rechnungsabgrenzungen

Rechnungsabgrenzungsposten folgen aus dem Rechnungslegungsziel der periodengerechten Gewinnermittlung. Für ihre Bilanzierung gemäß HGB wird zunächst unterschieden in antizipative und transitorische Rechnungsabgrenzungsposten (RAP). Antizipative RAP sind bilanziell zu erfassen, da Aufwendungen und Erträge innerhalb der aktuellen Periode angefallen sind, die zugehörigen Ein- und Auszahlungen jedoch (noch) nicht. Generell sind die antizipativen RAP im Wesentlichen als Forderungen bzw. Verbindlichkeiten zu charakterisieren und als solche bilanziell zu erfassen. Hingegen finden sich auf Aktiv- und Passivseite der Bilanz Rechnungsabgrenzungsposten, unter denen die transitorischen RAP subsumiert werden, d. h. Rechnungsabgrenzungen für Ein- und Auszahlungen der aktuellen Periode, die (noch) nicht zu Erträgen und Aufwendungen geführt haben.

Diese separate Behandlungsweise und die Gegenbuchung dieser Ein- und Auszahlungen auf dem RAP-Konto anstelle eines Ertrags- oder Aufwandskontos gewährleistet die erfolgsneutrale Erfassung der entsprechenden Ein- und Auszahlung bei einem transitorischen RAP. Hingegen besteht gemäß IFRS nicht die Notwendigkeit einer solchen Abgrenzung, denn auch transitorische RAP qualifizieren sich hier regelmäßig als Forderungen oder Verbindlichkeiten. Implizit liegt hier die Annahme zugrunde, dass etwa eine geleistete oder erhaltene Mietvorauszahlung jeweils einen Vermögensgegenstand oder eine Schuld – wenn auch kein Finanzinstrument – darstellt.

Aktive und passive RAP stellen somit gesonderte Posten innerhalb der Forderungen und Verbindlichkeiten dar.

1 Es handelt sich um aufwandsgleiche Selbstkosten (SK) einschl. nicht aktivierungsfähiger Kostenteile.

3. Latente Steuern

i. Charakterisierung

IAS 12 sieht vor, dass prinzipiell alle temporären Unterschiede (*temporary differences*) – unabhängig vom Zeitpunkt, zu dem sich die Unterschiede ausgleichen – zwischen dem Wertansatz nach IFRS und dem steuerlich angemessenen im Rahmen latenter Steuern zu berücksichtigen sind, sofern diese Differenzen in der Zukunft zu einer Steuerbe- oder -entlastung führen. Dies bedeutet, dass lediglich permanente Differenzen (*permanent differences*), etwa aus steuerlich nicht abzugsfähigen Betriebsausgaben, nicht durch latente Steuern abgebildet werden. Zusätzlich zu den temporären Unterschieden sind teilweise auch latente Steuern auf noch nicht genutzte steuerliche Verlustvorträge und Steuergutschriften möglich (IAS 12.5).

Für den Fall, dass ein wirtschaftlicher Sachverhalt zur Realisierung eines Vermögenswertes oder zur Erfüllung einer Schuld führt und infolge dessen das IFRS-Ergebnis der Periode niedriger ausfällt als das steuerliche (d. h. die zukünftige steuerliche Belastung ist im Vergleich zum IFRS-Ergebnis, das dann höher ausfällt als das steuerliche, niedriger), ergibt sich eine abzugsfähige steuerliche Differenz (*deductible temporary difference*). Diese führt zum Ansatz einer *aktiven latenten Steuer*, falls

- Vermögenswerte in der IFRS-Bilanz der Periode niedriger bewertet wurden als in der Steuerbilanz bzw. nur in der Steuerbilanz berücksichtigt wurden (z. B. außerplanmäßige Abschreibungen im Vorratsvermögen, die steuerlich nicht in vollem Umfang anerkannt werden);
- Verbindlichkeiten in der IFRS-Bilanz höher bewertet wurden als in der Steuerbilanz oder nur in der IFRS-Bilanz berücksichtigt wurden, z. B. die Berücksichtigung von Drohverlustrückstellungen in der IFRS-Bilanz.

Derartige Sachverhalte führen dazu, dass das zu versteuernde Einkommen der Periode höher ausfällt als das Ergebnis vor Ertragsteuern (*accounting profit*) gemäß IFRS-Abschluss. Die Anpassung des Steueraufwandes laut IFRS-Bilanz (fiktive Steuerminderung) erfolgt durch die Erfassung aktiver latenter Steuern, die einem fiktiven Steuerertrag entsprechen. In den Folgeperioden kehrt sich der Effekt um, so dass die aktiven latenten Steuern aufzulösen sind.

Im umgekehrten Fall, dass ein wirtschaftlicher Sachverhalt zur Realisierung eines Vermögenswertes oder zur Erfüllung einer Schuld führt, in deren Folge das IFRS-Ergebnis der Periode höher ausfällt als das steuerliche (d. h. die zukünftige steuerliche Belastung ist im Vergleich zum IFRS-Ergebnis, das dann niedriger ausfällt als das steuerliche, höher), ist eine zu versteuernde temporäre Differenz (*taxable temporary difference*) zu berücksichtigen. Diese führt zum Ansatz einer *passiven latenten Steuer*, falls

- Vermögenswerte in der IFRS-Bilanz der Periode höher bewertet wurden als in der Steuerbilanz bzw. nur in der IFRS-Bilanz berücksichtigt wurden, z. B. Ansatz eines selbst erstellten Patents im IFRS-Abschluss;

- Verbindlichkeiten in der IFRS-Bilanz niedriger bewertet wurden als in der Steuerbilanz oder nur in der Steuerbilanz berücksichtigt wurden, z. B. Instandhaltungsrückstellungen, sofern die entsprechenden Maßnahmen innerhalb der ersten drei Monate des Folgejahres nachgeholt werden.

In derartigen Situationen fällt das zu versteuernde Einkommen der Periode niedriger aus als das Ergebnis vor Ertragsteuern laut IFRS-Abschluss. Die vorzunehmende fiktive Erhöhung des Steueraufwandes geschieht durch die Berücksichtigung einer passiven latenten Steuer, die Rückstellungscharakter besitzt. Kehren sich die Effekte um, ist diese passive latente Steuer aufzulösen und der dann zu hoch ausgewiesene Steueraufwand des IFRS-Abschlusses gemindert.

Dabei sind latente Steuern grundsätzlich ergebniswirksam zu erfassen (IAS 12.58). Ausgenommen hiervon sind Situationen, in denen der zu berücksichtigende Sachverhalt erfolgsneutral mit dem Eigenkapital verrechnet wurde – etwa Werterhöhungen im Rahmen einer fair value-Bewertung – sowie Auswirkungen von Konsolidierungsmaßnahmen (IAS 12.61A-62).

ii. Die Bilanzierung latenter Steuern

Ansatz

Voraussetzung für den Ansatz *aktiver latenter Steuern* ist das Vorliegen abzugsfähiger temporärer Differenzen (*deductible temporary differences*), die wahrscheinlich mit künftigen steuerbaren Gewinnen verrechnet werden können (IAS 12.24). Dies bedingt jedoch, dass im Jahr der Auflösung ein ausreichendes zu versteuerndes Ergebnis erzielt wird. IAS 12 nennt als Indiz für die Plausibilität dieser Annahme das Vorliegen von zu versteuernden temporären Differenzen (*taxable temporary differences*), die auf dasselbe Steuersubjekt und dieselbe Steuerbehörde ausgestellt sind (IAS 12.28), sowie die Möglichkeit zur Nutzung steuerbilanzpolitischer Maßnahmen (*tax planning opportunities* – IAS 12.30).

Passive latente Steuern sind hingegen für alle zu versteuernden temporären Differenzen zu bilden (IAS 12.15).

Ansatzverbote bestehen explizit (IAS 12.15 i. V. m. IAS 12.24)

- für den erstmaligen Ansatz eines Goodwill;
- für einen Goodwill, dessen Abschreibungen steuerlich nicht anerkannt werden;
- im Falle des erstmaligen Ansatzes eines Vermögenswertes bzw. einer Schuld, deren wertmäßige Unterschiede erfolgsneutral verrechnet wurden, sofern der Erstansatz nicht im Rahmen einer Unternehmensübernahme bzw. eines -zusammenschlusses erfolgte.

Einen Überblick über den Ansatz latenter Steuern nach IAS 12 gibt *Abb. 50*.

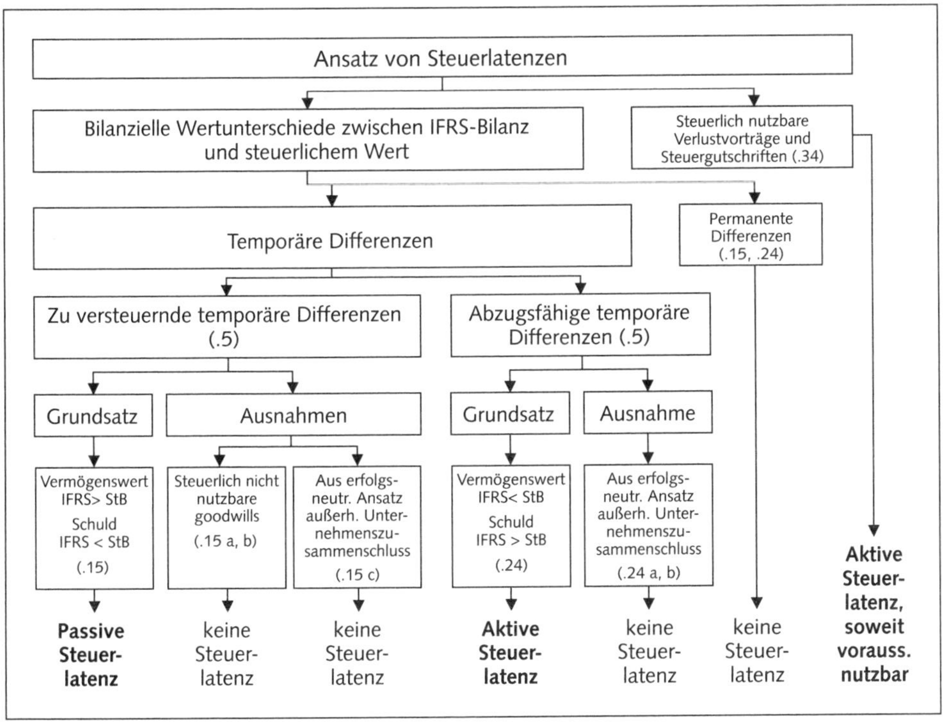

Abb. 50: Bilanzierung latenter Steuern nach IAS 12[1]

Bewertung

IAS 12.47 sieht vor, dass bei der Bewertung der latenten Steuerbeträge der Steuersatz verwendet werden soll, der bei der Auflösung der Differenzen (voraussichtlich) Gültigkeit besitzt. Damit die verwendeten Steuersätze von den aktuellen abweichen dürfen, muss die zukünftige Steueränderung hinreichend konkretisiert sein; dazu reicht es aus, dass eine Gesetzesänderung angekündigt wurde, auch wenn dieses Gesetz noch nicht verabschiedet wurde (IAS 12.48). Wenn es zu im Laufe des Geschäftsjahres schwankenden Steuersätzen kommen sollte, können auch Durchschnittswerte verwendet werden (IAS 12.49). Latente Steuern sind nicht abzudiskontieren (IAS 12.53) und an jedem Bilanzstichtag auf Werthaltigkeit zu überprüfen (IAS 12.56).

Ausweis und Angaben

Die latenten Steuern sind in der Bilanz getrennt von den tatsächlichen Steueransprüchen bzw. -schulden offenzulegen (IAS 1.54). Sie stellen dabei keine kurzfristigen Posten dar, sofern das Unternehmen zwischen kurz- und langfristigen Vermögenswerten und Schulden unterscheidet (IAS 1.56).

1 Entnommen aus: *KPMG* (2012), S. 36.

Für latente Steuern besteht ein prinzipielles Saldierungsverbot, es sei denn, es bestehen gegenüber derselben Steuerbehörde rechtlich durchsetzbare Ansprüche zur Aufrechnung von Steuerschulden und -ansprüchen (IAS 12.74).

Gemäß IAS 12 sind im Anhang umfangreiche Angaben zum Steueraufwand und zu latenten Steuern zu machen (IAS 12.79 ff.). Diese sind deutlich weitreichender als nach HGB.

4. Leasing

i. Grundlagen

Leasingverhältnisse werden in den IFRS in einem eigenen Standard behandelt. IAS 17.4 definiert ein Leasingverhältnis als »(...) eine Vereinbarung, bei der der Leasinggeber dem Leasingnehmer gegen eine Zahlung oder eine Reihe von Zahlungen das Recht auf Nutzung eines Vermögenswertes für einen vereinbarten Zeitraum überträgt.« Grundsätzlich werden alle Arten von Leasinggeschäften von IAS 17 erfasst, es sei denn, IAS 17.2 schließt diese explizit aus. Dies betrifft:

- Leasingvereinbarungen in Bezug auf nicht regenerative Ressourcen wie Öl und Erdgas sowie
- Lizenzvereinbarungen über immaterielle Werte wie Filme, Manuskripte, Patente, etc.

Welche Vertragspartei den Vermögenswert im Rahmen des Jahresabschlusses zu bilanzieren hat, hängt davon ab, in wessen wirtschaftlichem Eigentum sich der Vermögenswert befindet. Hierzu nimmt IAS 17.7 f. eine Klassifizierung der Leasingverhältnisse in Finanzierungs- und Operating-Leasing vor. Handelt es sich beim Leasingverhältnis um ein Finanzierungsleasing (*finance lease*), ist der Leasingnehmer für die Bilanzierung des Vermögenswertes zuständig. Liegt kein Finanzierungsleasing vor, handelt es sich um ein Operating-Leasing (*operating lease*) (IAS 17.4). Der Vermögenswert bleibt dann weiterhin im wirtschaftlichen und zivilrechtlichen Eigentum des Leasinggebers.

ii. Finanzierungsleasing

Ein Finanzierungsleasing (*finance lease*) liegt nach IAS 17.4 vor, wenn im Wesentlichen alle mit dem Eigentum an dem Vermögenswert verbundenen Chancen und Risiken auf den Leasingnehmer übertragen worden sind. Keine Rolle spielt dabei, ob der Leasingnehmer auch im zivilrechtlichen Sinne Eigentümer ist.

Risiken können beispielsweise Verlustmöglichkeiten auf Grund ungenutzter Kapazitäten oder technischer Überholung oder Renditeabweichungen sein, die auf wirtschaftlichen Veränderungen basieren. Chancen können sich durch einen Gewinn bringenden Einsatz des Vermögenswertes im Unternehmen ergeben (IAS 17.7).

Um die Bilanzierungsfrage zu klären, ist die bereits erwähnte Klassifizierung des Leasingvertrages vorzunehmen. Die Übertragung von Chancen und Risiken sowie die in

IAS 17.10 und 17.11 enthaltenen Beispielkonstellationen sollen für sich allein oder in Kombination ein Finanzierungsleasing begründen:

- Der Leasingnehmer erhält am Ende der Laufzeit das Eigentum am Vermögenswert;
- der Leasingnehmer hat eine Option, den Vermögenswert zu kaufen, die er hinreichend sicher ausüben wird;
- die Laufzeit des Leasingverhältnisses umfasst den überwiegenden Teil der wirtschaftlichen Nutzungsdauer des Vermögenswertes, auch wenn das Eigentumsrecht nicht übertragen wird;
- zu Beginn des Leasingverhältnisses entspricht der Barwert der Mindestleasingzahlungen im Wesentlichen mindestens dem beizulegenden Zeitwert des Vermögenswertes;
- aufgrund seiner speziellen Beschaffenheit wird der Leasinggegenstand, wenn keine weiteren Änderungen vorgenommen werden, nur vom Leasingnehmer genutzt;
- kündigt der Leasingnehmer das Leasingverhältnis vorzeitig, muss er für die Verluste des Leasinggebers, die in Verbindung mit der Auflösung stehen, aufkommen;
- Gewinne bzw. Verluste, die durch Schwankungen des beizulegenden restlichen Zeitwerts entstehen, fallen dem Leasingnehmer zu;
- der Leasingnehmer hat die Option, das Leasingverhältnis zu niedrigeren Mieten für eine weitere Mietperiode fortzuführen.

Wird ein Leasingverhältnis als Finanzierungsleasing eingestuft, so ist der geleaste Gegenstand vom Leasingnehmer unter den langfristigen Vermögenswerten zu bilanzieren. Nach IAS 17.20 sind Finanzierungsleasings zu Beginn des Vertragsverhältnisses (*commencement of the lease term*) als Vermögenswerte und Schulden in gleicher Höhe in der Bilanz anzusetzen. Die Vermögenswerte werden bei der Erstbewertung mit ihren Anschaffungskosten angesetzt, die entweder

- dem beizulegenden Zeitwert (*fair value*) oder
- dem Barwert der Mindestleasingzahlungen (*minimum lease payments*) entsprechen, sofern dieser Wert niedriger ist.

Der Barwert ist mit dem dem Leasingvertrag zugrunde liegenden Zinssatz zu ermitteln. Ist dem Leasingnehmer der Zinssatz nicht bekannt oder nicht ermittelbar, dann hat er seinen Grenzfremdkapitalzinssatz zu verwenden. Der Grenzfremdkapitalzinssatz gibt an, wie viel der Leasingnehmer bei einem vergleichbaren Leasingverhältnis zahlen müsste oder, wenn nicht ermittelbar, für die Aufnahme zusätzlichen Fremdkapitals – gleiche Sicherheit vorausgesetzt (IAS 17.4). Der Leasingnehmer ist zudem verpflichtet, simultan eine Schuld (*liability*) in gleicher Höhe auszuweisen. Die bilanzielle Behandlung entspricht hierbei einer normalen Anschaffung eines kreditfinanzierten Vermögenswertes.[1]

Die Folgebewertung von Leasinggegenständen im Rahmen eines Finanzierungsleasings ist analog zur Folgebewertung bei abnutzbaren Vermögenswerten, die sich im

1 Vgl. *Pellens/Fülbier/Gassen/Sellhorn* (2011), S. 661.

Eigentum des Unternehmens befinden. Die Vermögenswerte sind gemäß IAS 16 (Sachanlagen) und IAS 38 (Immaterielle Vermögenswerte) abzuschreiben. Steht zu Beginn des Vertrages noch nicht fest, ob das Eigentum am Vermögenswert auf den Leasingnehmer übergeht, ist der Vermögenswert über den kürzeren der beiden Zeiträume, Laufzeit des Leasingverhältnisses oder Nutzungsdauer, vollständig abzuschreiben (IAS 17.27).

Die Leasingverhältnisse über Grundstücke und Gebäude werden getrennt voneinander beurteilt und bewertet. Deren Klassifizierung erfolgt grundsätzlich nach den zuvor genannten Kriterien. Wird allerdings das Eigentum an den Vermögenswerten am Ende der Vertragslaufzeit nicht auf den Leasingnehmer übertragen, sind die Leasingverhältnisse über Grundstücke und Gebäude jeweils einzeln für sich als Operating-Leasing einzustufen (IAS 17.IN9).

Im Gegensatz zum Leasingnehmer, der den Vermögenswert im Anlagevermögen bilanziert, hat der Leasinggeber den Vermögenswert als Forderung in seiner Bilanz auszuweisen. Die Forderung ist in Höhe des Nettoinvestitionswertes (*net investment in the lease*) aus dem Leasingverhältnis anzusetzen (IAS 17.36). Der Nettoinvestitionswert stellt die Summe der Barwerte der Mindestleasingzahlungen dar, erweitert um einen dem Leasinggeber zuzurechnenden, nicht garantierten Restwert (IAS 17.4).

iii. Operating-Leasing

Handelt es sich beim Leasingverhältnis um ein Operating-Leasing, liegen das wirtschaftliche sowie das zivilrechtliche Eigentum beim Leasinggeber. Nach IAS 17.49 ist der Vermögenswert entsprechend seiner Eigenschaften vom Leasinggeber zu bilanzieren. Darüber hinaus ist der Vermögenswert genauso abzuschreiben wie vergleichbare Vermögenswerte im Unternehmensvermögen des Leasinggebers, d. h. unter Berücksichtigung von IAS 16 und IAS 38. Grundsätzlich sind die Leasingerträge vom Leasinggeber linear über die Vertragslaufzeit zu vereinnahmen, es sei denn, eine andere planmäßige Verteilung spiegelt die Abnutzung des Vermögenswertes besser wider (IAS 17.50).

Der Leasingnehmer ist beim Operating-Leasing weder wirtschaftlicher noch zivilrechtlicher Eigentümer. Das Leasingverhältnis stellt vielmehr ein normales Mietverhältnis dar, für das folglich keine Ansatzpflichten bestehen.[1] Nach IAS 17.33 ist der Leasingnehmer lediglich dazu verpflichtet, die Leasingraten als Aufwand linear über die Laufzeit zu erfassen, es sei denn, eine andere systematische Grundlage entspricht dem zeitlichen Verlauf des Nutzens für den Leasingnehmer besser.

1 Vgl. *Pellens/Fülbier/Gassen/Sellhorn* (2011), S. 661.

IV. Gewinn- und Verlustrechnung und weitere Bestandteile des Jahresabschlusses nach IFRS

A. Gewinn- und Verlustrechnung

1. Unterschiedliche Sichtweisen von Aufwendungen und Erträgen

Die GuV ist eine Aufwands- und Ertragsrechnung. Daher werden die zentralen Begriffe des Aufwands und des Ertrags nach HGB und nach IFRS nun abgegrenzt und erläutert.

HGB

Unter *Aufwendungen* versteht man im handelsrechtlichen Sinne den bewerteten Verbrauch von Gütern und Dienstleistungen (Werteverzehr) einer Rechnungsperiode. Sie unterscheiden sich von Auszahlungen und Ausgaben v. a. dadurch, dass sie neben den Minderungen des Geldvermögens des Unternehmens auch Minderungen seines Sachvermögens umfassen.

Erträge stellen hingegen sämtliche Vermögensmehrungen einer Periode dar und umfassen in Analogie zu den Aufwendungen neben Mehrungen des Geldvermögens auch Mehrungen des Sachvermögens.

Die Vermögensänderungen durch Aufwendungen bzw. Erträge können gleichzeitig Ausgaben bzw. Einnahmen darstellen, sofern sie entsprechend den Abgrenzungsgrundsätzen in dieselbe Periode fallen. Aufgrund der Tatsache, dass alle Reinvermögensänderungen (abgesehen von erfolgsneutralen Transaktionen mit Anteilseignern) sowohl in der Bilanz, als auch in der GuV abgebildet werden, entsprechen sich im Handelsrecht der durch Vermögensvergleich in der Bilanz ermittelte Periodenerfolg und das Periodenergebnis der GuV als Saldo von Aufwendungen und Erträgen (vgl. *Abb. 51*).

<table>
<tr><td rowspan="3">HGB</td><td colspan="2">Periodenergebnis (Bilanz)</td></tr>
<tr><td colspan="2">Periodenergebnis (GuV)</td></tr>
<tr><td colspan="2">Erträge/Aufwendungen</td></tr>
<tr><td rowspan="3">IFRS</td><td colspan="2">Non-Owner Movements in Equity (Bilanz)</td></tr>
<tr><td>Net Income (GuV)</td><td></td></tr>
<tr><td>Revenues/Expenses</td><td>Gains/Losses</td></tr>
</table>

Abb. 51: Zusammenhang zwischen Aufwendungen und Erträgen in GuV sowie Bilanz[1]

1 In Anlehnung an: *Coenenberg* (2005), S. 263.

IFRS

Erträge (*income*) werden im Framework der IFRS (F.4.25(a)) als Zunahme des wirtschaftlichen Nutzens (*economic benefit*) in der Periode in Form eines Zuflusses oder einer Wertsteigerung von Vermögenswerten oder eines Schuldenrückgangs definiert (i. S.e. abstrakten Bilanzierungsfähigkeit). Die Zunahme wirtschaftlichen Nutzens kann sowohl in Form von Erlösen (*revenues*) aus der unmittelbaren operativen Tätigkeit (Umsatzerlöse, Gebühren, Lizenz- und Mieterträge, Zinsen und Dividenden), als auch aus anderen Erträgen (*gains*), wie etwa Wertsteigerung von Vermögenswerten (*assets*) oder der Wertminderung von Schulden (*liabilities*), resultieren (F.4.29). Andere Erträge beinhalten neben realisierten ausdrücklich auch unrealisierte Wertänderungen, die nicht in der Gewinn- und Verlustrechnung, sondern stattdessen ergebnisneutral in der Bilanz abgebildet werden (F.4.31),[1] in der sie zu einer Erhöhung des Eigenkapitals führen. Eine Erhöhung des Eigenkapitals durch Zuführungen der Anteilseigner stellt hingegen keinen Ertrag dar (F.4.25(a)).

Neben den genannten abstrakten Bilanzierungskriterien sind die konkreten Ansatzkriterien analog zu Vermögenswerten und Schulden anzuwenden (F.4.38). Diese werden durch die *recognition criteria* des F.4.47 (Erträge) und F.4.49 (Aufwendungen) konkretisiert. Danach muss es für den Ansatz von Erträgen *wahrscheinlich* sein, dass die mit den Erträgen zusammenhängenden wirtschaftlichen Vorteile tatsächlich dem Unternehmen zufließen. Ferner ist eine zuverlässige Bestimmung der Erträge erforderlich.[2] De facto beziehen sich diese Kriterien jedoch nicht auf die Erträge, sondern auf die Erhöhung der Vermögenswerte und/oder die Reduzierung von Schulden, aus welchen die Erträge simultan resultieren (F.4.47; analog für Aufwendungen, F.4.49).[3]

Eine detaillierte Regelung zur Vereinnahmung von Erträgen erfolgt in IAS 18. Demzufolge ist die Übertragung der (maßgeblichen) mit dem Eigentum verbundenen Chancen und Risiken auf den Erwerber Voraussetzung der Vereinnahmung von Erträgen. Neben dem Übergang der maßgeblichen Chancen und Risiken darf der Verkäufer weder über ein fortwährendes Verfügungsrecht noch über eine effektive Kontrolle über die verkauften Güter verfügen.[4] Eine gesonderte Regelung zur Vereinnahmung von Erträgen besteht bei Dienstleistungen, welche über mehrere Perioden zu erbringen sind. Bei diesen ist eine Vereinnahmung entsprechend dem Leistungsfortschritt vorzunehmen, wenn das Ergebnis des Dienstleistungsgeschäftes verlässlich geschätzt werden kann (IAS 18.20).

Aufwendungen (*expenses*) stellen hingegen eine Abnahme des Nutzens in der Periode in Form eines Abflusses oder einer Wertminderung von Vermögenswerten oder einer Schuldenzunahme dar, die zu einer Verringerung des Eigenkapitals führt, die nicht auf Ausschüttungen zurückzuführen ist (F.4.25(b)). Als Aufwendungen i. e. S. werden die umsatzbezogenen Herstellungskosten, Löhne, Gehälter sowie Abschreibungen verstanden, welche als Pendant zu den Erlösen zu betrachten sind. Andere Aufwendungen

1 Vgl. *Adler/Düring/Schmaltz (International)* (2002), Abschnitt 1, Tz 188.
2 Vgl. *Adler/Düring/Schmaltz (International)* (2002), Abschnitt 1, Tz.190.
3 Vgl. *Ruhnke* (2008), S. 272.
4 Vgl. *Ruhnke* (2008), S. 272.

(*losses*) können sowohl im Rahmen der gewöhnlichen Geschäftstätigkeit entstehen als auch aus außerordentlichen Sachverhalten resultieren (F.4.33). Zu den losses zählen u. a. Aufwendungen aus der Veräußerung langfristiger Vermögenswerte oder Aufwendungen durch Naturkatastrophen wie etwa Überschwemmungen (F.4.35). Darüber hinaus sind den anderen Aufwendungen auch jene Eigenkapitalminderungen zuzurechnen, welche ergebnisneutral in die Bilanz einfließen.

Die Erfassung eines Aufwandes muss simultan mit der Wertabnahme eines Vermögenswertes bzw. der Wertzunahme einer Verbindlichkeit erfolgen. Auch muss der Grundsatz der Periodenabgrenzung eingehalten werden, welcher besagt, dass Aufwendungen derjenigen Periode zurechnen sind, in welcher die zugehörigen Erträge vereinnahmt werden (sog. *matching principle*). Ist eine unmittelbare Zuordnung von Erträgen und Aufwendungen nicht möglich, sind die Aufwendungen anhand systematischer und vernünftiger Verteilungsverfahren (z. B. Abschreibungsverfahren) zu periodisieren.[1]

Somit gibt es mit den *gains* und *losses* in den IFRS Aufwands- und Ertragsarten, die – obwohl sie die Definitions- und Ansatzkriterien eines Ertrags bzw. eines Aufwands erfüllen – nicht in die GuV aufgenommen werden. Vielmehr erfolgt eine ergebnisneutrale Verrechnung mit dem Eigenkapital, so dass das Periodenergebnis laut GuV (*net income*) nicht notwendigerweise dem Periodenerfolg in der Bilanz (*non-owner movements in equity*) entspricht (vgl. *Abb. 51*) – die angenehme Eigenschaft des Periodenergebnisses gem. HGB, dass der Saldo der GuV einem gleich hohen Zuwachs des Eigenkapitals entspricht, gilt in den IFRS somit nicht. Als Konsequenz ist eine Unterscheidung zwischen ergebniswirksamen und ergebnisneutralen *gains* und *losses* zu treffen, wobei Letztere u. a. aus der Anwendung der Neubewertungsmethode (z. B. nach IAS 16) entstehen.

2. Wichtige Ertragsarten nach IAS im Überblick

IAS 18 nennt explizit folgende Ertragsarten, die – unabhängig vom letztendlichen Aufbau der GuV – offen gelegt werden müssen:

- Erträge aus dem Verkauf von Gütern (IAS 18.14–19);
- Erträge aus der Erbringung von Dienstleistungen und Geschäften (IAS 18.20–28);
- Erträge aus Zinsen, Dividenden und Lizenzeinnahmen (IAS 18.29–34).

Diese sollen im Folgenden überblicksartig charakterisiert werden.

Erträge aus dem Verkauf von Gütern

Damit ein Unternehmen Erträge aus dem Verkauf von Gütern realisieren kann, müssen folgende Bedingungen erfüllt sein (IAS 18.14):

- Die mit dem Eigentum am übertragenen Vermögenswert verbundenen wesentlichen Chancen und Risiken (*risks and rewards of ownership*) müssen auf den Erwerber übergegangen sein.

1 Vgl. *Ruhnke* (2008), S. 276.

- Das übertragende Unternehmen hat keinen Einfluss mehr (*managerial involvement*) auf den übertragenen Vermögenswert (d. h. weder Verfügungsrecht noch andauernde Verfügungsmacht).
- Der Ertrag kann zuverlässig bemessen werden.
- Der aus dem Verkauf resultierende Nutzenzufluss ist wahrscheinlich.
- Die mit dem Verkauf verbundenen Kosten können verlässlich bestimmt werden.

Dementsprechend ist bei der Erfassung der Erträge aus dem Verkauf von Gütern der Übergang des wirtschaftlichen, nicht jedoch des rechtlichen Eigentums maßgeblich, auch wenn diese in der Praxis oftmals zusammenfallen werden. Verbleiben beim Verkäufer lediglich unwesentliche Risiken (etwa Eigentumsvorbehalte oder aus Kulanz eingeräumte Rückgaberechte), behindert das die Vereinnahmung der Erträge nicht (IAS 18.17). Mehr als nur unwesentliche Risiken auf der Seite des Verkäufers werden hingegen in folgenden Fällen gesehen (IAS 18.16):

- Gewährleistungsverpflichtungen über das übliche Maß normaler Garantiezusagen hinaus;
- Abhängigkeit des Verkaufsertrages von der Weiterveräußerung der Güter durch den Erwerber;
- Fehlende vollständige Montage des verkauften Gutes, sofern dies wesentlicher Vertragsbestandteil ist;
- Vertraglich festgelegtes Rückgaberecht, wenn hinsichtlich dessen Ausübung Unsicherheit besteht.

Erträge aus der Erbringung von Dienstleistungen und Geschäften

Im Rahmen der IFRS sind Dienstleistungen und Auftragsgeschäfte prinzipiell proportional zum Fertigstellungsgrad (*percentage of completion method*, vgl. auch S. 278) zu bilanzieren. Dabei gelten folgende Voraussetzungen für die Erfassung von Erträgen in der GuV (IAS 18.20):

- Die Höhe des Ertrags aus dem Geschäft muss zuverlässig bestimmbar sein.
- Der aus dem Geschäft resultierende Nutzen muss dem Unternehmen zufließen.
- Der Fertigstellungsgrad zum Bilanzstichtag muss zuverlässig gemessen werden können.
- Die mit dem Auftrag verbundenen Kosten – sowohl die bereits angefallenen als auch und insbesondere die noch zu erwartenden – müssen zuverlässig bestimmbar sein.

Sollte dabei einmal der Fall eintreten, dass Leistungen als Ertrag erfasst wurden, deren finanzieller Zufluss nachträglich als unwahrscheinlich klassifiziert wird, sind diese als Aufwand der Periode zu klassifizieren (IAS 18.22).

Um die angesprochenen notwendigen Schätzungen hinsichtlich der Kosten und des Erfüllungsgrades vornehmen zu können, setzt IAS 18.23 voraus, dass folgende Punkte vertraglich geregelt sind:

- die rechtlich durchsetzbaren Ansprüche beider Vertragsparteien;
- die gegenseitigen Entgelte;
- Zeitpunkt und Art der beiderseitigen Leistungserfüllung.

Damit wird implizit ein funktionierendes Budgetierungs- und Berichtssystem erforderlich sein, damit die aufgelaufenen und die noch zu erwartenden Kosten, aber auch die zu erwartenden Erträge, permanent geschätzt werden können. Der bloße Erhalt von Abschlagszahlungen wird dabei nicht als verursachungsgerecht angesehen, sondern es wird eine explizite Abschätzung des Erfüllungsgrades und damit des Realisationsgrades des Auftrages gefordert (IAS 18.24). Allerdings sieht IAS 18.25 eine Vereinfachung dergestalt vor, dass die Erträge auch über die Dauer der Leistungserstellung linear vereinnahmt werden können, sofern keine andere Methode zur Verfügung steht, die eine realitätsnähere Abbildung gestattet.

Für den Fall, dass das Gesamtergebnis eines Auftrags nicht zuverlässig geschätzt werden kann, dürfen Erträge nur in Höhe der bisherigen Aufwendungen verbucht werden, mit deren Deckung zuverlässig gerechnet werden kann. Es dürfen hier also keine Gewinnbeiträge erfasst werden (IAS 18.26).

Erträge aus Zinsen, Dividenden und Lizenzeinnahmen

Zinsen (*interest*), Dividenden (*dividends*) und Lizenzentgelte (*royalties*), die aus der Überlassung von Vermögenswerten resultieren, sind prinzipiell als Erträge zu erfassen. Voraussetzung hierfür ist jedoch, dass (IAS 18.29)

- der Nutzenzufluss aus der Überlassung wahrscheinlich ist und
- die Höhe des Ertrags zuverlässig bestimmt werden kann.

Die damit einhergehenden Erträge werden dann wie folgt vereinnahmt (IAS 18.30):

- Zinsen werden zeitproportional erfasst.
- Nutzungsentgelte werden periodengerecht und in Übereinstimmung mit dem Überlassungsvertrag erfasst.
- Dividenden werden mit Entstehung des Rechtsanspruchs erfasst.

Werden bereits als Erträge verbuchte Sachverhalte nachträglich zweifelhaft, so sind diese wiederum als Aufwendungen zu erfassen (IAS 18.34).

Angabepflichten

Im Hinblick auf die erfassten Erträge sind gemäß IAS 18.35 einige Angaben erforderlich. Dabei steht dem Bilanzierenden jedoch frei, ob diese in der GuV oder aber im Anhang (*notes*) erfolgen. Hierzu zählen

- die angewendeten Rechnungslegungsgrundsätze einschließlich der Methoden zur Ermittlung des Fertigstellungsgrads bei Dienstleistungsgeschäften;
- die Salden jeder wesentlichen Aufwands- und Ertragsart, zumindest aber
  - aus dem Verkauf von Gütern,
  - Dienstleistungsgeschäfte,
  - Zinsen,
  - Lizenzeinnahmen,
  - Dividenden;
- für Erträge die Angabe, ob diese aus Tauschgeschäften stammen.

Konto- vs. Staffelform

Auch nach IFRS sind Konto- oder Staffelform zulässig.

Umsatz- vs. Gesamtkostenverfahren

Ebenso sehen die IFRS sowohl das Umsatz- als auch das Gesamtkostenverfahren als zulässige Alternativen vor (IAS 1.102–103).

B. Kapitalflussrechnung

Charakterisierung

IAS 7 enthält die Vorgaben zur Erstellung der Kapitalflussrechnung. Sie ist gemäß IAS 7.1 Pflichtbestandteil von Einzel- und Konzernabschlüssen von Unternehmen, die nach IFRS bilanzieren. Die Tatsache, dass für die Kapitalflussrechnung für nach Handelsrecht bilanzierende Einzel- oder Konzernunternehmen DRS 2 maßgeblich ist, der selbst wiederum an IAS 7 ausgerichtet ist, bedingt die nur geringfügigen Unterschiede dieses Rechenwerks im Rahmen von nationalen und internationalen Vorschriften.

Auch IAS 7 gibt vor, dass die Veränderungen des Finanzmittelbestands separat in die Aktivitätsbereiche

- laufende bzw. betriebliche Tätigkeit (*operating activities*),
- Investitionstätigkeit (*investing activities*) sowie
- Finanzierungstätigkeit (*financing activities*)

zu untergliedern sind. Im Gegensatz zum DRS 2 findet sich jedoch kein jeweiliges, mit den drei Aktivitätsbereichen korrespondierendes, detailliertes Gliederungsschema. Des Weiteren sieht DRS 2 innerhalb des Cash Flows aus laufender/betrieblicher Tätigkeit die Berücksichtigung von Ein- und Auszahlungen aus außerordentlichen Posten vor. Da eine explizite Unterscheidung in ein Ergebnis aus gewöhnlicher Geschäftstätigkeit und in ein außerordentliches Ergebnis nach IFRS so nicht existiert, ist auch im Rahmen der Ermittlung des Cash Flows aus betrieblicher Tätigkeit nach IAS 7 die Hinzurechnung nicht erforderlich. Klassische, nach Handelsrecht in den Bereich des außerordentlichen Ergebnisses fallende Erträge oder Aufwendungen, wie z. B. Schadensfälle oder Versicherungsleistungen hieraus (F.74–80), werden nach IAS 1.85 nicht gesondert von den gewöhnlichen Erträgen und Aufwendungen abgegrenzt.

Ein weiterer Unterschied ergibt sich dadurch, dass DRS 2 den zwingenden Ausweis von gezahlten Dividenden innerhalb des Cash Flows aus Finanzierungstätigkeit vorsieht. IAS 7 erlaubt alternativ deren Zuordnung zum Cash Flow aus laufender/betrieblicher Tätigkeit mit der Begründung, der Anleger könne so die Fähigkeit des Unternehmens, Dividendenzahlungen aus dem operativen Cash Flow zu bedienen, besser beurteilen (IAS 7.34). Schließlich ist auch der nach DRS 2 vorgeschriebene getrennte Ausweis von Mehr- und Minderheitenanteilen nach IAS 7 obsolet. Für nicht vollkonsolidierte Tochterunternehmen oder Joint Ventures wird lediglich verlangt, dass die Konzernkapitalflussrechnung entsprechend den gehaltenen Anteilen zu erstellen ist (IAS 7.37–38).

IAS 7 sieht jedoch auch Angabepflichten vor, die in DRS 2 nicht enthalten sind: So sind solche Finanzmittel, auf die das Unternehmen nicht uneingeschränkt zugreifen kann (IAS 7.48) oder die in Ländern mit Devisenverkehrskontrolle gehalten werden, kenntlich zu machen (IAS 7.49). DRS 2.53 verlangt im Konzernanhang nur einen Hinweis darauf, »welche (Finanzmittel-) Bestände Verfügungsbeschränkungen unterliegen«. Zur Darstellung der wirtschaftlichen Lage werden darüber hinaus freiwillige Angaben angeregt, etwa zur Kreditlinie in Verbindung mit den jeweiligen Konditionen (IAS 7.50).

C. Anhang

Gemäß IAS 1.10 gehört der Anhang zu den Pflichtbestandteilen des Jahresabschlusses. Er umfasst mindestens folgende Informationen (IAS 1.112):

- Angaben zu den Grundlagen der Abschlusserstellung inklusive der angewendeten Ansatz, Bewertungs- und Ausweismethoden (*accounting policies*);
- von speziellen IFRS geforderte Angaben, die in keinem anderen Element des Jahresabschlusses dargestellt werden;
- zusätzliche Angaben, die zwar von keinem speziellen IFRS gefordert, aber als notwendig angesehen werden, ein den tatsächlichen Verhältnissen entsprechendes Bild der Lage des Unternehmens (*fair presentation*) zu vermitteln.

Die Angaben sind mit Querverweisen zu den entsprechenden Posten des Jahresabschlusses (*items*) zu versehen, wobei eine Strukturierung vorgeschlagen wird (IAS 1.113–114):

- Erklärung der Geschäftsleitung, dass der Abschluss in Übereinstimmung mit den IFRS aufgestellt wurde;
- Angaben zu den angewendeten Ansatz-, Bewertungs- und Ausweismethoden;
- Angaben zu den einzelnen Elementen des Abschlusses;
- sonstige Angaben, z. B. spezielle finanzielle Risiken in Form von Erfolgsunsicherheiten (*contingencies*), nicht berücksichtige vertragliche Verpflichtungen oder auch Risiken in Form von nicht-finanziellen Angaben.

Im Rahmen der Ansatz- und Bewertungsmethoden sind dabei auch postenbezogene Angaben zu machen, wie sie in einzelnen IFRS – etwa hinsichtlich des angewendeten Verfahrens der Bewertungsvereinfachung bei der Vorratsbewertung – gefordert werden (IAS 1.118 f.). Im Sinne der *fair presentation* sollen in diesem Abschlusselement auch Stellungnahmen der Geschäftsleitung einfließen, wenn diese einen wesentlichen Einfluss auf Posten haben, die in anderen Bestandteilen des Abschlusses enthalten sind (IAS 1.119). Dies gilt auch und insbesondere bei Vorliegen von Bewertungsspielräumen, wenn also z. B. hinsichtlich der Bewertung eines Bilanzpostens (z. B. Rückstellungen) Unsicherheiten hinsichtlich seines Vorliegens und/oder seines Wertes bestehen (wenn etwa eine Rückstellung für eine drohende Schadensersatzzahlung gebildet werden soll – hier sind Annahmen hinsichtlich der Wahrscheinlichkeit und der Höhe der drohenden Schadensersatzzahlung notwendig). Die hier getroffenen Annahmen (*key assumptions*) bei der vorgenommenen Schätzung unter Unsicherheit (*estimation uncertainty*) sind gemäß IAS 1.125 ff. in den *notes* offenzulegen.

Darüber hinaus sind folgende Angaben zu tätigen, sofern diese nicht in anderen Teilen des Jahresabschlusses erfolgen (IAS 1.138):

- den Sitz und die Rechtsform des Unternehmens;
- das Land, in dem es als juristische Person registriert ist;
- die in das Handelsregister eingetragene Adresse des Hauptsitzes;
- Unternehmenstätigkeit und hauptsächliche Betätigungsfelder des Unternehmens;
- den Namen des Mutterunternehmens und des obersten Mutterunternehmens;
- die Lebensdauer des Unternehmens, wenn diese begrenzt ist.

D. Segmentberichterstattung

1. Verpflichtung zur Segmentberichterstattung

Eine Segmentberichterstattung soll das Zustandekommen des Unternehmenserfolgs vor allem bei solchen Unternehmen transparenter gestalten, die in unterschiedlichen Branchen und/oder unterschiedlichen Regionen tätig sind. Um zu verhindern, dass besonders gute Entwicklungen in einem Markt (Segment) besonders schlechte Entwicklungen in einem anderen einem Markt verdecken und somit vorhandene Unternehmensrisiken verschleiern, werden für solche Unternehmen explizite Angaben für jeden Teilbereich (Segment) gefordert.

Im deutschen Handelsrecht haben Konzerne gemäß § 297 Abs. 1 HGB die Option, den Konzernabschluss um eine Segmentberichterstattung als eigenständigen Bestandteil des Abschlusses zu erweitern. Ebenso haben Personengesellschaften, die gem. § 13 Abs. 2 u. 3 PublG konzernabschlusspflichtig sind, dieses Wahlrecht.

Damit bleibt die deutsche Regelung hier hinter den internationalen Gepflogenheiten zurück: IFRS 8 fordert eine Segmentberichterstattung für Unternehmen, deren Eigen- oder Fremdkapitalinstrumente (*equity or debt securities*) bereits öffentlich gehandelt werden oder aber die sich im Emissionsprozess zu öffentlich zugänglichen Wertpapiermärkten (*public security markets*) befinden, verpflichtend. Erstellt ein Unternehmen, das nicht zur Offenlegung einer Segmentberichterstattung verpflichtet ist, freiwillig eine derartige Rechnung, muss diese jedoch in allen Fällen den Regelungen des IFRS 8 folgen (IFRS 8.3).

Für den Bilanzersteller stellen sich damit zwei Probleme:

- Abgrenzung und Auswahl der berichtspflichtigen Segmente;
- Auswahl der zu segmentierenden Informationen.

2. Abgrenzung der Segmente

IFRS 8 definiert zunächst den Begriff des Geschäftssegments. Ein Geschäftssegment wird dabei als abgrenzbarer Unternehmensbereich verstanden, der

- Geschäftstätigkeiten betreibt, mit denen Umsatzerlöse erwirtschaftet und Aufwendungen anfallen können,
- dessen Betriebsergebnisse regelmäßig von der verantwortlichen Unternehmensinstanz im Hinblick auf Entscheidungen über die Allokation von Ressourcen zu diesem Segment und die Bewertung seiner Ertragskraft überprüft werden und
- für den separate Finanzinformationen vorliegen.

Maßgebliches Kriterium zur Abgrenzung von Segmenten ist damit die Beurteilung des Managements (*management approach*) hinsichtlich möglichst homogener wirtschaftlicher Merkmale. Für die Qualifizierung eines abgrenzbaren Unternehmensbereichs als Segment ist dann die selbständige Berichtsfähigkeit sowie ein tatsächlich abgegrenztes Teilberichts- bzw. Teilinformationswesen erforderlich.

3. Bestimmung berichtspflichtiger Segmente

Gemäß IFRS 8.12 können einzelne Segmente zusammengefasst werden, um innerhalb der Segmentberichterstattung auch bei vielen Segmenten Übersichtlichkeit zu gewährleisten. Zusammengefasste Segmente müssen immer wieder auf ihre aktuelle, vergangene und zukünftige Zusammengehörigkeit überprüft werden. Es werden insgesamt fünf Kriterien für die Zusammenfassung einzelner Segmente genannt, anhand derer diese Zusammengehörigkeit erkennbar wird (IFRS 8.12):

- Art der Produkte und Dienstleistungen,
- Art der Produktionsprozesse,
- Art oder Gruppe der Kunden für die Produkte und Dienstleistungen,
- Methoden des Vertriebs ihrer Produkte oder der Erbringung von Dienstleistungen und, falls erforderlich,
- Art der regulatorischen Rahmenbedingungen, z.B. im Bank- oder Versicherungswesen oder bei öffentlichen Versorgungsbetrieben.

Werden einzelne Segmente zusammengefasst, ist es noch nicht erforderlich, das so neu definierte Segment innerhalb der Segmentberichterstattung offenzulegen. Vielmehr liefert IFRS 8.13 hierfür dann quantitative Schwellenwerte (Wesentlichkeitsgrenzen), bei deren Überschreitung das jeweilige Segment dann tatsächlich berichtspflichtig wird. Demnach liegt ein berichtspflichtiges Segment vor, wenn

- der ausgewiesene Umsatzerlös mindestens 10 % der zusammengefassten internen und externen Umsatzerlöse aller Geschäftssegmente beträgt,
- der absolute Betrag seines ausgewiesenen Ergebnisses mindestens 10 % von entweder dem zusammengefassten, ausgewiesenen (absoluten) Gewinn aller Geschäftssegmente, die keinen Verlust gemeldet haben, beträgt oder – im Verlustfall – mindestens 10 % des zusammengefassten, ausgewiesenen (absoluten) Verlustes aller Geschäftssegmente, die einen Verlust gemeldet haben, oder
- seine Vermögenswerte einen Anteil von mindestens 10 % an den kumulierten Aktiva aller Geschäftssegmente betragen.

Von den oben genannten Wesentlichkeitsgrenzen muss lediglich eine als erfüllt gelten, so dass das jeweilige Segment als berichtspflichtig anzusehen ist.

Gemäß IFRS 8.15 sind so viele Geschäftssegmente als berichtspflichtige Segmente heranzuziehen (auch wenn sie die o. g. Kriterien des IFRS 8.13 nicht erfüllen), bis mindestens 75 Prozent der Umsatzerlöse des Unternehmens durch die in der Segmentberichterstattung enthaltenen Segmente erklärt wird.

4. Angabepflichten

Um eine hinreichende Verständlichkeit der Segmentdaten zu gewährleisten, nennt der IFRS 8.27 mehrere Mindestangaben zu den zugrundeliegenden Bewertungen. Diese umfassen:

- die Rechnungslegungsgrundlage für sämtliche Geschäftsvorfälle zwischen berichtspflichtigen Segmenten;
- die Art etwaiger Unterschiede zwischen den Bewertungen des Ergebnisses eines berichtspflichtigen Segments und dem Ergebnis des Unternehmens vor Steueraufwand bzw. -ertrag eines Unternehmens und Aufgabe von Geschäftsbereichen (falls nicht aus den Überleitungsrechnungen in Paragraph 28 ersichtlich). Diese Unterschiede könnten Rechnungslegungsmethoden und Strategien für die Allokation von zentral angefallenen Kosten umfassen, die für das Verständnis der erfassten Segmentinformationen erforderlich sind;
- die Art etwaiger Unterschiede zwischen den Bewertungen der Vermögenswerte eines berichtspflichtigen Segments und den Vermögenswerten des Unternehmens. Diese Unterschiede könnten Rechnungslegungsmethoden und Strategien für die Allokation von gemeinsam genutzten Vermögenswerten umfassen, die für das Verständnis der erfassten Segmentinformationen erforderlich sind;
- die Art etwaiger Unterschiede zwischen den Bewertungen der Schulden eines berichtspflichtigen Segments und den Schulden des Unternehmens. Diese Unterschiede könnten Rechnungslegungsmethoden und Strategien für die Allokation von gemein-

sam genutzten Schulden umfassen, die für das Verständnis der erfassten Segmentinformationen erforderlich sind;

- die Art etwaiger Änderungen der Bewertungsmethoden im Vergleich zu früheren Perioden, die zur Bestimmung des Ergebnisses des Segments verwendet werden, und gegebenenfalls die Auswirkungen dieser Änderungen auf die Bewertung des Ergebnisses des Segments;
- Art und Auswirkungen etwaiger asymmetrischer Allokationen auf berichtspflichtige Segmente. Beispielsweise könnte ein Unternehmen einen Abschreibungsaufwand einem Segment zuordnen, ohne dass das Segment die entsprechenden abschreibungsfähigen Vermögenswerte erhalten hat.

Da im Rahmen der Mindestangaben Erläuterungen zu Änderungen der Segmentdaten im Vergleich zu den Vorjahren nur qualitativ darzulegen sind, ist die Wirkung auf die einzelnen Segmente nicht abschließend zu beurteilen. Aus Sicht der Stetigkeit wäre hier auch eine Angabe von angepassten Vorjahreswerten von Nöten, um das Ausmaß dieser Änderungen erkennen zu können.

Um die Segmente in ihrer Bedeutung beurteilen zu können, ist gemäß IFRS 8.28 eine Überleitungsrechnung vorgesehen, in der wichtige Kenngrößen der Segmente zu den Kenngrößen des Gesamtunternehmens in Beziehung zu setzen sind:

- Gesamtbetrag der Erträge der berichtspflichtigen Segmente zu den Erträgen des Unternehmens;
- Gesamtbetrag der Bewertungen der Ergebnisse der berichtspflichtigen Segmente zum Ergebnis des Unternehmens vor Steueraufwand (Steuerertrag) und Aufgabe von Geschäftsbereichen. Weist ein Unternehmen indes berichtspflichtigen Segmenten Posten wie Steueraufwand (Steuerertrag) zu, kann es die Überleitungsrechnung vom Gesamtbetrag der Bewertungen der Ergebnisse der Segmente zum Ergebnis des Unternehmens unter Ausklammerung dieser Posten erstellen;
- Gesamtbetrag der Vermögenswerte der berichtspflichtigen Segmente zu den Vermögenswerten des Unternehmens;
- Gesamtbetrag der Schulden der berichtspflichtigen Segmente zu den Schulden des Unternehmens, wenn die Segmentschulden gemäß IFRS 8.23 ausgewiesen werden;
- Summe der Beträge der berichtspflichtigen Segmente für jede andere wesentliche angegebene Information auf den entsprechenden Betrag für das Unternehmen.

Die geforderten Mindestangaben und die Überleitungsrechnung wirken der Willkürlichkeit der Segmentergebnisermittlung auf Grund der Anwendung des *management approach* entgegen. Da die Überleitungsrechnung und die enthaltenen Anpassungen jedoch nicht den einzelnen Segmenten zugeordnet werden, ist eine Analyse und Nachvollziehbarkeit der durchgeführten Anpassungen für Dritte meist unmöglich.

E. Eigenkapitalveränderungsrechnung

Ein Jahresabschluss nach IFRS hat gemäß IAS 1.10 einen separaten Bestandteil zu enthalten, der entweder sämtliche Veränderungen des Eigenkapitals beinhaltet oder aber zumindest diejenigen Veränderungen des Eigenkapitals offen legt, die nicht aus finanziellen Transaktionen mit den Anteilseignern resultieren.

Ziel dieser Übersicht ist es, die Veränderung des Eigenkapitals transparent zu machen, die aus dem Wirtschaften des Unternehmens im abgelaufenen Geschäftsjahr resultiert und unter Beachtung der geltenden Rechnungslegungsnormen (hierbei insbesondere hinsichtlich der einschlägigen Bewertungsnormen) berechnet wurde. Von besonderer Wichtigkeit ist dabei, nicht nur die erwirtschafteten Veränderungen des Eigenkapitals – also die Aufwendungen und Erträge –, sondern auch die finanziellen Transaktionen mit den Anteilseignern darzulegen, z. B. Dividendenzahlungen (vgl. IAS 1.107).

Auf diese Weise soll die Ertragskraft des Unternehmens nach außen hin verdeutlicht werden. Der Zusatznutzen zur Gewinn- und Verlustrechnung liegt dabei in der Tatsache begründet, dass auch Eigenkapitalveränderungen offen gelegt werden, die nicht sofort in der Gewinn- und Verlustrechnung erfasst werden, wie etwa Effekte aus der Neubewertung von Vermögenswerten des Sachanlagevermögens (IAS 16), immateriellen Vermögenswerten (IAS 38), Finanzinstrumenten (IAS 39) oder auch Anlageimmobilien (IAS 40).

Bestandteile einer Eigenkapitalveränderungsrechnung sind dabei (IAS 1.106):

- das Gesamtergebnis für die Periode, wobei die Beträge, die den Eigentümern des Mutterunternehmens bzw. den Minderheitsanteilen zuzurechnen sind, getrennt auszuweisen sind;
- für jeden Eigenkapitalbestandteil den Einfluss einer rückwirkenden Anwendung oder rückwirkenden Anpassung, die gemäß IAS 8 bilanziert wurde;
- für jeden Eigenkapitalbestandteil eine Überleitung der Buchwerte zu Beginn der Periode und am Abschlussstichtag, die jede Bewegung gesondert angibt. Dabei sind insbesondere anzugeben:
  - Gewinn oder Verlust;
  - die Posten des sonstigen Ergebnisses (*other comprehensive income*);
  - die Beträge der Transaktionen mit Eigentümern, die in ihrer Eigenschaft als Eigentümer handeln, wobei die Kapitalzuführung von und Ausschüttungen an Eigentümer gesondert auszuweisen sind.

Darüber hinaus hat das bilanzierende Unternehmen Angaben zu machen über Ausschüttungen (*distributions*) an die Anteilseigner sowie die betreffenden Beträge je Anteil auszuweisen (IAS 1.107).

Ein Beispiel für eine Eigenkapitalveränderungsrechnung zeigt *Abb. 52*.

	Eingezahltes Kapital	Gewinn-rücklagen	Währungs-änderungen	Nichtrealisierte Gewinne und Verluste (netto)	Eigenkapital	Anteile anderer Gesellschafter	Summe Eigenapital
	Mio €	Mio €	Mio €	Mio €	Mio €	Mio €	Mio €
Stand. 1. Januar 2009	**28569**	**7153**	**−4013**	**2011**	**33720**	**3564**	**37284**
Gesamtergebnis	–	4154	388	3 446	7988	79	8067
Eingezahltes Kapital	66	–	–	–	66	–	66
Eigene Aktien	–	−66	–		−66	–	−66
Transaktionen zwischen Anteilseignern[1]	–	−19	−1	–	−20	−1401	−1421
Gezahlte Dividenden	–	−1580	–	–	−1580	−121	−1701
Stand 31. Dezember 2009	**28635**	**9642**	**−3626**	**5457**	**40108**	**2121**	**42229**
Gesamtergebnis	–	5294	1297	−400	6 191	169	6360
Eingezahltes Kapital	50	–	–	–	50	–	50
Eigene Aktien	–	−24	–	–	−24	–	−24
Transaktionen zwischen Anteilseignern	–	26	−10	–	16	−91	−75
Gezahlte Dividenden	–	−1850	–	–	−1850	−128	−1978
Stand 31. Dezember 2010	**28685**	**13088**	**−2339**	**5057**	**44491**	**2071**	**46562**
Gesamtergebnis	–	2505	343	−431	2417	307	2724
Eingezahltes Kapital	78	–	–	–	78	–	78
Eigene Aktien	–	14	–	–	14	–	14
Transaktionen zwischen Anteilseignern	–	−53	–	–	−53	126	73
Gezahlte Dividenden	–	−2032	–	–	−2032	−166	−2198
Stand 31. Dezember 2011	**28763**	**13522**	**−1996**	**4626**	**44915**	**2338**	**47253**

1) Enthält Veränderungen der Anteile anderer Gesellschafter aus dem Abgang der Dresdner Bank in Höhe von −1738 Mio € und weitere 337 Mio € aus Eigenkapitalveränderungen von nicht zu 100 % vom Allianz Konzern gehaltenen Tochterunternehmen.

Abb. 52: Beispiel einer Eigenkapitalveränderungsrechnung (Quelle: Geschäftsbericht Allianz 2011)

F. Lagebericht

Ein Lagebericht ist in den IFRS nicht als obligatorischer Berichtsbestandteil vorgesehen. IFRS 1 schlägt aber einen freiwilligen Zusatzbericht zur (wirtschaftlichen) Lage des Unternehmens und seinen wesentlichen Risiken vor. IAS 1.13 regt dabei an, folgende Aspekte in diesen Bericht aufzunehmen:

- die Hauptfaktoren und Einflüsse, welche die Ertragskraft bestimmen, einschließlich Veränderungen des Umfelds, in dem das Unternehmen operiert, die Reaktionen des Unternehmens auf diese Veränderungen und deren Auswirkungen sowie die Investitionspolitik des Unternehmens, um die Ertragskraft zu erhalten und zu verbessern, einschließlich der Dividendenpolitik;
- die Finanzierungsquellen des Unternehmens und den Zielverschuldungsgrad sowie
- die gemäß den IFRS nicht in der Bilanz ausgewiesenen Ressourcen.

Ein solcher Bericht wäre dem Inhalt nach mit dem Lagebericht eines HGB-Bilanzierers vergleichbar.

Darüber hinaus ermuntert IAS 1.14 die Unternehmen, auch weitere Berichtselemente, etwa Umweltberichte oder Wertschöpfungsrechnungen, in den Jahresabschluss mit aufzunehmen. Gleichzeitig wird jedoch betont, dass solche Informationen außerhalb des Regelungsbereiches der IFRS stehen.

Im Dezember 2010 wurde das IFRS Practice Statement *Management Commentary* veröffentlicht, das als Rahmenwerk für die freiwillige Erstellung eines IFRS-Lageberichtes dienen soll (IFRS PSMC.IN1).

Zweck des IFRS-Lageberichtes

Gemäß IFRS PSMC.9 soll der IFRS-Lagebericht den Jahresabschlussanwendern eine integrierte Informationsgrundlage liefern, die die im Jahresabschluss enthaltene finanzielle Information in einen Gesamtzusammenhang stellt. Hierin soll nicht nur die Sicht des Managements zu den Geschehnissen des abgelaufenen Geschäftsjahres inklusive aller positiven wie auch negativen Aspekte formuliert werden, sondern auch Erklärungen hierfür sowie mögliche Zukunftswirkungen aufgezeigt werden.

Damit soll der IFRS-Lagebericht den Anwender des Jahresabschlusses in die Lage versetzen, folgende Aspekte besser nachvollziehen zu können (IFRS PSMC.14):

- die Risikoexposition des Unternehmens sowie die Strategien des Risikomanagements sowie dessen Effektivität;
- eine Erläuterung, auf welche Art und Weise Ressourcen, die nicht im Jahresabschluss offengelegt wurden, die Unternehmensprozesse beeinflussen können oder
- auf welche Art und Weise nicht-finanzielle Faktoren die im Jahresabschluss wiedergegebenen Informationen beeinflusst haben.

Damit soll der IFRS-Lagebericht deutlich zukunftsgerichtete Informationen enthalten.

Elemente

Der IFRS-Lagebericht soll grundsätzlich folgende Elemente enthalten (IFRS PSMC.24-40):

- *Charakterisierung des Geschäftsmodells*
  Hier wird in gewisser Analogie zum HGB-Wirtschaftsbericht eine grundsätzliche Charakterisierung des Geschäftsumfeldes des Unternehmens erwartet; z. B. sollen die Hauptmärkte und die dortige Konkurrenzsituation, Hauptprodukte und -dienstleistungen und Wertschöpfungsprozesse dargestellt und erläutert werden.

- *Ziele des Managements und die grundsätzlichen Strategien, um diese zu erreichen*
  Hier sollen die Unternehmensziele und die zu ihrer Erreichung eingesetzten Strategien so weit erläutert werden, dass der Anwender die vorrangigen Maßnahmen des Managements erkennen und verstehen sowie die dazu notwendigen Ressourcen abschätzen kann. Beispielsweise soll erläutert werden, wie das Management auf Markttrends reagieren will, welche Chancen und Risiken hiermit verbunden sind und wie die Leistungsfähigkeit des Unternehmens hiervon profitieren kann und soll.
- *wesentliche Ressourcen, Risiken und Beziehungen des Unternehmens*
  Der Lagebericht soll auch deutlich auf die wichtigsten Unternehmensressourcen, Risiken und Umweltbeziehungen eingehen, die nach Ansicht des Managements den größten Einfluss auf die Entwicklung des Unternehmenswertes haben und wie diese gesteuert werden sollen.
- *Würdigung der Unternehmensergebnisse und zukünftige Erwartungen*
  Der Lagebericht soll die aktuelle ebenso wie die voraussichtliche zukünftige finanzielle und nicht-finanzielle Leistungsfähigkeit klar zum Ausdruck bringen und verdeutlichen, wie das Management auf dieser Grundlage die zukünftigen Aussichten des Unternehmens einschätzt. Hierdurch sollen die Anwender des Jahresabschlusses in die Lage versetzt werden, ihr eigenes Urteil hinsichtlich der Leistungsfähigkeit, Lage, Entwicklung und Zukunftsaussichten zu fällen.
- *kritische Performancemaße zur Messung der Zielerreichung*
  In diesem Teil des Lageberichtes sollen Maßzahlen für die kritischen Erfolgsfaktoren quantifiziert werden, die durch verbal umrissene Indikatoren zu ergänzen sind. Diese sind wiederum mit den Unternehmenszielen in Verbindung zu bringen; durch die Berichterstattung über die Veränderung dieser Maßzahlen und Indikatoren sowie die Gründe hierfür sollen die Jahresabschlussadressaten wiederum besser beurteilen können, in welchem Umfang die Unternehmensziele erreicht werden konnten.

Es wird deutlich, dass der IFRS-Lagebericht eine mit durchaus »harten« Informationen angereicherte Stellungnahme des Managements darstellen soll, welche Unternehmensziele mit welchen Mitteln verfolgt wurden, in wie weit diese im abgelaufenen Geschäftsjahr erreicht wurden und in welchem Umfang diese in Zukunft erreicht werden sollen. Daher ist davon auszugehen, dass ein HGB-konformer Lagebericht auch IFRS-konform ist; dies gilt umgekehrt sicherlich nicht automatisch.

Teil 3: Lösungen zu den Aufgaben

Lösungshinweise

Aufgabe 1: Größenkriterien

Für den Jahresabschluss 2008 ist das Unternehmen als klein einzustufen und im Gründungsjahr treten die Rechtsfolgen der jeweiligen Einstufung sofort ein. Im Jahr 2009 erfüllt die Müller-GmbH zwar die Einstufung als mittelgroße Gesellschaft, jedoch nicht an zwei aufeinander folgenden Abschlussstichtagen. Somit wird sie weiterhin als klein eingestuft. Im dritten Jahr erfüllt das Unternehmen die Voraussetzungen, um als mittelgroße Kapitalgesellschaft klassifiziert zu werden, da sie an zwei aufeinanderfolgenden Abschlussstichtagen drei Merkmalswerte der großen Kapitalgesellschaft unterschreitet und zwei Merkmalswerte für kleine Kapitalgesellschaften überschreitet. Für 2011 treten zum ersten Mal zwei Merkmalswerte für die Klassifizierung als großes Unternehmen auf. Trotzdem gelten für das Unternehmen die Rechtsfolgen für mittelgroße Kapitalgesellschaften. Für das Jahr der Notierungsaufnahme am geregelten Markt gilt für Kapitalgesellschaften unabhängig von den Größenkriterien die Zugehörigkeit zu den großen Kapitalgesellschaften.

Jahr	Bilanzsumme [Mio. €]	Umsatzerlöse [Mio. €]	Durchschnittliche Mitarbeiterzahl	Rechtsfolgen-klassifizierung
2008	3,1 ≤ 4,840 klein	9,680 < 9,7 ≤ 38,500 mittelgroß	40 ≤ 50 klein	klein
2009	4,840 < 6,5 ≤ 19,250 mittelgroß	9,680 < 18 ≤ 38,500 mittelgroß	45 ≤ 50 klein	klein
2010	3,0 ≤ 4,840 klein	9,680 < 12,9 ≤ 38,500 mittelgroß	50 < 100 ≤ 250 mittelgroß	mittelgroß
2011	20 > 19,250 groß	9,680 < 26 ≤ 38,500 mittelgroß	280 > 250 groß	mittelgroß
2012	4,840 < 8,9 ≤ 19,250 mittelgroß	39 > 38,500 groß	50 < 200 ≤ 250 mittelgroß	groß

Aufgabe 2: Aufbewahrungsfristen

Die Aufbewahrungsfrist für Handelsbücher beginnt mit dem Ablauf (31.12.) des Jahres in dem die letzte Eintragung im Handelsbuch vorgenommen wurde. Entsprechend dem Sachverhalt beginnt somit die Aufbewahrungsfrist für das Handelsbuch am 31.12.2005. Die Dauer der Aufbewahrungsfrist für Handelsbücher und Buchungsunterlagen beträgt 10 Jahre. Die Unterlagen hätten somit nicht vernichtet werden dürfen.

Aufgabe 3: Buchführungspflichten

Das HGB verlangt lediglich, dass die Bücher in einer lebenden Sprache zu führen sind. Die Verwendung der deutschen Sprache ist nicht erforderlich. Insofern ist die Verwendung des Italienischen HGB-konform.

Trotz Verwendung von Schlüsseln muss die Einblickbarkeit der Buchführung gewahrt bleiben, d. h. es muss einem sachverständigen Dritten möglich sein, sich in den Büchern in angemessener Zeit zu Recht zu finden. Hierzu ist ein Schlüsselverzeichnis unabdingbar.

Die Vornahme der Aufzeichnungen mit Bleistift verstößt gegen die vom HGB geforderte Unveränderlichkeit der Aufzeichnungen

Zeitgerechte Verbuchung ist eine explizit im HGB aufgeführte Ordnungsmäßigkeitsanforderung an die Buchführung. Eine Verbuchung der Ausgangsrechnungen zum Quartalsende kann nicht mehr als zeitgerecht angesehen werden.

Aufgabe 4: Inventarerstellung

Inventar zum 31.12.2012 Firma Kowalski		
I. Vermögen		
A. Anlagevermögen		
1. Grundstücke		
Lagerhausstraße 2	30.000 €	
Bienenstraße 5	100.000 €	130.000 €
2. Fuhrpark		
Transporter-Bus (Baujahr 2003)	12.000 €	12.000 €
3. Büroeinrichtung		
2 Schreibtische Marke Z (2003)	1.900 €	
2 Drehstühle Marke Z (2005)	800 €	
2 Aktenschränke (1999)	800 €	
1 Schreibmaschine Marke T (2006)	1.200 €	
1 Buchungsautomat Marke S (2003)	3.900 €	8.600 €
B. Umlaufvermögen		
1. Warenvorräte		
10 Waschmaschinen Marke M	12.000 €	
5 Geschirrspülmaschinen Marke M	8.000 €	
50 Küchenmaschinen Marke M	30.000 €	
20 Handmixer Marke M	4.000 €	54.000 €
2. Kundenforderungen		
Albert Lanz, Hattingen	3.000 €	3.000 €
3. Bankguthaben		
Stadtsparkasse Essen Konto 47	8.000 €	8.000 €
4. Kassenbestand	5.000 €	5.000 €
Summe der Vermögensgegenstände		220.600 €

II. Schulden		
1. Langfristige Schulden		
Darlehen Sparkasse Essen	30.000 €	30.000 €
2. Kurzfristige Schulden		
Fa. M., Herne	20.000 €	20.000 €
Summe der Schulden		50.000 €
III. Reinvermögen		
Summe der Vermögensgegenstände	220.600 €	
./. Summe der Verbindlichkeiten	50.000 €	
= Reinvermögen		170.600 €

Aktiva	Bilanz der Firma Herbert Kowalski zum 01.01.2013		Passiva
I. Anlagevermögen		I. Eigenkapital	170.600 €
1. Grundstücke	130.000 €		
2. BGA	20.600 €		
II. Umlaufvermögen		II. Fremdkapital	
1. Warenvorräte	54.000 €	1. Langfristiges Fremdkapital	30.000 €
2. Kundenforderungen	3.000 €	2. Kurzfristiges Fremdkapital	20.000 €
3. Bankguthaben	8.000 €		
4. Kasse	5.000 €		
	220.600 €		220.600 €

Aufgabe 5: Inventarerstellung

Inventar zum 31.12.2012	Firma Müller	
A. Vermögensgegenstände		
I. Anlagevermögen		
Fabrikgebäude		60.000 €
Maschinen		98.000 €
Werkzeuge		36.500 €
Fuhrpark		82.000 €
Geschäftsausstattung		18.500 €
II. Umlaufvermögen		
Rohstoffe		19.200 €
Hilfs- und Betriebsstoffe		7.500 €
Unfertige Erzeugnisse		12.000 €
Fertige Erzeugnisse		26.500 €
Forderungen aus Lieferung und Leistung		18.300 €
Kassenbestand		2.700 €
Bankguthaben Commerzbank AG		42.700 €
Summe der Vermögensgegenstände		423.900 €

B. Schulden	
Hypothek	74.800 €
Darlehen Deutsche Bank AG	65.100 €
Verbindlichkeiten aus Lieferungen und Leistungen	42.700 €
Summe Verbindlichkeiten	182.600 €
C. Ermittlung des Reinvermögens	
Summe der Vermögensgegenstände	423.900 €
./. Summe der Verbindlichkeiten	182.600 €
= Reinvermögen	241.300 €

Aufgabe 6: Inventursysteme

Folg benötigt eine Alternative zur klassischen Stichtagsinventur, d. h. ein vereinfachtes Inventursystem. Hierzu stehen grundsätzlich die zeitnahe Inventur, die vor- oder nachverlegte Inventur und die permanente Inventur zur Verfügung. Die Verlegung der Inventur in den Juli wäre nur im Rahmen der permanenten Inventur möglich (beim Abschlussstichtag 31.12.2012 ist der frühest mögliche Aufnahmetermin bei der vorverlegten Inventur der 30.09.2012, bei der zeitnahen Inventur der 21.12.2012). Eine permanente Inventur setzt u. a. eine ordnungsmäßige Lagerbuchführung und damit eine mengenmäßige Erfassung der Bestandsbewegungen voraus. Da die Verkäufe nicht mengenmäßig erfasst werden, ist diese Anwendungsvoraussetzung der permanenten Inventur nicht gegeben. Die vor- oder nachverlegte Inventur setzt u. a. voraus, dass die Bestände wertmäßig auf den Abschlussstichtag fortgeschrieben werden bzw. zurückgerechnet werden. Die Vorverlegung kommt schon deshalb nicht in Betracht, weil in der Vorweihnachtszeit nur die Gesamtumsätze, nicht aber die wertmäßigen Abgänge der einzelnen Positionen erfasst werden. Zudem ist die vor- oder nachverlegte Inventur nicht anwendbar, wenn wesentliche unkontrollierbare Abgänge vorliegen, was hier aufgrund der Ladendiebstähle gegeben ist. In Frage kommt deshalb lediglich eine Nachverlegung der Bestandsaufnahme auf den Zeitraum 07.01.-10.01.2013 im Sinne einer zeitnahen Inventur. Hierzu müsste Folg sicherstellen, dass sämtliche Bestandsbewegungen zwischen Bilanz- und Aufnahmestichtag erfasst werden. Alternativ könnte Folg allenfalls den Abschlussstichtag verlegen.

Aufgabe 7: Festwertverfahren

- Da es sich bei den Aktien der Duftmensa AG weder um Vermögensgegenstände des Sachanlagevermögens noch um Roh-, Hilfs- und Betriebsstoffe handelt, darf die PFUI AG die Aktien nicht zum Festwert bilanzieren.
- Die Kopiergeräte der Bad to Read OHG stellen Vermögensgegenstände des Sachanlagevermögens dar. Da bei Kopiergeräten regelmäßig ein technisch bedingter Verschleiß vorliegt, handelt es sich um abnutzbares Sachanlagevermögen, welches regelmäßig ersetzt wird. Da jedoch davon ausgegangen werden kann, dass die 52 Kopiergeräte

einen großen Anteil der Bilanzsumme ausmachen, ist eine Nachrangigkeit ihres Gesamtwertes für die Bad to Read OHG zu verneinen. Folglich dürfen die Kopiergeräte nicht zum Festwert bilanziert werden.

- Die unbebauten Grundstücke der Rundkohle AG stellen zwar Vermögensgegenstände des Sachanlagevermögens dar, jedoch gehören Grundstücke generell zum nicht abnutzbaren Sachanlagevermögen. Demzufolge kann davon ausgegangen werden, dass diese keinem regelmäßigen Ersatz unterliegen. Folglich darf die Rundkohle AG die unbebauten Grundstücke nicht festbewerten.
- Da die Bed & Breakfast AG die aus Brasilien erworbenen Holzplatten ohne Weiterverarbeitung an ihre Kunden verkauft, handelt es sich hierbei um Handelswaren, die nicht festbewertet werden dürfen.
- Bei der DEO AG könnte es sich einerseits um einen Händler und andererseits um einen Produzenten von Kraftstoffen handeln. Im ersten Fall wäre der Benzinbestand als Handelswaren auszuweisen und demnach nicht festbewertungsfähig. Wenn die DEO AG Produzent der Kraftstoffe wäre, dürfte der Bestand ebenfalls nicht als Festwert bilanziert werden, da dieser den Fertigerzeugnissen zugeordnet werden müsste. Zudem ist zu beachten, dass Benzinpreise stark schwanken, so dass eine weitere Voraussetzung der Festbewertung, geringe wertmäßige Bestandsschwankungen, nicht erfüllt ist.

Aufgabe 8: Festwertverfahren

a) Der Festwert am 31.12.2011 betrug 25.000 €. Am 31.12.2012 beläuft sich der Wert entsprechend der durchgeführten Inventur nur noch auf 23.000 €. Gemäß dem Niederstwertprinzip ist für Vermögensgegenstände des Anlagevermögens bei denen eine dauerhafte Wertminderung vorliegt eine außerplanmäßige Abschreibung auf den niedrigeren Wert vorzunehmen. Dieses gilt auch, wenn das Verfahren der Festbewertung angewendet wird. Aus diesem Grund sind die Bestecke in der Bilanz zum 31.12.2012 mit 23.000 € zu bilanzieren.

b) Der Festwert am 31.12.2011 betrug 25.000 €. Am 31.12.2012 beläuft sich der Wert entsprechend der durchgeführten Inventur auf 26.900 €. Dies entspricht einem wertmäßigen Mehrbestand von 7,6 %. Da die Abweichung zwischen dem tatsächlichen Wert am 31.12.2012 gemäß der Inventur und dem Festwert weniger als +10 % beträgt, darf der bisher angesetzte Festwert von 25.000 € auch in der Bilanz zum 31.12.2012 angesetzt werden.

c) Der Festwert am 31.12.2011 betrug 25.000 €. Am 31.12.2012 beläuft sich der Wert entsprechend der durchgeführten Inventur auf 35.400 €. Dies entspricht einem wertmäßigen Mehrbestand von 41,6 %. Da die Abweichung zwischen dem tatsächlichen Wert am 31.12.2012 gemäß der Inventur und dem Festwert mehr als +10 % beträgt, muss der bisher angesetzte Festwert von 25.000 € auf 35.400 € in der Bilanz zum 31.12.2012 angehoben werden.

Aufgabe 9: Festwertverfahren

1. Voraussetzung: Roh-, Hilfs-, Betriebsstoffe oder Sachanlagevermögen

Bei den Gerüstteilen der T. Klöckner Bau AG handelt es sich um Vermögensgegenstände des Sachanlagevermögens.

2. Voraussetzung: Regelmäßiger Ersatz

Gerüstteile unterliegen aufgrund ihres ständigen Gebrauchs technischem und witterungsbedingtem Verschleiß, was dazu führt, dass das Bauunternehmen die Einzelteile regelmäßig ersetzen muss. Darüber hinaus geht ein regelmäßiger Ersatz der Gerüstteile aus der Aufgabe hervor.

3. Voraussetzung: Nachrangige Bedeutung

Da der Gesamtwert der Gerüstteile in Relation zu den entsprechenden Bilanzsummen durchgehend geringer ausfällt als 5 %, ist der Festwert für das Unternehmen in den Geschäftsjahren 2012 bis 2016 von nachrangiger Bedeutung (siehe Tabelle).

Jahr	Festwert (FW) [€]	Bilanzsumme (BS) [€]	Anteil des FW an BS [%]
2012	100.000	2.120.000	4,72
2013	100.000	2.200.000	4,55
2014	100.000	2.190.000	4,57
2015	100.000	2.080.000	4,81
2016	100.000	2.110.000	4,74

4. Voraussetzung: Geringe Wertschwankungen in Größe, Wert und Zusammensetzung

Berücksichtigt man die Werte der Ersatzteilbeschaffungen und die »fiktiven« Abschreibungen der Geschäftsjahre 2012 bis 2016, so ist festzustellen, dass der Bestand der in den Festwert aufzunehmenden Gerüstteile lediglich im letzten Geschäftsjahr einer höheren Wertschwankung als 10 % nach oben unterliegt (siehe Tabelle):

Jahr	FW [€]	»fiktive« Abschreibung [€]	Wert der Ersatzteile [€]	Saldo [€]	Wertschwankung [%]
2012	100.000	10.000	10.000	100.000	0,0
2013	100.000	10.000	10.800	100.800	0,8
2014	100.000	10.000	12.500	102.500	2,5
2015	100.000	10.000	11.900	101.900	1,9
2016	100.000	10.000	21.300	111.300	11,3

5. Voraussetzung: Regelmäßige Bestandsaufnahme (i. d. R. alle 3 Jahre)

Die T. Klöckner Bau AG beabsichtigt am 31.12.2015 eine körperliche Bestandsaufnahme durchzuführen.

Ergebnis:
Die T. Klöckner Bau AG darf die Gerüstteile in den Geschäftsjahren 2012 bis 2015 zum Festwert bilanzieren. Im Jahr 2016 muss der Festwert entweder angepasst oder aufgelöst werden.

Die Anpassung des Festwertes und die Beibehaltung der Festbewertung sind allerdings nur zulässig, sofern der hohe Aufwand für die Ersatzteilbeschaffung im Jahr 2016 einmalig war, denn ansonsten lägen nicht mehr geringe wertmäßige Bestandsschwankungen vor.

Aufgabe 10: Gruppenbewertung

Der Endbestand der Stoffe beträgt zum Abschlussstichtag 100 m.

a) Für den Wert des Vorratslagers nach dem gewogenen periodischen Durchschnitt ergibt sich folgende Lösung:

Datum	Anfangsbestand (AB)/ Zugang (Z)	Stoffmenge [m]	Preis pro Meter [€/m]	Gesamtwert [€]
01.01.2012	AB	500	10,00	5.000
14.02.2012	Z	300	14,00	4.200
21.08.2012	Z	200	9,00	1.800
	Summe	1.000		11.000

Gewogener Durchschnittswert des Lagers: $\frac{11.000\,€}{1.000\,m}$ = 11 €/m

Verbrauchsmenge des Jahres 2012: 900 m
Bewertung der Verbrauchsmenge 2012: 900 m · 11 €/m = 9.900 €
Bewertung des Endbestandes 2012: 100 m · 11 €/m = 1.100 €

b) Für den Wert des Vorratslagers nach dem gleitenden permanenten Durchschnitt ergibt sich folgende Lösung:

Datum	Anfangsbestand (AB)/ Zugang (Z)	Stoffmenge [m]	Preis pro Meter [€/m]	Gesamtwert [€]
01.01.2012	AB	500	10,00	5.000
	Bestand	500	10,00	5.000
23.01.2012	A	200	10,00	2.000
	Bestand	300	10,00	3.000
14.02.2012	Z	300	14,00	4.200
	Bestand	600	12,00	7.200
15.05.2012	A	400	12,00	4.800
	Bestand	200	12,00	2.400

21.08.2012	Z	200	9,00	1.800
	Bestand	400	10,50	4.200
27.10.2012	A	300	10,50	3.150
	Endbestand	100	10,50	1.050

Bewertung der Verbrauchsmenge:

	Stoffmenge [m]	Preis pro Meter [€/m]	Gesamtwert [€]
	200	10,00	2.000
	400	12,00	4.800
	300	10,50	3.150
Summe	900		9.950

Bewertung der Verbrauchsmenge 2012: 9.950 €
Bewertung des Endbestandes 2012: 1.050 €

Aufgabe 11: Bilanzierungsfähigkeit

a) Pensionsrückstellungen, bei denen die Pensionszusage vor dem 01.01.1987 erteilt wurde
Bei Pensionsrückstellungen handelt es sich um Verpflichtungen des Unternehmens gegenüber seinen Mitarbeitern (Dritten). Diese sog. Außenverpflichtung umfasst eine betriebliche Altersversorgung für die Mitarbeiter, der sichX das Unternehmen nach erteilter Zusage nur in Ausnahmefällen entziehen kann. Darüber hinaus ist die Leistungsverpflichtung hinreichend konkretisiert, da eine bestimmte Mindestwahrscheinlichkeit für die Eintrittspflicht (Eintritt z. B. aufgrund des erreichten Rentenalters von 65. Lebensjahren) vorliegt. Neben der hinreichend konkretisierten Leistungsverpflichtung unterliegt das Unternehmen einer wirtschaftlichen Belastung, da mit der Pensionszusage eine hohe Wahrscheinlichkeit für den Abfluss liquider Mittel, der eindeutig quantifizierbar ist, verbunden ist. Entsprechend den erfüllten Kriterien für eine abstrakte Passivierungsfähigkeit bedarf es weiterhin der Überprüfung der konkreten Passivierungsfähigkeit.

Die konkrete Passivierungsfähigkeit grenzt ab, ob eine abstrakt passivierungsfähige Schuld aufgrund abweichender konkreter handelsrechtlicher Vorschriften nicht angesetzt werden muss (oder darf) oder eine Nicht-Schuld aufgrund abweichender rechtlicher Passivierungsvorschriften doch passiviert werden muss (oder darf). Für die erteilte Pensionszusage vor dem 01.01.1987 existiert gem. Art. 28 Abs. 1 Satz 1 EGHGB ein Passivierungswahlrecht für direkte Pensionszusagen. Folglich wird aus der abstrakten Passivierungspflicht ein konkretes Passivierungswahlrecht.

b) Personalcomputer
Der Personalcomputer ist ein materielles Wirtschaftsgut, welches vom Unternehmen zur Schuldendeckung verwendet werden kann. Die Bedingung für eine abstrakte Aktivierungsfähigkeit (selbständige Verwertbarkeit) erfüllt der Personalcomputer. Zudem existieren keine Regelungen im Rahmen der konkreten Aktivierungsfähigkeit, die die Aktivierungsfähigkeit negativ beeinflussen.

c) Selbsterstellte Software, die speziell nur für ein Unternehmen einsetzbar ist
Das Wirtschaftsgut »Software«, welches zur Kategorie der immateriellen Wirtschaftsgüter aufgrund des hohen Maßes an individueller, schöpferischer und geistiger Leistung zählt, ist grundsätzlich selbständig verwertbar.

In dem hier zu beurteilenden Fall erscheint es jedoch fraglich, ob das Wirtschaftsgut aufgrund seiner ausschließlichen Ausrichtung auf das Unternehmen (Spezialsoftware) in irgendeiner Weise gegenüber Dritten verwertet und dadurch in Geld umgesetzt werden kann. Sofern die Einsatzmöglichkeit der Software für andere Unternehmen ebenfalls gegeben ist, besteht diese selbständige Verwertbarkeit ohne Zweifel.

Geht man in dem Beispiel der selbsterstellten Software davon aus, dass selbständige Verwertbarkeit – trotz dargebrachter Einwände – als erfüllt anzusehen ist, so ist neben der nun vorliegenden abstrakten Aktivierungsfähigkeit noch die konkrete Aktivierungsfähigkeit zu überprüfen.

Das Handelsgesetz sieht ein Aktivierungswahlrecht selbsterstellter immaterieller Vermögensgegenstände vor (§ 248 Abs. 2 Satz 1 HGB). Dabei ist jedoch zwischen Forschungs- und Entwicklungskosten zu differenzieren. Während Entwicklungskosten Bestandteil der Herstellungskosten eines selbst geschaffenen immateriellen Vermögensgegengstandes des Anlagevermögens sind (§ 255 Abs. 2a Satz 1 HGB) und aktiviert werden können, dürfen Forschungs- und ggf. anfallende Vertriebskosten nicht aktiviert werden (§ 255 Abs. 2 HGB). Da es sich bei den mit der Entwicklung einer Software verbundenen Kosten um Herstellungskosten handelt, besteht ein Aktivierungswahlrecht.

d) Eine entgeltlich erworbene Homepage
Eine Homepage ist eine PC-Bildschirmseite im Internet, die sich aus einer Vielzahl von unterschiedlichen Dateien zusammensetzt. Jede einzelne Datei, z. B. Datei: Stellenausschreibungen, Datei: Firmenporträt, Datei: Produktbestellungen etc., ist entsprechend dem Urheberrecht § 2 Abs. 2 UrhG schutzfähig. Für die Überprüfung der Aktivierungsfähigkeit ist somit zu beachten, dass die Homepage aus einer Vielzahl von Wirtschaftsgütern besteht. Die Anzahl der Wirtschaftsgüter hängt dabei von den möglichen Nutzungs- und Funktionszusammenhängen und nicht von der softwaretechnischen Verknüpfung zwischen den Dateien ab.

Das Wirtschaftsgut »Datei«, welches zur Kategorie der immateriellen Wirtschaftsgüter aufgrund des hohen Maßes an individueller, schöpferischer und geistiger Leistung zählt, ist grundsätzlich selbständig verwertbar.

In dem hier zu beurteilenden Fall könnte es fraglich sein, ob das Wirtschaftsgut in irgendeiner Weise gegenüber Dritten verwertet und dadurch in Geld umgesetzt werden kann. Begründend kann angeführt werden, dass aufgrund der enormen Schnelllebigkeit der Informationstechnologie bzw. der Designs der Internetseiten der über den Abschlussstichtag hinausgehende Nutzen als fraglich anzusehen ist. Der (Ver-)Kauf einer Homepage, die nicht mehr dem Stand der Zeit entspricht, erscheint eher unwahrscheinlich.

Geht man in dem Beispiel der entgeltlich erworbenen Homepage davon aus, dass die selbständige Verwertbarkeit – trotz dargebrachter Einwände – gegeben ist, so ist neben der nun vorliegenden abstrakten Aktivierungsfähigkeit noch die konkrete Aktivierungsfähigkeit zu überprüfen.

Die konkrete Aktivierungsfähigkeit, die letztlich Aktivierungsverbote trotz vorliegender bzw. Aktivierungswahlrechte und -pflichten trotz fehlender abstrakter Aktivierungsfähigkeit enthält, beinhaltet kein Aktivierungsverbot für entgeltlich erworbene immaterielle Vermögensgegenstände des Anlagevermögens. Es liegt somit kein Aktivierungsverbot vor, was die Aktivierung der Homepage unter Beachtung der Einwände zur Folge hätte.

e) Selbsterstellte, zum Verkauf bestimmte Projektmanagementsoftware
Die abstrakte Aktivierungsfähigkeit ist gegeben, da Software selbständig verwertbar ist.

Auch die konkrete Aktivierungsfähigkeit ist erfüllt, da § 248 Abs. 2 Satz 1 HGB ein Aktivierungswahlrecht für selbsterstellte Vermögensgegenstände des Anlagevermögens vorsieht. Der Ansatz der Software erfolgt im Umlaufvermögen unter Vorräten in den fertigen Erzeugnissen und Waren.

f) Kosten der Einführungswerbung und für Umschulungen
Da Kosten der Einführungswerbung und für Umschulungen für die Errichtung eines neuen Geschäftsbetriebes anfallen, liegt keine selbständige Verwertbarkeit vor, somit ist auch keine abstrakte Aktivierungsfähigkeit gegeben. Die Kosten der Einführungswerbung und für Umschulungen sind aufwandswirksam während der Periode zu erfassen.

Aufgabe 12: Immaterielle Vermögensgegenstände

Zunächst sind im Jahr 2011 und 2012 jeweils die Aufwendungen in Höhe von 400.000 € bzw. 500.000 € in der GuV zu erfassen.

Fraglich ist, ob und in welcher Höhe das Patent auf die alternative Technik, also der immaterielle Vermögensgegenstand, in der Bilanz aktiviert und damit die Aufwendungen wieder storniert werden können:

Grundsätzlich gilt, dass nach § 248 Abs. 2 Satz 1 HGB die Herstellungskosten selbst geschaffener immaterieller Vermögensgegenstände des Anlagevermögens als Aktivposten in der Bilanz aktiviert werden können, sofern nicht ein Ausnahmetatbestand greift. Da nach § 255 Abs. 2a Satz 1 HGB die anfallenden Aufwendungen für die Entwicklung eines selbst geschaffenen Vermögensgegenstandes zu den Herstellungskosten zu zählen sind und Forschungskosten nach § 255 Abs. 2 Satz 4 HGB nicht einbezogen werden dürfen, ist in einem ersten Schritt zu prüfen, ob ein Übergang von Forschung zu Entwicklung deutlich zu erkennen ist. Wenn Forschung und Entwicklung nicht verlässlich voneinander unterschieden werden können, ist nach § 255 Abs. 2a HGB, welcher auch eine Definition von Forschung als auch Entwicklung beinhaltet, eine Aktivierung grundsätzlich ausgeschlossen. Die Tatsachen, dass ein erster Prototyp erstellt, ein Patent erteilt als auch Kaufangebote vorliegen, sprechen für den Übergang von Forschung zu

Entwicklung ab Anfang 2012. Die bis dahin angefallenen Aufwendungen im Jahr 2011 in Höhe von 400.000 € dürfen also nicht aktiviert werden, da sie zur Forschungsphase zuzuordnen sind. Zur Frage der Bilanzierung der Aufwendungen von 500.000 € im Jahr 2012 muss in einem zweiten Schritt geprüft werden, ob bzw. zu welchem Zeitpunkt mit einer hohen Wahrscheinlichkeit damit zu rechnen ist, dass im Rahmen der Forschung- und Entwicklungsaktivitäten ein einzeln verwertbarer, immaterieller Vermögensgegenstand des Anlagevermögens entsteht. Insbesondere die Tatsache, dass Anfang 2012 für das Patent auf die neuartige Technik bereits Kaufangebote vorliegen, spricht ab diesem Zeitpunkt für eine hohe Wahrscheinlichkeit. Somit besteht ein Aktivierungswahlrecht für die Aufwendungen für Entwicklung im Jahr 2012 in Höhe von 500.000 €.

Die Aktivierung des immateriellen Vermögensgegenstandes in Höhe von 750.000 € ist verboten, da nach § 253 Abs. 1 Satz 1 HGB Vermögensgegenstände höchstens mit den Anschaffungs- oder Herstellungskosten anzusetzen sind.

Aufgabe 13: Immaterielle Vermögensgegenstände

a) Die Investitionen in Höhe von 2.000.000 € sind aufwandswirksam zu erfassen. Die abstrakte Aktivierungsfähigkeit ist gegeben, da die Marke selbstständig verwertbar ist. Die konkrete Aktivierungsfähigkeit ist jedoch nicht erfüllt, da nach § 248 Abs. 2 Satz 2 HGB ein Aktivierungsverbot für selbst geschaffene Marken besteht. Die einzeln veräußerbare Marke ist damit weder mit 2.000.000 € noch mit 4.000.000 € in der Bilanz zu aktivieren.
b) Der entgeltlich erworbenen Geschäfts- oder Firmenwert (GoF) gilt nach § 246 Abs. 1 Satz 4 HGB als ein zeitlich begrenzt nutzbarer Vermögensgegenstand, für den eine Aktivierungspflicht besteht. Für dessen Ermittlung gilt:

GoF = Kaufpreis./. (Zeitwert der übernommenen Vermögensgegenstände./. Zeitwert der übernommenen Schulden). Damit ergibt sich:

5.000.000 € ./. (10.000.000 € ./. 5.750.000 €) = 750.000 €.

Aufgabe 14: Vorsichtsprinzip

Entsprechend dem Realisationsprinzip, welches eine Ausprägung des Vorsichtsprinzips darstellt, dürfen noch nicht realisierte Gewinne am Abschlussstichtag nicht ausgewiesen werden (§ 252 Abs. 1 Nr. 4 HGB). Da der Geschäftsführer lediglich den Verkauf für das Jahr 2013 geplant hat, mangelt es an der Realisierung des Erfolges. Dazu hätte der Verkaufszeitpunkt im Jahr 2012 liegen müssen.

Aufgabe 15: Wertbegründende und -aufhellende Tatsache

Bei der Statue handelt es sich um einen selbständig verwertbaren Vermögensgegenstand. Die Voraussetzungen der abstrakten und der konkreten Aktivierungsfähigkeit werden erfüllt. Somit besteht eine Pflicht, die Statue zu den Anschaffungskosten von 8 Mio. € zu aktivieren. Zum 31.12.2012 ist die Werthaltigkeit des Vermögensgegenstandes zu prüfen. Da die Statue für Handelszwecke erworben wurde und dem Umlaufvermögen zugeordnet ist, gilt das strenge Niederstwertprinzip. Aufgrund der doppelten Maßgeblichkeit des Beschaffungs- und des Absatzmarktes besteht eine Abschreibungspflicht auf 5 Mio. €. Da sich die positive Marktentwicklung auf dem Kunstmarkt zwischen dem Bilanzstichtag und der Erstellung des Abschlusses ereignete, liegt eine wertbegründende (nicht wertaufhellende) Tatsache vor. Die positive Entwicklung des Marktes erfolgt im Jahr 2013, so dass eine Berücksichtigung der Wertsteigerung im Abschluss zum 31.12.2012 ausscheidet.

Aufgabe 16: Anschaffungskosten

		[€]	[€]
Anschaffungspreis			450.000,00
Anschaffungsnebenkosten			
Reisekosten (dient der Entscheidungsfindung)		0,00	
Beratungskosten (dient der Entscheidungsfindung)		0,00	
Maklergebühren	3 %	13.500,00	
Notar- und Grundbuchkosten		7.500,00	
Vermessungskosten		15.000,00	
Grunderwerbsteuer	3,50 %	15.750,00	51.750,00
nachträgliche Anschaffungskosten			0,00
Anschaffungspreisminderungen			0,00
Anschaffungskosten			501.750,00

Aufgabe 17: Anschaffungskosten

Der Anschaffungspreis der 100.000 Kisten KangooHopp beläuft sich insgesamt auf 1.000.000 €. Hierbei handelt es sich bereits um den Netto-Einkaufspreis, so dass eine Herausrechnung der Umsatzsteuer nicht vorgenommen werden muss.

Anschaffungspreisminderungen sind nicht zu berücksichtigen, da der Ex und Hopp KG keine Rabatte, Skonti oder Boni eingeräumt wurden.

Zu den Anschaffungsnebenkosten zählen der Einfuhrzoll (60.000 €), der Verbrauch an Dieselkraftstoff für die insgesamt 2.000 km vom Hafen zum Lager (1.200 €) sowie die Abschreibung für den eingesetzten LKW (2.000 km · 1,4 €/km = 2.800 €), da diese Kosten unmittelbar mit der Beschaffung des Produktes angefallen sind und einzeln zugerechnet werden können. Allerdings ist zu beachten, dass Abschreibungen nur in solchen Fällen einen Bestandteil der Anschaffungsnebenkosten bilden, in denen diese dem Beschaffungs- bzw. Inbetriebsetzungsvorgang direkt zugerechnet werden können. Diese Voraussetzung ist bei der hier praktizierten Leistungsabschreibung erfüllt.

Nicht zu den Anschaffungsnebenkosten gehören die Kosten für Flug, Hotel, Taxi, Pub- und Restaurantbesuche (8.100 €), da diese als Kosten der Entscheidungsfindung nicht unmittelbar mit der Beschaffung des Produktes angefallen sind, sowie das Gehalt des LKW-Fahrers (3.000 €) und die Transportversicherungskosten (58.000 €), welche als Gemeinkosten nicht einzeln zurechenbar sind. Ebenfalls nicht zu berücksichtigen sind die Zinsen i. H. v. 8.000 € sowie die Kosten für die Promotion-Veranstaltung i. H. v. insgesamt 1.950 € (Miete und Gehälter), da es sich im ersten Fall um Finanzierungsaufwendungen und im zweiten Fall um Vertriebskosten handelt. Da die Lieferung frei Hamburger Hafen erfolgt, wird die Seefracht von der Vomit Again Inc. getragen, so dass sie nicht in die Anschaffungskosten einfließt. Letztlich findet auch die Einfuhrumsatzsteuer i. H. v. 190.000 € keine Berücksichtigung, da davon auszugehen ist, dass das Unternehmen vorsteuerabzugsberechtigt ist.

Abschließend ist zu erwähnen, dass der Ex und Hopp KG keine nachträglichen Anschaffungskosten entstanden sind.

Demzufolge ergeben sich für die 100.000 Kisten KangooHopp folgende Anschaffungskosten:

	Anschaffungspreis exkl. USt	1.000.000 €
+	Anschaffungsnebenkosten	
	Einfuhrzoll	60.000 €
	Leistungsabschreibung LKW	2.800 €
	Verbrauch Dieselkraftstoff	1.200 €
+	Summe Anschaffungsnebenkosten	64.000 €
=	Anschaffungskosten	1.064.000 €

Für eine Kiste KangooHopp sind also Anschaffungskosten i. H. v. 10,64 € anzusetzen.

Aufgabe 18: Anschaffungskosten

Die Finanzierungskosten des Annuitätendarlehens bei der Erfurter Bank gehören nicht zu den Anschaffungsnebenkosten, somit dürfen die Zinsen sowie das Disagio nicht in den Anschaffungskosten berücksichtigt werden.

Da für die Ermittlung der Anschaffungskosten der Nettokaufpreis maßgeblich ist, ist der Rechnungsbetrag um die Umsatzsteuer zu kürzen. Es ergibt sich ein Kaufpreis von 600.000 €. Weiterhin enthalten die Anschaffungskosten auch Anschaffungsnebenkosten. Daher sind die Transportkosten, die Installationskosten des Installationsbetriebes, die Kosten der Probeläufe durch den Lieferanten sowie der Einfuhrzoll in die Anschaffungskosten einzubeziehen, wobei die einbezogene Umsatzsteuer entsprechend herauszurechnen ist. Um die Anschaffungskosten des Fertigungsroboters zu ermitteln, sind zudem Anschaffungspreisminderungen abzuziehen. Im Fall der Traffic GmbH wäre der Rabatt (2 %), das Skonto für den Roboter (3 %), das Skonto für die Installation (3 %) sowie das Skonto für die Probeläufe (2 %) in den Anschaffungskosten zu berücksichtigen.

Es ergibt sich folgendes Berechnungsschema:

		[€]	
	Brutto-Kaufpreis	714.000	
./.	Umsatzsteuer	−114.000	
=	Anschaffungspreis exkl. USt	600.000	
+	Anschaffungsnebenkosten		
	Transportkosten	10.000	
	Zölle	5.000	
	Installationskosten	9.000	
	Probelaufkosten	7.000	
+	Summe Anschaffungsnebenkosten	31.000	
./.	Anschaffungspreisminderungen		
	Rabatt für den Roboter (2 %)	12.000	600.000 · 0,02 = 12.000
	Skonto für den Roboter (3 %)	17.640	(600.000−12.000) · 0,03 = 17.640
	Skonto für Installation (3 %)	270	9.000 · 0,03 = 270
	Skonto für Probeläufe (2 %)	140	7.000 · 0,02 = 140
	Summe Anschaffungspreisminderungen	30.050	
=	Anschaffungskosten	600.950	

Aufgabe 19: Anschaffungskosten

a)

			[€]	[€]	[€]
	Listenpreis				75.000,00
+	Umsatzsteuer	19 %			14.250,00
=	Bruttokaufpreis				89.250,00
./.	abzugsfähige Vorsteuer				−14.250,00
=	Anschaffungspreis				75.000,00
+	Anschaffungsnebenkosten				4.350,84
	Frachtkosten 750 € zzgl. 19 % USt		892,50		
	Montagekosten Fa. Still		2.500,00		
	Kosten für das Fundament	Einzelkosten	1.500,00		
		Gemeinkosten	0,00		
	Finanzierungskosten		0,00		
	abzüglich abzugsfähige Vorsteuer aus den Frachtkosten		−142,50		
	abzüglich abzugsfähige Vorsteuer aus der Rechnung von der Fa. Still		−399,16		

./. Anschaffungspreisminderungen			−3.394,52
Rabatt 2,5 % vom Listenpreis		−1.875,00	
Skonto 2 % auf den netto Rechnungswert nach Abzug des gewährten Rabatts	73.125,00	−1.462,50	
Skonto 2 % auf den netto Rechnungswert der Rechnung von Still	2.100,84	−42,02	
Skonto 2 % auf die netto Frachtrechnung	750,00	−15,00	
Anschaffungskosten			75.956,32

b) Der am 15.01.2013 vom Lieferanten gewährte Rabatt hat keinen Einfluss auf die Anschaffungskosten des Jahres 2012. Erst im Jahr 2013 ist der Rabatt von den ursprünglichen Anschaffungskosten abzusetzen.

Aufgabe 20: Pauschalierte Anschaffungsnebenkosten

Für den Ansatz pauschalierter Anschaffungsnebenkosten ist zu prüfen, ob die nachfolgenden Voraussetzungen als erfüllt anzusehen sind:

a) *Die Anschaffungsnebenkosten müssen üblicherweise und bei vielen Warenbezügen anfallen.*
Die Voraussetzung kann als erfüllt angesehen werden, da die Lieferungen über einen Zeitraum von einem Jahr kontinuierlich (1x pro Woche) anfallen.

b) *Die Anschaffungsnebenkosten müssen im Verhältnis zum Warenwert gleich bleibend oder gering sein.*
Aufgrund der abgeschlossenen Rahmenverträge mit der Genossenschaft und dem Spediteur bleiben die Anschaffungsnebenkosten im Verhältnis zum Warenwert trotz geringer Schwankungen bei den Frachtkosten annähernd gleich. Zudem betragen die Anschaffungsnebenkosten ca. 2,25 % des Warenwertes und sind daher im Vergleich zu diesem gering.

c) *Eine Pauschalierung darf nicht zu wesentlich anderen Anschaffungsnebenkosten führen als tatsächlich angefallen.*
1. *Berechnung der Anschaffungskosten ohne Pauschalierung der Anschaffungsnebenkosten:*

a: Anschaffungsnebenkosten von 250,00 € pro Lieferung	Milch		Saft	
	[€]	[€/Liter]	[€]	[€/Liter]
Anschaffungskosten	4.000,00	0,40	6.000,00	0,60
Anschaffungsnebenkosten	100,00	0,01	150,00	0,015
Summe	4.100,00	0,41	6.150,00	0,615

Die Berechnung der Anschaffungsnebenkosten erfolgt aus dem Verhältnis der Frachtkosten (250,00 €) und den Warenwerten für Milch und Saft (10.000,00 €) multipliziert mit dem entsprechenden Warenwert (Milch oder Saft).

b: bei Anschaffungsnebenkosten von 200,00 € pro Lieferung	Milch		Saft	
	[€]	[€/Liter]	[€]	[€/Liter]
Anschaffungskosten	4.000,00	0,40	6.000,00	0,60
Anschaffungsnebenkosten	80,00	0,008	120,00	0,012
Summe	4.080,00	0,408	6.120,00	0,612

Die Berechnung der Anschaffungsnebenkosten erfolgte aus dem Verhältnis der Frachtkosten (200,00 €) und den Warenwerten für Milch und Saft (10.000,00 €) multipliziert mit dem entsprechenden Warenwert (Milch oder Saft).

2. *Berechnung der Anschaffungskosten mit Pauschalierung der Anschaffungsnebenkosten:*

	Milch		Saft	
	[€]	[€/Liter]	[€]	[€/Liter]
Anschaffungskosten	4.000,00	0,40	6.000,00	0,60
Anschaffungsnebenkosten	90,00	0,009	135,00	0,0135
Summe	4.090,00	0,409	6.135,00	0,6135

Die durchschnittlichen Anschaffungsnebenkosten (durchschn. ANK) pro €-Warenwert werden von Hr. Müller wie folgt berechnet:

$$\text{durchschn. ANK} = \frac{200{,}00\,€/\text{Lieferung} + 250{,}00\,€/\text{Lieferung}}{2} = 225{,}00\,€/\text{Lieferung}$$

$$\frac{\text{durchschn. ANK}}{€\text{-Warenbezugswert}} = \frac{225{,}00\,€/\text{Lieferung}}{4.000\,€ + 6.000\,€} = 0{,}0225\,€/€\text{-Warenbezugswert}$$

3. *Gegenüberstellung der Anschaffungskosten mit und ohne Pauschalierung der Anschaffungsnebenkosten:*

	Milch			Saft		
	Ohne Pauschalierung		Mit Pauschalierung	Ohne Pauschalierung		Mit Pauschalierung
	Frachtkosten					
	200,00 €	250,00 €	225,00 €	200,00 €	250,00 €	225,00 €
	[€/Liter]	[€/Liter]	[€/Liter]	[€/Liter]	[€/Liter]	[€/Liter]
Anschaffungskosten	0,40	0,40	0,40	0,60	0,60	0,60
Anschaffungsnebenkosten	0,008	0,01	0,009	0,012	0,015	0,0135
Summe	0,408	0,41	0,409	0,612	0,615	0,6135

Fazit: Der pauschalierte Ansatz der Frachtkosten i. H. v. 0,0225 €/€-Warenbezugswert führt nicht zu wesentlich anderen Anschaffungsnebenkosten als die tatsächlich anfallenden Anschaffungsnebenkosten.

Aufgabe 21: Ratenkauf

Kaufpreis:	768.000 € netto (= 12 Jahre à 64.000 €)
Rate:	64.000 € netto
Laufzeit:	12 Jahre
Zinssatz:	5,5 %

Behandlung des Sachverhalts am 01.01.2013:
Das Grundstück und die Verbindlichkeit sind mit dem Barwert der Ratenzahlungen zu bilanzieren.
Berechnung Barwert 2013:

Rentenbarwertfaktor (RBF (i; n)) $= \frac{q^n - 1}{q^n \cdot (q-1)} = \frac{(1+i)^n - 1}{(1+i)^n \cdot i}$, (mit q = 1+i und i = Jahreszinssatz; n = Laufzeit)

Berechnung des RBF zur Errechnung des Barwertes der Ratenzahlung:

$$\text{RBF } (i = 0{,}055;\ n = 12) = \frac{(1+0{,}055)^{12} - 1}{(1+0{,}055)^{12} \cdot 0{,}055} = \frac{0{,}9012075}{0{,}1045664} = 8{,}6185$$

Barwert der Ratenzahlungen = 64.000 € · 8,6185 = 551.585,14 €

In Höhe dieses Barwerts sind Anschaffungskosten zu aktivieren und die Verbindlichkeit zu passivieren.

Behandlung des Sachverhalts am 31.12.2013:
Die jährlichen Ratenzahlungen sind aufwandswirksam zu behandeln.

Ratenaufwand	64.000 €	an	Bank 64.000 €

Der Unterschiedsbetrag zwischen dem Barwert des Vorjahres und dem des aktuellen Jahres stellt den Tilgungsanteil dar, welcher erfolgswirksam aufzulösen ist.

	Barwert 01.01.2013:	551.585,14 €
./.	Barwert 31.12.2013:	517.922,33 €
=	Tilgungsanteil 2013:	33.662,82 €

Weiterer Buchungssatz am 31.12.2013:

Sonstige Verbindlichkeiten	33.662,82 €	an	Ratenaufwand 33.662,82 €

Aufgabe 22: Rentenkauf

a) Der Rentenkauf in Form der Leibrente stellt einen Sonderfall der Anschaffungskosten dar. Im vorliegenden Fall der Leibrente hängt die Zahlungsdauer vom Leben einer oder mehrerer Bezugspersonen ab. Mithin wird der Gesamtbetrag der zu leistenden Renten von der Überlebenswahrscheinlichkeit der Bezugspersonen bestimmt. Für die Anschaffungskosten in der Anschaffungsperiode wird der Barwert der Rentenzahlungen angesetzt. Der versicherungsmathematische Barwert ist demnach von der Lebenserwartung der Rentenempfänger in Form von Überlebenswahrscheinlichkeiten, vom Zinssatz und von der Höhe der periodisch wiederkehrenden Leistungen abhängig. Aufgrund der Unsicherheit über die Lebensdauer der Bezugsberechtigten besitzen Rentenverpflichtungen in Form der Leibrente Rückstellungscharakter. Der wirtschaftliche Hintergrund einer Leibrente liegt beim Käufer (Y-OHG) in Liquiditätsvorteilen und im spekulativen Moment, beim Verkäufer (K) im Versorgungsgedanken sowie ebenfalls im spekulativen Moment begründet.
Für die bilanzielle Behandlung der übernommenen Vermögensgegenstände und Schulden des K gilt, dass sie zu Zeitwerten in der Bilanz der Y-OHG aufzunehmen sind. Zunächst ist zu prüfen, ob im Rahmen des Kaufs des Unternehmens ein Geschäfts- oder Firmenwert (GoF) vorliegt. Gem. § 246 Abs. 1 Satz 4 HGB ist der Unterschiedsbetrag anzusetzen, um den die bewirkte Gegenleistung den Wert der übernommenen Vermögensgegenstände abzüglich der Schulden im Zeitpunkt der Übernahmen übersteigt.

Die Ermittlung des derivativen GoF erfolgt anhand folgender Berechnung:

GoF = Wert der Gegenleistung – Zeitwert der übernommenen Rentenverpflichtung

1. Zeitwert der übernommenen Rentenverpflichtung:

	Zeitwert der übernommenen Aktiva	190.000 €
./.	Zeitwert der übernommenen Passiva	70.000 €
=	Zeitwert der übernommenen Rentenverpflichtung	120.000 €

Für den Zeitwert der übernommenen Rentenverpflichtung ergibt sich ein Betrag von 120.000 €.

2. Zu bestimmen ist nun noch der Wert der Gegenleistung, der sich aus dem Barwert der Leibrente zum Erwerbszeitpunkt ergibt.

Rentenzahlungen	25.000 €
Lebenserwartung des K	12 Jahre
Kalkulationszinsfuß	5 %
Rentenbarwertfaktor (i=0,05, n=12 Jahre)	$RBF(i;n) = \frac{(1+i)^n - 1}{i \cdot (1+i)^n}$ $RBF(0{,}05;12) = \frac{1{,}05^{12} - 1}{0{,}05(1{,}05)^{12}} = 8{,}8633$

Für den Rentenbarwert gilt demnach folgende Berechnung:
Rentenbarwert = 25.000 € · 8,8633 = 221.583 €
Der Barwert der Rente beträgt 221.583 €.

3. Demnach ergibt sich für den derivativen GoF ein Wert von 101.583 €.
derivativer GoF = 221.583 € – 120.000 € = 101.583 €

Für die Behandlung der Rentenverpflichtung als Schuld sind die Merkmale der abstrakten Passivierungsfähigkeit zu prüfen.
Zunächst müsste eine wirtschaftliche Verpflichtung gegenüber einem Dritten bestehen. Die Y-OHG hat für den Erwerb des Treuhandunternehmens dem K eine nachschüssige Leibrente gewährt, somit besteht eine wirtschaftliche Verpflichtung. Des Weiteren müsste für die Y-OHG eine wirtschaftliche Belastung vorhanden sein. Durch die Leibrente tritt zukünftig eine Bruttovermögensminderung ein. Als letzter Punkt der abstrakten Passivierungsfähigkeit müsste die Verpflichtung zum Abschlussstichtag in der Höhe eindeutig punktuell feststehen. Aufgrund der Eigenart der Leibrente ist sowohl die Höhe der zukünftigen Ausgaben als auch das Bestehen der Verpflichtung ungewiss. Somit ist keine Verbindlichkeit für die Leibrente in der Bilanz auszuweisen, sondern eine Rückstellung für ungewisse Verbindlichkeiten gem. § 249 Abs. 1 Satz 1 HGB zu bilden.
Für die Aufstellung der Bilanz zum 01.01.2013 ergibt sich folgendes Bild:

Aktiva	Bilanz der Y-OHG zum 01.01.2013		Passiva
GoF	101.583 €	Eigenkapital	360.000 €
Betriebs- und Geschäftsausstattung	760.000 €		
Forderungen aus Lieferungen und Leistungen	30.000 €		
Bank	30.000 €		
Kasse	5.000 €	Verbindlichkeiten gegenüber Kreditinstituten	370.000 €
RAP	25.000 €	Rückstellungen für ungewisse Rentenverpflichtungen	221.583 €
Bilanzsumme	951.583 €	Bilanzsumme	951.583 €

b) Für die Behandlung des Rentenkaufs in den Folgeperioden existieren zwei Methoden, die versicherungsmathematische sowie die buchhalterische Methode.

Versicherungsmathematische Methode
Bei dieser Methode wird die Rentenzahlung in voller Höhe erfolgswirksam als Aufwand verbucht. Zudem wird am folgenden Abschlussstichtag (31.12.2013) der Rentenbarwert (RBF (i = 0,05; n = 11 Jahre)) neu berechnet:

$$RBF(0{,}05; 11) = \frac{1{,}05^{11} - 1}{0{,}05 \cdot (1{,}05)^{11}} = 8{,}3064$$

Für den neuen Rentenbarwert ergibt sich:

Rentenbarwert = 25.000 € · 8,3064 = 207.660 €

Der Unterschiedsbetrag zwischen dem Barwert am 01.01.2013 und dem Barwert am 31.12.2013 beträgt 13.923 € und ist erfolgswirksam als sonstiger betrieblicher Ertrag aufzulösen. Die Differenz entspricht den Zinsen. Die Rentenzahlung an K erfolgt i. H. v. 25.000 €.

Buchhalterische Methode
Die buchhalterische Methode ist zwar einfacher handhabbar, da der Rentenbarwert nur im Zeitpunkt der Anschaffung berechnet werden muss, steht jedoch im Widerspruch zu § 253 Abs. 2 Satz 3 HGB, führt zu einem verzerrten Erfolgsausweis und ist steuerrechtlich nicht zulässig.

Aufgabe 23: Abgrenzung zwischen Erhaltungsaufwand und Herstellungskosten

Punkt	Herstellungskosten	Erhaltungsaufwand	Erläuterung
a)		X	Es handelt sich weder um eine wesentliche Verbesserung, noch um eine wesentliche Erweiterung des Vermögensgegenstandes.
b)	X		Es handelt sich um eine wesentliche Verbesserung eines bestehenden Vermögensgegenstandes, da dieser so verbessert wurde, dass praktisch ein neuer Gegenstand entsteht.
c)		X	Es handelt sich weder um eine wesentliche Verbesserung, noch um eine wesentliche Erweiterung des Vermögensgegenstandes.
d)	X		Es handelt sich um eine wesentliche Erweiterung eines vorhandenen Vermögensgegenstandes, da neben einer Substanzmehrung zudem eine Erweiterung der Nutzungsmöglichkeit vorgenommen wurde.

Aufgabe 24: Ansatz und Bewertung von Herstellungskosten

a) Die Vorschriften für die Wertober- bzw. Wertuntergrenze der HK ergeben sich für die Handelsbilanz aus dem § 255 HGB. Die gesetzlich zu zahlenden Sozialkosten werden zu den Fertigungseinzelkosten gezählt. Für die freiwillig zu zahlenden Sozialkosten i. H. v. 4.000 € besteht gem. § 255 Abs. 2 Satz 3 HGB ein Wahlrecht für die Berücksichtigung in den Herstellungskosten. Ein Ansatzwahlrecht ergibt sich auch für die sachlich und zeitlich zurechenbaren Fremdkapitalzinsen. Die Vertriebskosten von 5.000 € dürfen nicht in die Herstellungskosten einbezogen werden. Für die Wertober- und -untergrenze ergibt sich folgende Berechnung:

	[€]
Einzelkosten	
Materialeinzelkosten	35.000
Fertigungseinzelkosten	32.000
Sondereinzelkosten der Fertigung	2.000
Gemeinkosten	
Materialgemeinkosten	7.000
Fertigungsgemeinkosten (ohne Fremdkapitalzinsen)	47.500
= *Wertuntergrenze in der Handels- und Steuerbilanz*	123.500
Sonstige Kosten	
Allgemeine Verwaltungskosten	7.000
Soziale Aufwendungen und Altersversorgung	4.000
Fremdkapitalzinsen	2.500
= *Wertobergrenze in der Handels- und Steuerbilanz*	137.000

b) Da kalkulatorische Kosten nicht in die Herstellungskosten eingerechnet werden dürfen, vermindern sich die bilanziellen Fertigungsgemeinkosten um die kalkulatorischen Eigenkapitalzinsen i. H. v. 2.000 €. Die Wertobergrenze vermindert sich dementsprechend.

Aufgabe 25: Ansatz und Bewertung von Herstellungskosten

Die Vorschriften für die Wertober- bzw. Wertuntergrenze der Herstellungskosten ergeben sich für die Handelsbilanz aus dem § 255 HGB.

Für die Herstellungskosten ergeben sich folgende Berechnungen:

	Herstellungskosten [€]	Begründung
Materialeinzelkosten	4,00	Ansatzpflicht gem. § 255 Abs. 2 Satz 2 HGB
Fertigungslöhne	6,00	Fertigungslöhne sind Fertigungseinzelkosten, somit besteht gem. § 255 Abs. 2 Satz 2 HGB eine Ansatzpflicht
Abschreibungen für bei der Produktion eingesetzte Maschinen	2,00	Ansatzpflicht gem. § 255 Abs. 2 Satz 2 HGB
Sozialkosten für bei der Produktion eingesetzte Arbeitskräfte	1,00	Ansatzwahlrecht gem. § 255 Abs. 2 Satz 3 HGB
Sonstige Material- und Fertigungsgemeinkosten	2,50	Ansatzpflicht gem. § 255 Abs. 2 Satz 2 HGB
Allgemeine Verwaltungskosten (Post, Registratur, Rewe u. Ä.)	1,50	Ansatzwahlrecht gem. § 255 Abs. 2 Satz 3 HGB
Werbeanzeige in der Tageszeitung WAZ	0,50	Verbot gem. § 255 Abs. 2 Satz 4 HGB, da Werbeanzeigen Vertriebskosten sind

Fremdkapitalzinsen (Kredit wurde speziell für die Herstellung des Bildbandes aufgenommen und entfällt auf den Zeitraum der Herstellung)	0,50	Wahlrecht gem. § 255 Abs. 3 HGB, sofern das Fremdkapital für die Herstellung aufgenommen wurde und die Zinsen auf den Zeitraum der Herstellung entfallen.
Untergrenze der Bewertung	14,50	
Obergrenze der Bewertung	17,50	

Aufgabe 26: Ansatz und Bewertung von Herstellungskosten

Die Untergrenze der Herstellungskosten bestimmt sich gemäß § 255 Abs. 2 HGB durch die Aufwendungen, die dem Vermögensgegenstand einzeln zugerechnet werden können (Einzelkosten), sowie durch den Einbezug bestimmter Gemeinkosten. Einzelkosten sind in diesem Fall die Materialeinzelkosten, also die Anschaffungskosten für das Fichtenholz und für die Schrauben, sowie die Fertigungseinzelkosten in Form des Schreinerlohns. Die einzubeziehenden Gemeinkosten sind hier die Fertigungsgemeinkosten in Form der Anschaffungskosten für den Holzleim sowie die anteiligen Miet- und Energieaufwendungen für die Werkstatt. Ebenfalls zu berücksichtigen sind die Abschreibungen für die Maschinen, soweit der Werteverzehr durch die Fertigung veranlasst wurde.

Die Obergrenze der Herstellungskosten ergibt sich durch den Einbezug weiterer Gemeinkosten. Hierzu zählen im vorliegenden Fall die Verwaltungsgemeinkosten in Form der anteiligen allgemeinen Büroaufwendungen. Außerdem besteht nach § 255 Abs. 3 HGB ein Wahlrecht, die Fremdkapitalzinsen dann anzusetzen, falls sie, wie hier gegeben, auf den Zeitraum der Herstellung entfallen und dabei das aufgenommene Fremdkapital zur Finanzierung der Herstellung dient.

Ein Ansatzverbot gilt hingegen für die Vertriebskosten in Form der Werbeanzeige. Aufgrund der pagatorischen Abgrenzung des Herstellungskostenbegriffes, d. h. es dürfen nur aufwandsgleiche Kosten einbezogen werden, ist der kalkulatorische Unternehmerlohn nicht zu berücksichtigen.

Materialeinzelkosten	Fichtenholz	12,00 €	
	Schrauben	0,70 €	
Fertigungseinzelkosten	Schreinerlohn	4,50 €	
Fertigungsgemeinkosten	Holzleim	0,40 €	
	Miet- und Energieaufwand	1,10 €	
Werteverzehr des Anlagevermögens	Abschreibungen	3,10 €	
		21,80 €	= Untergrenze
Kosten der allgemeinen Verwaltung	Anteilige allg. Büroaufwendungen	1,90 €	
Fremdkapitalzinsen		0,50 €	
		24,20 €	= Obergrenze

Aufgabe 27: Ansatz und Bewertung von Herstellungskosten

a) Die Errichtung des Fertigungsgebäudes wurde im Mai 2012 begonnen. Am Abschlussstichtag 31.12.2012 lag eine komplette Fertigstellung noch nicht vor. Der bis dato angefallene Aufwand gehört entsprechend der Definition im § 255 Abs. 2 HGB zu den zu aktivierenden Herstellungskosten. In der Bilanz wird aufgrund der fehlenden Fertigstellung (Kennzeichen: fehlende Abnahme des Gebäudes) der Aufwand unter der Bilanzposition »geleistete Anzahlungen und Anlagen im Bau« (§ 266 Abs. 2 Position A.II.4. HGB) ausgewiesen. Unter der Berücksichtigung, dass das Unternehmen vorsteuerabzugsberechtigt i. S. d. § 15 UStG ist, beläuft sich der zu aktivierende Aufwand zum 31.12.2012 entsprechend nachfolgender Berechnung:

			netto Werte
=> Rechnung des Architekten	565.250 €	(brutto)	475.000 €
=> Kosten für die Baugenehmigung	15.000 €	(netto)	15.000 €
=> direkt zurechenbare Personalkosten	45.000 €	(netto)	45.000 €
=> Materialkosten	166.600 €	(brutto)	140.000 €
Summe zu aktivierender Herstellungskosten			675.000 €

b) Die Baumaßnahme ist am 31.03.2013 endgültig abgeschlossen.

1. Umbuchung der ausgewiesenen Werte in der Bilanzposition »geleistete Anzahlungen und Anlagen im Bau« in die Bilanzposition Gebäude (§ 266 Abs. 2 Position A.II.1):

Gebäude	675.000,00 €	an	geleistete Anzahlungen und Anlagen im Bau

2. Erfassung der in 2013 angefallenen Aufwendungen für den Bau des Gebäudes als Herstellungskosten

		netto Werte
=> Materialkosten	250.000 €	250.000 €
=> Materialgemeinkosten		
./. kalkulatorische Abschreibung des Gabelstaplers (Ansatzverbot, da es sich um kalkulatorischen Aufwand handelt)	5.000 €	0 €
./. direkt zurechenbare Personalkosten des Gabelstaplerfahrers	2.500 €	2.500 €
Summe zu aktivierender Herstellungskosten		252.500 €

3. Die gesamten aktivierten Herstellungskosten belaufen sich auf:

bis zum 31.12.2012 angefallene Herstellungskosten	675.000 €
vom 31.12.2012 bis 31.03.2013 angefallene Herstellungskosten	252.500 €
Summe Herstellungskosten Fertigungsgebäude total	927.500 €

c) Bei dem Sachverhalt ist zu prüfen, ob es sich um nachträgliche Herstellungskosten oder Erhaltungsaufwand handelt.
Nachträgliche Herstellungskosten liegen vor, wenn die Aufwendungen für eine wesentliche Erweiterung oder eine wesentliche Verbesserung des Vermögensgegenstandes angefallen sind. Dienen die Aufwendungen lediglich dazu, den ursprünglichen Zustand des Vermögensgegenstandes zu bewahren und ihn nicht wesentlich zu erweitern oder zu verbessern, so handelt es sich um Erhaltungsaufwand.
Aus dem Sachverhalt ist zu entnehmen, dass ein Teil des Fertigungsgebäudes für die Nutzung als Verwaltungsgebäude umgebaut werden soll, wodurch eine Erweiterung der Nutzungsmöglichkeit erzielt wird. Die Erweiterung der Nutzungsmöglichkeit ist neben der Substanzmehrung ein Kriterium für die wesentliche Erweiterung eines vorhandenen Vermögensgegenstandes.
Fazit: Bei den für den Umbau des Fertigungsgebäudes angefallenen 250.000,00 € handelt es sich um nachträgliche Herstellungskosten i. S. d. § 255 Abs. 2 Satz 1 HGB und nicht um einen erfolgswirksamen Erhaltungsaufwand.

Aufgabe 28: Herstellungskosten unter dem Einfluss von Leerkosten

			Handelsbilanz	
	Werte gem. Aufgabenstellung bei Normalauslastung	**Werte unter Berücksichtigung der Leerkosten**	**Wertuntergrenze**	**Wertobergrenze**
	[€]	**[€]**	**[€]**	**[€]**
Einzelkosten (EK)				
Material-EK	250.000,00	250.000,00	250.000,00	250.000,00
			Ansatzpflicht gem. § 255 Abs. 2 Satz 2 HGB	
Fertigungs-EK	230.000,00	230.000,00	230.000,00	230.000,00
			Ansatzpflicht gem. § 255 Abs. 2 Satz 2 HGB	
Sonder-EK der Fertigung	23.000,00	23.000,00	23.000,00	23.000,00
			Ansatzpflicht gem. § 255 Abs. 2 Satz 2 HGB	
Sonder-EK des Vertriebs	15.000,00	15.000,00	0,00	0,00
			Ansatzverbot gem. § 255 Abs. 2 Satz 4 HGB	
Summe EK	518.000,00	518.000,00	503.000,00	503.000,00
			Handelsbilanz	
	Werte gem. Aufgabenstellung bei Normalauslastung	Werte unter Berücksichtigung der Leerkosten	Wertuntergrenze	Wertobergrenze

			Handelsbilanz	
	Werte gem. Aufgabenstellung bei Normalauslastung	Werte unter Berücksichtigung der Leerkosten	Wertuntergrenze	Wertobergrenze
	[€]	[€]	[€]	[€]
Gemeinkosten (GK) Material-GK	120.000,00	82.500,00	82.500,00	82.500,00
			Ansatzpflicht gem. § 255 Abs 2 Satz 2 HGB	
Fertigungs-GK	125.000,00	85.937,50	85.937,50	85.937,50
			Ansatzpflicht gem. § 255 Abs. 2 Satz 2 HGB	
Wertverzehr des Anlagevermögens	7.500,00	5.156,25	5.156,25	5.156,25
			Ansatzpflicht gem. § 255 Abs. 2 Satz 2 HGB.	
Summe GK	252.500,00	173.593,75	173.593,75	173.593,75
Sonstige Kosten Allgemeine Verwaltungskosten	27.500,00	18.906,25	0,00	18.906,25
			Wahlrecht gem. § 255 Abs. 2 Satz 3 HGB	
Soziale Aufwendungen und Altersversorgung	0,00	0,00	0,00	0,00
			Wahlrecht gem. § 255 Abs. 2 Satz 3 HGB	
Vertriebskosten	29.900,00	20.556,25	0,00	0,00
			Ansatzverbot gem. § 255 Abs. 2 Satz 4 HGB	
Summe sonstige Kosten	57.400,00	39.462,50	0,00	18.906,25
Fremdkapitalverzinsung	0,00	0,00	0,00	0,00
			Wahlrecht gem. § 255 Abs. 3 Satz 2 HGB	
Summe Herstellungskosten total	827.900,00	731.056,25	676.593,75	695.500,00

Für die Berechnung der Wertansätze bei der tatsächlich vorliegenden Kapazitätsauslastung von 55 % ergibt sich der anzuwendende Satz für die Berechnung des Wertes der Gemeinkosten unter Berücksichtigung der Leerkosten aus:

$$\frac{\frac{0{,}55}{100}}{\frac{0{,}80}{100}} = \frac{0{,}55}{0{,}8} = 0{,}6875 = 68{,}75\,\%$$

Die einzelnen Wertansätze bei normaler Kapazitätsauslastung sind mit dem Satz zu multiplizieren, um den Wert unter Berücksichtigung der Leerkosten zu erhalten.

Aufgabe 29: Nachträgliche Herstellungskosten

Bei dem Sachverhalt ist zu prüfen, ob es sich um nachträgliche Herstellungskosten oder Erhaltungsaufwand handelt. Nachträgliche Herstellungskosten liegen vor, wenn die Aufwendungen für eine wesentliche Erweiterung oder eine wesentliche Verbesserung des Vermögensgegenstandes angefallen sind. Dienen die Aufwendungen lediglich dazu, den ursprünglichen Zustand des Vermögensgegenstandes zu bewahren und ihn nicht wesentlich zu erweitern oder zu verbessern, so handelt es sich um Erhaltungsaufwand.

Der Sachverhalt umfasst zwei Probleme. Einerseits existieren zwei Schornsteine, die nicht mehr genutzt werden konnten, da sie die gesetzlichen Auflagen nicht mehr erfüllten. Diese zwei Schornsteine können durch den Einbau einer Rauchgasentschwefelungsanlage wieder genutzt werden. Andererseits existieren drei Schornsteine, die aufgrund der Erfüllung der gesetzlichen Auflagen genutzt werden. Sollte das Unternehmen darauf verzichten, in diese drei Schornsteine die gesetzlich vorgeschriebene Rauchgasentschwefelungsanlage einzubauen, so hätte dies die Stilllegung dieser Schornsteine zur Konsequenz. Für die drei Schornsteine sind die Aufwendungen aus dem Einbau der Rauchgasentschwefelungsanlage als Erhaltungsaufwand zu behandeln, da die Aufwendungen lediglich den ursprünglichen Zustand des Vermögensgegenstandes bewahren und nicht wesentlich erweitern bzw. verbessern. Bei den zwei bisher stilliegenden Schornsteinen kann durch den Einbau der Rauchgasentschwefelungsanlage eine Nutzungsmöglichkeit geschaffen werden. Die Erweiterung der Nutzungsmöglichkeit ist neben der Substanzmehrung ein Kriterium für die wesentliche Erweiterung eines vorhandenen Vermögensgegenstandes. Aus der wesentlichen Erweiterung des Vermögensgegenstandes wird die Zuordnung der angefallenen Aufwendungen zu der Gruppe der nachträglichen Herstellungskosten deutlich.

Aufgabe 30: Abschreibungsverfahren

Es ergeben sich laut Aufgabenstellung folgende Ausgangsgrößen:

Herstellungskosten	640.000 €
nachträgliche Herstellungskosten	20.000 €
Summe Herstellungskosten	660.000 €
Schrotterlös =	30.000 €
Nutzungsdauer:	6 Jahre

Lineare Abschreibung

1. Berechnung des jährlichen Abschreibungsbetrages:

$$\text{jährlicher Abschreibungsbetrag} = \frac{\text{Abschreibungssumme}}{\text{Nutzungsdauer}} = \frac{630.000\,€}{6\ \text{Jahre}} = 105.000\,€/\text{Jahr}$$

2. Aufstellung des Abschreibungsplans:

Datum	Herstellungskosten [€]	Schrotterlös [€]	Abschreibungsbemessungsgrundlage [€]	Abschreibungsbetrag [€]	Restbuchwert [€]
01.01.2012	660.000	30.000	630.000	0	660.000
31.12.2012				105.000	555.000
31.12.2013				105.000	450.000
31.12.2014				105.000	345.000
31.12.2015				105.000	240.000
31.12.2016				105.000	135.000
31.12.2017				105.000	30.000

Geometrisch-degressives Abschreibungsverfahren

Nutzungsdauer (ND): 6 Jahre
Herstellungskosten (HK): 660.000 €
Schrotterlös (RW): 30.000 €

1. Berechnung des Abschreibungssatzes (a) unter Berücksichtigung des Schrotterlöses, der Nutzungsdauer und der Herstellungskosten:

$$a = 1 - \sqrt[ND]{\frac{RW}{HK}} = 1 - \sqrt[6]{\frac{30.000}{660.000}} = 1 - 0{,}5974 = 0{,}4026$$

2. Berechnung der jährlichen Abschreibungsbeträge (A_i, mit i = 1, ...,ND):

$$A_i = HK \cdot a = 660.000\,€ \cdot 0{,}4026 = 265.716\,€$$

$$A_i = \text{Restbuchwert der Vorperiode} \cdot a$$

3. Berechnung der jährlichen Abschreibungsbeträge und Aufstellung des Abschreibungsplans:

Datum	Herstellungskosten [€]	Schrotterlös [€]	außerplanmäßiger Abschreibungsbetrag [€]	Abschreibungsbetrag [€]	Restbuchwert [€]
01.01.2012	660.000,00	30.000,00		0	660.000,00
31.12.2012				265.716,00	394.284,00
31.12.2013				158.738,74	235.545,26
31.12.2014				94.830,52	140.714,74
31.12.2015				56.651,75	84.062.99
31.12.2016				33.843,76	50.219,23
31.12.2017			0,00	20.219,23	30.000,00

Digitale Abschreibung

1. Berechnung des Abschreibungssatzes, der der konstanten Differenz (d) der Abschreibungssätze entspricht:

$$d = \frac{2}{ND \cdot (ND+1)} = \frac{2}{6 \cdot (6+1)} = \frac{2}{42} = \frac{1}{21}$$

2. Berechnung der jährlichen Abschreibungssätze:

Jahr	Abschreibungssatz	
2012	a_1	$a_1 = ND \cdot d = \frac{6 \cdot 1}{21} = \frac{6}{21}$
2013	$a_2 = a_1 - d$	$a_2 = \frac{6}{21} - \frac{1}{21} = \frac{5}{21}$
2014	$a_3 = a_1 - 2d$	$a_3 = \frac{4}{21}$
2015	$a_4 = a_1 - 3d$	$a_4 = \frac{3}{21}$
2016	$a_5 = a_1 - 4d$	$a_5 = \frac{2}{21}$
2017	$a_6 = a_1 - 5d$	$a_6 = \frac{1}{21}$

Der jährliche Abschreibungsbetrag (A_i) errechnet sich aus:

A_i = Abschreibungssumme · a, mit i = 1,…,ND

3. Berechnung der jährlichen Abschreibungsbeträge und Aufstellung des Abschreibungsplans:

Datum	Herstellungskosten [€]	Schrotterlös [€]	Abschreibungsbemessungsgrundlage [€]	Abschreibungsbetrag [€]	Restbuchwert [€]
01.01.2012	660.000	30.000	630.000		660.000
31.12.2012				180.000	480.000
31.12.2013				150.000	330.000
31.12.2014				120.000	210.000
31.12.2015				90.000	120.000
31.12.2016				60.000	60.000
31.12.2017				30.000	30.000

Aufgabe 31: Planmäßige Abschreibung

Lineare Abschreibung

	Teilaufgabe a)			Teilaufgabe b)			
Jahr	Abschreibungssumme [€]	Abschreibungsbetrag [€]	Restbuchwert [€]	Abschreibungssumme [€]	außerplanmäßige Abschreibung [€]	Abschreibungsbetrag [€]	Restbuchwert [€]
2012	45.000,00		50.000,00	45.000,00			50.000,00
2012		9.000,00	41.000,00			9.000,00	41.000,00
2013		9.000,00	32.000,00			9.000,00	32.000,00
2014		9.000,00	23.000,00	5.000,00	13.000,00	9.000,00	10.000,00
2015		9.000,00	14.000,00			2.500,00	7.500,00
2016		9.000,00	5.000,00			2.500,00	5.000,00

Geometrisch-degressive Abschreibung

	Teilaufgabe a)			Teilaufgabe b)			
	Abschreibungssumme	Abschreibungsbetrag	Restbuchwert	Abschreibungssumme	außerplanmäßige Abschreibung	Abschreibungsbetrag	Restbuchwert
Jahr	[€]	[€]	[€]	[€]	[€]	[€]	[€]
2012			50.000,00				50.000,00
2012		18.452,13	31.547,87			18.452,13	31.547,87
2013		11.642,51	19.905,36			11.642,51	19.905,36
2014		7.345,93	12.559,43		2.559,43	7.345,93	10.000,00
2015		4.634,97	7.924,46			2.928,93	7.071,07
2016		2.924,46	5.000,00			2071,07	5.000,00

Berechnung des Abschreibungssatzes

- Berechnung des Abschreibungssatzes (a) unter Berücksichtigung des Schrotterlöses (RW), der Nutzungsdauer (ND) und der Herstellungskosten (HK):

$$a = 1 - \sqrt[ND]{\frac{RW}{HK}} = 1 - \sqrt[5]{\frac{5.000}{50.000}} = 1 - 0{,}6310 = 0{,}3690$$

- Berechnung des Abschreibungsbetrages (a) nach der außerplanmäßigen Abschreibung:

$$a = 1 - \sqrt[2]{\frac{5.000}{10.000}} = 1 - 0{,}7071 = 0{,}2929$$

Digitale Abschreibung

	Teilaufgabe a)			Teilaufgabe b)			
	Abschreibungssumme	Abschreibungsbetrag	Restbuchwert	Abschreibungssumme	außerplanmäßige Abschreibung	Abschreibungsbetrag	Restbuchwert
Jahr	[€]	[€]	[€]	[€]	[€]	[€]	[€]
2012	45.000,00		50.000,00	45.000,00			50.000,00
2012		15.000,00	35.000,00			15.000,00	35.000,00
2013		12.000,00	23.000,00			12.000,00	23.000,00
2014		9.000,00	14.000,00	5.000,00	4.000,00	9.000,00	10.000,00
2015		6.000,00	8.000,00			3.333,33	6.666,67
2016		3.000,00	5.000,00			1.666,67	5.000,00

1. *Berechnung des Abschreibungssatzes, der gleich der konstanten Differenz (d) der Abschreibungssätze ist:*

	Teilaufgabe a) (vor außerplanmäßiger Abschreibung)	Teilaufgabe b) (nach außerplanmäßiger Abschreibung)
$d = \frac{2}{ND\ (ND + 1)} =$	$d = \frac{2}{5 \cdot (5+1)} = \frac{1}{15}$	$d = \frac{2}{2 \cdot (3+1)} = \frac{1}{3}$

2. *Berechnung der jährlichen Abschreibungssätze:*

Jahr	Abschreibungssatz		
		Teilaufgabe a	Teilaufgabe b
2012	a_1	$a_1 = \frac{5}{15}$	$a_1 = \frac{5}{15}$
2013	$a_2 = a_1 - d$	$a_2 = \frac{4}{15}$	$a_2 = \frac{4}{15}$
2014	$a_3 = a_1 - 2d$	$a_3 = \frac{3}{15}$	$a_3 = \frac{3}{15}$
2015	$a_4 = a_1 - 3d$	$a_4 = \frac{2}{15}$	$a_4 = \frac{2}{3}$
2016	$a_5 = a_1 - 4d$	$a_5 = \frac{1}{15}$	$a_5 = \frac{1}{3}$

Aufgabe 32: AfA bei unterjährigem Erwerb

Das Bohrwerk wurde am 20.07.2012 zum Preis von 60.000 € exklusive USt angeschafft. Grundsätzlich erfolgt die Berechnung der Abschreibung pro rata temporis. Dieses bedeutet, dass im Jahr der Anschaffung eine Abschreibung für einen Zeitraum von 73 Tagen zu erfolgen hat. Für den Abschreibungsbetrag ergibt sich demnach ein Wert von 1.200 €. Bilanziert wird die Maschine dementsprechend mit 58.800 €. (Hinweis: In diesem Fall wäre auch eine monatsgenaue Abschreibung möglich.)

Aufgabe 33: Abschreibungen auf das Umlaufvermögen

Die Fernsehgeräte von Herrn Müller stellen Handelswaren dar und sind insofern dem Umlaufvermögen des Einzelunternehmens zuzurechnen. Da bis zum Ende des Geschäftsjahres lediglich drei Geräte verkauft werden konnten, befinden sich am Abschlussstichtag noch fünf Geräte mit einem ursprünglichen Anschaffungswert von 840 €, folglich mit einem Gesamtwert von 4.200 €, auf Lager.

Da jedoch § 253 Abs. 4 Satz 1 HGB vorsieht, dass Vermögensgegenstände mit dem Marktpreis am Abschlussstichtag anzusetzen sind, dürfen die Fernsehgeräte nicht mit ihren höheren Anschaffungswerten, sondern mit dem niedrigeren Marktwert am Abschlussstichtag in der Bilanz Berücksichtigung finden. Somit sind die fünf im Lager verbliebenen Fernsehgeräte höchstens mit einem Gesamtwert von 3.800 € anzusetzen.

Eine darüber hinaus reichende Abschreibung ist aufgrund des Grundsatzes der Periodenabgrenzung unzulässig. Dies gilt, obwohl bereits zum 31.12.2012 wahrscheinlich ist, dass in der nächsten Zukunft der Wertansatz dieses Vermögensgegenstandes auf Grund von Wertschwankungen geändert werden muss.

Aufgabe 34: Außerplanmäßige Abschreibungen

a) Bei dem unbebauten Grundstück handelt es sich um einen Vermögensgegenstand des Anlagevermögens. Im Anlagevermögen gilt das gemilderte Niederstwertprinzip. Da hier lediglich eine vorübergehende Wertminderung vorliegt, muss festgestellt werden, ob ein Vermögensgegenstand des Finanz- oder des sonstigen Anlagevermögens vorliegt. Das unbebaute Grundstück ist dem Sachanlagevermögen zuzuordnen. Für Vermögensgegenstände des Sachanlagevermögens gilt bei nicht dauerhafter Wertminderung ein Abschreibungsverbot (vgl. § 253 Abs. 3 HGB). Das unbebaute Grundstück ist in der Bilanz 2012 mit 10 Mio. € zu aktivieren.

b) Der Bestand an Öko-Diesel ist den Vorräten der LeichtFuß KG zuzuordnen. Vorräte sind Teil des Umlaufvermögens. Demnach ist das strenge Niederstwertprinzip zu beachten. Für Handelsware gilt die doppelte Maßgeblichkeit von Absatz- und Beschaffungsmarkt, d. h. der niedrigere Preis von Absatz- und Beschaffungsmarkt ist der mit den Anschaffungskosten zu vergleichende Wertmaßstab. Hier ist der Beschaffungspreis (0,70 €/Liter) geringer als der Absatzpreis (0,90 €/Liter) und auch geringer als die Anschaffungskosten (0,80 €/Liter). Demzufolge ist der Öko-Diesel in der Bilanz 2012 mit 0,70 €/Liter, also insgesamt 70.000 €, anzusetzen.

c) Bei den Notebooks handelt es sich um Vorräte der Stodda GmbH, die dem Umlaufvermögen zuzuordnen sind. Demnach ist das strenge Niederstwertprinzip zu beachten. Da die Stodda GmbH die Notebooks selbst hergestellt hat, handelt es sich bei den Notebooks um Fertigerzeugnisse. Für Fertigerzeugnisse ist der Absatzmarkt relevant. Da der erzielbare Verkaufserlös am Abschlussstichtag unter den Anschaffungskosten liegt, sind die 100 Notebooks in der Bilanz 2012 mit 900 €/Stück anzusetzen (insgesamt 900.000 €). Obwohl damit zu rechnen ist, dass die Notebooks im Frühjahr 2013 weiter an Wert verlieren, ist eine Abschreibung auf den nahen Zukunftswert zum Stichtag 2012 nicht zulässig.

d) Bei den acht Lastkraftwagen handelt es sich um Vermögensgegenstände des Vorratsvermögens der Heißer Reifen OHG. Vorräte zählen zum Umlaufvermögen, in dem das strenge Niederstwertprinzip zu beachten ist. Da die Heißer Reifen OHG ein Händler ist, handelt es sich bei den Lastkraftwagen um Handelsware. Für Handelsware gilt die doppelte Maßgeblichkeit, d. h. der niedrigere Wert von Absatz- und Beschaffungsmarkt ist der relevante Vergleichsmaßstab. Hier liegt der Beschaffungspreis (69.000 €) unterhalb des Absatzpreises (77.000 €). Da der relevante Tageswert unter den Anschaffungskosten liegt, sind die Lastkraftwagen in der Bilanz 2012 mit 69.000 €/Stück zu bilanzieren.

e) Aufgrund des i. d. R. langfristigen Charakters von Beteiligungen an Unternehmen, handelt es sich bei der Beteiligung um einen Vermögensgegenstand des Anlagevermögens. Für Anlagevermögen gilt das gemilderte Niederstwertprinzip. Die Wertminderung am 31.12.2012 beruht auf kurzfristigen Turbulenzen und stellt somit eine vorübergehende Wertminderung dar. Da die Beteiligung der Brillianz AG an der Scherzbank AG ein Vermögensgegenstand des Finanzanlagevermögens ist, liegt ein Abschreibungswahlrecht vor. Die Brillianz AG hat demnach die Möglichkeit, die Beteiligung in der Bilanz 2012 entweder zu 20 Mio. € oder zu 18 Mio. € anzusetzen.

Aufgabe 35: Außerplanmäßige Abschreibungen

a) Die Beteiligung ist eine Finanzanlage. Hier gilt das gemilderte Niederstwertprinzip. Das bedeutet, dass die Beteiligung nicht abgeschrieben werden muss, da sich nicht eindeutig feststellen lässt, ob die Wertminderung dauerhaft ist. Ein grundsätzliches Abschreibungsverbot, welches für das sonstige Anlagevermögen gilt (§ 253 Abs. 3 Satz 3 HGB), ist nicht für das Finanzanlagevermögen anzuwenden (§ 253 Abs. 3 Satz 4 HGB). Daher ist jeder Ansatz zwischen 30.000 € und 50.000 € möglich.
b) Bei dem Öllager handelt es sich um Umlaufvermögen. Hierfür gilt das strenge Niederstwertprinzip. Eine Abschreibung i. H. v. 12.000 € ist deshalb zwingend vorzunehmen. Die Tatsache, dass die Wertminderung nicht von Dauer ist, ist hierbei nicht von Bedeutung. Die Vornahme einer Zuschreibung auf 520.000 € ist aufgrund des Anschaffungs- oder Herstellungskostenprinzips nicht zulässig.
c) Wenn sich kein Börsen- oder Marktpreis bestimmen lässt, ist der beizulegende Wert zu ermitteln. Dieser ergibt sich bei Handelswaren aus dem niedrigeren Wert, der sich von den Verhältnissen aus dem Beschaffungs- oder Absatzmarkt ableiten lässt (doppelte Maßgeblichkeit). In diesem Fall ist der Verkaufswert (20.000 €) niedriger als der Wiederbeschaffungswert (21.000 €). Daher sind die Handelswaren von 23.000 € (ursprüngliche Anschaffungskosten) auf 20.000 € abzuschreiben.
d) Diese sog. Ermessensabschreibungen sind nicht zulässig, da sie dem Periodisierungsprinzip widersprechen.
e) Die Anschaffungs- oder Herstellungskosten der Aktien belaufen sich auf 43 €/Stück. Da es sich um Wertpapiere handelt, ist der Preis am Absatzmarkt maßgeblich. Der Wertansatz am Abschlussstichtag beträgt somit 42 €/Stück (45 €/Stück abzgl. Verkaufsspesen 3 €/Stück). Die übrigen Kursveränderungen sind nicht zu berücksichtigen.
f) Das Grundstück zählt zum Anlagevermögen. Bei Anlagevermögensgegenständen, die nicht dem Finanzanlagevermögen zuzuordnen sind, gilt bei lediglich vorübergehenden Wertminderungen ein Abschreibungsverbot (§ 253 Abs. 3 Nr. 3 HGB).

Aufgabe 36: Niederstwertprinzip

a) Die Elektrogeräte stellen Handelswaren dar und unterliegen somit als Gegenstände des Umlaufvermögens, unabhängig von der Rechtsform der Gesellschaft, die diese Vermögensgegenstände hält, dem strengen Niederstwertprinzip. Bei Vermögensgegenständen des Umlaufvermögens sind demnach gem. § 253 Abs. 4 Satz 1 HGB Abschreibungen vorzunehmen, um diese mit einem niedrigeren Wert anzusetzen, der sich aus einem Börsen- oder Marktpreis am Abschlussstichtag ergibt. Bei Handelswaren gilt die doppelte Maßgeblichkeit, d. h. für die Bewertung ist der jeweils niedrigere Wert aus Beschaffungsmarkt und Absatzmarkt als Vergleichsmaßstab heranzuziehen. Liegt dieser unter den Anschaffungskosten, so ist zwingend auf den niedrigeren Vergleichsmaßstab abzuschreiben. Somit sind die 10 Fernsehgeräte der Marke Teleflunkern mit den Wiederbeschaffungskosten am Abschlussstichtag, also zu jeweils 250 € zu bewerten. Die beiden Waschmaschinen werden hingegen weiterhin zu je 150 € angesetzt, da die Wiederbeschaffungskosten mit 150 € den Anschaffungskosten entsprechen und der um 10 € höhere Verkaufserlös zum Abschlussstichtag (160 €) aufgrund des Anschaffungswertprinzips, das eine Bewertung über die Anschaffungs-/Herstellungskosten hinaus nicht erlaubt, nicht von Relevanz ist. Die 50 Toaster sind mit jeweils 6 € zu bilanzieren, da zwar der Nettoverkaufserlös mit 8 € unter den Anschaffungskosten liegt, die Wiederbeschaffungskosten letztendlich aber den niedrigsten Wert bilden und somit maßgeblich sind.

b) In dem Fall, dass die Adam Dunkel OHG Hersteller wäre, sollen die Anschaffungskosten als Herstellungskosten betrachtet werden. Die Vermögensgegenstände stellen im Hersteller-Fall fertige Erzeugnisse dar, für deren Bewertung die Preise des Absatzmarktes relevant sind. So sind die Fernsehgeräte weiterhin mit je 300 € (= Herstellungskosten) anzusetzen, da diese die Obergrenze zur Bewertung bilden und der Nettoverkaufserlös mit 350 € darüber liegt. Gleiches gilt für die Waschmaschinen, die dementsprechend mit 150 € pro Stück bilanziert werden. Der Nettoverkaufserlös der Toaster liegt mit 8 € pro Stück unter den Herstellungskosten (10 €), so dass aufgrund des strengen Niederstwertprinzips auf diesen niedrigeren Wert abzuschreiben ist.

c) Die Adam Dunkel OHG sei hier wieder Händler und die Toaster wurden mit jeweils 6 € bewertet (Aufgabe 1). § 253 Abs. 5 HGB sieht bei Wegfall der Gründe für eine außerplanmäßige Abschreibung eine Wertaufholung zwingend vor. Die ursprünglichen Anschaffungskosten bilden die Wertobergrenze, so dass die Adam Dunkel OHG die Toaster zu jeweils 10 € bilanzieren muss.

Aufgabe 37: Außerplanmäßige Abschreibungen

a) Bei den Druckern handelt es sich um Handelswaren, die dem Umlaufvermögen zuzuordnen sind. Für das Umlaufvermögen gilt das strenge Niederstwertprinzip. Demnach besteht sowohl bei vorübergehenden als auch dauerhaften Wertminderungen eine Abschreibungspflicht. Grundsätzlich gilt für Handelswaren die doppelte Maßgeblichkeit, d. h., dass für die Bewertung der niedrigere beizulegende Wert auf dem Beschaffungs- und Absatzmarkt anzusetzen ist. Der in der Aufgabenstellung angeführte Preis von 400,00 € pro Stück liegt unter dem Anschaffungspreis von 600,00 € pro Stück. Folglich ist aufgrund des strengen Niederstwertprinzip eine außerplanmäßige Abschreibung i. H. v. 200,00 € pro Stück (insgesamt 5.000,00 €) vorzunehmen.

b) Das unbebaute Grundstück ist ein Vermögensgegenstand des Anlagevermögens. Für Vermögensgegenstände des Anlagevermögens gilt bei einer dauerhaften Wertminde-

rung, unabhängig von der Rechtsform des Unternehmens, eine Abschreibungspflicht.
Bei vorübergehenden Wertminderungen besteht für Finanzanlagen ein Abschreibungswahlrecht. Gegenstände des Anlagevermögens, die nicht zum Bereich des Finanzanlagevermögens zählen, unterliegen einem Abschreibungsverbot.
Der Sachverhalt beschreibt eine Gesellschaft, die ein unbebautes Grundstück zu bewerten hat. Folglich kommt es nur dann zu einer Abschreibungspflicht, wenn die Wertminderung von dauerhafter Natur ist. Eine dauerhafte Wertminderung im Bereich des Anlagevermögens ist anzunehmen, wenn während eines erheblichen Teils der Restnutzungsdauer der Stichtagswert unter den fortgeführten Anschaffungs- oder Herstellungskosten liegt oder innerhalb der nächsten fünf Jahre (sofern die Restnutzungsdauer geringer ist, innerhalb der Restnutzungsdauer) keine konkreten Anzeichen für eine Werterhöhung vorliegen. Beide Abgrenzungskriterien greifen für den Sachverhalt nicht, da die Wertminderung aufgrund momentaner Bauaktivitäten hervorgerufen wurde. Eine Abschreibung ist daher nicht zulässig (§ 253 Abs. 3 Nr. 3 HGB).

c) Aufgrund der Kurzfristigkeit der Finanzanlage werden die Aktienbestände im Umlaufvermögen ausgewiesen. Für das Umlaufvermögen gilt grundsätzlich das strenge Niederstwertprinzip. Somit sind Vermögensgegenstände, deren Börsen-, Marktpreis oder beizulegender Wert am Abschlussstichtag unter den Anschaffungskosten oder Herstellungskosten liegt, unabhängig von der künftigen Preisentwicklung, auf den niedrigeren Wert abzuschreiben. Aufgrund des am Abschlussstichtag auf 52,00 € gesunkenen Börsenpreises ist eine außerplanmäßige Abschreibung von 6,00 € pro Aktie (insgesamt 600,00 €) vorzunehmen.
d) Bei dem auf Lager befindlichen Dieselkraftstoff handelt es sich um Betriebsstoffe, die dem Umlaufvermögen zuzuordnen sind. Aus diesem Grund ist für die Bewertung am Abschlussstichtag das strenge Niederstwertprinzip zu berücksichtigen. Im Falle von Roh-, Hilfs- und Betriebsstoffen ist für die Bewertung grundsätzlich der Beschaffungsmarkt maßgeblich. Hiervon ausgenommen sind Überbestände an Roh-, Hilfs- und Betriebsstoffen, für deren Bewertung der Absatzmarkt maßgeblich ist.
Gemäß der Aufgabenstellung liegen keine Überbestände an Diesel vor. Demnach ist der Beschaffungsmarkt maßgeblich und der Zeitwert aus den Wiederbeschaffungskosten, die die Anschaffungsnebenkosten und Anschaffungspreisminderungen miteinbeziehen, zu bestimmen. Die Wiederbeschaffungskosten belaufen sich am Abschlussstichtag auf 1,22 € pro Liter und liegen somit über den ursprünglichen Anschaffungskosten. Eine außerplanmäßige Abschreibung ist folglich nicht vorzunehmen.

Aufgabe 38: Zuschreibungen

Die Spezialfräsmaschine, ein Vermögensgegenstand des Anlagevermögens, wurde aufgrund einer dauerhaften Wertminderung im Jahre 2013 gem. § 253 Abs. 3 Satz 3 HGB um 30.000 € außerplanmäßig wertberichtigt. Der Grund für diese außerplanmäßige Abschreibung ist durch die Reparatur in 2015 aufgehoben worden. Da gem. § 253 Abs. 5

HGB ein niedriger Wertansatz nicht beibehalten werden darf, wenn die Gründe dafür nicht mehr bestehen, ist eine Wertaufholung vorgeschrieben. Diese hat bis zu dem Betrag zu erfolgen, der sich unter Berücksichtigung der planmäßigen Abschreibungen am Abschlussstichtag im Normalfall – d.h. ohne außerplanmäßige Abschreibung – ergeben hätte.

Datum	Abschreibungsverlauf ohne außerplanmäßige Abschreibung		
	außerplanmäßige Abschreibung [€]	lineare Abschreibung [€]	Restbuchwert [€]
01.01.2009			100.000
31.12.2009		10.000	90.000
31.12.2010		10.000	80.000
31.12.2011		10.000	70.000
31.12.2012		10.000	60.000
31.12.2013		10.000	50.000
31.12.2014		10.000	40.000
31.12.2015		*10.000*	*30.000*
31.12.2016		10.000	20.000
31.12.2017		10.000	10.000
31.12.2018		10.000	0

Datum	Abschreibungsverlauf mit außerplanmäßiger Abschreibung und mit Zuschreibung			
	außerplanmäßige Abschreibung [€]	lineare Abschreibung [€]	Zuschreibung [€]	Restbuchwert [€]
01.01.2009				100.000
31.12.2009		10.000		90.000
31.12.2010		10.000		80.000
31.12.2011		10.000		70.000
31.12.2012		10.000		60.000
31.12.2013	30.000	10.000		20.000
31.12.2014		4.000		16.000
31.12.2015		*4.000*	*18.000*	*30.000*
31.12.2016		10.000		20.000
31.12.2017		10.000		10.000
31.12.2018		10.000		0

Die wertmäßige Zuschreibung erfolgt i.H.v. 18.000 €, so dass der Buchwert am 31.12.2015 (30.000 €) dem Buchwert bei ausschließlich planmäßiger Abschreibung entspricht.

Aufgabe 39: Verbrauchsfolgeverfahren

a) gewogener (periodischer) Durchschnitt

Datum	Anfangsbestand (AB), Zugang (Z), Abgang (A)	Menge [Tonne]	Wert [€/Tonne]	Gesamtwert [€]
01.01.2012	AB	400	180,00	72.000,00
02.02.2012	Z	200	162,00	32.400,00
07.08.2012	Z	100	144,00	14.400,00
10.09.2012	Z	200	175,00	35.000,00
31.12.2012	Z	100	166,00	16.600,00
	Summe	1.000		170.400,00

	Menge [Tonne]	Wert [€/Tonne]	Gesamtwert [€]
Bewertung der Verbrauchsmengen	600	170,40	102.240,00
Bewertung des Endbestandes	400	170,40	68.160,00
Summe	1.000		170.400,00

gleitender (permanenter) Durchschnitt

Datum	Anfangsbestand (AB), Zugang (Z), Abgang (A)	Menge [Tonne]	Wert [€/Tonne]	Gesamtwert [€]
01.01.2012	AB	400	180,00	72.000,00
02.02.2012	Z	200	162,00	32.400,00
	Durchschnittswert	600	174,00	104.400,00
04.04.2012	A	−200	174,00	−34.800,00
	Durchschnittswert	400	174,00	69.600,00
07.08.2012	Z	100	144,00	14.400,00
	Durchschnittswert	500	168,00	84.000,00
10.09.2012	Z	200	175,00	35.000,00
	Durchschnittswert	700	170,00	119.000,00
11.11.2012	A	−400	170,00	−68.000,00
	Durchschnittswert	300	170,00	51.000,00
31.12.2012	Z	100	166,00	16.600,00
	Summe	400	169,00	67.600,00

	Menge [Tonne]	Wert [€/Tonne]	Gesamtwert [€]
Bewertung der Verbrauchsmengen	600	171,33	102.800,00
Bewertung des Endbestandes	400	169,00	67.600,00
Summe	1.000		170.400,00

Fifo-Verfahren

Datum	Anfangsbestand (AB), Zugang (Z), Abgang (A)	Menge [Tonne]	Wert [€/Tonne]	Gesamtwert [€]
01.01.2012	AB	400	180,00	72.000,00
02.02.2012	Z	200	162,00	32.400,00
07.08.2012	Z	100	144,00	14.400,00
10.09.2012	Z	200	175,00	35.000,00
31.12.2012	Z	100	166,00	16.600,00
		Menge [Tonne]	Wert [€/Tonne]	Gesamtwert [€]
Bewertung der Verbrauchsmengen		400	180,00	72.000,00
		200	162,00	32.400,00
Summe Verbrauch		600		104.400,00
Bewertung des Endbestandes		100	144,00	14.400,00
		200	175,00	35.000,00
		100	166,00	16.600,00
Summe Endbestand		400		66.000,00

Lifo-Verfahren (periodisch)

Datum	Anfangsbestand (AB), Zugang (Z), Abgang (A)	Menge [Tonne]	Wert [€/Tonne]	Gesamtwert [€]
01.01.2012	AB	400	180,00	72.000,00
02.02.2012	Z	200	162,00	32.400,00
07.08.2012	Z	100	144,00	14.400,00
10.09.2012	Z	200	175,00	35.000,00
31.12.2012	Z	100	166,00	16.600,00

	Menge [Tonne]	Wert [€/Tonne]	Gesamtwert [€]
Bewertung der Verbrauchsmengen	100	166,00	16.600,00
	200	175,00	35.000,00
	100	144,00	14.400,00
	200	162,00	32.400,00
Summe Verbrauch	600		98.400,00
Bewertung des Endbestandes	400	180,00	72.000,00
Summe Endbestand	400		72.000,00

Lifo-Verfahren (permanent)

Datum	Anfangsbestand (AB), Zugang (Z), Abgang (A)	Menge [Tonne]	Wert [€/Tonne]	Gesamtwert [€]
01.01.2012	AB	400	180,00	72.000,00
02.02.2012	Z	200	162,00	32.400,00
		600		104.400,00
04.04.2012	A	−200	162,00	−32.400,00
		400		72.000,00
07.08.2012	Z	100	144,00	14.400,00
		500		86.400,00
10.09.2012	Z	200	175,00	35.000,00
		700		121.400,00
11.11.2012	A	−200	175,00	−35.000,00
	A	−100	144,00	−14.400,00
	A	−100	180,00	−18.000,00
		300		54.000,00
31.12.2012	Z	100	166,00	16.600,00
	Summe	400		70.600,00

	Menge [Tonne]	Wert [€/Tonne]	Gesamtwert [€]
Bewertung der Verbrauchsmengen	600	166,33	99.800,00
Bewertung des Endbestandes	400	176,50	70.600,00
Summe	1.000		170.400,00

b)

Bewertungsvereinfachungsverfahren	Wert der Verbräuche		Wert des Endbestandes			Stichtagswert	Anzusetzender Wert in der Bilanz			Wert für eine außerplanmäßige Abschreibung aufgrund des strengen NWP [€]
	Menge [Tonne]	Wert [€]	Menge [Tonne]	Wert [€] [1]	[€/ Tonne]	[€/Tonne]	Preis [€/ Tonne]	Menge [Tonne]	Gesamtwert [€] [2]	[3] = [1] – [2]
Gruppenbewertung										
gewogener (periodischer) Durchschnitt	600	102.240,00	400	68.160,00	170,40	166,00	166,00	400	66.400,00	1.760,00
gleitender (permanenter) Durchschnitt	600	102.800,00	400	67.600,00	169,00	166,00	166,00	400	66.400,00	1.200,00

Bewertungsvereinfachungsverfahren	Wert der Verbräuche		Wert des Endbestandes			Stichtagswert	Anzusetzender Wert in der Bilanz			Wert für eine außerplanmäßige Abschreibung aufgrund des strengen NWP [€]
	Menge [Tonne]	Wert [€]	Menge [Tonne]	Wert [€] [1]	[€/Tonne]	[€/Tonne]	Preis [€/Tonne]	Menge [Tonne]	Gesamtwert [€] [2]	[3] = [1] - [2]
Verbrauchsfolgeverfahren										
Fifo-Verfahren	600	104.400,00	400	66.000,00	165,00	166,00	165,00	400	66.000,00	0,00
Lifo-Verfahren (periodisch)	600	98.400,00	400	72.000,00	180,00	166,00	166,00	400	66.400,00	5.600,00
Lifo-Verfahren (permanent)	600	99.800,00	400	70.600,00	176,50	166,00	166,00	400	66.400,00	4.200,00

Aufgabe 40: Forderungsbewertung

Forderungen	Wert inkl. 19 % USt [€]	Erwartungswert [€]	Eintrittswahrscheinlichkeit [%]	
A-GmbH	119.000	119.000	100 %	Volleinbringlich
B-GmbH	238.000	166.600	100 %	Zweifelhaft (Vergleich)
C-AG	59.500	0	100 %	Uneinbringlich (Insolvenz)
D-OHG	178.500	47.600	20 %	Zweifelhaft
		83.300	20 %	Zweifelhaft
		119.000	20 %	Zweifelhaft
		154.700	30 %	Zweifelhaft
		178.500	10 %	Zweifelhaft
Übrige Kunden	4.165.000	4.165.000	100 %	Volleinbringlich
Summe	4.760.000			

		[€]
	gesamter Forderungsbestand (brutto, inkl. 19 % USt)	4.760.000
./.	19 % USt	−760.000
=	gesamter Forderungsbestand (netto)	4.000.000

Vom gesamten Forderungsbestand (netto) sind:		[€]	Bewertungsart
	uneinbringlich	50.000	Einzelwertberichtigung
	zweifelhaft	350.000	Einzelwertberichtigung
	volleinbringlich	3.600.000	Pauschalwertberichtigung
	Summe	4.000.000	

Einzelwertberichtigung

	Wert der Forderung [€]			Erwartungswert in [€]		Notwendige außerplanmäßige Abschreibung [€]	Notwendige Korrektur der USt [€]	Wert der Forderung in der Bilanz [€]		
Kunde:	**brutto**	**USt**	**netto**	**brutto**	**netto**			**netto**	**USt**	**Brutto**
bei einwertigen Erwartungen										
B-GmbH	238.000	38.000	200.000	166.600	140.000	60.000	0	140.000	38.000	178.000
C-AG	59.500	9.500	50.000	0	0	50.000	9.500	0	0	0
Zwischensumme	297.500	47.500	250.000	166.600	140.000	110.000	9.500	140.000	38.000	178.000

	Wert der Forderung [€]			Erwartungswert in [€]		Notwendige außerplanmäßige Abschrei-bung [€]	Notwendige Korrektur der USt [€]	Wert der Forderung in der Bilanz [€]		
Kunde:	**brutto**	**USt**	**netto**	**brutto**	**netto**			**netto**	**USt**	**Brutto**
bei mehrwertigen Erwartungen										
a.) Modus										
D-OHG	178.500	28.500	150.000	154.700	130.000	20.000	0	130.000	28.500	158.500
b.) Median										
D-OHG	178.500	28.500	150.000	119.000	100.000	50.000	0	100.000	28.500	128.500
c.) niedrigster Geldeingang										
D-OHG	178.500	28.500	150.000	47.600	40.000	110.000	0	40.000	28.500	68.500
d.) mathematischer Erwartungswert										
D-OHG	178.500	28.500	150.000	114.240	96.000	54.000	0	96.000	28.500	124.500

Pauschalwertberichtigung

Kunde:	Wert der Forderung [Mio. €]			Abwertungsprozentsatz	Notwendige außerplanmäßige Abschreibung	Notwendige Korrektur der USt	Wert der Forderung in der Bilanz [Mio. €]		
	brutto	USt	Netto	[%]	[Mio. €]	[Mio. €]	netto	USt	Brutto
A-GmbH	0,119	0,019	0,1	3 %	0,003	0	0,097	0,019	0,116
übrige Kunden	4,165	0,665	3,5	3 %	0,105	0	3,395	0,665	4,06
Summe	4,284	0,684	3,6		0,108	0	3,492	0,684	4,176

Auf die Pauschalwertberichtigung haben die unterschiedlichen Möglichkeiten hinsichtlich der Bewertung von Forderungen bei mehrwertigen Erwartungen keinen Einfluss, da die Pauschalwertberichtigungen nur auf nicht einzelwertberichtigte Forderungen angewendet werden.

Zusammenfassung der durchgeführten Forderungsbewertung und des Bilanzansatzes am Abschlussstichtag:

	bei Ansatz von a.), b.), c.) oder d.) im Fall der mehrwertigen Erwartungen:			
	a.) Modus [€]	b.) Median [€]	c.) niedrigster Geldeingang [€]	d.) mathematischer Erwartungswert [€]
Bilanzansatz vor Durchführung der Bewertung	4.760.000	4.760.000	4.760.000	4.760.000
Einzelwertberichtigung				
einwertige Erwartungen	−110.000	−110.000	−110.000	−110.000
mehrwertige Erwartungen	−20.000	−50.000	−110.000	−54.000
Pauschalwertberichtigung	−108.000	−108.000	−108.000	−108.000
Korrektur der Umsatzsteuer, da Ford. uneinbringlich wurde	−9.500	−9.500	−9.500	−9.500
Bilanzansatz nach Durchführung der Bewertung	4.611.500	4.482.500	4.422.500	4.478.500

Aufgabe 41: Forderungsbewertung

1. Schritt: Berechnung des Zinsverlustes in% – Verzögerungsrisiko

- Ermittlung der durchschnittlichen Forderungsbestände:
- $\text{durchschnittlicher Forderungsbestand} = \frac{\text{Anfangsbestand} + \text{Endbestand}}{2}$

Anfangsbestand	=	1,5 Mio. €
Endbestand	=	2,7 Mio. €
durchschnittlicher Forderungsbestand	=	2,1 Mio. €

- Ermittlung des Forderungsumschlags (durchschnittliche Laufzeit in Tagen)
- $\text{durchschnittliche Laufzeit [Tage]} = \frac{\text{durchschnittlicher Forderungsbestand} \cdot 360 \text{ Tage}}{\text{Jahresbruttoumsatz ohne Bargeschäfte}}$

Forderungsdurchschnitt	=	2,1 Mio. €
Jahresbruttoumsatz ohne Bargeschäfte	=	15,0 Mio. €
durchschnittliche Laufzeit in Tagen	=	50,4 Tage

- Ermittlung der Überfälligkeit in Tagen
  Überfälligkeit [Tage] = Durchschnittliche Laufzeit [Tage] – übliches Zahlungsziel [Tage]

	Durchschnittliche Laufzeit in Tagen	50,4
./.	übliches Zahlungsziel in Tagen	– 14,00
=	Überfälligkeit in Tagen	36,4

- Ermittlung des innerbetrieblichen Zinsverlustes

$$\text{innerbetrieblicher Zinsverlust [\%]} = \frac{\text{marktüblicher Zinssatz} \cdot \text{Überfälligkeit [Tage]}}{360 \text{ Tage}} \cdot 100\%$$

marktüblicher Zinssatz	=	9 %
Überfälligkeit	=	36,40
innerbetrieblicher Zinsverlust in%	=	0,91 %

2. Schritt: Berechnung des Einziehungsrisikos in%

$$\text{Einziehungsrisiko} = \frac{\text{Einzugskosten}}{\text{Jahresbrutto ohne Bargeschäfte}} \cdot 100\%$$

Einzugskosten	=	15.000 €
Jahresbruttoumsatz ohne Bargeschäfte	=	15 Mio. €
Einziehungsrisiko	=	0,1 %

3. Schritt: Bewertung der Forderung am 31.12.2012:

Bruttoforderung	=	238.000 €
./. 19 % USt	=	– 38.000 €
= Nettoforderung	=	200.000 €

vor der Bewertung am 31.12.2012

Für die Berechnung des Verzögerungs- und Einziehungsrisikos ergeben sich folgende Beträge:

	in %	in € von der Nettoforderung
Verzögerungsrisiko	0,91	1.820
Einziehungsrisiko	0,1	200

	[€]
Nettoforderung vor Bewertungsabschlägen	200.000
./. Abwertung aufgrund des Verzögerungsrisikos	−1.820
./. Abwertung aufgrund des Einziehungsrisikos	−200
Nettoforderung nach Bewertungsabschlägen	197.980
+ nicht korrigierte Umsatzsteuer	38.000
Bruttoforderung in € nach Bewertung	235.980
(entspricht dem Bilanzansatz)	

Aufgabe 42: Forderungsbewertung

Der Nettobetrag der Restforderung (70.000 €) ist in voller Höhe abzuschreiben, da die Insolvenz im Geschäftsjahr angemeldet wurde und keine weiteren Zahlungseingänge zu erwarten sind. Die in der Restforderung enthaltene Umsatzsteuer i. H. v. 13.300 € ist zu korrigieren.

Aufgabe 43: Vereinfachte Kapitalherabsetzung

endgültige Bilanz der Bio GmbH zum 31.12.2012 [Mio. €]

Aktiva			Passiva
Aktiva	120	Gezeichnetes Kapital	60
		Kapitalrücklage	6
		Bilanzgewinn	4
		Sonstige Passiva	50
	120		120

1. Schritt:

Bestimmung des Betrages, um den die Kapitalrücklage zu reduzieren ist. Die Reduzierung hängt ab von der Höhe des gezeichneten Kapitals nach Durchführung der vereinfachten Kapitalherabsetzung i. H. v. 20 Mio. €.

10 % von 60 Mio. € = 6 Mio. €

Die Kapitalrücklage ist somit erfolgswirksam um 9 Mio. € (15 Mio. € abzüglich 6 Mio. €) zu reduzieren. Die Buchung in der Gewinn- und Verlustrechnung erfolgt unter dem Posten »Entnahmen aus Kapitalrücklagen«.

2. Schritt:
Die Herabsetzung des gezeichneten Kapitals i. H. v. 20 Mio. € wird ebenfalls erfolgswirksam verbucht. Der »Ertrag aus der Kapitalherabsetzung« wird in der Gewinn- und Verlustrechnung nach dem Posten »Entnahmen aus Kapitalrücklagen« ausgewiesen. Nach Beendigung der vereinfachten Kapitalherabsetzung ergibt sich ein Bilanzgewinn i. H. v. 4 Mio. € (29 Mio. € abzüglich 25 Mio. € – ursprünglicher Bilanzverlust).

Aufgabe 44: Bilanzausweis des Eigenkapitals

Das Nennkapital der AG beträgt:
1 Mio. Aktien · 5,00 €/Aktie = 5 Mio. €

Die Einnahmen aus der Aktienemission betragen:
1 Mio. Aktien · 150,00 €/Aktie = 150 Mio. €

Bilanzausweis des Eigenkapitals zum 01.01.2012:

	[Mio. €]
Gezeichnetes Kapital	5
Kapitalrücklage	145
Gewinn-/Verlustvortrag	–
Jahresüberschuss/Jahresfehlbetrag	–
Eigenkapital	150

Aufstellung des Eigenkapitals vor Ergebnisverwendung zum 31.12.2013:

	[Mio. €]
Gezeichnetes Kapital	5
Kapitalrücklage	145
Verlustvortrag	−0,25
Jahresüberschuss	1
Eigenkapital	150,75

Aufstellung des Eigenkapitals nach Ergebnisverwendung zum 31.12.2013:

1. Schritt: Darstellung der Ergebnisverwendungen

		[Mio. €]	[Mio. €]
	Jahresüberschuss		1,00
./.	Verlustvortrag		−0,25
=	Zwischensumme		0,75
./.	Einstellungen in die Gewinnrücklagen:		
	gesetzliche Rücklage (siehe Anmerkung)	0,00	
	Satzungsmäßige Rücklagen (siehe Anmerkung)	−0,15	
	andere Gewinnrücklagen	−0,20	
	Summe Rücklagen	−0,35	−0,35
=	Bilanzgewinn		0,40

Anmerkungen zur gesetzlichen Rücklage:

Die gesetzliche Rücklage ist jährlich mit 5 % vom Jahresüberschuss nach Berücksichtigung vorhandener Verlustvorträge zu bilden. Für den o.g. Sachverhalt würde dies bedeuten: 5 % von 750.000 € = 37.500 €

aber: Die gesetzliche Rücklage ist nur solange zu bilden, bis die gesetzliche Rücklage und die Kapitalrücklage 10 % des Grundkapitals umfassen.

	[Mio. €]
Grundkapital	5,0
davon 10 %	0,5
gesetzliche Rücklage bis zum 31.12.2011	0,0
Kapitalrücklage bis zum 31.12.2011	145,0
Summe aus gesetzlicher und Kapitalrücklage	145,0

Fazit: Aufgrund der Tatsache, dass die gesetzliche Rücklage und die Kapitalrücklage mehr als 10 % des Grundkapitals umfassen, muss eine weitere gesetzliche Rücklage nicht mehr gebildet werden.

Anmerkungen zu den satzungsmäßigen Rücklagen

Die satzungsmäßigen Rücklagen sind bis zu einer maximalen Höhe von 1 Mio. € zu bilden. Bisher konnte aufgrund der Verlustsituation keine satzungsmäßige Rücklage gebildet werden. Folglich sind die kompletten 150.000 € in die satzungsmäßigen Rücklagen einzustellen.

2. Schritt: Darstellung des Eigenkapitals nach Ergebnisverwendungen

	[Mio. €]
gezeichnetes Kapital	5,00
Kapitalrücklage	145,00
gesetzliche Rücklage	0,00
Rücklage für eigene Anteile	0,00
satzungsmäßige Rücklagen	0,15
andere Gewinnrücklagen	0,20
Bilanzgewinn	0,40
(davon Verlustvortrag 0,25 Mio. €)	
Eigenkapital	150,75

Aufgabe 45: Bilanzausweis ausstehender Einlagen

Aktiva — Bilanz der Karl Mayer AG zum 31.12.2012 [Mio. €] — Passiva

Aktiva		Passiva	
…		A. Eigenkapital	
B. Umlaufvermögen		I. Gezeichnetes Kapital	1,6
II. Forderungen und sonstige Vermögensgegenstände		./. noch nicht eingefordertes Kapital	1,2
…		= eingefordertes Kapital	0,4
4. Von den Gesellschaftern eingefordertes, noch nicht eingezahltes Kapital	0,4		

Aufgabe 46: Nicht durch Eigenkapital gedeckter Fehlbetrag

Ausweis in der Bilanz zum 31.12.2013:
Entsprechend den Vorschriften des § 268 Abs. 3 HGB ist in der Bilanz zum 31.12.2012 ein »nicht durch Eigenkapital gedeckter Fehlbetrag« auf der Aktivseite der Bilanz auszuweisen, da ein Überschuss der Passivposten über die Aktivposten vorliegt.

Berechnung des nicht durch Eigenkapital gedeckten Fehlbetrages:

	gezeichnetes Kapital	200.000 €
	Gewinnrücklagen	50.000 €
=	Eigenkapital	250.000 €
./.	Jahresfehlbetrag	– 300.000 €
nicht durch Eigenkapital gedeckter Fehlbetrag		– 50.000 €

Ausweis des Eigenkapitals auf der Passivseite		31.12.2011
gezeichnetes Kapital		200.000 €
Gewinnrücklagen		50.000 €
Jahresfehlbetrag	–300.000 €	
davon nicht durch Eigenkapital gedeckt	50.000 €	– 250.000 €
buchmäßiges Eigenkapital		0

Der Ausweis erfolgt auf der Aktivseite in dem Posten »Nicht durch Eigenkapital gedeckter Fehlbetrag« i. H. v. 50.000 €.

Ausweis in der Bilanz zum 31.12.2014:
In der Bilanz zum 31.12.2013 ist der »nicht durch Eigenkapital gedeckte Fehlbetrag« nicht auf der Aktivseite fortzuführen. Es ist vielmehr der Jahresfehlbetrag des Vorjahres im Ergebnisvortrag des Jahres 2013 zu berücksichtigen.

Ausweis des Eigenkapitals auf der Passivseite		31.12.2012
gezeichnetes Kapital		200.000 €
Gewinnrücklagen		50.000 €
Verlustvortrag aus 2012		– 300.000 €
Jahresüberschuss 2013	70.000 €	
davon nicht durch Eigenkapital gedeckt	0	70.000 €
buchmäßiges Eigenkapital		20.000 €

Aufgabe 47: Bewertung von Rückstellungen

Der Sachverhalt ist als Rückstellung für ungewisse Verbindlichkeiten mit rechtlicher Verpflichtung i. S. d. § 249 Abs. 1 HGB zu bilanzieren. Aufgrund der Maßgeblichkeit der Handelsbilanz für die Steuerbilanz und der Passivierungspflicht in der Handelsbilanz, ist die Rückstellung ebenfalls in der Steuerbilanz zu passivieren. Die Bewertung der Rückstellung ist auf Basis einer vernünftigen kaufmännischen Beurteilung (§ 253 Abs. 1 Satz 2 HGB) vorzunehmen. Eine Abzinsung kommt aufgrund der lediglich einjährigen Laufzeit der Verpflichtung nicht zum Tragen. Eine entsprechende vernünftige kaufmännische Beurteilung führt zu einer Rückstellungshöhe von 250.000 € (250 Kraftfahrzeuge à 1.000 €), da die durchschnittliche Garantiezeit der Kraftfahrzeuge bei 0,5 Jahren liegt – die Autos werden über das gesamte Jahr ausgeliefert, so dass die Garantiezeit (1 Jahr) nicht bei jedem Auto in 2013 endet.

Aufgabe 48: Pensionsrückstellungen

Datenbasis:		
Eintrittsdatum	01.01.2007	
Alter	55 Jahre	
Zeitpunkt der Pensionszusage	01.01.2010	
zugesicherte Pensionsleistungen	60.000 €/p. a.	nachschüssig
Laufzeit der Pension	14 Jahre	
Versorgungszeitpunkt	01.01.2017	(65. Lebensjahr)
Zinssatz (i)	5,13 %	

Daraus ergibt sich für den Rentenbarwertfaktor:

$$RBF = \frac{q^n - 1}{q^n(q-1)} = 9{,}8169, \text{ mit } n = 14 \text{ Jahre und } i = 0{,}0513$$

Barwert der Pensionsleistungen im Versorgungszeitpunkt
= 60.000 € · RBF (n = 14; i = 0,0513) = 589.014 €

Gegenwartswertverfahren:

Wiedergewinnungsfaktor (WGF) $= \dfrac{q^n \cdot (q-1)}{q^n - 1} = 0{,}1736$, mit n = 7 und i = 0,0513

Barwert der Pensionsleistungen im Zeitpunkt der Pensionszusage

= 589.014 €/1,0513^7 = 414.991,28 €

Annuität = Barwert im Zeitpunkt der Pensionszusage · WGF = 72.056,97 €

Zeitpunkt	Annuität [€]	kumulierte Annuität [€]	Bilanzausweis [€]
01.01.2007		0,00	0,00
31.12.2007		0,00	0,00
31.12.2008		0,00	0,00
31.12.2009		0,00	0,00
31.12.2010	72.056,97	72.056,97	72.056,97
31.12.2011	75.753,49	147.810,46	147.810,46
31.12.2012	79.639,64	227.450,10	227.450,10
31.12.2013	83.725,16	311.175,26	311.175,26
31.12.2014	88.020,26	399.195,52	399.195,52
31.12.2015	92.535,70	491.731,22	491.731,22
31.12.2016/ 01.01.2017	97.282,78	589.014,00	589.014,00

Die Annuität wurde jeweils um ein Jahr aufgezinst.

Teilwertverfahren

Wiedergewinnungsfaktor (WGF) $= \dfrac{q^n(q-1)}{q^n - 1} = 0{,}1303$ mit n = 10 und i = 0,0513

Barwert der Pensionsleistungen im Zeitpunkt der Pensionszusage

589.014 €/1,0513^{10} = 357.156,84 €

Annuität = Barwert im Eintrittszeitpunkt in das Unternehmen · WGF = 46.545,90 €

Zeitpunkt	Annuität [€]	kumulierte Annuität [€]	Bilanzausweis [€]
01.01.2007	0,00	0,00	0,00
31.12.2007	46.545,90	46.545,90	0,00
31.12.2008	48.933,71	95.479,61	0,00
31.12.2009	51.444,01	146.923,61	0,00
31.12.2010	54.083,08	201.006,70	201.006,70
31.12.2011	56.857,55	257.864,24	257.864,24
31.12.2012	59.774,34	317.638,58	317.638,58
31.12.2013	62.840,76	380.479,34	380.479,34
31.12.2014	66.064,49	446.543,83	446.543,83
31.12.2015	69.453,60	515.997,43	515.997,43
31.12.2016/ 01.01.2017	73.016,57	589.014,00	589.014,00

Die Annuität wurde jeweils um ein Jahr aufgezinst.

Aufgabe 49: Rückstellungen für ungewisse Verbindlichkeiten

Die T. Klöckner Bau AG hat für die Garantieverpflichtungen eine Rückstellung für ungewisse Verbindlichkeiten gem. § 249 Abs. 1 Satz 1 HGB in der Bilanz zu bilden, da die den Verpflichtungen zu Grunde liegenden Verträge noch dem abgelaufenen Geschäftsjahr zuzuordnen sind. Für die Bewertung dieser sog. Garantie-Rückstellung können die dem Unternehmen zur Verfügung stehenden Erfahrungswerte der vergangenen Jahre herangezogen werden. Demnach hat die T. Klöckner Bau AG in der Bilanz 2012 eine Garantie-Rückstellung i. H. v. 150.000 € zu passivieren.

Da die T. Klöckner Bau AG ihren Kunden aus wirtschaftlichen Zwängen weitere Leistungen einräumt, die über die Garantiezusagen hinausgehen, ist sie zudem verpflichtet, eine Kulanz-Rückstellung gem. § 249 Abs. 1 Satz 2 Nr. 2 HGB zu passivieren. Die Kulanz-Rückstellung ist in der Bilanz 2012 mit einem Betrag von 15.000 € zu bewerten (150.000 € · 10 %).

Die zusätzlichen Informationen, die dem Unternehmen am 30.06.2013 vorliegen, beziehen sich zwar auf das abzuschließende Geschäftsjahr 2012 und erfüllen demzufolge den Tatbestand einer wertaufhellenden Tatsache. Allerdings wurde die Bilanzerstellung bereits am 31.03.2013 vorgenommen. Demnach kann sich der neue Informationsstand nicht mehr auf die Bilanz 2012 auswirken. Die neuen Erkenntnisse sind daher wie folgt im neuen Geschäftsjahr zu berücksichtigen:

Die Garantie-Rückstellung i. H. v. 150.000 € ist mit dem tatsächlich angefallenen Betrag von 100.000 € erfolgsneutral aufzulösen. Die restlichen 50.000 € der Rückstellung sind erfolgswirksam über die Gewinn- und Verlust-Rechnung als sonstiger betrieblicher Ertrag zu verbuchen. Die Kulanz-Rückstellung i. H. v. 15.000 € ist vollständig erfolgsneutral aufzulösen. Die über den zurückgestellten Betrag hinausgehenden 5.000 € sind hingegen erfolgswirksam als sonstiger betrieblicher Aufwand in der Gewinn- und Verlustrechnung zu erfassen.

Aufgabe 50: Rückstellungen für ungewisse Verbindlichkeiten

Teilaufgabe 1:

a) Die SparNix OHG hat die bereits überwiesenen 300.000 € als Aufwand des Geschäftsjahres 2012 zu verbuchen. Die Differenz zwischen den bereits überwiesenen 300.000 € und den von der SparNix OHG anerkannten 400.000 € (50 % der Schadenssumme) ist in der Bilanz 2012 als Verbindlichkeit i. H. v. 100.000 € zu passivieren, da eine Verpflichtung gegenüber Dritten vorliegt, die dem Grunde und der Höhe nach bereits sicher ist. Darüber hinaus hat die SparNix OHG in der Bilanz 2012 die Differenz zwischen den anerkannten 50 % (400.000 €) und den von den Aktionären geforderten 75 % (600.000 €) als Rückstellung für ungewisse Verbindlichkeiten gem. § 249 Abs. 1 Satz 1 HGB zu berücksichtigen, da die Höhe noch ungewiss ist, der Grund des möglichen Schadensersatzanspruches jedoch in der abgelaufenen Periode liegt. Fraglich ist allerdings, zu welcher Höhe die Rückstellung anzusetzen ist, da eine Bandbreite möglicher Inanspruchnahmen vorliegt. Aufgrund des Vorsichtsprinzips ist die Rückstellung mit 200.000 € zu bewerten. Zwar ist die Wahrscheinlichkeit einer Inanspruchnahme i. H. v. 150.000 € höher, allerdings ist der Betrag von 200.000 € nur unwesentlich weniger wahrscheinlich und somit durchaus realistisch.
   Darüber hinaus sind die voraussichtlichen Prozesskosten i. H. v. 25.000 € als Rückstellung für ungewisse Verbindlichkeiten gem. § 249 Abs. 1 Satz 1 HGB zu passivieren.

b) In diesem Fall liegt der SparNix OHG eine wertaufhellende Tatsache vor (d. h. eine Information, die man zwischen Abschlussstichtag und Bilanzerstellung erhält und die sich auf Gegebenheiten des abgeschlossenen Geschäftsjahre bezieht), die in der Bilanz des abgelaufenen Geschäftsjahres 2012 zu berücksichtigen ist. Demzufolge ist die SparNix OHG dazu verpflichtet, die Rückstellung für ungewisse Verbindlichkeiten i. S. d. § 249 Abs. 1 Satz 1 HGB auf 50.000 € zu erhöhen.

Teilaufgabe 2:

Die SauFix AG hat die zum Erhalt der Ostsee jährlich zu entrichtenden 100.000 € als laufenden Aufwand der Geschäftsjahre 2012 bis 2016 zu erfassen. Die Gesamtkosten für Demontage, Entsorgung und Schadensbeseitigung i. H. v. 2.500.000 € sind in den Jahren 2012 bis 2015 als Rückstellung für ungewisse Verbindlichkeiten gem. § 249 Abs. 1 Satz 1 HGB zu passivieren. Die rechtliche Abbauverpflichtung ergibt sich mit der erstmaligen schädigenden Handlung und somit am 01.01.2012.[1]

Dabei ist zu beachten, dass nur die Beträge für 4 Jahre zurückzustellen sind (4-Jahres-Zins), da am 31.12.2012 das erste Geschäftsjahr bereits abgelaufen ist. So ergibt sich für den 31.12.2012 ein Rückstellungsbetrag für die nächsten 4 Jahre i. H. v.

$$\frac{2.500.000}{(1+0{,}062)^4} = 1.965.359\,€.$$

1 Falls die Kosten mit der Laufzeit der Anlage entstehen, ist eine Ansammlungsrückstellung zu bilden.

Zum 31.12.2013 ist der Durchschnittszins für dreijährige Anleihen für die Höhe der Abzinsung maßgeblich:

$$\frac{2.500.000}{(1+0{,}065)^3} = 2.069.623\ €.$$

Die neue Zuführung zu den Rückstellungen beträgt daher am 31.12.2013:

2.069.623 €./. 1.965.359 € = 104.264 €.

Im Jahr 2016 sind die 2.500.000 € in Höhe der bis zu diesem Zeitpunkt bereits gebildeten Rückstellungen erfolgsneutral aufzulösen bzw. der verbleibenden Betrag der Rückstellungen direkt als Aufwand zu verbuchen.

Aufgabe 51: Rückstellungen für drohende Verluste aus schwebenden Geschäften

Für die am Abschlussstichtag 31.12.2012 noch ausstehenden Lieferungen liegt der Tatbestand eines schwebenden Geschäftes vor. Entsprechend § 249 Abs. 1 Satz 1 HGB ist eine Rückstellung für drohende Verluste aus schwebenden Geschäften zu bilanzieren, wenn dem bilanzierenden Unternehmen ein Verlust aus dem geschlossenen Vertrag droht. Die Getriebebau GmbH erleidet voraussichtlich einen derartigen Verlust, da die Verkaufserlöse je Getriebe (20.000 €) unter den Herstellungskosten je Getriebe (22.000 €) liegen. Der in der Bilanz zum 31.12.2012 auszuweisende Rückstellungsbetrag beläuft sich auf:

12 Monate à 25 Getriebe = 300 noch zu liefernde Getriebe

Bei einem Verlust von 2.000 € je Getriebe ergibt sich ein drohender Verlust i. H. v. 600.000 €, der als Rückstellung zu passivieren ist.

Aufgabe 52: Vorsichtsprinzip und Rückstellungen

e) Die Nice AG hat aufgrund des Imparitätsprinzips (§ 252 Abs. 1 Nr. 4 1. HS HGB) den für das Geschäftsjahr 2013 drohenden Verlust i. H. v. 200.000 € in der Bilanz zum 31.12.2012 zu antizipieren, da dieser bereits im Geschäftsjahr 2012 verursacht wurde. Dieser Verpflichtung kann sie nur durch die Bildung einer Rückstellung für drohende Verluste aus schwebenden Geschäften (hier Beschaffungsgeschäft) gem. § 249 Abs. 1 Satz 1 HGB nachkommen.

e) Die Nice AG hat gegenüber der Sack und Pack AG einen voraussichtlichen Leistungsanspruch i. H. v. 1.200.000 € (Wiederbeschaffungskosten). Demgegenüber steht eine vereinbarte Leistungsverpflichtung i. H. v. 1.000.000 € (Kaufpreis). Das Realisationsprinzip bzw. das daraus abgeleitete Anschaffungskostenprinzip gestattet eine Gewinnberücksichtigung jedoch nur, wenn dieser am Abschlussstichtag bereits realisiert wurde (§ 252 Abs. 1 Nr. 4 2. HS HGB). Die Nice AG realisiert einen Gewinn erst dann, wenn sie die Verpackungsmaschine zu einem Preis verkauft, der über den fortgeführten Anschaffungskosten liegt. Der Realisationszeitpunkt ist dabei der Zeitpunkt des Gefahrenüberganges, der in der Regel bei der Lieferung des Vermögensgegenstandes stattfindet. Demnach hat ein Gewinnausweis im Jahresabschluss zum 31.12.2012 zu unterbleiben.

e) Der vereinbarte Leistungsanspruch der Nice AG gegenüber der Vohwinkel AG (Verkaufspreis) übersteigt die voraussichtliche Leistungsverpflichtung (Herstellungskosten) um 85.000 €. Die Vohwinkel AG erhält die Trainingsanzüge allerdings erst im April 2013. Erst zu diesem Zeitpunkt geht die Gefahr auf die Vohwinkel AG über. Folglich ist eine Realisation zum 31.12.2012 zu verneinen und ein Gewinnausweis im Jahresabschluss 2012 der Nice AG nicht gestattet. Vielmehr erfolgt der Gewinnausweis erst im Geschäftsjahr 2013.

e) In diesem Fall droht der Nice AG ein Verlust i. H. v. 25.000 €, dem sie aufgrund des Imparitätsprinzips (§ 252 Abs. 1 Nr. 4 HGB) bereits zum 31.12.2012 durch die Bildung einer Rückstellung für drohende Verluste aus schwebenden Geschäften (hier Absatzgeschäft) gem. § 249 Abs. 1 Satz 1 HGB bilanziell Rechnung zu tragen hat.

e) Nach dem Realisationsprinzip (§ 252 Abs. 1 Nr. 4 HGB) dürfen positive Erfolgsbeiträge erst dann erfasst werden, wenn sie am Markt realisiert sind. Dies ist in der Regel mit Übergang des wirtschaftlichen Eigentums der Fall. Am Bilanzstichtag ist die Alles Schrott GmbH sowohl rechtlicher als auch wirtschaftlicher Eigentümer des Wagens. Ein Umsatzerlös darf nicht erfasst werden.

   Der PKW stellt, da es sich bei dem bilanzierenden Unternehmen um einen Händler handelt, Handelsware und damit Umlaufvermögen dar. Für Umlaufvermögen gilt das strenge Niederstwertprinzip des § 253 Abs. 3 HGB, d. h. Abschreibungen auf einen niedrigeren Wert am Bilanzstichtag sind zwingend vorzunehmen. Eine Wertminderung liegt hier allerdings nicht vor.

   § 249 Abs. 1 Satz 1 HGB verlangt die Bildung von Rückstellungen, falls aus einem schwebenden Geschäft Verluste drohen. Zwar liegt hier ein schwebendes Geschäft vor, aber es droht kein Verlust. Der Autohändler hätte den PKW am Bilanzstichtag zwar teurer verkaufen können, macht aber auch so einen Gewinn in Höhe von 1.000 €. Ihm entgeht lediglich ein noch höherer Gewinn. Entgangene Gewinne sind keine drohenden Verluste. Insofern besteht keine Veranlassung für eine Rückstellungsbildung.

   Der Audi 80 ist in der Bilanz unter den Handelswaren in Höhe der Anschaffungskosten, d. h. zu 1.000 €, auszuweisen.

Aufgabe 53: Aufwandsrückstellungen

Es handelt sich bei dem Sachverhalt um unterlassene Instandhaltungsaufwendungen, die im Geschäftsjahr 2012 verursacht wurden. Unterlassene Instandhaltungsaufwendungen liegen vor, da die Durchführung der Reparatur aus betriebswirtschaftlicher Sicht notwendig war und die Werft diese auch unter normalen Umständen durchgeführt hätte. Der Schaden ist dem Geschäftsjahr 2012 zuzuordnen, auch wenn die Reparatur erst im darauffolgenden Geschäftsjahr nachgeholt wird. Entsprechend § 249 Abs. 1 HGB besteht für den Fall, dass die Reparatur in den ersten drei Monaten des folgenden Geschäftsjahres nachgeholt werden soll, eine Pflicht zur Bilanzierung einer Rückstellung.

a) In Teilaufgabe a wird die Reparatur in den ersten drei Monaten des folgenden Geschäftsjahres nachgeholt. Folglich ist eine Rückstellung i. H. v. 150.000 € sowohl handels- als auch steuerrechtlich zu bilanzieren.
b) Hier wird die Reparatur erst nach Ablauf der ersten drei Monate aber bis zum Ende des folgenden Geschäftsjahres nachgeholt. Somit besteht gem. § 249 Abs. 2 S. 1 HGB ein Passivierungsverbot zur Bildung der Rückstellung. Auch steuerrechtlich darf dieser Sachverhalt nicht bilanziert werden.

Aufgabe 54: Rückstellung dem Grunde nach

Die Kopadelen AG darf für die Kosten der Werbekampagne und der vorausgehenden Marktforschungsinitiative keine Rückstellung i. S. d. § 249 HGB bilden. Es handelt sich lediglich um Geschäftspläne der Kopadelen AG, denen unter Umständen Verträge mit der US-amerikanischen Handelskette zu Grunde liegen. Allerdings sind so genannte schwebende Geschäfte grundsätzlich nicht bilanzierungsfähig. Eine Ausnahme läge vor, wenn aus dem schwebenden Geschäft wahrscheinlich ein Verlust entstünde. In diesem Fall wäre eine Rückstellung für drohende Verluste aus schwebenden Geschäften gem. § 249 Abs. 1 Satz 1 HGB einzustellen. Allerdings gibt es für einen derartigen Verlust keine Hinweise. Folglich sind die Kosten der Marktforschungsinitiative erst in 2013 und die Kosten der Werbekampagne erst in 2014 als Aufwand zu erfassen.

Aufgabe 55: Rückstellung dem Grunde nach

Eine Rückstellung für ungewisse Verbindlichkeiten im Sinne von § 249 Abs. 1 HGB liegt nicht vor. Eine Rückstellung kommt deshalb nicht in Betracht, da § 249 Abs. 2 HGB bestimmt, dass keine anderen Rückstellungen als die in Absatz 1 aufgezählten gebildet werden dürfen.

Aufgabe 56: Bewertungen von Verbindlichkeiten gegenüber Kreditinstituten in ausländischer Währung

Die Bewertung von Verbindlichkeiten erfolgt handelsbilanziell nach Maßgabe des § 253 Abs. 1 Satz 2 HGB. Demnach sind Verbindlichkeiten mit ihrem Erfüllungsbetrag anzusetzen, so dass für die Reis AG Beträge i. H. v. 400.000 € und 300.000 € am Abschlussstichtag anzusetzen wären.

Für Verbindlichkeiten gilt aber im Sinne des Imparitätsprinzips das Höchstwertprinzip, nach dem Verbindlichkeiten mit dem höheren Abschlussstichtagswert anzusetzen sind. Im Fall des Kredites mit der japanischen Sumo Bank sinkt der Kurs des Yens um 8 %, so dass sich der Erfüllungsbetrag dementsprechend verringern würde. Der Kreditrückzahlungsbetrag dürfte aber nicht auf den niedrigeren Wert zum Abschlussstichtag herabgesetzt werden, da ein noch nicht realisierter Gewinn ausgewiesen werden müsste und ein Verstoß gegen das Realisationsprinzip des § 252 Abs. 1 Nr. 4 HGB zu verzeichnen wäre. Demnach ist die Verbindlichkeit am Abschlussstichtag mit einem Erfüllungsbetrag i. H. v. 400.000 € zu buchen.

Im anderen Fall findet eine Aufwertung des australischen Dollars um 4 % statt, so dass auch der Erfüllungsbetrag des Kredites steigt. Verbindlichkeiten sind gemäß dem Höchstwertprinzip mit ihrem höheren Abschlussstichtagswert anzusetzen. Der Erfüllungsbetrag des australischen Kredites ist unter Berücksichtigung der Kurserhöhung zum 31.12.2012 mit 312.000 € anzusetzen.

Aufgabe 57: Bewertung von Verbindlichkeiten

Verbindlichkeiten sind in Höhe des Erfüllungsbetrags (§ 253 Abs. 1 Satz 2 HGB) zu bilanzieren. Auf fremde Währung lautende Verbindlichkeiten sind zum Devisenkassamittelkurs am Abschlussstichtag umzurechnen (§ 256a HGB). Die Höhe des Rückzahlungsbetrages belief sich im Zeitpunkt der Lieferung auf 300.000 €.

a) Der Dollar-Kurs von 1,60 €/US$ liegt unter dem ursprünglich eingebuchten Dollar-Kurs von 2,00 €/US$. Da die Verbindlichkeit eine Restlaufzeit unter einem Jahr hat, ist hier der Bilanzansatz zum Devisenkassamittelkurs in Höhe von 240.000 € nach § 256a HGB zu wählen.
b) Der Dollar-Kurs von 2,10 €/US$ liegt über dem ursprünglich eingebuchten Dollar-Kurs von 2,00 €/US$. Da für Verbindlichkeiten das Höchstwertprinzip am Abschlussstichtag gilt, ist die Verbindlichkeit am Abschlussstichtag um 15.000 € auf 315.000 € zu erhöhen. Die noch nicht realisierten Verluste vermindern das Ergebnis um 15.000 €.

Bei Rückzahlung erst im Januar 2014:

a) Beim Dollar-Kurs von 1,60 €/US$:
Da für Verbindlichkeiten mit einer Restlaufzeit von über einem Jahr das Höchstwertprinzip am Abschlussstichtag gilt, bleibt es bei dem bisherigen Bilanzansatz von 150.000 US$ · 2 €/US$ = 300.000 €. Die bilanzielle Berücksichtigung des gesunkenen Dollar-Kurses würde den Ausweis nicht realisierter Gewinne und somit einen Verstoß gegen das Realisationsprinzip bedeuten.
b) Dollar-Kurs von 2,10 €/US$:
Der Dollar-Kurs von 2,10 €/US$ liegt über dem ursprünglich eingebuchten Dollar-Kurs von 2,00 €/US$. Da für Verbindlichkeiten das Höchstwertprinzip am Abschlussstichtag gilt, ist die Verbindlichkeit am Abschlussstichtag um 15.000 € auf 315.000 € zu erhöhen. Die noch nicht realisierten Verluste vermindern das Ergebnis um 15.000 €.

Aufgabe 58: Aktiver RAP

Die Verbindlichkeit ist in 2012 aufgrund ihrer Fälligkeit in voller Höhe entstanden und folgerichtig als Verbindlichkeit verbucht worden. Die empfangene Prämienrechnung betrifft allerdings nicht nur das aktuelle sondern auch das nachfolgende Geschäftsjahr. Folglich ist der aus der Prämienrechnung resultierende Aufwand periodengerecht mit Hilfe eines aktiven RAP abzugrenzen.

Der Gesamtaufwand beläuft sich auf	150.000 €
davon entfallen 2/12 auf das aktuelle Geschäftsjahr	25.000 €
und 10/12 auf das nachfolgende Geschäftsjahr	125.000 €

Buchungssatz im laufenden Geschäftsjahr:

sonstiger betrieblicher Aufwand (Versicherungsaufwand)	25.000 €	an Verbindlichkeiten 150.000 €
aktiver RAP	125.000 €	

Buchungssatz im nachfolgenden Geschäftsjahr zur Auflösung des aktiven RAP:

sonstiger betrieblicher Aufwand (Versicherungsaufwand)	125.000 €	an aktiver RAP 125.000 €

Aufgabe 59: Aktiver und passiver RAP

a) Die Vorauszahlung der Miete am 01.11. betrifft zwei Monate des laufenden Jahres und zwei Monate des Folgejahres. Für die zwei Monate des Folgejahres ist entsprechend dem § 250 Abs. 1 HGB ein aktiver RAP zu bilden.

Die Höhe des aktiven RAP bemisst sich wie folgt:

		[€]
	monatlicher Mietzins	25.000
./.	5 % Rabatt aufgrund der Vorauszahlung	−1.250
	tatsächlich gezahlter Mietzins	23.750
Die gesamte Mietvorauszahlung (vier Monate) beläuft sich auf:		95.000
	davon betreffen zwei Monate das aktuelle Geschäftsjahr: (laufender Mitaufwand)	47.500
	und zwei Monate das folgende Geschäftsjahr: (aktiver RAP)	47.500

Der Buchungssatz lautet wie folgt:

im aktuellen Geschäftsjahr:

Mietaufwand	47.500 €	an Bank 95.000 €
aktiver RAP	47.500 €	

im nachfolgenden Geschäftsjahr:

Die Auflösung des aktiven RAP erfolgt im Folgejahr in voller Höhe.

Mietaufwand	47.500 €	an aktiver RAP 47.500 €

b) Sofern das Maschinenbauunternehmen als Vermieter auftritt, sind die Mieteinnahmen zu bilanzieren.

Die Höhe des passiven RAP bemisst sich wie folgt:

		[€]
	monatlicher Mietzins	25.000
./.	5 % Rabatt aufgrund der Vorauszahlung	−1.250
	tatsächlich eingenommener Mietzins	23.750
Die gesamte Mieteinnahme (vier Monate) beläuft sich auf:		95.000
	davon betreffen zwei Monate das aktuelle Geschäftsjahr:	47.500
	und zwei Monate das folgende Geschäftsjahr:	47.500

Der Buchungssatz lautet wie folgt:

im aktuellen Geschäftsjahr:

Bank 95.000 € an	Mietertrag	47.500 €
	passiver RAP	47.500 €

im nachfolgenden Geschäftsjahr:

passiver RAP	47.500 €	an Mietertrag	47.500 €

Die Auflösung des passiven RAP erfolgt im Folgejahr in voller Höhe.

Aufgabe 60: Bilanzierung von RAP

a) Sofern ein möglichst hoher Gewinn in 2012 erzielt werden soll, ist die Bilanzierung des aktiven RAP entsprechend dem Bilanzierungswahlrecht vorzunehmen, weil dadurch der Disagiobetrag über die Laufzeit verteilt und somit das laufende Geschäftsjahr nicht in voller Höhe belastet wird.

Datum [Jahr]	Kreditbetrag [€] [1]	Auszahlungsbetrag [€] [2]	Zinsaufwand [€] [3]=[1] · 8 %	Disagio/Aufwand aus der Auflösung des Disagios [€] [4]=[1]-[2]	Gesamter Aufwand [€] [5]=[3]+[4]
02.01.2012	*5.500.000*	*5.000.000*		*500.000*	
31.12.2012			440.000	100.000	540.000
31.12.2013			440.000	100.000	540.000
31.12.2014			440.000	100.000	540.000
31.12.2015			440.000	100.000	540.000
31.12.2016			440.000	100.000	540.000
Summe			2.200.000	500.000	2.700.000

Sofern ein möglichst niedriger Gewinn in 2012 erzielt werden soll, ist die Bilanzierung des aktiven RAP entsprechend dem Bilanzierungswahlrecht nicht vorzunehmen. Das

Disagio ist vielmehr im laufenden Geschäftsjahr in voller Höhe als Aufwand zu verrechnen.

Datum [Jahr]	Kreditbetrag [€] [1]	Auszahlungsbetrag [€] [2]	Zinsaufwand [€] [3]=[1] · 8 %	Disagio [€] [4]=[1]-[2]	Gesamter Aufwand [€] [5]=[3]+[4]
02.01.2012	*5.500.000*	*5.000.000*		*500.000*	
31.12.2012			440.000	500.000	940.000
31.12.2013			440.000	0	440.000
31.12.2014			440.000	0	440.000
31.12.2015			440.000	0	440.000
31.12.2016			440.000	0	440.000
Summe			2.200.000	500.000	2.700.000

Aufgabe 61: Bilanzielle Behandlung eines Disagios

Das Disagio, das im Rahmen der Kreditaufnahme der Brau und Brunnen AG bei der Bank Zins AG anfällt, beläuft sich auf 500.000 €.

Da die Auflösung des RAP digital vorzunehmen ist, ist zuvor die Gesamtzahl an Tilgungsraten (GZT) zu berechnen. Die Tilgungsraten sind zweimal jährlich über fünf Jahre zu leisten, demnach sind insgesamt zehn Tilgungsraten bis zur Auflösung vorzunehmen. Hieraus ergibt sich folgende GZT:

$$\text{GZT} = \frac{n \cdot (n+1)}{2} = \frac{10 \cdot (10+1)}{2} = 55$$

Die einzelnen Abschreibungssätze für die Auflösung des Disagios berechnen sich anhand folgender Formel:

$$\text{Abschreibungssatz digital} = \frac{\text{Anzahl noch zu tilgender Raten}}{\text{GZT}}$$

Für die erste Rate ergibt sich beispielsweise folgender Abschreibungssatz:

$$\text{Abschreibungssatz 1. Rate:} = \frac{10}{55}$$

Die Berechnung der folgenden Abschreibungssätze erfolgt analog.

Berechnung des aktiven RAP:

Disagio insgesamt = Höhe des aktiven RAP am 02.01.2012			Anteil von € 500.000	
				[€]
davon entfallen auf das Jahr 2012	1. Rate	30.06.2012	10/55	90.909,09
	2. Rate	31.12.2012	9/55	81.818,18
davon entfallen auf das Jahr 2013	1. Rate	30.06.2013	8/55	72.727,27
	2. Rate	31.12.2013	7/55	63.636,36
davon entfallen auf das Jahr 2014	1. Rate	30.06.2014	6/55	54.545,45
	2. Rate	31.12.2014	5/55	45.454,55
davon entfallen auf das Jahr 2015	1. Rate	30.06.2015	4/55	36.363,64
	2. Rate	31.12.2015	3/55	27.272,73
davon entfallen auf das Jahr 2016	1. Rate	30.06.2016	2/55	18.181,82
		31.12.2016	1/55	9.090,91
Insgesamt			55/55	500.000,00

Datum [Jahr]	Kreditbetrag [€]	Auszahlungsbetrag [€]	Disagio [€]	Disagio aufzulösender Teil [€]	Disagio Restbetrag [€]
02.01.2012	*5.500.000*	*5.000.000*	*500.000*		
30.06.2012				90.909,09	409.090,91
31.12.2012				81.818,18	327.272,73
30.06.2013				72.727,27	254.545,45
31.12.2013				63.636,36	190.909,09
30.06.2014				54.545,45	136.363,64
31.12.2014				45.454,55	90.909,09
30.06.2015				36.363,64	54.545,45
31.12.2015				27.272,73	27.272,73
30.06.2016				18.181,82	9.090,91
31.12.2016				9.090,91	0,00
Summe				500.000,00	

Aufgabe 62: Rückstellungen für ungewisse Verbindlichkeiten

In diesem Fall liegt ein antizipatives Rechnungsabgrenzungsproblem vor. Der Aufwand (Vertreterprovision) betrifft das alte Geschäftsjahr, so dass ein entsprechender Aufwand zu erfassen ist. Die Zahlung erfolgt dagegen erst im neuen Geschäftsjahr. Insofern ist in gleicher Höhe eine Schuld auf der Passivseite der Bilanz auszuweisen. Da in diesem Fall die Höhe der Schuld unsicher ist, kommt ein Ausweis unter den sonstigen Verbindlichkeiten nicht in Frage. Es ist vielmehr eine Rückstellung für ungewisse Verbindlichkeiten in Höhe von 70.000 € zu bilden.

Aufgabe 63: Passive latente Steuern

Aufgrund der unterschiedlichen angewendeten Verfahren zur Bewertung der Bestände an Rindenmulch in der Handels- bzw. Steuerbilanz kommt es zu einer Differenz zwischen dem Steuerbilanzgewinn und dem Handelsbilanzgewinn, was wiederum in einem Unterschied zwischen dem effektiven Steueraufwand (Basis: Steuerbilanzgewinn) und dem fiktiven Steueraufwand (Basis: Handelsbilanzgewinn) mündet. Die Differenz zwischen dem fiktiven und dem effektiven Steueraufwand ist im Rahmen der periodengerechten Erfolgsermittlung zu quantifizieren und als passive latente Steuer – sofern die Voraussetzungen erfüllt sind (laut Aufgabenstellung erfüllt) – zu bilanzieren. Für die Berechnung der Differenz zwischen dem fiktiven und effektiven Steueraufwand ist zunächst der Unterschied zwischen dem Aufwand aus der Fifo-Bewertung und der gleitenden Durchschnittsbewertung zu ermitteln.

Bewertung der verbrauchten Mengen nach dem Fifo-Verfahren (Handelsbilanz):

	Säcke	€/Sack	Gesamtwert [€]
	10.000	10,00	100.000
	2.000	12,00	24.000
	1.000	13,00	13.000
Abgang 30.06.2012	13.000		137.000

Bewertung der verbrauchten Mengen nach dem gleitenden Durchschnittsverfahren (Steuerbilanz):

		Säcke	€/Sack	Gesamtwert [€]
Anfangsbestand	01.01.2012	10.000	10,00	100.000,00
Zugang	31.01.2012	2.000	12,00	24.000,00
		12.000	10,33	124.000,00
Zugang	30.03.2012	6.000	13,00	78.000,00
		18.000	11,22	202.000,00
Abgang	30.06.2012	13.000	11,22	145.888,88
		5.000	11,22	56.111,12
Zugang	31.10.2012	3.000	14,00	42.000,00
Endbestand	31.12.2012	8.000	12,26	98.111,12

Der Aufwand für die verbrauchten Rindenmulchsäcke beträgt in der Handelsbilanz 137.000 € und in der Steuerbilanz 145.888,88 €. Folglich ist aufgrund der unterschiedlich angesetzten Bewertungsverfahren der Gewinn im Jahr 2012 in der Steuerbilanz um 8.888,88 € niedriger als in der Handelsbilanz.

Durch die Verwendung unterschiedlicher Bewertungsverfahren kommt es zu einer zeitlichen Vorverlagerung der steuerlichen Betriebsausgabe gegenüber dem handelsrechtlichen Aufwand, sodass aus der Differenz zwischen der höheren fiktiven Steuer und der niedrigeren effektiven Steuerbelastung in 2012 die zwingend vorzunehmende Passivierung einer Rückstellung für latente Steuern (§ 274 Abs. 1 S. 1 HGB) in der Handelsbilanz resultiert. Die Höhe der in 2012 zu passivierenden Rückstellung ist der nachfolgenden Tabelle zu entnehmen:

	Handelsbilanz		Steuerbilanz		
Abschluss-stichtag	Gewinn [1] [€]	Fiktiver Steuer-aufwand [2]=[1] · 0,4 [€]	Gewinn [3] [€]	Effektiver Steuer-aufwand [4]=[3] · 0,4 [€]	Passive latente Steuer [€]
31.12.2012	500.000,00	200.000,00	491.111,12	196.444,45	3.555,55
31.12.2013	430.000,00	172.000,00	438.888,88	175.555,55	0

Für 2013 ist die passive latente Steuer in Höhe des Differenzbetrages zwischen effektiver und fiktiver Steuerschuld steuermindernd aufzulösen.

Aufgabe 64: Passive latente Steuern

Für nicht derivativ erworbene immaterielle Vermögensgegenstände des Anlagevermögens besteht in der Steuerbilanz ein Bilanzierungsverbot. Während das Softwareprogramm also in der Handelsbilanz im Wert von 3 Mio. € aktiviert werden darf, werden sämtliche Herstellungskosten aus steuerrechtlicher Sicht als Aufwendungen des Geschäftsjahres verbucht. Der steuerlich ermittelte Gewinn ist somit um 3 Mio. niedriger als der handelsrechtliche, und wäre Letzterer als Bemessungsgrundlage für die Besteuerung herangezogen worden, wäre die steuerliche Zahllast höher gewesen.

Es handelt sich um eine quasi-permanente Differenz zwischen Handels- und Steuerbilanz, da die Differenz spätestens bei Ausbuchung des Vermögenswertes aus dem Anlagevermögen (Verkauf) beseitigt würde. Das Softwareunternehmen Softie AG hat passive latente Steuern i. H. v. 1,2 Mio. € (40 % von 3 Mio. €) auszuweisen. Des Weiteren können bei einer durchschnittlichen Steuerbelastung des Unternehmens mit 40 % aktive latente Steuern i. H. v. 200.000 € auf den Verlustvortrag i. H. v. 500. 000 € angesetzt werden. Daraus resultiert ein Überhang der passiven latenten Steuern in Höhe von 1 Mio. €, den das Unternehmen gemäß § 274 Abs. 1 Satz 1 HGB offenzulegen hat. Alternativ kann der Ausweis der latenten Steuern gemäß § 274 Abs. 1 Satz 3 HGB auch unsaldiert erfolgen. Im Anhang sind die Beträge aus der Aktivierung latenter Steuern sowie die entsprechende Berechnungsgrundlage anzugeben (§ 285 Nr. 28 u. 29 HGB).

Dass der Verlustvortrag geltend gemacht werden kann, ist aufgrund der vorhergesehenen gewinnbringenden Veräußerung des Patents wahrscheinlich. Die Veräußerung ist weiterhin innerhalb eines Zeitraums von 4 Jahren vorgesehen und erfüllt daher die

Bedingung in § 274 Abs. 1 Satz 4 HGB, nur solche Verlustvorträge zu berücksichtigen, die innerhalb der nächsten fünf Jahre verrechnet werden können.

In der Bilanz zum 31.12.2015 wird der Ansatz der latenten Steuer obsolet. So wird entweder das Patent im Jahr 2015 veräußert oder es findet zumindest eine Umbuchung des Patents ins Umlaufvermögen statt. Für immaterielle Vermögensgegenstände des Umlaufvermögens besteht auch steuerrechtlich eine Aktivierungspflicht, so dass die Differenz zwischen Handels- und Steuerbilanz hinsichtlich der Software beseitigt ist.

Aufgabe 65: Aktive latente Steuern

Für die am Abschlussstichtag 31.12.2012 noch ausstehenden Lieferungen liegt der Tatbestand eines schwebenden Geschäftes vor. Entsprechend § 249 Abs. 1 Satz 1 HGB ist eine Rückstellung für drohende Verluste aus schwebenden Geschäften zu bilanzieren, wenn dem bilanzierenden Unternehmen ein Verlust aus dem geschlossenen Vertrag droht. Die Getriebebau GmbH erleidet voraussichtlich einen derartigen Verlust, da die Verkaufserlöse je Getriebe (20.000 €) unter den Herstellungskosten je Getriebe (22.000 €) liegen. Der in der Bilanz zum 31.12.2012 auszuweisende Rückstellungsbetrag beläuft sich auf:

12 Monate à 25 Getriebe = 300 noch zu liefernde Getriebe

Bei einem Verlust von 2.000 € je Getriebe ergibt sich ein drohender Verlust i. H. v. 600.000 €, der als Rückstellung zu passivieren ist.

Die Drohverlustrückstellung darf in der Steuerbilanz nicht angesetzt werden. Dadurch ergibt sich handelsrechtlich eine Steuerentlastung in Höhe von 240.000 € (40 % von 600.000 €), die als aktive latente Steuer bilanziert werden kann.

Aufgabe 66: Leasing

1. Schritt: Bestimmung der Leasingart (für Teilaufgabe a und b identisch)
Im Leasingvertrag wurden als Leasingobjekte 50 Personalcomputer vereinbart, die der Gruppe der beweglichen Vermögensgegenstände zuzuordnen sind.
→ Mobilien-Leasing
In der Grundmietzeit von drei Jahren ist eine Kündigung des Vertrages ausgeschlossen.
→ Finance-Leasing
Zudem handelt es sich um einen Leasingvertrag mit einer Vollamortisation, da die Höhe der insgesamt zu leistenden Leasingraten (ΣLR = 3 Jahre à 70.000 € = 210.000 €) die Amortisationsgrenze von 180.000 € (= 170.000 € Anschaffungskosten inklusive Anschaffungsnebenkosten + 10.000 € Finanzierungskosten) um 30.000 € übersteigt.
→ Vollamortisation
Die im Leasingvertrag vereinbarte Grundmietzeit von drei Jahren umfasst 60 % der betriebsgewöhnlichen Nutzungsdauer von fünf Jahren. Folglich ist für die Bilanzierung der Leasingobjekte beim Leasinggeber bzw. Leasingnehmer zu prüfen, ob die Konditionen aus der Kaufoption über oder unter den fortgeführten Anschaffungskosten im Zeitpunkt der Beendigung des Leasingvertrages liegen.

2. Schritt: Bestimmung des Restbuchwertes der Leasingobjekte im Verkaufszeitpunkt

Periode [t]	Abschreibungsbetrag [€]	Restbuchwert [€]	
0		170.000,00	(ohne Finanzierungskosten)
1	34.000,00	136.000,00	
2	34.000,00	102.000,00	
3	34.000,00	*68.000,00*	
4	34.000,00	34.000,00	
5	34.000,00	0,00	

Der Restbuchwert im Zeitpunkt der Beendigung der Grundmietzeit beträgt 68.000 €. Folglich sind die Leasingobjekte im Fall,

a. in dem der im Rahmen der Kaufoption vereinbarte Kaufpreis (70.000 €) über dem Restbuchwert (68.000 €) liegt, beim Leasinggeber zu bilanzieren und
b. in dem der im Rahmen der Kaufoption vereinbarte Kaufpreis (60.000 €) unter dem Restbuchwert (68.000 €) liegt, beim Leasingnehmer zu bilanzieren.

3. Schritt: Bilanzierung der Leasingobjekte (jeweils ohne Berücksichtigung von anfallender Umsatzsteuer) in der Grundmietzeit

Fall a) Kaufpreis Kaufoption > Restbuchwert
→ Bilanzierung der Leasingobjekte beim Leasinggeber

Bis zur Ausübung der Kaufoption

1. Vorzunehmende Buchungen beim Leasinggeber:
   a.) Anschaffung der Personalcomputer (Betriebs- u. Geschäftsausstattung)

Betriebs- und Geschäftsausstattung 170.000 € an Verbindlichkeiten 170.000 €

   b.) Abschreibung der Personalcomputer in den Jahren 2013–2015:

Abschreibungen 34.000 € an Betriebs- und Geschäftsausstattung 34.000 €

   c.) Empfangene Leasingraten
   Eine Aufspaltung der Leasingraten in einen Zins- bzw. Tilgungsanteil ist nicht notwendig, da die Leasingobjekte beim Leasinggeber zu bilanzieren sind.

Bank	70.000 €	an Erträge	70.000 €

2. Vorzunehmende Buchungen beim Leasingnehmer:
   Gezahlte Leasingraten
   Eine Aufspaltung der Leasingraten in einen Zins- bzw. Tilgungsanteil ist nicht notwendig, da die Leasingobjekte beim Leasinggeber zu bilanzieren sind.

Aufwand	70.000 €	an Bank	70.000 €

Bei Ausübung der Kaufoption:

1. Vorzunehmende Buchungen beim Leasinggeber:

Forderungen 70.000 € an	Betriebs- und Geschäftsausstattung	68.000 €
	sonstige betriebliche Erträge	2.000 €

2. Vorzunehmende Buchungen beim Leasingnehmer:

Betriebs- und Geschäftsausstattung 70.000 € an	Verbindlichkeiten 70.000 €

Fall b) Kaufpreis Kaufoption < Restbuchwert
=> Bilanzierung der Leasingobjekte beim Leasingnehmer

Bis zur Ausübung der Kaufoption

1. Vorzunehmende Buchungen beim Leasinggeber:

a) a) Anschaffung der Personalcomputer (Betriebs- u. Geschäftsausstattung)

Betriebs- und Geschäftsausstattung 170.000 € an	Verbindlichkeiten 170.000 €

b) Übertragung der Leasingobjekte an den Leasingnehmer

Forderungen 170.000 € an	Betriebs- und Geschäftsausstattung 170.000 €

c) Abschreibung der Personalcomputer

In der Grundmietzeit ist keine Abschreibungen möglich, da das Leasingobjekt beim Leasingnehmer zu bilanzieren ist.

d) Empfangene Leasingraten

Eine Aufspaltung der Leasingraten in einen Zins- bzw. Tilgungsanteil ist notwendig, da die Leasingobjekte beim Leasingnehmer zu bilanzieren sind.

Aufteilung der Leasingraten in einen Zins- bzw. Tilgungsanteil anhand der Zinsstaffelmethode:

	Periode T	Leasingrate in der Periode LR in t	Zins-/Kostenanteil je Periode Z_t	Tilgungsanteil je Periode T_t
	[1] Jahre	[2] €	[3] €	[4]=[2]-[3] €
	1	70.000	20.000,00	50.000,00
	2	70.000	13.333,33	56.666,67
	3	70.000	6.666,67	63.333,33
Σ	S=6	210.000	40.000,00	170.000,00

Vorzunehmende Buchungen im

Jahr 2013:

Bank 70.000 € an	Forderungen	50.000 €
	Erträge	20.000 €

Jahr 2014:

Bank 70.000 € an	Forderungen	56.666,67 €
	Erträge	13.333,33 €

Jahr 2015:

Bank 70.000 € an	Forderungen	63.333,33 €
	Erträge	6.666,67 €

2. *Vorzunehmende Buchungen beim Leasingnehmer:*
   a) Anschaffung der Personalcomputer (Betriebs- u. Geschäftsausstattung)

Betriebs- und Geschäftsausstattung 170.000 € an	Verbindlichkeiten 170.000 €

   b) Abschreibung der Personalcomputer für die Jahre 2013–2015:

Abschreibungen 34.000 € an Betriebs- und Geschäftsausstattung 34.000 €

   c) Gezahlte Leasingraten
   Eine Aufspaltung der Leasingraten in einen Zins- bzw. Tilgungsanteil ist notwendig, da die Leasingobjekte beim Leasingnehmer zu bilanzieren sind.
   Der Zins- und Tilgungsanteil basiert auf der Berechnung, die beim Leasinggeber anhand der Zinsstaffelmethode vorgenommen wurde.
   Jahr 2013:

Verbindlichkeiten	50.000 €	an	Bank 70.000 €
Zinsaufwand	20.000 €		

   Jahr 2014:

Verbindlichkeiten	56.666,67 €	an	Bank 70.000 €
Zinsaufwand	13.333,33 €		

   Jahr 2015:

Verbindlichkeiten	63.333,33 €	an	Bank 70.000 €
Zinsaufwand	6.666,67 €		

Bei Nicht-Ausübung der Kaufoption

1. Vorzunehmende Buchungen beim Leasinggeber:
   Der Leasingnehmer erhält die 50 Personalcomputer zum Restbuchwert zurück.

Betriebs- und Geschäftsausstattung 68.000 € an	so. betriebliche Erträge 68.000 €

2. Vorzunehmende Buchungen beim Leasingnehmer:
   Der Leasingnehmer gibt die Leasingobjekte an den Leasinggeber zum Restbuchwert zurück.

Außerordentlicher Aufwand 68.000 € an	Betriebs- und Geschäftsausstattung 68.000 €

Aufgabe 67: Bildung von Bewertungseinheiten

- Im vorliegenden Fall handelt es sich um ein Micro Hedge, da ein aus einem einzelnen Grundgeschäft entstehendes Risiko durch ein individuelles Sicherungsinstrument direkt abgesichert wird.
- Bei der Bestellung des Großrechners handelt es sich um ein schwebendes Geschäft, welches nach § 254 HGB als Grundgeschäft klassifiziert werden kann. Dieses Geschäft soll durch ein Devisentermingeschäft abgesichert werden, welches ebenfalls die Bedingungen des § 254 HGB erfüllt. Dieser besagt, dass lediglich Finanzinstrumente als Sicherungsinstrumente in Frage kommen.
- Die Dokumentation der Sicherungsbeziehung und die Weiterleitung der Verträge an die Controlling-Abteilung dokumentiert die Durchhalteabsicht der Sicherungsbeziehung.
- Beide Geschäfte sind dem identischen Risiko (Währungsrisiko) ausgesetzt und verlaufen sowohl symmetrisch als auch gegenläufig, so dass die Wirksamkeit gegeben ist.
- Da hier sämtliche Veränderungen des Grundgeschäftes durch das Sicherungsgeschäft kompensiert werden und bei der Einfrierungsmethode lediglich unwirksame Bestandteile der Sicherungsbeziehung bilanziert werden, würde nach dieser Methode auf eine buchhalterische Erfassung verzichtet werden, d. h.:
  - Die Bestellung zum 1.12.12 stellt ein schwebendes Geschäft dar und wird zunächst nicht bilanziert.
  - Per 31.12.12 resultiert zwar aus dem Devisentermingeschäft ein unrealisierter Verlust in Höhe von 200.000 · (0,88 – 0,82) = 12.000 €; diesem steht jedoch der verringerte »Aufwand« zur Begleichung des Kaufpreises in US$ in gleicher Höhe gegenüber. Eine imparitätische Aufwandserfassung findet auf Grund der Sicherungsbeziehung nicht statt, das Geschäft bleibt demgemäß unbilanziert (da schwebend).
  - Buchungen (vgl. IDW RS HFA 35.92)

  1.12.2012 und 31.12.2012: keine

  31.01.13:

Sachanlagen 176.000	an	Bank	164.000 (Bezahlung Lieferant)
		Bank	12.000 (Ausgleich Termingeschäft)

Aufgabe 68: Aufstellung der Gewinn- und Verlustrechnung

Umsatzerlöse:
Das Unternehmen erzielt Umsatzerlöse i. H. v. 250 Mio. € (10.000 Stück à 25.000 €).

Herstellungskosten:

	Herstellungsaufwand		Verwaltungsaufwand		Vertriebsaufwand		Gesamt	
	[€]	%	[€]	%	[€]	%	[€]	%
Materialaufwand	53.200.000	95	1.120.000	2	1.680.000	3	56.000.000	100
Personalaufwand	37.500.000	75	7.500.000	15	5.000.000	10	50.000.000	100
Abschreibungen	12.000.000	80	1.800.000	12	1.200.000	8	15.000.000	100
sonstige betrieblicher Aufwand	500.000	10	1.000.000	20	3.500.000	70	5.000.000	100
Zwischensumme	103.200.000		11.420.000		11.380.000		126.000.000	

Für die Herstellungskosten pro Stück ergibt sich ein Betrag von 14.327,50 €/Stück:

$$\text{Herstellungskosten pro Stück} = \frac{(\text{Herstellungsaufwand} + \text{Verwaltungsaufwand})}{\text{produzierte Menge}} =$$

$$\frac{103.200.000\,€ + 11.420.000\,€}{8.000\ \text{Stück}} = 14.327{,}50\,€/\text{Stück}$$

Bestandsveränderungen:

verkaufte Getriebe	10.000	Stück
produzierte Getriebe	8.000	Stück
Bestandsminderung	−2.000	Stück

Außerordentlicher Ertrag:

Der außerordentliche Ertrag beträgt 500.000 €.

Steuern:

Gewerbeertragsteuer = 20 % auf den zu versteuernden Ertrag
Körperschaftsteuer = 15 % auf das zu versteuernde Einkommen

a) Gesamtkostenverfahren

		[€]	
	Umsatzerlöse	250.000.000	
./.	Bestandsminderungen	−28.000.000	= 2.000 Stück à 14.000,00 €/Stück
./.	Materialaufwand	−56.000.000	
=	*Rohergebnis*	166.000.000	
./.	Personalaufwand	−50.000.000	
./.	Abschreibungen	−15.000.000	
./.	sonstiger betrieblicher Aufwand	−5.000.000	
	Ergebnis der gewöhnlichen Geschäftstätigkeit	96.000.000	

+	außerordentlicher Ertrag	500.000	
	Zwischensumme 1	96.500.000	(entspricht dem zu versteuernden Ertrag)
	Steuern vom Einkommen und vom Ertrag		
./.	Gewerbeertragsteuer	−19.300.000	(entspricht 20 % auf die Zwischensumme 1)
./.	Körperschaftsteuer	−11.580.000	(entspricht 15 % auf das zu versteuernde Einkommen, welches sich nach Abzug der Gewerbeertragsteuer von der Zwischensumme 1 ergibt)
=	Jahresüberschuss	65.620.000	

b) Umsatzkostenverfahren

		[€]	
	Umsatzerlöse	250.000.000	
./.	Herstellungskosten der zur Erzielung der Umsatzerlöse erbrachten Leistungen		
	des Jahres 2012	−114.620.000	(= 8.000 Stück à 14.327,50 €/Stück)
	des Jahres 2011	−28.000.000	(= 2.000 Stück à 14.000,00 €/Stück)
=	*Bruttoergebnis vom Umsatz/Rohergebnis*	107.380.000	
./.	Vertriebskosten	−11.380.000	
./.	sonstiger betrieblicher Aufwand	0	(= wurde auf die 3 Funktionsbereiche aufgeteilt)
	Ergebnis der gewöhnlichen Geschäftstätigkeit	96.000.000	
+	außerordentlicher Ertrag	500.000	
	Zwischensumme 1	96.500.000	(entspricht dem zu versteuernden Ertrag)
	Steuern vom Einkommen und vom Ertrag		
./.	Gewerbeertragsteuer	−19.300.000	(entspricht 20 % auf die Zwischensumme 1)
./.	Körperschaftsteuer	−11.580.000	(entspricht 15 % auf das zu versteuernde Einkommen, welches sich nach Abzug der Gewerbeertragsteuer von der Zwischensumme 1 ergibt)
=	Jahresüberschuss	65.620.000	

Aufgabe 69: Aufstellung der Gewinn- und Verlustrechnung

a)

1.		Umsatzerlöse → ergeben sich aus: 618.800 : 1,19 = 520.000./. 20.000 Skonto	500.000
2.	±	Erhöhung oder Verminderung des Bestands an fertigen und unfertigen Erzeugnissen → ergibt sich aus: (110./. 40) + (45./. 55) = 70./. 10	60.000
3.	+	andere aktivierte Eigenleistungen	–
4.	+	sonstige betriebliche Erträge	37.000
5.	–	Materialaufwand	68.000
6.	–	Personalaufwand	82.000
7.	–	Abschreibungen	40.000
8.	–	sonstige betriebliche Aufwendungen	–
9.	+	Erträge aus Beteiligungen	–
10.	+	Erträge aus anderen Wertpapieren und Ausleihungen des Finanzanlagevermögens	19.000
11.	+	sonstige Zinsen und ähnliche Erträge	–
12.	–	Abschreibungen auf Finanzanlagen und auf Wertpapiere des Umlaufvermögens	–
13.	–	Zinsen und ähnliche Aufwendungen	60.000
14.	=	Ergebnis der gewöhnlichen Geschäftstätigkeit	366.000
15.	+	außerordentliche Erträge	–
16.	–	außerordentliche Aufwendungen	–
17.		Außerordentliches Ergebnis	–
18.	–	Steuern vom Einkommen und Ertrag	44.000
19.	–	sonstige Steuern	12.000
20.	=	Jahresüberschuss/Jahresfehlbetrag	310.000

b)

20.	=	Jahresüberschuss/Jahresfehlbetrag	310.000
21.	±	Gewinnvortrag/Verlustvortrag aus dem Vorjahr	10.000
22.	+	Entnahmen aus der Kapitalrücklage	–
23.	+	Entnahmen aus den Gewinnrücklagen aus der gesetzlichen Rücklage aus der Rücklage für eigene Aktien aus den satzungsmäßigen Rücklagen aus anderen Gewinnrücklagen	 – – – –

24.	–	Einstellungen in die Gewinnrücklagen in die gesetzliche Rücklage in die Rücklage für eigenen Aktien in satzungsmäßige Rücklagen in andere Gewinnrücklagen	 2.000 – – 149.000
25.	=	Bilanzgewinn/Bilanzverlust	149.000

Aufgrund des § 150 Abs. 2 AktG müssen so lange 5 % des um einen Verlustvortrag geminderten Jahresüberschusses in die gesetzliche Rücklage eingestellt werden, bis die gesetzliche Rücklage mit der Kapitalrücklage zusammen 10 % des Grundkapitals betragen.

Das gezeichnete Kapital beträgt 600.000 €. 10 % entsprechen demnach 60.000 €. Da eine gesetzliche Rücklage bis jetzt nicht existierte und die Kapitalrücklage 58.000 € beträgt, müssen 2.000 € in die gesetzliche Rücklage eingestellt werden, um die 10 % des Grundkapitals zu erreichen. Eine vollständige Einstellung der 5 % braucht nicht zu erfolgen, falls, wie hier gegeben, die 10 % schon eher erreicht werden.

c)

Eigenkapital:	
Gezeichnetes Kapital	600.000 €
Kapitalrücklage	58.000 €
Gewinnrücklagen	
gesetzliche Rücklage	2.000 €
Rücklage für eigene Anteile	0 €
satzungsmäßige Rücklagen	0 €
andere Gewinnrücklagen	149.000 €
Bilanzgewinn	149.000 €

Aufgabe 70: Anhangangaben

a) Die Angabe ist nicht ausreichend. Gem. § 285 Nr. 9a und b HGB sind die Bezüge für Vorstand und Aufsichtsrat getrennt auszuweisen.

b) Zu den Erläuterungen der Gewinn- und Verlustrechnung im Anhang gehört gem. § 285 Nr. 4 HGB die Aufgliederung der Umsatzerlöse nach Tätigkeitsbereichen sowie nach geographisch bestimmbaren Märkten. Zwar erfolgt die Aufteilung nach Sparten, eine Aufgliederung der Umsatzerlöse für diese geographisch bestimmten Märkte fehlt aber völlig, obwohl die Y-AG zu gleichen Teilen Umsätze in der EU, in den USA sowie in Südostasien erzielt. Somit sind die Anhangangaben unzureichend.

c) Gem. § 284 Abs. 2 Nr. 1 hat der Anhang die auf die Posten der Bilanz und Gewinn- und Verlustrechnung angewandten Bilanzierungs- und Bewertungsmethoden zu enthalten. Ein Verweis auf die Angaben des Vorjahres ist demnach nicht ausreichend.

d) Für die Form der Darstellung, insbesondere die Gliederung aufeinanderfolgender Bilanzen, schreibt § 265 Abs. 1 Satz 1 HGB Stetigkeit vor. Die Y-AG ist aufgrund besonderer Umstände, hier die Eingliederung eines neuen Unternehmens, von diesem Grundsatz abgewichen. Sie hat auf die Abweichungen der Bilanzgliederung im Anhang hinzuweisen und die Begründung (Eingliederung des neuen Unternehmens und die dadurch verursachte Änderung der Bilanzgliederung) anzuführen (§ 265 Abs. 1 Satz 2 HGB).

e) Die Anhangsangaben sind unvollständig. Gem. § 160 Abs. 1 Nr. 3 AktG sind im Anhang zusätzlich Angaben zur Zahl und bei Nennbetragsaktien der Nennbetrag der Aktien jeder Gattung zu machen.

f) Die Anhangsangaben sind unvollständig. Da die Y-AG das Umsatzkostenverfahren anwendet, hat sie gem. § 285 Nr. 8 HGB neben der Aufschlüsselung des Materialaufwands auch Angaben zum Personalaufwand zu machen.

Aufgabe 71: Immaterielle Vermögensgegenstände

Die Ausgaben in Höhe von 75 Mio. € stellen Entwicklungskosten dar. Nach IFRS besteht eine Aktivierungspflicht für diesen immateriellen Vermögenswert zu einem Ansatz in Höhe von 75 Mio. €, da die Kriterien des IAS 38.57 erfüllt sind, d. h.

- die technische Realisierbarkeit ist gegeben;
- das Unternehmen beabsichtigt die Vollendung und Vermarktung;
- das Produkt ist veräußerbar;
- für das Produkt besteht ein Markt; ein künftiger ökonomischer Vorteil ist somit zu erwarten;
- das Unternehmen verfügt über adäquate Ressourcen, um die Entwicklung abzuschließen;
- die Kosten sind zuverlässig bestimmbar.

Aufgabe 72: Goodwill, immaterielle Vermögenswerte

Der Goodwill bestimmt sich in diesem Fall aus der Differenz zwischen dem Kaufpreis und den unter Berücksichtigung von IFRS 3 zu ermittelnden beizulegenden Zeitwerten der erworbenen identifizierbaren Vermögenswerte und übernommenen Schulden. Die in der Bilanz des Verkäufers zu Buche stehenden Werte spielen dabei keine Rolle. Die im Rahmen eines Kaufes übernommenen Eventualschulden sind mit den (verlässlich bestimmbaren) beizulegenden Werten anzusetzen (IFRS 3.23, 3.56), auch wenn diese ansonsten nicht in der Bilanz anzusetzen wären (IAS 37.27 ff.).

In dieser Aufgabenstellung kommt der Identifizierbarkeit der Vermögenswerte eine entscheidende Rolle zu.

Als nicht identifizierbar gelten der gute Ruf eines Unternehmens, die Mitarbeiter sowie die Organisation eines Unternehmens. Sie gehen als geschäftswertbildende Faktoren in den Goodwill mit ein (vgl. *Lüdenbach* (2012), § 31, Tz. 74; IFRS 3.B37).

Auftragsbestände sind rechtlich fundiert und daher anzusetzen (vgl. *Lüdenbach* (2012), § 31, Tz. 79; IFRS 3.B32).

Die Kundenliste »Neukunden« ist allgemein zugänglich und mit relativ geringen Kosten beschaffbar. Der niedrige Wert resultiert auch aus der fehlenden Kontrolle, d.h. Dritte können nicht vom Informationsnutzen der Liste ausgeschlossen werden. Daher ist kein Ansatz vorzunehmen. Die Kundenliste »Schnäppchenjäger« ist verkehrsfähig, nicht allgemein zugänglich und leistet einen Nutzen. Sie erfüllt das Kriterium der Separierbarkeit (IFRS 3.B33 und ist daher anzusetzen, vgl. *Lüdenbach* (2012), § 31, Tz. 80).

Der Goodwill ist wie folgt zu ermitteln:

Kaufpreis		20.000.000 €
Sachanlagevermögen	15.000.000 €	
Auftragsbestand	2.000.000 €	
Kundenliste »Schnäppchenjäger«	1.000.000 €	
Rückstellungen	./. 5.000.000 €	
Verbindlichkeiten	./. 3.000.000 €	
Eventualverbindlichkeiten	./. 500.000 €	./. 9.500.000 €
Goodwill		10.500.000 €

Aufgabe 73: Forschungs- und Entwicklungskosten

Für die Beurteilung des Ansatzes eines immateriellen Vermögenswertes ist eine Unterteilung in eine Forschungs- und eine Entwicklungsphase vorzunehmen. Forschungsausgaben sind als Aufwendungen im laufenden Ergebnis zu erfassen. Entwicklungsausgaben sind als immaterieller Vermögenswert anzusetzen, wenn folgende Punkte nachgewiesen werden können (IAS 38.57):

- die Fertigstellung des immateriellen Vermögenswertes kann technisch soweit realisiert werden, dass dieser genutzt oder verkauft werden kann;
- das Unternehmen beabsichtigt und ist dazu fähig, den immateriellen Vermögenswert fertig zu stellen und dann zu nutzen oder zu verkaufen und kann die Art und Weise wie dieser zukünftige Nutzen erzielt wird nachweisen;
- es sind ausreichend finanzielle und technische Ressourcen vorhanden, um das Projekt abzuschließen;
- die zurechenbaren Ausgaben können verlässlich bewertet werden.

Als Herstellungskosten sind ab dem Zeitpunkt der Erfüllung der obigen Kriterien die direkt zurechenbaren Kosten zu erfassen. Beispiele (IAS 38.66):

- Kosten für Materialien und Dienstleistungen, die bei der Erzeugung gebraucht oder genutzt wurden;
- Aufwendungen für Leistungen von Arbeitnehmern, welche bei der Erzeugung angefallen sind;
- Registrierungsgebühren eines Rechtsanspruches (Patent).

Hingegen sind folgende Kosten keine Herstellungskosten (IAS 38.67):

- Vertriebs- und Verwaltungsgemeinkosten und allgemeine Grundkosten, sofern sie nicht dazu dienen, die Nutzung des Vermögenswertes vorzubereiten;
- Ineffizienzen und anfängliche Betriebsverluste, die auftreten, bevor der Vermögenswert seine Ertragskraft erreicht hat;
- Schulungsausgaben zum Umgang mit dem Vermögenswert.

Zunächst ist der Zeitpunkt zu bestimmen, zu dem erstmals sämtliche Bedingungen des IAS 38.57 kumulativ erfüllt sind. Dies ist erstmals am 30.6.2012 der Fall, da hier

- die technische Realisierbarkeit (Bestätigung durch die Leiter der Forschungsabteilung und der Produktion) und
- die Absicht und Fähigkeit zur Nutzung sowie die Art und Weise des Nachweises der Nutzung spätestens mit Abschluss des Rahmenvertrages nachgewiesen sind.

Von dem Vorhandensein ausreichender finanzieller und technischer Ressourcen sowie der Zurechenbarkeit der Kosten wird in der Aufgabenstellung durchgehend ausgegangen.

Die im Rahmen der Erprobung der einzelgefertigten Gläser (Testen von Prototypen; vgl. IAS 38.59 (a)) erfolgten Modifizierungen sind für diese Einschätzung nicht schädlich, da im Vorwege die Einschätzung erfolgt ist, dass das Projekt erfolgreich abgeschlossen werden kann.

Die davor angefallenen Kosten können nicht aktiviert werden, da bei ihrem Anfall noch nicht verlässlich davon ausgegangen werden konnte, dass das Projekt technisch realisiert werden kann. Eine nachträgliche Aktivierung ist nicht zulässig (IAS 38.71).

Bei den Aufwendungen für den Vorstand handelt es sich um Vertriebsaktivitäten, die nicht aktiviert werden können. Bei den Beratungskosten handelt es sich ebenfalls nicht um zurechenbare Kosten im Sinne des IAS 38.66.

Der zu aktivierende Betrag ergibt sich demnach wie folgt:

Materialkosten seit 1.7.2012	40.000 €
Personalkosten seit 1.7.2012	25.000 €
Weitere zurechenbare Kosten seit 1.7.2012	20.000 €
Anmeldekosten Patent	25.000 €
	110.000 €

Aufgabe 74: Bilanzierungsfähigkeit, Erlösrealisation

a) Erlöse aus dem Verkauf von Gütern sind gemäß IAS 18.14 zu erfassen, wenn

- die mit dem Gut zusammenhängenden maßgeblichen Chancen und Risiken auf den Käufer übergegangen sind;
- dem veräußernden Unternehmen kein Verfügungsrecht und keine wirksame Verfügungsgewalt an der Ware verbleibt;
- die Höhe der Umsatzerlöse verlässlich bestimmt werden kann;

- es wahrscheinlich ist, dass dem Verkäufer der wirtschaftliche Nutzen aus dem Geschäft zufließt; und
- die mit dem Verkauf anfallenden Kosten verlässlich bestimmt werden können.

Demnach sind zum 31.12.2012 Forderungen und Erlöse in voller Höhe zu erfassen und auszuweisen. Die Erfassung ist unabhängig vom Zeitpunkt der Rechnungsstellung und der Zahlung (F.OB17). Trotz des vereinbarten Eigentumsvorbehalts wurden die maßgeblichen Chancen und Risiken bei der Lieferung übertragen, da nur unmaßgebliche Eigentumsrisiken bei der Maschinen AG verbleiben (IAS 18.17).

b) Gemäß IAS 18.25 kann bei Dienstleistungen, welche durch eine unbestimmte Zahl von Teilleistungen über einen bestimmten Zeitraum erbracht werden, aus Praktikabilitätsgründen eine lineare Erfassung der Umsatzerlöse vorgenommen werden, es sein denn, eine andere Methode gibt den Fertigstellungsgrad besser wieder. Im vorliegenden Fall sind bisher 40 % der gesamten Leistung, die für die Jahrespauschale zu erbringen ist, angefallen, da lediglich 40 % der Arbeitsleistung auf das 2. Halbjahr entfallen. Somit wären 24.000 € (40 % von 60.000 €) zum 31.12.2012 als Umsatzerlöse zu erfassen, da eine lineare Erfassung nicht sachgerecht wäre. Zu beachten ist, dass im Falle einer wesentlichen Teilleistung die Erfassung der Umsatzerlöse bis zur Erbringung dieser Teilleistung aufzuschieben wäre (vgl. *Lüdenbach* (2012), § 25, Tz. 45). Der Differenzbetrag in Höhe von 6.000 € ist bei der Buchhalter AG als passiver Rechnungsabgrenzungsposten zu erfassen.

c) Die Portal AG übernimmt die maßgeblichen Chancen und Risiken bei dem Verkauf der Produkte lediglich für 15 % des jeweiligen Rechnungsbetrages. Daher sind 15 % bei der Portal AG als Umsatzerlöse zu erfassen und auszuweisen.

Aufgabe 75: Anschaffungskosten

Die Kosten für den Rückbau sind gemäß IAS 16.16c zu aktivieren. Für Abbruchverpflichtung ist gleichzeitig eine Rückstellung in gleicher Höhe zu bilden. Die Rückstellung ist bestmöglich zu schätzen (IAS 37.42), was bei einem wesentlichen Zinseffekt eine Pflicht zur Abzinsung beinhaltet (IAS 37.45 ff.). Maßgeblich ist dabei der Zinssatz vor Steuern, der die aktuellen Markterwartungen hinsichtlich des Zinseffektes und der für die Schuld spezifischen Risiken widerspiegelt.

Als Rückstellung zum 31.12.2012 ergibt sich somit 1 Mio. €/$1{,}05^{20}$ = 377 T€. Die Anschaffungskosten umfassen auch die Honorare (IAS 16.17f). Die Anschaffungskosten setzen sich demnach wie folgt zusammen:

Biogasanlage	10.500.000 €
Honorare	100.000 €
Rückbaukosten	377.000 €
Anschaffungskosten	10.977.000 €

In den Folgejahren ist die Rückstellung erfolgswirksam aufzuzinsen. Sofern sich in den Folgejahren der geschätzte Erfüllungsbetrag der Rückbauverpflichtung (1 Mio. €) oder

der maßgebliche Zinssatz verändert, sind die Rückstellung und der fortgeschriebene Restbuchwert der Biogasanlage anzupassen.

Ändert sich zum Beispiel der geschätzte Erfüllungsbetrag zum 31.12.2022 von 1 Mio. € auf 1,1 Mio. € ist der Restbuchwert der Biosgasanlage und die Rückstellung erfolgsneutral um T€ 61 zu erhöhen. Die Erhöhung ergibt sich aus der Diskontierung des Differenzbetrages über die Restnutzungsdauer von 10 Jahren, d.h. 100.000 €/ $1{,}05^{10}$ = 61 T€.

Ändert sich zum 31.12.2022 der maßgebliche Zinssatz von 5 % auf 5,5 % sind der Restbuchwert und die Rückstellung erfolgsneutral um 28 T€ (1 Mio. €/$1{,}05^{10}$ – 1 Mio. €/$1{,}055^{10}$) zu vermindern. Dies ergibt sich aus der Differenz der Abzinsung des Erfüllungsbetrages von € 1 Mio. über die Restnutzungsdauer von 10 Jahren mit 5 % und mit 5,5 % (vgl. *Hoffmann* (2011), § 21, Tz. 162).

Aufgabe 76: Herstellungskosten

Je nach Rechnungslegungssystem werden die einzelnen Bestandteile unterschiedlich in den Herstellungskosten berücksichtigt, indem für sie entweder Aktivierungspflicht, -wahlrecht oder -verbot besteht.

Nach Handelsrecht ergeben sich Herstellungskosten in Höhe von mindestens 318 € durch die Summe der Einzelkosten und den pflichtmäßig anzusetzenden Gemeinkosten sowie maximal 341 € unter Berücksichtigung der Einzel- und aller ansetzbaren Gemeinkosten. Nach IFRS betragen die Herstellungskosten 341 €, da neben den Einzelkosten sämtliche produktionsbezogene Gemeinkosten einbezogen werden müssen.

		HGB	IFRS
Hopfen	120 €	Pflicht	Pflicht
Malz	80 €	Pflicht	Pflicht
Abschreibung Braukessel	25 €	Pflicht	Pflicht
Anteilige allgemeine Büroaufwendungen	15 €	Wahlrecht	Pflicht
Fertigungslöhne	78 €	Pflicht	Pflicht
Werbespot (anteilig) auf Sport1	17 €	Verbot	Verbot
Anteilige Abschreibung Fertigungshalle	12 €	Pflicht	Pflicht
Wasser	3 €	Pflicht	Pflicht
Mehrweg-Glasflaschen[1]	6 €	Verbot	Verbot
Anteilige Sozialaufwendungen	8 €	Wahlrecht	Pflicht
Anteilige Fremdkapitalzinsen	4 €	Verbot	Verbot

1 Hierbei werden die Abschreibungen für Mehrweg-Glasflaschen als Vertriebsgemeinkosten aufgefasst.

Aufgabe 77: Folgebewertung Vorräte

1. Wertminderung
Bei den auf Lager genommenen Sesseln handelt es sich um erworbene Handelswaren, da sie ohne wesentliche Be- und Verarbeitung zur Weiterveräußerung bestimmt sind. Handelswaren sind dem Vorratsvermögen zuzuordnen, das nach IFRS mit dem niedrigeren Wert aus Anschaffungskosten und Nettoveräußerungswert (*lower of cost and net realizable value*) anzusetzen ist (IAS 2.9). Maßgeblich ist demnach der Absatzmarkt:

Anschaffungskosten (30 €) > Nettoveräußerungswert (26 €)

Bewertung: 100 Stück · 26 € = 2.600 €

2. Wertaufholung
Der Grund für die Wertminderung ist im Folgejahr entfallen. Nach IFRS muss daher die vorgenommene Abwertung rückgängig gemacht werden (Wertaufholungsgebot; IAS 2.33). Anzusetzen ist wiederum der niedrigere Wert aus Anschaffungskosten und Nettoveräußerungswert, d. h. die *historischen* Anschaffungskosten bilden die Wertobergrenze.

Nettoveräußerungswert (38 €) > Anschaffungskosten (30 €)

Bewertung: 100 Stück · 30 € = 3.000 €

Aufgabe 78: Folgebewertung Vorräte

a) Nach Handelsrecht gilt für Vorräte das strenge Niederstwertprinzip. Da es sich hier um Waren eines Büromaterialhändlers handelt, ist die doppelte Maßgeblichkeit von Absatz- und Beschaffungsmarkt zu beachten. Demnach sind die Bestände mit folgenden Werten auszuweisen:

Produkt			
(1)	100.000 · 0,06	=	6.000
(2)	20.000 · 1,30	=	26.000
(3)	50.000 · 0,40	=	20.000

Nach IFRS sind die Waren zum lower of cost and net realizable value zu bewerten.

Produkt			
(1)	100.000 · 0,08	=	8.000
(2)	20.000 · 1,40	=	28.000
(3)	50.000 · 0,40	=	20.000

b) Im Falle eines Herstellers stellen die Vermögensgegenstände keine Waren sondern fertige Erzeugnisse dar. Somit besteht hier nur die Maßgeblichkeit des Absatzmarktes und die Vorräte wären wie folgt zu bewerten:

Produkt			
(1)	100.000 · 0,08	=	8.000
(2)	20.000 · 1,40	=	28.000
(3)	50.000 · 0,40	=	20.000

c) Die Penholder AG unterliegt nach HGB dem Wertaufholungsgebot bis maximal zu den Anschaffungskosten. Der Bestand an Zirkeln muss demnach mit 30.000 € (20.000 · 1,50) bewertet werden, was auch dem Ergebnis der Bewertung nach IFRS gleichkommt, da auch hier eine Wertaufholungspflicht besteht.

Aufgabe 79: Folgebewertung Vorräte

- Nach HGB sind Vorräte höchstens zu Anschaffungs- bzw. Herstellungskosten vermindert um außerplanmäßige Abschreibungen anzusetzen (§ 253 Abs. 1, 4 HGB). Gründe für eine außerplanmäßige Abschreibung liegen hier allerdings nicht vor, so dass der Vorrat an Lötzinn mit 10.000 € in der Bilanz zu bewerten ist. Nach IFRS sind Vorräte mit dem niedrigeren Wert aus Anschaffungs- bzw. Herstellungskosten und Nettoveräußerungswert anzusetzen (IAS 2.9). Auch hier besteht kein Anzeichen dafür, dass der Lötzinn mit einem niedrigeren Wert als den Anschaffungskosten zu 10.000 € anzusetzen ist.
- Nach HGB sind Vorräte außerplanmäßig abzuschreiben, um diese mit einem niedrigeren Wert anzusetzen, der sich aus dem Zeitwert am Bilanzstichtag ergibt (§ 253 Abs. 4 HGB). Bei dem Lötzinn handelt es sich um einen Hilfsstoff, womit der Beschaffungsmarkt als relevanter Markt anzusehen ist. Somit ist der Lötzinn außerplanmäßig abzuschreiben und mit 8.000 € zu bewerten. Nach IFRS sind Roh-, Hilfs- und Betriebsstoffe nicht auf einen niedrigeren Wert abzuschreiben, wenn die Fertigerzeugnisse, in die sie eingehen, voraussichtlich zu den Herstellungskosten oder darüber verkauft werden können (IAS 2.32). Somit ist das Lötzinn weiterhin mit 10.000 € zu bewerten.
- Nach HGB ist das Lötzinn weiterhin mit 8.000 € zu bewerten. Nach IFRS ist nun zu beachten, dass das Fertigerzeugnis (DVD-Recorder) nicht mehr zu Herstellungskosten, und damit verlustfrei, verkauft werden kann. Somit sind RHB-Stoffe zu dem niedrigeren Nettoveräußerungswert anzusetzen, wobei die Wiederbeschaffungskosten als beste Bewertungsgrundlage für den Nettoveräußerungswert gelten können (IAS 2.32). Das Lötzinn ist somit zu 8.000 € zu bewerten.

Aufgabe 80: Erst- und Folgebewertung Sachanlagevermögen

1. Ermittlung der Anschaffungskosten nach HGB und IFRS
Sowohl nach HGB als auch nach IFRS geht in die Anschaffungskosten zunächst der Anschaffungspreis ein, der hier 12 Mio. € beträgt.

Anschaffungspreisminderungen sind nicht zu berücksichtigen, da der Tiger AG keine Rabatte, Skonti oder Boni eingeräumt wurden.

Weiterhin enthalten die Anschaffungskosten sowohl nach HGB als auch nach IFRS Anschaffungsnebenkosten. Zu den Anschaffungsnebenkosten zählen die Aufwendungen für das Verlegen des Holzfußbodens in Höhe von 100.000 € und die Aufwendungen für die TÜV-Abnahme in Höhe von 20.000 €, soweit die Kosten einzeln zugerechnet werden können. Die Finanzierungskosten gehören nach HGB nicht zu den Anschaffungsnebenkosten. Nach IFRS dürfen die Fremdkapitalkosten ebenfalls nicht in die Anschaffungskosten einbezogen werden, da es sich bei der Lagerhalle nicht um einen *qualifying asset* (es war kein beträchtlicher Zeitraum erforderlich, um den Vermögenswert in einen gebrauchsfähigen Zustand zu versetzen; IAS 23.5) handelt und damit eine Aktivierung unter den Anschaffungskosten verboten ist. Die Fremdkapitalzinsen sind demzufolge sowohl nach HGB als auch nach IFRS in Höhe von 600.000 € als Aufwand zu erfassen.

Demzufolge ergeben sich nach HGB und IFRS folgende Anschaffungskosten:

Anschaffungspreis	12.000.000 €
Aufwendungen für die Inbetriebnahme	
+ Holzfußboden	100.000 €
+ TÜV	20.000 €
Anschaffungskosten	12.120.000 €

2. *Folgebewertung bei gestiegenem Marktwert*

	Anschaffungskosten	12.120.000 €
./.	Abschreibungsbetrag (linear)	606.000 €
=	Buchwert	11.514.000 €

Werte zum Bilanzstichtag:
Fortgeführte Anschaffungskosten: 11.514.000 €
Marktwert: 12.000.000 €

a) HGB
Die fortgeführten Anschaffungskosten bilden die Obergrenze für die Bewertung, daher erfolgt die Bewertung zu 11.514.000 €.

b) IFRS
Es besteht entweder die Möglichkeit, die Lagerhalle zu fortgeführten Anschaffungskosten, d. h. zu 11.514.000 €, oder auf Basis des Neubewertungsbetrags, d. h. zu 12.000.000 €, zu bewerten. Die Bewertungsdifferenz in Höhe von 486.000 € ist erfolgsneutral in eine Neubewertungsrücklage einzustellen.

3. *Folgebewertung bei gesunkenem Marktwert*

a) HGB
Bei der Lagerhalle handelt es sich um Sachanlagevermögen. Daher ist zu unterscheiden, ob es sich um eine dauerhafte oder nur vorübergehende Wertminderung handelt. Liegt eine dauerhafte Wertminderung vor, besteht eine Pflicht zur außerplanmäßigen Abschreibung (§ 253 Abs. 3 Satz 3 HGB), d. h. die Bewertung erfolgt zu 10.000.000 €.

Liegt eine vorübergehende Wertminderung vor, besteht ein Abschreibungsverbot, da die Lagerhalle nicht dem Finanzanlagevermögen zuzuordnen ist (§ 253 Abs. 3 Satz 4 HGB), d.h. die Bewertung erfolgt zu 11.514.000 €.

b) IFRS

Nach IFRS besteht wiederum ein Wahlrecht zwischen der Bewertung zu fortgeführten Anschaffungskosten oder der Bewertung in Höhe des Neubewertungsbetrages. Beide Varianten führen zu einer Bewertung in Höhe von 10.000.000 €. Bei der Bewertung zu fortgeführten Anschaffungskosten ist eine Wertminderungsabschreibung in Höhe von 1.514.000 € vorzunehmen (dabei wird angenommen, dass keine Verkaufskosten anfallen und dass der Nutzungswert den Marktwert nicht übersteigt). Im Rahmen des Neubewertungsmodells erfolgt eine Neubewertung zu 10.000.000 €, wobei die Bewertungsdifferenz ebenfalls erfolgswirksam zu erfassen ist, da keine Neubewertungsrücklage besteht (IAS 16.40).

Aufgabe 81: Bewertungsprobleme Sachanlagevermögen

Zinsen in Höhe von 4 Mio. € sind hier nicht im Rahmen der Anschaffungskosten ansetzbar, da es sich nicht um ein *qualifying asset* handelt, und müssen erfolgswirksam in der Gewinn- und Verlustrechnung erfasst werden. Der Wert der Maschine zum Bilanzstichtag ergibt sich wie folgt:

	80.000.000 €	Anschaffungspreis (netto)
+	100.000 €	Anschaffungsnebenkosten
	80.100.000 €	Anschaffungskosten
–	8.010.000 €	Abschreibung
	72.090.000 €	Wert zum Bilanzstichtag

Der beizulegende Zeitwert der Maschine zum Bilanzstichtag beträgt 80,2 Mio. €.

Die Tiefst AG hat nun die Möglichkeit, die Maschine entweder mit den fortgeführten Anschaffungskosten in Höhe von 72.090.000 € zu bewerten oder eine Neubewertung vorzunehmen. Im Fall der Neubewertung ist eine Bewertung in Höhe von 80.200.000 € bei gleichzeitiger Bildung einer Neubewertungsrücklage in Höhe von 8.110.000 € vorzunehmen, wobei sich die Höhe der Rücklage, die dazu dient, die höhere Bewertung erfolgsneutral zu erfassen, aus der Differenz aus beizulegendem Zeitwert und fortgeführten Anschaffungskosten ergibt.

Für den Fall, dass der Marktpreis der Maschine 70,2 Mio. € beträgt, ist – sofern sich die Tiefst AG für das Neubewertungsmodell entscheidet – eine Neubewertung in Höhe von 70,2 Mio. € vorzunehmen. Die Bewertungsdifferenz in Höhe von 1,89 Mio. € ist (da eine aufzulösende Neubewertungsrücklage nicht besteht) erfolgswirksam zu erfassen. Sofern sich die Tiefst AG für eine Bewertung zu fortgeführten Anschaffungskosten entscheidet, ist eine Wertminderungsabschreibung im Sinne von IAS 36 in Höhe von 1,89 Mio. € vorzunehmen, so dass die Maschine ebenfalls zu 70,2 Mio. € zu bewerten ist (es wird unterstellt, dass keine Verkaufskosten anfallen).

Aufgabe 82: Komponentenansatz

Gemäß IAS 16.13 i. V. m. IAS 16.43 ist bei Teilen (Komponenten) einer Sachanlage, welche in regelmäßigen Abständen ersetzt werden und einen bedeutsamen Teil des Anschaffungswertes im Verhältnis zum Gesamtwert ausmachen, eine getrennte Aktivierung und Abschreibung vorzunehmen. Insofern kommt für die Triebwerke sowie Bordküche und Sitzplätze eine getrennte Abschreibung in Betracht. Nach Literaturauffassung wird als erforderliche Signifikanz einer Komponente 5–10 % der Anschaffungs- oder Herstellungskosten oder der Abschreibungsdifferenz angegeben (vgl. hier und im Folgenden *Scheinpflug* (2009), § 5; Tz.15). Ein Unternehmen kann sich für einen Komponentenansatz entscheiden, auch wenn die Anschaffungskosten im Verhältnis zu den Gesamtanschaffungskosten nicht signifikant sind (IAS 16.47). Eine Zusammenfassung der Komponenten kann sachgerecht sein, wenn diese zwar einen großen Teil der Anschaffungskosten ausmachen, aber nur geringe Differenzen im Abschreibungsverlauf aufweisen (IAS 16.45). Der Komponentenansatz ist auch bei Generalüberholungen anzuwenden. Für laufende Wartungsaufwendungen kommt der Komponentenansatz nicht in Betracht (IAS 16.12). Der Restwert ist bei der Ermittlung des Abschreibungsbetrages zu berücksichtigen, sofern dieser nicht unbedeutend ist (IAS 16.53). In diesem Falle kann das Abschreibungsvolumen für das Flugzeug ohne die gesondert abzuschreibenden Komponenten wie folgt ermittelt werden:

Anschaffungskosten	200 Mio. €
Triebwerke	./. 40 Mio. €
Generalüberholung	./. 25 Mio. €
Bordküche und Sitzplätze	./. 12 Mio. €
Restwert	./. 15 Mio. €
	108 Mio. €

Die Abschreibung für 2012 setzt sich wie folgt zusammen:

Komponente	Abschreibungsvolumen	Abschreibungsdauer	Abschreibung
Flugzeug	108 Mio. €	20 Jahre	5,4 Mio. €
Triebwerke	40 Mio. €	4 Jahre	10,0 Mio. €
Generalüberholung	25 Mio. €	5 Jahre	5,0 Mio. €
Bordküche und Sitzplätze	12 Mio. €	10 Jahre	1,2 Mio. €
			21,6 Mio. €

	Bilanzansatz					Abschreibungen				
	Flugzeug	Triebwerke	Bordküche + Sitzplätze	Generalüberholung	Flugzeug gesamt	Flugzeug	Triebwerke	Bordküche + Sitzplätze	Generalüber-holung	Gesamt
01.01.2012	123,0	40,0	12,0	25,0	200,0					
31.12.2012	117,6	30,0	10,8	20,0	178,4	5,4	10,0	1,2	5,0	21,6
31.12.2013	112,2	20,0	9,6	15,0	156,8	5,4	10,0	1,2	5,0	21,6
31.12.2014	106,8	10,0	8,4	10,0	135,2	5,4	10,0	1,2	5,0	21,6
31.12.2015	101,4	0,0	7,2	5,0	113,6	5,4	10,0	1,2	5,0	21,6
31.12.2016	96,0	30,0	6,0	0,0	132,0	5,4	10,0	1,2	5,0	21,6
31.12.2017	90,6	20,0	4,8	20,0	135,4	5,4	10,0	1,2	5,0	21,6
31.12.2018	85,2	10,0	3,6	15,0	113,8	5,4	10,0	1,2	5,0	21,6
31.12.2019	79,8	0,0	2,4	10,0	92,2	5,4	10,0	1,2	5,0	21,6
31.12.2020	74,4	30,0	1,2	5,0	110,6	5,4	10,0	1,2	5,0	21,6
31.12.2021	69,0	20,0	0,0	0,0	89,0	5,4	10,0	1,2	5,0	21,6
31.12.2022	63,6	10,0	10,8	20,0	104,4	5,4	10,0	1,2	5,0	21,6
31.12.2023	58,2	0,0	9,6	15,0	82,8	5,4	10,0	1,2	5,0	21,6
31.12.2024	52,8	30,0	8,4	10,0	101,2	5,4	10,0	1,2	5,0	21,6
31.12.2025	47,4	20,0	7,2	5,0	79,6	5,4	10,0	1,2	5,0	21,6
31.12.2026	42,0	10,0	6,0	0,0	58,0	5,4	10,0	1,2	5,0	21,6
31.12.2027	36,6	0,0	4,8	20,0	61,4	5,4	10,0	1,2	5,0	21,6
31.12.2028	31,2	30,0	3,6	15,0	79,8	5,4	10,0	1,2	5,0	21,6
31.12.2029	25,8	20,0	2,4	10,0	58,2	5,4	10,0	1,2	5,0	21,6
31.12.2030	20,4	10,0	1,2	5,0	36,6	5,4	10,0	1,2	5,0	21,6
31.12.2031	15,0	0,0	0,0	0,0	15,0	5,4	10,0	1,2	5,0	21,6
										432,0

Aufgabe 83: Erst- und Folgebewertung Immobilien

Die Erstbewertung des Grundstücks erfolgt nach HGB zu den Anschaffungskosten in Höhe von 8 Mio. €. Planmäßige Abschreibungen sind nicht vorzunehmen, da kein abnutzbarer Vermögensgegenstand vorliegt. Aufgrund des Anschaffungswertprinzips ist der Vermögensgegenstand am 31.12.2012 weiterhin mit 8 Mio. € zu bewerten.

Am 31.12.2013 ist das Grundstück auf 4 Mio. € abzuschreiben, da im Allgemeinen davon auszugehen ist, dass die Wertminderung durch eine derartige Umweltkatastrophe über den Zeitraum von fünf Jahren hinausgeht und damit von Dauer ist.

Im Jahr 2014 fallen jedoch die Gründe für eine dauerhafte Wertminderung auf 4 Mio. € weg und die Flotter Otto AG muss zum 31.12.2014 eine Werthaufholung auf 6 Mio. € durchführen.

Die Bewertung des Grundstücks nach den Vorschriften der IFRS erfolgt analog zur Vorgehensweise nach HGB zunächst zu Anschaffungskosten in Höhe von 8 Mio. €. Am 31.12.2012 hat die Gesellschaft jedoch auch die Möglichkeit einer Neubewertung des Vermögenswertes. Im Fall einer Neubewertung erfolgt der Ansatz zum Fair Value, also zum Wert von 15 Mio. €. Gleichzeitig ist die Differenz von Anschaffungskosten und Fair Value in Höhe von 7 Mio. € über die Bildung einer Neubewertungsrücklage erfolgsneutral zu berücksichtigen.

Hat sich die Flotter Otto AG für eine Bewertung zu fortgeführten Anschaffungskosten entschieden, so erfolgt am 31.12.2013 eine Bewertung des Grundstücks zu 4 Mio. €. Es sind erfolgswirksame Wertminderungsabschreibungen in Höhe von 4 Mio. € vorzunehmen. Wurde dagegen für das Neubewertungsmodell optiert, muss das Grundstück ebenfalls mit 4 Mio. € bewertet werden. Hierzu ist zunächst die Neubewertungsrücklage in Höhe von 7 Mio. € erfolgsneutral aufzulösen, während die restliche Bewertungsdifferenz (4 Mio. €) erfolgswirksam erfasst wird.

Im Jahr 2014 wird das Grundstück sowohl bei einer Bewertung zu fortgeführten Anschaffungskosten als auch bei einer Neubewertung am 31.12. mit 6 Mio. € bewertet und die Differenz von 2 Mio. € erfolgswirksam erfasst.

Aufgabe 84: Neubewertungsrücklage

2012:

Bei der betrachteten Immobilie handelt es sich um eine Sachanlage. Grundsätzlich sind auch bei Anwendung des Neubewertungsmodells planmäßige Abschreibungen zu berücksichtigen. Der Abschreibungsbetrag für das Geschäftsjahr 2012 ergibt sich wie folgt:

$$\text{jährlicher Abschreibungsbetrag} = \frac{250.000\,€}{20\,\text{Jahre}} = 12.500\,€/\text{Jahr}$$

Der Buchwert der Immobilie beträgt somit am Ende des Geschäftsjahres 237.500 € (250.000 € ./. 12.500 €).

Da jedoch im vorliegenden Fall für die Immobilie zum Bilanzstichtag (31.12.2012) ein aktueller Marktpreis vorliegt (300.000 €), ist die Immobilie mit 300.000 € in der Bilanz neu zu bewerten.

Die Differenz von Neubewertungsbetrag (300.000 €) und fortgeführten Anschaffungskosten (237.500 €) ist erfolgsneutral in eine Neubewertungsrücklage einzustellen (62.500 €).

2013:

Im Geschäftsjahr 2013 sind die Abschreibungen vom Neubewertungsbetrag vorzunehmen:

$$\text{jährlicher Abschreibungsbetrag} = \frac{300.000\,€}{19\,\text{Jahre}} = 15.789\,€/\text{Jahr}$$

Der Buchwert am Ende des Geschäftsjahres beträgt somit 284.211 € (300.000 € ./. 15.789 €).

Da es sich bei der Immobilie um eine Sachanlage handelt, darf die im Jahr zuvor gebildete Neubewertungsrücklage anteilig in die Gewinnrücklagen überführt werden. Dies liegt darin begründet, dass der entsprechende Teil der Neubewertungsrücklage durch die Nutzung des Vermögensgegenstandes im Geschäftsjahr 2013 realisiert wurde.

Neubewertungsrücklage 2012		62.500 €
davon in 2013 anteilig in die Gewinnrücklagen überführt	62.500 €/19 Jahre	./. 3.289 €
Neubewertungsrücklage 2013		59.211 €

Der in die Gewinnrücklagen eingestellte Betrag entspricht der Differenz von Abschreibungsbetrag auf den neu bewerteten Buchwert (15.789 €) und Abschreibungsbetrag auf Basis historischer Anschaffungs- und Herstellungskosten (12.500 €; IAS 16.41).

Aufgabe 85: Erst- und Folgebewertung immaterieller Vermögenswerte

Bei der Rezeptur handelt es sich um einen selbst erstellten immateriellen Vermögenswert.

Ansatz
Nach IAS 38.18 besteht eine Aktivierungspflicht, da neben den in IAS 38.8–17 genannten definitorischen Voraussetzungen für einen immateriellen Vermögenswert die Ansatzkriterien nach IAS 38.21–23 erfüllt sind.

Definitorische Voraussetzungen:

- Identifizierbarkeit ist gegeben, da die Rezeptur einzeln veräußerbar ist;
- die Rezeptur liegt in der Verfügungsmacht des Unternehmens;
- ein künftiger wirtschaftlicher Nutzen liegt vor.

Ansatzkriterien nach IAS 38.21–23:

- Der Nutzenzufluss ist wahrscheinlich;
- der Wert ist messbar;
- nutzbringender Einsatz ist bereits gegeben;
- Ressourcen wurden zur Verfügung gestellt.

Bewertung:
Für die Folgebewertung von immateriellen Vermögensgegenständen besteht ein Wahlrecht zwischen

- der Bewertung zu fortgeführten Anschaffungs- oder Herstellungskosten (amortised cost-Modell; IAS 38.74), wobei die Abschreibungsmethode dem erwarteten Verbrauch des zukünftigen wirtschaftlichen Nutzens zu entsprechen hat. Sofern dieser Verlauf nicht verlässlich bestimmt werden kann, ist die lineare Abschreibungsmethode anzuwenden (IAS 38.97).

Wertansatz:

	Herstellungskosten	40.000 €
./.	Abschreibungsbetrag (linear)	10.000 €
=	Buchwert	30.000 €

und der Neubewertung zum Marktwert (revaluation-Modell; IAS 38.75–87), sofern der Marktwert zuverlässig messbar ist und ein aktiver Markt existiert.

Wertansatz: Marktwert = 60.000 €

Aufgabe 86: Bewertungsprobleme immaterieller Vermögenswerte

Bei dem Patent handelt es sich um einen immateriellen Vermögensgegenstand für ein selbst hergestelltes Produkt. Das Patent dient dauerhaft dem Unternehmensbetrieb und ist demnach dem Anlagevermögen zuzuordnen.

1. HGB
Nach § 248 Abs. 2 HGB dürfen selbsterstellte immaterielle Vermögensgegenstände des Anlagevermögens aktiviert werden. Die Herstellungskostenobergrenze beträgt 160.000 €, die Herstellungskostenuntergrenze beträgt 100.000 €. Unter der Annahme einer linearen Abschreibung kann das Patent daher zum 31.12.2012 mit 128.000 € (bei Heranziehung der Herstellungskostenobergrenze) bzw. mit 80.000 € (bei Heranziehung der Herstellungskostenuntergrenze) bewertet werden, sofern das Aktivierungswahlrecht ausgeübt wird. Der höhere Marktwert ist aufgrund des Anschaffungskostenprinzips bewertungsirrelevant.

2. IFRS
Ansatz:
Nach IAS 38.18 besteht eine Aktivierungspflicht, da neben den in IAS 38.8–17 genannten definitorischen Voraussetzungen für einen immateriellen Vermögenswert die Ansatzkriterien nach IAS 38.21–23 erfüllt sind.

Definitorische Voraussetzungen:

- Identifizierbarkeit ist gegeben, da das Patent einzeln veräußerbar ist;
- das Patent liegt in der Verfügungsmacht des Unternehmens;
- ein künftiger wirtschaftlicher Nutzen liegt vor;

Ansatzkriterien nach IAS 38.21–23:

- Nutzenzufluss ist wahrscheinlich;
- der Wert ist messbar;
- nutzbringender Einsatz gegeben;
- Ressourcen werden wohl zur Verfügung gestellt.

Bewertung:
Für die Folgebewertung von immateriellen Vermögensgegenständen besteht ein Wahlrecht zwischen

- der Bewertung zu fortgeführten Anschaffungs-/ Herstellungskosten (*amortised cost-Modell*; IAS 38.74), wobei die Abschreibungsmethode dem erwarteten Verbrauch des zukünftigen wirtschaftlichen Nutzens zu entsprechen hat. Sofern dieser Verlauf nicht verlässlich bestimmt werden kann, ist die lineare Abschreibungsmethode anzuwenden (IAS 38.97).
  Herstellungskosten = 130.000 € (Nach IFRS besteht ein Aktivierungsverbot für nicht produktionsbezogene Gemeinkosten!)

  Wertansatz:

	Herstellungskosten	130.000 €
./.	Abschreibungsbetrag (linear)	26.000 €
=	Buchwert	104.000 €

- und der Neubewertung zum Marktwert (*revaluation-Modell*; IAS 38.75–87), sofern der Marktwert zuverlässig messbar ist und ein aktiver Markt existiert.

  Wertansatz: Marktwert = 250.000 €

Aufgabe 87: Bewertung Finanzinstrumente

- Nach IAS 39 ist der Zinsswap ein Derivat. Der Swap wird aus spekulativen Gründen gehalten, womit kein Hegde Accounting vorliegt, und der Vermögenswert ist in die Kategorie »Finanzielle Vermögenswerte, die erfolgswirksam zum beizulegenden Zeitwert bewertet werden« einzuordnen, da er mit dem Ziel gehalten wird, Gewinne aus kurzfristigen Preisänderungen zu erzielen. Durch den negativen Marktwert ist der Swap als finanzielle Verbindlichkeit anzusehen, welche zum Fair Value anzusetzen ist. Die Bewertungsdifferenz in Höhe von 8.000 € geht erfolgswirksam in die Gewinn- und Verlustrechnung.
- Forderungen aus Lieferungen und Leistungen (*loans and receivables*) gehören zum Finanzvermögen und fallen damit auch unter die Vorschriften des IAS 39. Forderungen sind zu fortgeführten Anschaffungskosten zu bewerten. Bei Vorliegen objektiver Hinweise für eine Wertminderung ist eine Einzelwertberichtigung zu bilden. Aufgrund der finanziellen Schwierigkeiten des Schuldners (IAS 39.64 i. V. m. 39.59a) ist ein objektiver Hinweis auf eine Wertminderung gegeben. Der Verlust ist als Differenz zwischen dem Buchwert des Vermögenswertes und dem Barwert der erwarteten zukünftigen Cash Flows zu ermitteln (IAS 39.63). Sofern unter Berücksichtigung von Zinseffekten Zahlungseingänge von über 20.000 € erwartet werden, wäre also dieser Betrag für die Abschreibung maßgeblich. Ansonsten wäre eine Abschreibung auf 20.000 € vorzunehmen.
- Wie im ersten Fall handelt es sich hier um die Kategorie *held for trading*, da hier eine kurzfristige Veräußerung der Aktien mit Gewinnabsicht vorgesehen ist. Sie werden

mit dem Fair Value, also mit 22 € pro Stück, bewertet. Der Bewertungsgewinn in Höhe von 5 € pro Aktie wird erfolgswirksam erfasst und fließt in die Gewinn- und Verlustrechnung.

- Die Aktienoptionsscheine stellen ein Derivat dar, das aus spekulativen Gründen gehalten wird, womit auch hier kein Hegde Accounting vorliegt. Sie sind in die Kategorie »Finanzielle Vermögenswerte, die erfolgswirksam zum beizulegenden Zeitwert bewertet werden« einzuordnen, da sie mit dem Ziel gehalten werden, Gewinne aus kurzfristigen Preisänderungen zu erzielen. Die Einordnung in die Kategorie *held to maturity* kann hier nicht vorgenommen werden, da eine derartige Klassifizierung von Anfang an die Absicht und Fähigkeit voraussetzt, den Vermögensgegenstand bis zur Endfälligkeit zu halten. Somit erfolgt eine Bewertung zum Fair Value und damit mit 1 € pro Stück. Der Bewertungsverlust in Höhe von 2 € wird erfolgswirksam in der Gewinn- und Verlustrechnung erfasst.

Aufgabe 88: Anleihen

Teilaufgabe a)

Eine Einordnung als *loans and receivables* (Kredite und Forderungen) kommt nicht in Betracht, da die Anleihen auf einem aktiven Markt notiert sind (IAS 39.9).

Eine Einordnung als *held for trading* (zu Handelszwecken gehalten) kommt nicht in Betracht, da keine Handelsabsicht vorliegt und es sich nicht um ein Derivat handelt (IAS 39.9).

Eine Einordnung als *available for sale* (zur Veräußerung verfügbarer finanzieller Vermögenswert) ist bei nicht derivativen finanziellen Vermögenswerten, die als zur Veräußerung verfügbar bestimmt worden sind, möglich. Eine Einordnung als *available for sale* kommt u. a. nicht in Betracht, wenn der finanzielle Vermögenswert als bis zur Endfälligkeit gehaltene Investition eingestuft wird, was hier der Fall ist.

Eine Einordnung als *held to maturity* (bis zur Endfälligkeit zu haltende Finanzinvestitionen) setzt voraus, dass feste oder bestimmbare Zahlungen, eine feste Laufzeit sowie der Wille und die Fähigkeit des Unternehmens gegeben sind, den Vermögenswert bis zur Endfälligkeit zu halten. Derivative finanzielle Vermögenswerte sowie solche, für die die Fair Value Option angewendet wird, die als *available for sale* bestimmt worden sind oder die der Definition von loans and receivables entsprechen, kommen für eine Einordnung als held to maturity nicht in Betracht (IAS 39.9, 39.A16-A.25).

In diesem Fall erfolgt daher eine Einordnung als held to maturity.

Bei der Erstbewertung sind gemäß IAS 39.43 der beizulegende Zeitwert unter Einbeziehung von Transaktionskosten anzusetzen (104.000 €).

Gemäß IAS 39.46b hat die Folgewertung zu fortgeführten Anschaffungskosten unter Anwendung der Effektivzinsmethode zu erfolgen.

Dazu ist zunächst der Effektivzins zu ermitteln. Dieser ergibt sich unter Berücksichtigung der Laufzeit, des Nominalzinses, des Agios und der Anschaffungsnebenkosten durch folgende Gleichung.

$$104.000\,€ = \frac{5.100\,€}{1+x} + \frac{5.100\,€}{(1+x)^2} + \frac{5.100\,€}{(1+x)^3} + \frac{105.100\,€}{(1+x)^4}$$

Die Auflösung der Formel nach x ergibt einen Effektivzins von 4 % (gerundet).

Für die Folgejahre ergibt sich der folgende Verlauf (gerundet):

Jahr	Buchwert Jahres-beginn	Ergebniswirksamer Zinsertrag (4 % * Vorjahreswert)	Cash Flow (Kupon und Rückzahlung)	Buchwert Jahresende (Fortgeführte Anschaf-fungskosten)
2012	104.000 €	4.160 €	−5.100 €	103.060 €
2013	103.060 €	4.120 €	−5.100 €	102.080 €
2014	102.080 €	4.080 €	−5.100 €	101.060 €
2015	101.060 €	4.040 €	−105.100 €	0 €

Teilaufgabe b)

In diesem Falle wäre eine Einordnung in die Kategorie *held to maturity* unzulässig. Stattdessen verbleibt die »Restkategorie« *available for sale*, wonach eine erfolgsneutrale Bewertung (Erfassung im other comprehensive income) zum Fair Value zu erfolgen hat. Die mittels Effektivzinsmethode ermittelten Zinsen sind jedoch weiterhin erfolgswirksam zu erfassen. Insofern ergeben sich folgende Ansätze:

Jahr	Buchwert Jahres-beginn	+ Ergebnis-wirksamer Zinsertrag	+ Cash Flow (Kupon und Rückzahlung)	./. Buchwert Jahresende (zum Fair Value)	= Erfassung im Other Compre-hensive Income
2012	104.000 €	4.160 €	−5.100 €	103.500 €	440 €
2013	103.500 €	4.120 €	−5.100 €	101.900 €	−620 €
2014	101.900 €	4.080 €	−5.100 €	100.100 €	−780 €
2015	100.100 €	4.040 €	−105.100 €	0 €	960 €

Teilaufgabe c)

Bei einem Erwerb zu Handelszwecken wäre zwingend eine Einordnung in die Kategorie held for trading vorzunehmen (vgl. IAS 39.9), womit eine erfolgswirksame Bewertung mit dem beizulegenden Zeitwert zu erfolgen hat (IAS 39.46). Bei der Erstbewertung sind die Transaktionskosten nicht mit einzubeziehen (IAS 39.43), weswegen 103.700 € anzusetzen sind. Bei der Bewertung zum 31.12.2012 erfolgt eine Bewertung mit dem Fair Value von 103.500 €.

Teilaufgabe d)

Es ist zu überprüfen, ob ein objektiver Hinweis auf eine Wertminderung vorliegt und dieser Schadensfall eine verlässlich schätzbare Auswirkung auf die zukünftigen Cashflows hat. Ein objektiver Hinweis auf einen Schadensfall wären erhebliche finanzielle Schwierigkeiten des Schuldners (vgl. IAS 39.59a). Bei Vorliegen einer Wertminderung ist diese bei held to maturity und available for sale Instrumenten direkt im Ergebnis zu erfassen (vgl. IAS 39.63 ff., IAS 39.67). Nach Verbuchung des Zinsertrags von 4.160 € und der Bedienung des Kupons mit 5.100 € sind damit 33.060 € ergebniswirksam als Wertminderung zu erfassen. In den Folgejahren ist der Zinsertrag auf Basis des niedrigeren abgeschriebenen Wertes zu ermitteln (vgl. Beispiel bei *Lüdenbach* (2012), § 28, Tz. 125).

Aufgabe 89: Hedge Accounting

Teilaufgabe a)

Gemäß IAS 39.78 und 39.85 und 39.86(a) könnte ein Fair Value Hedge vorliegen. Dies ist u. a. gegeben, wenn

- ein Grundgeschäft (hier: feste Verpflichtungen bzw. schwebendes Geschäft) vorliegt,
- das gegen eine Veränderung des beizulegenden Zeitwertes, welche sich auf den Gewinn oder Verlust auswirkt, abgesichert wird.

Die Absicherung des Währungsrisikos einer festen Verpflichtung (wie in der Aufgabenstellung), kann als Absicherung des beizulegenden Zeitwertes bilanziert werden (IAS 39.87).

Nach IAS 39.88 darf ein Hedge Accounting nur erfolgen, wenn

- die Sicherungsbeziehung sowie die Risikomanagementzielsetzungen und -strategien zu Beginn der Absicherung formal festgelegt und dokumentiert worden sind,
- davon ausgegangen wird, dass die Zielsetzung, Änderungen des beizulegenden Zeitwertes zu kompensieren, mit hoher Wahrscheinlichkeit erreicht wird (prospektive Effektivität),
- die Wirksamkeit des Sicherungsgeschäfts verlässlich bestimmbar ist und
- das Sicherungsgeschäft fortlaufend bewertet und als hoch wirksam beurteilt wird (retrospektive Effektivität).

Eine Konkretisierung der Wirksamkeit von Sicherungsbeziehungen findet sich in IAS 39.A105. Demnach ist eine retrospektive Effektivität gegeben, wenn die Ergebnisse der Sicherungsbeziehung in einer Bandbreite von 80 %–125 % (Verlust/Gewinn aus dem Sicherungsinstrument geteilt durch Gewinn/Verlust aus dem abgesicherten Grundgeschäft) liegen. In diesem Fall kompensieren sich die Gewinne und Verluste zu 100 %. Die hier genannten Anforderungen werden gemäß der Aufgabenstellung erfüllt.

Zum 1. Dezember 2012 ist der Fair Value des Devisentermingeschäftes 0 €. Das schwebende Geschäft ist ebenfalls nicht zu erfassen.

Zum 31. Dezember 2012 beträgt der Fair Value des Termingeschäfts
200.000 $ · (0,82 €/$-0,88 €/$) = −10.000 €

Zum 31. Dezember 2012 beträgt der Fair Value des festen Vertrages
200.000 $ · (0,88 €/$-0,82 €/$) = 10.000 €

Die Sicherungsbeziehung ist effektiv. Gemäß IAS 39.89 sind für das Devisentermingeschäft 10.000 € als Aufwand zu erfassen und in der Bilanz zu passivieren. Für das Grundgeschäft sind gemäß IAS 39.89b 10.000 € zu aktivieren und als Ertrag zu erfassen. Insgesamt ergibt sich somit keine Auswirkung auf das Ergebnis der Expansion AG. Wenn keine Sicherungsbeziehung vorliegen würde, wäre lediglich der Verlust aus dem Devisentermingeschäft zu erfassen, d. h. es wäre ein Verlust von 10.000 € entstanden (vgl. *Lüdenbach* (2012), § 28, Tz. 256).

Teilaufgabe b)
Gemäß IAS 39.78 und 39.85 und 39.86b könnte ein Cash Flow Hedge vorliegen. Dies ist u. a. gegeben, wenn

- eine mit hoher Wahrscheinlichkeit eintretende Transaktion vorliegt und
- eine Absicherung gegen das Risiko schwankender Zahlungsströme erfolgt und die Transaktion Auswirkungen auf den Gewinn oder Verlust haben könnte.

Nach IAS 39.88 darf ein Hedge Accounting nur erfolgen, wenn

- die Sicherungsbeziehung sowie die Risikomanagementzielsetzungen und -strategien zu Beginn der Absicherung formal festgelegt und dokumentiert worden sind,
- davon ausgegangen wird, dass die Zielsetzung, Änderungen des beizulegenden Zeitwertes zu kompensieren, mit hoher Wahrscheinlichkeit erreicht wird (prospektive Effektivität),
- eine hohe Eintrittswahrscheinlichkeit für die erwartete zukünftige Transaktion vorliegt,
- die Wirksamkeit des Sicherungsgeschäfts verlässlich bestimmbar ist und
- das Sicherungsgeschäft fortlaufend bewertet und als hoch wirksam beurteilt wird (retrospektive Effektivität).

Gemäß IAS 39.95 ist bei Vorliegen eines Cash Flow Hedges der wirksam abgesicherte Teil des Gewinnes oder Verlustes des Sicherungsinstrumentes im sonstigen Ergebnis (OCI) zu erfassen, während der unwirksame Teil im Gewinn oder Verlust zu erfassen ist. In diesem Falle wären in der Bilanz 10.000 € zu passivieren und im sonstigen Ergebnis (OCI) zu erfassen (vgl. *Lüdenbach* (2012), § 28, Tz. 256).

Aufgabe 90: Forderungen aus LuL

Die Wertminderungen sind nach dem »incurred-loss«-Modell in zwei Schritten zu ermitteln. Bei finanziellen Vermögenswerten (wie Forderungen aus Lieferungen und Leistungen) ist gemäß IAS 39.58 f. zunächst zu prüfen, ob es objektive Hinweise auf Wertminderungen gibt, welche verlässlich ermittelt werden können. Die bekannte Insolvenz ist daher mit einer Wertminderung der betreffenden Forderung in voller Höhe zu berücksichtigen.

Weiterhin ist für die so nicht wertberichtigten Forderungen eine Portfoliobetrachtung durchzuführen. Die Zusammensetzung des Portfolios richtet sich nach den unternehmensinternen Maßgrößen für Ausfallwahrscheinlichkeiten. In diesem Falle werden die Kriterien In- und Ausland bzw. Privat- und Firmenkunden herangezogen.

Es ist zu beachten, dass nicht- oder unterverzinsliche Forderungen vom Grundsatz her abzuzinsen sind. Bei kurzfristigen Forderungen kann jedoch auf eine Abzinsung verzichtet werden, wenn der Diskontierungsbetrag unwesentlich ist (IAS 39.AG79). Insofern erfolgt der Ansatz bei kurzfristigen Forderungen aus Lieferungen und Leistungen regelmäßig mit dem Nominalwert, obwohl ein Ansatz zum Barwert aufgrund eines langen Zahlungsziels und einem hohen Marktzins für die betreffende Kundengruppe wegen hoher Bonitätsrisiken durchaus in Frage kommen kann (Vgl. *Oertzen* (2009),

§ 10, Tz. 26 und entsprechendes Bsp. in Tz. 33). In diesem Falle ist der Diskontierungsbetrag nicht wesentlich. Fremdwährungsforderungen sind zum 31.12.2012 mit dem Stichtagskurs umzurechnen.

Der Wertminderungsbedarf auf die Nettoforderungen (ohne USt) ermittelt sich daher wie folgt:

Kriterium	Inlandsforderungen Unternehmen		Inlandsforderungen Privat		Auslandsforderungen Unternehmen		
Einzel-betrachtung		100.000 €				0 €	
Seit 0 bis 30 Tagen	1,0 Mio.€*1 %	10.000 €	10,0 Mio.€*3 %	300.000 €	0,5 Mio.€ *2 %	10.000 €	
über 30 Tage	0,3 Mio.€ 10 %	30.000 €	3,0 Mio.€*10 %	300.000 €	0,15 Mio.€*14 %	21.000 €	
Summen		140.000 €		600.000 €		31.000 €	771.000 €

In diesem Beispiel wurden aufgrund substanzieller Hinweise auf Wertminderungsrisiken pauschale Wertberichtigungen auf Portfoliobasis vorgenommen (vgl. *Oertzen* (2009), § 10, Tz. 33). Die Bildung von Pauschalwertberichtigungen ist hingegen nicht zulässig (vgl. *Oertzen* (2009), § 10, Tz. 34). Steuerlich und auch in der handelsbilanziellen Praxis ist der Ansatz von Pauschalwertberichtigungen hingegen üblich. Diese werden von der Finanzverwaltung nicht beanstandet, wenn Sie 1 % nicht überschreiten. Ein höherer Ansatz muss auch dort durch die Historie der Forderungsausfälle begründet werden, was vom Grundsatz her mit IFRS-Bilanzierung vergleichbar ist (vgl. *Lüdenbach* (2012), § 28 Tz. 275).

Bei einer Umrechnung der $-Forderungen zum Stichtagskurs ergibt sich folgender Forderungsausweis:

Inlandsforderungen Unternehmen	11.900.000 €
Inlandsforderungen Privat	59.500.000 €
Auslandsforderungen Unternehmen	7.500.000 €
Umsatzsteuerkorrektur (aus Insolvenz)	./. 19.000 €
Wertminderung	./. 771.000 €
	78.110.000 €

Aufgabe 91: Bilanzausweis des Eigenkapitals (vgl. Aufgabe 44)

Der Bilanzausweis des Eigenkapitals nach IFRS gleicht dem Ausweis nach HGB, weil das issued capital weitgehend dem gezeichneten Kapital nach HGB entspricht. Nach IFRS werden somit ebenfalls 5 Mio. € ausgewiesen. Die restlichen Einnahmen aus der Aktienemission i. H. v. 145 Mio. € sind in die Kapitalrücklagen (*capital reserves*) einzustellen.

Gem. IAS 1.54 und dem Grundsatz der *fair presentation* ist das Eigenkapital zum 01.01.2012 wie folgt auszuweisen:

	[Mio. €]
Gezeichnetes Kapital (*issued capital*)	5,00
Kapitalrücklagen (*capital reserves*)	145,00
Gewinnrücklagen (*revenue reserves*)	–
Eigenkapital	150,00

Die Gewinnrücklagen (*revenue reserves*) nach IFRS werden in:

- Angesammelte Ergebnisse (*retained earnings*),
- Satzungsmäßige Rücklage (*statutory reserves*),
- Gesetzliche Rücklage (*legal reserves*) und
- andere Rücklagen (*other revenue reserves*) unterteilt.

Da die IFRS eine Gewinnverwendungsrechnung i. S. d. § 158 AktG nicht kennen, sind der Jahresüberschuss/Jahresfehlbetrag (*net profit/loss for the period*) sowie der Gewinn- und Verlustvortrag (*accumulated profits/losses*) Bestandteil der angesammelten Ergebnisse.

Die gesetzliche Rücklage nach IFRS ist nach den gleichen Prinzipien zu bilden wie in einem HGB-Abschluss. In diesem Fall muss die Gustav Gans AG keine gesetzliche Rücklage bilden (vgl. § 150 AKtG).

Die Zuführung des Jahresüberschusses in die satzungsmäßige und gesetzliche Rücklage und in die anderen Rücklagen erfolgt als Minderung der angesammelten Ergebnisse. Diese stellen das Ausschüttungspotenzial der Gustav Gans AG dar.

Ermittlung der angesammelten Ergebnisse:

	[Mio. €]
Ergebnis des Geschäftsjahres	1,00
– Thesaurierte Vorjahresergebnisse	–0,25
– Satzungsmäßige Rücklage	–0,15
– Gesetzliche Rücklage	–0,00
– Andere Rücklagen	–0,20
= Angesammelte Ergebnisse	0,40

Aufstellung des Eigenkapitals zum 31.12.2013:

	[Mio. €]
Gezeichnetes Kapital	5,00
Kapitalrücklage	145,00
Gewinnrücklagen	
Angesammelte Ergebnisse	0,40
Satzungsmäßige Rücklage	0,15
Gesetzliche Rücklage	0,00
Andere Gewinnrücklagen	0,20
Eigenkapital	150,75

Aufgabe 92: Neubewertungsrücklage

Zum Anfang des Geschäftsjahres 2012 muss die NixLos-AG zunächst den Kauf der Maschine bilanziell erfassen. Da das Unternehmen zum Vorsteuerabzug berechtigt ist, wird die Umsatzsteuer nicht zu den Anschaffungskosten gezählt. Da keine weiteren Anschaffungskosten angefallen sind, entspricht der Anschaffungspreis den Anschaffungskosten (AHK).

Maschinen	an	Bank	100.000 €

Der jährliche (planmäßige) lineare Abschreibungsbetrag (A_t) für eine Nutzungsdauer (ND) von fünf Jahren und der Restbuchwert (RBW_t) der Maschine betragen:

$A_t = AHK/ND$

$RBW_t = AHK - A_t$ *für t = 1*

$RBW_t = RBW_{t-1} - A_t$ *für t = 2 bis 5*

Für 2012 gilt:

$A_1 = 100.000$ €/5 Jahre = 20.000 €/Jahr

$RBW_1 = 100.000$ € – 20.000 € = 80.000 €

Abschreibung	an	Sachanlage	20.000 €

Die Entwicklung der Abschreibungsbeträge und der Buchwerte für die Maschine sieht wie folgt aus:

Jahr	BW_t [€] am 01.01	A_t [€]	RBW_t [€] am 31.12
2012	100.000	20.000	80.000
2013	80.000	20.000	60.000
2014	60.000	20.000	40.000
2015	40.000	20.000	20.000
2016	20.000	20.000	0

a) Die im Dezember 2012 durchgeführte Neubewertung hat ergeben, dass der aktuelle Marktwert der Maschine ihren Restbuchwert übersteigt. Die Wertsteigerung der Maschine i. H. v. 16.000 € (= 96.000 €-80.000 €) ist ergebnisneutral in die Neubewertungsrücklage einzustellen (IAS 16.39).

Maschinen	an	Neubewertungsrücklage	16.000 €

In den Folgenperioden ist die Maschine nun auf Basis des Neubewertungsbetrages i. H. v. 96.000 € über die restliche Nutzungsdauer abzuschreiben. Der jährliche Abschreibungsbetrag beträgt somit 24.000 € (= 96.000 €/4 Jahre). Die gebildete Neubewertungsrücklage i. H. v. 16.000 € ist entweder anteilig (jährlich mit 4.000 €) in die Gewinnrücklagen oder vollständig bei Veräußerung oder Stilllegung der

Maschine umzubuchen (IAS 16.41). Verbleibt die Maschine im Besitz des Unternehmens, bedeutet die Auflösung der Neubewertungsrücklage, dass der Gesamtaufwand für die Abschreibung der im Wert gestiegenen Anlage unverändert 20.000 € (24.000 € ./. 4.000 €) beträgt

Buchungssätze (bei anteiliger Übertragung der Neubewertungsrücklage) für die Geschäftsjahre 2013–2016:

Abschreibung	an	Maschinen	20.000 €
Neubewertungsrücklage	an	Maschinen	4.000 €

Die Wertfortschreibung der Maschine wird erfolgswirksam über *den Abschreibungsaufwand* der Periode (A_t) sowie erfolgsneutral über die Veränderung der Neubewertungsrücklage (Δ NBR_t) abgebildet:

Jahr	BW_t [€]	A_t [€]	Δ NBR_t [€]	RBW_t [€]
2012	100.000	20.000	16.000	96.000
2013	96.000	20.000	−4.000	72.000
2014	72.000	20.000	−4.000	48.000
2015	48.000	20.000	−4.000	24.000
2016	24.000	20.000	−4.000	0

Am Ende der wirtschaftlichen Nutzungsdauer der Maschine im Jahr 2016 ist somit sowohl die Maschine vollständig abgeschrieben als auch die Neubewertungsrücklage vollständig aufgelöst.

b) Die erneute Bewertung im Dezember 2014 ergab, dass der Marktwert der Maschine i. H. v. 30.000 € unter dem planmäßigen Buchwert von 48.000 € (siehe a)) liegt. Der Neubewertungsverlust i. H. v. 18.000 € (= 48.000 €-30.000 €) ist somit grundsätzlich ergebniswirksam zu berücksichtigen (IAS 16.40). Da jedoch auch nach Verrechnung der planmäßigen Auflösung der Neubewertungsrücklage (4.000 €) noch ein Neubewertungsgewinn für die Maschine i. H. v. 8.000 € (= 16.000 €-2 · 4.000 €) in der Neubewertungsrücklage enthalten ist, ist dieser zunächst mit dem Neubewertungsverlust zu verrechnen, so dass dieser Teil der Wertminderung erfolgsneutral erfasst wird:

Neubewertungsrücklage	an	Maschine	8.000 €

Der restliche Neubewertungsverlust i. H. v. 10.000 € (= 18.000 €-8.000 €) ist erfolgswirksam in der GuV in Form einer außerplanmäßigen Abschreibung (Apl.A_t) zu erfassen:

Apl. Abschreibung	an	Maschine	10.000 €

In den letzten beiden Perioden ist die Maschine auf Basis des Neubewertungsbetrages i. H. v. 30.000 € abzuschreiben, d. h. die Abschreibung für die Jahre 2015 und 2016 beträgt jeweils 15.000 €.

Gesamtentwicklung des Buchwertes:

Jahr	BW_t [€]	$Apl.A_t$ [€]	A_t [€]	ΔNBR_t [€]	RBW_t [€]
2012	100.000	–	20.000	16.000	96.000
2013	96.000	–	20.000	−4.000	72.000
2014	72.000	10.000	20.000	−12.000	30.000
2015	30.000	–	15.000	–	15.000
2016	15.000	–	15.000	–	0

Entwicklung der Neubewertungsrücklage:

Jahr	Buchwert 01.01 [€]	Ergebnis-neutrale Zuführung [€]	plm. Ergebnis-neutrale Auflösung [€]	aplm. Ergebnis-neutrale Auflösung [€]	Buchwert 31.12 [€]
2012	–	16.000	–	–	16.000
2013	16.000	–	4.000	–	12.000
2014	12.000	–	4.000	8.000	0
2015	0	–	–	–	0
2016	0	–	–	–	0

Aufgabe 93: Rückstellungen für ungewisse Verbindlichkeiten (vgl. Aufgabe 50)

Teilaufgabe 1:

a) Die SparNix OHG hat die bereits überwiesenen 300.000 € als Aufwand des Geschäftsjahres 2012 zu verbuchen. Die Differenz zwischen den bereits überwiesenen 300.000 € und den von der SparNix OHG anerkannten 400.000 € (50 % der Schadenssumme) ist in der IFRS-Bilanz 2012 als Verbindlichkeit i. H. v. 100.000 € zu passivieren, da eine Verpflichtung gegenüber Dritten vorliegt, die dem Grunde und der Höhe nach bereits sicher ist. Darüber hinaus hat die SparNix OHG in der IFRS-Bilanz 2012 die Differenz zwischen den anerkannten 50 % (400.000 €) und den von den Aktionären geforderten 75 % (600.000 €) als Rückstellung für ungewisse Verbindlichkeiten gemäß IAS 37.14 zu berücksichtigen, da eine gegenwärtige Verpflichtung aus einem Ereignis der Vergangenheit vorliegt, die der Fälligkeit nach ungewiss ist und für die eine zuverlässige Schätzung der Höhe möglich ist (IAS 37.14(a/c)). Entscheidend hierbei ist allerdings, ob für deren Erfüllung ein Abfluss von Mitteln mit wirtschaftlichem Nutzen wahrscheinlich oder nur möglich ist (IAS 37.14(b)). Ist der Mittelabfluss wahrscheinlich, beträgt die Eintrittswahrscheinlichkeit also mehr als 50 %, ist eine Rückstellung anzusetzen. Andernfalls ist der Betrag als *contingent liability* zu beschreiben und mit weiteren Angaben zu versehen (IAS 37.86).

Fraglich ist allerdings, mit welcher Höhe die Rückstellung anzusetzen ist, da eine Bandbreite möglicher Inanspruchnahmen vorliegt. Basierend auf der Erwartungswertmethode (IAS 37.39) wird die Verpflichtung durch Gewichtung aller möglichen Ergebnisse mit den damit verbundenen Wahrscheinlichkeiten geschätzt: (0 % von 50.000) + (19 % von 100.000) + (42 % von 150.000) + (39 % von 200.000) = 160.000.

Darüber hinaus sind die voraussichtlichen Prozesskosten i. H. v. 25.000 € als Rückstellung für ungewisse Verbindlichkeiten gemäß IAS 37.14 zu passivieren, wenn mehr für als gegen ihre Erhöhung spricht (Wahrscheinlichkeit > 50 %).

b) In diesem Fall liegt der SparNix OHG auch nach IFRS eine wertaufhellende Tatsache vor, welche in der IFRS-Bilanz 2014 zu einer Anpassung der Rückstellung führt. Auch hier muss jedoch die Voraussetzung des IAS 37.14(b) erfüllt sein.

Teilaufgabe 2:
Die SauFix AG hat die zum Erhalt der Ostsee jährlich zu entrichtenden 100.000 € als laufenden Aufwand der Geschäftsjahre 2012 bis 2016 zu erfassen. Die Gesamtkosten für Demontage, Entsorgung und Schadensbeseitigung i. H. v. 2.500.000 € entsprechen den Abbruch-, Beseitigungs- und Wiederherstellungskosten des IAS 16.16(c), die im Zusammenhang mit der Anschaffung oder Herstellung eines Vermögenswertes des Sachanlagevermögens stehen und mit ihrem abgezinsten Erfüllungsbetrag als Bestandteil der Anschaffungs- oder Herstellungskosten zu aktivieren und über die betriebsgewöhnliche (Rest-)Nutzungsdauer abzuschreiben sind. Die Abschreibung der **gesamten** Anschaffungs-/Herstellungskosten hat auch nach IFRS dem erwarteten Verbrauchsverlauf des künftigen wirtschaftlichen Nutzens des Vermögenswertes durch das Unternehmen zu entsprechen (IAS 16.60). Gemäß IAS 16.62 ist eine leistungsabhängige Abschreibung möglich, so dass auch nach IFRS die jeweilige Rohölfördermenge als Maßstab für die jährliche Abschreibungssumme dienen kann. Die sonstigen Rückstellungen werden parallel zu der jährlichen Abschreibung in der Höhe der Abschreibungssumme erfolgswirksam aufgelöst.

Aufgabe 94: Vorsichtsprinzip und Rückstellungen (vgl. Aufgabe 52)

a) Das Imparitätsprinzip existiert nach IFRS nicht, da sowohl Erträge als auch Aufwendungen periodengerecht nach ihrer wirtschaftlichen Zugehörigkeit erfasst werden (*accrual basis*). Die Nice AG hat den für das Geschäftsjahr 2013 drohenden Verlust i. H. v. 200.000 € dennoch in der IFRS-Bilanz zum 31.12.2012 zu antizipieren, da diesem ein belastender Vertrag zugrunde liegt, bei dem die unvermeidbaren Kosten zur Erfüllung der vertraglichen Verpflichtungen höher als der erwartete wirtschaftliche Nutzen sind (IAS 37.68). Dieser Verpflichtung kann sie nur durch die Bildung einer Drohverlustrückstellung gemäß IAS 37.66 nachkommen.

b) Die Nice AG hat gegenüber der Sack und Pack AG einen voraussichtlichen Leistungsanspruch i. H. v. 1.200.000 € (Wiederbeschaffungskosten). Demgegenüber steht eine vereinbarte Leistungsverpflichtung i. H. v. 1.000.000 € (Kaufpreis). Bilanziert die Nice AG zu fortgeführten Anschaffungs- bzw. Herstellungskosten (*cost model, benchmark treatment*), sind bei Zugang lediglich die Anschaffungskosten maßgeblich, so dass am Bilanzstichtag 31.12.2012 keine Abschreibung/Rückstellung zu berücksichtigen ist. Ein Wertansatz von 1.200.000 € wird erst bei permanenter Neubewertung relevant (*allowed alternative treatment* im Sachanlagevermögen), dann aber erst bei Zugang am 01.04.2013.

c) Der vereinbarte Leistungsanspruch der Nice AG gegenüber der Vohwinkel AG (Verkaufspreis) übersteigt die voraussichtliche Leistungsverpflichtung (Herstellungskosten) um 85.000 €. Die Vohwinkel AG erhält die Trainingsanzüge allerdings erst im April 2013. Dennoch könnte der noch nicht realisierte Gewinn zu berücksichtigen sein, da sein Eintreten aufgrund der vertraglichen Verpflichtung der Vohwinkel AG, die Ware abzunehmen, wahrscheinlich ist. Da die Trainingsanzüge jedoch erst in 2013 hergestellt werden und die Senkung der Herstellungskosten erst zu diesem Zeitpunkt bekannt wird, kann in der IFRS-Bilanz 2012 noch keine Berücksichtung erfolgen. Dies geschieht erst in der IFRS-Bilanz 2013.
d) Das Imparitätsprinzip existiert nach IFRS nicht, da sowohl Erträge als auch Aufwendungen periodengerecht nach ihrer wirtschaftlichen Zugehörigkeit erfasst werden (*accrual basis*). Die Nice AG hat den für das Geschäftsjahr 2013 drohenden Verlust i. H. v. 25.000 € dennoch in der IFRS-Bilanz zum 31.12.2012 zu antizipieren, da diesem ein belastender Vertrag zugrunde liegt, bei dem die unvermeidbaren Kosten zur Erfüllung der vertraglichen Verpflichtungen höher als der erwartete wirtschaftliche Nutzen sind (IAS 37.68). Dieser Verpflichtung kann sie nur durch die Bildung einer Drohverlustrückstellung gemäß IAS 37.66 nachkommen.
e) Vor dem Hintergrund der *accrual basis* und des darauf aufbauenden Realisationsprinzips dürfen unrealisierte Gewinne nur dann bilanziell erfasst werden, wenn ihre Realisierung wahrscheinlich oder sicher ist. Andernfalls darf die Berücksichtigung erst nach der Realisation erfolgen. Am Bilanzstichtag ist die Alles Schrott GmbH sowohl rechtlicher als auch wirtschaftlicher Eigentümer des Wagens. Ein Umsatzerlös darf somit nicht erfasst werden.
IAS 37.66 verlangt die Bildung von Rückstellungen, falls aufgrund eines belastenden Vertrages Verluste drohen. Zwar liegt hier ein schwebendes Geschäft vor, welches auf einem belastenden Vertrag basiert, aber es droht kein Verlust; es liegt vielmehr ein entgangener Gewinn vor. Somit darf nach IFRS keine Rückstellungsbildung erfolgen. Der Audi 80 ist in der Bilanz unter den Handelswaren in Höhe der Anschaffungskosten, d. h. zu 1.000 €, auszuweisen.

Aufgabe 95: Aufwandsrückstellungen (vgl. Aufgabe 53)

Gemäß IAS 37.20 dürfen Rückstellungen nur für Außenverpflichtungen gebildet werden. Sogenannte Innenverpflichtungen bzw. Aufwandsrückstellungen, wie sie nach HGB existieren, dürfen nicht berücksichtigt werden. Zu beachten ist hierbei, dass im Falle a) nach HGB eine Rückstellung gebildet werden kann, dies im Falle b) jedoch ausgeschlossen ist.

Aufgabe 96: Pensionsrückstellungen

Datenbasis:		
Eintrittsdatum	01.01.2007	
Alter	55 Jahre	
Zeitpunkt der Pensionszusage	01.01.2010	
zugesicherte Pensionsleistungen	60.000 €/p. a.	nachschüssig
Laufzeit der Pension	14 Jahre	
Versorgungszeitpunkt	01.01.2017	(65. Lebensjahr)
Zinssatz HGB (i)	5,13 %	
Zinssatz IFRS (i)	5,4 %	

Lösung nach HGB:
Relevanter Abzinsungssatz von der Bundesbank vorgegeben: 5,13 %

Es ergibt sich der Rentenbarwertfaktor:

$$RBF = \frac{q^n - 1}{q^n(q-1)} = 9{,}8169, \text{ mit } n = 14 \text{ Jahre und } i = 0{,}0513$$

Daraus errechnet sich der Barwert der Pensionsleistungen im Versorgungszeitpunkt zu 60.000 € · RBF (n = 14; i = 0,0513) = 589.014 €

	2011	2012	2013	2014	2015	2016	2017
Leistung erdient in früheren Dienstjahren	0,00	84.144,86	84.144,86	84.144,86	84.144,86	84.144,86	84.144,86
Dem laufendem Dienstjahr	84.144,86	84.144,86	84.144,86	84.144,86	84.144,86	84.144,86	84.144,86
Dem laufenden und früheren Dienstjahren	84.144,86	168.289,71	252.434,57	336.579,43	420.724,29	504.869,14	589.014,00
Verpflichtung zu Beginn des Berichtzeitraums	0,00	62.325,76	131.046,15	206.653,22	289.672,71	380.666,14	480.233,18
Abzinssungssatz HGB (6 %)	0,00	3.197,31	6.722,67	10.601,31	14.860,21	19.528,17	24.635,96
Laufender Dienstzeitaufwand HGB	62.325,76	65.523,07	68.884,41	72.418,18	76.133,23	80.038,86	84.144,86
Verpflichtung am Ende des Berichtszeitraums HGB	62.325,76	131.046,15	206.653,22	289.672,71	380.666,14	480.233,18	589.014,00

Diesen ordnet man gemäß Leistungsplan (*defined benefit obligation*) den Dienstjahren zu – hier gleichmäßig.

Anschließend stellt man durch Kumulation die je zum Ende eines Jahres entstandene Verpflichtung aus dem laufenden und den vorangegangenen Dienstjahren dar.

Die Verpflichtung zu Beginn des Berichtszeitraumes beträgt im ersten Jahr der Zusage = 0.

Im 2. Jahr ergibt sie sich aus dem um 6 Jahre abgezinsten Betrag, der im 1. Jahr als Gesamtbelastung entstanden ist: $84.144{,}86/1{,}0513^6 = 62.325{,}76$.

Im 3. Jahr ergibt sie sich aus dem um 5 Jahre abgezinsten Betrag, der im 2. Jahr als Gesamtbelastung entstanden ist: $168.289{,}71/1{,}0513^5 = 131.046{,}15$.

...

Im 7. Jahr ergibt sie sich aus dem um 1 Jahr abgezinsten Betrag, der im 6. Jahr als Gesamtbelastung entstanden ist: 504.869,14/1,0513 = 480.233,18.

Der laufende Dienstzeitaufwand gibt den Aufwand wieder, der jährlich entstanden ist – unter Abzug der Zinsen.

Im ersten Jahr ist das der Betrag von 62.325,76 und entspricht der Verpflichtung, die sich zu Beginn des 2. Jahres ergibt.

Im 2. Jahr sind das 131.046,15 (Verpflichtung zu Beginn des 3. Jahres) abzüglich des Dienstzeitaufwandes zum Beginn des 2. Jahres abzüglich der darauf entfallenen Zinsen 131.046,15 - 62.325,76 - 3.197,31 = 65.523,07.

Im 3. Jahr sind das 206.653,22 (Verpflichtung zu Beginn des 4. Jahres) abzüglich des Dienstzeitaufwandes zum Beginn des 3. Jahres abzüglich der darauf entfallenen Zinsen 206.653,22 - 131.046,15 - 6.722,67 = 68.884,41.

...

Im 7. Jahr sind das 589.014,00 (Gesamtverpflichtung) abzüglich des Dienstzeitaufwandes zum Beginn des 7. Jahres abzüglich der darauf entfallenen Zinsen 589.014,00 - 480.233,18 - 24.635,96 = 84.144,86.

Die Verpflichtung zum Ende des jeweiligen Berichtszeitraumes ergibt sich aus den kumulierten Beträgen des laufenden Dienstzeitaufwandes zuzüglich der jeweiligen Zinsanteile.

Lösung nach IFRS:

Relevanter Abzinsungssatz auf Grundlage erstrangiger festverzinslicher Industrieanleihen: 5,4 %

Es ergibt sich der Rentenbarwertfaktor:

$$RBF = \frac{q^n - 1}{q^n(q-1)} = 9{,}6503, \text{ mit } n = 14 \text{ Jahre und } i = 0{,}054$$

Daraus errechnet sich der Barwert der Pensionsleistungen im Versorgungszeitpunkt zu

60.000 € · RBF (n = 14; i = 0,054) = 579.016,40 €

	2011	2012	2013	2014	2015	2016	2017
Leistung erdient in früheren Dienstjahren	0,00	82.716,63	82.716,63	82.716,63	82.716,63	82.716,63	82.716,63
Dem laufendem Dienstjahr	82.716,63	82.716,63	82.716,63	82.716,63	82.716,63	82.716,63	82.716,63
Dem laufenden und früheren Dienstjahren	82.716,63	165.433,26	248.149,89	330.866,51	413.583,14	496.299,77	579.016,40
Verpflichtung zu Beginn des Berichtzeitraums	0,00	60.332,20	127.180,28	201.072,02	282.573,21	372.290,20	470.872,65
Abzinsungssatz IFRS (5,4 %)	0,00	3.257,94	6.867,73	10.857,89	15.258,95	20.103,67	25.427,12
Laufender Dienstzeitaufwand IFRS	60.332,20	63.590,14	67.024,01	70.643,30	74.458,04	78.478,77	82.716,63
Verpflichtung am Ende des Berichtszeitraums IFRS	60.332,20	127.180,28	201.072,02	282,573,21	372.290,20	470.872,65	579.016,40

Die Beschreibung der Lösung ergibt sich analog zum HGB-Teil unter Berücksichtigung des Abzinsungssatzes von 5,4 %.

Aufgabe 97: Langfristige Fertigungsaufträge

Die Bewertung langfristiger Fertigungsaufträge (*construction contracts*) ist in IAS 11 geregelt, der den Grundsatz der periodengerechten Erfolgsermittlung in Vordergrund stellt. IAS 11.22 legt zwingend die Anwendung der *Percentage of Completion-Methode* bei langfristigen Fertigungsaufträgen fest, wenn das Ergebnis des Fertigungsauftrags verlässlich geschätzt werden kann.

Bei der Percentage of Completion-Methode werden die Ergebnisse des Bauprojekts entsprechend des jährlichen Realisierungsgrades in der Bilanz angesetzt. Der Realisierungsgrad wird mit Hilfe der *Cost-to-cost-Methode* ermittelt, bei der angenommen wird, dass das Gesamtergebnis des Auftrags proportional zum Anfall seiner Aufwendungen entsteht.

Die *Abbruch-AG* geht davon aus, dass ihre Planung verlässlich ist, sodass sie die Erlöse des Bauprojekts anhand der *Percentage of Completion-Methode* ansetzen muss.

Der Realisierungsgrad des Projekts wird anhand der *Cost-to-Cost-Methode* wie folgt ermittelt:

$$RG_t = \frac{\text{angefallene Auftragskosten (kumulierte SK) der Periode t}}{\text{Gesamtkosten bzw. SK}}$$

Der jeweilige Realisierungsgrad des Bauprojekts der *Abbruch-AG* beträgt:

$$RG_1 = \frac{40.000.000\,€}{160.000.000\,€} = 0{,}25$$

$$RG_2 = \frac{80.000.000\,€}{160.000.000\,€} = 0{,}50$$

$$RG_3 = \frac{120.000.000\,€}{160.000.000\,€} = 0{,}75$$

$$RG_4 = \frac{160.000.000\,€}{160.000.000\,€} = 1{,}00$$

Der zu realisierende Umsatz in einer Periode (Real. UmE_t) wird abhängig vom jeweiligen Realisierungsgrad (RG_t) berechnet:

Real. $UmE_t = (RG_t \cdot \text{Gesamtumsatz}) - \sum \text{UmE der Vorjahre}$

Die Anwendung der *Percentage of Completion-Methode* führt bei der *Abbruch-AG* zu folgenden zu realisierenden Umsatzerlösen (in Tsd. €):

Periode			Real. UmE	Kum. Erträge
2012	0,25 · 180.000	=	45.000	45.000
2013	0,5 · 180.000 – 45.000	=	45.000	90.000
2014	0,75 · 180.000 – 90.000	=	45.000	135.000
2015	1 · 180.000 – 135.000	=	45.000	180.000

Für die Perioden 2012 bis 2015 ergeben sich folgende Bilanzansätze (in Tsd. €):

1) Bilanzansatz nach dem Gesamtkostenverfahren

Vorzunehmende Buchungen in 2012 bis 2014:

Aufwand	an	RHB, Liquide Mittel, etc.	40.000
UFE/FE	an	Bestandsveränderungen ↑	45.000

Buchungen in 2015:

Aufwand	40.000	an	RHB, Liquide Mittel, etc.	40.000
Bestandsveränderungen ↓	135.000	an	UFE/FE	135.000
Bank	180.000	an	Umsatzerlöse	180.000

Die Buchung der Bestandsminderung fasst dabei zwei Vorgänge zusammen: zum einen die regelmäßig angefallene Bestandserhöhung um 45.000 €, zum anderen den Abgang des fertigen Werkes mit Herstellungskosten von dann 180.000 €; hieraus resultiert per Saldo eine Bestandsverminderung um 135.000 €.

Darstellung in der Bilanz und der GuV:

Periode	2012	2013	2014	2015	Σ
Bilanz					
UFE/FE	45.000	90.000	135.000	–	
GuV					
Umsatzerlöse	–	–	–	180.000	
Bestandsveränderungen	45.000	45.000	45.000	−135.000	
Aufwand	40.000	40.000	40.000	40.000	160.000
Gewinn	5.000	5.000	5.000	5.000	20.000

Im Rahmen der Gewinnermittlung nach dem Gesamtkostenverfahren werden die zu realisierenden Umsatzerlöse um Bestandsveränderungen und Gesamtaufwendungen (Selbstkosten) bereinigt. D. h. der zu realisierende Umsatz wird zunächst als Bestandsmehrung in der GuV erfasst. Diesem wird jährlich ein Aufwand (Selbstkosten) i. H. v. 40 Mio. € gegenübergestellt.
In 2015 wird der Geldeingang i. H. v. 180 Mio. € in der GuV als Umsatzerlös vollständig erfasst. Um eine Doppelterfassung zu vermeiden werden die zuvor erfassten kumulierten zu realisierenden Umsatzerlöse als Bestandminderung wieder ausgebucht.

2) Bilanzansatz nach dem Umsatzkostenverfahren

Vorzunehmende Buchungen in 2012 bis 2015:

Umsatzkosten	an	RHB, Liquide Mittel, etc.	40.000
UFE/FE	an	Umsatzerlöse	45.000

Zusätzliche Buchung in 2015:

Bank	an	UFE/FE	180.000

Durch diese Buchung in 2015 wird erreicht, dass der Endbestand an UFE/FE am Ende des Jahres 2015 bei 0 liegt.

Darstellung in der Bilanz und der GuV:

Periode	2012	2013	2014	2015	Σ
Bilanz					
UFE/FE	45.000	90.000	135.000	–	
GuV					
Umsatzerlöse	45.000	45.000	45.000	45.000	180.000
Umsatzkosten	40.000	40.000	40.000	40.000	160.000
Gewinn	5.000	5.000	5.000	5.000	20.000

Anders als beim Gesamtkostenverfahren werden beim Umsatzkostenverfahren die zu realisierenden Umsätze direkt als Umsatzerlöse in der GuV erfasst.

Nach HGB werden langfristige Fertigungsaufträge anders behandelt. Sobald die Herstellung eines Gutes mehr als eine Bilanzperiode umfasst, gilt die Übergabe des Ganzen an den Auftraggeber als Realisationszeitpunkt. Das bedeutet, dass der Umsatz erst im Jahr der Realisierung ausgewiesen werden darf (*Completed Contract-Methode*).

Literaturverzeichnis

Adam, Elmar (1975): Die Generalklausel über den Inhalt des Jahresabschlusses nach dem Aktiengesetz 1965 – ein Beitrag zur Auslegung des § 149 AktG, Frankfurt am Main 1975.

Adler, Hans/*Düring*, Walther/*Schmaltz*, Kurt (1995a): Rechnungslegung und Prüfung der Unternehmen. Kommentar zum HGB, AktG, GmbHG, PublG nach den Vorschriften des Bilanzrichtlinien-Gesetzes, neu bearbeitet von Forster, Karl-Heinz/Goerdeler, Reinhard/Lanfermann, Josef u. a., Teilband 1, 6. Aufl., Stuttgart 1995.

Adler, Hans/*Düring*, Walther/*Schmaltz*, Kurt (1995b): Rechnungslegung und Prüfung der Unternehmen. Kommentar zum HGB, AktG, GmbHG, PublG nach den Vorschriften des Bilanzrichtlinien-Gesetzes, neu bearbeitet von Forster, Karl-Heinz/Goerdeler, Reinhard/Lanfermann, Josef u. a., Teilband 2, 6. Aufl., Stuttgart 1995.

Adler, Hans/*Düring*, Walther/*Schmaltz*, Kurt (1997): Rechnungslegung und Prüfung der Unternehmen – Kommentar zum HGB, AktG, GmbHG, PublG nach den Vorschriften des Bilanzrichtlinien-Gesetzes, neu bearbeitet von Forster, Karl-Heinz/Goerdeler, Reinhard/Lanfermann, Josef u. a., Teilband 5, 6. Aufl., Stuttgart 1997.

Adler, Hans/*Düring*, Walther/*Schmaltz*, Kurt (1998): Rechnungslegung und Prüfung der Unternehmen – Kommentar zum HGB, AktG, GmbHG, PublG nach den Vorschriften des Bilanzrichtlinien-Gesetzes, neu bearbeitet von Forster, Karl-Heinz/Goerdeler, Reinhard/Lanfermann, Josef u. a., Teilband 6, 6. Aufl., Stuttgart 1998.

Adler, Hans/*Düring*, Walther/*Schmaltz*, Kurt *(International)* (2002): Rechnungslegung nach Internationalen Standards, bearbeitet von Gelhausen, Hans-Friedrich/Pape, Jochen/ Schruff, Wienand/Stolberg, Klaus, Stuttgart 2005.

Baetge, Jörg/*Brockmeyer*, Klaus (1986): Voraussichtliche dauernde Wertminderung, in: Leffson, Ulrich/ Rückle, Dieter/Großfeld, Bernhard (Hrsg.): Handbuch unbestimmter Rechtsbegriffe im Bilanzrecht des HGB, Köln 1986, S. 326–335.

Baetge, Jörg/*v. Keitz*, Isabel (2006), in: Baetge, Jörg u. a. (Hrsg.): Rechnungslegung nach IFRS. Kommentar auf der Grundlage des deutschen Bilanzrechts, 2. Aufl. inkl. 7. Ergänzungslieferung (Stand 12/2011), Stuttgart 2003.

Baetge, Jörg/*Kirsch*, Hans-Jürgen/*Thiele*, Stefan (2011): Bilanzen, 11. Aufl., Düsseldorf 2011.

Baetge, Jörg/*Krolak*, Thomas/*Hain*, Thorsten/*Thiele*, Stefan (2008), in: Baetge, Jörg u. a. (Hrsg.): Rechnungslegung nach IFRS. Kommentar auf der Grundlage des deutschen Bilanzrechts, 2. Aufl. inkl. 7. Ergänzungslieferung (Stand 12/2011), Stuttgart 2003.

Baetge, Jörg/*Kirsch*, Hans-Jürgen/*Wollmert*, Peter/*Brüggemann*, Peter (2007), in: Baetge, Jörg u. a. (Hrsg.): Rechnungslegung nach IFRS. Kommentar auf der Grundlage des deutschen Bilanzrechts, 2. Aufl. inkl. 7. Ergänzungslieferung (Stand 12/2011), Stuttgart 2003.

Ballwieser, Wolfgang (2009), in: Baetge, Jörg u. a. (Hrsg.): Rechnungslegung nach IFRS. Kommentar auf der Grundlage des deutschen Bilanzrechts, 2. Aufl. inkl. 14. Ergänzungslieferung (Stand 12/2011), Stuttgart 2003.

Ballwieser, Wolfgang (2008), in: Baetge, Jörg u. a. (Hrsg.): Rechnungslegung nach IFRS. Kommentar auf der Grundlage des deutschen Bilanzrechts, 2. Aufl. inkl. 7. Ergänzungslieferung (Stand 12/2011), Stuttgart 2003.

Ballwieser, Wolfgang (2012), in: Schmidt, Karsten (Hrsg.): Münchener Kommentar zum Handelsgesetzbuch, Band 4, 3. Auflage, München 2012, § 255 HGB.

Baumbach, Adolf/*Hopt*, Klaus J. (2011): Handelsgesetzbuch – mit GmbH & Co., Handelsklauseln, Bank- und Börsenrecht, Transportrecht (ohne Seerecht), Band 9, 35. Aufl., München 2011, § 253 HGB.

BdF (1971): Schreiben vom 19.4.71, IV B2-S2170–31/71, BStBl. I 1971, S. 264–266.

BdF (1975): Schreiben vom 22.12.75, IV B2-S2170–161/75, in: BB, 1976, S. 72–73.

BdF (1991): Schreiben vom 23.12.91, IV B2-S2170-115/91, BStBl. I 1992, S. 13–15.

Beck'scher Bilanzkommentar – Handels- und Steuerbilanz §§ 238 bis 339, 342 bis 342e HGB mit IFRS-Abweichungen, hrsg. von Helmut Ellrott, Gerhart Förschle, Bernd Grottel, Michael Kozikowski, Stefan Schmidt und Norbert Winkeljohann, 8. Aufl. München 2012.

BFH (1969): Beschluss vom 03.02.1969, Gr.S. 2/68, BStBl. II 1969, S. 291.

BFH (1971): Urteil vom 24.11.1971, I R 141/68, BStBl. II 1972, S. 400.
BFH (1977): Urteil vom 25.03.1977, V R 113/74, BStBl. II 1977, S. 708.
BFH (1982a): Urteil vom 24.03.1982 IV R96/78, BStBl. II 1982, S. 643.
BFH (1982b): Beschluss vom 01.11.1982, I B 23/82, BStBl. II 1983, S. 132.
BFH (1983): Urteil vom 03.05.1983 VII R100/81, BStBl. II 1983, S. 572.
BFH (1989): Urteil vom 09.08.1989, X R 77/87, BStBl. II 1991, S. 132.
BMF (1993): Schreiben vom 08.03.1993, I V B2-S 2174a – 1/93, BStBl. I 1993, S. 276.
BMWF (1972): Schreiben vom 21.03.72, F/IV B2-S2170-11/72, BStBl. I 1972, S. 188–189.
Bonham, Mike (2004): International GAAP 2005. Generally Accepted Accounting Practice under International Financial Reporting Standards, London 2004.
Born, Karl (2007): Rechnungslegung international, IAS/IFRS im Vergleich mit HGB und US-GAAP, 5. Aufl., Stuttgart 2007.
Buchner, Robert (2005): Buchführung und Jahresabschluss, 7. Aufl., München 2005.

Cassel, Jochen (2008), in: Kessler, Harald/ Leinen, Markus/Strickmann, Michael (Hrsg.): Bilanzrechtsmodernisierungsgesetz (BilMoG – RegE) – Die neue Handelsbilanz, Freiburg 2008.
Coenenberg, Adolf G. (2005): Jahresabschluss und Jahresabschlussanalyse, 20. Aufl., Stuttgart 2005.

Dörner, Dietrich/*Wirth*, Michael (1995), in: Küting, Karlheinz/Weber, Claus-Peter (Hrsg.): Handbuch der Rechnungslegung, § 284 HGB.

Ellrott, Helmut/*Krämer*, Andreas (2012), in: Ellrott, Helmut u. a. (Hrsg.): Beck´scher Bilanzkommentar – Handelsbilanz, Steuerbilanz, 8. Aufl., München 2012, § 256 HGB.
Ellrott, Helmut (2012), in: Ellrott, Helmut u. a. (Hrsg.): Beck'scher Bilanz-Kommentar – Handels- und Steuerbilanz, 8. Aufl., München 2012, § 284 HGB.
Ellrott, Helmut/*Rhiel*, Raimund (2012), in: Ellrott, Helmut u. a. (Hrsg.): Beck'scher Bilanzkommentar – Handels- und Steuerbilanz, 8. Aufl., München 2012, § 249 HGB.
Engel-Ciric, Dejan (2001): Vorratsbewertung: HGB, IAS und US-GAAP im Vergleich, in: Bilanzbuchhalter und Controller, 25. Jg. (2001), S. 73–77.
Esser, Werner (1994): Die betriebliche Altersversorgung: ein Ratgeber für die betriebliche Praxis, 1. Aufl., Freiburg 1994.

Faller, Eberhard (1985): Zur Problematik des Abweichens vom Grundsatz der Einzelerfassung und Einzelbewertung im aktienrechtlichen Jahresabschluss – ein Beitrag zur Analyse pauschalierter Bewertungstechniken unter dem De-lege-lata-Aspekt, Pfaffenweiler 1985.
Federmann, Rudolf (2000): Bilanzierung nach Handels- und Steuerrecht und IAS/IFRS, 12. Aufl., Berlin 2010.
Förschle, Gerhart/*Hoffmann*, Karl (2012), in: Ellrott, Helmut u. a. (Hrsg.): Beck'scher Bilanz-Kommentar – Handels- und Steuerbilanz, 8. Aufl., München 2012, § 272 HGB.
Freidank, Carl Christian (1995): Der Ansatz von Forderungen und Verbindlichkeiten zum Barwert in der Handelsbilanz und Steuerbilanz, in: WiSt, 1995, S. 494–499.
Fülbier, Rolf Uwe/*Gassen*, Joachim (2007): Das Bilanzrechtsmodernisierungsgesetz (MilMoG): Handelsrechtliche GoB vor der Neuinterpretation, in: DB, 2007, S. 26-5-2612.

Göllert, Kurt (2008): Auswirkungen des Bilanzrechtsmodernisierungsgesetzes (BiMoG) auf Bilanzpolitik, in: DB, S. 1165–1171.
Grottel, Bernd/*Gadek*, Stephan (2012), in: Ellrott, Helmut u. a. (Hrsg.): Beck'scher Bilanz-Kommentar – Handels- und Steuerbilanz, 8. Aufl., München 2012, § 255 HGB.

Hachmeister, Dirk (2006): Verbindlichkeiten nach IFRS. Bilanzierung von kurz- und langfristigen Verbindlichkeiten, Rückstellungen und Eventualschulden, München 2006.
Helke, Iris/*Wiechens*, Gero/*Klaus*, Andreas (2009): Zur Umsetzung der HGB-Modernisierung durch das BilMoG: Die Bilanzierung von Finanzinstrumenten, in: DB-Beilage, S. 30–37.
Herzig, Norbert (2008): Steuerliche Konsequenzen des Regierungsentwurfes zum BilMog, in: DB, S. 1339–1345.
Heubeck, Klaus (1986): Betriebliche Versorgungsverpflichtung nach dem neuen Bilanzrecht (Teil II), in: WPg, 1986, S. 356–363.
Hinz, Michael (2003), in: Castan, Edgar u. a.: Beck'sches Handbuch der Rechungslegung, Sonderdruck Juni 2003, München 2003, B 100.
Hoffmann, Wolf-Dieter (2008), in: Lüdenbach, Norbert/Hoffmann, Wolf-Dieter (Hrsg.): IFRS (Praxis-Kommentar), 9. Aufl., Freiburg 2011, § 13.

Hoffmann, Wolf-Dieter/*Lüdenbach*, Norbert (2012): NWB Kommentar Bilanzierung – Handels- und Steuerrecht, 3. Aufl., Herne 2012.
Hommel, Michael (2012): Kommentierung zu § 249 HGB, in: Baetge, Jörg/Kirsch, Hans-Jürgen/Thiele, Stefan (Hrsg.) (2012): Bilanzrecht: Handelsrecht mit Steuerrecht und den Regelungen des IASB, Bonn/ Berlin 2012, S. 1–126.
Hommel, Michael/*Benkel*, Muriel/*Wich*, Stefan (2004): IFRS 3 Business Combinations: Neue Unwägbarkeiten im Jahresabschluss, in: BB, 59. Jg., 2004, S. 1267–1273.

IDW (2012): Wirtschaftsprüfer-Handbuch 2012. Handbuch für Rechnungslegung, Prüfung und Beratung, Band 1, 14. Aufl., Düsseldorf 2012.

Jacobs, Otto H./*Schmitt*, Gregor A. (2001), in: Baetge, Jörg u. a. (Hrsg.): Rechnungslegung nach IFRS. Kommentar auf der Grundlage des deutschen Bilanzrechts, 2. Aufl. inkl. 14. Ergänzungslieferung (Stand 12/2011), Stuttgart 2003.
Jung, Hendrik (2009), in: Bohl, Werner u. a. (Hrsg.): Beck´sches IFRS-Handbuch. Kommentierung der IFRS/IAS, 3. Aufl., München et al. 2009, § 6.

v. Keitz, Isabel (2005): Praxis der IASB-Rechnungslegung, Best practice von 100 IFRS-Anwendern, 2. Aufl., Stuttgart 2005.
Kleindiek, Detlef (2002), in: Canaris, Claus-Wilhelm u. a. (Hrsg.): Handelsgesetzbuch – Großkommentar, Dritter Band, 1. Teilband, 4. Aufl., Berlin/New York 2002, § 253 HGB.
Knop, Wolfgang/*Küting*, Karlheinz (2003), in: Küting, Karlheinz/Weber, Claus-Peter (Hrsg.): Handbuch der Rechnungslegung – Kommentar zur Bilanzierung und Prüfung, Band 2, 5. Aufl., Stuttgart 2005, § 255 HGB.
Knüppe, Wolfgang (1985): Die Berücksichtigung einer Delkredereversicherung bei der Forderungsbewertung, in: DB, 1985, S. 2361–2365.
Kozikowski, Michael/*Schubert*, Wolfgang J. (2012), in: Ellrott, Helmut u. a. (Hrsg.): Beck'scher Bilanz-Kommentar – Handels- und Steuerbilanz, 8. Aufl., München 2012, § 253 HGB.
Kozikowski, Michael/*Roscher*, Klaus/*Andrejewski*, Kai C. (2012), in: Ellrott, Helmut u. a. (Hrsg.): Beck'scher Bilanzkommentar – Handels- und Steuerbilanz, 8. Aufl., München 2012, § 253 HGB.
KPMG (2012): IFRS visuell – Die IFRS in strukturierten Übersichten, 5. Aufl., Stuttgart 2012.
Kropp, Matthias/*Wiechens*, Gero (2011): Bilanzierung finanzieller Verbindlichkeiten nach IFRS 9 (2010), in KoR S. 225–229.
Kuhn, Steffen/*Scharpf*, Paul (2006): Rechnungslegung von Financial Instruments nach IFRS, 3. Aufl. 2006.
Kümpel, Thomas (2003): Bilanzierung und Bewertung des Vorratsvermögens nach IAS 2 (revised 2003), in: DB, 2003, S. 2609–2615.
Kussmaul, Heinz/*Meyering*, Stephan (2008): BilMoG-Regierungsentwurf: Wen entlastet § 241a HGB-E?, in: DB, 2008, S. 1445–1447.
Kusterer, Stephan (2006), in: Glanegger, Peter, u. a. (Hrsg.): Heidelberger Kommentar zum Handeslgesetzbuch – Handelsrecht, Bilanzrecht, Steuerrecht, 7. Aufl., Heidelberg 2006, § 253 HGB.
Küting, Karlheinz/*Harth*, Hans-Jörg (1999): Herstellungskosten von Inventories und Self-Costructed Assets nach IAS und US-GAAP (Teil 1), in: BB, S. 2343–2347.
Küting, Karlheinz (2008): Geplante Neuregelungen der Bilanzsansatzwahlrechte durch das Bilanzrechtsmodernisierungs, in: BB, S. 1330–1334.
Küting, Karlheinz/*Pfitzner*, Norbert/*Weber*, Claus-Peter (2009): Das neue deutsche Bilanzrecht – Handbuch zur Anwendung des Bilanzrechtsmodernisierungsgesetzes (BilMoG), Stuttgart 2009.

Lüdenbach, Norbert (2012), in: Lüdenbach, Norbert/Hoffmann, Wolf-Dieter (Hrsg.): IFRS-Kommentar, 10. Aufl., Freiburg 2012, § 28.
Lüdenbach, Norbert/*Hoffmann*, Wolf-Dieter (2012), in: Lüdenbach, Norbert/Hoffmann, Wolf-Dieter (Hrsg.): IFRS-Kommentar, 10. Aufl., Freiburg 2012, § 1.

Mayer-Wegelin, Eberhard/*Kessler*, Harald/*Höfer*, Reinhold (2004), in: Küting, Karlheinz/ Weber, Claus-Peter (Hrsg.): Handbuch der Rechnungslegung – Kommentar zur Bilanzierung und Prüfung, Band I, 5. Aufl., Stuttgart 2004, § 249 HGB.
Märkl, Helmut/*Schaber*, Matthias (2010): IFRS 9 Financial Instruments: Neue Vorschriften zur Kategorisierung und Bewertung von finanziellen Vermögenswerten, in: KoR, S. 65–74.
Moxter, Adolf (1986): Bilanzlehre – Einführung in das neue Bilanzrecht, 3. Aufl., Wiesbaden 1986.
Moxter, Adolf (2008): Aktivierungspflicht für selbsterstellte immaterielle Anlagewerte? in: DB, S. 1514–1517.
Mujkanovic, Robin (2002): Fair Value im Financial Statement nach International Accounting Standards, Stuttgart 2002.

Oertzen, Cornelia von (2009), in: Bohl, Werner u. a. (Hrsg.): Beck´sches IFRS-Handbuch. Kommentierung der IFRS/IAS, 2. Aufl., München et al. 2009, § 9.
Oser, Peter/Roß, Norbert/Drögemüller, Steffen/Wader, Dominic (2008): Ausgewählte Neuregelungen des Bilanzrechtsmodernisierungsgesetzes (BilMoG), in: WPg, 2008, S. 49–62.

Pellens, Bernhard/*Fülbier*, Rolf Uwe/*Gassen*, Joachim/*Sellhorn*, Thorsten (2011): Internationale Rechnungslegung, 8. Aufl., Stuttgart 2011.
Pfitzer, Norbert/*Dutzi*, Andreas (2002), in: Ballwieser, Wolfgang u. a. (Hrsg.): Handwörterbuch der Rechnungslegung und Prüfung, 3. Aufl., Stuttgart 2002.
Puckler, Godehard (1986): Forderungsbewertung im Ratenkreditgeschäft, in: WPg, 1986, S. 413–417.

Quick, Reiner (1992): Stichprobeninventur, in: Tanski, Joachim (Hrsg.): Handbuch Finanz- und Rechnungswesen, 2. Aufl., 29. Nachlieferung (1997), Landsberg/Lech 1992.
Quick, Reiner (2000): Inventur, Düsseldorf 2000.
Quick, Reiner (2008): Einzelfragen der Vorratsbewertung nach IFRS, in: DB, 2008, S. 2206–2211.
Quick, Reiner (2009a), in: *Hennrichs*, Joachim/*Kleindiek*, Detlef/*Watrin*, Christoph (Hrsg.): Münchener Kommentar zum Bilanzrecht, Band 1 IFRS, München 2009, IAS 2.
Quick, Reiner (2009b), in: *Hennrichs*, Joachim/*Kleindiek*, Detlef/*Watrin*, Christoph (Hrsg.): Münchener Kommentar zum Bilanzrecht, Band 1 IFRS, München 2009, IAS 16.
Quick, Reiner/*Gans*, Christian (1998): Planung und Organisation der Inventurdurchführung, in: DStR, 1998, S. 2027–2032.

Riese, Joachim (2009), in: Bohl, Werner u. a. (Hrsg.): Beck'sches IFRS-Handbuch, 3. Aufl., München 2009, § 8.
Riehl, Raimund (2008): Auswirkungen des Gesetzes zur Modernisierung des Bilanzrechts (BilMoG) auf Pensionsverpflichtungen, in: DB, 2008, S. 1509–1514.
Ruhnke, Klaus (2008): Rechnungslegung nach IFRS und HGB, 2. Aufl., Stuttgart 2008.

Schäfer, Wolf (1977): Grundsätze ordnungsmäßiger Bilanzierung für Forderungen, 2. Auflage, Düsseldorf 1977.
Scheinpflug, Patrick (2009a), in: Bohl, Werner u. a. (Hrsg.): Beck´sches IFRS-Handbuch. Kommentierung der IFRS/IAS, 3. Aufl., München et al. 2009, § 4.
Scheinpflug, Patrick (2009b), in: Bohl, Werner u. a. (Hrsg.): Beck´sches IFRS-Handbuch. Kommentierung der IFRS/IAS, 3. Aufl., München et al. 2009, § 5.
Schmalenbach, Eugen (1962): Die dynamische Bilanz, 13. Aufl., Köln/Opladen 1962.
Schmidt, Fritz (1951): Die organische Tageswertbilanz, 3. Aufl., Leipzig 1929 (Nachdruck 1951).
Schmidt, Martin (2005): Rechnungslegung von Finanzinstrumenten – Abbildungskonzeptionen aus der Sicht der Bilanztheorie, der empirischen Kapitalmarktforschung und der Abschlussprüfung, hrsg. von Reiner Quick, Matthias Wolz u. a., Wiesbaden 2005.
Schmidt, Martin (2009): Bewertungseinheiten nach dem BilMoG, in: BB, S. 882–886.
Schulze-Osterloh, Joachim (2008): Ausgewählte Änderungen des Jahresabschlusses nach dem Referentenentwurf eines Bilanzrechtsmodernisierungsgesetzes, in: DStR, 2008, S. 63–73.
Simon, Herman Veit (1899): Die Bilanzen der Aktiengesellschaften und der Kommanditgesellschaften auf Aktien, 3. Aufl., Berlin 1899.

Thoms-Meyer, Dirk (1996): Grundsätze ordnungsmäßiger Bilanzierung für Pensionsrückstellungen: unter Berücksichtigung von SFAS 87 und SFAS 106, Düsseldorf 1996.

Velten, Eva (1984): Zur Ermittlung des »wahrscheinlichen« Wertes nach § 40 Abs. 3 HGB unter besonderer Berücksichtigung »anerkannter« mathematisch-statistischer Verfahren im Rahmen der pauschalierten Forderungsbewertung, Dissertation, Mannheim 1984.

Wagenhofer, Alfred (2009): Internationale Rechnungslegungsstandards – IAS/IFRS, 6. Aufl., Frankfurt 2009.
Wiedmann, Harald (2012): Bilanzrecht – Kommentar zu den §§ 238–342a HGB, München 2012.
Winkeljohann, Norbert/*Klein*, Burkhard (2012), in: Ellrott, Helmut u. a. (Hrsg.): Beck'scher Bilanz-Kommentar – Handels- und Steuerbilanz, 8. Aufl., München 2012, § 238 HGB.

Zülch, Henning/*Hoffmann*, Sebastian (2008): Der Referentenentwurf zum BilMoG: eine kritischer Literaturüberblick, in: DB, 2008, S. 1053–1060.

Index